Word/Excel/PPT 三合一 商务办公应用从入门到精通

鼎新文化/编著

中国铁道出版社
CHINA RAILWAY PUBLISHING HOUSE

内容简介

本书针对初学电脑办公的新手，全面并系统地讲解了 Word、Excel、PPT 最常用三个组件的办公应用技能。图书内容讲解上图文并茂，重视实践操作能力的培养，在图片上清晰地标注出要进行操作的位置与操作内容，对于重点、难点操作均配有视频教程，以使读者高效、完整地掌握本书内容。

全书共分 18 章，内容包括：Office 2013 商务办公快速入门，Word 2013 办公文档的录入、编辑、排版、表格制作、文档审阅修订与邮件合并等技能的应用；Excel 电子表格的创建与编辑、公式与函数的应用、数据的排序、筛选、分类汇总及图表与透视表的应用；PowerPoint 演示文稿的创建、幻灯片的设计、幻灯片动画的添加及放映设置等内容；最后讲解了三个组件在相关办公应用领域的实战应用。

本书既适合于初学 Word、Excel、PPT 办公的读者学习使用，也适合于想提高办公技能与技巧的读者学习，同时还可以作为电脑培训班的培训教材或学习辅导书。

图书在版编目（CIP）数据

Word/Excel/PPT 三合一商务办公应用从入门到精通 / 鼎新文化编著． — 北京：中国铁道出版社，2016.5
（从入门到精通）
ISBN 978-7-113-21633-7

Ⅰ．①W… Ⅱ．①鼎… Ⅲ．①办公自动化－应用软件
Ⅳ．①TP317.1

中国版本图书馆 CIP 数据核字（2016）第 055778 号

书　　名： Word/Excel/PPT 三合一商务办公应用从入门到精通
作　　者： 鼎新文化　编著

策　　划： 巨　凤　　**读者热线电话：** 010-63560056
责任编辑： 苏　茜
责任印制： 赵星辰　　**封面设计：** MXK DESIGN STUDIO

出版发行： 中国铁道出版社（北京市西城区右安门西街 8 号　邮政编码：100054）
印　　刷： 三河市宏盛印务有限公司
版　　次： 2016 年 5 月第 1 版　　2016 年 5 月第 1 次印刷
开　　本： 787mm×1092mm　1/16　**印张：** 28.75　**字数：** 530 千
书　　号： ISBN 978-7-113-21633-7
定　　价： 55.00 元（附赠光盘）

Preface

前　言

Office 2013 是微软公司推出的最常用、最强大的办公软件。其中，Word、Excel 和 PowerPoint 是 Office 软件中使用最多、应用最广的三个办公组件。因此，我们组织了大量专家与职场办公案例，详细地讲解了 Word、Excel、PowerPoint 三个组件的日常办公应用技能。

本书从读者应用需求出发，打破传统单一讲解知识技能的模式，结合大量工作上的常用案例，讲解了综合办公的相关技能与操作应用，具有“实用性强、参考性强”的特点。本书内容讲解浅显易懂，没有深奥难懂的理论，有的只是实用的操作和丰富的图示说明，使您在学习时可以快速上手。

● 内容安排，全面实用

《Word/Excel/PPT 三合一商务办公应用从入门到精通》针对初学电脑办公的新手，全面并系统地讲解了Word、Excel、PPT最常用三个组件的办公应用技能。全书共分18章，具体内容详见目录。

● 直观易懂的图解写作，一看即会

为了方便初学读者学习，图书采用全新的“图解操作 + 步骤引导”的写作方式进行讲解，省去了烦琐的文字叙述。读者只要按照步骤讲述的方法去操作，就可以一步一步地做出与书中相同的效果。真正做到简单明了，直观易学。

● 书中的技能技巧，案例应用应有尽有

全书在内容安排上，采用“基础知识 + 操作技巧 + 技能训练”的结构，全书共安排 70 多个实用的操作技巧，以及 39 个技能训练和商务办公综合案例，除了让读者掌握基础操作技能外，更重要的是给读者传授了一些应用技巧和实战经验。

● 花一本书的钱，得到多本书的价值

本书还配套了一张多媒体的教学光盘，除了包括本书相关资源内容外，还给读者额外赠送了多本书的教学视频。真正让读者花一本书的钱，得到多本书的学习内容。光盘中具体内容如下：

❶ 本书相关案例的素材文件与结果文件，方便读者学习使用。

❷ 本书内容同步的教学视频（543 分钟），看着视频学习，效果立竿见影。

❸ 赠送：总共 13 讲的《电脑系统安装、重装、备份与还原》多媒体教程。

❹ 赠送：总共 9 讲的《视频学：笔记本电脑选购、使用与故障排除》多媒体教程。

最后，真诚感谢读者购买本书，我们将不断努力，为您奉献更多、更优秀的图书！由于计算机技术发展非常迅速，加上编者水平有限、时间仓促，错误之处在所难免，敬请广大读者和同行批评指正。

编 者

2016 年 2 月

Contents

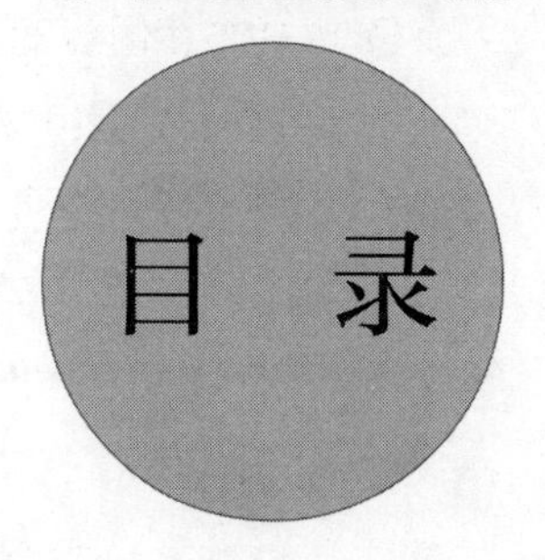

Chapter 01 Office 2013 商务办公快速入门

Chapter 02 Word 办公文档的录入与编辑

Chapter03 Word 办公文档的编排与美化

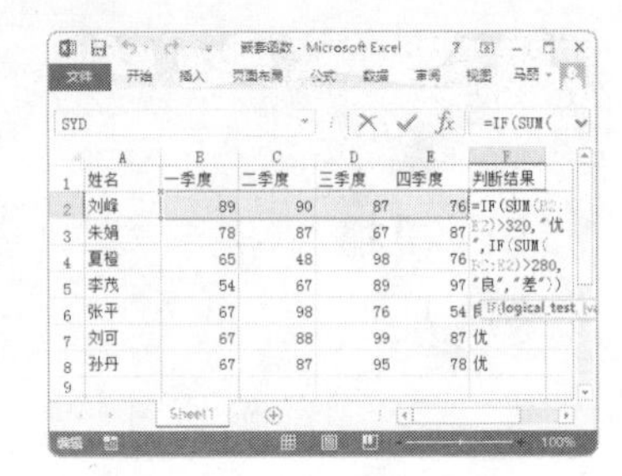

Chapter04 Word 办公中表格的创建与编辑

Chapter05 在 Word 中制作图文混排的办公文档

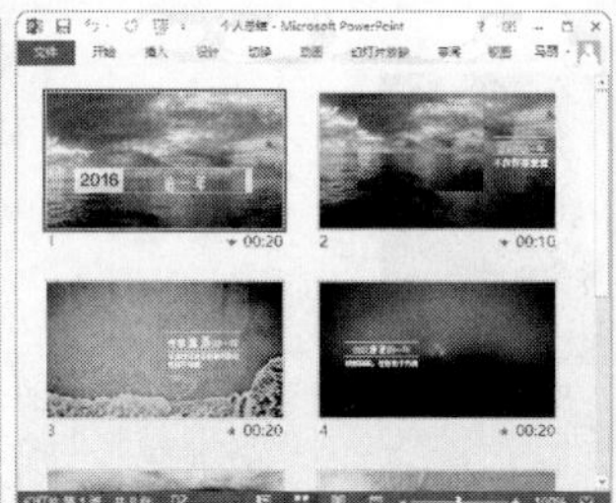

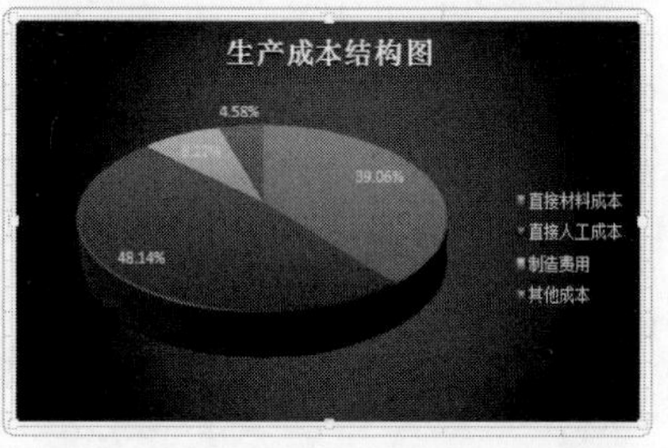

Chapter06 Word 文档的高级排版功能应用

Chapter07 Word 办公文档的审阅、修订与邮件合并

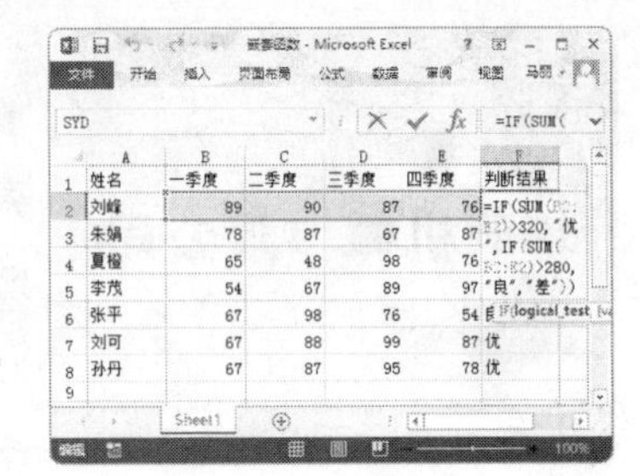

Chapter08 Excel 电子表格的创建与编辑

Chapter09 Excel 电子表格的美化与打印

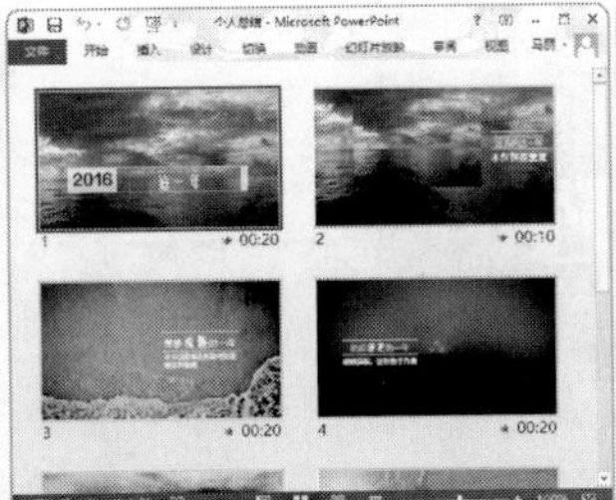

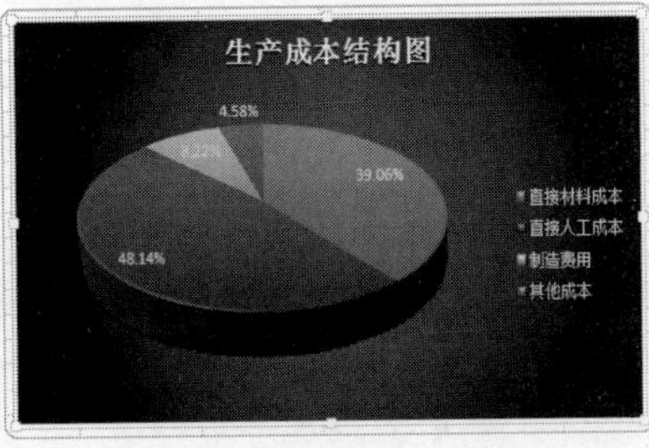

Chapter10 Excel 公式与函数的使用

Chapter11 Excel 数据的排序、筛选与汇总分析

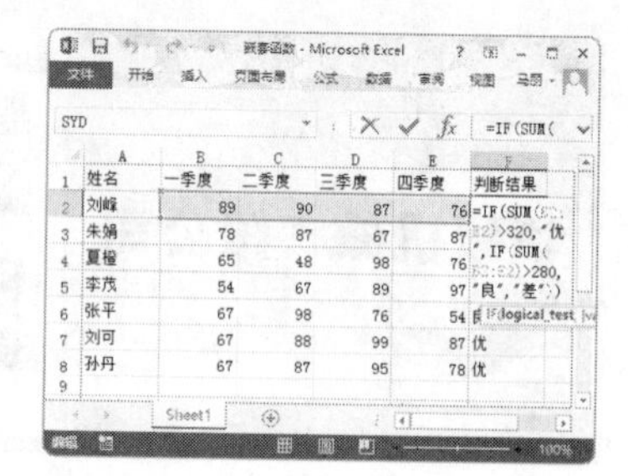

Chapter12 使用 Excel 图表与数据透视表分析数据

Chapter13 PowerPoint 演示文稿的创建与编辑

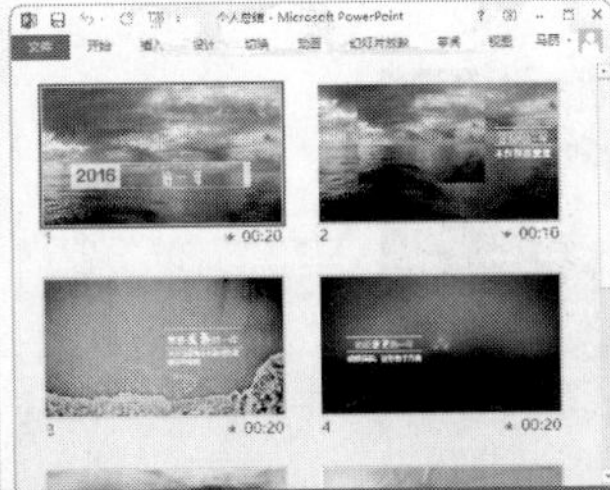
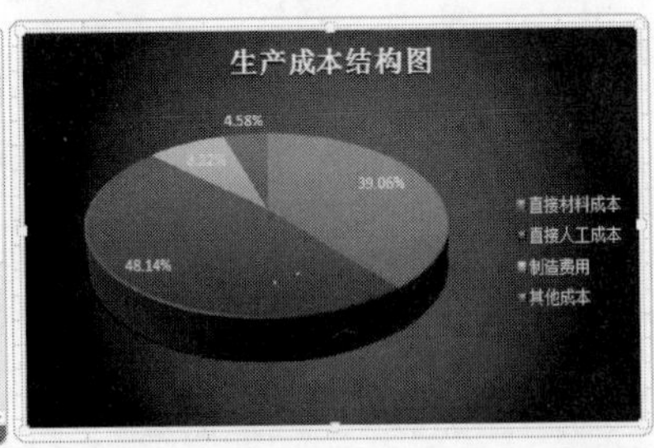

Chapter14 PowerPoint 幻灯片的设计

Chapter15 放映与输出演示文稿

Chapter16 实战应用——Word、Excel、PPT 在文秘与行政工作中的应用

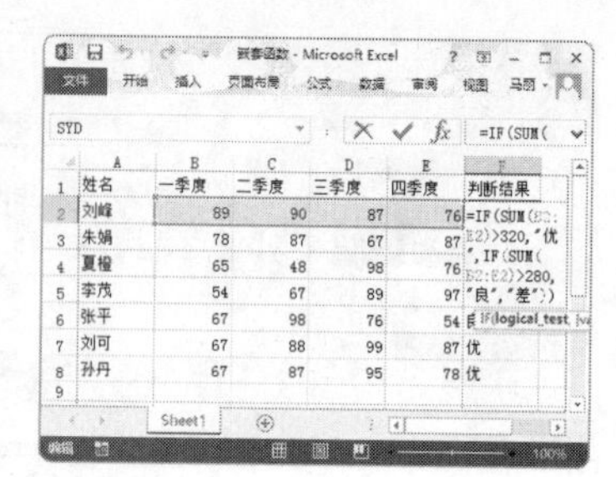

Chapter17 实战应用——Word、Excel、PPT 在人力资源管理工作中的应用

Chapter18 实战应用——Word、Excel、PPT 在广告策划与市场营销工作中的应用

Office 2013 商务办公快速入门

本章导读

Office 2013 是微软公司推出的智能办公软件，既保持了以往版本的强大功能，又增加了许多新功能。本章先对 Office 2013 做一个简单的介绍，主要包括认识操作界面、工作环境的设置及文档的基本操作方法，以便为后面的学习打下基础。

学完本章后应该掌握的技能

- 认识 Office 2013 的操作界面
- 掌握 Office 2013 操作环境的设置方法
- 掌握 Word、Excel 和 PPT 文档的基本操作方法

本章相关实例效果展示

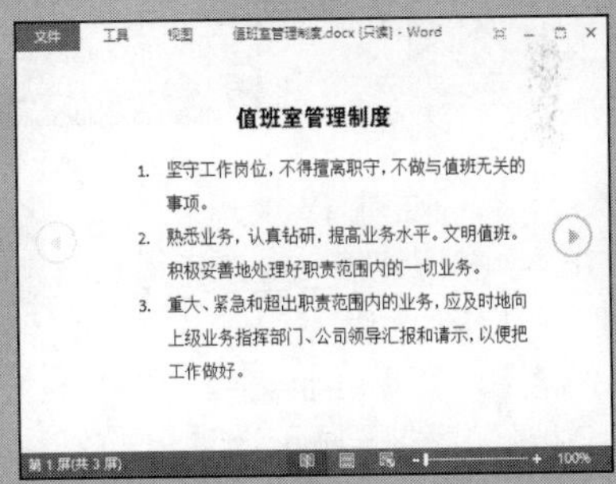

1.1 知识讲解——认识 Office 2013 的操作界面

Office 2013 的各个组件风格相似，启动某个组件程序后，首先打开的窗口中显示了最近使用的文档和程序自带的模板缩略图预览，此时按下“Enter”键或“Esc”键可跳转到空白文档界面，这才是我们要进行各种文档编辑的工作界面。

1.1.1 Word 2013 的操作界面

默认情况下，Word 2013 的操作界面主要由标题栏、功能区、导航窗格、文档编辑区和状态栏 5 部分组成。

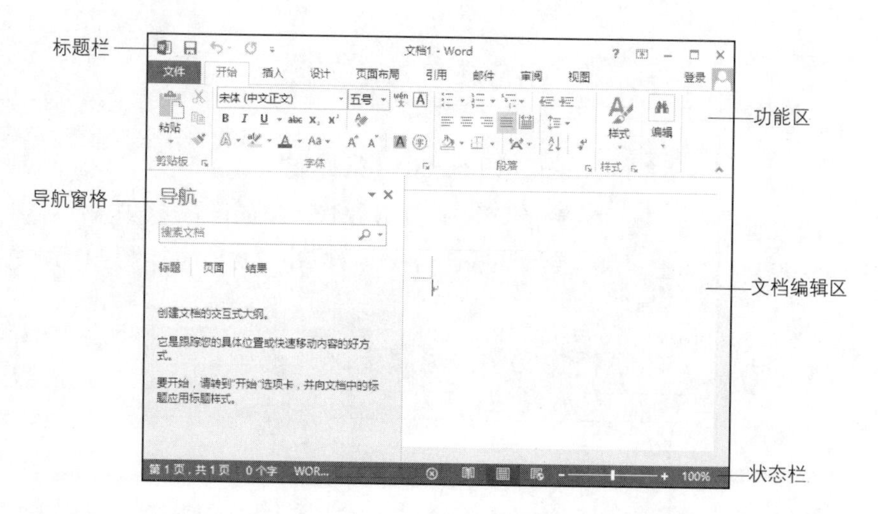

1. 标题栏

标题栏位于窗口的最上方，从左到右依次为控制菜单图标，快速访问工具栏、正在操作的文档的名称、程序的名称、“Microsoft Word 帮助”按钮 ?、“功能区显示选项”按钮和窗口控制按钮 – □ ×。

- 控制菜单图标：单击该图标，将会弹出一个窗口控制菜单，通过该菜单，可对窗口执行还原、最小化和关闭等操作。
- 快速访问工具栏：用于显示常用的工具按钮，默认显示的按钮有“保存”、“撤销”和“重复”3 个按钮，单击这些按钮可执行相应的操作。
- “Microsoft Word 帮助”按钮：对其单击可打开 Word 2013 的帮助窗口，在其中用户可查找需要的帮助信息。
- “功能区显示选项”按钮：单击该按钮，会弹出一个下拉菜单，通过该菜单，可对功能区的显示方式进行设置。
- 窗口控制按钮：从左到右依次为“最小化”按钮 -、“最大化”按钮 /“向下还原”按钮 □ 和“关闭”按钮 ×，单击相应按钮可执行相应的操作。

2. 功能区

功能区位于标题栏的下方，默认情况下包含“文件”、“开始”、“插入”、“设计”、“页面布局”、“引用”、“邮件”、“审阅”和“视图”9个选项卡，单击某个选项卡可将其展开。此外，当在文档中选中图片、艺术字、文本框或表格等对象时，功能区中会显示与所选对象设置相关的选项卡。例如，在文档中选中表格后，功能区中会显示“表格工具/设计”和“表格工具/布局”两个选项卡。

每个选项卡由多个组组成，例如，“开始”选项卡由“剪贴板”、“字体”、“段落”、“样式”和“编辑”5个组组成。有些组的右下角有一个小图标，我们将其称为“功能扩展”按钮，将鼠标指针指向该按钮时，可预览对应的对话框或窗格，单击该按钮，可弹出对应的对话框或窗格。

3. 导航窗格

默认情况下，Word 2013的操作界面显示导航窗格，在导航窗格的搜索框中输入内容，程序会自动在当前文档中进行搜索。

在导航窗格中有“标题”、“页面”和“结果”3个标签，单击某个标签，可切换到相对应的页面。其中，“标题”页面显示当前文档的标题，“页面”页面中是以缩略图的形式显示当前文档的每页内容，“结果”页面中非常直观地显示搜索结果。

专家提示

如果不小心将导航窗格关闭了，可切换到“视图”选项卡，勾选“显示”组中的“导航窗格”复选框。

4. 文档编辑区

文档编辑区位于窗口中央，默认情况下以白色显示，是输入文字、编辑文本和处理图片的工作区域，并在该区域中向用户显示文档内容。

当文档内容超出窗口的显示范围时，编辑区右侧和底端会分别显示垂直与水平滚动条，拖动滚动条中的滚动块或单击滚动条两端的小三角按钮，编辑区中显示的区域会随之滚动，从而可以查看到其他内容。

5. 状态栏

状态栏位于窗口底端，用于显示当前文档的页码、字数、输入语言等信息。状态栏的右端有两栏功能按钮，其中视图切换按钮用于选择文档的视图方式，显示比例调节工具 - + 100% 用于调整文档的显示比例。

1.1.2 Excel 2013的操作界面

与Word 2013的操作界面相比较，Excel 2013操作界面与其相似，此处不再赘述。

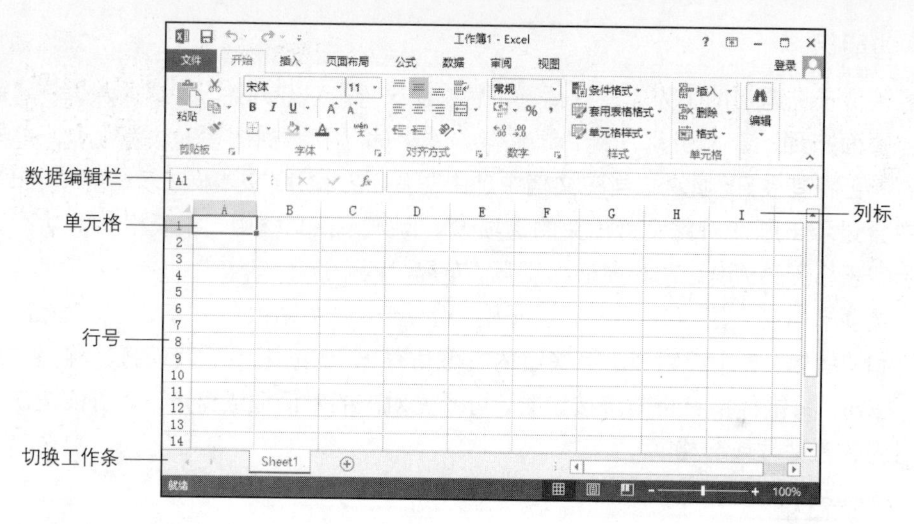

下面主要介绍 Excel 2013 操作界面中的工作表编辑区，工作表编辑区是编辑电子表格的主要场所，主要包括有单元格、数据编辑栏、行号、列标和切换工作条。

1. 单元格

单元格是工作表编辑区中的矩形小方格，它是组成 Excel 表格的基本元素，用于显示和存储用户输入的所有内容。

2. 数据编辑栏

数据编辑栏位于工作表编辑区的正上方，用于显示和编辑当前单元格中的数据或公式。数据编辑栏由单元格名称框、按钮组和编辑框 3 部分组成。

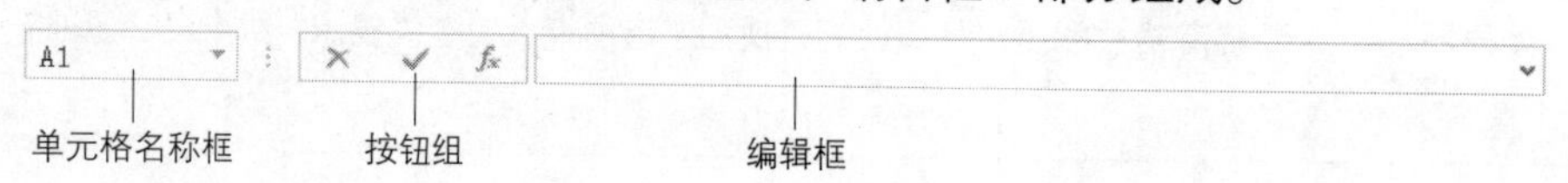

- 单元格名称框：用于显示当前单元格的名称，该名称由大写英文字母和数字两部分组成，大写英文字母表示该单元格的列标，数字表示该单元格的行号。
- 按钮组：当对某个单元格进行编辑时，单击其中的“取消”按钮×可取消编辑，单击“输入”按钮✓可确认编辑，单击“插入函数”按钮fx，可在弹出的“插入函数”对话框中选择需要的函数。
- 编辑框：用于显示单元格中输入的内容，将光标插入点定位在编辑框内，还可对当前单元格中的数据进行修改和删除等操作。

3. 行号和列标

在工作表编辑区右侧显示的阿拉伯数字是行号，上方显示的大写英文字母是列标，通过它们可确定单元格的位置。例如单元格“A1”表示它处于工作表中第 A 列的第 1 行。

4. 切换工作条

切换工作条位于工作表编辑区的左下方，由滚动显示按钮、工作表标签和“新工作表”按钮⊕ 3 部分组成。其中，工作表标签用于切换工作表，单击某个工作表标签可切换到对应的工作表。而“新工作表”按钮位于工作表标签的右侧，单击该按钮，可在当前工作簿中添加新的工作表。

Excel 2013 默认只有一张工作表，因此显示滚动按钮呈灰色状 。当工作簿中有多个工作表且窗口无法完全显示工作表标签时，显示滚动按钮就会显示为可操作状态 ，其使用方法如下。

- 单击 按钮，工作表标签会向左移动一个位置。
- 单击 按钮，工作表标签会向右移动一个位置。
- Crtl+ 单击 按钮，可快速显示出第一个工作表标签。
- Crtl+ 单击 按钮，可快速显示出最后一个工作表标签。

1.1.3 PowerPoint 2013 的操作界面

启动 PowerPoint 2013 后，会发现其工作界面与 Office 2013 其他组件的操作界面相似，所以相同部分将不再阐述，下面介绍与其他组件不同的部分。

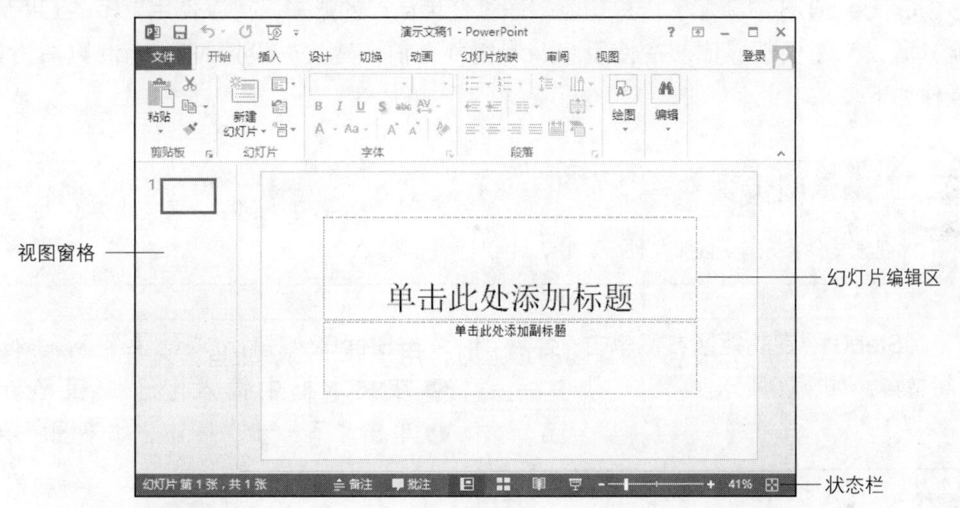

1. 幻灯片编辑区

PowerPoint 窗口中间的白色区域为幻灯片编辑区，该部分是演示文稿的核心部分，主要用于显示和编辑当前幻灯片。

2. 视图窗格

视图窗格位于幻灯片编辑区的左侧，该窗格中以缩略图的形式显示当前演示文稿中的所有幻灯片。

3. 状态栏

在 PowerPoint 2013 操作界面的状态栏中，视图切换按钮左侧有“备注”和“批注”两个功能按钮，其使用方法如下。

单击“备注”按钮，将会在幻灯片编辑区下方显示“备注”窗格，再次单击该按钮将取消显示“备注”窗格。显示“备注”窗格后，可在该窗格中为当前幻灯片添加注释说明，比如幻灯片的内容摘要等。

单击“批注”按钮，可在幻灯片编辑区右侧显示“批注”窗格，再次单击该按钮将取消显示“批注”窗格。显示“批注”窗格后，可以进行与批注相关的操作。

1.2 知识讲解——Office 2013 操作环境的设置

使用 Office 2013 进行工作前，可以根据自己的使用习惯和工作需求，对其工作环境进行设置。Office 2013 中常用组件操作环境的设置方法相似，下面将以 Word 2013 为例，介绍环境设置的方法。

1.2.1 设置 Microsoft 账户

Office 2013 中新增了账户功能，通过登录自己的账户，可以使用更多的 Office 功能，所以为了便于操作，在使用 Office 组件之前，建议先设置 Microsoft 账户，具体操作如下。

光盘同步文件

视频文件：光盘 \ 视频文件 \ 第 1 章 \1-2-1.mp4

Step01：在功能区右侧单击“登录”超链接，如下图所示。

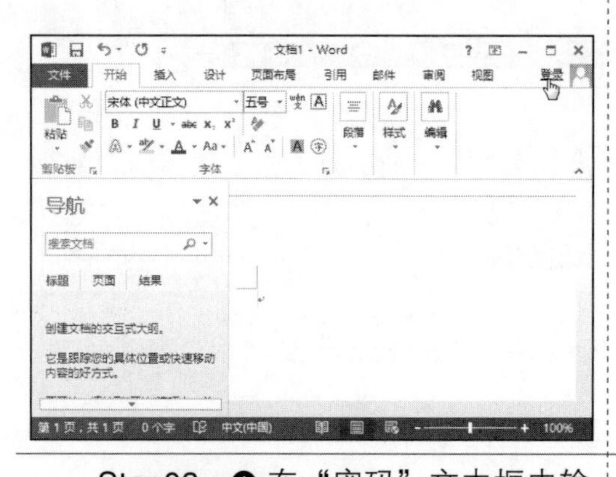

Step02：弹出“登录”对话框，❶ 在文本框中输入电子邮箱地址；❷ 单击“下一步”按钮，如下图所示。

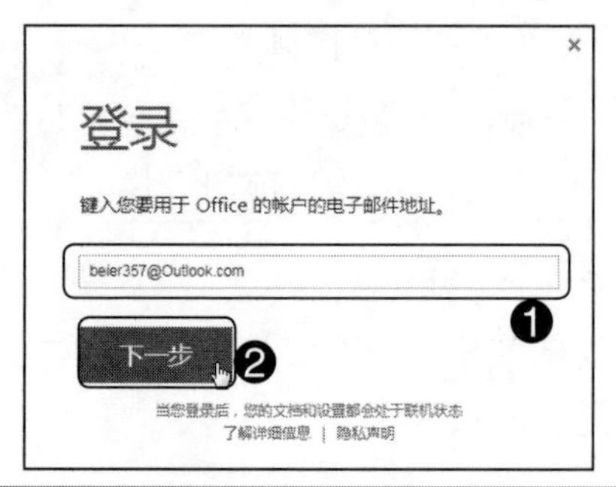

Step03：❶ 在“密码”文本框中输入密码；❷ 单击“登录”按钮，如右图所示。

Step03：成功登录后，功能区右侧会显示个人账户姓名，效果如右图所示。

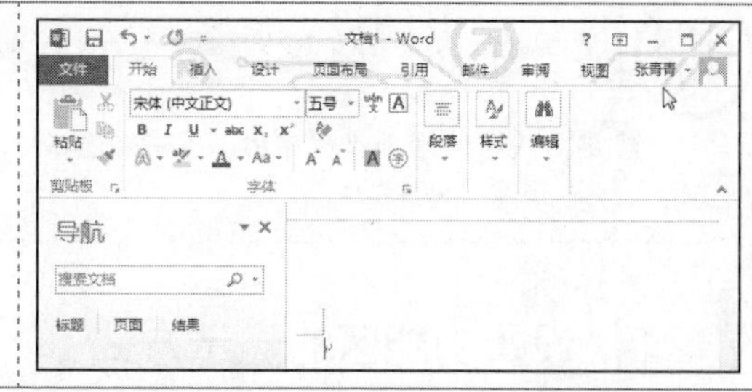

专家提示

成功登录后，若要退出当前账户，可切换到“文件”选项卡，在左侧窗格中单击“账户”按钮，在右侧窗格中将打开“账户”页面，在“用户信息”栏中单击“注销”超链接即可。

1.2.2 自定义快速访问工具栏

在编辑文档的过程中，为了提高文档编辑速度，可以将常用的一些操作按钮添加到快速访问工具栏中。例如，要在快速访问工具栏中添加“新建”按钮，具体操作方法如下。

光盘同步文件

视频文件：光盘\视频文件\第 1 章\1-2-2.mp4

Step01：❶ 单击快速访问工具栏右侧的下拉按钮；❷ 在弹出的下拉菜单中选择“新建”命令，如下图所示。

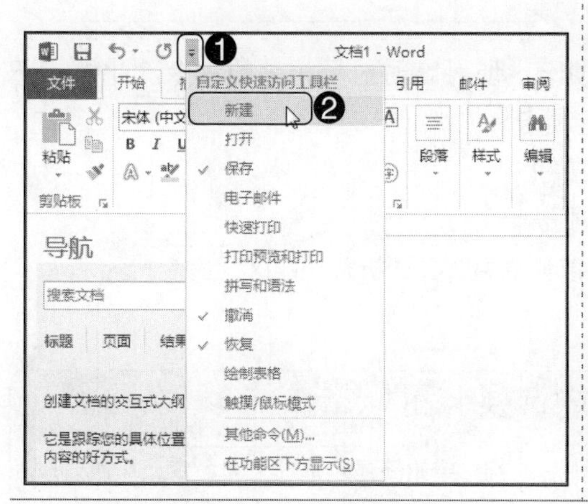

Step02：执行上述操作后，在快速访问工具栏中可见添加的“新建”按钮，效果如下图所示。

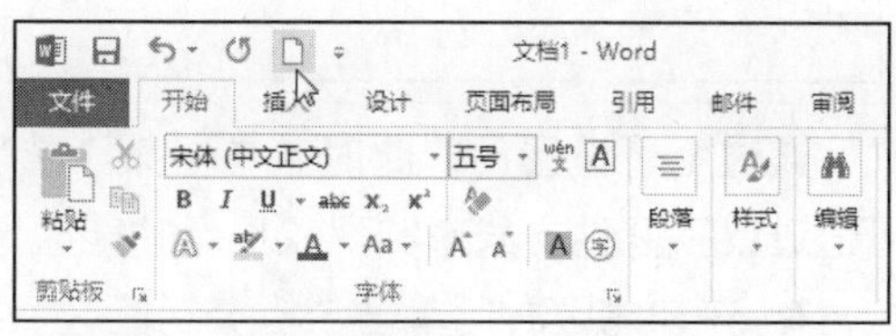

专家提示

单击快速访问工具栏右侧的下拉按钮，在弹出的下拉列表中若选择“其他命令”选项，可在弹出的“Word 选项”对话框的“快速访问工具栏”选项卡中添加其他工具按钮。

专家提示　删除不需要的按钮

若要将快速访问工具栏中的某个按钮删除掉，可右击，在弹出的快捷菜单中选择“从快速访问工具栏删除”命令即可。

1.2.3　设置功能区的显示方式

在编辑文档的过程中，我们还可以根据操作习惯设置功能区的显示方式。默认情况下，功能区将选项卡和命令都会显示，若只是需要显示选项卡，以便扩大文档编辑区的显示范围，可按下面的操作方法实现。

光盘同步文件

视频文件：光盘\视频文件\第 1 章\1-2-3.mp4

Step01：❶ 单击“功能区显示选项”按钮；❷ 选择“显示选项卡”命令，如下图所示。

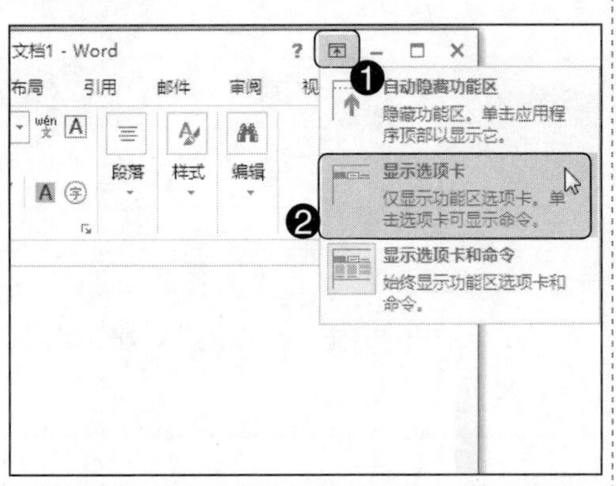

Step02：此时，操作界面中将只显示功能区选项卡，效果如下图所示。

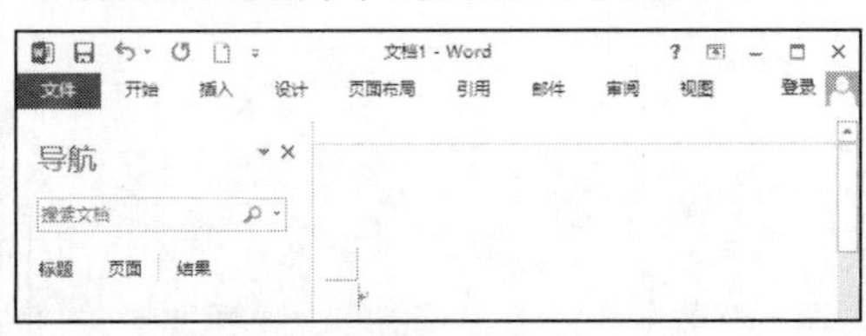

专家提示

若选择“自动隐藏功能区”命令，整个功能区都将会被隐藏起来，单击窗口顶端，可临时显示功能区。

通过上述设置后，此时若单击某个选项卡，便可临时显示相关的命令。此外，还可通过以下几种方式来实现仅显示功能区选项卡。

- 在功能区右侧单击“折叠功能区”按钮 ^。
- 双击除“文件”选项卡外的任意选项卡。
- 右击功能区的任意位置，在弹出的快捷菜单中选择“折叠功能区”命令。
- 按下“Ctrl+F1”组合键。

知识拓展　始终显示功能区的选项卡和命令

将功能区的显示方式设置为“显示选项卡”后，若希望始终显示选项卡和命令，可通过以下几种方式实现。

- 双击除“文件”选项卡外的任意选项卡。
- 按下“Ctrl+F1”组合键。

1.2.4 修改文档的自动保存时间间隔

Word 提供了自动保存功能，每隔一段时间会自动保存一次文档，从而最大限度地避免了因为停电、死机等意外情况导致当前编辑的内容丢失。

默认情况下，Word 每隔 10 分钟自动保存一次文档，如果希望改变间隔时间，可按照下面的操作方法进行设置。

光盘同步文件

视频文件：光盘 \ 视频文件 \ 第 1 章 \1-2-4.mp4

Step01：单击“文件”选项卡，如下图所示。

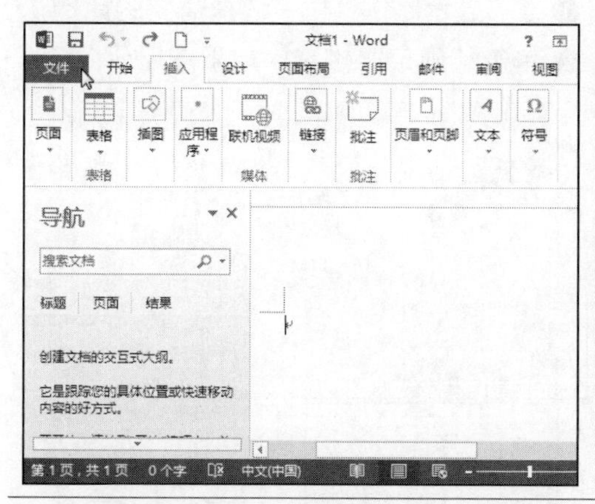

Step02：单击“选项”按钮，如下图所示。

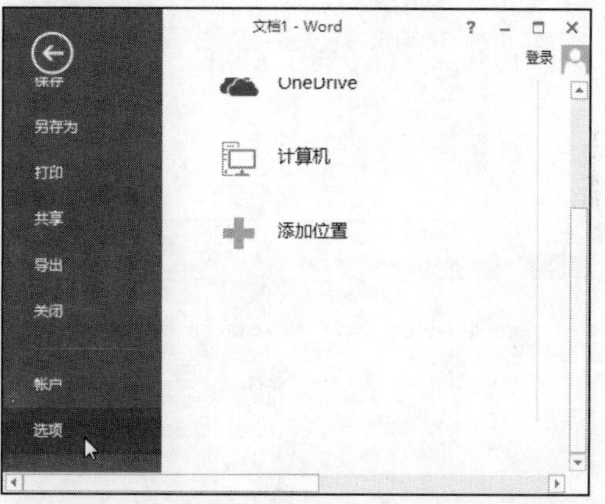

Step03：弹出“Word 选项”对话框，❶单击“保存”选项卡；❷在“保存文档”栏中，“保存自动恢复信息时间间隔”复选框默认为勾选状态，此时只需在右侧的微调框中设置自动保存的时间间隔；❸单击“确定”按钮，如右图所示。

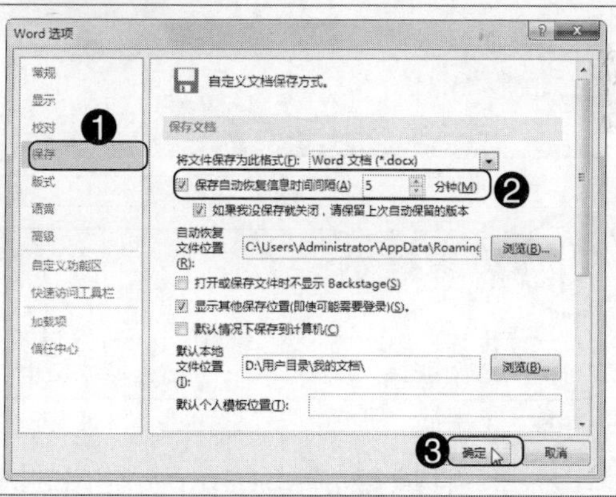

专家提示

自动保存的时间间隔不宜设置得过长或过短，如果设置得过长，容易因为各种原因不能及时保存文档内容；如果设置得过短，频繁的保存会影响文档的编辑，从而降低电脑的运行速度。因此，将自动保存的时间间隔设置为 5 ~ 10 分钟为宜。

通过上述设置后，Word 会按照设置的时间间隔自动保存文档，若文档在非正常关闭的情况下，再次启动 Word 程序时，Word 窗口左侧将显示最近一次保存的文档，单击某个文档，会打开自动保存过的内容，此时可对其进行保存操作，从而把损失降低到最小。

1.2.5 设置文档显示比例

默认情况下，Word 文档的显示比例为 100%，根据个人操作习惯，用户可以对其进行调整，具体操作步骤如下。

光盘同步文件

视频文件：光盘\视频文件\第 1 章\1-2-5.mp4

Step01：❶ 单击“视图”选项卡；❷ 单击“显示比例”组中的“显示比例”按钮，如下图所示。

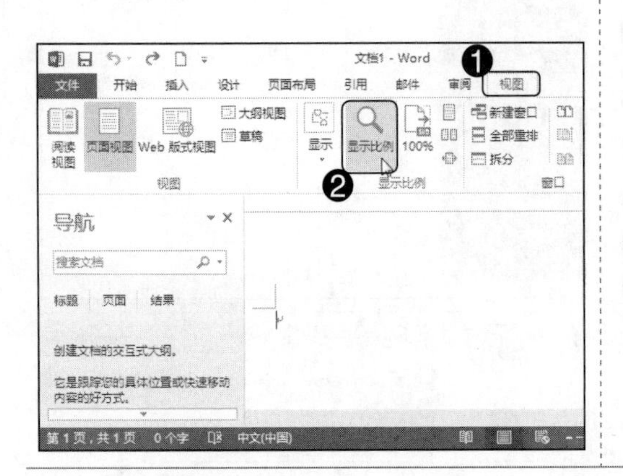

Step02：弹出“显示比例”对话框，❶ 在“显示比例”栏中选择需要的比例；❷ 单击“确定”按钮，如下图所示。

专家提示

弹出“显示比例”对话框后，还可通过“百分比”微调框自定义设置需要的显示比例。

1.2.6 设置最近使用的文档的数目

启动某个组件程序后，在打开的窗口左侧有一个“最近使用的文档”页面，该页面中显示最近使用的文档，单击某个文档选项可快速打开该文档。默认情况下，“最近所用文件”界面中显示最近使用过的 25 个文档，如果需要更改显示的个数，可打开“Word 选项”对话框，切换到“高级”选项卡，在“显示”选项组中，通过“显示此数目的‘最近使用的文档’”微调框设置文档显示数目，然后单击“确定”按钮即可，如下图所示。

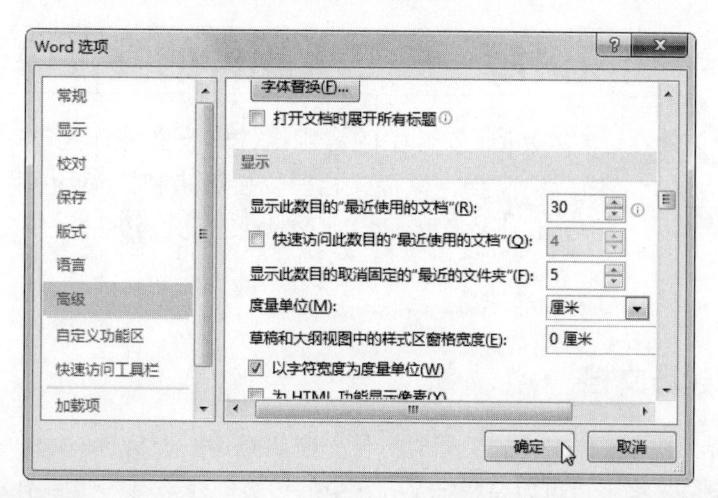

专家提示

如果将“显示此数目的‘最近使用的文档’”微调框的值设置为“0”，则“最近使用的文档”界面中将不再显示最近使用过的文档。

1.3 知识讲解——三大组件的共性操作

Office 软件中的常用组件的一些操作是非常相似的，例如新建文档、保存文档等，接下来将以 Word 为例子，讲解 Word、Exce 和 PowerPoint 这三大组件的一些共性操作。

1.3.1 创建新文档

使用 Word 制作各种各样的文档时，首先需要新建一个 Word 文档。新建的文档可以是一个空白文档，也可以是根据 Word 中的模板创建带有一些固定内容和格式的文档。下面来学习 Word 文档的创建方法。

1. 新建空白文档

启动 Word 2013 程序后，在打开的窗口中将显示最近使用的文档和程序自带的模板缩略图预览，此时按下“Enter”键或“Esc”键，便可自动创建一个名为“文档 1”的空白文档。再次重复该操作，系统会以“文档 2”、“文档 3”……这样的顺序对新文档进行命名。除此之外，还可通过以下几种方式新建空白文档。

- 在 Word 操作环境下，按下“Ctrl+N”组合键可快速创建新空白文档。
- 在 Word 操作环境下，切换到“文件”选项卡，在左侧窗格选择“新建”命令，在右侧窗格中选择“空白文档”选项即可。

2. 根据模板创建文档

启动 Word 2013 后，在接下来打开的窗口中会显示程序自带的模板缩略图预览，这些模板缩略图既包含已下载到电脑上的模板，也包含未下载的 Word 模板，利用这些模板，用户可快速创建各种专业的文档。根据模板创建文档的具体操作步骤如下。

光盘同步文件

视频文件：光盘 \ 视频文件 \ 第 1 章 \1-3-1.mp4

Step01：❶ 在程序自带的模板缩略图预览中，单击需要的模板选项；❷ 在打开的窗口中可放大显示该模板，直接单击“创建”按钮，如右图所示。

Step02：若选择的是未下载过的模板，则系统会自行下载模板，完成下载后，Word 会基于所选模板自动创建一个新文档，效果如右图所示。

1.3.2 保存文档

对文档进行相应的编辑后，可通过 Word 的保存功能将其存储到电脑中，以便以后查看和使用。如果不保存，编辑的文档内容就会丢失。若要将新建的文档保存到电脑中，可按下面的操作方法执行。

光盘同步文件

视频文件：光盘 \ 视频文件 \ 第 1 章 \1-3-2.mp4

Step01：在新建的文档窗口中，按“Ctrl+S”组合键或者单击快速访问工具栏中的“保存”按钮，如下图所示。

Step02：❶ 在“另存为”栏中单击“计算机”选项；❷ 在右侧窗格中可看到最近访问的文件夹，如果其中没有需要的保存位置，可单击下方的“浏览”按钮，如下图所示。

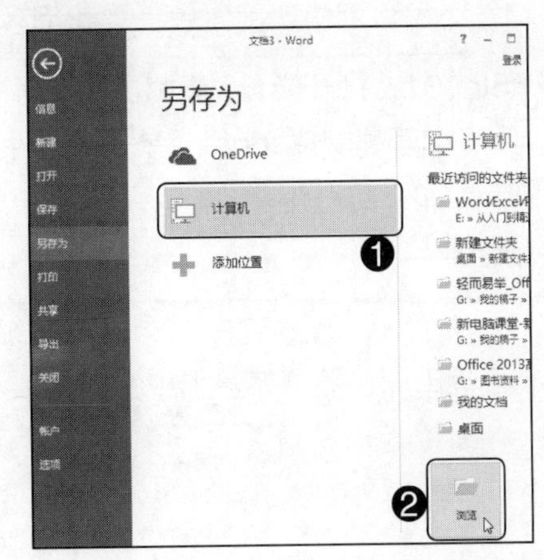

Step03：弹出“另存为”对话框，❶ 设置保存路径；❷ 输入文件名；❸ 单击“保存”按钮即可，如右图所示。

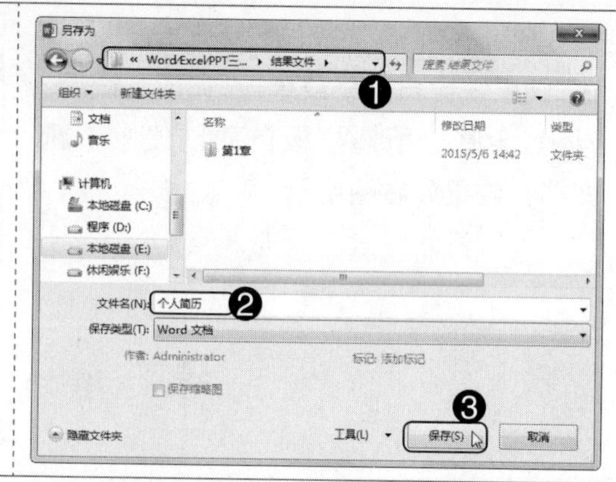

专家提示

对原文档进行了各种编辑后，如果希望不改变原文档的内容，可将修改后的文档另存为一个文档，方法为：在要进行另存的文档中切换到“文件”选项卡，选择左侧窗格的“另存为”命令，在右侧窗格打开“另存为”页面，此时参照新建文档的保存方法设置保存路径及文件名即可。

1.3.3 加密保存文档

对于非常重要的文档，为了防止其他用户查看，可以设置打开文档时的密码，以达到保护文档的目的。设置密码的具体操作步骤如下。

光盘同步文件

素材文件：光盘 \ 素材文件 \ 第 1 章 \ 值班室管理制度 .docx
结果文件：光盘 \ 结果文件 \ 第 1 章 \ 值班室管理制度 .docx
视频文件：光盘 \ 视频文件 \ 第 1 章 \1-3-3.mp4

Step01：打开光盘 \ 素材文件 \ 第 1 章 \ 值班室管理制度 .docx，单击“文件”选项卡，如下图所示。

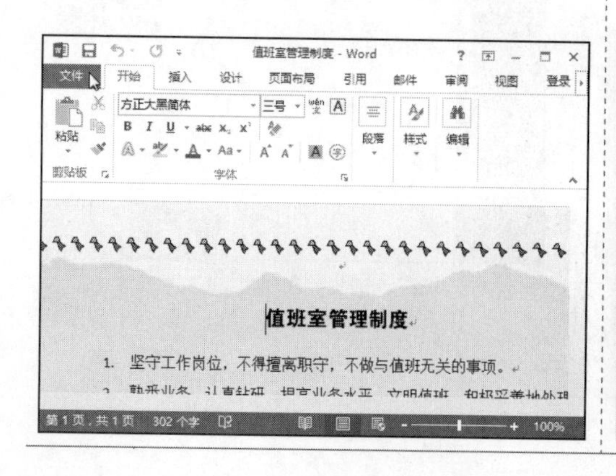

Step02：左侧窗格默认显示“信息”页面，❶ 单击“保护文档”按钮；❷ 在弹出的下拉菜单中选择“用密码进行加密”命令，如下图所示。

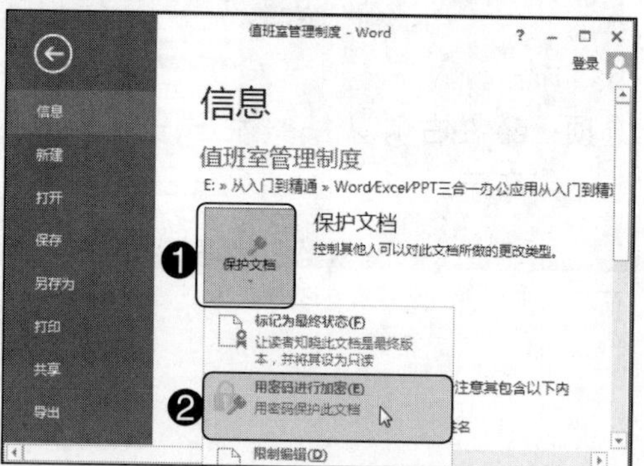

Step03：弹出“加密文档”对话框，❶在“密码”文本框中输入密码“123456”；❷单击“确定”按钮，如下图所示。

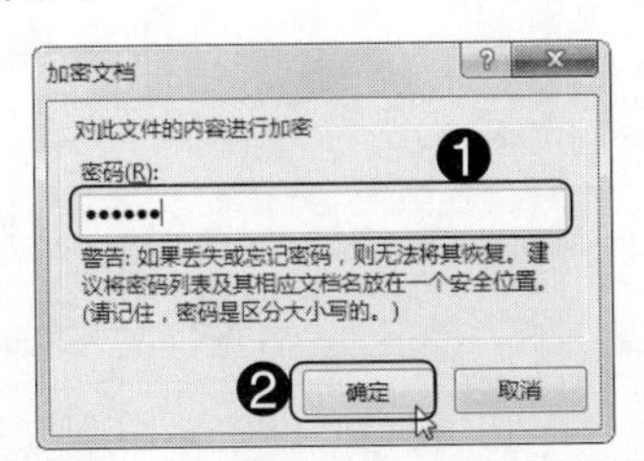

Step04：弹出“确认密码”对话框，❶在“重新输入密码”文本框中再次输入设置的密码“123456”；❷单击“确定”按钮，如下图所示。

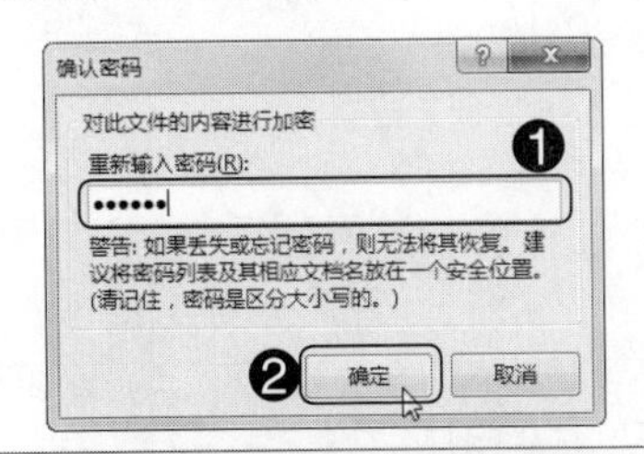

Step05：返回文档并进行保存操作。此后，如果打开该文档时，会弹出“密码”对话框，此时需要输入正确的密码才能打开该文档，效果如右图所示。

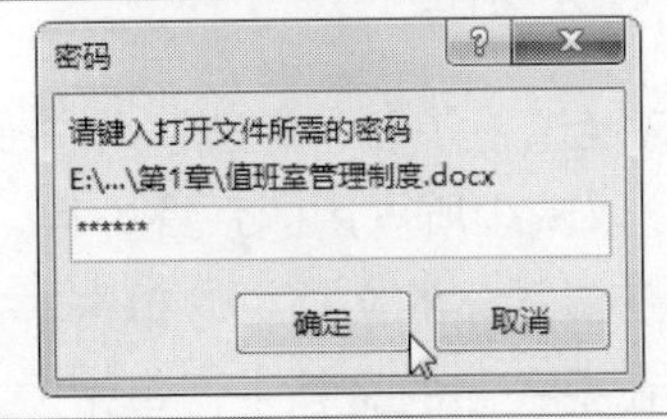

知识拓展　取消文档的密码保护

若要取消文档的密码保护，需要先打开该文档，然后打开“加密文档”对话框，将“密码”文本框中的密码删除，单击“确定”按钮即可。

1.3.4　打开文档

若要对电脑中已有的文档进行编辑，需要先将其打开。一般来说，先进入该文档的存放路径，再双击文档图标即可将其打开。此外，还可通过“打开”命令打开文档，具体操作步骤如下。

光盘同步文件

视频文件：光盘\视频文件\第 1 章\1-3-4.mp4

Step01：在 Word 窗口的“文件”选项卡界面中，❶在左侧窗格中选择“打开”命令；❷在中间窗格单击“计算机”选项；❸在右侧窗格单击“浏览”按钮，如右图所示。

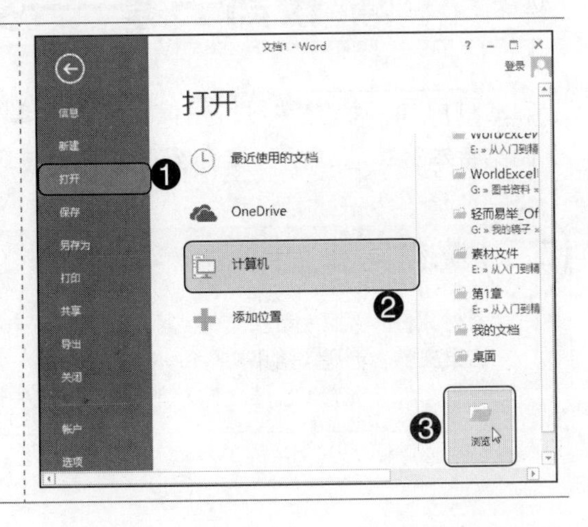

Step02：弹出“打开”对话框，❶找到需要打开的文档；❷单击“打开”按钮即可，如下图所示。

1.3.5 关闭文档

对文档进行了各种编辑操作并保存后，如果确认不再对文档进行任何操作，可将其关闭，以减少所占用的系统内存。关闭文档的方法有以下几种。

- 在要关闭的文档中，单击右上角的“关闭”按钮。
- 在要关闭的文档中，单击左上角的控制菜单图标，在弹出的窗口控制菜单中单击“关闭”命令。
- 在要关闭的文档中，切换至“文件”选项卡，选择左侧窗格的“关闭”命令。
- 在要关闭的文档中，按“Ctrl+F4”或“Alt+F4”组合键。

专家提示

关闭 Word 文档时，若没有对各种编辑操作进行保存，则执行关闭操作后，系统会弹出提示对话框询问用户是否对文档所做的修改进行保存，此时可进行如下操作。

- 单击“保存”按钮，可保存当前文档，同时关闭该文档。
- 单击“不保存”按钮，将直接关闭文档，且不会对当前文档进行保存，即文档中所作的更改都会被放弃。
- 单击“取消”按钮，将关闭该提示对话框并返回文档，此时用户可根据实际需要进行相应的编辑。

技高一筹——实用操作技巧

通过前面知识的学习，相信读者已经掌握了 Office 2013 软件的相关基础知识。下面结合本章内容，给大家介绍一些实用技巧。

光盘同步文件

素材文件：光盘 \ 素材文件 \ 第 1 章 \ 技高一筹
结果文件：光盘 \ 结果文件 \ 第 1 章 \ 技高一筹
视频文件：光盘 \ 视频文件 \ 第 1 章 \ 技高一筹 .mp4

技巧 01 如何取消显示“浮动工具栏”

默认情况下，选择文本后将会自动显示浮动工具栏，通过该工具栏可以快速对选择的文本对象设置格式。如果不需要显示浮动工具栏，可以将其隐藏。例如，要隐藏 Word 2013 的浮动工具栏，操作方法如下。

Step01：在 Word 窗口的“文件”选项卡界面中，在左侧窗格中单击“选项”按钮，如下图所示。

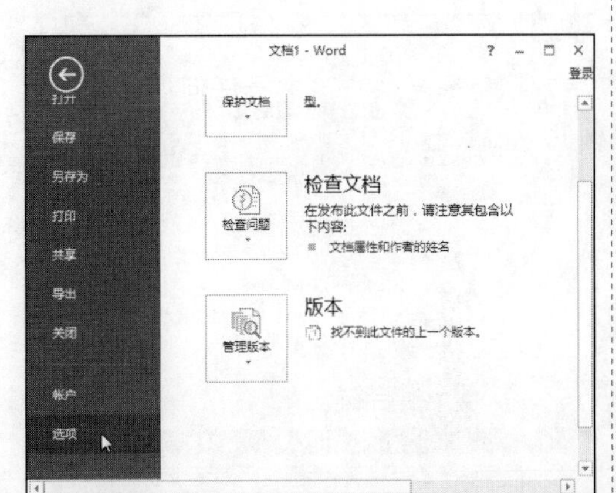

Step02：弹出“Word 选项”对话框，❶在“常规”选项卡的“用户界面选项”选项组中取消勾选“选择时显示浮动工具栏”复选框；❷单击“确定”按钮即可，如下图所示。

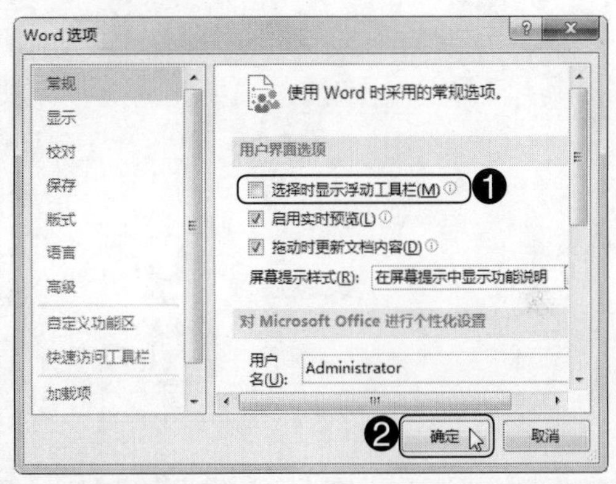

技巧 02 如何更改文档的默认保存路径

新建的 Office 文档都有一个默认保存路径，在实际操作中，用户经常会选择其他保存路径。因此，根据操作需要，用户可将常用存储路径设置为默认保存位置。例如，要设置 Word 文档的默认保存路径，具体操作方法为如下。

Step01：在 Word 窗口的“文件”选项卡界面中，在左侧窗格中单击“选项”按钮，如下图所示。

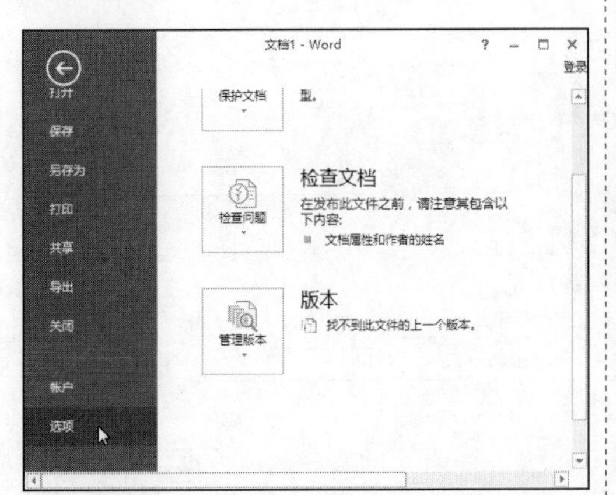

Step02：弹出“Word 选项”对话框，❶单击“保存”选项卡；❷在“保存文档”栏的“默认本地文件位置”文本框中输入常用存储路径（也可通过单击“浏览”按钮进行设置）；❸单击“确定”按钮，如下图所示。

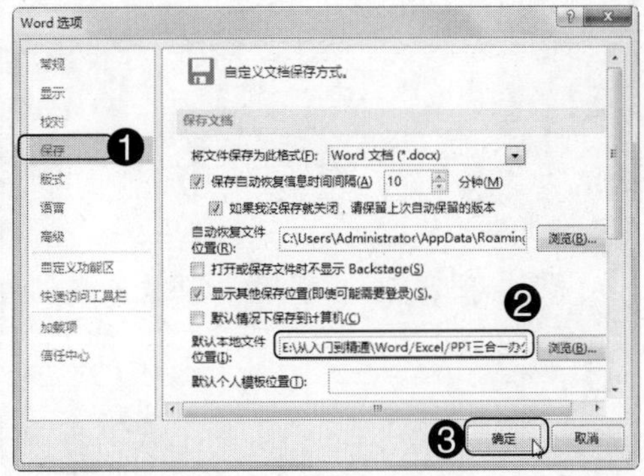

技巧 03 以只读方式打开文档

在要查阅某个文档时，为了防止无意对文档进行修改，可以以只读方式将其打开。例如，要将某个 Word 文档以只读方式打开，可按下面的操作方法实现。

Step01：在 Word 窗口中打开“打开”对话框，❶ 选择需要打开的文档；❷ 单击“打开”按钮右侧的下拉按钮；❸ 在弹出的下拉菜单中选择“以只读方式打开”命令，如下图所示。

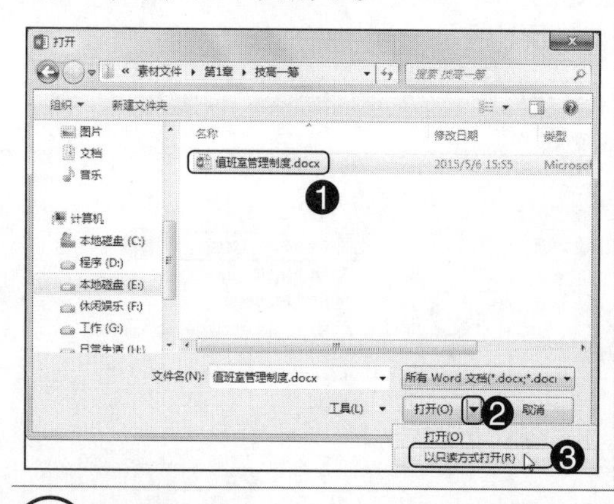

Step02：打开所选文档后，会发现无法对该文档进行相关的编辑操作，效果如下图所示。

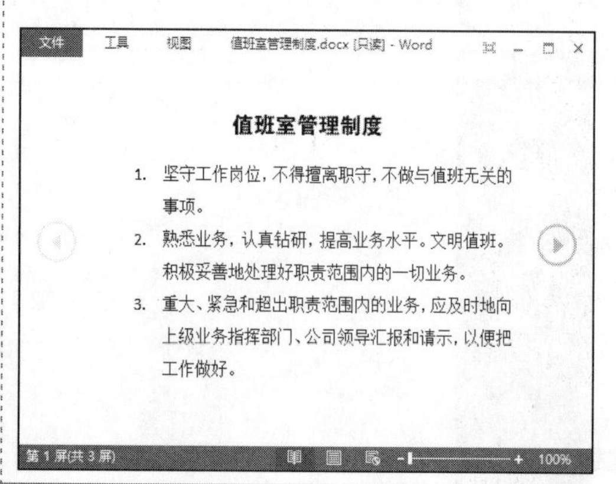

技巧 04 如何将文档保存为低版本的兼容模式

若电脑中仅仅安装了低版本的 Office 程序，则无法打开 Office 2013 版本编辑的文档，针对该类情况，可以将文档保存为 Word 97-2003 兼容模式。例如要将 Word 2013 编辑的文档保存为 Word 97-2003 兼容模式，可按下面的操作方法执行。

Step01：打开需要保存为兼容模式的文档，❶ 在“文件”选项卡界面的左侧窗格单击“另存为”按钮；❷ 在“另存为”栏中选择“计算机”选项；❸ 单击“浏览”按钮，如下图所示。

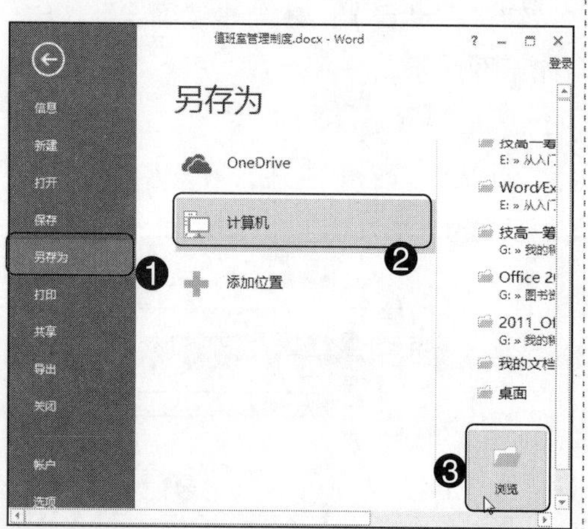

Step02：弹出“另存为”对话框，❶ 在“保存类型”下拉列表中选择“Word 97-2003 文档(*.doc)”选项；❷ 单击“保存”按钮，如下图所示。

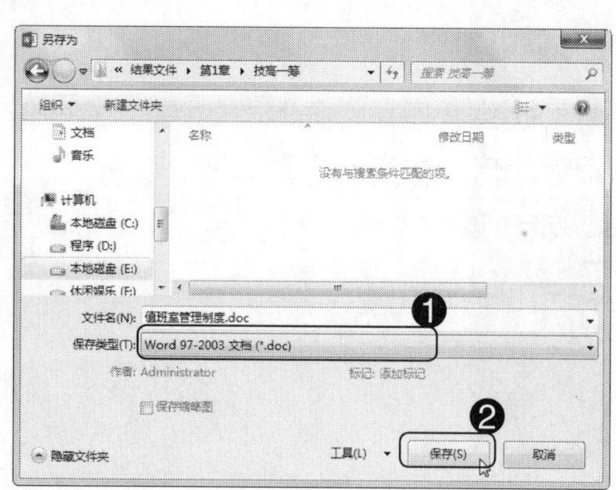

专家提示

如果文档内容含有图形、图像对象，则将其保存为兼容模式时会弹出对话框，提示用户会让某些功能丢失或降级，此时单击“继续”按钮即可。

技巧 05 将文档保存为 PDF 类型的文件

完成文档的制作后，还可根据需要转换为 PDF 类型的文件。例如要将 Word 文档转换为 PDF 文档，可以按下面的操作方法实现。

Step01：打开需要转换为 PDF 格式的文档，❶ 在“文件”选项卡的界面中单击左侧窗格的“导出”按钮；❷ 在中间窗格选择“创建 PDF/XPS 文档”命令；❸ 在右侧窗格单击“创建 PDF/XPS”按钮，如下图所示。

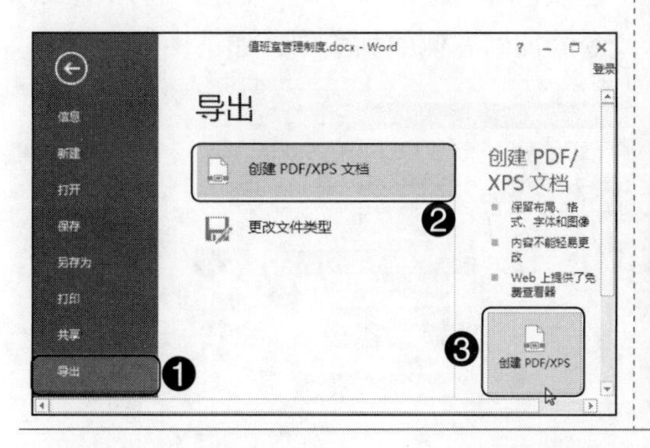

Step02：弹出“发布为 PDF 或 XPS”对话框，❶ 设置文件的保存路径；❷ 设置文件的保存名称；❸ 单击“发布”按钮，如下图所示。

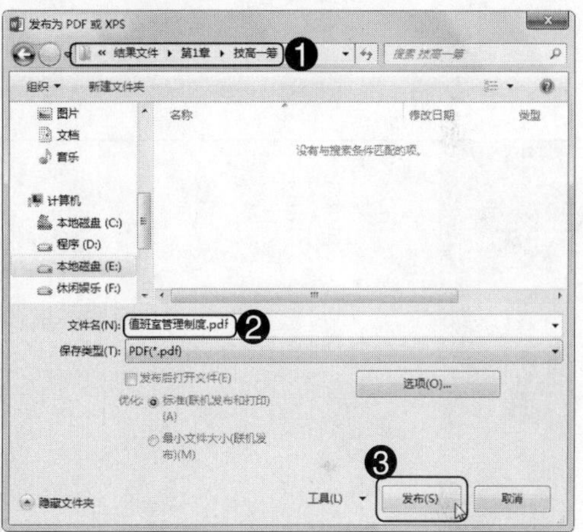

技能训练 1——根据需要设置 Word 的个性办公环境

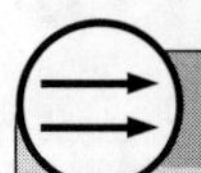

训练介绍

工欲善其事，必先利其器，设置一个适合自己操作习惯的办公环境，工作起来则事半功倍。本实例主要将根据实际情况，以 Word 2013 为例，讲解办公环境的设置过程。

光盘同步文件

视频文件：光盘\视频文件\第 1 章\技能训练 1.mp4

制作关键	技能与知识要点
本实例设置 Word 2013 的办公环境，先在快速访问工具栏中添加“粘贴并只保留文本”按钮，然后将文档的自动保存时间间隔设置为 5 分钟，最后将最近使用的文档的数目设置为 10，完成办公环境的设置	● 自定义快速访问工具栏 ● 修改文档的自动保存时间间隔 ● 设置最近使用的文档的数目

本实例的具体制作步骤如下。

Step01：在 Word 窗口的“文件”界面中，单击左侧窗格的“选项”按钮，如下图所示。

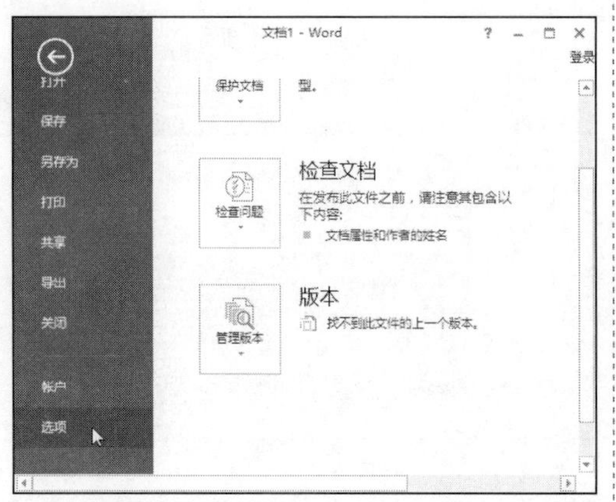

Step02：弹出“Word 选项”对话框，❶ 单击“快速访问工具栏”选项卡；❷ 在“从下列位置选择命令”下拉列表中选择“不在功能区中的命令”选项；❸ 在下面的列表框中选中“粘贴并只保留文本”选项；❹ 单击“添加”按钮，将所选命令添加到右侧的列表中，如下图所示。

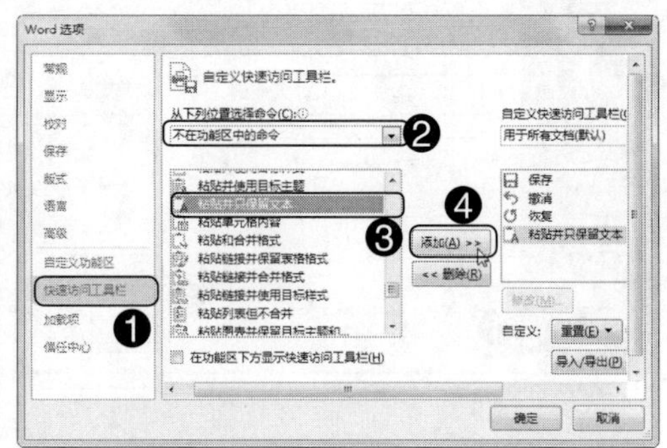

Step03：❶ 单击“保存”选项卡；❷ 在“保存文档”栏中，将“保存自动恢复信息时间间隔”复选框右侧的微调框的值设置为“5”，如下图所示。

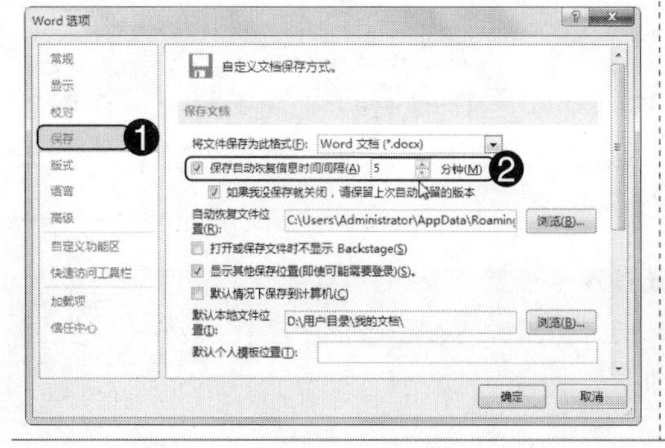

Step04：❶ 单击“高级”选项卡；❷ 在“显示”选项组中，将“显示此数目的‘最近使用的文档’”微调框的值设置为“10”；❸ 单击“确定”按钮，如下图所示。至此，完成了办公环境的设置。

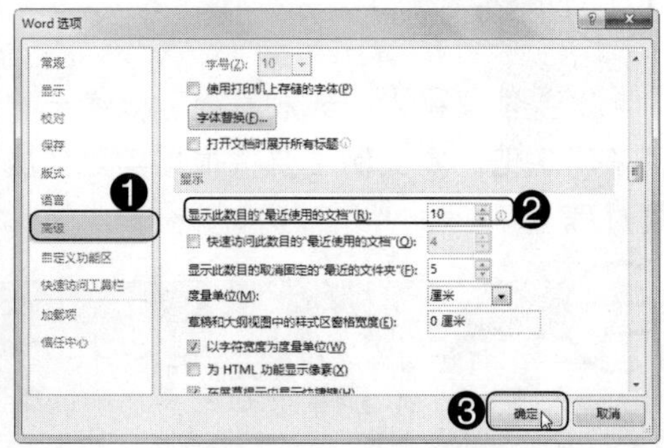

技能训练 2——以低版本的形式加密保存文档

训练介绍

制作好一篇文档后，根据工作需要，可能会发送给同事查阅，那么这时就要将文档保存为 Word 97-2003 的兼容模式，以防止出现对方电脑因为没有安装 Office 2013 而无法打开的情况。另外，如果文档非常重要，可以设定一个密码，以防止文档内容泄密。下面以 Word 2013 文档为例，讲解具体操作方法。

光盘同步文件

素材文件：光盘 \ 素材文件 \ 第 1 章 \ 企业员工薪酬方案 .docx
结果文件：光盘 \ 结果文件 \ 第 1 章 \ 企业员工薪酬方案 .docx
视频文件：光盘 \ 视频文件 \ 第 1 章 \ 技能训练 2.mp4

操作提示

制作关键	技能与知识要点
本实例将 Word 2013 文档以低版本的形式进行加密保存，先打开文档，然后设置文档密码，最后保存为 Word 97-2003 兼容模式。	● 打开文档 ● 设置文档密码 ● 保存文档

操作步骤

本实例的具体制作步骤如下。

Step01：在 Word 窗口的“文件”选项卡界面中，❶ 在左侧窗格中单击“打开”按钮；❷ 在中间窗格单击“计算机”选项；❸ 在右侧窗格单击“浏览”按钮，如下图所示。

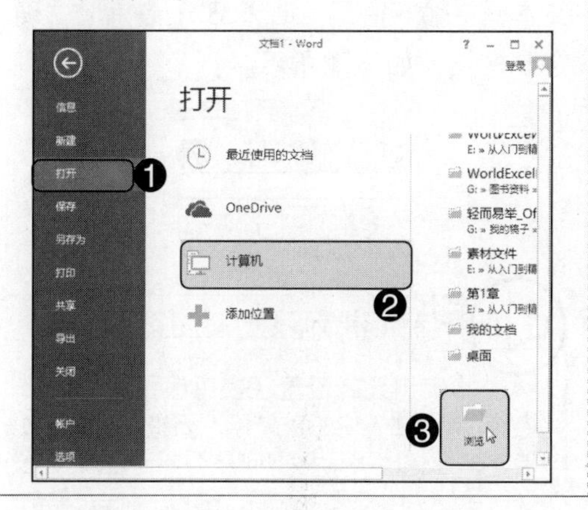

Step02：弹出“打开”对话框，❶ 找到需要打开的文档；❷ 单击“打开”按钮，如下图所示。

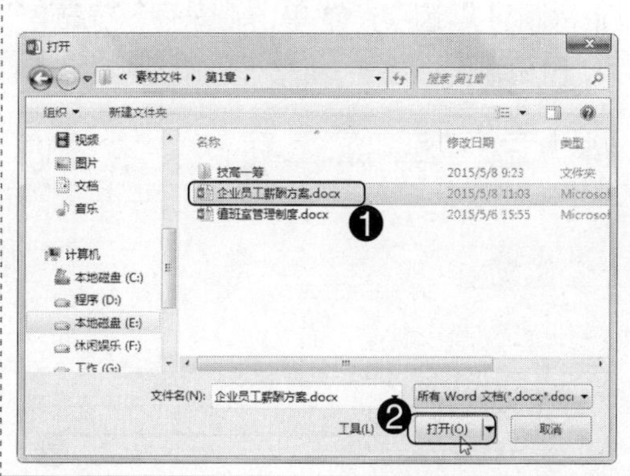

Step03：打开文档后，❶在“开始”界面的“信息”页面中单击“保护文档”按钮；❷在弹出的下拉菜单中选择“用密码进行加密”命令，如下图所示。

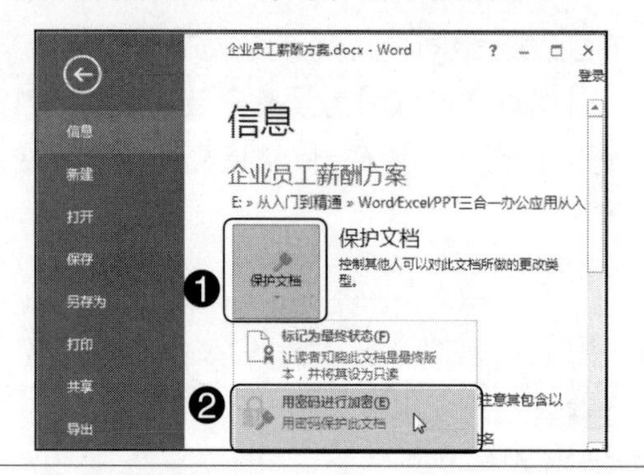

Step04：弹出“加密文档”对话框，❶在“密码”文本框中输入密码“abc123”；❷单击“确定”按钮，如下图所示。

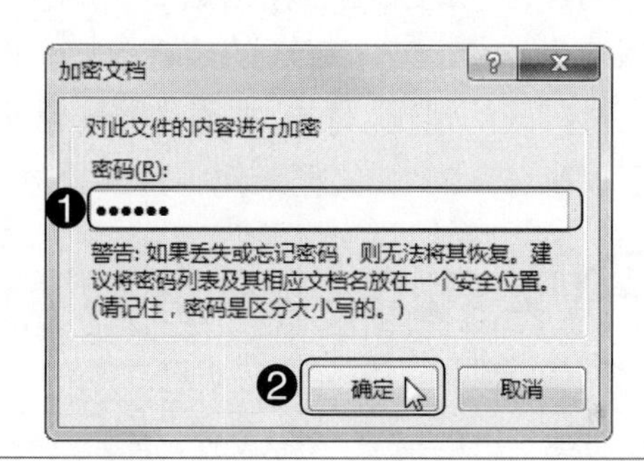

Step05：弹出“确认密码”对话框，❶在“重新输入密码”文本框中再次输入设置的密码“abc123”；❷单击“确定”按钮，如下图所示。

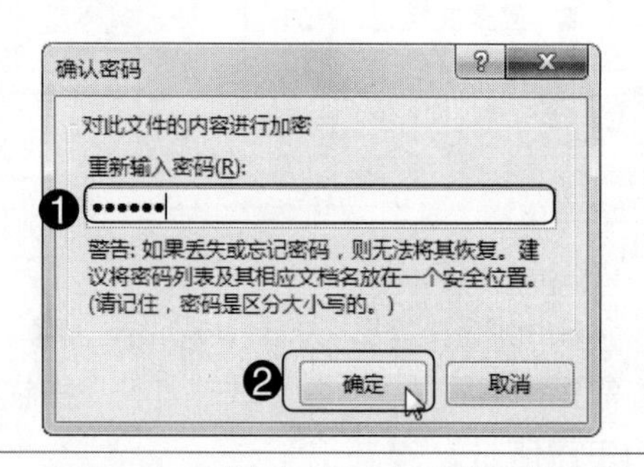

Step06：返回文档，❶在“文件”选项卡界面的左侧窗格单击“另存为”按钮；❷在“另存为”栏中单击“计算机”选项；❸单击“浏览”按钮，如下图所示。

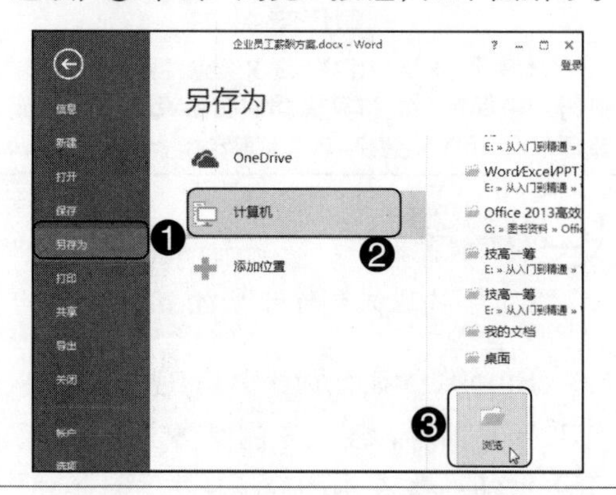

Step07：弹出“另存为”对话框，❶设置保存路径；❷在“保存类型”下拉列表中选择“Word 97-2003 文档（*.doc）”选项；❸单击“保存”按钮，如下图所示。

Step08：找到刚才存放的文档，并将其打开，会弹出“密码”对话框，❶在文本框中输入密码“abc123”；❷单击“确定”按钮，如下图所示。

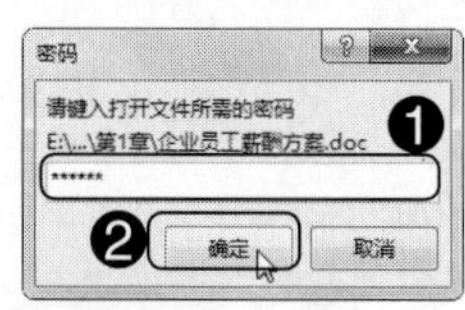

专家提示

本案例是将设置了密码保护的文档转换为 Word 97-2003 文档，因此在保存文档时，会弹出提示框询问是否要通过转换为 Office Open XML 格式来提高安全性，单击“否”按钮即可。

Step09：输入正确的密码后，将打开该文档，并发现文档窗口的标题中含有“[兼容模式]”字样，效果如右图所示。

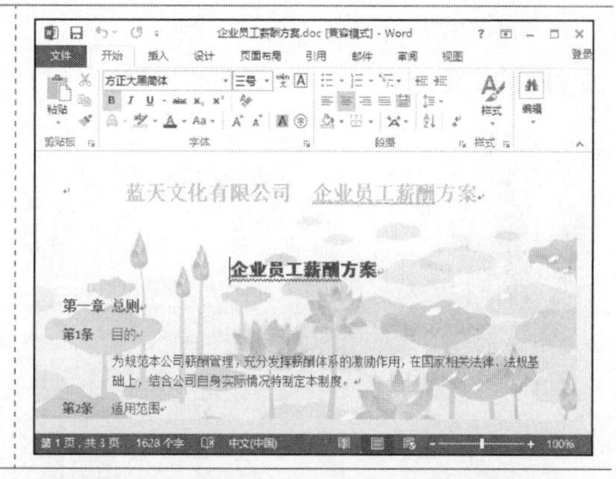

知识拓展　将兼容模式文档转换为 Word 2013 文档

如果要将文档从 Word 97—2003 兼容模式转换为 Word 2013 模式，可以通过下面两种方式实现。

- 打开需要转换的文档，打开“另存为”对话框，在“保存类型”下拉列表中选择“Word 文档 (*.docx) ”选项，单击“保存”按钮即可。
- 在需要转换的文档中，切换到“文件”选项卡，在“信息”页面中单击“转换”按钮，将弹出提示框提示文档将升级到最新的文件格式，此时单击“确定”按钮即可。

本章小结

本章主要对 Office 2013 进行了一个简单的介绍，主要内容包括认识 Office 2013 的操作界面，设置 Office 2013 的工作环境，三大组件的共性操作。通过本章的学习，相信读者对 Office 2013 有了初步的认识与了解，从而在后面的学习中得心应手。

Word 办公文档的录入与编辑

本章导读

在办公应用中，经常会制作各种各样的文档，接下来这一章将讲解如何制作与打印 Word 文档。包括输入文档内容，文档内容的选择、复制等基本操作，文档的打印方法。

学完本章后应该掌握的技能

- 输入文档内容
- 文本的基本操作
- 打印文档

本章相关实例效果展示

公司简介

陕西红太郎酒股份有限公司位于陕西省凤翔县，公司前身陕西省红太郎酒酒厂是 1960 年在周恩来总理的亲切关怀下创建，2000 年改制为陕西红太郎酒股份有限公司。2009 年和 2010 年通过两次增资扩股，实现了股权多元化。目前，股份公司总资产 43.2 亿元，占地面积 108 万平方米，建筑面积 50 万平方米，拥有各种生产设备 4000 多台套，年生产能力 13 万吨。员工4 000 余人，其中：研究员 2 人、高级职称 16 人、中级职称 72 人；国家级白酒评委 5 人，国家注册高级品酒师 8 人、中级品酒师 16 人；省级首席技师 1 人，高级酿酒技师 74 人，酿酒技师 77 人。属国家大型一档企业，是西北地区规模最大的国家名酒制造商、陕西省利税大户之一。

企业主导产品红太郎酒，是我国最著名的四大老牌名白酒之一，是凤香型白酒的鼻祖和典型代表。她孕育于 6000 年前的炎黄文化时期，诞生于3 000年前的殷商晚期，在周秦文化的抚育下成长，在唐宋文化的辉煌中嬗变，在明清文化的滋润下打向海外，新中国成立后涅槃新生，改革开放以来走向辉煌。具有“醇香典雅、甘润挺爽、诸味谐调、尾净悠长”的香味特点和“多类型香气、多层次风味”的典型风格。其“不上头、不干喉、回味愉快”的特点被世人赞为“三绝”、誉为“酒中凤凰”，因而在全国具有广泛的代表性和深厚的群众基础。

联系我们：

地址：陕西省凤翔县

电话：0917-74110033

邮箱：htlj@163.com

关于召开 2014 年度工作总结大会的通知

中心各部门：

经领导班子研究决定，于 2015 年 3 月 5 日（星期四）下午 14：00时，在中心二楼会议室召开 2014 年度工作总结大会，部署 2015 年度相关工作，为确保本次会议的成功召开，现就有关事项通知如下：

一、本次会议届时有 XX 领导参加。

二、中心领导班子成员在会议上分别汇报各自的分管工作，要求结合实际重点汇报 2015 年度相关工作。

三、部门负责人在会议上要结合实际情况汇报 2015 年度的重点工作。

四、所有参会人员必须提前 15 分钟到达会场进行签到，14：00 将准时召开会议。

五、要求参会人员必须做好本次会议记录，会后部门负责同志要及时将会议内容传达给部门人员。

六、中心部门负责人（含）以上领导不得缺席本次会议，汇报工作时要求必须有书面汇报材料。各自书面汇报材料于 3 月 5 日上午 9：00 前送交办公室进行复印。

七、会议汇报工作程序：副主任——财务主管——客服主管——维修部——绿化保洁部——保安部——锅炉班——常务副主任。

八、本次会议共计划 25 人参加，其中中心领导班子 5 人，部门负责人 4 人，办公室 2 人，党员 2 人（XXX、XXX），维修部 2 人，客服部 3 人，保安部 2 人，财务部 1 人，绿化保洁部 1 人，锅炉班 1 人，XX 管委会领导 2 人。部门负责同志按照计划人数各自安排本部门人员参加会议。

九、各部门安排人员参加本次会议时尽量考虑业务骨干、技术能手参加。

十、部门负责人在 3 月 5 日上午 10：00 协助办公室一块布置会场。

特此通知

2015 年 3 月 2 日

放假通知

各部门：

根据国家法定假日安排，经公司领导研究决定，端午节放假安排如下：

放假时间为 6 月 20 日至 6 月 22 日，请各部门根据放假时间做好工作安排，确保工作的正常运转。放假期间，各部门要安排好值班、防火、防盗等安全保卫工作。请有关部门做好节日期间的安全保卫工作，后勤处做好后勤保障工作。

请各部门于 2015 年 6 月 18 日前将值班人员及联系电话一式三份分别送往保卫处、人事处、总经理办公室。

总经理办公室

电话☎：023-12345678

E-mail✉：wmjjgm_office@126.com

时间：2015 年 6 月 17 日

2.1 知识讲解——输入文档内容

要制作一篇 Word 文档，就必须学会怎样输入文档内容，如输入普通的文本内容，输入特殊符号，输入公式等，下面将分别进行讲解。

Chapter 02

2.1.1 定位光标插入点

启动 Word 后，在编辑区中不停闪动的光标“|”为光标插入点，光标插入点所在位置便是输入文本的位置。在文档中输入文本前，需要先定位好光标插入点，其方法有以下几种。

1. 通过鼠标定位

- 在空白文档中定位光标插入点：在空白文档中，光标插入点就在文档的开始处，此时可直接输入文本。
- 在已有文本的文档中定位光标插入点：若文档已有部分文本，当需要在某一具体位置输入文本时，可将鼠标指针指向该处，当鼠标光标呈“I”形状时，单击即可。

2. 通过键盘定位

- 按光标移动键（↑、↓、→或←），光标插入点将向相应的方向进行移动。
- 按“End”键，光标插入点向右移动至当前行行末；按“Home”键，光标插入点向左移动至当前行行首。
- 按“Ctrl+Home”组合键，光标插入点可移至文挡开头；按“Ctrl+End”组合键，光标插入点可移至文挡末尾。
- 按“Page Up”键，光标插入点向上移动一页；按“Page Down”键，光标插入点向下移动一页。

2.1.2 输入普通文本

定位好光标插入点后，切换到自己惯用的输入法，然后输入相应的文本内容即可。在输入文本的过程中，光标插入点会自动向右移动。当一行的文本输入完毕后，插入点会自动转到下一行。在没有输满一行文字的情况下，若需要开始新的段落，可按下“Enter”键进行换行，此时上一段段末会出现一个段落标记↵。输入普通文本的具体操作方法如下。

光盘同步文件

素材文件：光盘\素材文件\无
结果文件：光盘\结果文件\第 2 章\公司简介 .docx
视频文件：光盘\视频文件\第 2 章\2-1-2.mp4

Step01：在空白文档中，切换到惯用的输入法，❶ 按下键盘上的空格键输入空格；❷ 输入文档标题“公司简介”；❸ 按“Enter”键将光标插入点定位在第 2 行行首，如下图所示。

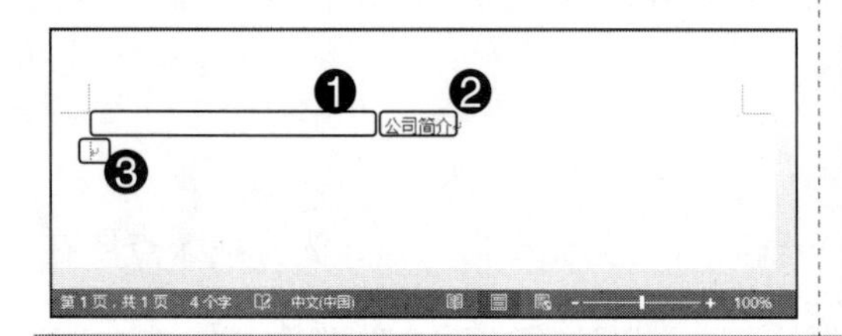

Step02：参照上述操作方法，输入文档其他内容，效果如下图所示。

公司简介

陕西红太郎酒股份有限公司位于陕西省凤翔县，公司前身陕西省红太郎酒厂是 1960 年在周恩来总理的亲切关怀下创建，2000 年改制为陕西红太郎酒股份有限公司。2009 年和 2010 年通过两次增资扩股，实现了股权多元化。目前，股份公司总资产 43.2 亿元，占地面积 108 万平方米，建筑面积 50 万平方米，拥有各种生产设备 4000 多台套，年生产能力 13 万吨。员工 4 000 余人，其中：研究员 2 人、高级职称 16 人、中级职称 72 人；国家级白酒评委 5 人，国家注册高级品酒师 8 人、中级品酒师 16 人；省级首席技师 1 人，高级酿酒技师 74 人，酿酒技师 77 人。属国家大型一档企业，是西北地区规模最大的国家名酒制造商、陕西省利税大户之一。

企业主导产品红太郎酒，是我国最著名的四大老牌名白酒之一，是凤香型白酒的鼻祖和典型代表。她孕育于 6 000 年前的炎黄文化时期，诞生于 3000 年前的殷商晚期，在周秦文化的抚育下成长，在唐宋文化的辉煌中嬗变，在明清文化的滋润下打向海外，新中国成立后涅槃新生，改革开放以来走向辉煌。具有“醇香典雅、甘润挺爽、诸味谐调、尾净悠长”的香味特点和“多类型香气、多层次风味”的典型风格。其“不上头、不干喉、回味愉快”的特点被世人赞为“三绝”，誉为“酒中凤凰”，因而在全国具有广泛的代表性和深厚的群众基础。

联系我们：

地址：陕西省凤翔县

电话：0917-74110033

邮箱：htlj@163.com

专家提示

在输入文档内容的过程中，对于常用的标点符号，如逗号“，”、句号“。”、顿号“、”等，我们可通过键盘直接输入，而问号“？”、冒号“：”、省略号“……”、小括号“（ ）”等，我们可使用“Shift”键配合输入。

2.1.3 在文档中插入符号

在输入文档内容的过程中，除了输入普通的文本之外，还可输入一些特殊文本，如“#”、“&”等符号。有些符号能够通过键盘直接输入，但有的符号却不能，如“P”、“№”、“B”等，这时可通过插入符号的方法进行输入，具体操作步骤如下。

光盘同步文件

素材文件：光盘\素材文件\第 2 章\公司简介 1.docx

结果文件：光盘\结果文件\第 2 章\公司简介 1.docx

视频文件：光盘\视频文件\第 2 章\2-1-3.mp4

Step01：打开光盘\素材文件\第 2 章\公司简介 1.docx，❶ 将光标插入点定位到需要插入符号的位置，如“地址”之后；❷ 切换到“插入”选项卡；❸ 单击“符号”组中的“符号”按钮；❹ 在弹出的下拉列表中选择“其他符号”选项，如右图所示。

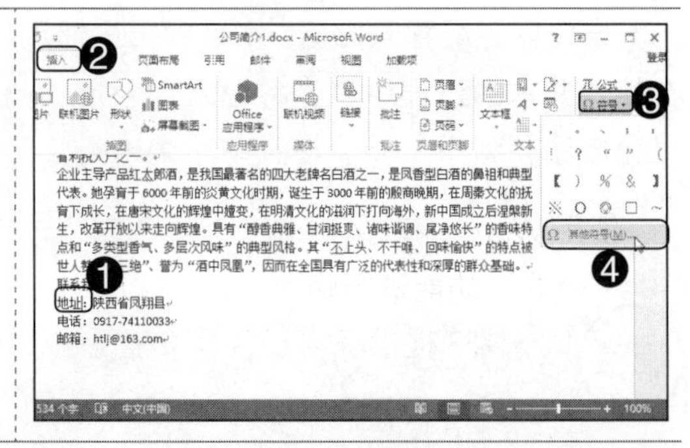

Step02：弹出“符号”对话框，❶在“字体”下拉列表框中选择符号类型，这里选择“Webdings”；❷在列表框中选中要插入的符号，这里选择“”；❸单击“插入”按钮；❹此时对话框中原来的“取消”按钮变为“关闭”，单击该按钮关闭对话框，如右图所示。

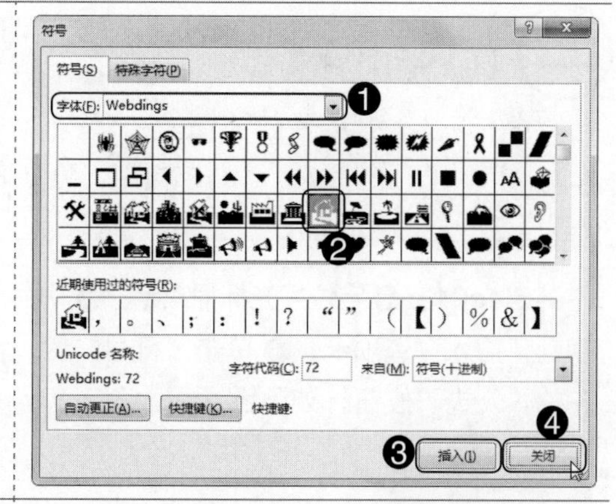

Step03：返回文档，可看到光标插入点所在位置插入了符号“”，如下图所示。

企业主导产品红太郎酒，是我国最著名的四大老牌名白酒之一，是凤香型白酒的鼻祖和典型代表。她孕育于6 000年前的炎黄文化时期，诞生于3000年前的殷商晚期，在周秦文化的抚育下成长，在唐宋文化的辉煌中嬗变，在明清文化的滋润下打向海外，新中国成立后涅槃新生，改革开放以来走向辉煌。具有“醇香典雅、甘润挺爽、诸味谐调、尾净悠长”的香味特点和“多类型香气、多层次风味”的典型风格。其“不上头、不干喉、回味愉快”的特点被世人赞为“三绝”、誉为“酒中凤凰”，因而在全国具有广泛的代表性和深厚的群众基础。
联系我们：
地址：陕西省凤翔县
电话：0917-74110033
邮箱：htlj@163.com

Step04：参照上述操作步骤，在“电话”后面插入“Wingdings 2”类型中的符号“”，在“邮箱”后面插入“Wingdings”类型中的符号“*”，效果如下图所示。

企业主导产品红太郎酒，是我国最著名的四大老牌名白酒之一，是凤香型白酒的鼻祖和典型代表。她孕育于6000年前的炎黄文化时期，诞生于3000年前的殷商晚期，在周秦文化的抚育下成长，在唐宋文化的辉煌中嬗变，在明清文化的滋润下打向海外，新中国成立后涅槃新生，改革开放以来走向辉煌。具有“醇香典雅、甘润挺爽、诸味谐调、尾净悠长”的香味特点和“多类型香气、多层次风味”的典型风格。其“不上头、不干喉、回味愉快”的特点被世人赞为“三绝”、誉为“酒中凤凰”，因而在全国具有广泛的代表性和深厚的群众基础。
联系我们：
地址：陕西省凤翔县
电话：0917-74110033
邮箱：htlj@163.com

2.1.4 输入公式

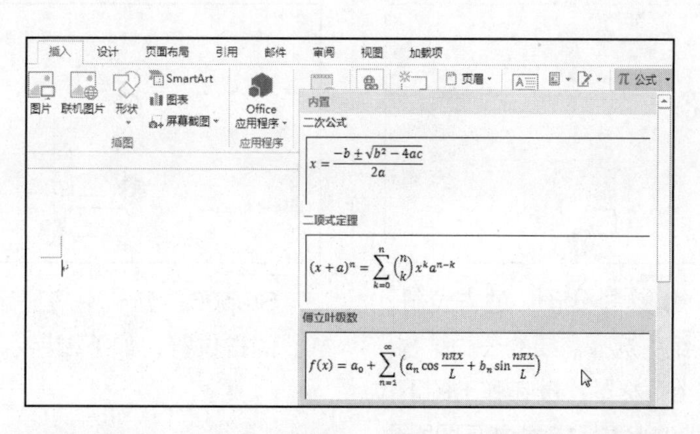

使用Word编辑文档时，有时还需要输入公式，这时我们可以通过Word 2013提供的“公式”功能进行输入。

Word 2013提供了多种内置公式，如二项式定理、勾股定理等。若要插入内置公式，则先定位好光标插入点，切换到“插入”选项卡，在“符号”中单击“公式”按钮右侧的下拉按钮，在弹出的下拉列表中即可看见提供的内置公式，选择需要的公式，即可将其插入文档中。

若内置公式列表中没有需要的公式，则需要手动输入，例如，要输入两向量的夹角公式，具体操作步骤如下。

光盘同步文件

素材文件：光盘 \ 素材文件 \ 无

结果文件：光盘 \ 结果文件 \ 第 2 章 \ 输入公式 .docx

视频文件：光盘 \ 视频文件 \ 第 2 章 \2-1-4.mp4

Step01：❶定位好光标插入点；❷切换到“插入”选项卡；❸单击“符号”组中的“公式”按钮，如下图所示。

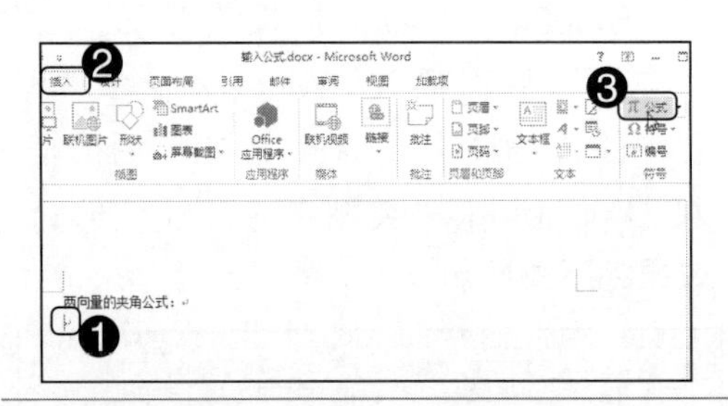

Step02：文档中插入公式编辑窗口，且功能区中新增“公式工具/设计”选项卡，❶在“结构”组中选择需要的公式结构，本例中选择函数；❷在弹出的下拉列表中选择需要的函数样式，如下图所示。

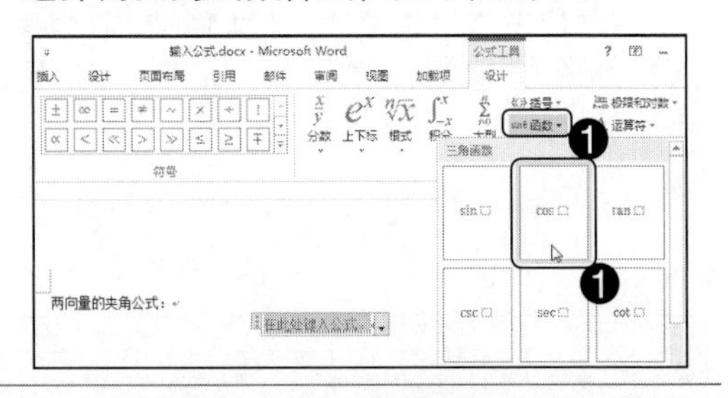

Step03：此时，公式编辑窗口中原来的占位符消失，由刚才插入的函数结构所代替，❶选中“cos”右侧的占位符⬚；❷在“符号”组中的列表中选择需要的符号，这里选择“θ”，如下图所示。

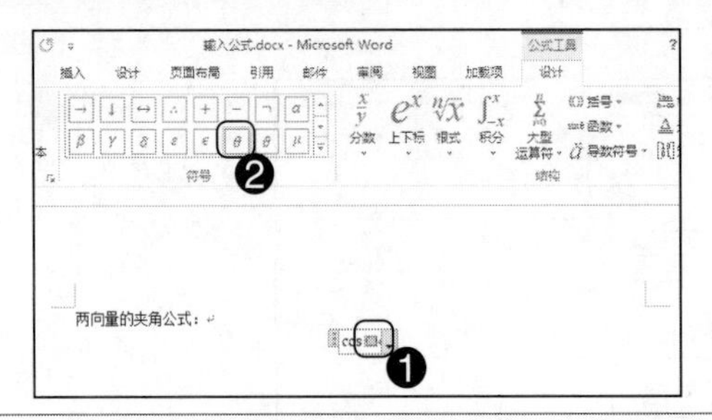

Step04：❶在“θ”后面手动输入“=”；❷此时，光标自动定位在“=”的后面，在“结构”组中选择需要的公式结构，本例中选择“分数”；❸在弹出的下拉列表中选择需要的分数样式，如下图所示。

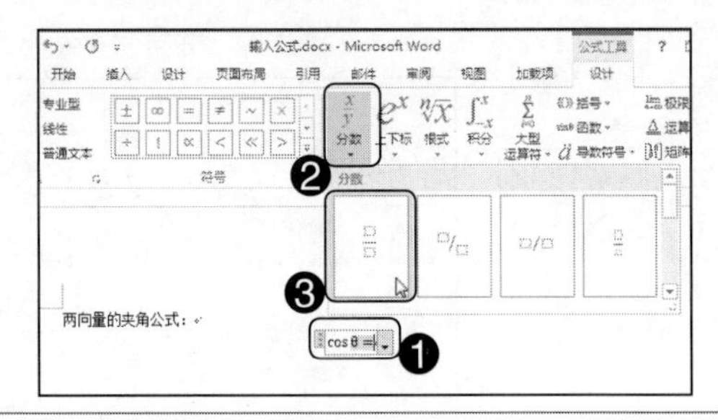

Step05：❶选择分子中的占位符；❷在“结构”组中选择需要的公式结构，本例中选择“上下标”；❸在弹出的下拉列表中选择需要的上下标样式，如下图所示。

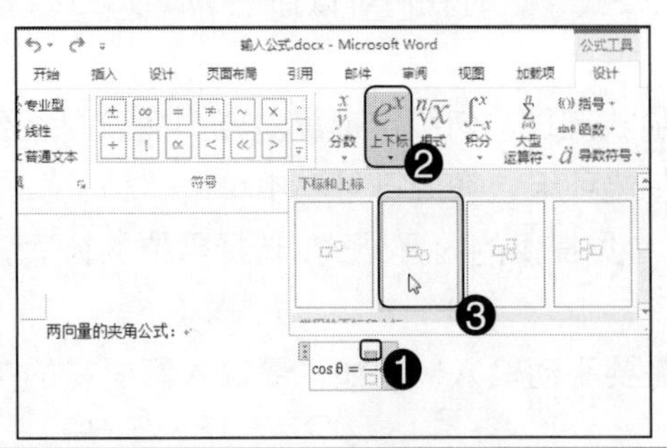

Step06：分子中将显示所选上下标样式的占位符，如下图所示。

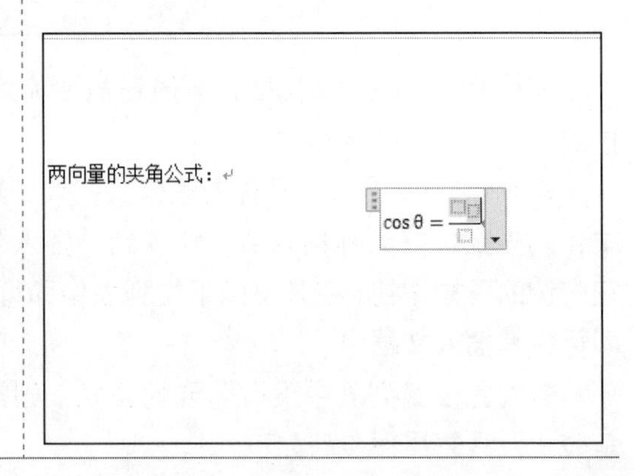

Step07：分别在占位符中输入相应的内容，如下图所示。

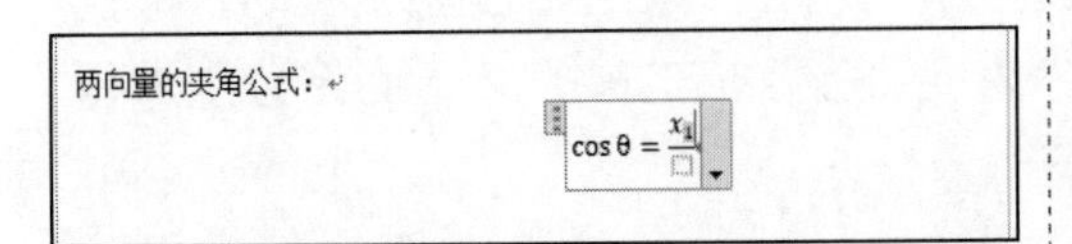

Step08：参照上述操作方法，输入公式其他内容，完成后的效果如下图所示。

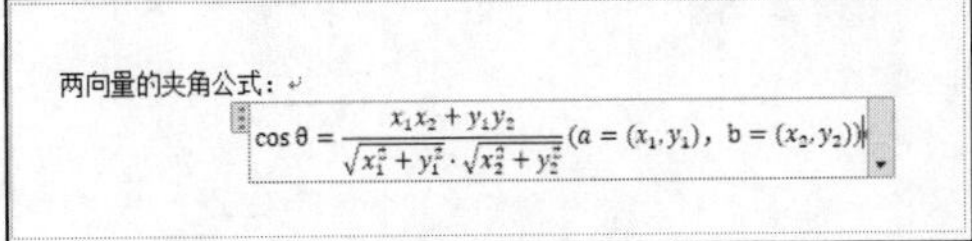

Step09：❶单击公式编辑窗口右侧的下拉按钮；❷在弹出的下拉菜单中选择“两端对齐”命令；❸在弹出的子菜单中可以设置公式的对齐方式，如选择“左对齐”命令，如下图所示。

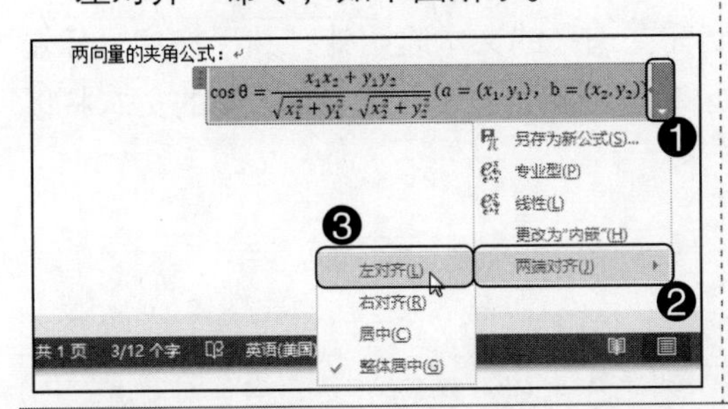

Step10：公式即可以“左对齐”的方式进行显示，最终效果如下图所示。

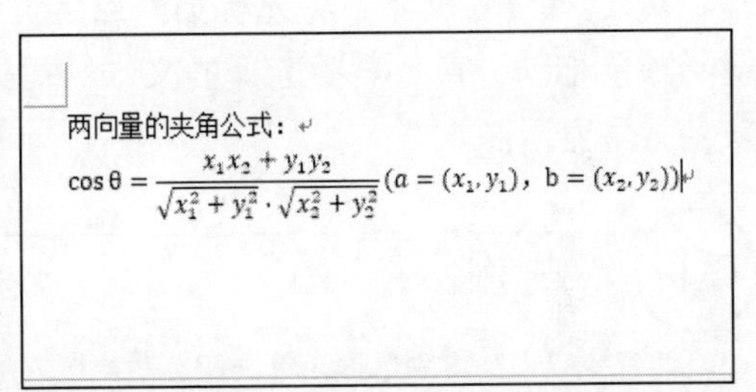

2.2 知识讲解——文本的基本操作

在编辑文档的过程中，还会频繁通过复制、移动、查找和替换等功能对文本内容进行相应的操作，下面将分别进行介绍。

2.2.1 选择文本

若要对文档中的文本进行复制、移动或设置格式等操作，就要先选择需要操作的文本对象。根据选中文本内容的多少，可将选择文本分为以下几种情况。

- 选择任意文本：将光标插入点定位到需要选择的文本起始处，然后按住鼠标左键不放并拖动，直至需要选择的文本结尾处释放鼠标即可选中文本，选中的文本将以灰色背景显示。

专家提示

若要取消文本的选择，单击所选对象以外的任何位置即可。

- 选择词组：双击要选择的词组。
- 选择一行：将鼠标指针指向某行左边的空白处，即“选定栏”，当指针呈“↗”形状时，单击即可选中该行全部文本。

专家提示

如果要选择多行文本，先将鼠标指针指向左边的空白处，当指针呈“↗”形状时，按住鼠标左键不放，并向下或向上拖动鼠标，至文本目标处释放鼠标即可。

- 选择一句话：按住“Ctrl”键不放，同时单击需要选中的句中任意位置，即可选中该句。
- 选择分散文本：先拖动鼠标选中第一个文本区域，再按住“Ctrl”键不放，然后拖动鼠标选择其他不相邻的文本，完成后释放“Ctrl”键即可。
- 选择垂直文本：按住“Alt”键不放，然后按住鼠标左键拖选一块矩形区域，完成后释放“Alt”键即可。
- 选择一个段落：将鼠标指针指向某段落左边的空白处，当指针呈“↗”时，双击即可选中当前段落；将光标插入点定位到某段落的任意位置，然后连续单击 3 次也可选中该段落
- 选择整篇文档：将鼠标指针指向编辑区左边的空白处，当指针呈“↗”时，连续单击 3 次可选中整篇文档；在“开始”选项卡的“编辑”组中单击“选择”按钮，在弹出的下拉列表中选择“全选”选项，也可选中整篇文档。

知识拓展 利用键盘快速选择文本

在选择文本的过程中，熟练掌握一些快捷键，可达到事半功倍的效果。

- 【Shift+Home】：选中插入点所在位置至行首的文本。
- 【Shift+End】：选中插入点所在位置至行尾的文本。
- 【Ctrl+A】：选中整篇文档。
- 【Ctrl+Shift+Home】：选中插入点所在位置至文档开头的文本。
- 【Ctrl+Shift+End】：选中插入点所在位置至文档结尾的文本。

2.2.2 复制文本

在编辑文档的过程，对于一些重复的内容，可以通过复制粘贴来完成，从而提高文档编辑效率。例如，要将某个文档的内容复制到另外一个文档中，可按下面的操作方法实现。

光盘同步文件

素材文件：光盘\素材文件\第 2 章\公司简介 .docx、走进陕西红太郎酒股份有限公司 .docx
结果文件：光盘\结果文件\第 2 章\走进陕西红太郎酒股份有限公司 .docx
视频文件：光盘\视频文件\第 2 章\2-2-2.mp4

Step01：打开光盘\素材文件\第 2 章\公司简介 .docx，❶ 选中要复制的文本内容；❷ 在“开始”选项卡的“剪贴板”组中单击“复制”按钮，如下图所示。

Step02：打开需要输入相同内容的文档，本例中打开光盘\素材文件\第 2 章\走进陕西红太郎酒股份有限公司 .docx，❶ 将光标插入点定位在要输入相同内容的位置；❷ 单击“剪贴板”组中的“粘贴”按钮，如下图所示。

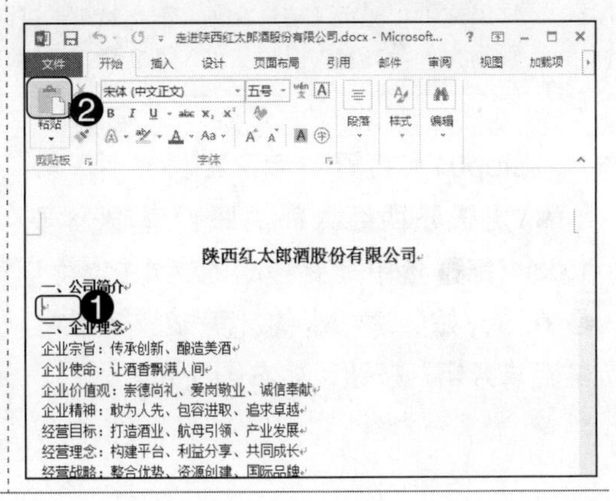

Step03：选中的内容即可被复制到“走进陕西红太郎酒股份有限公司.docx”文档中，效果如右图所示。

陕西红太郎酒股份有限公司

一、公司简介

陕西红太郎酒股份有限公司位于陕西省凤翔县，公司前身陕西省红太郎酒酒厂是1960年在周恩来总理的亲切关怀下创建，2000年改制为陕西红太郎酒股份有限公司。2009年和2010年通过两次增资扩股，实现了股权多元化。目前，股份公司总资产43.2亿元，占地面积108万平方米，建筑面积50万平方米，拥有各种生产设备4000多台套，年生产能力13万吨。员工4 000余人，其中：研究员2人、高级职称16人、中级职称72人；国家级白酒评委5人，国家注册高级品酒师8人、中级品酒师16人；省级首席技师1人，高级酿酒技师74人，酿酒技师77人。属国家大型一档企业，是西北地区规模最大的国家名酒制造商、陕西省利税大户之一。

企业主导产品红太郎酒，是我国最著名的四大老牌名白酒之一，是凤香型白酒的鼻祖和典型代表。她孕育于6 000年前的炎黄文化时期，诞生于3000年前的殷商晚期，在周秦文化的抚育下成长，在唐宋文化的辉煌中蜕变，在明清文化的滋润下打向海外，新中国成立后涅槃新生，改革开放以来走向辉煌。具有“醇香典雅、甘润挺爽、诸味谐调、尾净悠长”的香味特点和“多类型香气、多层次风味”的典型风格。其“不上头、不干喉、回味愉快”的特点被世人赞为“三绝”、誉为“酒中凤凰”，因而在全国具有广泛的代表性和深厚的群众基础。

二、企业理念

企业宗旨：传承创新、酿造美酒

专家提示

选中文本后，按下“Ctrl+C”组合键，可快速对所选文本进行复制操作；将光标插入点定位在要输入相同内容的位置后，按下“Ctrl+V”组合键，可快速实现粘贴操作。

知识拓展　选择性粘贴

对文本进行复制操作时，往往会将文本的格式一同进行复制，在执行粘贴操作的时候，若直接单击“粘贴”按钮，则会带格式粘贴。在操作应用中，我们可以根据需要选择粘贴方式，操作方法为：复制好内容后，在“剪贴板”组中单击“粘贴”按钮下方的下拉按钮，在弹出的下拉列表中选择粘贴方式，且将鼠标指针指向某个粘贴方式时，可在文档中预览粘贴后的效果。若在下拉列表中选择“选择性粘贴”选项，可在弹出的“选择性粘贴”对话框中选择其他粘贴方式。

2.2.3 移动文本

在编辑文档的过程中，如果需要将某个词语或段落移动到其他位置，可通过剪切粘贴操作来完成。移动文本的具体操作步骤如下。

光盘同步文件

素材文件：光盘 \ 素材文件 \ 第 2 章 \ 走进陕西红太郎酒股份有限公司 1.docx
结果文件：光盘 \ 结果文件 \ 第 2 章 \ 走进陕西红太郎酒股份有限公司 1.docx
视频文件：光盘 \ 视频文件 \ 第 2 章 \2-2-3.mp4

Step01：打开光盘 \ 素材文件 \ 第 2 章 \ 走进陕西红太郎酒股份有限公司 1.docx，❶ 选中需要移动的文本内容；❷ 在“开始”选项卡的“剪贴板”组中单击“剪切”按钮，如右图所示。

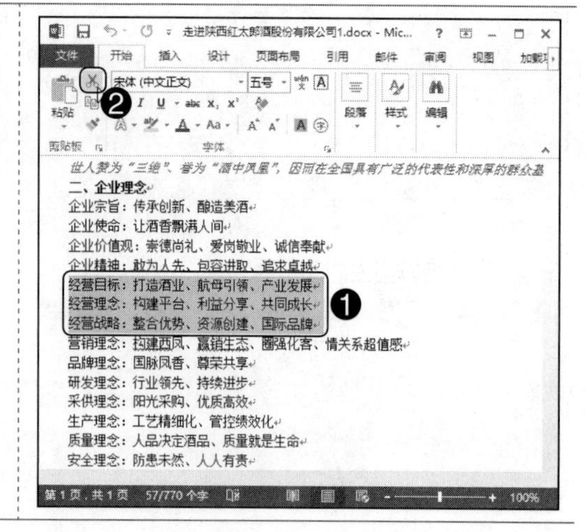

Step02：❶ 将光标插入点定位到要移动的目标位置；❷ 单击“剪贴板”组中的“粘贴”按钮，如下图所示。

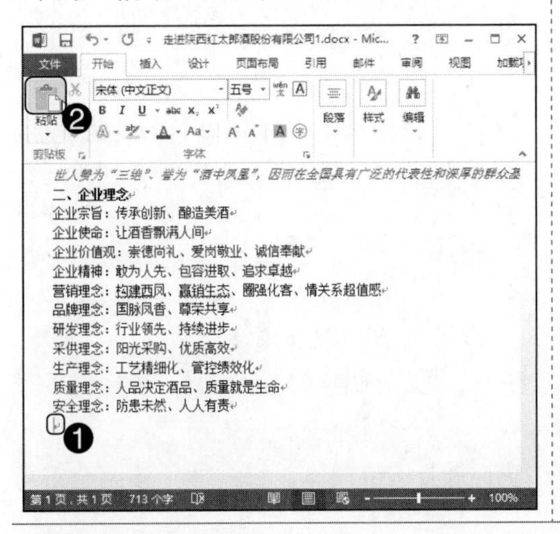

Step03：执行以上操作后，选中的文本就被移动到了新的位置，效果如下图所示。

二、企业理念
企业宗旨：传承创新、酿造美酒
企业使命：让酒香飘满人间
企业价值观：崇德尚礼、爱岗敬业、诚信奉献
企业精神：敢为人先、包容进取、追求卓越
营销理念：构建西凤、赢销生态、圈强化客、情关系超值感
品牌理念：国脉凤香、尊荣共享
研发理念：行业领先、持续进步
采供理念：阳光采购、优质高效
生产理念：工艺精细化、管控绩效化
质量理念：人品决定酒品、质量就是生命
安全理念：防患未然、人人有责
经营目标：打造酒业、航母引领、产业发展
经营理念：构建平台、利益分享、共同成长
经营战略：整合优势、资源创建、国际品牌
(Ctrl)

专家提示

选中文本后按下“Ctrl+X”组合键，可快速执行剪切操作。另外，选中文本后按住鼠标左键不放并拖动，当拖动至目标位置后释放鼠标，也可实现文本的移动操作。在拖动过程中，若同时按住“Ctrl”键，可实现文本的复制操作。

2.2.4 删除文本

当输入错误或多余的内容时，可以通过以下几种方法将其删除。

- 按下“Backspace”键，可以删除光标插入点前一个字符。
- 按下“Delete”键，可以删除光标插入点后一个字符。
- 按下“Ctrl+Backspace”组合键，可以删除光标插入点前一个单词或短语。
- 按下“Ctrl+Delete”组合键，可以删除光标插入点后一个单词或短语。

专家提示

选中某个文本对象（例如句子、行或段落等）后，按“Delete”或“Backspace”键可快速将其删除。

2.2.5 撤销与恢复操作

在编辑文档的过程中，Word 会自动记录执行过的操作，当执行了错误操作时，可通过“撤销”功能来撤销前一操作，从而恢复到误操作之前的状态。当错误地撤销了某些操作时，可以通过“恢复”功能取消之前撤销的操作，使文档恢复到撤销操作前的状态。

1. 撤销操作

在编辑文档的过程中，当出现一些误操作时，都可利用 Word 提供的“撤销”功能来执行撤销操作，其方法有以下几种。

● 单击快速访问工具栏上的“撤销”按钮，可以撤销上一步操作，继续单击该按钮，可撤销多步操作，直到“无路可退”。

● 按下“Ctrl+Z”组合键，可以撤销上一步操作，继续按该组合键可撤销多步操作。

● 单击“撤销”按钮右侧的下拉按钮，在弹出的下拉列表中可选择撤销到某一指定的操作。

2. 恢复操作

当撤销某一操作后，可以通过以下几种方法取消之前的撤销操作。

● 单击快速访问工具栏中的“恢复”按钮，可以恢复被撤销的上一步操作，继续单击该按钮，可恢复被撤销的多步操作。

● 按下“Ctrl+Y”组合键，可以恢复被撤销的上一步操作，继续按下该组合键可恢复被撤销的多步操作。

专家提示

恢复操作与撤销操作是相辅相成的，只有在执行了撤销操作的时候，才能激活“恢复”按钮。在没有进行任何撤销操作的情况下，“恢复”按钮会显示为“重复”按钮，对其单击可重复上一步操作。

2.2.6 查找与替换操作

如果想要知道某个字、词或一句话是否出现在文档中及出现的位置，可利用 Word 的“查找”功能进行快速查找。当发现某个字或词全部输错了，可通过 Word 的“替换”功能进行替换，以达到事半功倍的效果。

1. 查找文本

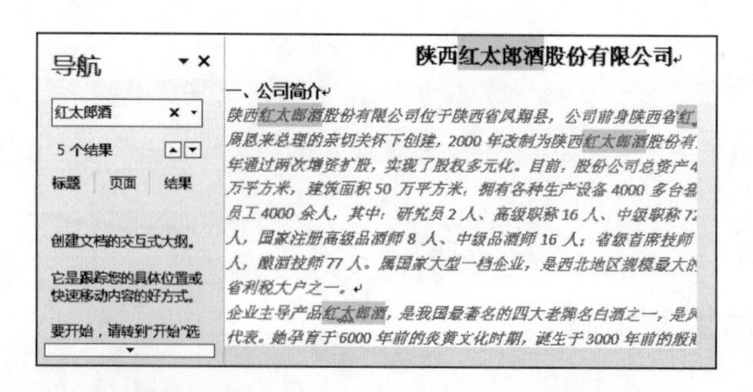

若要查找某文本在文档中出现的位置，可通过“查找”功能将其找到。默认情况下，Word 2013 的操作界面显示了导航窗格，在导航窗格的搜索框中输入内容，程序会自动在当前文档中进行搜索，并在文档中突出显示要查找的全部内容。如果要取消突出显示，则删除搜索框中输入的内容即可。

在“导航”窗格中，若单击搜索框右侧的下拉按钮，在弹出的下拉菜单中单击“查找”命令，可在弹出的“查找和替换”对话框中查找文本内容。通过“查找和替换”对话框进行操作的具体操作方法如下。

光盘同步文件

素材文件：光盘\素材文件\第 2 章\走进陕西红太郎酒股份有限公司 2.docx
结果文件：光盘\结果文件\第 2 章\无
视频文件：光盘\视频文件\第 2 章\2-2-6.mp4

Step01：打开光盘\素材文件\第 2 章\走进陕西红太郎酒股份有限公司 2.docx，❶ 将光标插入点定位在文档的起始处；❷ 在“导航”窗格中单击搜索框右侧的下拉按钮；❸ 在弹出的下拉菜单中单击“高级查找”命令，如右图所示。

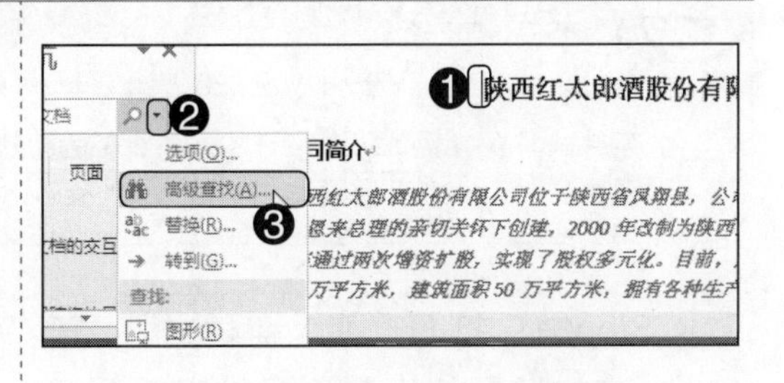

Step02：弹出“查找和替换”对话框，并自动定位在“查找”选项卡，❶ 在“查找内容”文本框中输入要查找的内容，本例中输入“红太郎酒”；❷ 单击“查找下一处”按钮，Word 将从光标插入点所在位置开始查找，当找到“红太郎酒”出现的第一个位置时，会以选中的形式显示，如下图所示。

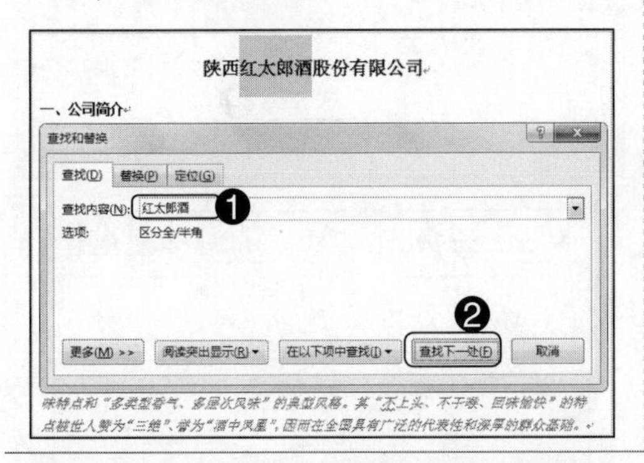

Step03：若继续单击“查找下一处”按钮，Word 会继续查找，当查找完成后，会弹出提示对话框提示完成搜索，❶ 单击“确定”按钮将其关闭；❷ 返回“查找和替换”对话框，单击“关闭”按钮关闭该对话框即可，如下图所示。

知识拓展　设置查找条件

在“查找和替换”对话框中单击“更多”按钮，可展开该对话框，此时可为查找对象设置查找条件，例如仅查找设置了某种字体、字体颜色或下画线等格式的文本内容，以及使用通配符进行查找等。

● 若仅查找设置了某种字体、字体颜色或下画线等格式的文本内容，可单击左下角的“格式”按钮，在弹出的菜单中选择“字体”命令，在接下来弹出的对话框中进行设置。

● 在查找英文文本时，在“查找内容”文本框中输入查找内容后，在“搜索选项”选项组中可设置查找条件。例如选中“区分大小写”复选框，Word 将按照大小写查找与查找内容一致的文本。

● 若要使用通配符进行查找，在“查找内容”文本框中输入含有通配符的查找内容后，需要先勾选“搜索选项”选项组中的“使用通配符”复选框，再进行查找。

2. 替换文本

在编辑文档的过程中，若需要将某个字或词全部进行更改，可通过 Word 的“替换”功能快速进行替换，具体操作步骤如下。

光盘同步文件

素材文件：光盘\素材文件\第 2 章\走进陕西红太郎酒股份有限公司 2.docx
结果文件：光盘\结果文件\第 2 章\走进陕西红太郎酒股份有限公司 2.docx
视频文件：光盘\视频文件\第 2 章\2-2-6.mp4

Step01：打开光盘\素材文件\第 2 章\走进陕西红太郎酒股份有限公司 2.docx，❶ 将光标插入点定位在文档的起始处；❷ 在“导航”窗格中单击搜索框右侧的下拉按钮；❸ 在弹出的下拉菜单中选择“替换”命令，如下图所示。

Step02：弹出“查找和替换”对话框，并自动定位在“替换”选项卡，❶ 在“查找内容”文本框中输入要查找的内容，本例中输入“红太郎酒”；❷ 在“替换为”文本框中输入要替换的内容，本例中输入“西凤酒”；❸ 单击“全部替换”按钮，如下图所示。

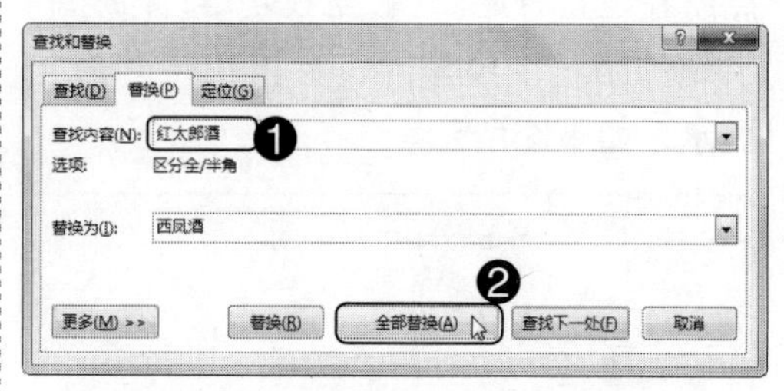

Step03：Word 将对文档中所有“红太郎酒”一词进行替换操作，替换完成后，在弹出的提示对话框中单击“确定”按钮，如右图所示。

专家提示

定位好光标插入点后，按“Ctrl+H”组合键，可快速打开“查找和替换”对话框，并自动定位在“替换”选项卡。

Step04：返回“查找和替换”对话框，单击“关闭”按钮关闭该对话框，如下图所示。

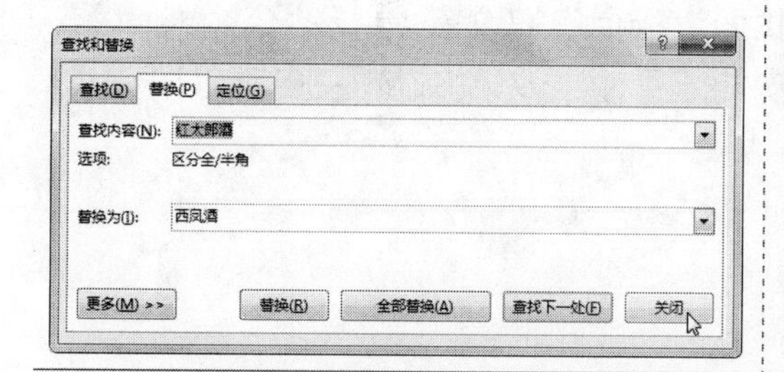

Step05：返回文档，即可查看替换后的效果，效果如下图所示。

陕西西凤酒股份有限公司

一、公司简介

陕西西凤酒股份有限公司位于陕西省凤翔县，公司前身陕西省西凤酒酒厂是1960年在周恩来总理的亲切关怀下创建，2000年改制为陕西西凤酒股份有限公司。2009年和2010年通过两次增资扩股，实现了股权多元化。目前，股份公司总资产43.2亿元，占地面积108万平方米，建筑面积50万平方米，拥有各种生产设备4000多台套，年生产能力13万吨。员工4000余人，其中：研究员2人、高级职称16人、中级职称72人；国家级白酒评委5人，国家注册高级品酒师8人、中级品酒师16人；省级首席技师1人，高级酿酒技师74人，酿酒技师77人。属国家大型一档企业，是西北地区规模最大的国家名酒制造商、陕西省利税大户之一。

企业主导产品西凤酒，是我国最著名的四大老牌名白酒之一，是凤香型白酒的鼻祖和典型代表。始孕育于6000年前的炎黄文化时期，诞生于3000年前的殷商晚期，在周秦文化的抚育下成长，在唐宋文化的辉煌中蜕变，在明清文化的滋润下打向海外，新中国成立后涅槃新生，改革开放以来走向辉煌。具有“醇香典雅、甘润挺爽、诸味谐调、尾净悠长”的香味特点和“多类型香气、多层次风味”的典型风格。其“不上头、不干喉、回味愉快”的特点被世人赞为“三绝”、誉为“酒中凤凰”，因而在全国具有广泛的代表性和深厚的群众基础。

知识拓展 逐一替换

在进行替换操作时，如果只是需要将部分内容进行替换，则需要逐一替换，以避免替换掉不该替换的内容，操作方法为：在“查找和替换”对话框的“替换”选项卡中设置好相应的内容后，单击“查找下一处”按钮，Word会先进行查找，当找到查找内容出现的第一个位置时，若需要替换，则单击“替换”按钮，即可替换掉当前内容，且自动跳转到指定内容的下一个位置；若不需要替换，则单击“查找下一处”按钮，Word会忽略当前位置，并继续查找指定内容的下一个位置，

2.3 知识讲解——打印文档

完成文档的编辑后，若需要将制作的文档内容输出到纸张上，可以通过打印功能将文档打印出来。在打印文档前，可根据操作需要对页面进行相应的设置，以及通过 Word 提供的“打印预览”功能查看输出效果，以避免各种错误造成纸张的浪费。

2.3.1 页面版心设置

页面版心设置主要包括设置页边距、纸张大小和纸张方向等。如果只是要对文档的页面进行简单设置，可切换到“页面布局”选项卡，然后在“页面设置”组中通过单击相应的按钮进行设置即可。

- 页边距：页边距是指文档内容与页面边缘之间的距离，用于控制页面中文档内容的宽度和长度。单击“页边距”按钮，可在弹出的下拉列表中选择页边距大小。
- 纸张方向：默认情况下，纸张的方向为“纵向”。若要更改其方向，可单击“纸张方向”按钮，在弹出的下拉列表中进行选择。
- 纸张大小：默认情况下，纸张的大小为“A4”。若要更改其大小，可单击“纸张大小”按钮，在弹出的下拉列表中进行选择。

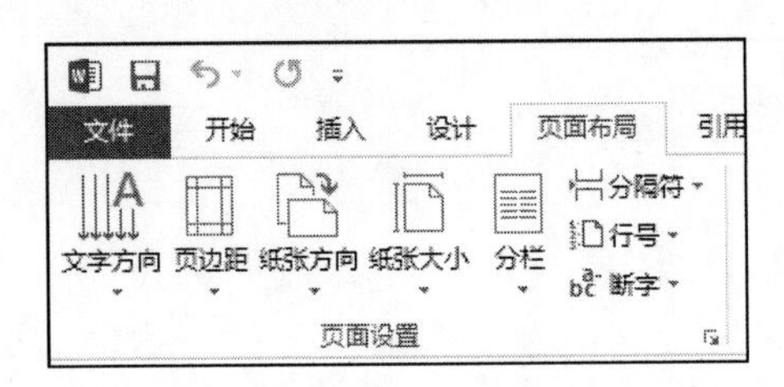

如果要对文档页面进行更为精细的设置，可在“页面设置”组中单击“功能扩展”按钮，在弹出的“页面设置”对话框中进行设置即可。

2.3.2 文档的预览与打印

将文档制作好后，就可进行打印了，不过在这之前还需要进行打印预览。打印预览是指用户可以在屏幕上预览打印后的效果，如果对文档中的某些地方不满意，可返回编辑状态下对其进行修改。

对文档进行打印预览的操作方法为：打开需要打印的 Word 文档，切换到“文件”选项卡，然后在左侧窗格选择“打印”命令，在右侧窗格即可预览打印效果。

对文档进行预览时，可通过右侧窗格下端的相关按钮查看预览内容。

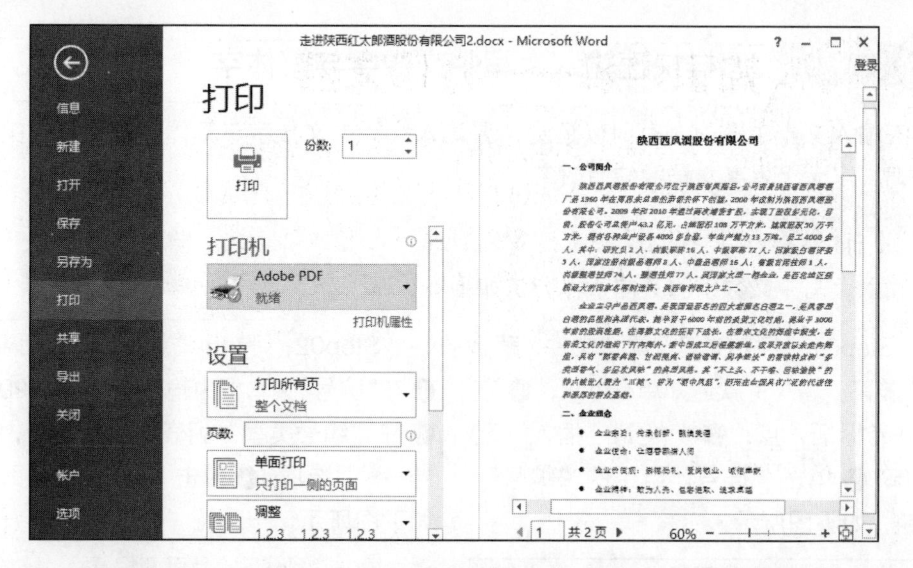

● 在右侧窗格的左下角，在文本框中输入页码数字，然后按“Enter”键，可快速查看指定页的预览效果。若单击“上一页”按钮◂，可以查看前一页的预览效果；若单击“下一页”按钮▸，则可以查看下一页的预览效果。

● 在右侧窗格的右下角，通过显示比例调节工具可调整预览效果的显示比例，以便能清楚地查看文档的打印预览效果。

完成文档的预览后，若还需要对文档进行修改，可单击窗口左上角⊖按钮返回文档；若确认文档的内容和格式都正确无误，可在中间窗格单击“打印”按钮，此时与电脑连接的打印机会自动打印输出文档。

专家提示

打印文档前，还可以在中间窗格的“份数”微调框中设置打印份数，在“页数”文本框上方的下拉列表中设置打印范围。此外，选中文档中的部分内容后，在“页数”文本框上方的下拉列表中选择“打印所选内容”选项，将只打印选中的内容。

技高一筹——实用操作技巧

通过前面知识的学习，相信读者已经掌握了Word 2013文档的基础操作知识。下面结合本章内容，给大家介绍一些实用技巧。

光盘同步文件

素材文件：光盘\素材文件\第2章\技高一筹
结果文件：光盘\结果文件\第2章\技高一筹
视频文件：光盘\视频文件\第2章\技高一筹.mp4

技巧 01 怎样快速输入大写中文数字与繁体字

在输入文档内容时，有时候还会需要输入大写中文数字与繁体字，掌握相关的输入技巧，可大大提高文档的编辑效率。

1. 输入大写中文数字

输入大写中文数字的具体操作方法如下。

Step01：打开光盘\素材文件\第 2 章\技高一筹\付款通知单.docx，❶定位好光标插入点；❷切换到“插入”选项卡；❸单击“符号”组中的“编号”按钮，如下图所示。

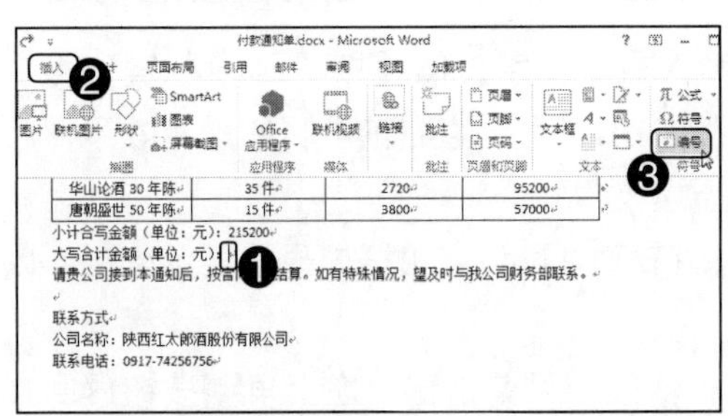

Step02：弹出“编号”对话框，❶在“编号”文本框中输入数字“215200”；❷在“编号类型”列表中选择“壹，贰，叁……”选项；❸单击“确定”按钮即可，如下图所示。

2. 输入繁体字

在编辑文档时，输入简体中文后，通过“中文简繁转换”功能就能将简体中文转换成繁体中文，从而实现繁体字的输入，具体操作步骤如下。

Step01：❶输入好文档内容将其选中；❷切换到“审阅”选项卡；❸单击“中文简繁转换”组中的“简转繁”按钮，如下图所示。

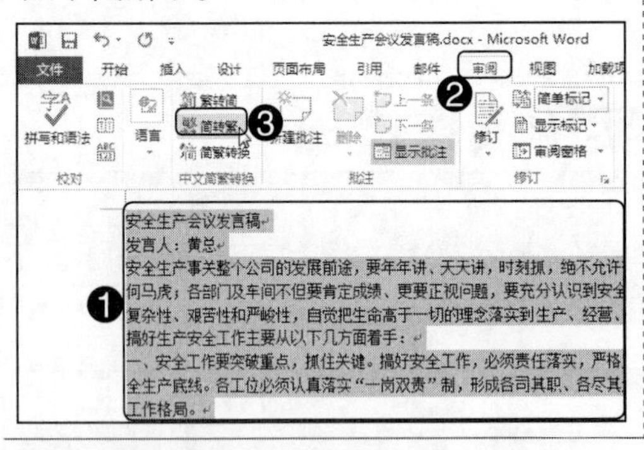

Step02：文档内容即可转换为繁体字，效果如下图所示。

安全生產會議發言稿
發言人：黃總
安全生產事關整個公司的發展前途，要年年講、天天講，時刻抓，絕不允許有絲毫鬆懈、任何馬虎；各部門及車間不但要肯定成績、更要正視問題，要充分認識到安全生產的重要性、複雜性、艱苦性和嚴峻性，自覺把生命高於一切的理念落實到生產、經營、管理的全過程。搞好生產安全工作主要從以下幾方面著手：
一、安全工作要突破重點，抓住關鍵。搞好安全工作，必須責任落實，嚴格監管，堅守住安全生產底線。各工位必須認真落實“一崗雙責”制，形成各司其職、各盡其責，齊抓共管的工作格局。
二、安全工作要堅決遵守“三個不允許”和“三不放過”的原則。“三個不允許”即不允許發現不了問題，不允許問題解決不了，不允許安全責任缺位；“三不放過”即事故原因不清楚不放過，事故責任者及有關人員未受教育不放過，沒有預防類似事故的措施不放過。
三、夯實基礎，強化措施，狠抓落實，確保公司全年生產安全工作目標（0 事故）任務全面完成。一是督查要勤：既要督事、又要督人，安全生產措施要全部落實到實處；二是工作效率要高：發現隱患及時排除；三是安全工作要堅決實行“一票否決”制；四是嚴格執行問責制度。
以前安全工作中存在的問題：
1、職工安全意識淡薄，違章操作現象時有發生。
2、安全操作培訓不到位。
3、生產安全重視程度不夠。

技巧 02 如何对文本强制换行

在 Word 文档中输入文本内容时，当输入的内容超过页面宽度时，光标插入点会主动跳转到下一行，这是最常见的自动换行。

当一行内容没有输满时，若要强制另起一行，并且需要该行的内容与上一行的内容保持一个段落属性，则可以按下“Shift+Enter”组合键来实现。按下“Shift+Enter”组合键进行内容的强制换行，称为“软回车”。每按一次该组合键，都会产生一个“软回车标记符”↓，此标记符在文档默认的打印状态下不会被打印出来。

技巧 03 如何禁止“Insert”键控制改写模式

在 Word 中输入文本时，默认为“插入”输入状态，输入的文本会插入到插入点所在位置，光标后面的文本会按顺序后移。当不小心按了键盘上的“Insert”键，就会切换到“改写”输入状态，此时输入的文本会替换掉光标所在位置后面的文本。

为了防止因误按“Insert”键而切换到“改写”状态，使输入的文字替换掉光标后面的文字，可以设置禁止“Insert”键控制改写模式，操作方法为：在 Word 窗口中切换到“文件”选项卡，在左侧窗格中选择“选项”命令，弹出“Word 选项”对话框，选择“高级”选项卡，在“编辑选项”栏中取消勾选“用 Insert 控制改写模式”复选框，然后单击“确定”按钮即可。

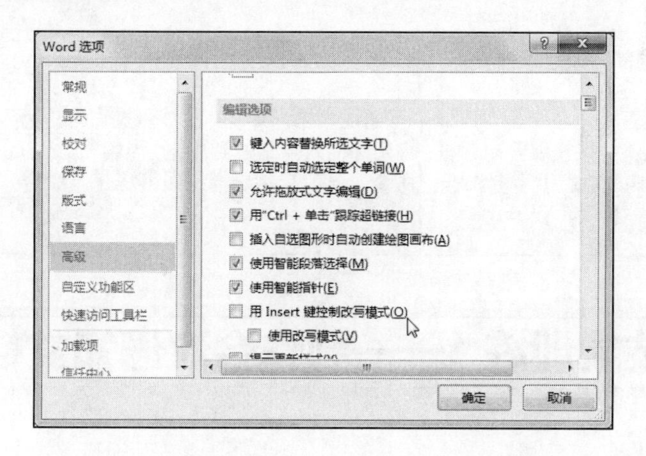

技巧 04 怎样将中文的括号替换成英文的括号

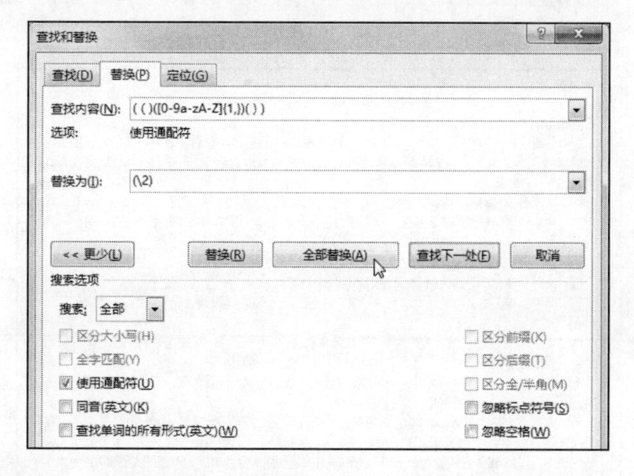

完成文档的制作后，有时可能会翻译成英文文档，若文档中的中文括号过多，逐个手动修改成英文括号，非常费时费力，此时可以通过替换功能高效完成修改，具体操作方法为：将光标插入点定位到文档开始处，打开“查找和替换”对话框，在“查

找内容”文本框中输入“(( )([0-9a-zA-Z]{1,})( ))”，在“替换为”文本框中输入“(\2)”，单击左下角的“更多”按钮展开“查找和替换”对话框，在“搜索选项”选项组中勾选“使用通配符”复选框，单击“全部替换”按钮即可。

技巧 05 快速清除文档中的空白行

如果Word文档中有许多多余的空行，手动删除不仅效率低，而且还相当烦琐，针对这样的情况，我们可以通过 Word 自带的替换功能来快速删除，具体操作方法为：将光标插入点定位到文档开始处，打开“查找和替换”对话框，在“查找内容”文本框中输入两个段落标记命令“^P”，在“替换为”文本框中输入一个段落标记命令“^P”，然后单击“全部替换”按钮即可。

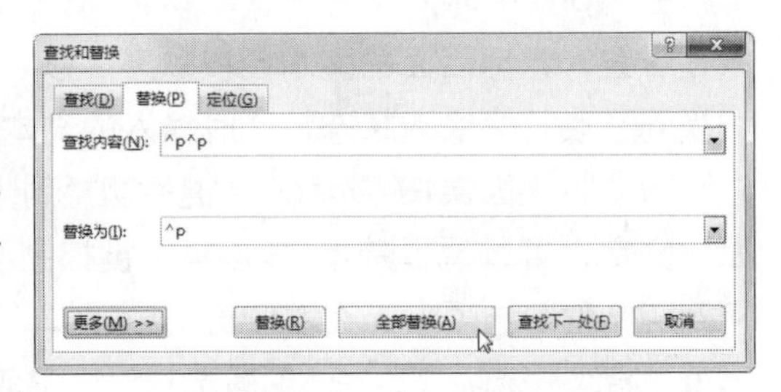

专家提示

若不知道段落标记命令是“^P”，则可通过菜单命令输入，具体操作方法为：在“查找和替换”对话框中单击“更多”按钮展开对话框，将光标插入点定位到“查找内容”文本框，单击“特殊格式”按钮，在弹出的菜单中提供了多种标记命令，此时只需选择“段落标记”命令，即可自动在“查找内容”文本框输入“^P”。

技能训练 1——制作会议通知文档

训练介绍

在办公应用中，制作会议通知文档是非常常见的操作。本实例将结合相关知识点，来讲解会议通知文档的制作过程。

关于召开 2014 年度工作总结大会的通知

中心各部门：

经领导班子研究决定，于 2015 年 3 月 5 日（星期四）下午 14：00 时，在中心二楼会议室召开 2014 年度工作总结大会，部署 2015 年度相关工作，为确保本次会议的成功召开，现就有关事项通知如下：

一、本次会议届时有 XX 领导参加。

二、中心领导班子成员在会议上分别汇报各自的分管工作，要求结合实际重点汇报 2015 年度相关工作。

三、部门负责人在会议上要结合实际情况汇报 2015 年度的重点工作。

四、所有参会人员必须提前 15 分钟到达会场进行签到，14：00 将准时召开会议。

五、要求参会人员必须做好本次会议记录，会后部门负责同志要及时将会议内容传达给部门人员。

六、中心部门负责人（含）以上领导不得缺席本次会议，汇报工作时要求必须有书面汇报材料。各自书面汇报材料于 3 月 5 日上午 9：00 前送交办公室进行复印。

七、会议汇报工作程序：副主任——财务主管——客服主管——维修部——绿化保洁部——保安部——锅炉班——常务副主任。

八、本次会议共计划 25 人参加，其中中心领导班子 5 人，部门负责人 4 人，办公室 2 人，党员 2 人（XXX、XXX），维修部 2 人，客服部 3 人，保安部 2 人，财务部 1 人，绿化保洁部 1 人，锅炉班 1 人，XX 管委会领导 2 人。部门负责同志按照计划人数各自安排本部门人员参加会议。

九、各部门安排人员参加本次会议时尽量考虑业务骨干、技术能手参加。

十、部门负责人在 3 月 5 日上午 10：00 协助办公室一块布置会场。

特此通知

2015 年 3 月 2 日

光盘同步文件

素材文件：光盘\素材文件\无

结果文件：光盘\结果文件\第 2 章\关于召开 2014 年度工作总结大会的通知 .docx

视频文件：光盘\视频文件\第 2 章\技能训练 1.mp4

操作提示

制作关键	技能与知识要点
本实例首先设置页边距，然后输入文档内容，完成会议通知文档的制作	● 页面版心设置 ● 输入普通文本

操作步骤

本实例的具体制作步骤如下。

Step01：新建一个名为“关于召开 2014 年度工作总结大会的通知 .docx”的空白文档，❶切换到“页面布局”选项卡，❷单击“页面设置”组中的“功能扩展”按钮，如右图所示。

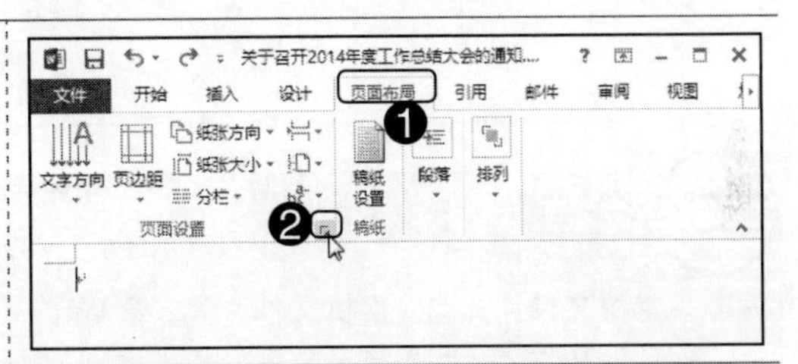

Step02：弹出“页面设置”对话框，❶在“页边距”选项卡的“页边距”栏中设置页边距大小；❷单击“确定”按钮，如下图所示。

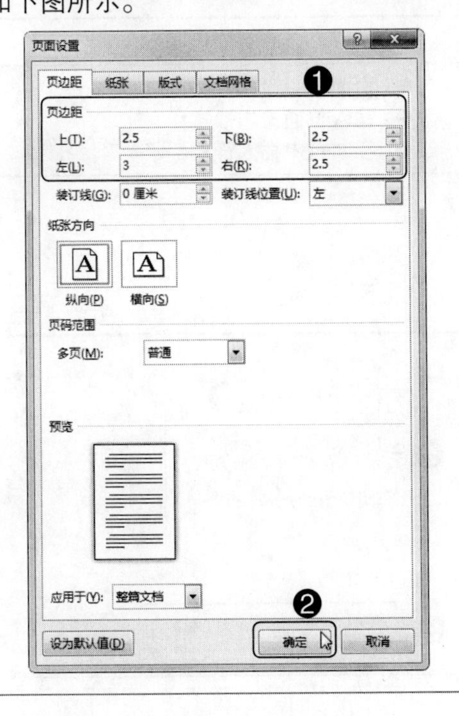

Step03：返回文档，❶按下键盘上的空格键输入空格；❷输入文档标题“关于召开 2014 年度工作总结大会的通知”；❸按下“Enter”键将光标插入点定位在第 2 行行首，如下图所示。

Step04：参照上述操作方法，输入文档其他内容，完成会议通知文档的制作，效果如下图所示。

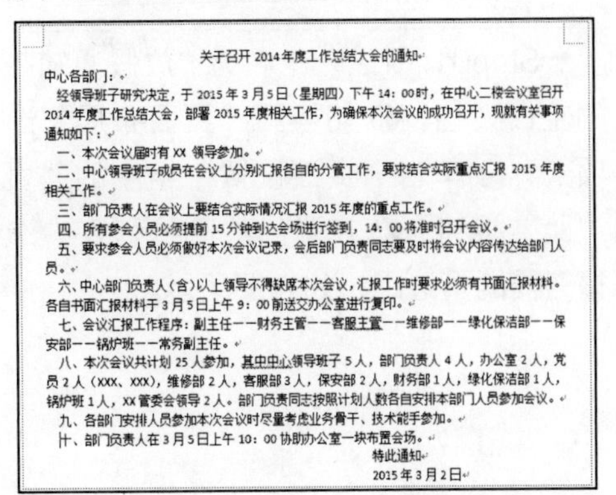

关于召开 2014 年度工作总结大会的通知

中心各部门：

经领导班子研究决定，于 2015 年 3 月 5 日（星期四）下午 14：00 时，在中心二楼会议室召开 2014 年度工作总结大会，部署 2015 年度相关工作，为确保本次会议的成功召开，现就有关事项通知如下：

一、本次会议届时有 XX 领导参加。

二、中心领导班子成员在会议上分别汇报各自的分管工作，要求结合实际重点汇报 2015 年度相关工作。

三、部门负责人在会议上要结合实际情况汇报 2015 年度的重点工作。

四、所有参会人员必须提前 15 分钟到达会场进行签到，14：00 将准时召开会议。

五、要求参会人员必须做好本次会议记录，会后部门负责同志要及时将会议内容传达给部门人员。

六、中心部门负责人（含）以上领导不得缺席本次会议，汇报工作时要求必须有书面汇报材料。各自书面汇报材料于 3 月 5 日上午 9：00 前送交办公室进行复印。

七、会议汇报工作程序：副主任——财务主管——客服主管——维修部——绿化保洁部——保安部——锅炉班——常务副主任。

八、本次会议共计划 25 人参加，其中中心领导班子 5 人，部门负责人 4 人，办公室 2 人，党员 2 人（XXX、XXX），维修部 2 人，客服部 3 人，保安部 2 人，财务部 1 人，绿化保洁部 1 人，锅炉班 1 人，XX 管委会领导 2 人。部门负责同志按照计划人数各自安排本部门人员参加会议。

九、各部门安排人员参加本次会议时尽量考虑业务骨干、技术能手参加。

十、部门负责人在 3 月 5 日上午 10：00 协助办公室一块布置会场。

特此通知

2015 年 3 月 2 日

技能训练 2——制作放假通知文档

训练介绍

在办公应用中，也会经常制作放假通知文档。本实例将结合相关知识点，来讲解放假通知文档的制作过程。

放假通知

各部门：

根据国家法定假日安排，经公司领导研究决定，就端午节放假安排如下：

放假时间为 6 月 20 日至 6 月 22 日，请各部门根据放假时间做好工作安排，确保工作的正常运转。放假期间，各部门要安排好值班、防火、防盗等安全保卫工作。请有关部门做好节日期间的安全保卫工作，后勤处做好后勤保障工作。

请各部门于 2015 年 6 月 18 日前将值班人员及联系电话一式三份分别送往保卫处、人事处、总经理办公室。

总经理办公室

电话✆：023-12345678

E-mail✉：wmjjgm_office@126.com

时间：2015 年 6 月 17 日

光盘同步文件

素材文件：光盘 \ 素材文件 \ 第 2 章 \ 无

结果文件：光盘 \ 结果文件 \ 第 2 章 \ 放假通知 .docx

视频文件：光盘 \ 视频文件 \ 第 2 章 \ 技能训练 2.mp4

操作提示

制作关键	技能与知识要点
本实例制作放假通知文档，本实例首先设置页边距，然后输入文档内容及符号，完成放假通知文档的制作	● 页面版心设置 ● 输入普通文本 ● 在文档中插入符号

操作步骤

本实例的具体制作步骤如下。

Step01: 新建一个名为“放假通知”的空白文档，❶ 切换到“页面布局”选项卡；❷ 单击“页面设置”组中的“页边距”按钮；❸ 在弹出的下拉列表中选择需要的页边距，如右图所示。

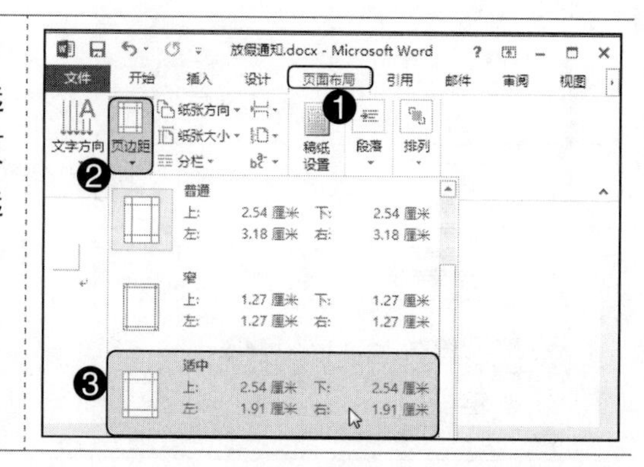

Step02：❶ 按下键盘上的空格键输入空格；❷ 输入文档标题“放假通知”；❸ 按下“Enter”键将光标插入点定位在第 2 行行首，如右图所示。

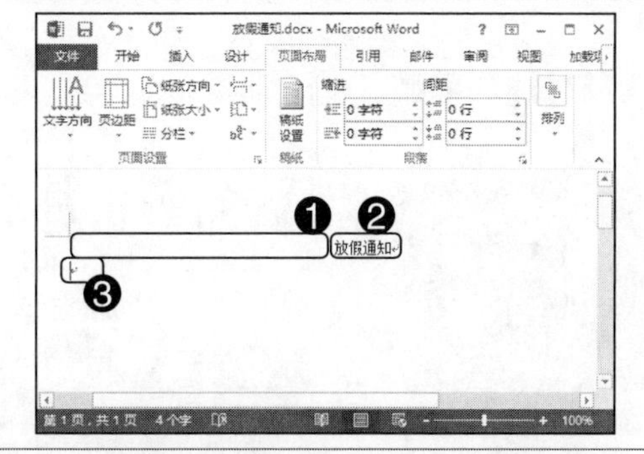

Step03：参照第 2 步操作方法，输入文档其他内容，如下图所示：

放假通知

各部门：

根据国家法定假日安排，经公司领导研究决定，就端午节放假安排如下：

放假时间为 6 月 20 日至 22 日，请各部门根据放假时间做好工作安排，确保工作的正常运转。放假期间，各部门要安排好值班、防火、防盗等安全保卫工作。请有关部门做好节日期间的安全保卫工作，后勤处做好后勤保障工作。

请各部门于 2015 年 6 月 18 日前将值班人员及联系电话一式三份分别送往保卫处、人事处、总经理办公室。

总经理办公室

电话：023-12345678

E-mail：wmjjgm_office@126.com

时间：2015 年 6 月 17 日

Step04：❶ 将光标插入点定位到“电话”之后；❷ 切换到“插入”选项卡；❸ 单击“符号”组中的“符号”按钮；❹ 在弹出的下拉列表中单击“其他符号”按钮，如下图所示。

Step05：弹出“符号”对话框，❶在“字体”下拉列表框中选择“Webdings”；❷ 在列表框中选中符号“)”；❸ 单击“插入”按钮；❹此时对话框中原来的“取消”按钮变为“关闭”，单击该按钮关闭对话框，如下图所示。

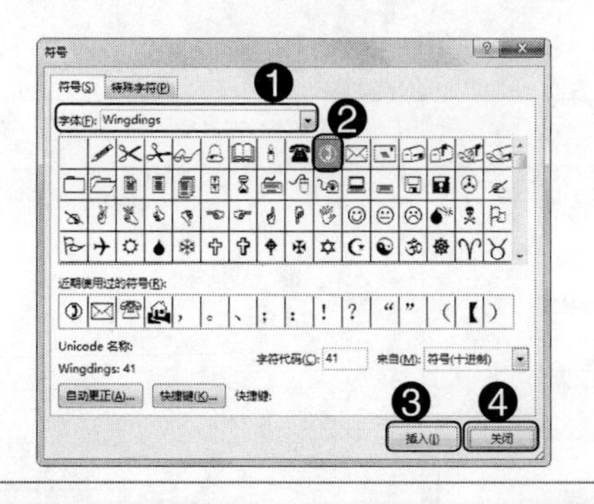

Step06：参照第 4、第 5 操作步骤，在“E-mail”后面插入“Wingdings”类型中的符号“*”，完成放假通知文档的制作，效果如下图所示。

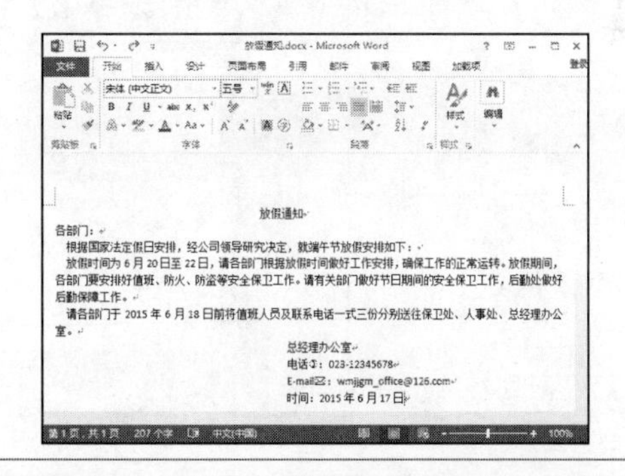

本章小结

本章的重点在于 Word 文档的制作与打印，主要包括输入文档内容、文本的基本操作及文档的打印等知识点。通过本章的学习，希望大家能够在 Word 文档中高效地输入各种内容，并能灵活地运用复制、移动、查找与替换等功能对文本进行相关操作。

Chapter

Word 办公文档的编排与美化

本章导读

文档也是需要包装的，精美包装后的文档，不仅能明确向大众传达设计者的意图和各种信息，还能增强视觉效果。本章将讲解文档的编排与美化方法，主要包括设置文本格式、设置段落格式及设置页面格式等相关知识点。

学完本章后应该掌握的技能

- 设置文本格式
- 设置段落格式
- 设置项目符号和编号
- 设置页面格式
- 设置特殊排版格式

本章相关实例效果展示

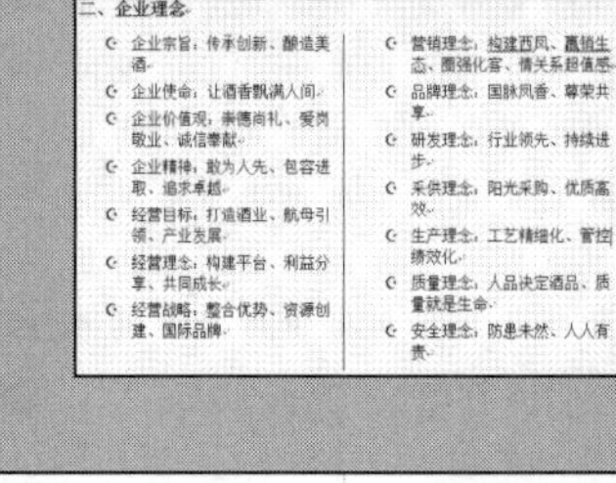

二、企业理念

- 企业宗旨：传承创新，酿造美酒
- 企业使命：让酒香飘满人间
- 企业价值观：崇德尚礼、爱岗敬业、诚信奉献
- 企业精神：敢为人先、包容进取、追求卓越
- 经营目标：打造酒业、航母引领、产业发展
- 经营理念：构建平台、利益分享、共同成长
- 经营战略：整合优势、资源创建、国际品牌
- 营销理念：构建西凤、赢销生态、圈强化客、情关系赢值感
- 品牌理念：国脉凤香、尊荣共享
- 研发理念：行业领先、持续进步
- 采供理念：阳光采购、优质高效
- 生产理念：工艺精细化、管控绩效化
- 质量理念：人品决定酒品、质量就是生命
- 安全理念：防患未然、人人有责

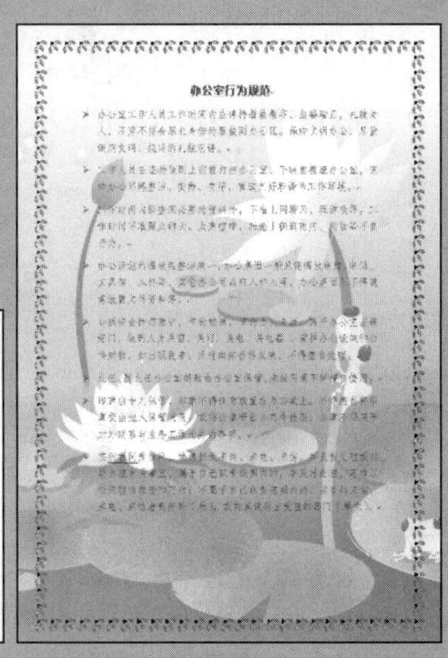

办公室行为规范

3.1 知识讲解——设置文本格式

要想自己的文档从众多的文档中脱颖而出，就必须对其精雕细琢，通过对文本设置各种格式，如设置字体、字号、字体颜色、下画线及字符间距等，从而让文档变得更加生动。

3.1.1 设置字体、字号和字体颜色

在 Word 文档中输入文本后，默认显示的字体为“宋体（中文正文）”，字号为“五号”，字符颜色为黑色，根据操作需要，可设置自己需要的格式，具体操作步骤如下。

光盘同步文件

素材文件：光盘 \ 素材文件 \ 第 3 章 \ 公司简介 .docx
结果文件：光盘 \ 结果文件 \ 第 3 章 \ 公司简介 .docx
视频文件：光盘 \ 视频文件 \ 第 3 章 \3-1-1.mp4

Step01：打开光盘\素材文件\第3章\公司简介 .docx，❶ 选中需要设置格式的文本，本例中选择“公司简介”；❷ 在“开始”选项卡的“字体”组中，单击“字号”文本框右侧的下拉按钮；❸ 在弹出的下拉列表中选择需要的字号，如下图所示。

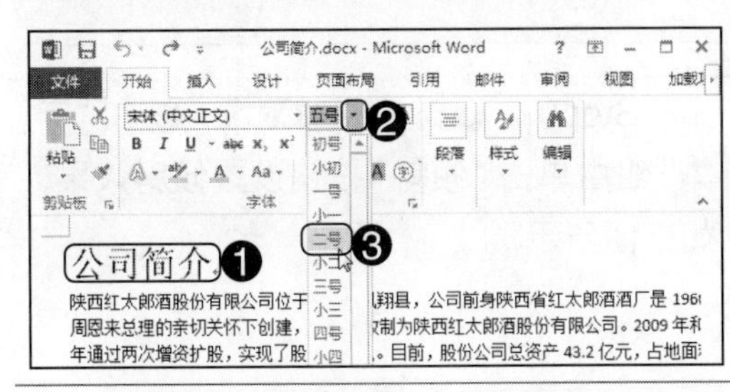

Step02：❶ 单击“字体”文本框右侧下拉按钮；❷ 在弹出的下拉列表中选择需要的字体，如下图所示。

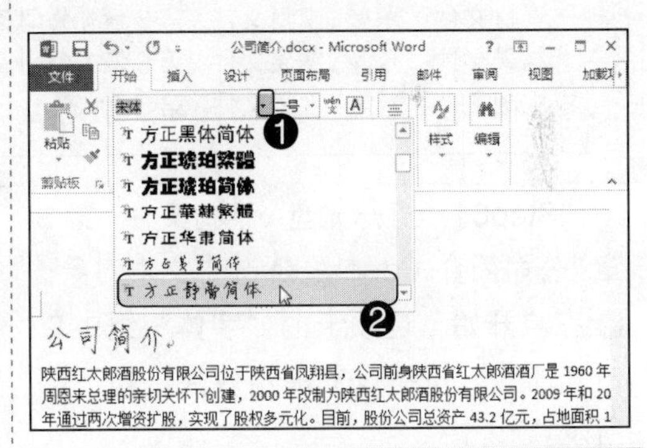

Step03：❶ 单击“字体颜色”按钮右侧的下拉按钮；❷ 在弹出的下拉列表中选择需要的字符颜色，如下图所示。

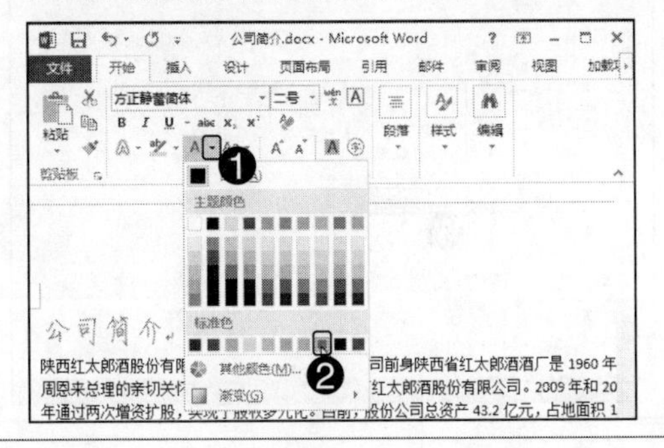

Step04：用同样的方法，对其他文本设置相应的文本格式，效果如下图所示。

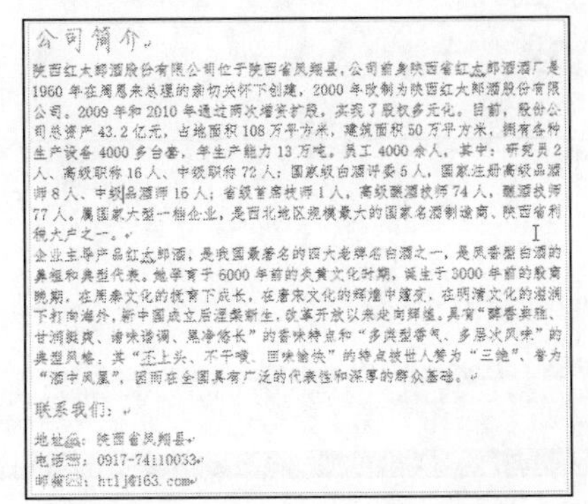

公司简介

陕西红太郎酒股份有限公司位于陕西省凤翔县，公司前身陕西省红太郎酒酒厂是1960 年在周恩来总理的亲切关怀下创建，2000 年改制为陕西红太郎酒股份有限公司。2009 年和 2010 年通过两次增资扩股，实现了股权多元化。目前，股份公司总资产 43.2 亿元，占地面积 108 万平方米，建筑面积 50 万平方米，拥有各种生产设备 4000 多台套，年生产能力 13 万吨，员工 4000 余人，其中：研究员 2 人、高级职称 16 人、中级职称 72 人；国家级白酒评委 5 人，国家注册高级品酒师 8 人、中级品酒师 16 人；省级首席技师 1 人，高级酿酒技师 74 人，酿酒技师 77 人。属国家大型一档企业，是西北地区规模最大的国家名酒制造商、陕西省利税大户之一。

企业主导产品红太郎酒，是我国最著名的四大老牌名白酒之一，是凤香型白酒的鼻祖和典型代表。她孕育于 6000 年前的炎黄文化时期，诞生于 3000 年前的殷商晚期，在周秦文化的抚育下成长，在唐宋文化的辉煌中雄夜，在明清文化的滋润下打向海外，新中国成立后涅槃新生，改革开放以来走向辉煌。具有“醇香典雅、甘润挺爽、诸味谐调、尾净悠长”的香味特点和“多类型香气、多层次风味”的典型风格，其“不上头、不干喉、回味愉快”的特点被世人赞为“三绝”，誉为“酒中凤凰”，因而在全国具有广泛的代表性和深厚的群众基础。

联系我们：

地址：陕西省凤翔县
电话：0917-74110033
邮箱：htlj@163.com

对选中的文本设置字号、字体和字体颜色等格式时，在下拉列表中将鼠标指针指向某个选项，可在文档中预览应用后的效果。此外，在“字体颜色”下拉列表中，若单击“其他颜色”选项，可在弹出的“颜色”对话框中自定义字体颜色；若单击“渐变”选项，在弹出的级联列表中，将以所选文本的颜色为基准对该文本设置渐变色。

知识拓展 分别对中文和西文设置字体

若所选文本中既有中文，又有西文，为了实现更好的视觉效果，则可以分别对其设置字体，方法有以下两种。

- 选中文本后，在“字体”下拉列表中先选择中文字体，此时所选字体将应用到所有文本中，然后在“字体”下拉列表中选择西文字体，此时所选字体将仅仅应用到西文中。
- 选中文本后，在“字体”组中单击“功能扩展”按钮，弹出“字体”对话框，在“中文字体”下拉列表中选择中文字体，在“西文字体”下拉列表中选择西文字体，单击“确定”按钮即可。

3.1.2 设置加粗或倾斜效果

同样的文字通过字形的变化可以产生不同的效果，从而让文字变得更加醒目。Word 提供了“常规”、“倾斜”、“加粗”和“加粗 倾斜”4 种字形效果，默认状态下为“常规”，若要设置为其他字形效果，可按下面的操作步骤实现。

光盘同步文件

素材文件：光盘\素材文件\第 3 章\公司简介 1.docx
结果文件：光盘\结果文件\第 3 章\公司简介 1.docx
视频文件：光盘\视频文件\第 3 章\3-1-2.mp4

Step01：打开光盘\素材文件\第 3 章\公司简介 1.docx，❶选中文本对象；❷在“开始”选项卡的“字体”组中单击“加粗”按钮设置加粗效果，如下图所示。

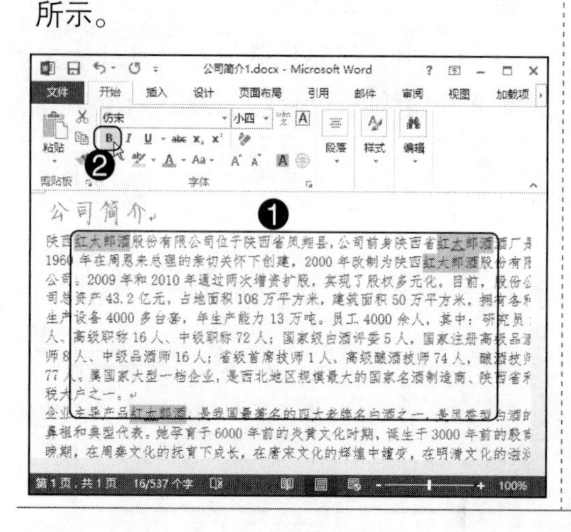

Step02：❶选中文本对象；❷在“字体”组中单击“倾斜”按钮设置倾斜效果，如下图所示。

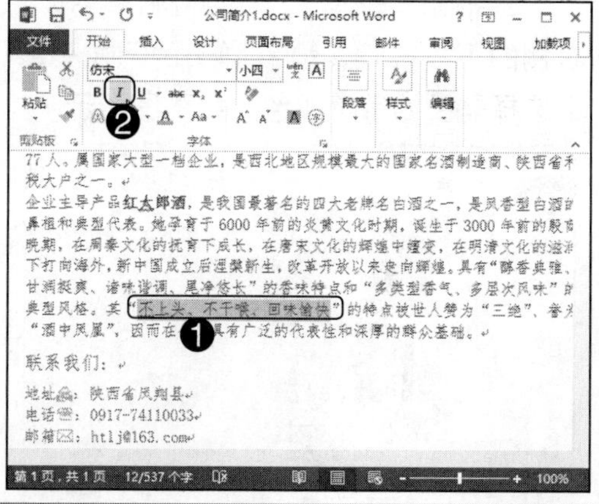

Step03：用同样的方法，对其他文本设置相应的字形格式，效果如右图所示。

公司简介

陕西**红太郎酒**股份有限公司位于陕西省凤翔县，公司前身陕西省**红太郎酒**酒厂是1960年在周恩来总理的亲切关怀下创建，2000年改制为陕西**红太郎酒**股份有限公司。2009年和2010年通过两次增资扩股，实现了股权多元化。目前，股份公司总资产43.2亿元，占地面积108万平方米，建筑面积50万平方米，拥有各种生产设备4000多台套，年生产能力13万吨。员工4000余人，其中：研究员2人、高级职称16人、中级职称72人；国家级白酒评委5人，国家注册高级品酒师8人、中级品酒师16人；省级首席技师1人，高级酿酒技师74人，酿酒技师77人。属国家大型一档企业，是西北地区规模最大的国家名酒制造商、陕西省利税大户之一。

企业主导产品**红太郎酒**，是我国最著名的四大老牌名白酒之一，是凤香型白酒的鼻祖和典型代表。她孕育于6000年前的炎黄文化时期，诞生于3000年前的殷商晚期，在周秦文化的抚育下成长，在唐宋文化的辉煌中嬗变，在明清文化的滋润下打向海外，新中国成立后涅槃新生，改革开放以来走向辉煌。具有“醇香典雅、甘润挺爽、诸味谐调、尾净悠长”的香味特点和“多类型香气、多层次风味”的典型风格。其“*不上头、不干喉、回味愉快*”的特点被世人赞为“三绝”、誉为“酒中凤凰”，因而在全国具有广泛的代表性和深厚的群众基础。

联系我们：

地址：陕西省凤翔县
电话：0917-74110033
邮箱：htlj@163.com

专家提示

选中文本后，按下“Ctrl+B”组合键可对其设置加粗效果；按下“Ctrl+I”组合键可对其设置倾斜效果。

3.1.3 设置上标或下标

在编辑诸如数学试题这样的文档时，经常会需要输入“ab2”、“x1y1”这样的数据，这就涉及设置上标或下标的方法，具体操作步骤如下。

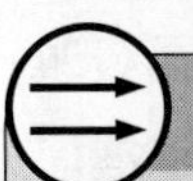

光盘同步文件

素材文件：光盘\素材文件\第3章\数学试题.docx
结果文件：光盘\结果文件\第3章\数学试题.docx
视频文件：光盘\视频文件\第3章\3-1-3.mp4

Step01：打开光盘\素材文件\第3章\数学试题.docx，❶选中要设置为上标的文本对象；❷在“开始”选项卡的“字体”组中单击“上标”按钮，如下图所示。

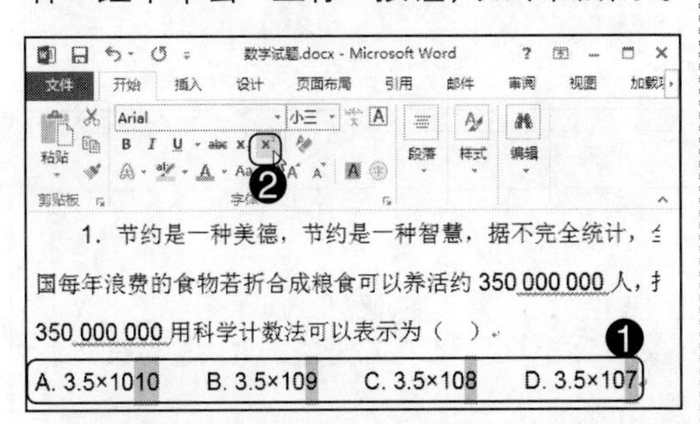

Step02：❶选中要设置为下标的文本对象；❷在“字体”组中单击“下标”按钮，如下图所示。

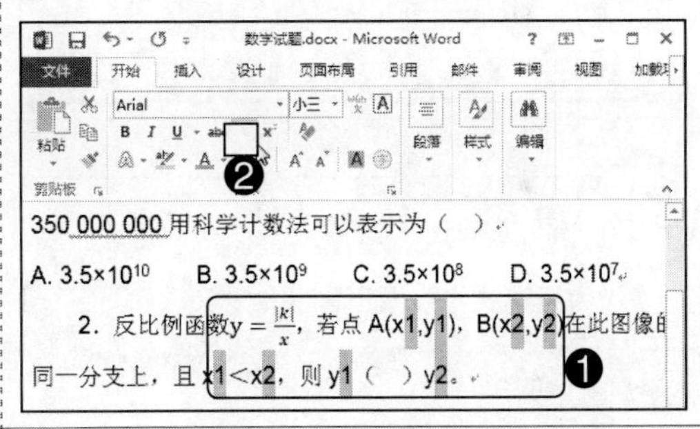

Step03：完成上标和下标的设置，效果如右图所示。

1. 节约是一种美德，节约是一种智慧，据不完全统计，全国每年浪费的食物若折合成粮食可以养活约350 000 000人，把350 000 000用科学计数法可以表示为（ ）

A. 3.5×10^{10}　B. 3.5×10^{9}　C. 3.5×10^{8}　D. 3.5×10^{7}

2. 反比例函数$y=\frac{|k|}{x}$，若点$A(x_1,y_1)$，$B(x_2,y_2)$在此图像的同一分支上，且$x_1<x_2$，则y_1（ ）y_2。

专家提示

选中文本内容后，按下“Ctrl+Shift+=”组合键可将其设置为上标，按下“Ctrl+=”组合键可将其设置为下标。

3.1.4 为文本添加下画线

人们在查阅书籍、报纸或文件等纸质文档时，通常会在重点词句的下方添加一条下画线以示强调。其实，在 Word 文档中同样可以为重点词句添加下画线，方法为：选中需要添加下画线的文本，在“开始”选项卡的“字体”组中单击“下画线”按钮 U，即可为所选文本添加一条黑色下画线。若需要为所选文本添加虚线、波浪线等样式的下画线，并为下画线设置喜欢的颜色，可按下面的操作方法实现。

光盘同步文件

素材文件：光盘\素材文件\第 3 章\公司简介 2.docx
结果文件：光盘\结果文件\第 3 章\公司简介 2.docx
视频文件：光盘\视频文件\第 3 章\3-1-4.mp4

Step01：打开光盘\素材文件\第 3 章\公司简介 2.docx，❶选中需要添加下画线的文本；❷在“开始”选项卡的“字体”组中，单击“下画线”按钮右侧的下拉按钮；❸在弹出的下拉列表选择需要的下画线样式，如下图所示。

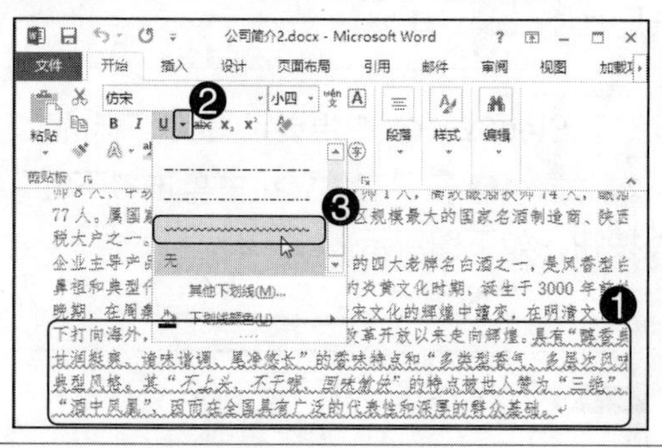

Step02：保持文本的选中状态，❶单击“下画线”按钮右侧的下拉按钮；❷在弹出的下拉列表中单击“下画线颜色”选项；❸在弹出的级联列表中选择需要的下画线颜色，如下图所示。

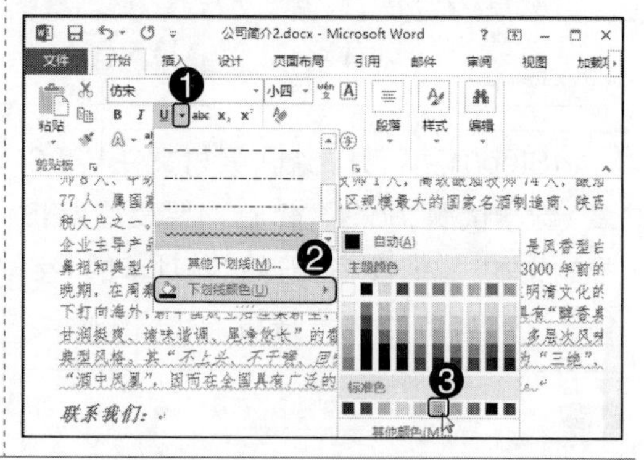

专家提示

为所选文本设置下画线时，在“下画线”下拉列表中单击“其他下画线”选项，在弹出的“字体”对话框中选择需要的下画线样式。此外，选中文本后按“Ctrl+U”组合键，可快速对该文本添加默认的黑色下画线。

3.1.5 设置字符间距

顾名思义，字符间距就是指字符间的距离，通过调整字符间距可以使文字排列得更紧凑或者更疏散。Word 提供了“标准”、“加宽”和“紧缩”三种字符间距方式，其中默认以“标准”间距显示，若要调整字符间距，可按下面的操作方法实现。

光盘同步文件

素材文件：光盘 \ 素材文件 \ 第 3 章 \ 公司简介 3.docx
结果文件：光盘 \ 结果文件 \ 第 3 章 \ 公司简介 3.docx
视频文件：光盘 \ 视频文件 \ 第 3 章 \3-1-5.mp4

Step01：打开光盘 \ 素材文件 \ 第 3 章 \ 公司简介 3.docx，❶ 选中需要设置字符间距的文本；❷ 在“开始”选项卡的“字体”组中，单击“功能扩展”按钮，如下图所示。

Step02：弹出“字体”对话框，❶ 切换到“高级”选项卡；❷ 在“间距”下拉列表中选择间距类型；本例选择“加宽”，❸ 在右侧的“磅值”微调框中设置间距大小；❹ 设置完成后单击“确定”按钮，如下图所示。

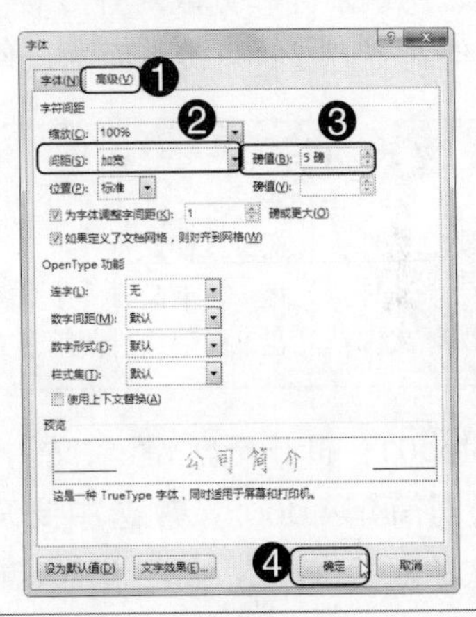

Step03：返回文档，即可查看设置后的效果，如下图所示。

专家提示

在“字体”对话框的“字体”选项卡中，不仅可以对选中的文本设置字体、字号和字体颜色等基本格式，还可设置空心、阴文等效果。此外，通过“字体”对话框对文本设置格式时，可通过“预览”框预览效果。

3.2 知识讲解——设置段落格式

用户在查阅文档时，会发现若段落之间排列太紧密会让人产生视觉疲劳，为了能更加轻松地阅读文档，我们可以对段落设置对齐方式、缩进及行间距等格式，从而使文档结构清晰、层次分明，让整个版面更加舒适。

3.2.1 设置对齐方式

对齐方式是指段落在文档中的相对位置，Word 中的段落对齐方式有左对齐、居中、右对齐、两端对齐和分散对齐 5 种。默认情况下，段落的对齐方式为两端对齐，若要更改其他对齐方式，可按下面的操作步骤实现。

光盘同步文件

素材文件：光盘 \ 素材文件 \ 第 3 章 \ 公司简介 4.docx
结果文件：光盘 \ 结果文件 \ 第 3 章 \ 公司简介 4.docx
视频文件：光盘 \ 视频文件 \ 第 3 章 \3-2-1.mp4

Step01：打开光盘 \ 素材文件 \ 第 3 章 \ 公司简介 4.docx，❶ 选中要设置对齐方式的段落；❷ 在“开始”选项卡的“段落”组中单击“居中”按钮，如下图所示。

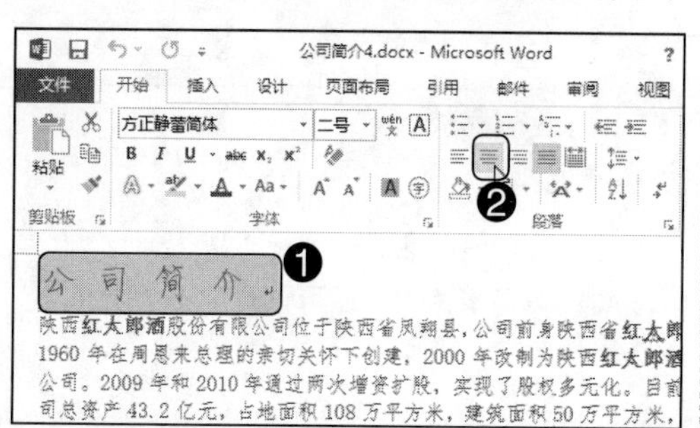

Step02：此时，所选段落将以“居中”对齐方式进行显示，效果如下图所示。

公 司 简 介

陕西红太郎酒股份有限公司位于陕西省凤翔县，公司前身陕西省红太郎酒酒厂是 1960 年在周恩来总理的亲切关怀下创建，2000 年改制为陕西红太郎酒股份有限公司。2009 年和 2010 年通过两次增资扩股，实现了股权多元化。目前，股份公司总资产 43.2 亿元，占地面积 108 万平方米，建筑面积 50 万平方米，拥有各种生产设备 4000 多台套，年生产能力 13 万吨。员工 4000 余人，其中：研究员 2 人、高级职称 16 人、中级职称 72 人；国家级白酒评委 5 人，国家注册高级品酒师 8 人、中级品酒师 16 人；省级首席技师 1 人，高级酿酒技师 74 人，酿酒技师 77 人。属国家大型一档企业，是西北地区规模最大的国家名酒制造商、陕西省利税大户之一。

企业主导产品红太郎酒，是我国最著名的四大老牌名白酒之一，是凤香型白酒的鼻祖和典型代表。她孕育于 6000 年前的炎黄文化时期，诞生于 3000 年前的殷商晚期，在周秦文化的抚育下成长，在唐宋文化的辉煌中嬗变，在明清文化的滋润下打向海外，新中国成立后涅槃新生，改革开放以来走向辉煌。具有“醇香典雅、甘润挺爽、诸味谐调、尾净悠长”的香味特点和“多类型香气、多层次风味”的典型风格。其“不上头、不干喉、回味愉快”的特点被世人赞为“三绝”，誉为“酒中凤凰”，因而在全国具有广泛的代表性和深厚的群众基础。

知识拓展　通过快捷键或对话框设置对齐方式

除了上述讲解的操作方法之外，还可以通过以下两种方法设置段落的对齐方式。

- 选中段落后，按下“Ctrl+L”组合键可设置“左对齐”对齐方式，按下“Ctrl+E”组合键可设置“居中”对齐方式，按下“Ctrl+R”组合键可设置“右对齐”对齐方式，按下“Ctrl+J”组合键可设置“两端对齐”方式，按下“Ctrl+Shift+J”组合键可设置“分散对齐”方式。
- 选中段落后单击“段落”组中的“功能扩展”按钮，弹出“段落”对话框，在“常规”栏的“对齐方式”下拉列表中选择需要的对齐方式，然后单击“确定”按钮即可。

3.2.2 设置段落缩进

为了增强文档的层次感，提高可阅读性，可以对段落设置合适的缩进。段落的缩进方式有左缩进、右缩进、首行缩进和悬挂缩进 4 种。其中，左缩进是指整个段落左边界距离页面左侧的缩进量，右缩进指整个段落右边界距离页面右侧的缩进量，首行缩进是指段落首行第 1 个字符的起始位置距离页面左侧的缩进量，悬挂缩进是指段落中除首行以外的其他行距离页面左侧的缩进量。

设置段落缩进的具体操作方法如下。

光盘同步文件

素材文件：光盘 \ 素材文件 \ 第 3 章 \ 公司简介 5.docx
结果文件：光盘 \ 结果文件 \ 第 3 章 \ 公司简介 5.docx
视频文件：光盘 \ 视频文件 \ 第 3 章 \3-2-2.mp4

Step01：打开光盘 \ 素材文件 \ 第 3 章 \ 公司简介 5.docx，❶ 选中要设置段落缩进的段落；❷ 单击“段落”组中的“功能扩展”按钮，如下图所示。

Step02：弹出“段落”对话框，❶ 在“缩进”栏中根据需要设置缩进方式，本例中在“特殊格式”下拉列表中选择“首行缩进”选项；❷ 在右侧的“缩进值”微调框设置缩进量，本例中设置“2 字符”；❸ 单击“确定”按钮，如下图所示。

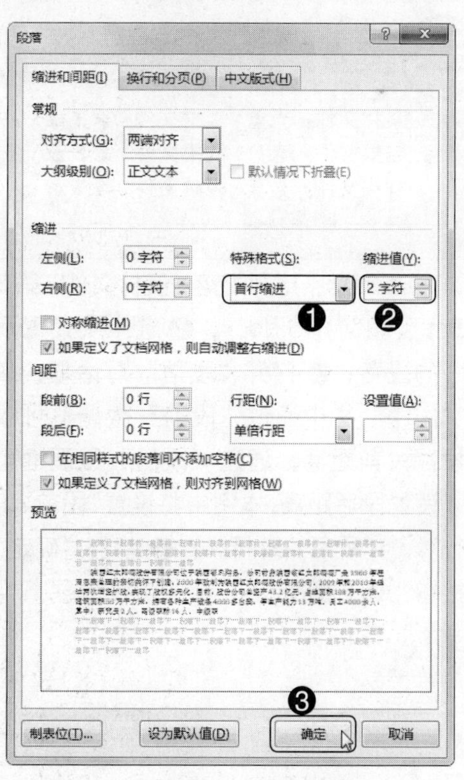

专家提示

选中需要设置缩进的段落后，单击“段落”组中的“增加缩进量”按钮可设置左缩进，单击“段落”组中的“减少缩进量”按钮可设置右缩进。

Step03：参照上述操作方法，对最后 4 个段落设置“左缩进”，缩进字符为“23 字符”，完成段落缩进的设置，效果如下图所示。

公 司 简 介

陕西**红太郎酒**股份有限公司位于陕西省凤翔县，公司前身陕西省**红太郎酒**酒厂是 1960 年在周恩来总理的亲切关怀下创建，2000 年改制为陕西**红太郎酒**股份有限公司。2009 年和 2010 年通过两次增资扩股，实现了股权多元化。目前，股份公司总资产 43.2 亿元，占地面积 108 万平方米，建筑面积 50 万平方米，拥有各种生产设备 4000 多台套，年生产能力 13 万吨。员工 4000 余人，其中：研究员 2 人、高级职称 16 人、中级职称 72 人；国家级白酒评委 5 人，国家注册高级品酒师 8 人、中级品酒师 16 人；省级首席技师 1 人，高级酿酒技师 74 人，酿酒技师 77 人。属国家大型一档企业，是西北地区规模最大的国家名酒制造商、陕西省利税大户之一。

企业主导产品**红太郎酒**，是我国最著名的四大老牌名白酒之一，是凤香型白酒的鼻祖和典型代表。她孕育于 6000 年前的炎黄文化时期，诞生于 3000 年前的殷商晚期，在周秦文化的抚育下成长，在唐宋文化的辉煌中嬗变，在明清文化的滋润下打向海外，新中国成立后涅槃新生，改革开放以来走向辉煌。具有“醇香典雅、甘润挺爽、诸味谐调、尾净悠长”的香味特点和“多类型香气、多层次风味”的典型风格。其“*不上头、不干喉、回味愉快*”的特点被世人赞为“三绝”，誉为“酒中凤凰”，因而在全国具有广泛的代表性和深厚的群众基础。

联系我们：

地址：陕西省凤翔县
电话：0917-74110033
邮箱：htlj@163.com

专家提示

此外，还可通过水平标尺来设置段落缩进，具体操作方法为：在 Word 窗口切换到“视图”选项卡，在“显示”组中勾选“标尺”复选框，将标尺显示出来。在水平标尺中，拖动“左缩进”滑块□，可为所选段落设置左缩进；拖动“右缩进”△，可为所选段落设置右缩进；向右拖动“首行缩进”按钮▽，可为所选段落设置首行缩进；向右拖动“悬挂缩进”按钮△，可为所选段落设置悬挂缩进。

3.2.3 设置间距与行距

正所谓距离产生美，那么对于文档也是同样的道理。对文档设置适当的间距或行距，不仅可以使文档看起来疏密有致，更能提高阅读舒适性。

间距是指相邻两个段落之间的距离，行距是指段落中行与行之间的距离，设置间距与行距的具体操作步骤如下。

光盘同步文件

素材文件：光盘 \ 素材文件 \ 第 3 章 \ 公司简介 6.docx
结果文件：光盘 \ 结果文件 \ 第 3 章 \ 公司简介 6.docx
视频文件：光盘 \ 视频文件 \ 第 3 章 \3-2-3.mp4

Step01：打开光盘 \ 素材文件 \ 第 3 章 \ 公司简介 6.docx，❶ 选中要设置间距的段落；❷ 打开“段落”对话框，在“间距”栏中通过“段前”微调框可以设置段前距离，通过“段后”微调框可以设置段后距离，本例中将设置“段前 0.5 行”、“段后 0.5 行”；❸ 单击“确定”按钮，如右图所示。

Step02：返回文档，❶选中要设置行距的段落；❷打开“段落”对话框；在“行距”下拉列表中选择段落的行间距离大小，如“1.5 倍行距”；❸单击“确定”按钮即可，如右图所示。

3.2.4 设置边框与底纹

对文档进行排版时，有时还会根据操作需要对文字、段落添加边框或底纹，让文档更加美观漂亮，而且还能突出重点内容。

1. 为文字添加边框或底纹

为了突出显示某些重要文本，使其区别其他文本，可为其添加边框或底纹，具体操作步骤如下。

光盘同步文件

素材文件：光盘\素材文件\第 3 章\关于召开 2014 年度工作总结大会的通知 .docx
结果文件：光盘\结果文件\第 3 章\关于召开 2014 年度工作总结大会的通知 .docx
视频文件：光盘\视频文件\第 3 章\3-2-4.mp4

Step01：打开光盘\素材文件\第 3 章\关于召开 2014 年度工作总结大会的通知 .docx，❶选中文本；❷在“开始”选项卡的“字体”组中单击“字符底纹”按钮；❸单击“字符边框”按钮，如下图所示。

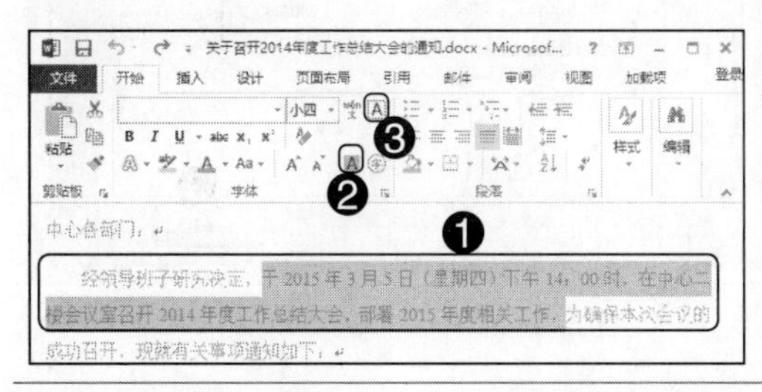

Step02：通过设置后，将为所选文本添加默认的灰色底纹和黑色边框，效果如下图所示。

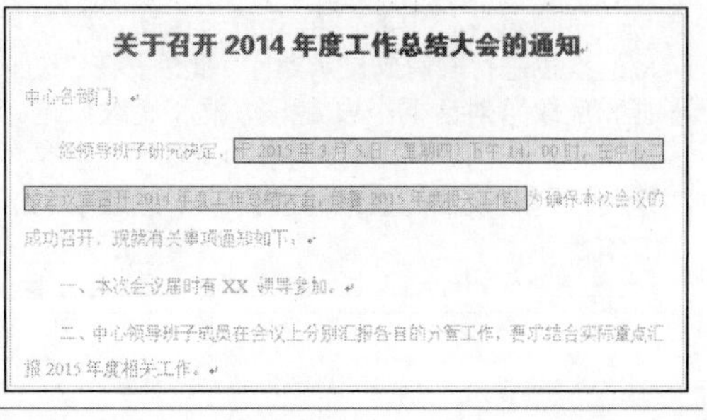

2. 为段落添加边框或底纹

如果要为段落添加边框或底纹效果，可按下面的操作步骤实现。

光盘同步文件

素材文件：光盘 \ 素材文件 \ 第 3 章 \ 关于召开 2014 年度工作总结大会的通知 1.docx
结果文件：光盘 \ 结果文件 \ 第 3 章 \ 关于召开 2014 年度工作总结大会的通知 1.docx
视频文件：光盘 \ 视频文件 \ 第 3 章 \3-2-4.mp4

Step01：打开光盘 \ 素材文件 \ 第 3 章 \ 关于召开 2014 年度工作总结大会的通知 1.docx，❶ 选中要设置边框和底纹效果的段落；❷ 在“段落”组中单击“边框”按钮右侧的下拉按钮；❸ 在弹出的下拉列表中选择“边框和底纹”选项，如下图所示。

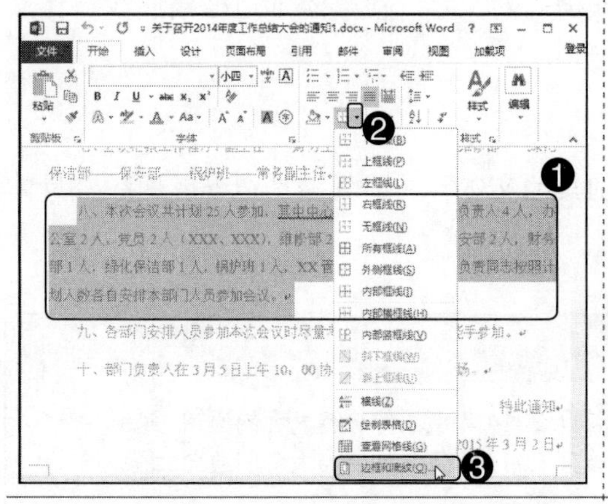

Step02：弹出“边框和底纹”对话框，❶ 在“边框”选项卡中的“设置”栏中选择边框类型；❷ 在“样式”列表中选择边框的样式；❸ 在“颜色”下拉列表中选择边框颜色，如下图所示。

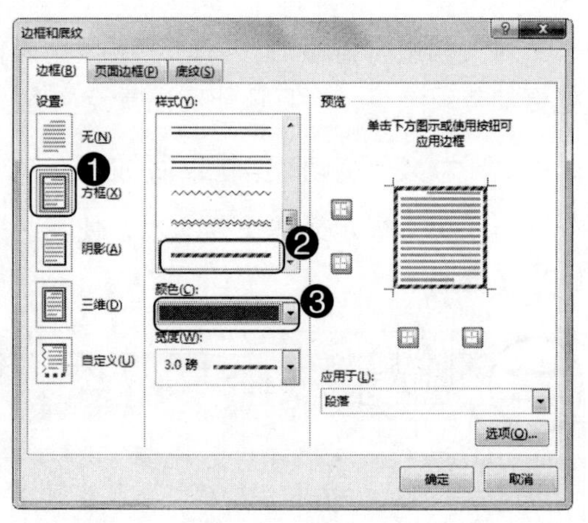

Step03：❶ 切换到“底纹”选项卡；❷ 在“填充”下拉列表中可选择底纹的颜色；❸ 单击“确定”按钮即可，如右图所示。

专家提示

设置好边框的样式、颜色等参数后，还可在“预览”栏中通过单击相关按钮，对相应的框线进行取消或显示操作。此外，在“边框和底纹”对话框中设置好边框和底纹效果后，若在“应用于”下拉列表中选择“文字”选项，则所设置的效果将应用于所选段落的文本上。

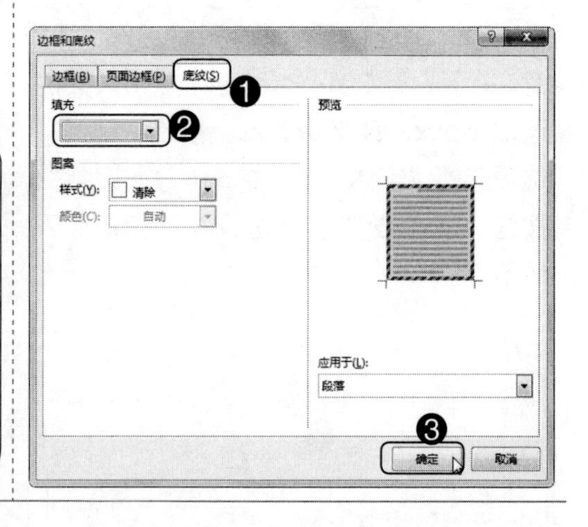

知识拓展　清除边框和底纹

对文字或段落设置边框、底纹效果后，若要将其清除，可按下面的两种方式实现。

● 选中设置了边框、底纹效果的文字或段落，在“段落”组中单击“底纹”按钮右侧的下拉按钮，在弹出的下拉列表中选择“无颜色”选项，可清除底纹效果；单击“边框”按钮右侧的下拉按钮，在弹出的下拉列表中选择“无框线”选项，可清除边框效果。

● 选中设置了边框、底纹效果的文字或段落，打开“边框和底纹”选项卡，在“边框”选项卡的“设置”栏中选择“无”选项，可清除边框效果；在“底纹”选项卡的“填充”下拉列表中选择“无颜色”选项，可清除底纹效果。

3.3 知识讲解——设置项目符号和编号

在制作规章制度、管理条例等方面的文档时，可通过项目符号或编号来组织内容，从而使文档层次分明、条理清晰。

3.3.1 插入项目符号

项目符号是指添加在段落前的符号，一般用于并列关系的段落。为段落添加项目符号，可以更加直观、清晰地查看文本。插入项目符号的操作方法如下。

光盘同步文件

素材文件：光盘 \ 素材文件 \ 第 3 章 \ 企业员工薪酬方案 .docx
结果文件：光盘 \ 结果文件 \ 第 3 章 \ 企业员工薪酬方案 .docx
视频文件：光盘 \ 视频文件 \ 第 3 章 \3-3-1.mp4

打开光盘 \ 素材文件 \ 第 3 章 \ 企业员工薪酬方案 .docx，选中需要添加项目符号的段落，在“开始”选项卡的“段落”组中，单击“项目符号”按钮右侧的下拉按钮，在弹出的下拉列表中，将鼠标指针指向需要的项目符号时，可在文档中预览应用后的效果，对其单击即可应用到所选段落中。

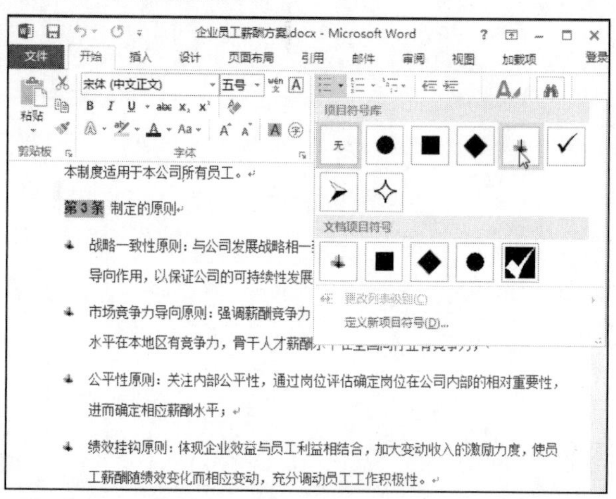

专家提示

对选中的段落添加项目符号时，若下拉列表中没有需要的项目符号样式，则可以选择“定义新项目符号”选项，在弹出的“定义新项目符号”对话框中进行自定义设置即可。此外，在含有项目符号的段落中，按下“Enter”键换到下一段时，会在下一段自动添加相同样式的项目符号，此时若直接按下“Back Space”键或再次按下“Enter”键，可取消自动添加项目符号。

3.3.2 插入编号

对于具有一定顺序或层次结构的段落，可以为其添加编号。默认情况下，在以“1.”、“(1)”、“①”或“a.”等编号开始的段落中，按下“Enter”键换到下一段时，下一段会自动产生连续的编号。若要对已经输入好的段落添加编号，可通过“段落”组中的“编号”按钮实现，具体操作方法如下。

光盘同步文件

素材文件：光盘\素材文件\第 3 章\企业员工薪酬方案 2.docx
结果文件：光盘\结果文件\第 3 章\企业员工薪酬方案 2.docx
视频文件：光盘\视频文件\第 3 章\3-3-2.mp4

打开光盘\素材文件\第 3 章\企业员工薪酬方案 2.docx，选中需要添加编号的段落，在“段落”组中单击“编号”按钮右侧的下拉按钮，在弹出的下拉列表中，将鼠标指针指向需要的编号样式时，可在文档中预览应用后的效果，对其单击即可应用到所选段落中。

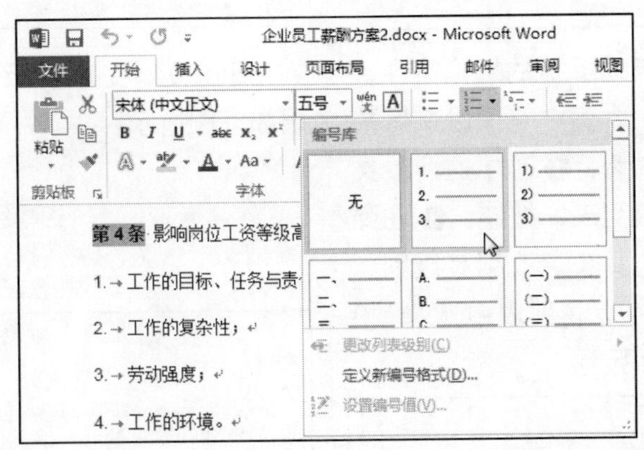

专家提示

为选中的段落添加编号时，若下拉列表中没有需要的编号样式，可选择“定义新编号格式”选项，弹出“定义新编号格式”对话框，此时可在“编号样式”下拉列表中进行选择。

3.3.3 设置多级列表

对于含有多个层次的段落，为了能清晰地体现层次结构，可对其添加多级列表。添加多级列表的操作方法如下。

光盘同步文件

素材文件：光盘\素材文件\第 3 章\企业员工薪酬方案 1.docx
结果文件：光盘\结果文件\第 3 章\企业员工薪酬方案 1.docx
视频文件：光盘\视频文件\第 3 章\3-3-3.mp4

Step01：打开光盘\素材文件\第 3 章\企业员工薪酬方案 1.docx，❶ 选中要添加多级列表的文本；❷ 单击“段落”组中的“多级列表”按钮；❸ 在弹出的下拉列表中选择需要的列表样式，如下图所示。

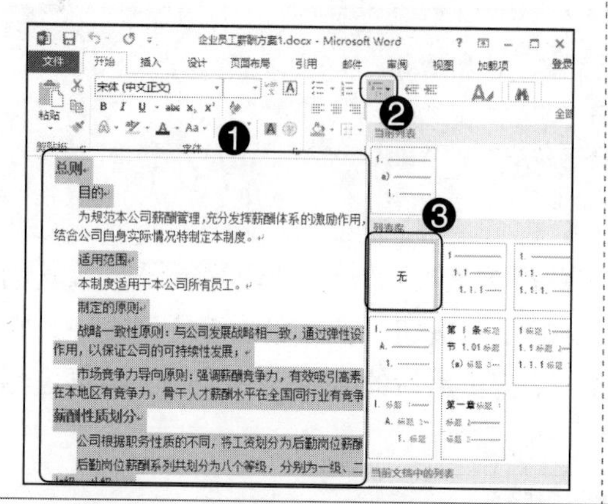

Step02：Word 将根据所选段落的格式进行解析，并自动添加相对应级别的编号，如下图所示。

企业员工薪酬方案

1. 总则
   a) 目的
   为规范本公司薪酬管理，充分发挥薪酬体系的激励作用，在国家相关法律、法规基础上，结合公司自身实际情况特制定本制度。
   b) 适用范围
   本制度适用于本公司所有员工。
   c) 制定的原则
   d) 战略一致性原则：与公司发展战略相一致，通过弹性设计，充分发挥薪酬的激励和导向作用，以保证公司的可持续性发展；
   e) 市场竞争力导向原则：强调薪酬竞争力，有效吸引高素质人才。达到通用人才薪酬水平在本地区有竞争力，骨干人才薪酬水平在全国同行业有竞争力；
2. 薪酬性质划分
   a) 公司根据职务性质的不同，将工资划分为后勤岗位薪酬系列和销售岗位薪酬系列。
   b) 后勤岗位薪酬系列共划分为八个等级，分别为一级、二级、三级、四级、五级、六级、七级、八级。
   c) 销售岗位薪酬系列共划分为五个等级，分别为一级、二级、三级、四级、五级。

Step03：若自动解析的级别有误，就需要手动调整，本例中有两段文字的编号级别应该是 3 级，❶ 选中这两段文字；❷ 单击“多级列表”按钮；❸ 在弹出的下拉列表中选择“更改列表级别”选项；❹ 在弹出的级联列表中选择“3 级”选项，如下图所示。

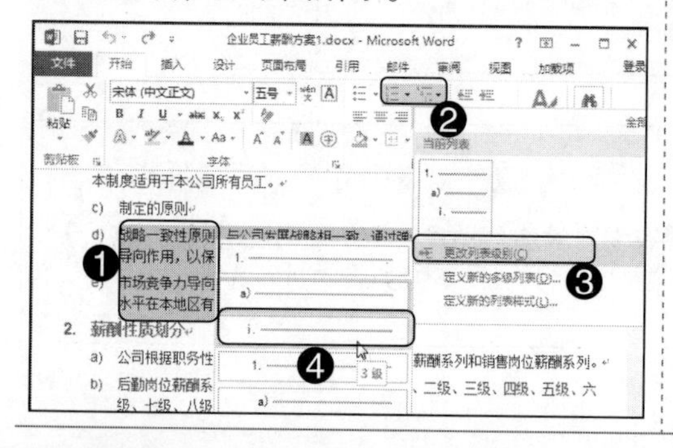

Step04：完成多级别表的设置，效果如下图所示：

企业员工薪酬方案

1. 总则
   a) 目的
   为规范本公司薪酬管理，充分发挥薪酬体系的激励作用，在国家相关法律、法规基础上，结合公司自身实际情况特制定本制度。
   b) 适用范围
   本制度适用于本公司所有员工。
   c) 制定的原则
      i. 战略一致性原则：与公司发展战略相一致，通过弹性设计，充分发挥薪酬的激励和导向作用，以保证公司的可持续性发展；
      ii. 市场竞争力导向原则：强调薪酬竞争力，有效吸引高素质人才。达到通用人才薪酬水平在本地区有竞争力，骨干人才薪酬水平在全国同行业有竞争力；
2. 薪酬性质划分
   a) 公司根据职务性质的不同，将工资划分为后勤岗位薪酬系列和销售岗位薪酬系列。
   b) 后勤岗位薪酬系列共划分为八个等级，分别为一级、二级、三级、四级、五级、六级、七级、八级。
   c) 销售岗位薪酬系列共划分为五个等级，分别为一级、二级、三级、四级、五级。

专家提示

若所选段落没有设置任何格式，则应用多级列表样式后，所选段落的编号级别都是 1，此时可参照上述操作方式进行调整。此外，在需要调整编号级别的段落中，将光标插入点定位在编号与文本之间，按下“Tab”键可降低一个列表级别，按下“Shift+Tab”组合键可提升一个列表级别。

3.4 知识讲解——设置页面格式

设置页面背景，是指对文档底部进行相关设置，如添加水印、设置页面颜色及页面边框等，通过这一系列的设置，可以起到渲染文档的作用。

3.4.1 为文档添加水印

水印是指将文本或图片以水印的方式设置为页面背景，其中文字水印多用于说明文件的属性，通常用作提醒功能，而图片水印则大多用于修饰文档。

1. 添加文字水印

Word 提供了几种文字水印样式，用户只需切换到“设计”选项卡，单击“页面背景”组中的“水印”按钮，在弹出的下拉列表中选择需要的水印样式即可。在编排商务办公文档时，Word 提供的文字水印样式如不能满足用户的需求，就需要自定义文字水印，具体操作方法如下。

光盘同步文件

素材文件：光盘 \ 素材文件 \ 第 3 章 \ 关于召开 2014 年度工作总结大会的通知 2.docx
结果文件：光盘 \ 结果文件 \ 第 3 章 \ 关于召开 2014 年度工作总结大会的通知 2.docx
视频文件：光盘 \ 视频文件 \ 第 3 章 \3-4-1.mp4

Step01：打开光盘 \ 素材文件 \ 第 3 章 \ 关于召开 2014 年度工作总结大会的通知 2.docx，❶ 切换到“设计”选项卡；❷ 单击“页面背景”组中的“水印”按钮；❸ 在弹出的下拉列表中选择“自定义水印”选项，如右图所示。

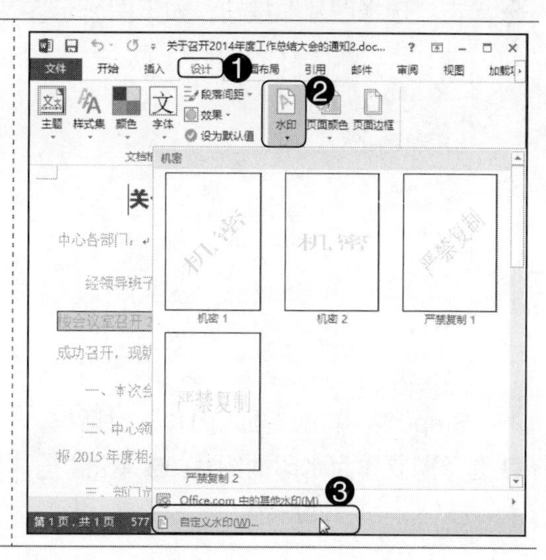

Step02：弹出“水印”对话框，❶选择“文字水印”单选按钮；❷在“文字”文本框中输入水印内容；❸根据操作需要设置字体、字号等参数；❹完成设置后，单击“确定”按钮即可，如右图所示。

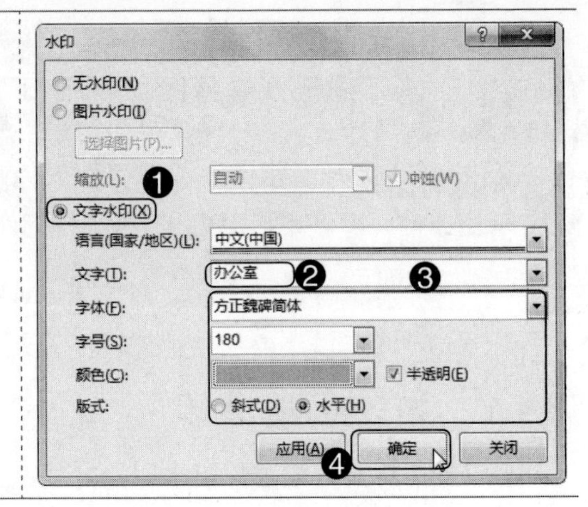

2. 添加图片水印

为了让文档页面看起来更加美观，我们还可以设计图片样式的水印，具体操作方法如下。

光盘同步文件

素材文件：光盘 \ 素材文件 \ 第 3 章 \ 公司简介 7.docx、图片水印 .jpg
结果文件：光盘 \ 结果文件 \ 第 3 章 \ 公司简介 7.docx
视频文件：光盘 \ 视频文件 \ 第 3 章 \3-4-1.mp4

Step01：打开光盘 \ 素材文件 \ 第 3 章 \ 公司简介 7.docx，打开“水印”对话框，❶选中“图片水印”单选按钮；❷单击“选择图片”按钮，如下图所示。

Step02：打开“插入图片”页面，单击“浏览”按钮，如下图所示。

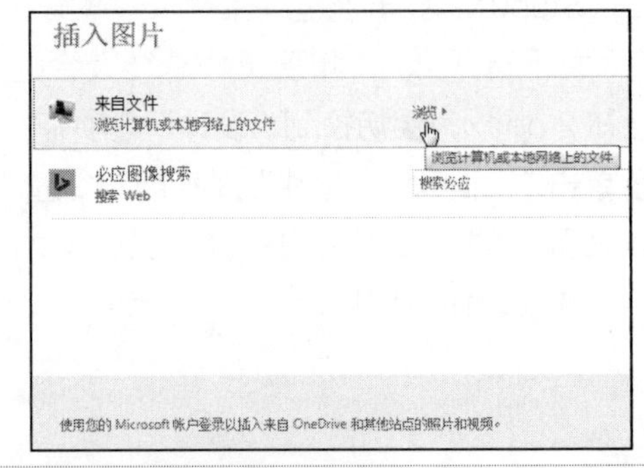

Step03：弹出“插入图片”对话框，❶选择需要作为水印的图片；❷单击“插入”按钮，如右图所示。

Step04：返回“水印”对话框，❶在“缩放”下拉列表选择图片的缩放比例，或者直接在文本框中输入需要的缩放比例，本例中输入“300%”；❷取消“冲蚀”复选框的勾选；❸单击“确定”按钮即可，如右图所示。

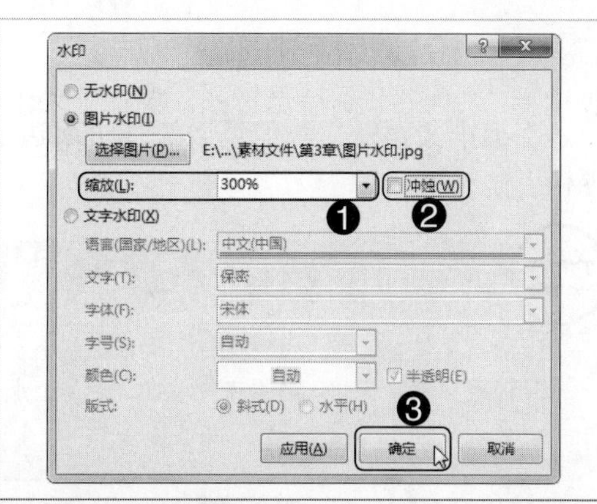

知识拓展　删除水印

如果要删除水印，在“页面背景”组中单击“水印”按钮，在弹出的下拉列表中选择“删除水印”选项即可。

3.4.2　设置页面颜色

Word 默认的页面背景颜色为白色，为了让文档页面看起来更加赏心悦目，我们可将页面更改为其他颜色，具体操作方法如下。

光盘同步文件

素材文件：光盘\素材文件\第 3 章\企业员工薪酬方案 3.docx
结果文件：光盘\结果文件\第 3 章\企业员工薪酬方案 3.docx
视频文件：光盘\视频文件\第 3 章\3-4-2.mp4

打开光盘\素材文件\第 3 章\企业员工薪酬方案 3.docx，切换到“设计”选项卡，在“页面背景”组中单击“页面颜色”按钮，在弹出的下拉列表中，将鼠标指针指向某个颜色时，可在文档中预览应用后的效果，单击色块即可应用至文档页面。

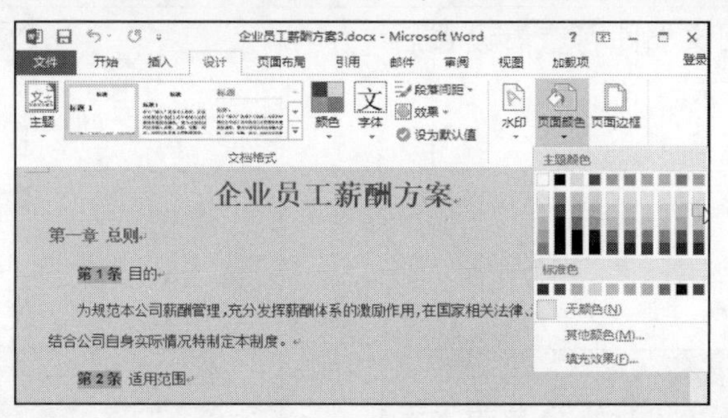

专家提示

设置页面颜色时，在下拉列表中若单击“其他颜色”选项，可在弹出的“颜色”对话框中自定义颜色；若单击“填充效果”选项，在弹出的“填充效果”对话框中可根据操作需要设置渐变填充效果、纹理填充效果、图案填充效果或图片填充效果。

3.4.3 设置页面边框

在编排文档时，我们可以添加页面边框，让文档更加赏心悦目。添加页面边框的操作方法如下。

光盘同步文件

素材文件：光盘\素材文件\第 3 章\企业员工薪酬方案 4.docx
结果文件：光盘\结果文件\第 3 章\企业员工薪酬方案 4.docx
视频文件：光盘\视频文件\第 3 章\3-4-3.mp4

Step01：打开光盘\素材文件\第 3 章\企业员工薪酬方案 4.docx，❶ 切换到“设计”选项卡；❷ 单击“页面背景”组中的“页面边框”按钮，如下图所示。

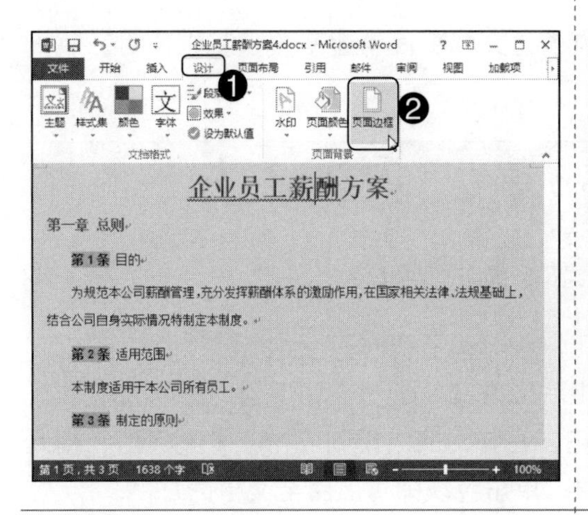

Step02：弹出“边框和底纹”对话框，在“页面边框”选项卡中根据需要设置边框样式、宽度等参数，❶ 本例中在“艺术型”下拉列表中选择边框样式；❷ 在“宽度”微调框中设置边框宽度；❸ 单击“确定”按钮，如下图所示。

Step03：返回文档即可查看设置后的效果，如右图所示。

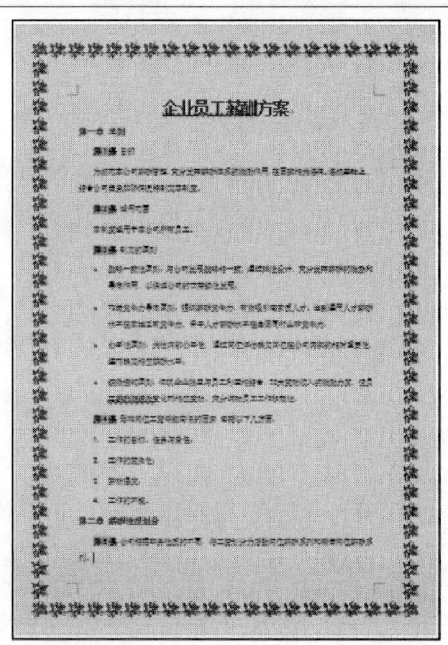

专家提示

对页面设置艺术型边框时，若所选样式的边框已经设置了黑色以外的颜色，则无法更改其颜色。此外，设置页面边框后，再次打开“边框和底纹”对话框，在“页面边框”选项卡的“设置”栏中选择“无”选项，可清除边框效果。

3.4.4 设置稿纸样式

稿纸功能通常用于生成空白的稿纸样式文档，Word 提供了 3 种稿纸样式，分别是方格式稿纸、行线式稿纸和外框式稿纸。设置稿纸的具体操作如下。

光盘同步文件

视频文件：光盘 \ 视频文件 \ 第 3 章 \3-4-4.mp4

Step01：新建空白文档，❶ 切换到“页面布局”选项卡；❷ 单击“稿纸”组中的“稿纸设置”按钮，如下图所示。

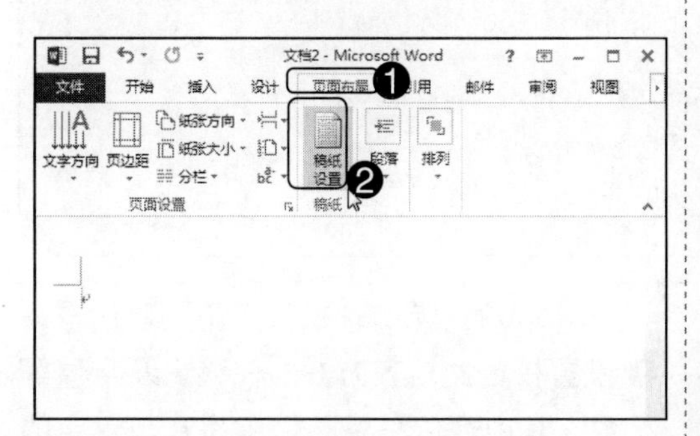

专家提示

如果要对已有的文档设置稿纸样式，则打开该文档，然后按照本节操作步骤进行设置即可。如果要取消稿纸样式，则打开“稿纸设置”对话框，然后在“格式”下拉列表中选择“非稿纸文档”选项即可。

Step02：弹出“稿纸设置”对话框，❶ 在“格式”下拉列表中选择稿纸样式；❷ 在“行数和列数”下拉列表中选择需要的行数和列数；❸ 在“网格颜色”下拉列表中选择网格颜色；❹ 单击“确定”按钮即可，如下图所示。

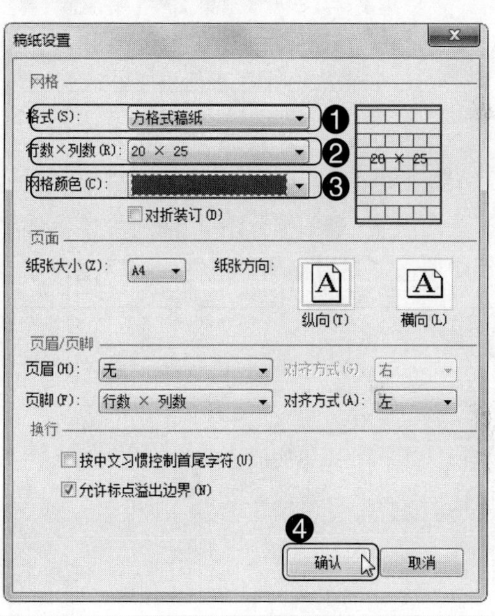

3.5 知识讲解——设置特殊排版格式

对文档进行排版时，可以应用一些特殊的排版方式，如拼音指南、首字下沉及分栏排版等，以制作出带有特殊效果的文档。

3.5.1 拼音指南

在编辑一些诸如小学课文这样的特殊文档时，往往需要对汉字标注拼音，以便阅读。为汉字标注拼音的具体操作步骤如下。

光盘同步文件

素材文件：光盘\素材文件\第 3 章\春雨的色彩 .docx
结果文件：光盘\结果文件\第 3 章\春雨的色彩 .docx
视频文件：光盘\视频文件\第 3 章\3-5-1.mp4

Step01：打开光盘\素材文件\第 3 章\春雨的色彩 .docx，❶ 选中需要添加拼音的汉字；❷ 在"开始"选项卡的"字体"组中单击"拼音指南"按钮，如下图所示。

Step02：弹出"拼音指南"对话框，❶ 设置拼音的对齐方式、偏移量及字体等参数，其中"偏移量"是指拼音与汉字的距离；❷ 单击"确定"按钮，如下图所示。

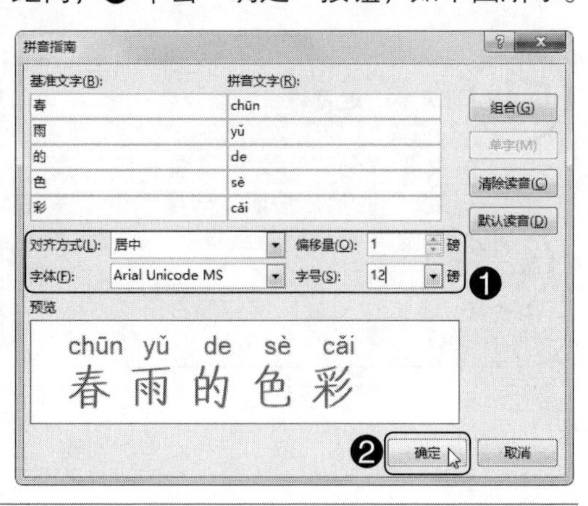

Step03：参照上述操作步骤，对其他汉字添加拼音，效果如右图所示。

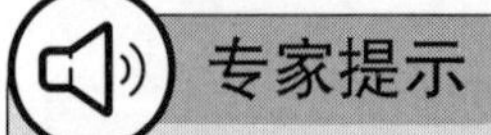

专家提示

对汉字标注拼音时，一次最多可以设置 30 个字词。默认情况下，"基准文字"栏中显示了需要添加拼音的汉字，"拼音文字"栏中显示了对应的汉字拼音，对于多音字，可手动修改。

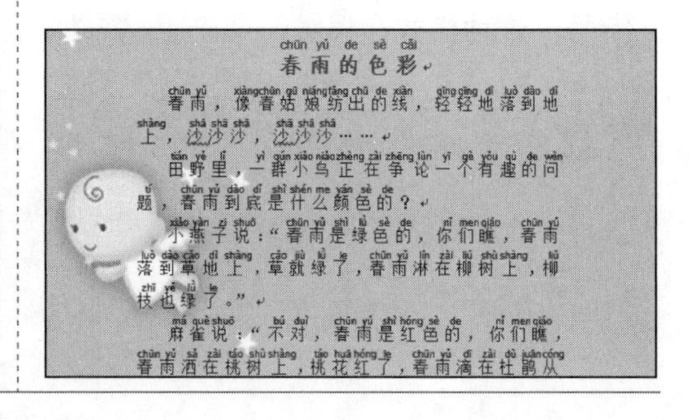

3.5.2 带圈字符

在编辑文档的过程中，有时候需要输入大量的带圈数字，而通过 Word 提供的插入符号功能，只能输入①～⑩，无法输入 10 以上的带圈数字，此时就需要用到带圈字符功能，具体操作步骤如下。

光盘同步文件

素材文件：光盘 \ 素材文件 \ 第 3 章 \ 企业员工薪酬方案 5.docx
结果文件：光盘 \ 结果文件 \ 第 3 章 \ 企业员工薪酬方案 5.docx
视频文件：光盘 \ 视频文件 \ 第 3 章 \3-5-2.mp4

Step01：打开光盘 \ 素材文件 \ 第 3 章 \ 企业员工薪酬方案 5.docx，❶ 选中需要设置带圈效果的数字；❷ 在“开始”选项卡的“字体”组中单击“带圈字符”按钮，如下图所示。

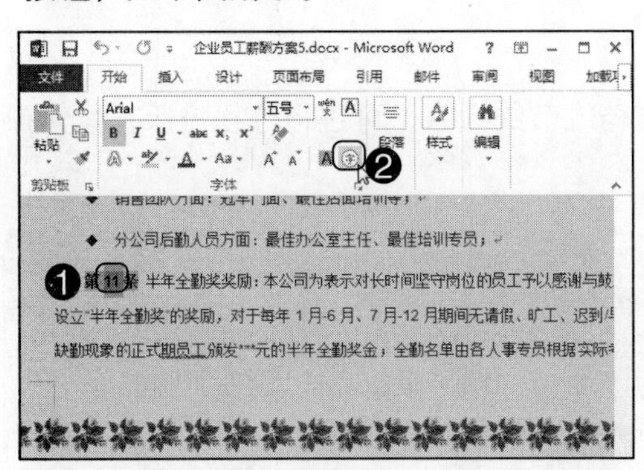

Step02：弹出“带圈字符”对话框，❶ 在“样式”栏中选择需要的样式；❷ 在“圈号”列表框中选择“圆圈”选项；❸ 单击“确定”按钮即可。如下图所示。

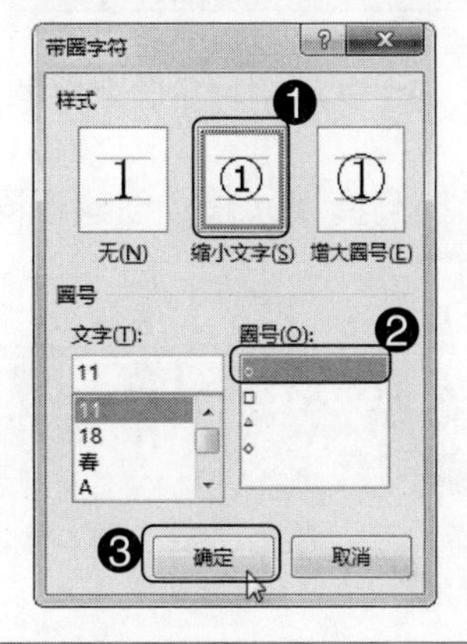

专家提示

设置带圈数字时，只能设置两位数的数字。另外，参照上述操作方法，还可以对单个汉字、1 ～ 2 个字母设置带圈效果。

3.5.3 设置首字下沉

首字下沉是一种段落修饰，是将段落中的第一个字或开头几个字设置不同的字体、字号，这种格式在报纸、杂志中比较常见。设置首字下沉的具体操作步骤如下。

光盘同步文件

素材文件：光盘 \ 素材文件 \ 第 3 章 \ 公司简介 8.docx
结果文件：光盘 \ 结果文件 \ 第 3 章 \ 公司简介 8.docx
视频文件：光盘 \ 视频文件 \ 第 3 章 \3-5-3.mp4

Step01：打开光盘\素材文件\第 3 章\公司简介 8.docx，❶选中要设置为首字下沉效果的文字；❷切换到“插入”选项卡；❸单击“文本”组中的“首字下沉”按钮；❹在弹出的下拉列表中选择“首字下沉选项”选项，如下图所示。

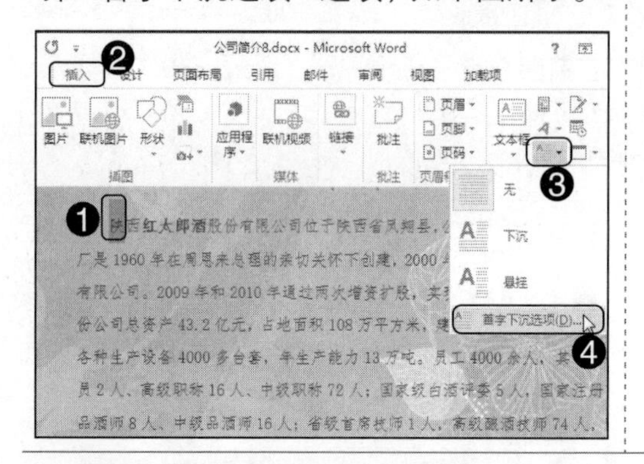

Step02：弹出“首字下沉”对话框，❶在“位置”栏中选择“下沉”选项；❷设置所选文字的字体、下沉行数等参数；❸单击“确定”按钮即可，如下图所示。

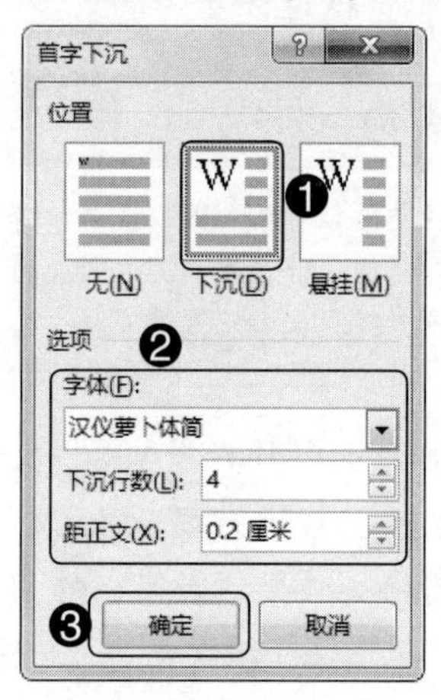

3.5.4 对文档进行分栏排版

为了提高阅读兴趣、创建不同风格的文档或节约纸张，可进行分栏排版，具体操作方法如下。

光盘同步文件

素材文件：光盘\素材文件\第 3 章\走进陕西红太郎酒股份有限公司 .docx
结果文件：光盘\结果文件\第 3 章\走进陕西红太郎酒股份有限公司 .docx
视频文件：光盘\视频文件\第 3 章\3-5-4.mp4

Step01：打开光盘\素材文件\第 3 章\走进陕西红太郎酒股份有限公司.docx，❶选中要分栏排版的内容；❷切换到“页面布局”选项卡；❸单击“页面设置”组中的“分栏”按钮；❹在弹出的下拉列表中选择“更多分栏”选项，如下图所示。

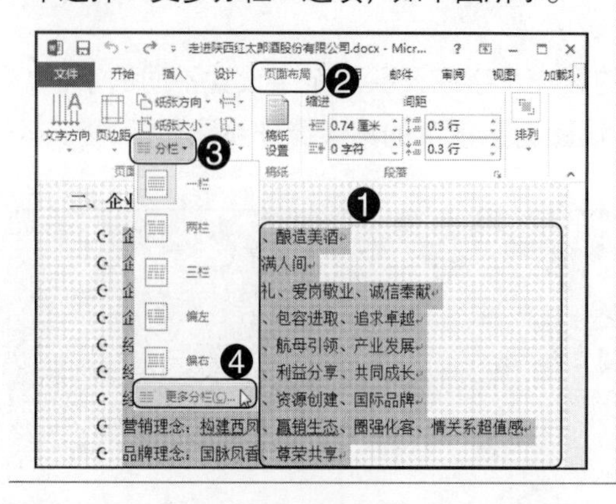

Step02：弹出“分栏”对话框，❶在“预设”栏中选择“两栏”选项；❷勾选“分隔线”复选框；❸单击“确定”按钮，如下图所示。

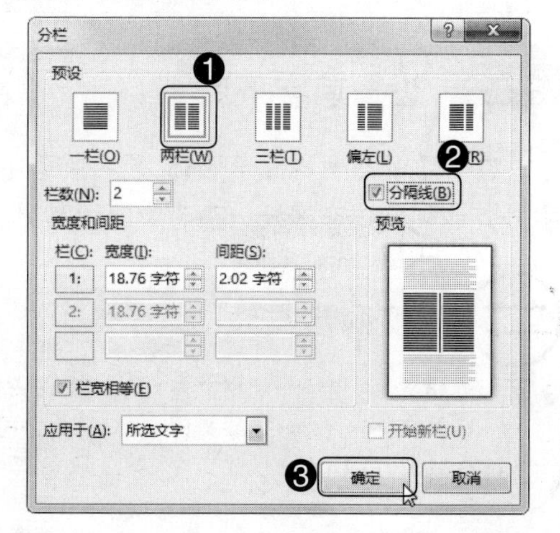

Step03：返回文档，即可查看分栏后的效果，如右图所示。

二、企业理念

- 企业宗旨：传承创新、酿造美酒
- 企业使命：让酒香飘满人间
- 企业价值观：崇德尚礼、爱岗敬业、诚信奉献
- 企业精神：敢为人先、包容进取、追求卓越
- 经营目标：打造酒业、航母引领、产业发展
- 经营理念：构建平台、利益分享、共同成长
- 经营战略：整合优势、资源创建、国际品牌
- 营销理念：构建西凤、赢销生态、圈强化客、情关系超值感
- 品牌理念：国脉凤香、尊荣共享
- 研发理念：行业领先、持续进步
- 采供理念：阳光采购、优质高效
- 生产理念：工艺精细化、管控绩效化
- 质量理念：人品决定酒品、质量就是生命
- 安全理念：防患未然、人人有责

专家提示

单击“分栏”按钮后，在弹出的下拉列表中提供了几种分栏方式，用户可直接选择。此外，如果要对全文进行分栏排版，无需选择任何内容，直接执行上述操作步骤便可实现。

3.5.5 设置竖排文档

通常情况下，文档的排版方式为水平排版，不过有时也需要对文档进行竖排排版，以追求更完美的效果。设置竖排排版的具体操作步骤如下。

光盘同步文件

素材文件：光盘 \ 素材文件 \ 第 3 章 \ 将进酒 .docx

结果文件：光盘 \ 结果文件 \ 第 3 章 \ 将进酒 .docx

视频文件：光盘 \ 视频文件 \ 第 3 章 \3-5-5.mp4

Step01：打开光盘 \ 素材文件 \ 第 3 章 \ 将进酒 .docx，❶ 切换到“页面布局”选项卡；❷ 单击“页面设置”组中的“文字方向”按钮；❸ 在弹出的下拉列表中选择“垂直”选项，如下图所示。

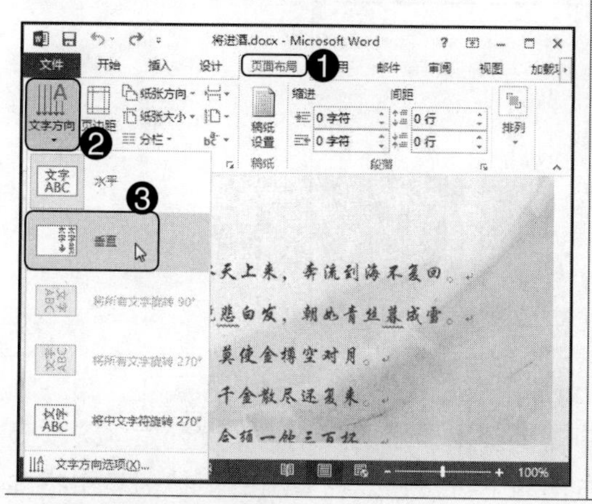

Step02：此时，文档中的文字将呈竖排显示，效果如下图所示。

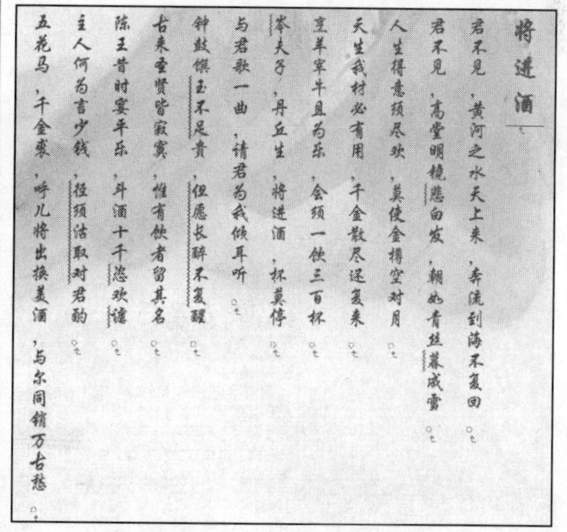

将进酒

君不见，黄河之水天上来，奔流到海不复回。

君不见，高堂明镜悲白发，朝如青丝暮成雪。

人生得意须尽欢，莫使金樽空对月。

天生我材必有用，千金散尽还复来。

烹羊宰牛且为乐，会须一饮三百杯。

岑夫子，丹丘生，将进酒，杯莫停。

与君歌一曲，请君为我倾耳听。

钟鼓馔玉不足贵，但愿长醉不复醒。

古来圣贤皆寂寞，惟有饮者留其名。

陈王昔时宴平乐，斗酒十千恣欢谑。

主人何为言少钱，径须沽取对君酌。

五花马，千金裘，呼儿将出换美酒，与尔同销万古愁。

专家提示

设置竖排文档后，文档的纸张方向有可能会发生改变，根据实际操作需要，用户可自行设置纸张的放置方法。

技高一筹——实用操作技巧

通过前面知识的学习，相信读者朋友已经掌握了编排与美化 Word 文档的相关基础知识。下面结合本章内容，给大家介绍一些实用技巧。

光盘同步文件

素材文件：光盘 \ 素材文件 \ 第 3 章 \ 技高一筹
结果文件：光盘 \ 结果文件 \ 第 3 章 \ 技高一筹
视频文件：光盘 \ 视频文件 \ 第 3 章 \ 技高一筹 .mp4

技巧 01　怎样设置特大号的文字

在设置文本字号时，“字号”下拉列表中的字号为八号到初号，或 52 磅到 72 磅，这对一般办公人员来说已经足够了。但是在一些特殊情况下，如打印海报、标语或大横条幅时，则需要更大的字号，“字号”下拉列表中提供的字号选项就无法满足需求了，此时可手动输入字号大小。操作方法为：选中需要设置特大字号的文本，在“开始”选项卡“字体”组中，在“字号”文本框中输入需要的字号大小磅值（1 ~ 1638）然后按“Enter”键确认即可。

技巧 02　怎样将特定文字突出显示

在编辑文档时，有时为了突出显示某些重要文本，通常会对其设置边框或底纹。其实，我们还可以通过“突出显示”功能来对重要文本进行标记，使文字看上去像用荧光笔作了标记一样，从而使该文本更加醒目。

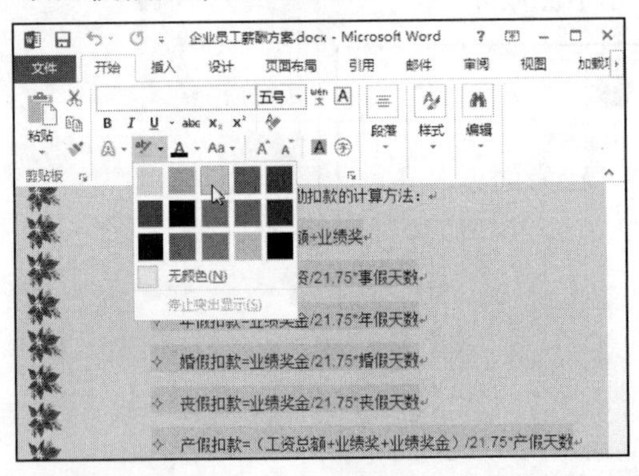

突出显示文本的具体操作方法为：选中需要突出显示的文本，在“开始”选项卡的“字体”组中，单击“突出显示”按钮右侧的下拉按钮，在弹出的下拉列表中指向某种颜色时，可以预览效果，选择某种颜色，即可将其应用到所选文本上。

技巧 03　利用格式刷复制格式

格式刷是一种快速应用格式的工具，能够将某文本对象的格式复制到另一个对象上，从而避免重复设置格式的麻烦。当需要对文档中的文本或段落设置相同格式时，便可通过格式刷复制格式，具体操作步骤如下。

Step01：打开光盘\素材文件\第3章\技高一筹\企业员工薪酬方案1.docx，❶选中需要复制的格式所属文本；❷单击“剪贴板”组中的“格式刷”按钮，如下图所示。

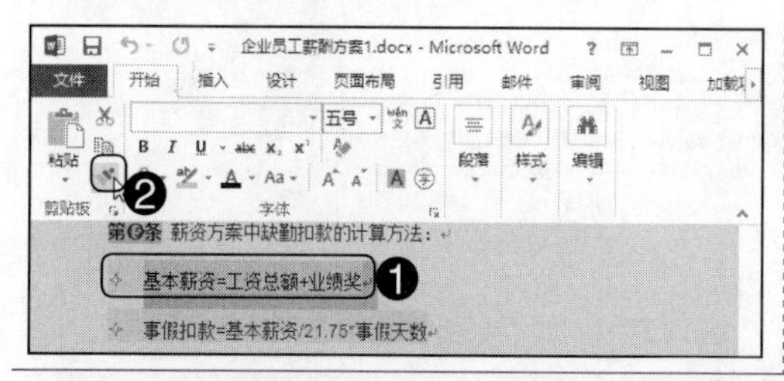

Step02：此时鼠标指针呈刷子形状，按住鼠标左键不放，然后拖动鼠标选择需要设置相同格式的文本即可，如下图所示。

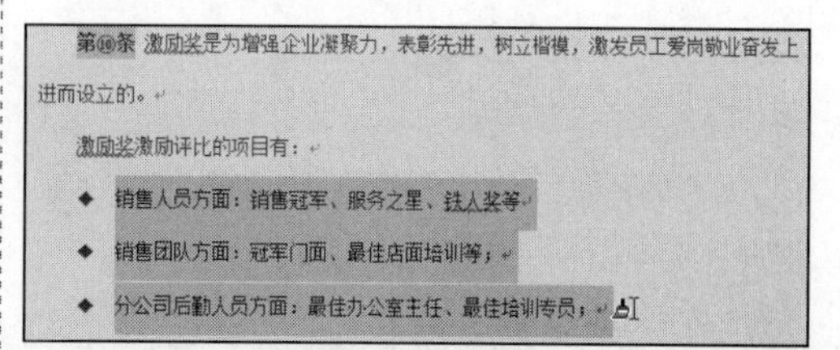

知识拓展 重复使用格式刷

当需要把一种格式复制到多个文本对象时，就需要连续使用格式刷，此时可双击“格式刷”按钮，使鼠标指针一直呈刷子状态。当不再需要复制格式时，可再次单击“格式刷”按钮或按下“Esc”键退出复制格式状态。

技巧 04 让英文在单词中间换行

在编辑文档的过程中，经常会输入一段英文字母（如英文文件路径、下载地址等），当前行不能完全显示时会自动跳转到下一行，而当前行中文字的间距就会被拉得很开，从而影响了文档的美观。针对这样的情况，可通过设置让英文在单词中间进行换行，具体操作方法为：选中需要设置的段落，单击“段落”组中的“功能扩展”按钮，弹出“段落”对话框，切换到“中文版式”选项卡，在“换行”栏中勾选“允许西文在单词中间换行”复选框，然后单击“确定”按钮即可。

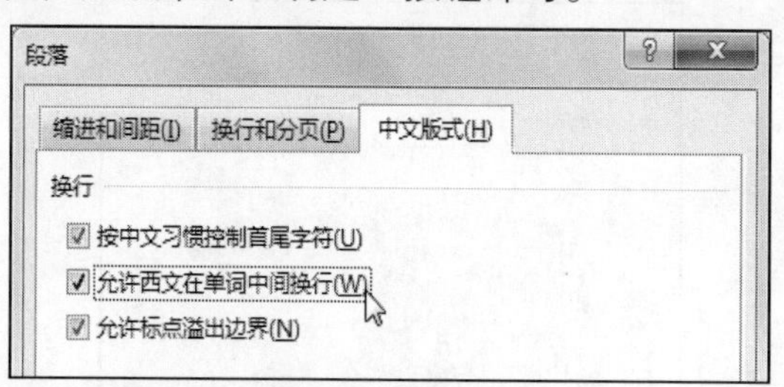

技巧 05 如何一次性清除所有格式

对文本设置各种格式后，如果需要还原为默认格式，就需要清除已经设置的格式。若逐个清除，会是非常烦琐的一项工作，此时就需要使用Word提供的“清除格式”功能，通过该功能，用户可以快速清除文本的所有格式，具体操作方法如下。

Step01：打开光盘\素材文件\第3章\技高一筹\企业员工薪酬方案2.docx，❶选中需要清除所有格式的文本；❷单击“字体”组中的“清除格式”按钮，如下图所示。

Step02：所选文本设置的字体、颜色等格式即可被清除掉，并还原为默认格式，效果如下图所示。

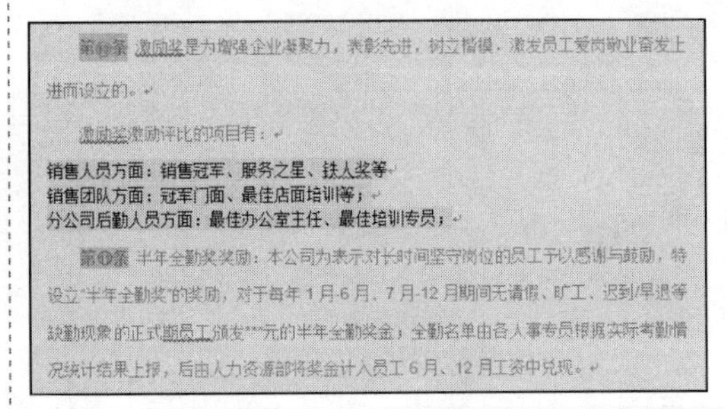

第[illegible]条 激励奖是为增强企业凝聚力，表彰先进，树立楷模，激发员工爱岗敬业奋发上进而设立的。

激励奖激励评比的项目有：

销售人员方面：销售冠军、服务之星、铁人奖等

销售团队方面：冠军门面、最佳店面培训等；

分公司后勤人员方面：最佳办公室主任、最佳培训专员；

第[illegible]条 半年全勤奖奖励：本公司为表示对长时间坚守岗位的员工予以感谢与鼓励，特设立"半年全勤奖"的奖励，对于每年1月-6月、7月-12月期间无请假、旷工、迟到/早退等缺勤现象的正式期员工颁发***元的半年全勤奖金；全勤名单由各人事专员根据实际考勤情况统计结果上报，后由人力资源部将奖金计入员工6月、12月工资中兑现。

专家提示

通过“清除格式”功能清除格式时，对于一些比较特殊的格式是不能清除的，如突出显示、拼音指南、带圈字符等。

技能训练 1——制作办公行为规范

训练介绍

在办公时，制作办公行为规范之类的文档是常有的事。本实例主要讲解办公行为规范文档的排版过程，根据实际情况，设置字体、字号、段落间距等格式，完成办公行为规范的制作。

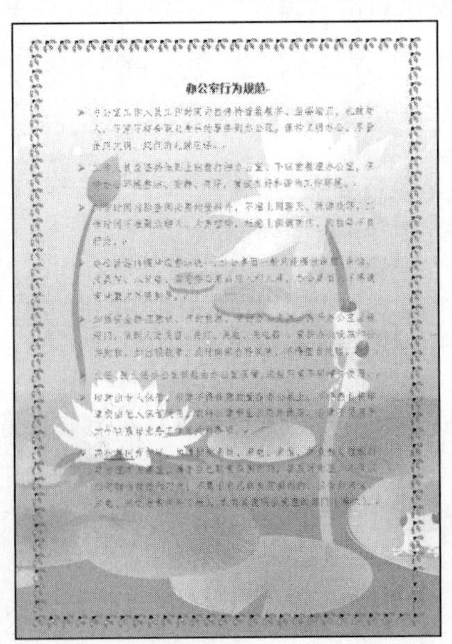

光盘同步文件

素材文件：光盘\素材文件\第 3 章\办公室行为规范 .docx、页面图片填充 .jpg
结果文件：光盘\结果文件\第 3 章\办公室行为规范 .docx
视频文件：光盘\视频文件\第 3 章\技能训练 1.mp4

操作提示

制作关键	技能与知识要点
本实例首先设置字体、字号、段落间距及项目符号等基本格式，然后对页面背景设置图片填充、边框格式，完成办公行为规范文档的制作。	● 设置文本格式 ● 设置段落格式 ● 设置项目符号和编号 ● 设置页面格式

操作步骤

本实例的具体制作步骤如下。

Step01：打开光盘\素材文件\第 3 章\办公室行为规范 .docx，❶ 选中“办公室行为规范”文本；❷ 将字体设置为“方正粗倩简体”；❸ 将字号设置为“三号”；❹ 将字体颜色设置为“紫色”；❺ 将对齐方式设置为“居中”，如下图所示。

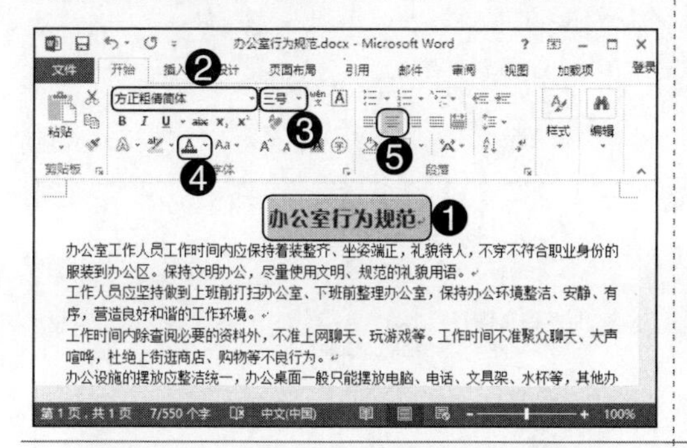

Step02：❶ 选中其余所有文本；❷ 将字体设置为“方正仿宋简体”；❸ 将字号设置为“四号”；❹ 将字体颜色设置为“蓝色”；❺ 设置项目符号，如下图所示。

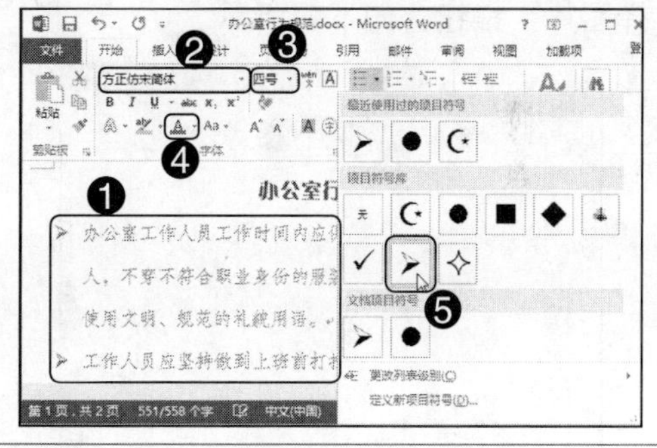

Step03：❶ 选中所有文本；❷ 单击“段落”组中的“功能扩展”按钮，如右图所示。

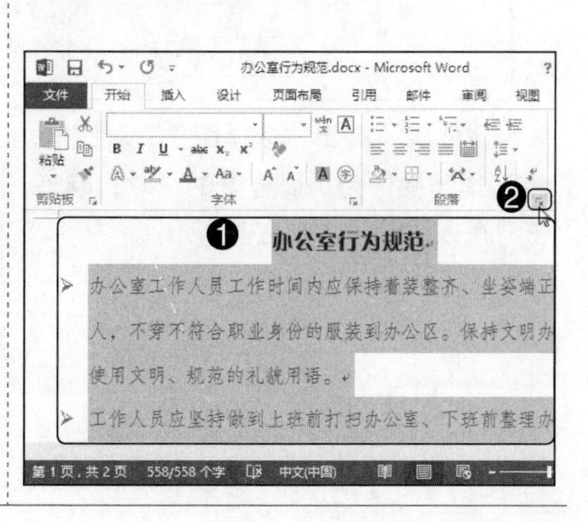

专家提示

对文档进行页面设置时，如果指定了文档网格，则文字就会自动和网格对齐。为了使文档排版更精确，在“段落”对话框中进行设置时，建议取消勾选“如果定义了文档网格，则对齐网格”复选框。

Step04：弹出“段落”对话框，❶将间距设置为“段前0.5行，段后0.5行”；❷将行距设置为“多倍行距：1.1”；❸取消勾选“如果定义了文档网格，则对齐到网格”复选框；❹单击“确定”按钮，如下图所示。

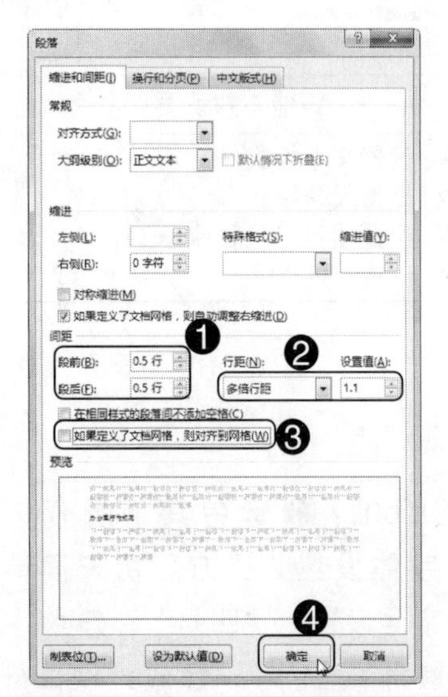

Step05：返回文档，❶切换到“设计”选项卡；❷单击“页面背景”组中的“页面颜色”按钮；❸在弹出的下拉列表中选择“填充效果”选项，如下图所示。

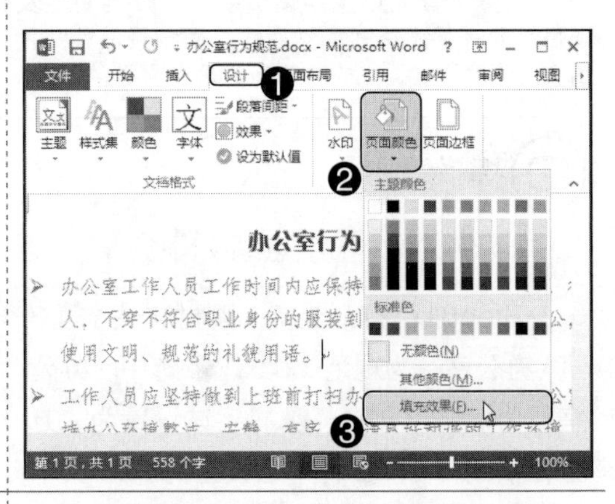

Step06：弹出“填充效果”对话框，❶切换到“图片”选项卡；❷单击“选择图片”按钮，如下图所示。

Step07：打开“插入图片”页面，单击“浏览”按钮，如下图所示。

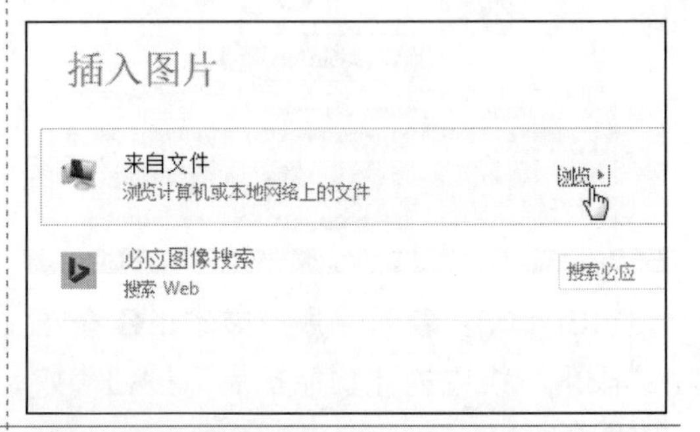

Step08：弹出“选择图片”对话框，❶选择需要作为页面背景的图片；❷单击“插入”按钮，如右图所示。

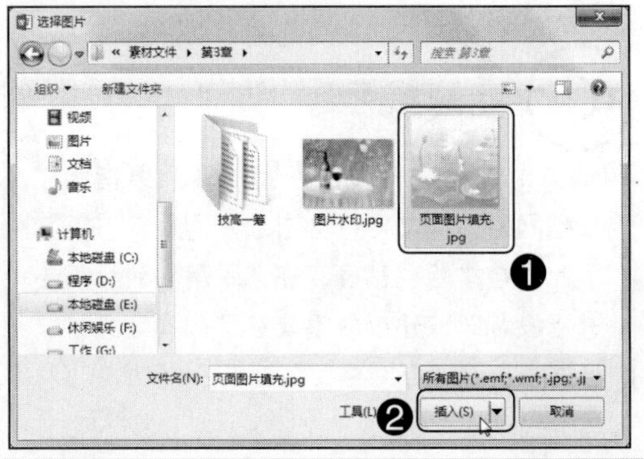

Step09：返回“填充效果”对话框，直接单击“确定”按钮，如下图所示。

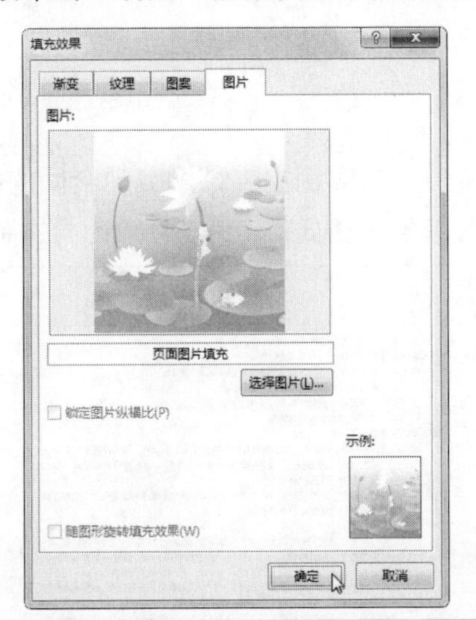

Step10：返回文档，单击“页面背景”组中的“页面边框”按钮，如下图所示。

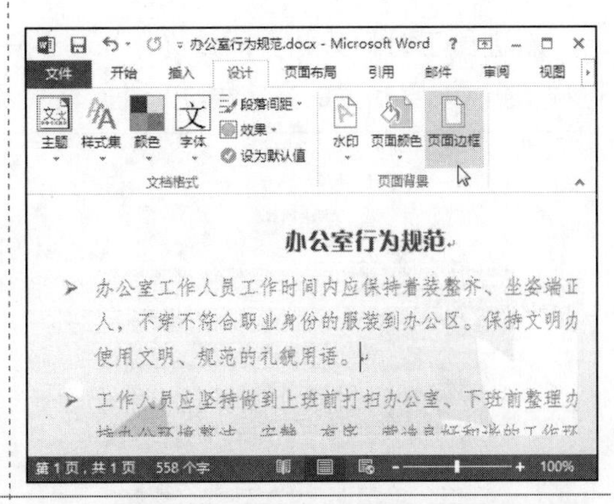

Step11：弹出“边框和底纹”对话框，❶ 在“艺术型”下拉列表中选择边框样式；❷ 在“宽度”微调框中设置边框宽度；❸ 单击“确定”按钮，如下图所示。

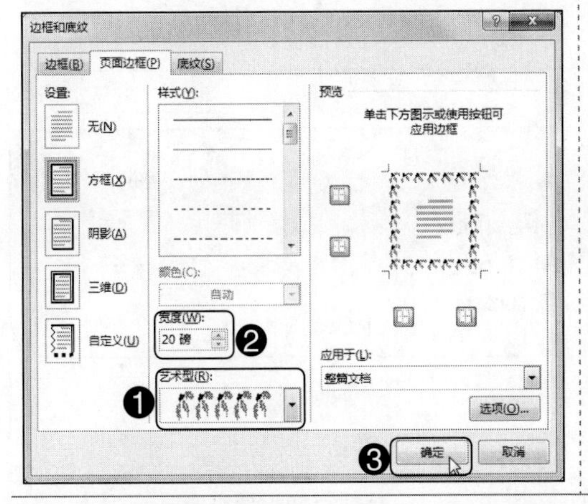

Step12：完成当前文档的排版制作，最终效果如下图所示。

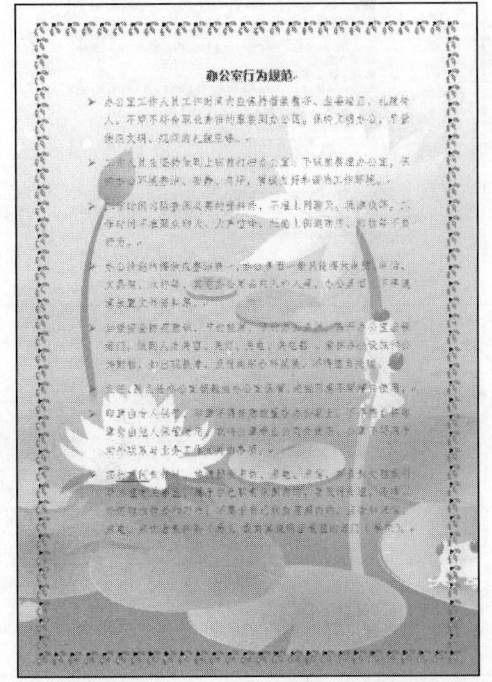

专家提示

完成办公室行为规范的制作后，可根据需要将其打印出来。打印文档时，默认情况下不会打印页面颜色，因此需要进行设置，方法为：打开“Word 选项”对话框，切换到“显示”选项卡，然后在“打印选项”选项组中勾选“打印背景色和图像”复选框，设置完成后单击“确定”按钮即可。

技能训练 2——制作劳动合同

训练介绍

新进员工时，劳动合同是必不可少的一个文件。本实例主要讲解劳动合同的排版过程，通过设置相关的文字格式、段落格式及设置编号等格式，来完成劳动合同的制作。

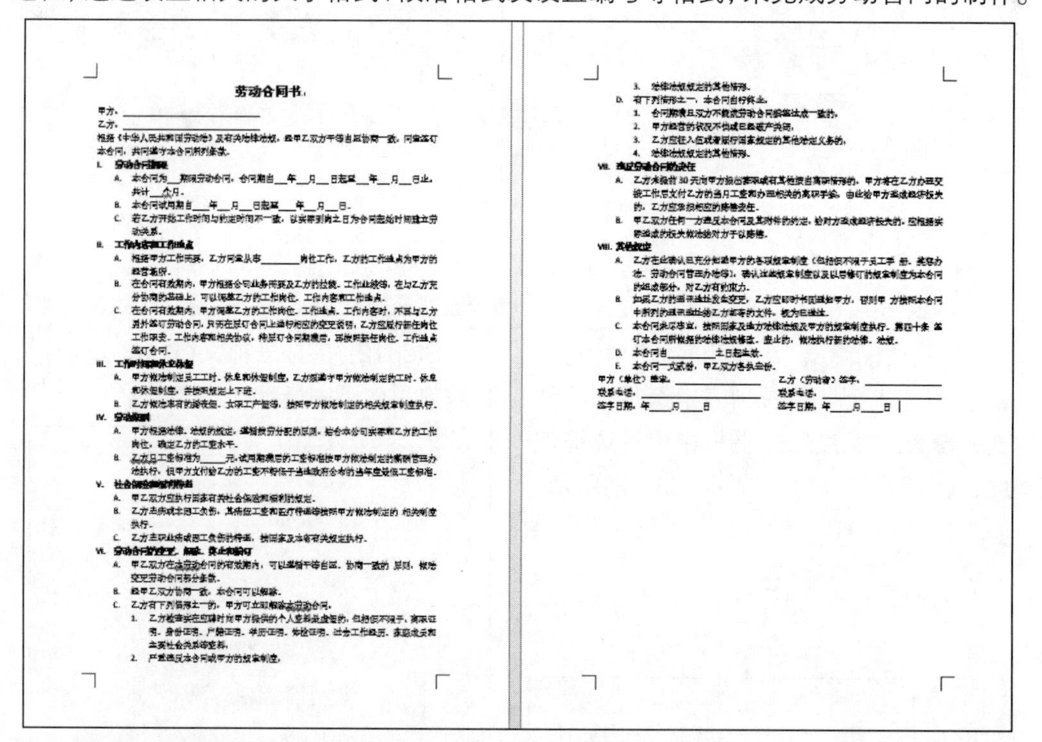

劳动合同书

光盘同步文件

素材文件：光盘\素材文件\第 3 章\劳动合同书 .docx
结果文件：光盘\结果文件\第 3 章\劳动合同书 .docx
视频文件：光盘\视频文件\第 3 章\技能训练 2.mp4

操作提示

制作关键	技能与知识要点
本实例制作劳动合同书，主要结合设置文本格式、设置段落格式等相关知识点，来实现需要的文档效果	● 设置文本格式 ● 设置段落格式 ● 设置项目符号和编号 ● 设置特殊排版格式

操作步骤

本实例的具体制作步骤如下。

Step01：打开光盘\素材文件\第3章\劳动合同书.docx，❶选中“劳动合同书”文本；❷将字号设置为“三号”；❸设置加粗效果；❹将对齐方式设置为“居中”，如下图所示。

Step02：❶选中文档中的空格；❷添加下画线，如下图所示。

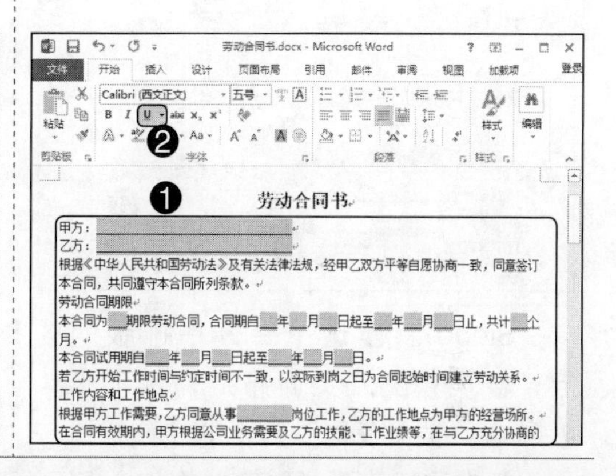

知识拓展　显示或隐藏编辑标记

对文档进行排版时，建议用户将编辑标记显示出来，操作方法为：在“开始”选项卡的“段落”组中，单击“显示/隐藏编辑标记”按钮，使其呈高亮状态显示，此时文档中所有编辑的标记都会显示出来，例如，文档中的空格会以圆点的形式显示（打印时不会将编辑标记打印出来）。若不需要显示编辑标记，则单击“显示/隐藏编辑标记”按钮，取消其高亮状态即可。

Step03：❶选中文档中的标题文本；❷设置加粗效果，如下图所示。

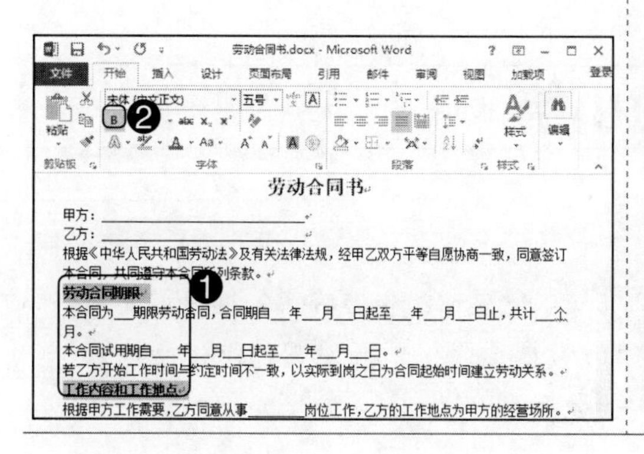

Step04：❶选中要添加多级列表的文本；❷单击“段落”组中的“多级列表”按钮；❸在弹出的下拉列表中选择需要的列表样式，如下图所示。

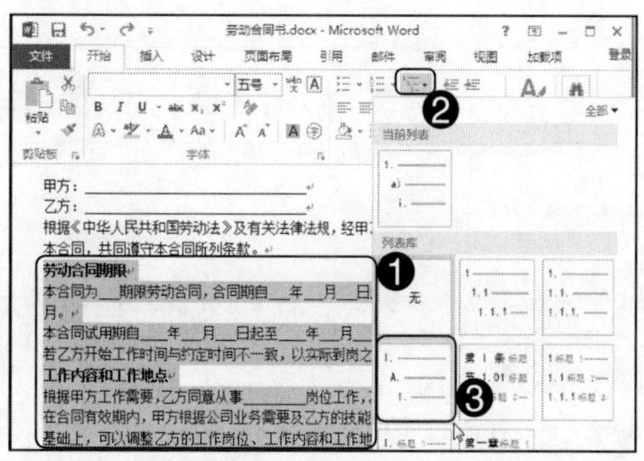

Step05：此时所选文本的编号级别都是 1 级，需手动调整，❶ 选中编号级别应该是 2 级的文本；❷ 单击“多级列表”按钮；❸ 在弹出的下拉列表中选择“更改列表级别”选项；❹ 在弹出的级联列表中选择“2 级”选项，如下图所示。

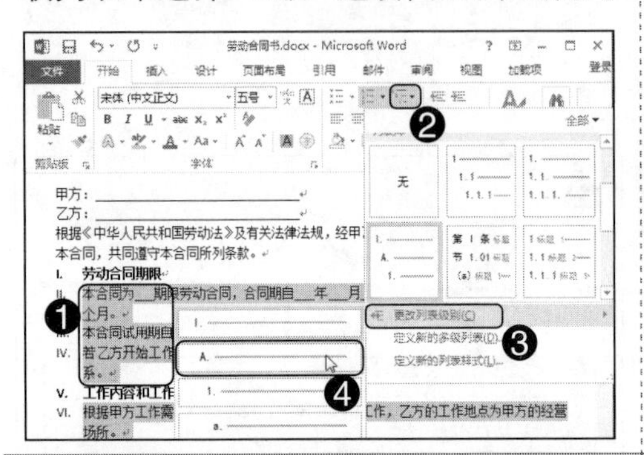

Step06：❶ 选中编号级别应该是 3 级的文本；❷ 单击“多级列表”按钮；❸ 在弹出的下拉列表中单击“更改列表级别”选项；❹ 在弹出的级联列表中单击“3 级”选项，如下图所示。

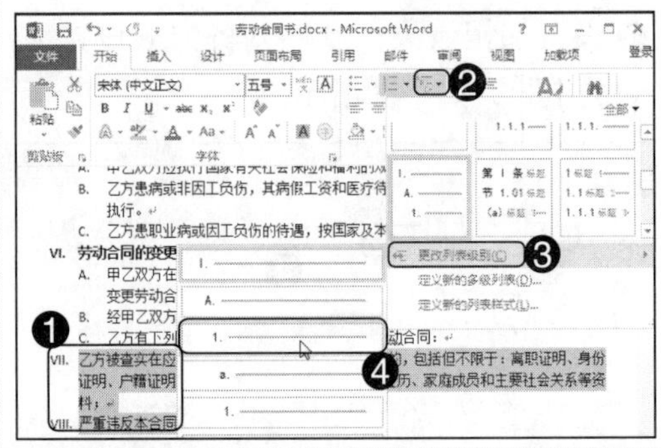

Step07：❶ 选中要分栏排版的内容；❷ 切换到“页面布局”选项卡；❸ 单击“页面设置”组中的“分栏”按钮；❹ 在弹出的下拉列表中单击“两栏”选项，如下图所示：

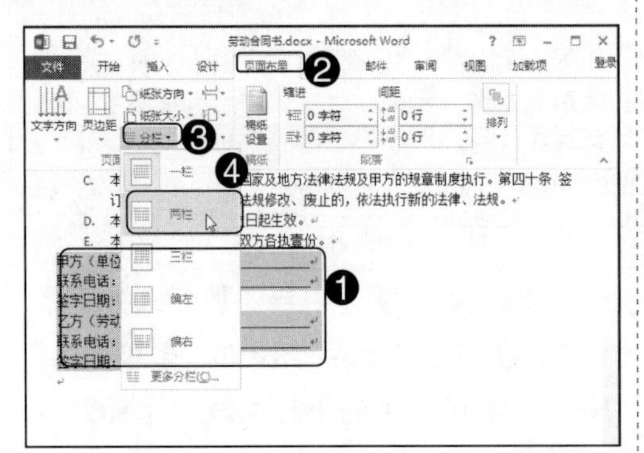

Step08：完成劳动合同的排版，最终效果如下图所示。

本章小结

本章介绍了如何对 Word 文档进行编排与美化操作，主要内容包括设置文本格式、设置段落格式、设置项目符号和编号、设置页面格式及设置特殊排版格式。熟练掌握这些操作，编排 Word 文档不再是难事。

Word 办公中表格的创建与编辑

本章导读

表格是将文字信息进行归纳和整理，通过条理化的方式呈现给读者，相比一大篇的文字，这种方式更易被读者接受。本章将为读者讲解如何在文档中创建并美化表格及对表格中的数据进行运算及排序。

学完本章后应该掌握的技能

- 创建表格
- 表格的基本操作
- 美化表格
- 处理表格数据

本章相关实例效果展示

鲜花销售统计表

鲜花分类	鲜花名称	单价（元）	销售数量	销售额
玫瑰	11 朵玫瑰/相恋的心	190	230	43700
	19 朵玫瑰/遇见爱	520	300	156000
	99 朵玫瑰/永久	1314	125	164250
百合	11 朵玫瑰百合/陪伴	305	140	42700
	5 支香水百合/爱无时空	268	260	69680
	9 朵香水百合/携手一生	399	168	67032
销售总额	玫瑰	363950		
	百合	179412		
总计收入	543362			

员工业绩考核表

考核内容	分值	评分标准	考评		得分
			自我考评	部门考评	
1.认真填写工作记录，并由部门领导签字，做好月工作总结及工作计划。	3	一次没签字扣 1 分，无计划或总结一次扣 2 分			
2.认真及时打扫卫生，并保持自己办公桌及附近干净、清洁。	4	卫生环境不合格一次扣 1 分			
3.接电话、待客态度热情，积极配合其他部门的工作。	4	服务不到位一次扣 1 分			
4.积极参加公司组织的各项活动。	3	1 次不参加或不按时扣 0.5 分			
5.给公司提出合理化建议被采纳。	4	合理化建议被采纳一次加 3 分			
6.按照公司规定为外勤做好服务，值班时必须用最快的时间进行落实，不得给予过一段时间再打或等上班后再咨询等答复。	5	一次被投诉考核 1 分，一月被投诉 5 次考核 10 分			
合计	23				

员工资料表

姓名	性别	年龄	籍贯	所属部门	工作年限（入职至今）
陈蕊荷	女	28	河南郑州	营销部	3
韩晓东	男	40	四川成都	技术部	7
李笑笑	女	26	浙江台州	销售部	2
刘小刚	男	32	江苏南通	策划部	5
张彩云	女	32	陕西咸阳	财务部	4
张心语	女	24	重庆万州	营销部	1

4.1 知识讲解——创建表格

若想要通过表格处理文字信息，就需要先创建表格。创建表格的方法有很多种，我们可以通过 Word 提供的插入表格功能创建表格，也可以手动绘制表格，甚至还可以将输入好的文字转换为表格，灵活掌握这些方法，便可随心所欲创建自己需要的表格。

4.1.1 插入表格

通过 Word 提供的插入表格功能，可以快速在文档中创建表格，操作方法为：将光标插入点定位到需要插入表格的位置，切换到“插入”选项卡，单击“表格”组中的“表格”按钮，在弹出的下拉列表中选择相应的选项，即可通过不同的方法在文档中插入表格。

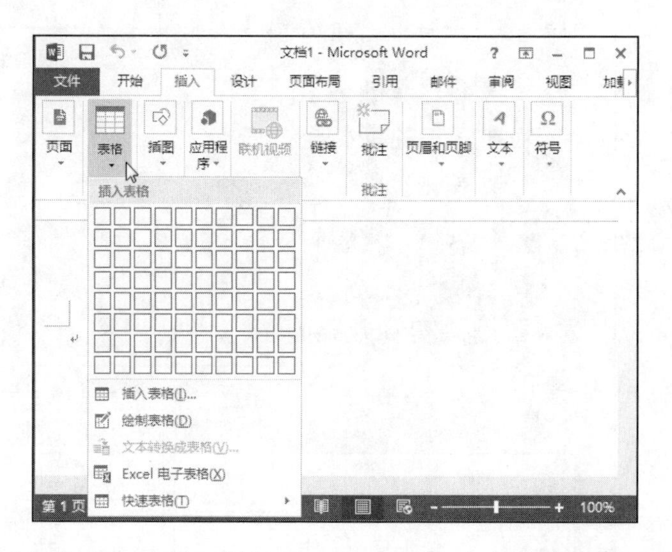

- “插入表格”栏：该栏下提供了一个 10 列 8 行的虚拟表格，移动鼠标可选择表格的行列值。例如将鼠标指针指向坐标为 3 列、6 行的单元格，鼠标前的区域将呈选中状态，并显示为橙色，此时单击，即可在文档中插入一个 3 列 6 行的表格。
- “插入表格”选项：选择该选项，可在弹出的“插入表格”对话框中任意设置表格的行数和列数。
- “Excel 电子表格”选项：选择该选项，可在 Word 文档中调用 Excel 电子表格。
- “快速表格”选项：选择该选项，可快速在文档中插入带有格式的表格。

4.1.2 绘制表格

如果要手动绘制表格，可按下面的操作方法实现。

光盘同步文件

视频文件：光盘\视频文件\第 4 章\4-1-2.mp4

Step01：❶切换到“插入”选项卡；❷单击“表格”组中的“表格”按钮；❸在弹出的下拉列表中选择“绘制表格”选项，如下图所示。

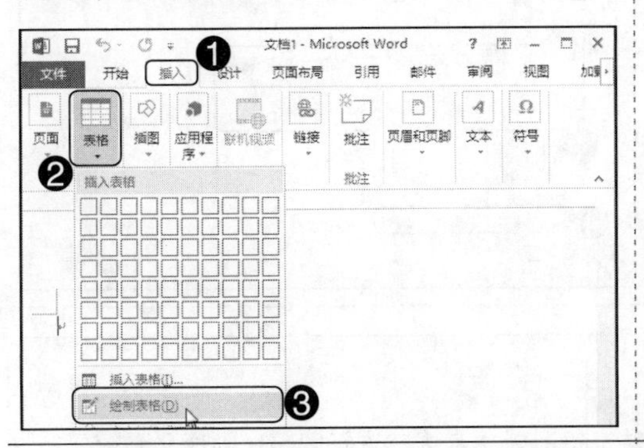

Step02：此时，鼠标指针呈笔状，将其定位在要插入表格的起始位置，按住鼠标左键并进行拖动，即可在文档中划出一个虚线框，如下图所示。

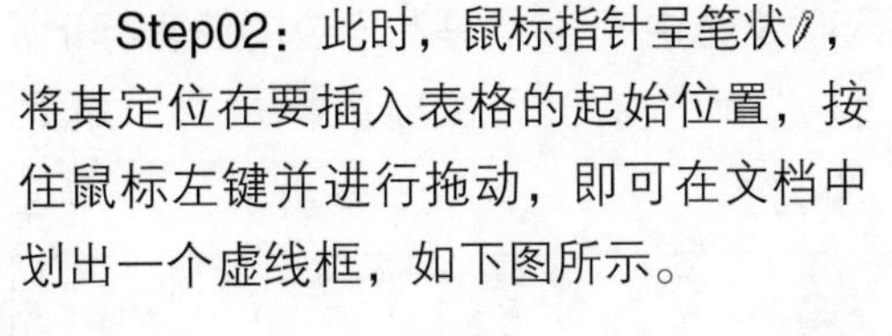

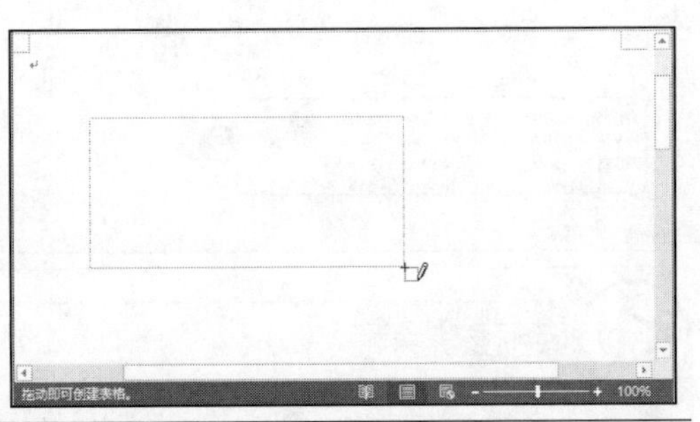

Step03：直至大小合适后，释放鼠标即可绘制出表的外框，如下图所示。

Step04：参照上述操作方法，在框内绘制出需要的横纵表线即可，效果如下图所示。

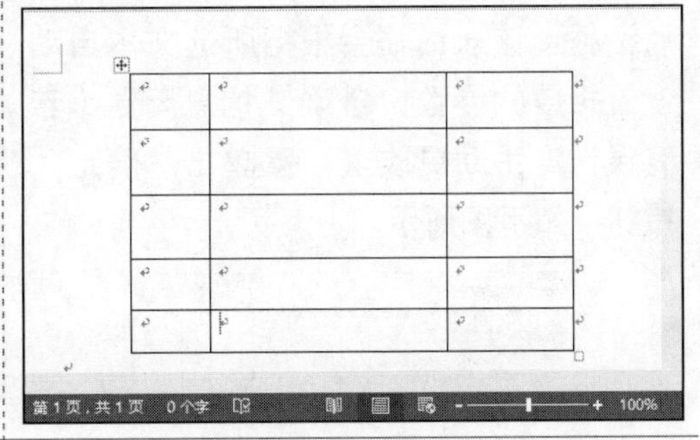

4.1.3 直接将文字转换为表格

对于规范化的文字，即每项内容之间以特定的字符（如逗号、段落标记、制表位等）间隔，可以将其转换成表格。例如，要将以制表位为间隔的文本转换成表格，可按下面的操作步骤实现。

光盘同步文件

素材文件：光盘\素材文件\无

结果文件：光盘\结果文件\第 4 章\设备信息 .docx

视频文件：光盘\视频文件\第 4 章\4-1-3.mp4

Step01：为了便于查看操作过程，❶本例中在“段落”组中单击“显示/隐藏编辑标记”按钮，将编辑标记显示出来；❷输入以制表位为间隔的文本内容（文档中的 → 便是制表位的编辑标记，按“Tab”键便可生成该标记），如下图所示。

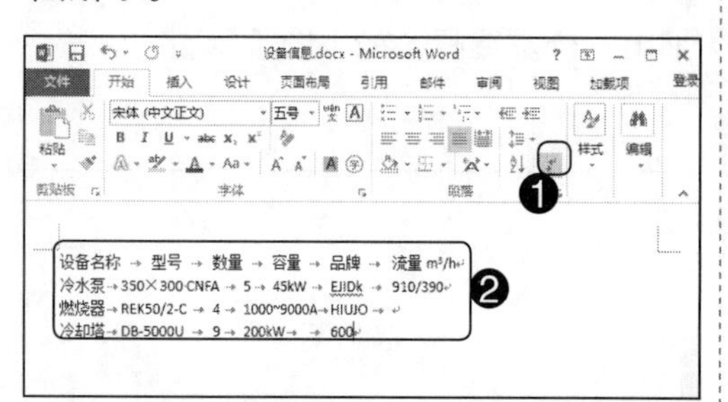

Step02：❶选中文本，❷切换到“插入”选项卡；❸单击“表格”组中的“表格”按钮；❹在弹出的下拉列表中选择“文本转换成表格”选项，如下图所示。

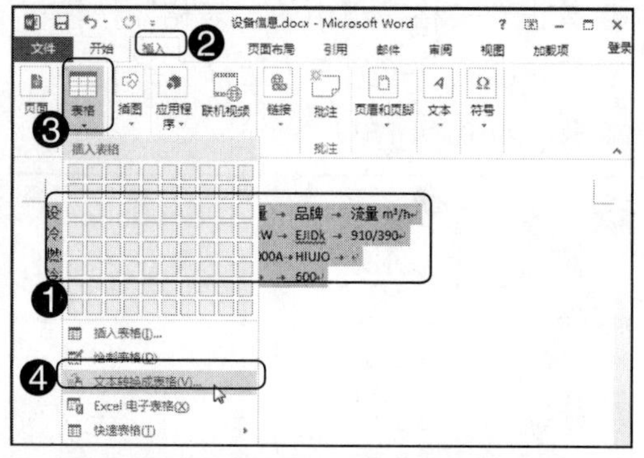

专家提示

在输入文本内容时，若要输入以逗号作为特定符号对文字内容进行间隔，则逗号必须要在英文状态下输入。

Step03：弹出“将文字转换成表格”对话框，该对话框会根据所选文本自动设置相应的参数，❶确认信息无误（若有误，需手动更改）；❷单击“确定”按钮，如下图所示。

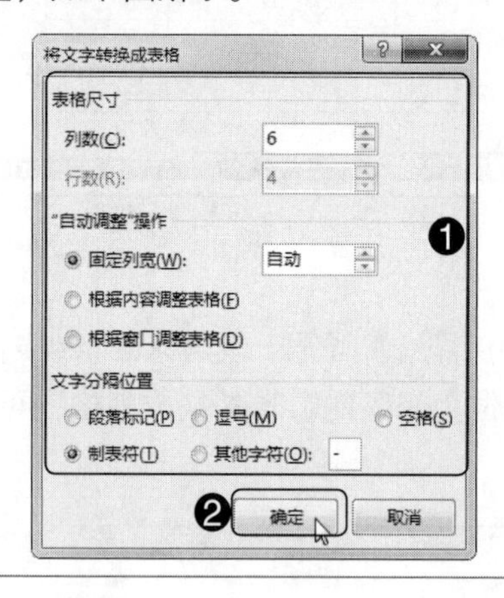

Step04：返回文档，可看见所选文本转换成为表格，其中，因为我们在输入文本时，有的制表符后面没有输入内容，所以转换成表格后，就会有空白单元格，效果如下图所示。

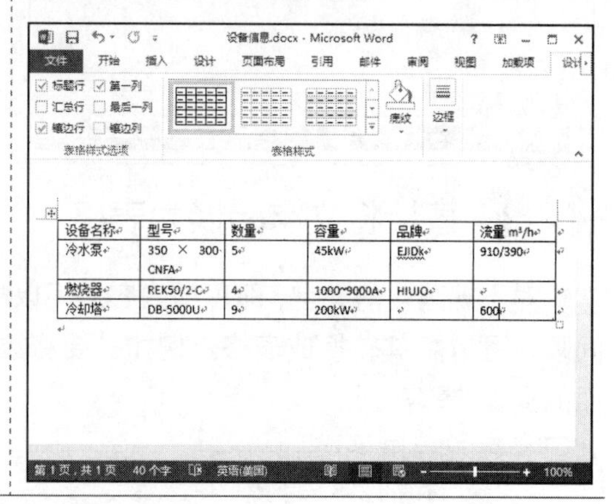

4.2 知识讲解——表格的基本操作

插入表格后，还涉及选择单元格、插入行或列、删除行或列、合并与拆分单元格等操作，本节将分别进行讲解。

4.2.1 选择操作区域

对表格进行各种操作前，需要先选择操作对象。根据选择的对象不同，其方法也不相同，下面分别进行介绍。

- 选择单个单元格：将鼠标指针指向某单元格的左侧，待指针呈黑色箭头⬈时，单击可选中该单元格。
- 选择连续的单元格：将鼠标指针指向某个单元格的左侧，当指针呈黑色箭头时按住鼠标左键并拖动，拖动的起始位置至终止位置之间的单元格将被选中。
- 选择分散的单元格：选中第一个要选择的单元格后按住“Ctrl”键不放，然后依次选择其他分散的单元格即可。
- 选择行：将鼠标指针指向某行的左侧，待指针呈白色箭头⬀时，单击可选中该行。
- 选择列：将鼠标指针指向某列的上边，待指针呈黑色箭头⬇时，单击可选中该列。
- 选择整个表格：将鼠标指针指向表格时，表格左的上角会出现⊞标志，右下角会出现□标志，单击任意一个标志，都可选中整个表格。

专家提示

我们还可通过功能区选择操作对象，将光标插入点定位在某单元格内，切换到“表格工具/布局”选项卡，在“表”组中单击“选择”按钮，在弹出的下拉列表中选择某个选项可实现相应的选择操作。

4.2.2 行与列的基本操作

对表格进行操作时，插入行或列、删除行或列、调整行高及调整列宽这一系列操作都是非常频繁的操作，下面分别进行简单的介绍。

1. 插入行或列

当表格范围无法满足数据的录入时，可根据实际情况插入行或列，具体操作方法为：将光标插入点定位在某个单元格内，切换到“表格工具/布局”选项卡，然后单击“行和列”组中的某个按钮，可实现相应的操作。

- 单击“在上方插入”按钮，可在当前单元格所在行的上方插入一行。
- 单击“在下方插入”按钮，可在当前单元格所在行的下方插入一行。
- 单击“在左侧插入”按钮，可在当前单元格所在列的左侧插入一列。

● 单击“在右侧插入”按钮，可在当前单元格所在列的右侧插入一列。

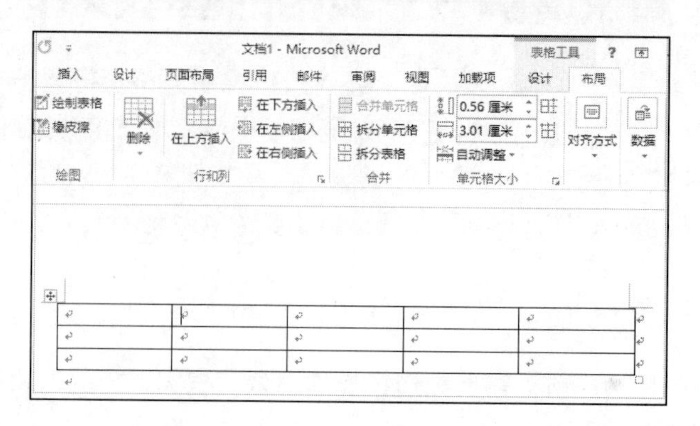

专家提示

将光标插入点定位在某行最后一个单元格的外边，按下“Enter”键可快速在该行的下方添加一行。此外，在表格的第一列中，将鼠标指针指向某个单元格的左下角，当出现⊕标记时，对其单击，可在该单元格的下方插入一行；在表格的第一行中，将鼠标指针指向某个单元格的右上角，当出现⊕标记时，对其单击，可在该单元格的右侧插入一列。

2. 删除行或列

编辑表格时，对于多余的行或列，可以将其删除掉，从而使表格更加整洁。删除行或列的方法有以下两种。

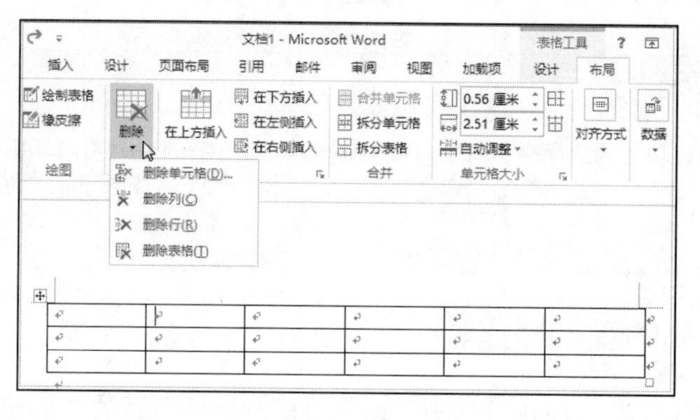

● 将光标插入点定位在某个单元格内，切换到“表格工具 / 布局”选项卡，单击“行和列”组中的“删除”按钮，在弹出的下拉列表中若选择“删除列”选项，可删除当前单元格所在的整列；若选择“删除行”选项，可删除当前单元格所在的整行。

● 选中需要删除的行或列，按“Backspace”键，可以快速将其删除。

知识拓展　删除整个表格

在删除整个表格时，若选中表格后按下“Delete”键，则只能删除表格中的全部内容，而无法删除表格。删除整个表格的正确操作方法应为：选中表格后按下“Backspace”键即可，或者选中表格后，切换到“表格工具 / 布局”选项卡，单击“行和列”组中的“删除”按钮，在弹出的下拉列表中选择“删除表格”选项。

3. 调整行高与列宽

创建表格后，可通过下面的方法来调整行高与列宽。

● 拖动鼠标调整：将鼠标指针指向行与行之间，待指针呈÷状时，按下鼠标左键并拖动，表格中将出现虚线，待虚线到达合适位置时释放鼠标，即可实现行高的调整；将鼠标指针指向列与列之间，待指针呈+||+状时，按下鼠标左键并拖动，当出现的虚线到达合适位置时释放鼠标，即可实现列宽的调整。

● 通过功能区调整：将光标插入点定位到某个单元格内，切换到“表格工具 / 布局”选项卡，在“单元格大小”组中，通过“高度”微调框可调整单元格所在行的行高，通过“宽度”微调框可调整单元格所在列的列宽。

专家提示

在“单元格大小”组中，若单击“分布行”按钮，表格中所有行的行高将自动进行平均分布；单击“分布列”按钮，表格中所有列的列宽将自动进行平均分布。

4.2.3 合并与拆分单元格

在实际应用中，有时候还会遇到一些不规则的表格，例如将多个单元格合并为一个单元格，或者将一个单元格拆分成多个单元格，接下来分别进行讲解。

1. 合并单元格

若要将多个单元格合并为一个单元格，可按下面的操作方法实现。

光盘同步文件

素材文件：光盘 \ 素材文件 \ 第 4 章 \ 设备信息 1.docx
结果文件：光盘 \ 结果文件 \ 第 4 章 \ 设备信息 1.docx
视频文件：光盘 \ 视频文件 \ 第 4 章 \4-2-3.mp4

Step01：打开光盘 \ 素材文件 \ 第 4 章 \ 设备信息 1.docx，❶ 选中需要合并的单元格；❷ 切换到“表格工具 / 布局”选项卡；❸ 单击“合并”组中的“合并单元格”按钮，如下图所示。

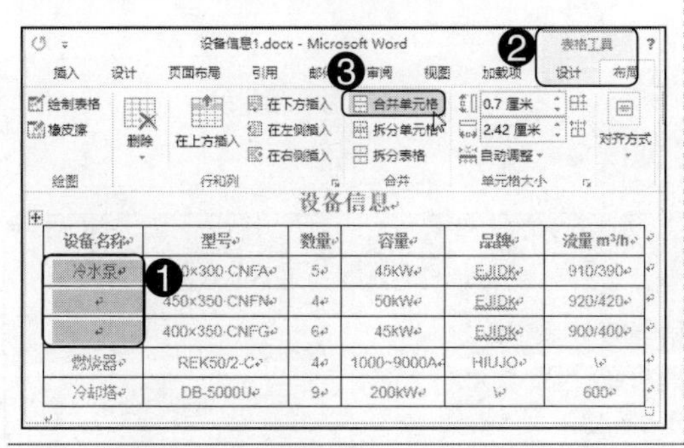

设备信息

设备名称	型号	数量	容量	品牌	流量 m³/h
冷水泵	350×300 CNFA	5	45kW	EJIDK	910/390
	450×350 CNFN	4	50kW	EJIDK	920/420
	400×350 CNFG	6	45kW	EJIDK	900/400
燃烧器	REK50/2-C	4	1000~9000A	HIUJO	\
冷却塔	DB-5000U	9	200kW	\	600

Step02：所选单元格即可合并为一个单元格，效果如下图所示。

设备信息

设备名称	型号	数量	容量	品牌	流量 m³/h
冷水泵	350×300 CNFA	5	45kW	EJIDK	910/390
	450×350 CNFN	4	50kW	EJIDK	920/420
	400×350 CNFG	6	45kW	EJIDK	900/400
燃烧器	REK50/2-C	4	1000~9000A	HIUJO	\
冷却塔	DB-5000U	9	200kW	\	600

2. 拆分单元格

如果要将某个单元格拆分为多个单元格，则可以按照下面的操作方法实现。

光盘同步文件

素材文件：光盘\素材文件\第 4 章\税收税率明细表 .docx
结果文件：光盘\结果文件\第 4 章\税收税率明细表 .docx
视频文件：光盘\视频文件\第 4 章\4-2-3.mp4

Step01：打开光盘\素材文件\第 4 章\税收税率明细表 .docx，❶ 选中需要进行拆分的单元格；❷ 单击“合并”组中的“拆分单元格”按钮，如下图所示。

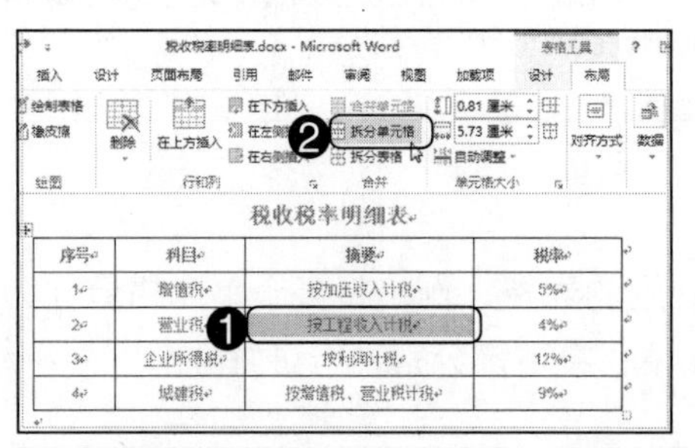

税收税率明细表

序号	科目	摘要	税率
1	增值税	按加压收入计税	5%
2	营业税	按工程收入计税	4%
3	企业所得税	按利润计税	12%
4	城建税	按增值税、营业税计税	9%

Step02：弹出“拆分单元格”对话框，❶ 设置需要拆分的列数和行数；❷ 单击“确定”按钮，如下图所示。

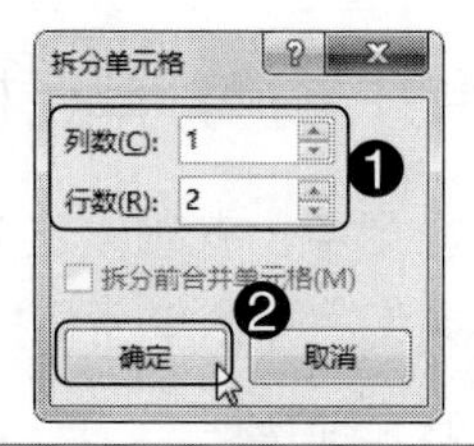

Step03：所选单元格将拆分成所设置的列数和行数，如下图所示。

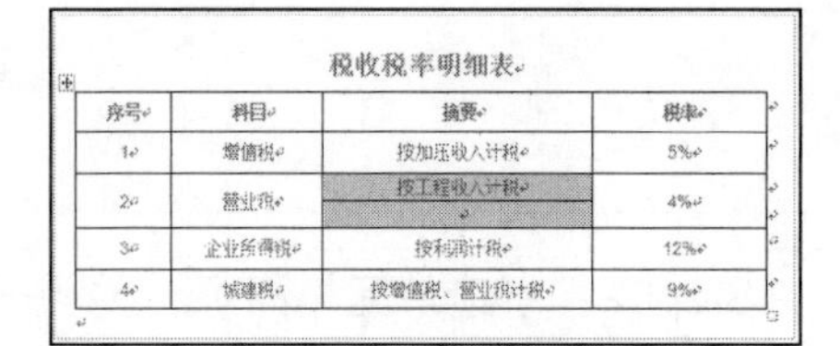

税收税率明细表

序号	科目	摘要	税率
1	增值税	按加压收入计税	5%
2	营业税	按工程收入计税	4%
3	企业所得税	按利润计税	12%
4	城建税	按增值税、营业税计税	9%

Step04：参照上述操作方法，对第 3 行第 4 列的单元格进行拆分，完成拆分后，在空白单元格中输入相应的内容，效果如下图所示。

税收税率明细表

序号	科目	摘要	税率
1	增值税	按加压收入计税	5%
2	营业税	按工程收入计税	4%
		按其他收入计税	6%
3	企业所得税	按利润计税	12%
4	城建税	按增值税、营业税计税	9%

4.2.4 合并与拆分表格

合并表格就是将两个或两个以上的表格合并为一个表格，而拆分表格是将一个表格拆分成两个或两个以上的表格。

1. 合并表格

若要合并表格，可按下面的操作方法实现。

光盘同步文件

素材文件：光盘\素材文件\第 4 章\鲜花销售统计表 .docx
结果文件：光盘\结果文件\第 4 章\鲜花销售统计表 .docx
视频文件：光盘\视频文件\第 4 章\4-2-4.mp4

Step01：打开光盘\素材文件\第4章\鲜花销售统计表.docx，可看见两个表格是同一类型的表格，且都是4列的表格，如下图所示。

鲜花销售统计表——5月20日

鲜花分类	鲜花名称	单价（元）	销售数量
玫瑰	11朵玫瑰/相恋的心	190	230
	19朵玫瑰/遇见爱	520	300
	99朵玫瑰/永久	1314	125
百合	11朵玫瑰百合/陪伴	305	140
	5支香水百合/爱无时空	268	260
	9朵香水百合/携手一生	399	168

鲜花销售统计表——5月21日

鲜花分类	鲜花名称	单价（元）	销售数量
蝴蝶兰	5株红色蝴蝶兰/吉祥如意	688	309
	5株白色蝴蝶兰/爱的海洋	710	120
康乃馨	11枝康乃馨百合/祝福您	350	420
	12多康乃馨/深深的祝福	269	340

Step02：删除两个表格之间所有的内容及回车符，即可将两个表格合并为一个表格，如下图所示。

鲜花销售统计表——5月20日

鲜花分类	鲜花名称	单价（元）	销售数量
玫瑰	11朵玫瑰/相恋的心	190	230
	19朵玫瑰/遇见爱	520	300
	99朵玫瑰/永久	1314	125
百合	11朵玫瑰百合/陪伴	305	140
	5支香水百合/爱无时空	268	260
	9朵香水百合/携手一生	399	168
鲜花分类	鲜花名称	单价（元）	销售数量
蝴蝶兰	5株红色蝴蝶兰/吉祥如意	688	309
	5株白色蝴蝶兰/爱的海洋	710	120
康乃馨	11枝康乃馨百合/祝福您	350	420
	12多康乃馨/深深的祝福	269	340

Step03：合并表格后，可以发现表格中多了一行重复的内容，将其删除即可，效果如右图所示。

鲜花销售统计表——5月20日

鲜花分类	鲜花名称	单价（元）	销售数量
玫瑰	11朵玫瑰/相恋的心	190	230
	19朵玫瑰/遇见爱	520	300
	99朵玫瑰/永久	1314	125
百合	11朵玫瑰百合/陪伴	305	140
	5支香水百合/爱无时空	268	260
	9朵香水百合/携手一生	399	168
蝴蝶兰	5株红色蝴蝶兰/吉祥如意	688	309
	5株白色蝴蝶兰/爱的海洋	710	120
康乃馨	11枝康乃馨百合/祝福您	350	420
	12多康乃馨/深深的祝福	269	340

专家提示

对表格进行合并操作时，若它们的各列列宽不一样，则需要先调整其列宽，然后才能进行合并操作。

2. 拆分表格

若需要将表格进行拆分操作，可按下面的操作方法实现。

光盘同步文件

素材文件：光盘\素材文件\第4章\鲜花销售统计表1.docx
结果文件：光盘\结果文件\第4章\鲜花销售统计表1.docx
视频文件：光盘\视频文件\第4章\4-2-4.mp4

Step01：打开光盘\素材文件\第4章\鲜花销售统计表1.docx，❶光标插入点定位在某行的任意一个单元格中；❷切换到“表格工具/布局”选项卡；❸单击“合并”组中的“拆分表格”按钮，如右图所示。

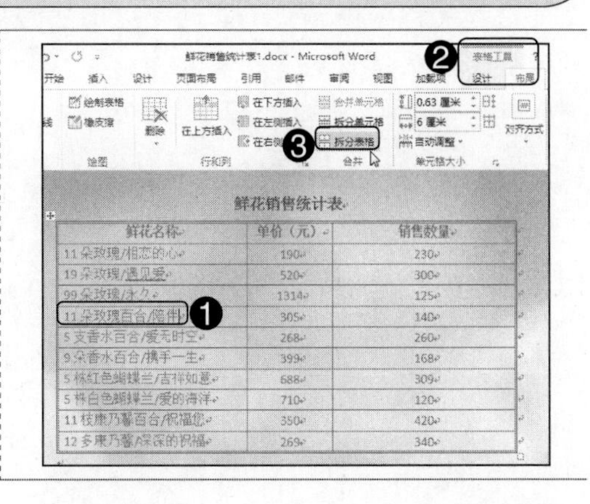

鲜花销售统计表

鲜花名称	单价（元）	销售数量
11朵玫瑰/相恋的心	190	230
19朵玫瑰/遇见爱	520	300
99朵玫瑰/永久	1314	125
11朵玫瑰百合/陪伴	305	140
5支香水百合/爱无时空	268	260
9朵香水百合/携手一生	399	168
5株红色蝴蝶兰/吉祥如意	688	309
5株白色蝴蝶兰/爱的海洋	710	120
11枝康乃馨百合/祝福您	350	420
12多康乃馨/深深的祝福	269	340

Step02：执行上述操作后，将按照光标所在位置对表格进行拆分，效果如右图所示。

鲜花销售统计表

鲜花名称	单价（元）	销售数量
11朵玫瑰/相恋的心	190	230
19朵玫瑰/遇见爱	520	300
99朵玫瑰/永久	1314	125

11朵玫瑰百合/陪伴	305	140
5支香水百合/爱无时空	268	260
9朵香水百合/携手一生	399	168
5株红色蝴蝶兰/吉祥如意	688	309
5株白色蝴蝶兰/爱的海洋	710	120
11枝康乃馨百合/祝福您	350	420
12多康乃馨/深深的祝福	269	340

专家提示

定位好光标插入点后，按下“Ctrl+Shift+Enter”组合键，可快速对表格进行拆分操作。

知识讲解——美化表格

插入表格后，要想表格更加赏心悦目，仅仅对表格内容设置字体格式是远远不够的，还需要对其设置样式、边框或底纹等格式。

4.3.1 应用表样式

Word 为表格提供了多种内置样式，通过这些样式，可快速达到美化表格的目的。应用表样式的操作方法如下。

光盘同步文件

素材文件：光盘\素材文件\第 4 章\鲜花销售统计表 2.docx
结果文件：光盘\结果文件\第 4 章\鲜花销售统计表 2.docx
视频文件：光盘\视频文件\第 4 章\4-3-1.mp4

Step01：打开光盘\素材文件\第 4 章\鲜花销售统计表 2.docx，❶ 将光标插入点定位在表格中的任意单元格；❷ 切换到“表格工具 / 设计”选项卡；❸ 在“表格样式”组中单击列表框中的下拉按钮，如下图所示。

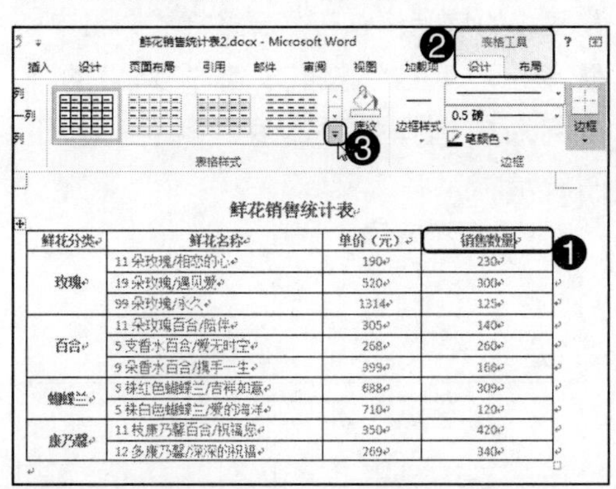

鲜花销售统计表

鲜花分类	鲜花名称	单价（元）	销售数量
玫瑰	11朵玫瑰/相恋的心	190	230
	19朵玫瑰/遇见爱	520	300
	99朵玫瑰/永久	1314	125
百合	11朵玫瑰百合/陪伴	305	140
	5支香水百合/爱无时空	268	260
	9朵香水百合/携手一生	399	168
蝴蝶兰	5株红色蝴蝶兰/吉祥如意	688	309
	5株白色蝴蝶兰/爱的海洋	710	120
康乃馨	11枝康乃馨百合/祝福您	350	420
	12多康乃馨/深深的祝福	269	340

Step02：在弹出的下拉列表中选择需要的样式即可，如下图所示。

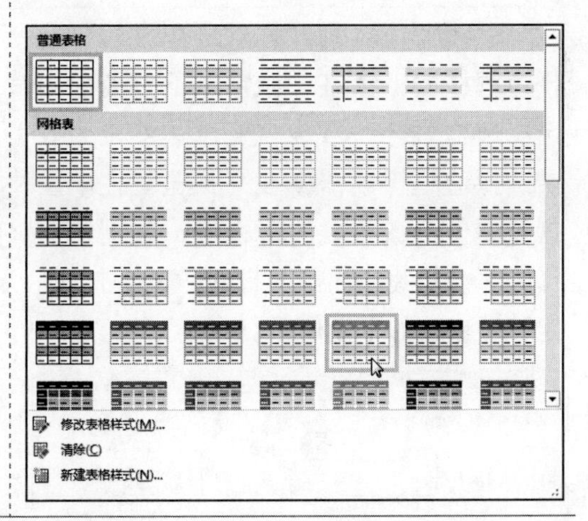

4.3.2 设置边框与底纹

在美化表格时，除通过内置的表格样式达到目的外，还可以手动设置自己需要的边框和底纹样式，具体操作方法如下。

光盘同步文件

素材文件：光盘 \ 素材文件 \ 第 4 章 \ 设备信息 2.docx
结果文件：光盘 \ 结果文件 \ 第 4 章 \ 设备信息 2.docx
视频文件：光盘 \ 视频文件 \ 第 4 章 \4-3-2.mp4

Step01：打开光盘 \ 素材文件 \ 第 4 章 \ 设备信息 2.docx，❶ 选中表格；❷ 切换到“表格工具 / 设计”选项卡；❸ 在“边框”组中单击“功能扩展”按钮，如下图所示。

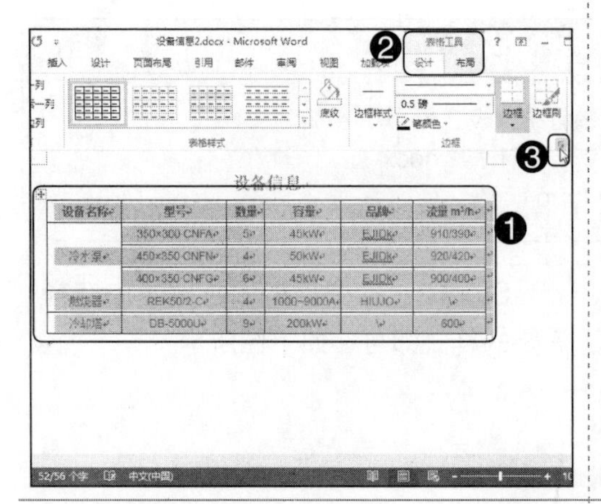

Step02：弹出“边框和底纹”对话框，❶ 在“样式”列表框中选择边框样式；❷ 在“颜色”下拉列表中选择边框颜色；❸ 在“预览”栏中设置需要使用该格式的边框线，本例中选择上框线和下框线，如下图所示。

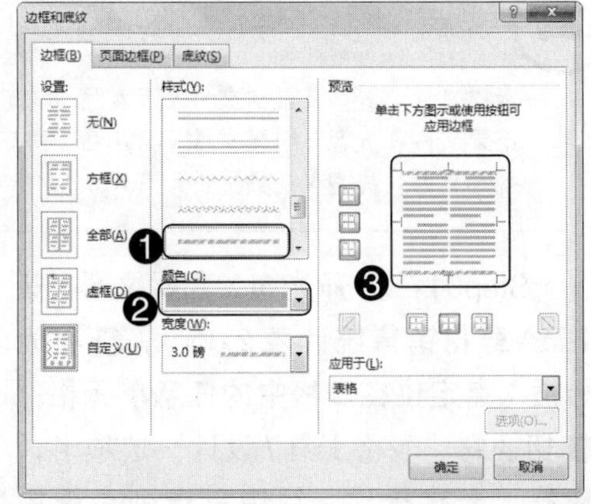

Step03：❶ 在“样式”列表框中选择边框样式；❷ 在“颜色”下拉列表中选择边框颜色；❸ 在“宽度”下拉列表中选择边框粗细；❹ 在“预览”栏中设置需要使用该格式的边框线；本例中选择内部横框线和内部竖框线，❺ 单击“确定”按钮，如下图所示：

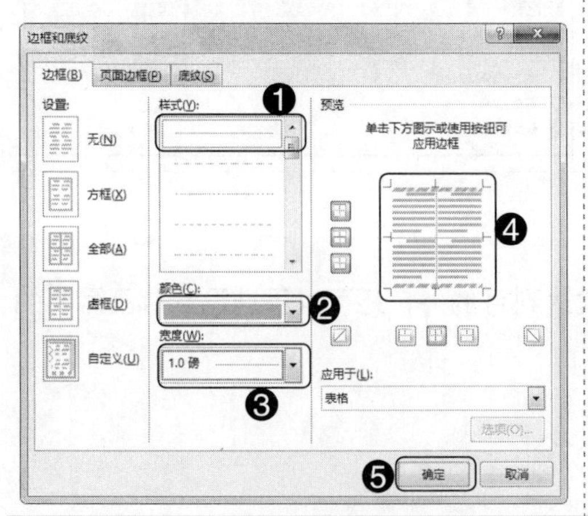

Step04：返回表格，❶ 选中需要设置底纹的单元格，在“表格样式”组中；❷ 单击“底纹”按钮；❸ 在弹出的下拉列表中选择需要的底纹颜色，如下图所示。

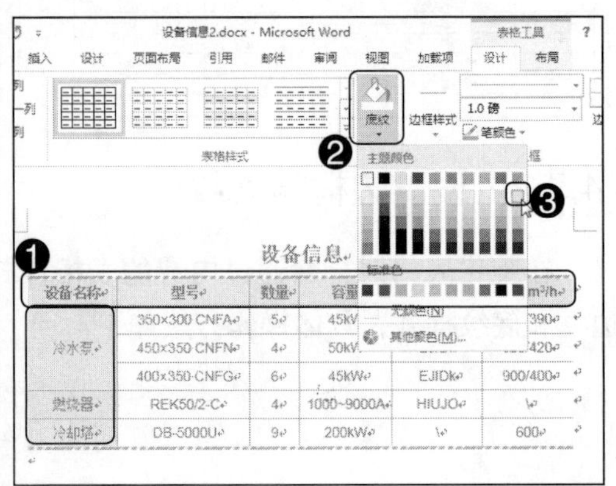

专家提示

选中表格或单元格，切换到“表格工具 / 设计”选项卡，在“边框”组中单击“边框”按钮，在弹出的下拉列表中可快速为所选对象设置需要的边框线。

4.3.3 对表格文字设置对齐方式

Word 为单元格中的文本内容提供了靠上两端对齐、靠上居中对齐等 9 种对齐方式。默认情况下，文本内容的对齐方式为靠上两端对齐，根据实际操作可以进行更改，具体操作方法如下。

光盘同步文件

素材文件：光盘 \ 素材文件 \ 第 4 章 \ 鲜花销售统计表 3.docx
结果文件：光盘 \ 结果文件 \ 第 4 章 \ 鲜花销售统计表 3.docx
视频文件：光盘 \ 视频文件 \ 第 4 章 \4-3-3.mp4

Step01：打开光盘 \ 素材文件 \ 第 4 章 \ 鲜花销售统计表 3.docx，❶ 选中需要设置对齐方式的单元格；❷ 切换到“表格工具 / 布局”选项卡；❸ 在“对齐方式”组中单击某种对齐方式相对应的按钮，本例中单击“水平居中”按钮，如下图所示。

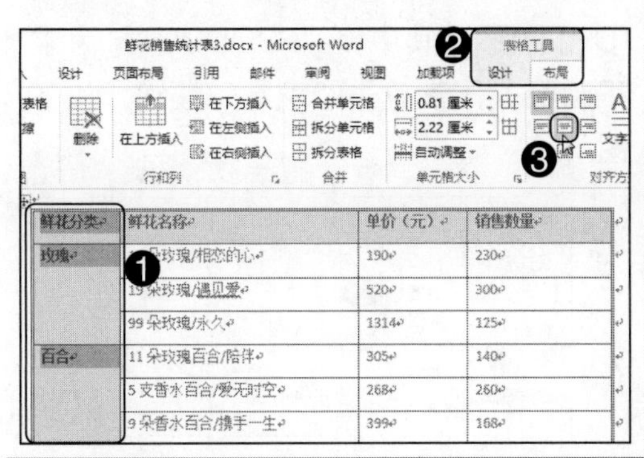

Step02: 参照上述操作方法，对其他单元格设置相应的对齐即可，效果如下图所示。

鲜花销售统计表

鲜花分类	鲜花名称	单价（元）	销售数量
玫瑰	11 朵玫瑰/相恋的心	190	230
	19 朵玫瑰/遇见爱	520	300
	99 朵玫瑰/永久	1314	125
百合	11 朵玫瑰百合/陪伴	305	140
	5 支香水百合/爱无时空	268	260
	9 朵香水百合/携手一生	399	168
蝴蝶兰	5 株红色蝴蝶兰/吉祥如意	688	309
	5 株白色蝴蝶兰/爱的海洋	710	120
康乃馨	11 枝康乃馨百合/祝福您	350	420
	12 多康乃馨/深深的祝福	269	340

4.4 知识讲解——处理表格数据

在Word文档中，我们不仅可以通过表格来表达文字内容，还可以对表格中的数据进行运算、排序等操作，下面将分别进行讲解。

4.4.1 表格中的数据运算

对表格数据进行运算之前，需要先了解Word对单元格的命名规则。用过Excel的用户知道，列以“A、B、C……”命名，行以“1、2、3……”命名，而Word也是以该方式命名的，如第4列、第2行的单元格命名为D2，第2列、第3行的单元格命名为B3，依此类推。了解了单元格的命名规则后，就可以对单元格数据进行运算了。

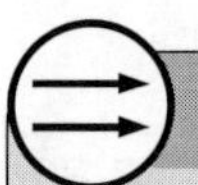

光盘同步文件

素材文件：光盘\素材文件\第4章\鲜花销售统计表4.docx
结果文件：光盘\结果文件\第4章\鲜花销售统计表4.docx
视频文件：光盘\视频文件\第4章\4-4-1.mp4

Step01：打开光盘\素材文件\第4章\鲜花销售统计表4.docx，❶将光标插入点定位在需要显示运算结果的单元格；❷切换到“表格工具/布局”选项卡；❸单击“数据”组中的“公式”按钮，如下图所示。

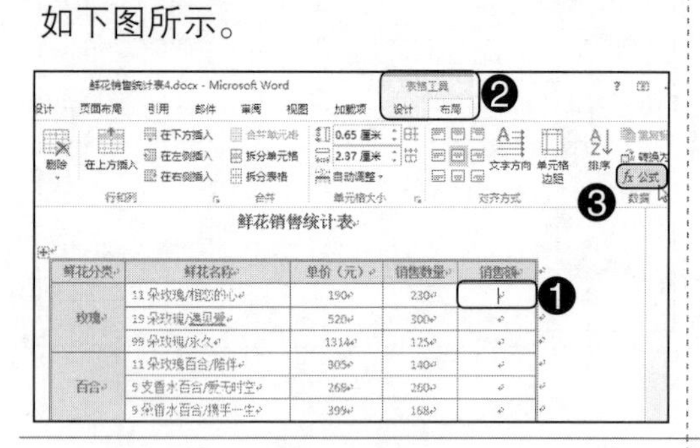

Step02：弹出“公式”对话框，❶在“公式”文本框内输入运算公式，当前单元格的公式应为“=PRODUCT(C2:D2)”（其中，“PRODUCT”为求积函数）；❷单击“确定”按钮，如下图所示。

Step03：返回工作表，可查看到运算结果，如右图所示。

鲜花销售统计表

鲜花分类	鲜花名称	单价（元）	销售数量	销售额
玫瑰	11朵玫瑰/相恋的心	190	230	43700
	19朵玫瑰/遇见爱	520	300	
	99朵玫瑰/永久	1314	125	
百合	11朵玫瑰百合/陪伴	305	140	
	5支香水百合/爱无时空	268	260	
	9朵香水百合/携手一生	399	168	
销售总额	玫瑰			
	百合			
总计收入				

Step04：通过“PRODUCT”函数，对其他单元格进行求积运算，效果如下图所示。

鲜花销售统计表

鲜花分类	鲜花名称	单价（元）	销售数量	销售额
玫瑰	11 朵玫瑰/相恋的心	190	230	43700
	19 朵玫瑰/遇见爱	520	300	156000
	99 朵玫瑰/永久	1314	125	164250
百合	11 朵玫瑰百合/陪伴	305	140	42700
	5 支香水百合/爱无时空	268	260	69680
	9 朵香水百合/携手一生	399	168	67032
销售总额	玫瑰			
	百合			
总计收入				

Step05：❶ 将光标插入点定位在需要显示运算结果的单元格；❷ 单击“数据”组中的“公式”按钮，如下图所示：

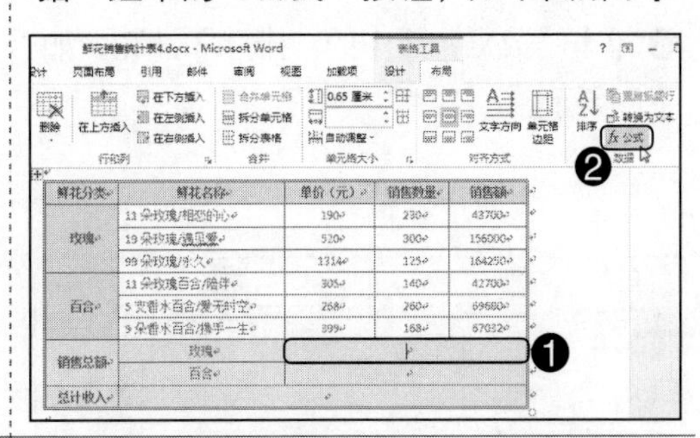

Step06：弹出“公式”对话框，❶ 在“公式”文本框内输入运算公式，当前单元格的公式应为“=SUM(E2:E4)”（其中，“SUM”为求和函数）；❷ 单击“确定”按钮，如下图所示。

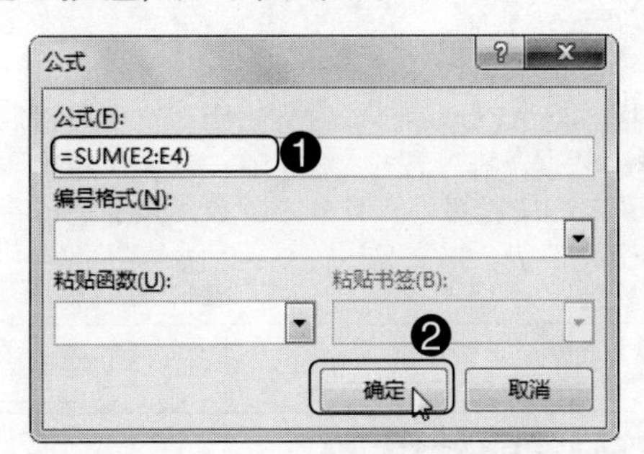

Step07：返回工作表，可查看到运算结果，如下图所示：

鲜花销售统计表

鲜花分类	鲜花名称	单价（元）	销售数量	销售额
玫瑰	11 朵玫瑰/相恋的心	190	230	43700
	19 朵玫瑰/遇见爱	520	300	156000
	99 朵玫瑰/永久	1314	125	164250
百合	11 朵玫瑰百合/陪伴	305	140	42700
	5 支香水百合/爱无时空	268	260	69680
	9 朵香水百合/携手一生	399	168	67032
销售总额	玫瑰	363950		
	百合			
总计收入				

Step08：通过“SUM”函数，对其他单元格进行求和运算，效果如右图所示。

鲜花销售统计表

鲜花分类	鲜花名称	单价（元）	销售数量	销售额
玫瑰	11 朵玫瑰/相恋的心	190	230	43700
	19 朵玫瑰/遇见爱	520	300	156000
	99 朵玫瑰/永久	1314	125	164250
百合	11 朵玫瑰百合/陪伴	305	140	42700
	5 支香水百合/爱无时空	268	260	69680
	9 朵香水百合/携手一生	399	168	67032
销售总额	玫瑰	363950		
	百合	179412		
总计收入	543362			

4.4.2 对数据进行排序

为了能直观地显示数据，可以对表格进行排序操作，具体操作方法如下。

光盘同步文件

素材文件：光盘 \ 素材文件 \ 第 4 章 \ 学生成绩表 .docx
结果文件：光盘 \ 结果文件 \ 第 4 章 \ 学生成绩表 .docx
视频文件：光盘 \ 视频文件 \ 第 4 章 \4-4-2.mp4

Step01：打开光盘\素材文件\第 4 章\学生成绩表.docx，❶ 选中表格；❷ 切换到“表格工具 / 布局”选项卡；❸ 单击“数据”组中的“排序”按钮，如下图所示。

Step02：❶ 弹出“排序”对话框，在“主要关键字”栏中设置排序依据；❷ 选中排序方式；❸ 单击“确定”按钮即可，如下图所示：

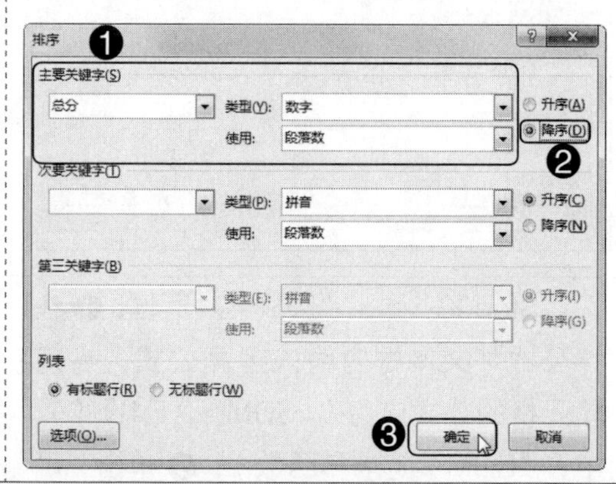

知识拓展　使用多个关键字排序

在实际运用中，有时还需要设置多个条件对表格数据进行排序，操作方法为：选中表格后打开“排序”对话框，在“主要关键字”栏中设置排序依据及排序方式，然后在“次要关键字”栏中设置排序依据及排序方式，设置完成后单击“确定”按钮即可。另外，需要注意的是，在 Word 文档中对表格数据进行排序时，最多能设置 3 个关键字。

技高一筹——实用操作技巧

通过前面知识的学习，相信读者朋友已经掌握了如何在 Word 文档中使用表格。下面结合本章内容，给大家介绍一些实用技巧。

光盘同步文件

素材文件：光盘\素材文件\第 4 章\技高一筹
结果文件：光盘\结果文件\第 4 章\技高一筹
视频文件：光盘\视频文件\第 4 章\技高一筹 .mp4

技巧 01　灵活调整表格大小

在调整表格大小时，绝大多数用户都会通过拖动鼠标的方式来调整行高或列宽，但这种方法会影响相邻单元格的行高或列宽。例如，调整某个单元格的列宽时，就会影响其右侧单元格的列宽，针对这样的情况，我们可以利用“Ctrl”键和“Shift”键来灵活调整表格大小。

下面以调整列宽为例，讲解这两个键的使用方法。

● 先按住“Ctrl”键，再拖动鼠标调整列宽，通过该方式达到的效果是：在不改变整体表格宽度的情况下，调整当前列宽。当前列以后的其他各列依次向后进行压缩，但表格的右边线是不变的，除非当前列以后的各列已经压缩至极限。

● 先按住“Shift”键，再拖动鼠标调整列宽，通过该方式达到的效果是：当前列宽发生变化但其它各列宽度不变，表格整体宽度会因此增加或减少。

● 先按住“Ctrl+Shift”组合键，再拖动鼠标调整列宽，通过该方式达到的效果是：在不改变表格宽的情况下，调整当前列宽，并将当前列之后的所有列宽调整为相同。但如果当前列之后的其他列的列宽往表格尾部压缩到极限时，表格会向右延。

技巧 02 如何绘制斜线表头

斜线表头是比较常见的一种表格操作，其位置一般在第一行的第一列。绘制斜线表头的具体操作方法如下。

Step01：打开光盘\素材文件\第 4 章\技高一筹\学生成绩表 .docx，❶ 选中要绘制斜线表头的单元格；❷ 切换到“表格工具 / 设计”选项卡；❸ 在“边框”组中单击“边框”按钮；❹ 在弹出的下拉列表中选择“斜下框线”选项，如下图所示。

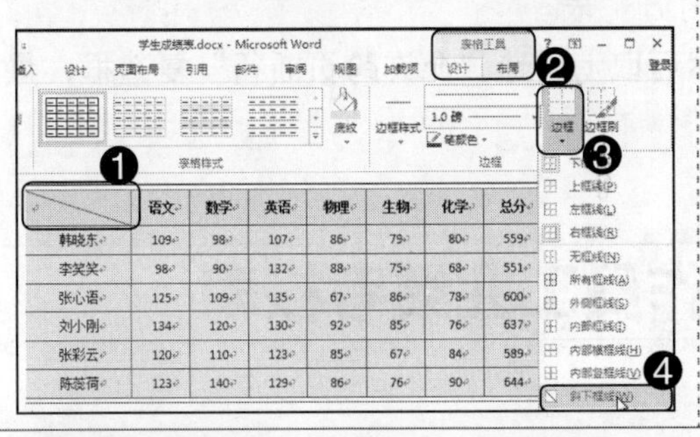

Step02：绘制好斜线表头后，在其中输入相应的内容，并设置好对齐方式即可，效果如下图所示。

学生成绩表

学科 / 学生姓名	语文	数学	英语	物理	生物	化学	总分
韩晓东	109	98	107	86	79	80	559
李笑笑	98	90	132	88	75	68	551
张心语	125	109	135	67	86	78	600
刘小刚	134	120	130	92	85	76	637
张彩云	120	110	123	85	67	84	589
陈蕊荷	123	140	129	86	76	90	644

技巧 03 设置表头跨页

默认情况下，同一表格占用多个页面时，表头只在首页显示，而其他页面均不显示，从而影响阅读。此时，需要通过设置，实现表头跨页，具体操作方法如下。

Step01：打开光盘\素材文件\第 4 章\技高一筹\学生成绩表 1.docx，❶ 选中表头；❷ 切换到“表格工具 / 布局”选项卡；❸ 单击“表”组中的“属性”按钮，如右图所示。

Step02：弹出“表格属性”对话框，❶ 切换到“行”选项卡；❷ 勾选“在各页顶端以标题行形式重复出现”复选框；❸ 单击“确定”按钮即可，如下图所示。

技巧 04 防止表格跨页断行

在同一页面中，当表格最后一行的内容超过单元格高度时，会在下一页以另一行的形式出现，从而导致同一单元格的内容被拆分到不同的页面上，影响了表格的美观。

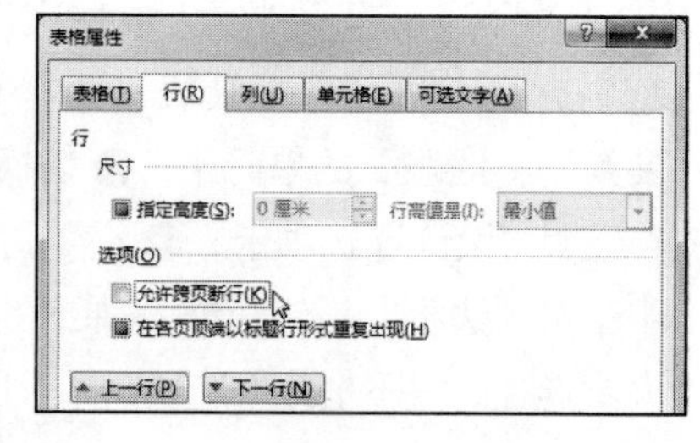

针对这样的情况，我们需要通过设置，以防止表格跨页断行，操作方法为：选中表格，打开“表格属性”对话框，切换到“行”选项卡，然后取消勾选“允许跨页断行”复选框，最后单击“确定”按钮即可。

技能训练 1——制作员工业绩考核表

训练介绍

本实例将结合创建表格、表格的基本操作等相关知识点，来讲解员工业绩考核表的制作过程。

员工业绩考核表

考核内容	分值	评分标准	考评		得分
			自我考评	部门考评	
1.认真填写工作记录，并由部门领导签字，做好月工作总结及工作计划。	3	一次没签字扣 1 分，无计划或总结一次扣 2 分			
2.认真及时打扫卫生，并保持自己办公桌及附近干净、清洁。	4	卫生环境不合格一次扣 1 分			
3.接电话、待客态度热情，积极配合其他部门的工作。	4	服务不到位一次扣 1 分			
4.积极参加公司组织的各项活动。	3	1 次不参加或不按时扣 0.5 分			
5.给公司提出合理化建议被采纳。	4	合理化建议被采纳一次加 3 分			
6.按照公司规定为外勤做好服务，值班时必须用最快的时间进行落实，不得给予过一段时间再打或等上班后再咨询等答复。	5	一次被投诉考核 1 分，一月被投诉 5 次考核 10 分			
合计	23				

光盘同步文件

素材文件：光盘\素材文件\无
结果文件：光盘\结果文件\第 4 章\员工业绩考核表 .docx
视频文件：光盘\视频文件\第 4 章\技能训练 1.mp4

操作提示

制作关键	技能与知识要点
本实例首先创建一个表格，并在表格中输入内容；接着通过调整列宽、合并单元格等操作，来调整表格的结构，最后设置文字对齐方式及单元格底纹效果，完成员工绩效考核表的制作	● 创建表格 ● 表格的基本操作 ● 美化表格

操作步骤

本实例的具体制作步骤如下。

Step01：新建一个名为“员工业绩考核表 .docx”的 Word 文档，❶ 输入并设置文档标题；❷ 定位光标插入点；❸ 切换到“插入”选项卡；❹ 单击“表格”组中的“表格”按钮；❺ 在弹出的下拉列表中选择“插入表格”选项，如下图所示。

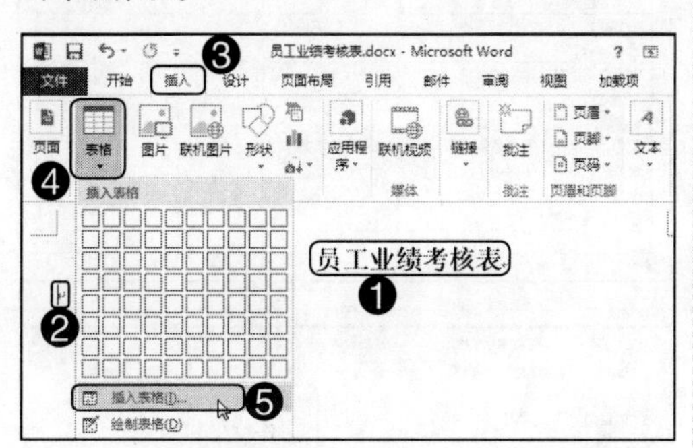

Step02：弹出“插入表格”对话框，❶ 在“列数”微调框中设置表格列数；❷ 在“行数”微调框中设置表格的行数；❸ 单击“确定”按钮，如下图所示。

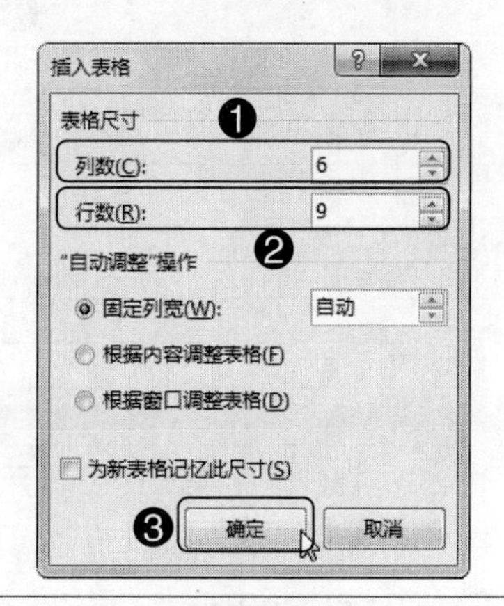

Step03：插入表格后，在其中输入相应的内容，并通过拖动鼠标的方式调整表格列宽，效果如右图所示：

员工业绩考核表

考核内容	分值	评分标准	考评		得分
			自我考评	部门考评	
1.认真填写工作记录，并由部门领导签字，做好月工作总结及工作计划。	3	一次没签字扣 1 分，无计划或总结一次扣 2 分			
2.认真及时打扫卫生，并保持自己办公桌及附近干净、清洁。	4	卫生环境不合格一次扣 1 分			
3.接电话、待客态度热情，积极配合其他部门的工作。	4	服务不到位一次扣 1 分			
4.积极参加公司组织的各项活动。	3	1 次不参加或不按时扣 0.5 分			
5.给公司提出合理化建议被采纳。	4	合理化建议被采纳一次加 3 分			
6.按照公司规定为外勤做好服务，值班时必须用最快的时间进行落实，不得给予过一段时间再打或等上班后再咨询等答复。	5	一次被投诉考核 1 分，一月被投诉 5 次考核 10 分			
合计	23				

Step04：❶ 选中单元格区域；❷ 切换到“表格工具 / 布局”选项卡；❸ 单击“合并”组中的“合并单元格”按钮，如下图所示。

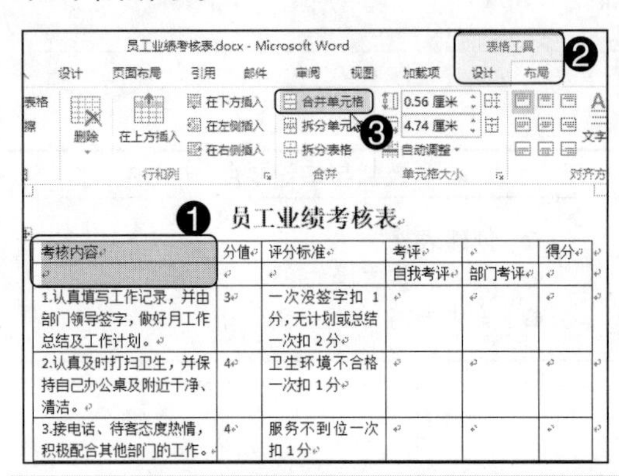

Step05：参照第 4 步操作，对其他单元格进行合并操作，合并后的效果如下图所示。

员工业绩考核表

考核内容	分值	评分标准	考评		得分
			自我考评	部门考评	
1.认真填写工作记录，并由部门领导签字，做好月工作总结及工作计划。	3	一次没签字扣 1 分，无计划或总结一次扣 2 分			
2.认真及时打扫卫生，并保持自己办公桌及附近干净、清洁。	4	卫生环境不合格一次扣 1 分			
3.接电话、待客态度热情，积极配合其他部门的工作。	4	服务不到位一次扣 1 分			
4.积极参加公司组织的各项活动。	3	1 次不参加或不按时扣 0.5 分			
5.给公司提出合理化建议被采纳。	4	合理化建议被采纳一次加 3 分			
6.按照公司规定为外勤做好服务，值班时必须用最快的时间进行落实，不得给予过一段时间再打或等上班后再咨询等答复。	5	一次被投诉考核 1 分，一月被投诉 5 次考核 10 分			
合计	23				

Step06：❶ 选中第一行单元格；❷ 切换到“表格工具 / 布局”选项卡；❸ 在“对齐方式”组中单击“水平居中”按钮，如下图所示。

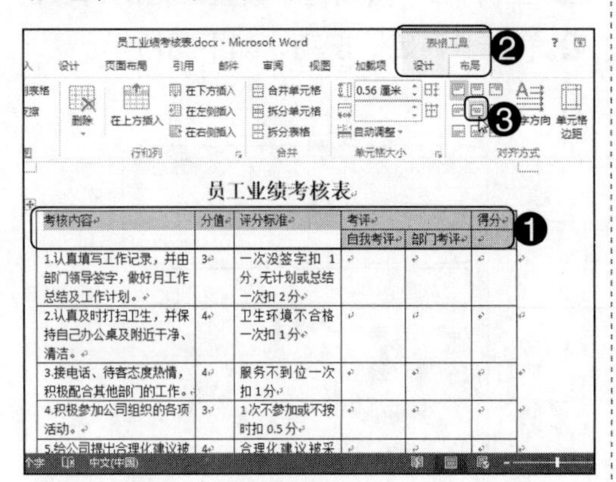

Step07：参照第 6 步操作，对其他单元格内容设置相应的对齐方式，效果如下图所示。

员工业绩考核表

考核内容	分值	评分标准	考评		得分
			自我考评	部门考评	
1.认真填写工作记录，并由部门领导签字，做好月工作总结及工作计划。	3	一次没签字扣 1 分，无计划或总结一次扣 2 分			
2.认真及时打扫卫生，并保持自己办公桌及附近干净、清洁。	4	卫生环境不合格一次扣 1 分			
3.接电话、待客态度热情，积极配合其他部门的工作。	4	服务不到位一次扣 1 分			
4.积极参加公司组织的各项活动。	3	1 次不参加或不按时扣 0.5 分			
5.给公司提出合理化建议被采纳。	4	合理化建议被采纳一次加 3 分			
6.按照公司规定为外勤做好服务，值班时必须用最快的时间进行落实，不得给予过一段时间再打或等上班后再咨询等答复。	5	一次被投诉考核 1 分，一月被投诉 5 次考核 10 分			
合计	23				

Step08：❶ 选中第一行单元格；❷ 切换到“表格工具 / 设计”选项卡；❸ 在“表格样式”组中单击“底纹”按钮；❹ 在弹出的下拉列表中选择底纹颜色，即可完成员工业绩考核表的制作，如右图所示。

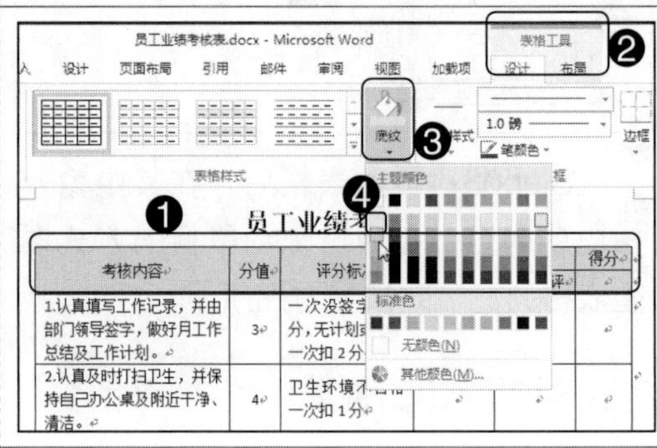

技能训练 2——制作员工资料表

训练介绍

本实例将结合美化表格、处理表格数据等相关知识点，来讲解员工资料表的制作过程。

员工资料表

姓名	性别	年龄	籍贯	所属部门	工作年限（入职至今）
陈蕊荷	女	28	河南郑州	营销部	3
韩晓东	男	40	四川成都	技术部	7
李笑笑	女	26	浙江台州	销售部	2
刘小刚	男	32	江苏南通	策划部	5
张彩云	女	32	陕西咸阳	财务部	4
张心语	女	24	重庆万州	营销部	1

光盘同步文件

素材文件：光盘 \ 素材文件 \ 第 4 章 \ 员工资料表 .docx
结果文件：光盘 \ 结果文件 \ 第 4 章 \ 员工资料表 .docx
视频文件：光盘 \ 视频文件 \ 第 4 章 \ 技能训练 2.mp4

操作提示

制作关键	技能与知识要点
本实例先对表格进行美化操作，再对表格数据进行排序操作，完成员工资料表的制作	● 美化表格 ● 处理表格数据

操作步骤

本实例的具体制作步骤如下。

Step01：打开光盘 \ 素材文件 \ 第 4 章 \ 员工资料表 .docx，❶ 选中表格；❷ 切换到“表格工具 / 布局”选项卡；❸ 在“对齐方式”组中单击“水平居中”按钮，如下图所示。

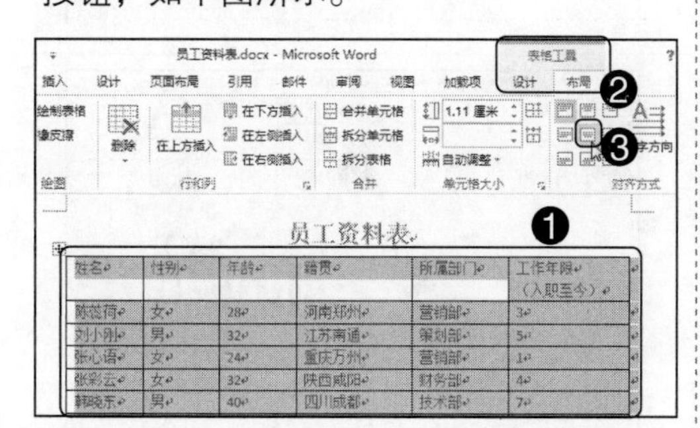

Step02：❶ 选中表格；❷ 切换到“表格工具 / 设计”选项卡；❸ 在“边框”组中单击“功能扩展”按钮，如下图所示。

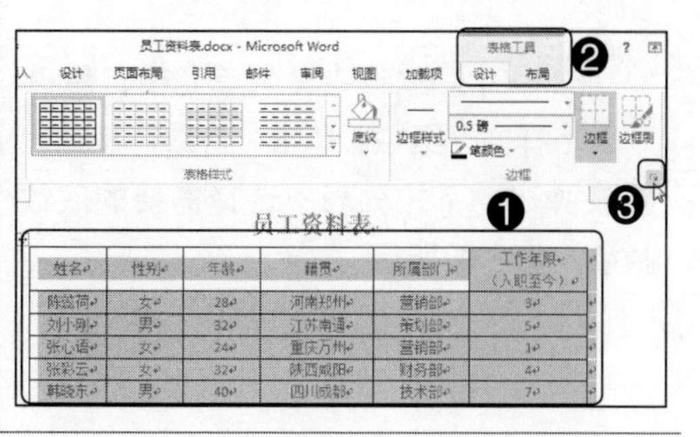

Step03：弹出“边框和底纹”对话框，❶ 在“样式”列表框中选择边框样式；❷ 在“颜色”下拉列表中选择边框颜色；❸ 在“宽度”下拉列表中选择边框粗细；❹ 在“预览”栏中设置需要使用该格式的边框线，本例中选择上框线，如下图所示。

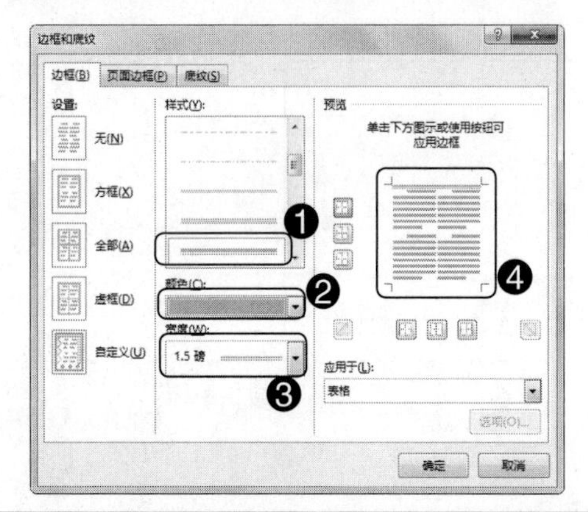

Step04：❶ 在“样式”列表框中选择边框样式；❷ 在“颜色”下拉列表中选择边框颜色；❸ 在“宽度”下拉列表中选择边框粗细；❹ 在“预览”栏中设置需要使用该格式的边框线，本例中选择下框线，如下图所示。

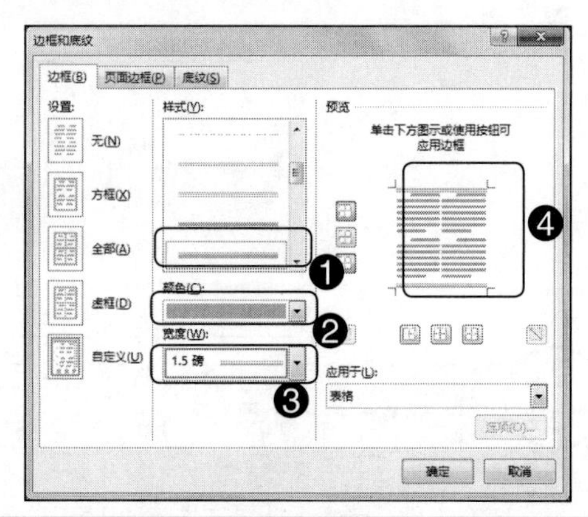

Step05：❶ 在“样式”列表框中选择边框样式；❷ 在“颜色”下拉列表中选择边框颜色；❸ 在“宽度”下拉列表中选择边框粗细；❹ 在“预览”栏中设置需要使用该格式的边框线，本例中选择内部横框线和内部竖框线；❺ 单击“确定”按钮，如下图所示。

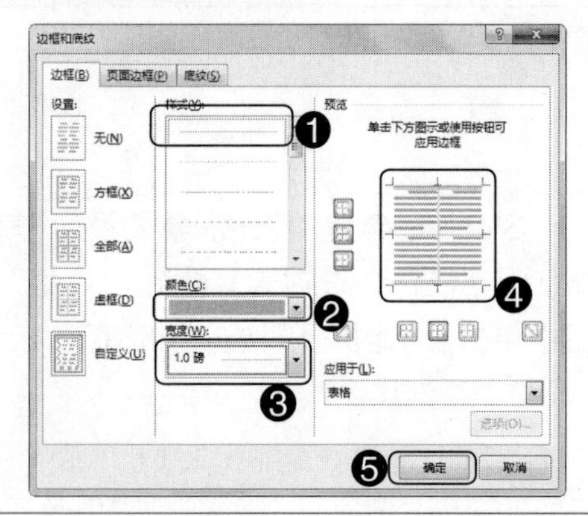

Step06：返回工作表，❶ 选中第一行单元格；❷ 在“表格样式”组中，单击“底纹”按钮；❸ 在弹出的下拉列表中选择需要的底纹颜色，如下图所示。

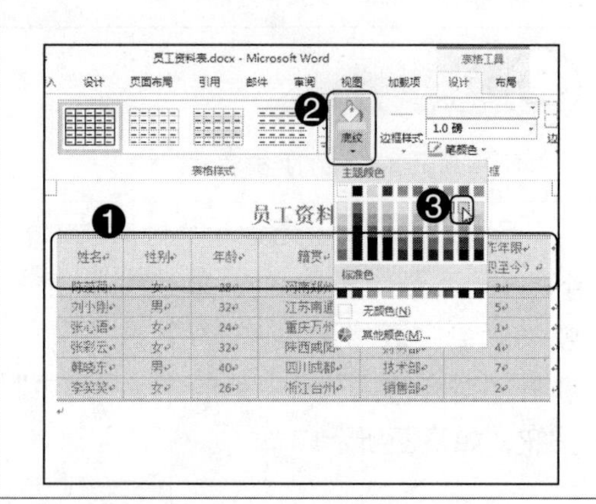

Step07：❶ 选中其余单元格；❷ 在“表格样式”组中，单击“底纹”按钮；❸ 在弹出的下拉列表中选择需要的底纹颜色，如右图所示。

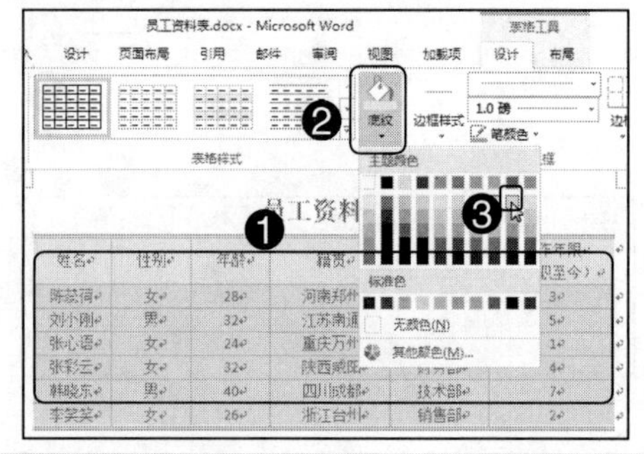

Step08：❶选中表格；❷切换到“表格工具 / 布局”选项卡；❸单击“数据”组中的“排序”按钮，如下图所示。

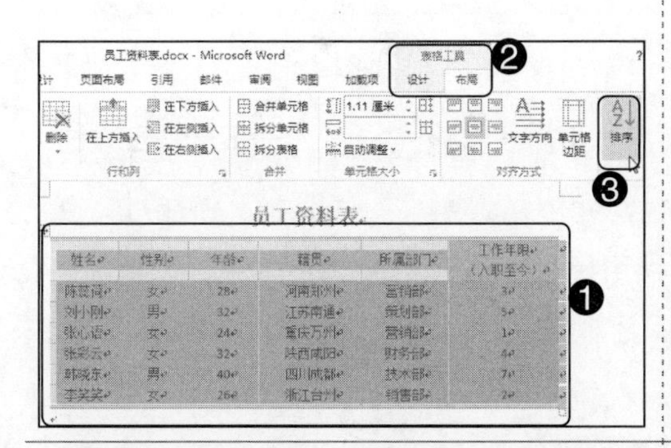

Step09：弹出“排序”对话框，❶在“主要关键字”栏中设置排序依据；❷选择排序方式；❸单击“确定”按钮，如下图所示。

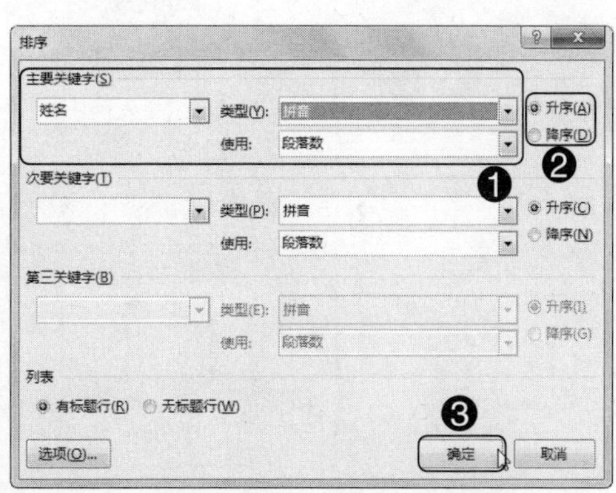

Step10：至此，完成了员工资料表的制作，效果如右图所示。

员工资料表

姓名	性别	年龄	籍贯	所属部门	工作年限（入职至今）
陈筱荷	女	28	河南郑州	营销部	3
韩晓东	男	40	四川成都	技术部	7
李笑笑	女	26	浙江台州	销售部	2
刘小刚	男	32	江苏南通	策划部	5
张彩云	女	32	陕西咸阳	财务部	4
张心语	女	24	重庆万州	营销部	1

本章小结

本章的重点在于 Word 文档中插入与编辑表格，主要包括创建表格、表格的基本操作、美化表格及处理表格数据等知识点。通过本章的学习，希望大家能够灵活自如地在 Word 中使用表格。

在 Word 中制作图文混排的办公文档

本章导读

制作文档时，在文档中插入图片、艺术字或 SmartArt 图形等对象，可以让文档更具吸引力，更加赏心悦目。本章将主要讲解在文档中使用图片、艺术字和 SmartArt 等对象的相关知识。

学完本章后应该掌握的技能

- 通过图片增强文档表现力
- 使用艺术字与图形让文档 更加生动
- 插入与编辑 SmartArt 图形

本章相关实例效果展示

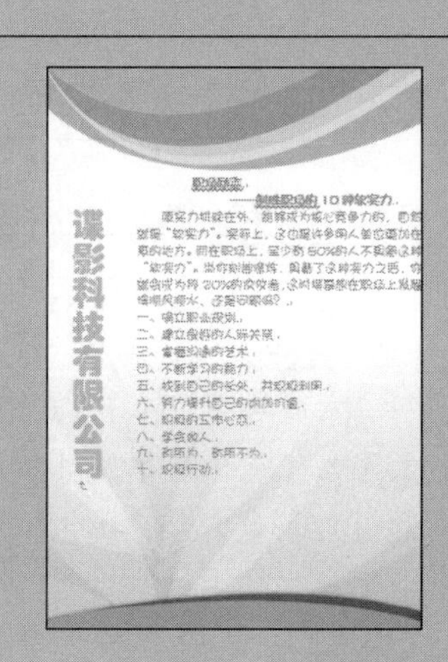

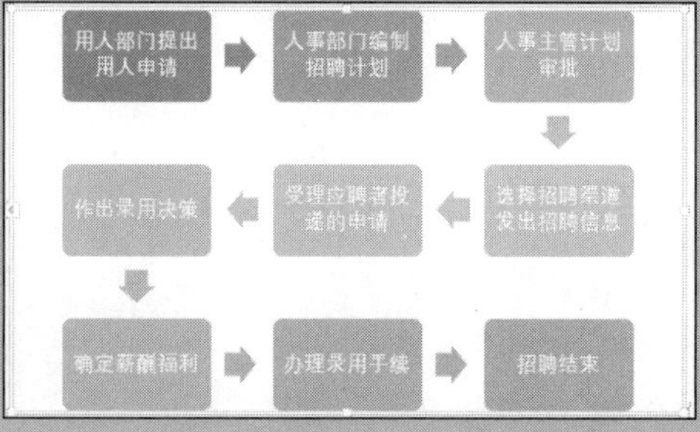

5.1 知识讲解——通过图片增强文档表现力

在制作产品说明书、企业内刊及公司宣传册等之类的文档时，可以通过 Word 的图片编辑功能插入图片，从而使文档图文并茂，给阅读者带来精美、直观的视觉冲击。

5.1.1 插入联机图片

Word 2013 提供了联机图片功能，通过该功能，我们可以从各种联机来源中查找和插入图片。插入联机图片的具体操作方法如下。

光盘同步文件

素材文件：光盘\素材文件\第 5 章\感谢信 .docx
结果文件：光盘\结果文件\第 5 章\感谢信 .docx
视频文件：光盘\视频文件\第 5 章\5-1-1.mp4

Step01：打开光盘\素材文件\第 5 章\感谢信 .docx，❶ 将光标插入点定位到需要插入图片的位置；❷ 切换到“插入”选项卡；❸ 单击“插图”组中的“联机图片”按钮，如下图所示。

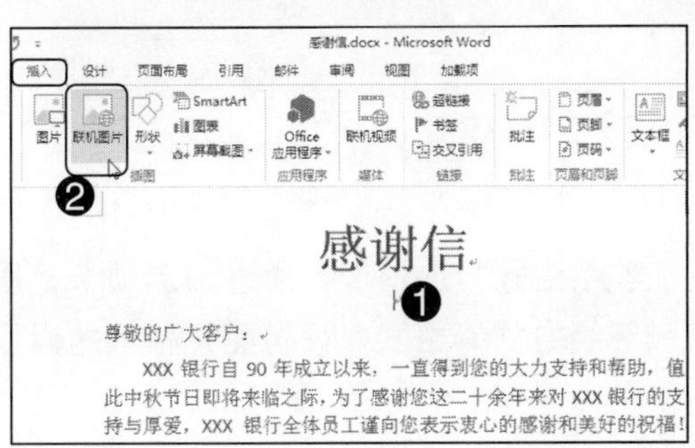

Step02：打开“插入图片”页面，❶ 在文本框中输入需要的图片类型；❷ 单击“搜索”按钮，如下图所示。

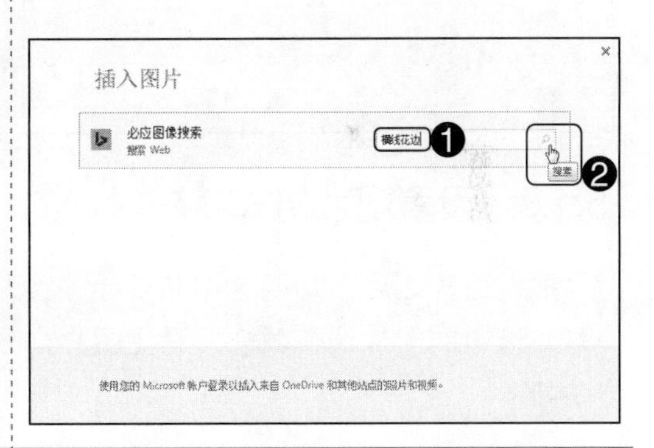

Step03：开始搜索图片，有时搜索出来显示没有搜索结果，可单击“显示所有 Web 结果”按钮，如下图所示。

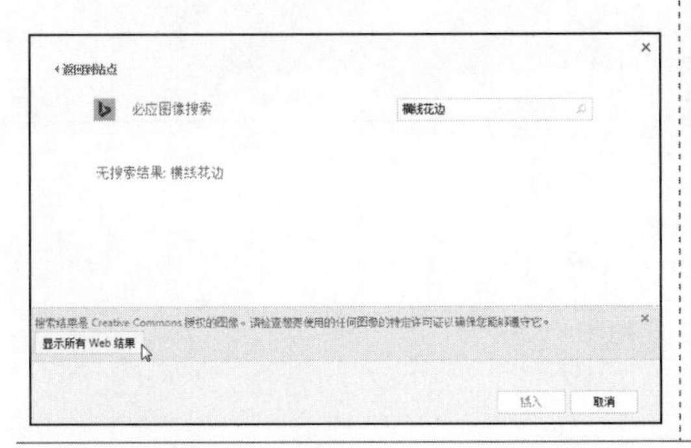

Step04：❶ 在列表框中选择需要的图片；❷ 单击“插入”按钮即可，如下图所示。

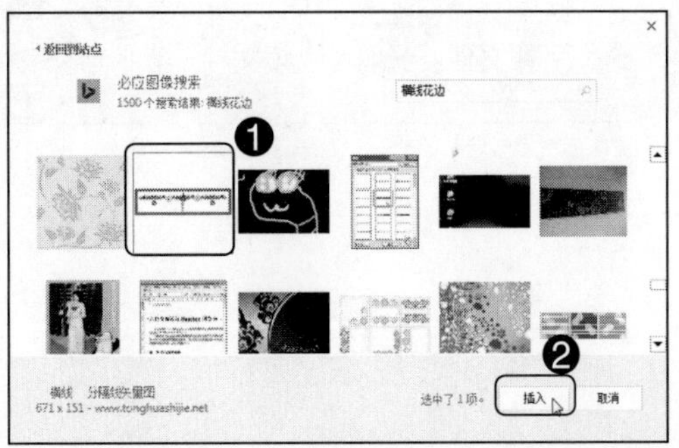

5.1.2 插入电脑中的图片

根据操作需要，还可在文档中插入电脑中收藏的图片，以配合文档内容或美化文档。插入图片的具体操作步骤如下。

光盘同步文件

素材文件：光盘 \ 素材文件 \ 第 5 章 \ 鲜花销售统计表 .docx、马蹄莲 .jpg
结果文件：光盘 \ 结果文件 \ 第 5 章 \ 鲜花销售统计表 .docx
视频文件：光盘 \ 视频文件 \ 第 5 章 \5-1-2.mp4

Step01：打开光盘 \ 素材文件 \ 第 5 章 \ 鲜花销售统计表 .docx，❶ 将光标插入点定位到需要插入图片的位置；❷ 切换到“插入”选项卡；❸ 单击“插图”组中的“图片”按钮，如下图所示。

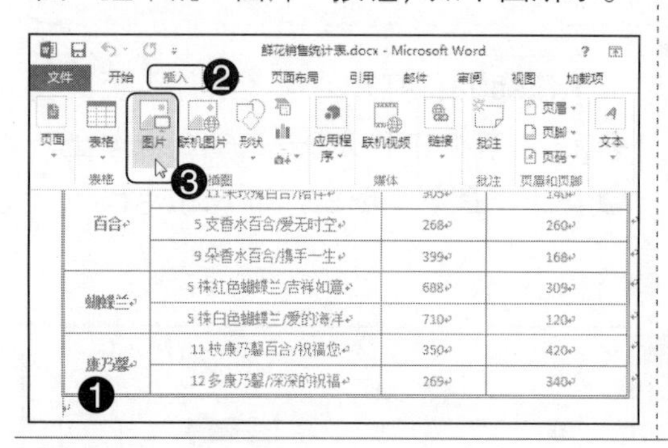

Step02：弹出“插入图片”对话框，❶ 选择需要插入的图片；❷ 单击“插入”按钮即可，如下图所示。

5.1.3 设置图片格式

插入图片之后，功能区中将显示“图片工具 / 格式”选项卡，通过该选项卡，用户可对选中的图片调整颜色、设置图片样式和环绕方式等格式。设置图片格式的操作方法如下。

光盘同步文件

素材文件：光盘 \ 素材文件 \ 第 5 章 \ 鲜花销售统计表 1.docx
结果文件：光盘 \ 结果文件 \ 第 5 章 \ 鲜花销售统计表 1.docx
视频文件：光盘 \ 视频文件 \ 第 5 章 \5-1-3.mp4

Step01：打开光盘\素材文件\第5章\鲜花销售统计表1.docx，❶选中图片；❷切换到“图片工具/格式”选项卡；❸单击“大小”组中的“裁剪”按钮，如下图所示。

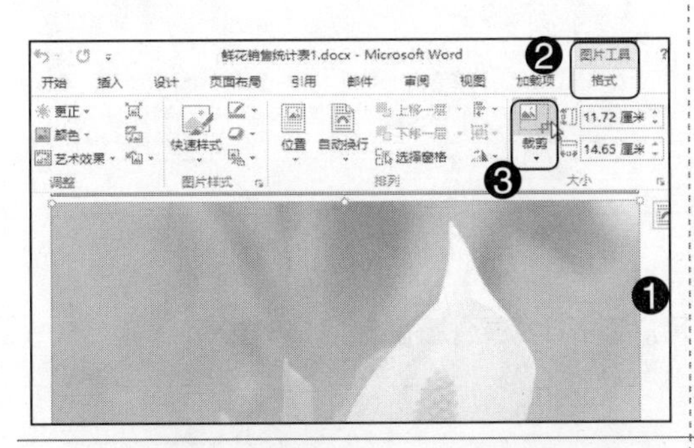

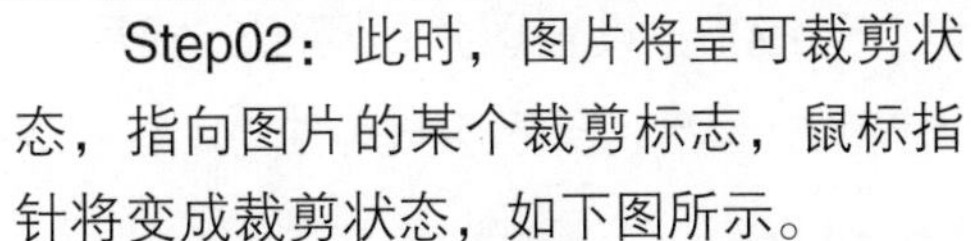

Step02：此时，图片将呈可裁剪状态，指向图片的某个裁剪标志，鼠标指针将变成裁剪状态，如下图所示。

Step03：鼠标指针呈裁剪状态时，拖动鼠标可进行裁剪，如下图所示。

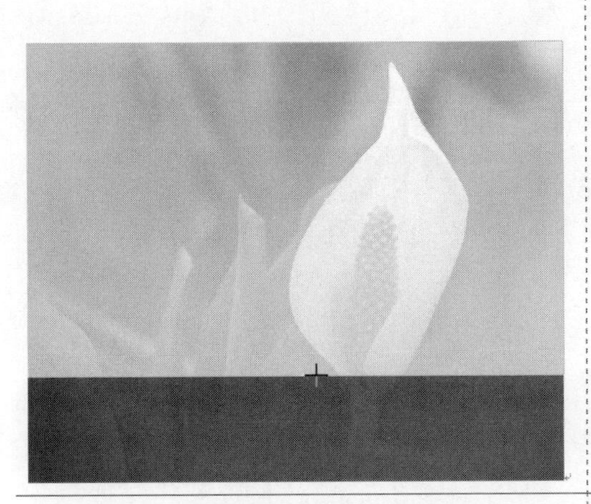

Step04：当拖动至需要的位置时释放鼠标，此时阴影部分表示被剪掉的部分，确认无误按“Enter”键确认（若要放弃此次裁剪，按“Ctrl+Z”组合键）。如下图所示。

Step05：❶单击“排列”组中的“自动换行”按钮；❷在弹出的下拉列表中选择图片环绕方式，本例中单击“衬于文字下方”选项，如右图所示。

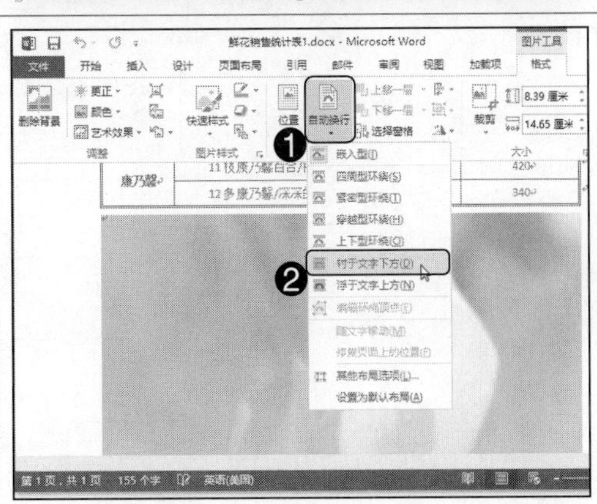

Step06：设置图片的环绕方式后，便可拖动图片，效果如右图所示。

鲜花销售统计表

鲜花分类	鲜花名称	单价（元）	销售数量
玫瑰	11朵玫瑰/相恋的心	190	230
	19朵玫瑰/週见爱	520	300
	99朵玫瑰/永久	1314	125
百合	11朵玫瑰百合/陪伴	305	140
	5支香水百合/爱无时空	268	260
	9朵香水百合/携手一生	399	168
蝴蝶兰	5株红色蝴蝶兰/吉祥如意	688	309
	5株白色蝴蝶兰/爱的海洋	710	120
康乃馨	11枝康乃馨百合/祝福您	350	420
	12多康乃馨/深深的祝福	269	340

专家提示

本案例中只是简单介绍了图片的编辑操作，用户可根据需要进行设置，如调整图片的颜色、设置艺术效果或快速应用图片样式等。

5.2 知识讲解——使用艺术字与图形让文档更加生动

为了使文档内容更加丰富，可在其中插入艺术字、文本框或自选图形等对象进行点缀，接下来就讲解这些对象的插入及相应的编辑方法。

5.2.1 插入与编辑艺术字

艺术字是具有特殊效果的文字，用来输入和编辑带有彩色、阴影和发光等效果的文字，多用于广告宣传、文档标题，以达到强烈、醒目的外观效果。另外，插入艺术字后，功能区中会出现“绘图工具 / 格式”选项卡，通过该选项卡，可对艺术字设置形状样式、艺术字样式等格式。插入与编辑艺术字的具体操作步骤如下。

光盘同步文件

素材文件：光盘 \ 素材文件 \ 第 5 章 \ 感恩母亲节 .docx
结果文件：光盘 \ 结果文件 \ 第 5 章 \ 感恩母亲节 .docx
视频文件：光盘 \ 视频文件 \ 第 5 章 \5-2-1.mp4

Step01：打开光盘 \ 素材文件 \ 第 5 章 \ 感恩母亲节 .docx，❶ 将光标插入点定位到需要插入艺术字的位置；❷ 切换到“插入”选项卡；❸ 单击“文本”组中的“艺术字”按钮；❹ 在弹出的下拉菜单中选择需要的艺术字样式，如右图所示。

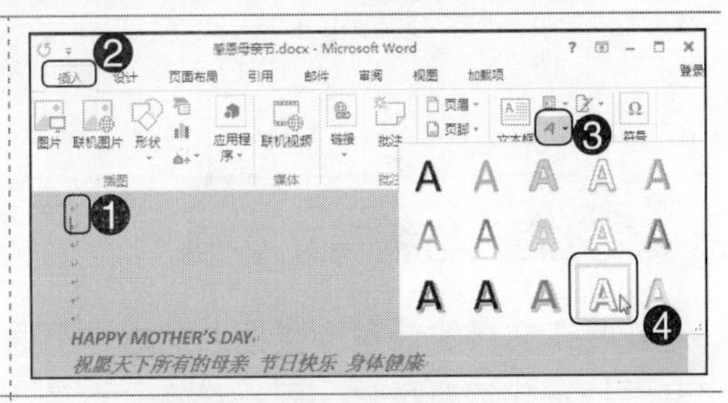

Step02：文档中将出现一个艺术字文本框，占位符“请在此放置您的文字”为选中状态，如下图所示。

Step03：❶ 直接输入艺术字内容并选中艺术字；❷ 切换到“开始”选项卡；❸ 将字体设置为“方正粗倩简体”；❹ 将字号设置为“初号”，如下图所示。

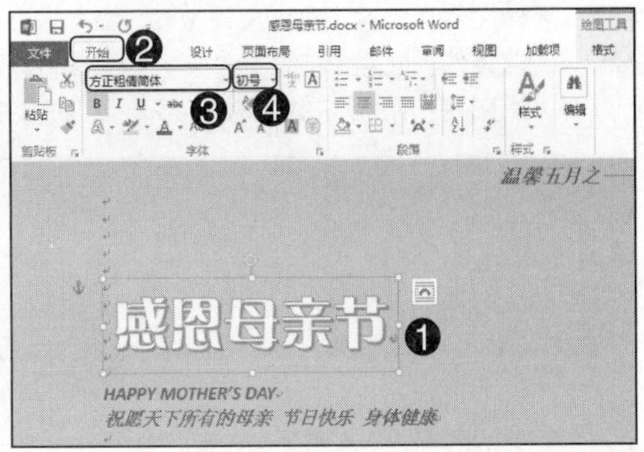

专家提示

选中文字后再执行插入艺术字操作步骤，可快速将它们转换为艺术字。

Step04：❶切换到“绘图工具/格式”选项卡；❷在“艺术字样式”组中单击“文本效果”按钮；❸在弹出的下拉列表中选择“阴影”选项；❹在弹出的级联列表中选择阴影样式，如下图所示。

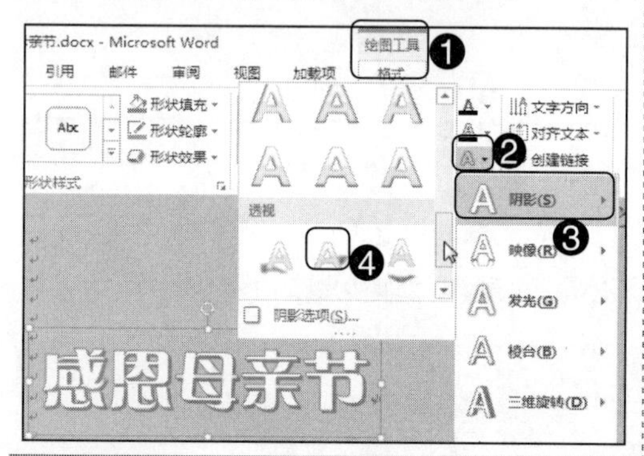

Step05：❶在“艺术字样式”组中单击“文本效果”按钮；❷在弹出的下拉列表中单击“转换”选项；❸在弹出的级联列表中选择转换样式，如下图所示。

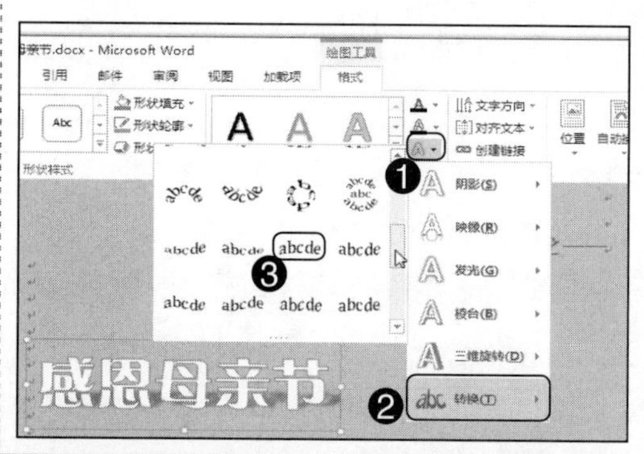

Step06：至此，完成了艺术字的插入与编辑，效果如右图所示。

5.2.2 插入与编辑文本框

若要在文档的任意位置插入文本，可通过文本框实现。另外，插入文本框后，要对其进行美化编辑操作，同样是在“绘图工具/格式”选项卡中实现。插入与编辑文本框的具体操作方法如下。

光盘同步文件

素材文件：光盘\素材文件\第5章\感恩母亲节1.docx
结果文件：光盘\结果文件\第5章\感恩母亲节1.docx
视频文件：光盘\视频文件\第5章\5-2-2.mp4

Step01：打开光盘\素材文件\第5章\感恩母亲节1.docx，❶切换到“插入”选项卡；❷单击“文本”组中的“文本框”按钮；❸在弹出的下拉列表中选择“绘制文本框”选项，如右图所示。

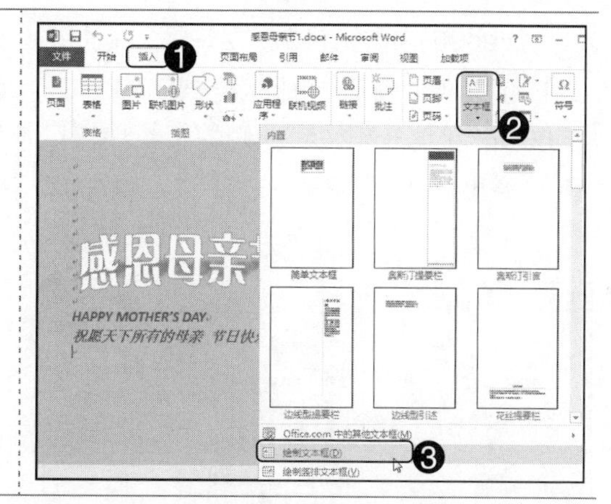

专家提示

单击“文本框”按钮后，在弹出的下拉列表中提供了许多内置文本框样式，用户可直接选择。此外，若单击“绘制竖排文本框”选项，可在文档中手动绘制竖排的文本框。

Step02：拖动鼠标绘制横向的文本框，如下图所示。

Step03：绘制好文本框后，在其中输入文字内容，如下图所示。

Step04：选中文本框内容，设置相应的文本和段落格式，设置后的效果如下图所示。

Step05：选中文本框，通过拖动鼠标的方式调整大小，并将其拖动到合适的位置，效果如下图所示。

Step06：❶ 切换到“绘图工具 / 格式”选项卡；❷ 在“形状样式”组中，单击“形状填充”按钮右侧的下拉按钮；❸ 在弹出的下拉列表中选择“无填充颜色”选项，如下图所示。

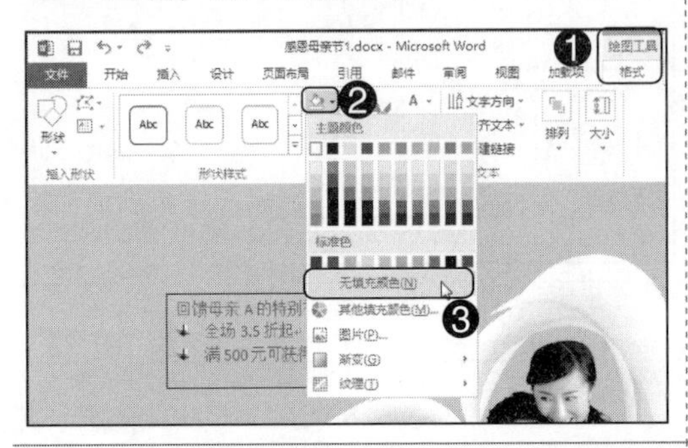

Step07：在“形状样式”组中，❶ 单击“形状轮廓”按钮右侧的下拉按钮；❷ 在弹出的下拉列表中单击“无轮廓”选项，如下图所示。

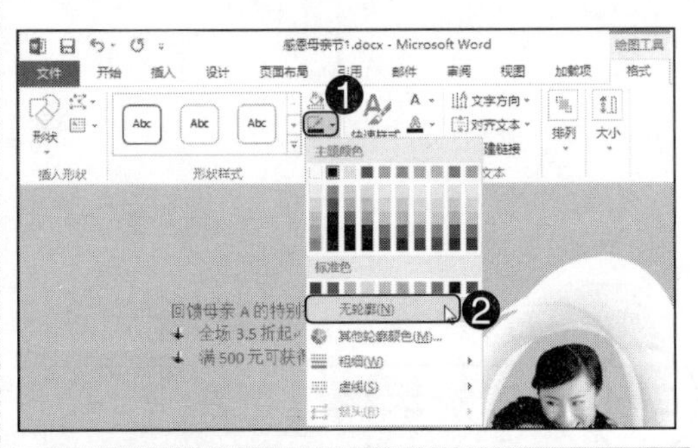

Step08: 至此，完成了文本框的插入与编辑，效果如右图所示。

5.2.3 插入与编辑自选图形

在编辑文档时，为了使文档更加美观，还可通过插入自选图形进行点缀。插入自选图形后，要对其进行美化编辑操作，同样是在“绘图工具 / 格式”选项卡中实现。插入与编辑自选图形的具体操作方法如下。

光盘同步文件

素材文件：光盘 \ 素材文件 \ 第 5 章 \ 感恩母亲节 2.docx
结果文件：光盘 \ 结果文件 \ 第 5 章 \ 感恩母亲节 2.docx
视频文件：光盘 \ 视频文件 \ 第 5 章 \5-2-3.mp4

Step01：打开光盘 \ 素材文件 \ 第 5 章 \ 感恩母亲节 2.docx，❶ 切换到“插入”选项卡；❷ 单击“插图”组中的“形状”按钮；❸ 在弹出的下拉列表中选择需要的绘图工具，如右图所示。

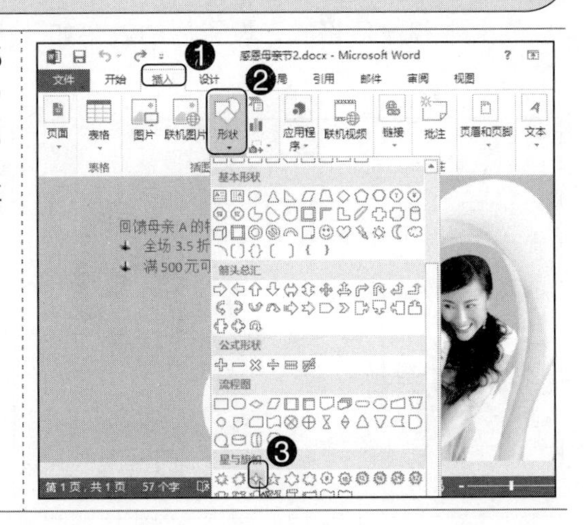

Step02：此时鼠标指针呈十字状+，在需要插入自选图形的位置按住鼠标左键不放，然后拖动鼠标进行绘制，当绘制到合适大小时释放鼠标，如下图所示。

Step03：❶选中图形；❷切换到“绘图工具／格式”选项卡；❸在“形状样式”组中，单击“形状填充”按钮右侧的下拉按钮；❹在弹出的下拉列表中选择需要的填充颜色，如下图所示。

Step04：在“形状样式”组中，❶单击“形状轮廓”按钮右侧的下拉按钮；❷在弹出的下拉列表中选择“无轮廓”选项，如下图所示。

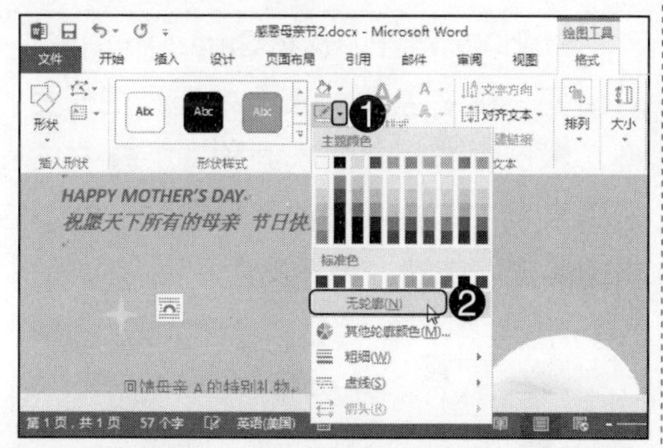

Step05：选中图形，将鼠标指针指向旋转控制符，指针会变成旋转似箭头，此时按下鼠标左键并进行拖动，可以旋转该图形，且鼠标指针呈，拖动到合适的角度后释放鼠标，如下图所示。

Step06：参照上述操作方法，继续绘制图形，并设置填充颜色、轮廓样式、旋转角度等参数，效果如右图所示。

专家提示

在使用自选图形时，选中某些自选图形（如本例中的“十字星”）后，会出现黄色控制点，对其拖动可改变图形外观。

5.3 知识讲解——插入与编辑 SmartArt 图形

SmartArt 图形主要用于表明单位、公司部门之间的关系，以及各种报告、分析之类的文件，并通过图形结构和文字说明有效地传达作者的观点和信息。

5.3.1 插入 SmartArt 图形

编辑文档时，如果需要通过图形结构来传达信息，便可通过插入 SmartArt 图形轻松解决问题，具体操作步骤如下。

光盘同步文件

素材文件：光盘 \ 素材文件 \ 第 5 章 \ 公司概况 .docx
结果文件：光盘 \ 结果文件 \ 第 5 章 \ 公司概况 .docx
视频文件：光盘 \ 视频文件 \ 第 5 章 \5-3-1.mp4

Step01：打开光盘 \ 素材文件 \ 第 5 章 \ 公司概况 .docx，❶ 将光标插入点定位到要插入 SmartArt 图形的位置；❷ 切换到“插入”选项卡；❸ 单击“插图”组中的“SmartArt”按钮，如下图所示。

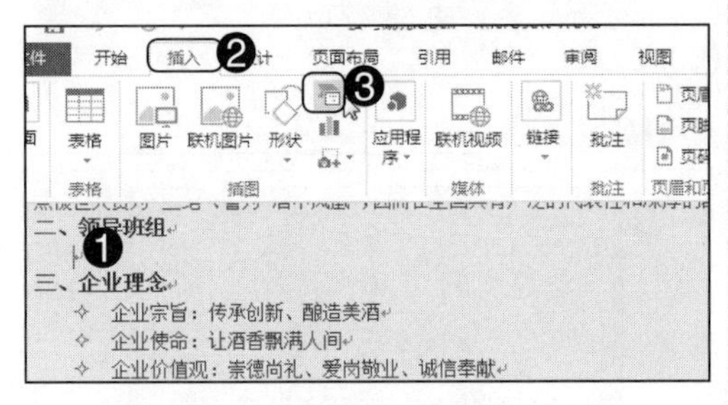

Step02：弹出“选择 SmartArt 图形”对话框，❶ 在左侧列表框中选择图形类型，本例中选择“层次结构”；❷ 在右侧列表框中选择具体的图形布局；❸ 单击“确定”按钮，如下图所示。

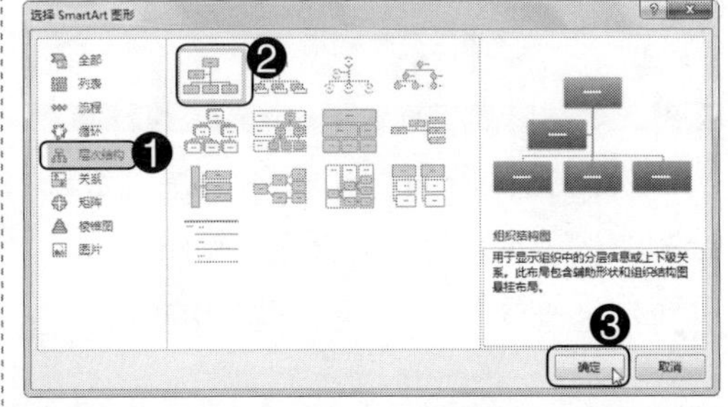

Step03：所选样式的 SmartArt 图形将插入文档中，选中图形，其四周会出现控制点，将鼠标指针指向这些控制点，当鼠标指针呈双向箭头时拖动鼠标可调整其大小，调整后的效果如右图所示。

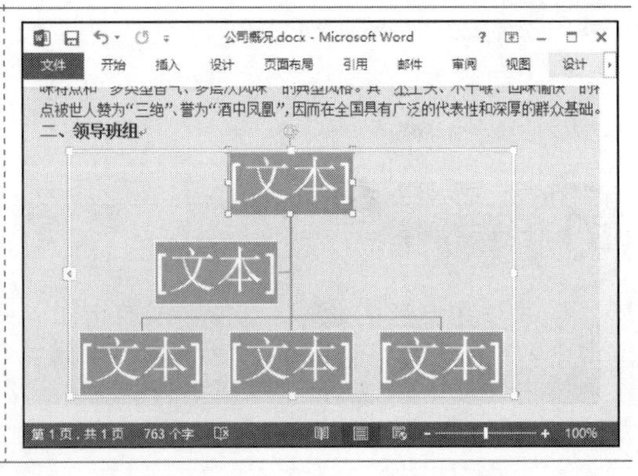

Step04：将光标插入点定位在某个形状内，“文本”字样的占位符将自动删除，此时可输入并编辑文本内容，完成后的效果如下图所示。

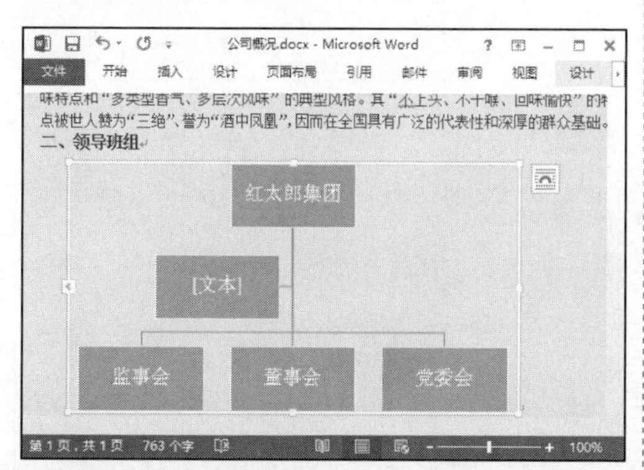

Step05：在本例中，“红太郎集团”下方的形状是不需要的，因此可将其选中，按“Delete”键进行删除，最终效果如下图所示。

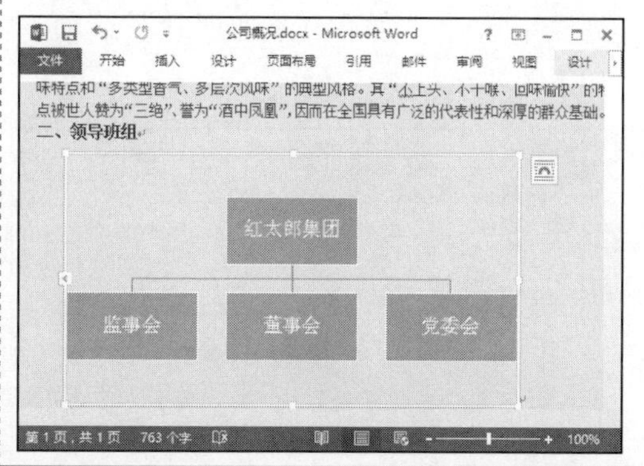

专家提示

选中 SmartArt 图形后，其左侧有一个三角按钮，对其单击，可在打开的“文本窗格”窗格中输入文本内容。

5.3.2 编辑 SmartArt 图形

插入 SmartArt 图形后，功能区中将显示“SmartArt 工具 / 设计”和“SmartArt 工具 / 格式”两个选项卡，通过这两个选项卡，可对 SmartArt 图形的布局、样式等进行编辑。其中，在“SmartArt 工具 / 设计”选项卡中，可在 SmartArt 图形中添加形状、调整形状的级别，以及更改 SmartArt 图形的布局、设置样式等；在“SmartArt 工具 / 格式”选项卡中，可对 SmartArt 图形或单个形状进行美化操作，以及对文本进行美化操作等。编辑 SmartArt 图形的具体操作步骤如下。

光盘同步文件

素材文件：光盘 \ 素材文件 \ 第 5 章 \ 公司概况 1.docx
结果文件：光盘 \ 结果文件 \ 第 5 章 \ 公司概况 1.docx
视频文件：光盘 \ 视频文件 \ 第 5 章 \5-3-2.mp4

Step01：打开光盘 \ 素材文件 \ 第 5 章 \ 公司概况 1.docx，❶ 选中 SmartArt 图形；❷ 切换到“SmartArt 工具 / 设计”选项卡；❸ 在“布局”组的列表框中重新选择需要的布局样式，如右图所示。

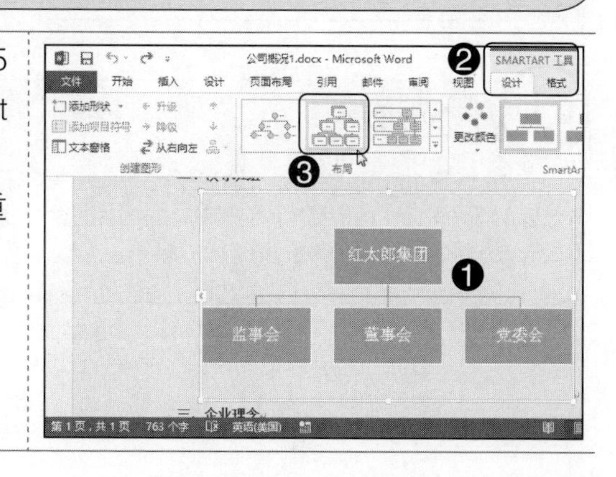

Step02：❶ 选中“监事会”形状；❷ 切换到“SmartArt 工具 / 设计”选项卡；❸ 在“创建图形”组中单击“添加形状”按钮右侧的下拉按钮；❹ 在弹出的下拉列表中选择“在下方添加形状”选项，如下图所示。

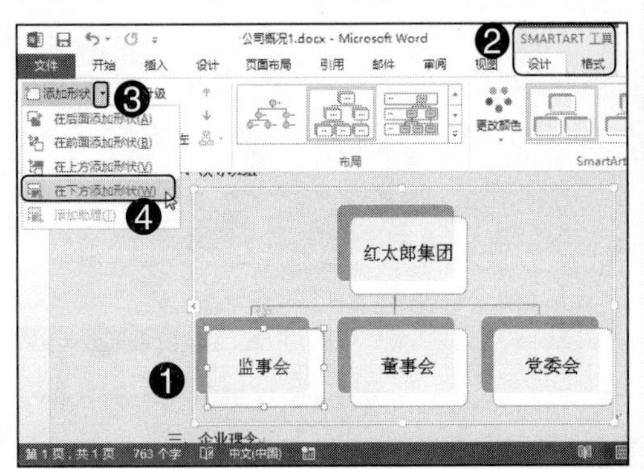

Step03：“监事会”下方将新增一个形状，将其选中，直接输入相应的文本内容，如下图所示。

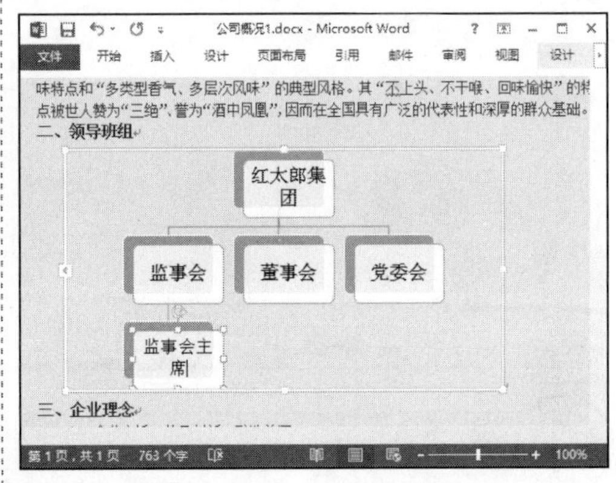

Step04：按照同样的方法，依次在其他相应位置添加形状并输入内容。完善 SmartArt 图形的内容后，根据实际需要调整 SmartArt 图形的大小，调整各个形状的大小及设置文本内容的字号，效果如下图所示。

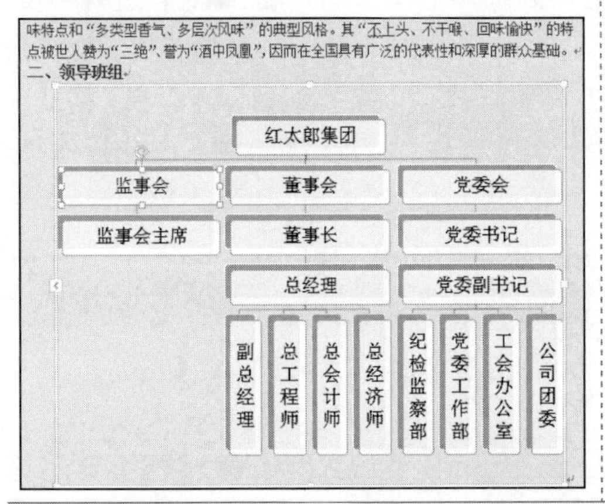

Step05：❶ 选中 SmartArt 图形；❷ 在“SmartArt 样式”组的列表框中选择需要的 SmartArt 样式，如下图所示。

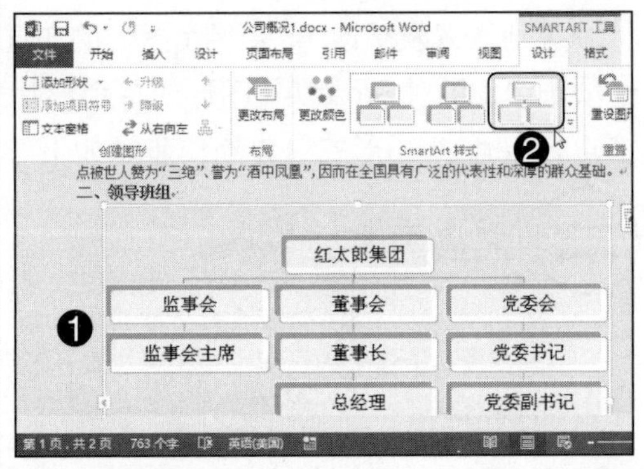

专家提示

编辑 SmartArt 图形时，选中整个 SmartArt 图形，单击“创建图形”组中的“从右向左”按钮，可以对 SmartArt 图形进行左右方向的切换；选中某单个的形状后，在“创建图形”组中单击“升级”或“降级”，可调整该形状的级别。

Step06：保持 SmartArt 图形的选中状态，❶在“SmartArt 样式”组中单击“更改颜色”按钮；❷在弹出的下拉列表中选择需要的图形颜色，如下图所示。

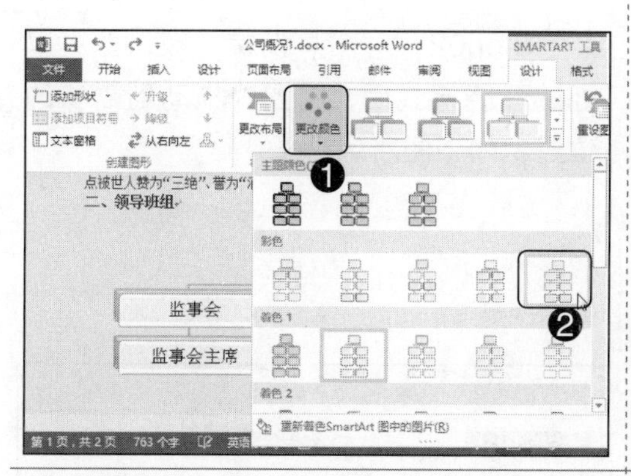

Step07：保持 SmartArt 图形的选中状态，❶切换到“SmartArt 工具 / 格式”选项卡；❷在“艺术字样式”组中，单击“文本填充”按钮右侧的下拉按钮；❸在弹出的下拉列表中选择需要的文本颜色，如下图所示。

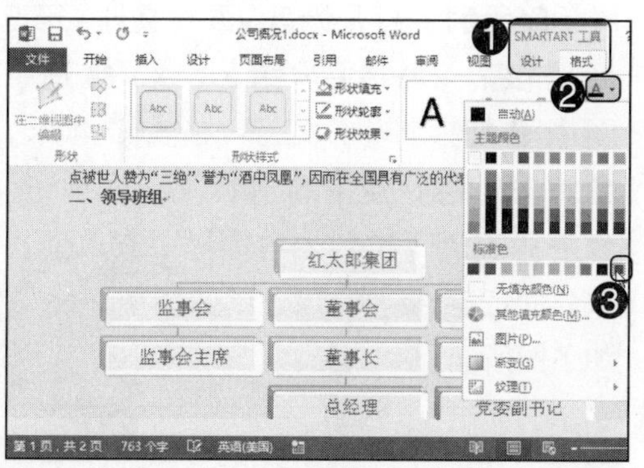

Step08：至此，本例中完成了 SmartArt 图形的编辑操作，最终效果如右图所示。

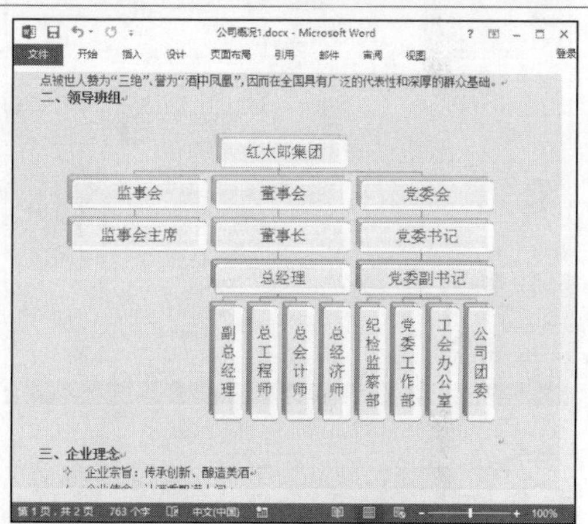

技高一筹——实用操作技巧

通过前面知识的学习，相信读者朋友已经掌握了图文混排的相关基础知识。下面结合本章内容，给大家介绍一些实用技巧。

光盘同步文件

素材文件：光盘 \ 素材文件 \ 第 5 章 \ 技高一筹
结果文件：光盘 \ 结果文件 \ 第 5 章 \ 技高一筹
视频文件：光盘 \ 视频文件 \ 第 5 章 \ 技高一筹 .mp4

技巧 01 如何将多个对象组合为一个整体

Word 提供叠放次序与组合两个功能，通过这两个功能，可对图片、文本框、艺术字等对象进行自由组合，以便达到自己需要的效果。将多个对象组合在一起后会形成一个新的操作对象，对其进行移动、调整大小等操作时，不会改变各对象的相对位置、大小等。组合对象的具体操作方法如下。

Step01：打开光盘\素材文件\第 5 章\技高一筹\产品介绍 .docx，❶ 选中图片；❷ 切换到“图片工具/格式”选项卡，❸ 单击“排列”组中的“自动换行”按钮；❹ 在弹出的下拉列表中选择“嵌入型”以外的任意环绕方式，如“四周型环绕”，如下图所示。

Step02：对图片设置“嵌入型”以外的环绕方式后，将图片拖动到需要的位置，如下图所示。

专家提示

在 Word 2013 中，选中某个对象后，其右侧会出现一个“布局选项”按钮，单击该按钮，可在打开的“布局选项”窗格中对当前所选对象设置环绕方式。默认情况下，Word 中插入的自选图形、艺术字和文本框都是“嵌入型”以外的环绕方式，所以可直接进行拖动、设置叠放次序及组合等操作。

Step03：将其他要进行组合的对象拖动到合适的位置，如右图所示。

专家提示

将对象的位置调整好后，为了更加美观，有时还需要调整对象的叠放次序，如本例中的自选图形，需要放置在最底层，操作见第 4 步。

Step04：❶ 选中自选图形；❷ 切换到“绘图工具 / 格式”选项卡；❸ 在“排列”组中，单击“下移一层”按钮右侧的下拉按钮；❹ 在弹出的下拉列表中单击“置于底层”按钮，使自选图形放置在所有对象的最底层，如下图所示。

Step05：按住“Ctrl”键不放，依次单击需要组合的对象，右击任意一个对象，❶ 在弹出的快捷菜单中选择“组合”命令；❷ 在弹出的子菜单中选择“组合”命令，如下图所示。

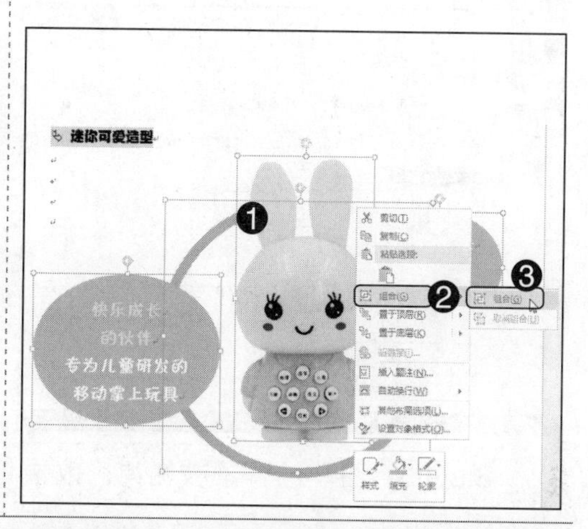

知识拓展　一次性选择多个对象

对多个图形对象进行组合时，通常是配合“Ctrl”键进行逐一选择，但是当要选择的对象太多时，该方法就显得有些烦琐，此时可通过 Word 提供的选择功能进行快速选择，方法为：切换到“开始”选项卡，单击“编辑”组中的“选择”按钮，在弹出的下拉列表中选择“选择对象”选项，此时鼠标呈↖状，按住鼠标左键并拖动，即可出现一个虚线矩形，拖动到合适位置后释放鼠标，矩形范围内的图形对象将被选中。

Step06：此时，所选对象将组合为一个整体，最终效果如右图所示。

知识拓展　解除组合对象

将多个对象组合成一个整体后，如果需要解除组合，可右击组合后的对象，在弹出的快捷菜单中依次单击“组合”→“取消组合”命令即可。

技巧 02　如何删除图片背景

在编辑图片时，还可通过 Word 提供的“删除背景”功能删除图片背景，具体操作方法如下。

Step01：打开光盘\素材文件\第 5 章\技高一筹\产品介绍 1.docx，❶ 选中图片；❷ 切换到“图片工具 / 格式”选项卡；❸ 单击“调整”组中的“删除背景”按钮，如下图所示。

Step02：图片将处于删除背景编辑状态，通过图片上的编辑框调整图片要保留的区域，确保需要保留部分全部包含在保留区域内，单击“保留更改”按钮，如下图所示。

Step03：图片的背景被删掉，效果如右图所示。

专家提示

Word 毕竟不是专业的图形图像处理软件，对于一些背景非常复杂的图片，建议用户使用专业的图形图像软件进行处理。

技巧 03 快速将编辑过的图片恢复至原始状态

对图片设置大小、图片样式、图片颜色或图片效果等格式后，若需要将其还原为原始状态，可通过 Word 提供的“重设图片”功能进行重置，具体操作方法为：打开光盘\素材文件\第 5 章\技高一筹\产品介绍 2.docx，选中图片，切换到“图片工具 / 格式”选项卡，在“调整”组中单击“重设图片”按钮右侧的下拉按钮，在弹出的下拉列表中进行选择即可，如“重设图片”。

专家提示

在下拉列表中，若选择“重设图片”选项，将保留设置的大小，清除其余的全部格式；若选择“重设图片和大小”选项，将清除对图片设置的所有格式，即还原为设置前的大小和状态。

技巧 04 连续使用同一绘图工具

在绘制自选图形时，若要再次使用同一绘图工具，则需要再次进行选择。例如，完成十字星的绘制后，如果要再次绘制十字星，需再次选择“十字星”绘图工具。此时，为了提高工作效率，可锁定到某一绘图工具，以便连续多次使用。

锁定绘图工具的操作方法为：在要插入自选图形的文档中，切换到“插入”选项卡，单击“插图”组中的“形状”按钮，在弹出的下拉列表中，右击某一绘图工具，如“十字星”，在弹出的快捷菜单中选择“锁定绘图模式”命令即可。通过这样的操作后，可连续使用“十字星”绘图工具绘制十字星。当需要退出绘图模式时，按“Esc”键退出即可。

技巧 05 巧妙使用“Shift”键画图形

在绘制图形的过程中，配合“Shift”键可绘制出特殊图形。例如要绘制一个圆形，先选择“椭圆”绘图工具，然后按住“Shift”键不放，通过拖动鼠标进行绘制即可。用同样的方法，还可以绘制出其他特殊的图形。例如，绘制“矩形”图形时，同时按住“Shift”键不放，可绘制出一个正方形；绘制“平行四边形”图形时，同时按住“Shift”键不放，可绘制出一个菱形。

专家提示

在绘制某个图形时，若按住“Ctrl”键不放进行绘制，则可以绘制一个以光标起点为中心点的图形；在绘制圆形、正方形或菱形等特殊图形时，若按住“Shift”和“Ctrl”键不放进行绘制，则可以绘制一个以光标起点为中心点的特殊图形。

技能训练 1——制作企业内部刊物

训练介绍

为了促进公司的信息交流，经常需要制作企业内部刊物。本实例主要讲解企业内部刊物的制作过程，结合实际情况，采用图文混排的方式，制作出美观、大方，具有视觉吸引力的刊物。

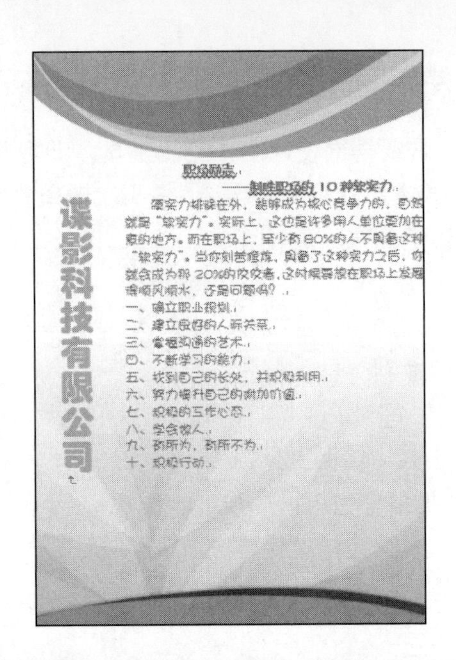

谋影科技有限公司

职场励志

——制胜职场的10种软实力

硬实力排除在外，能够成为核心竞争力的，自然就是“软实力”。实际上，这也是许多用人单位更加在意的地方。而在职场上，至少有80%的人不具备这种“软实力”。当你刻苦修炼，具备了这种实力之后，你就会成为那20%的佼佼者，这时候要想在职场上发展得顺风顺水，还是问题吗？

一、确立职业规划。
二、建立良好的人际关系。
三、掌握沟通的艺术。
四、不断学习的能力。
五、找到自己的长处，并积极利用。
六、努力提升自己的附加价值。
七、积极的工作心态。
八、学会做人。
九、有所为，有所不为。
十、积极行动。

光盘同步文件

素材文件：光盘\素材文件\第5章\企业内部刊物.docx、内刊图片1.jpg、内刊图片2.jpg
结果文件：光盘\结果文件\第5章\企业内部刊物.docx
视频文件：光盘\视频文件\第5章\技能训练1.mp4

操作提示

制作关键	技能与知识要点
本实例首先插入图片，并对图片设置环绕方式，然后插入竖排的文本框，并对文本框设置填充和边框格式，完成企业内部刊物的制作。	● 插入电脑中的图片 ● 设置图片格式 ● 插入与编辑文本框

操作步骤

本实例的具体制作步骤如下。

Step01：打开光盘\素材文件\第5章\企业内部刊物.docx，❶将光标插入点定位到需要插入图片的位置；❷切换到“插入”选项卡；❸单击“插图”组中的“图片”按钮，如右图所示。

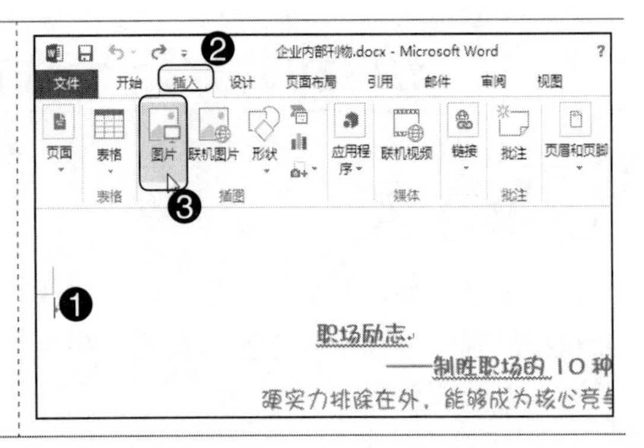

Step02：弹出“插入图片”对话框，❶ 选择需要插入的图片；❷ 单击“插入”按钮，如下图所示。

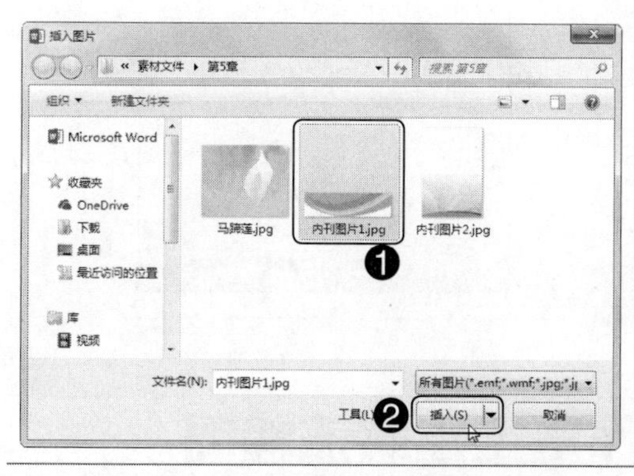

Step03：参照上述操作方法，将素材文件“内刊图片 2.jpg”插入到文档中，❶ 选中当前插入的图片；❷ 切换到“图片工具 / 格式”选项卡；❸ 单击“排列”组中的“自动换行”按钮；❹ 在弹出的下拉列表中选择“衬于文字下方”选项，如下图所示。

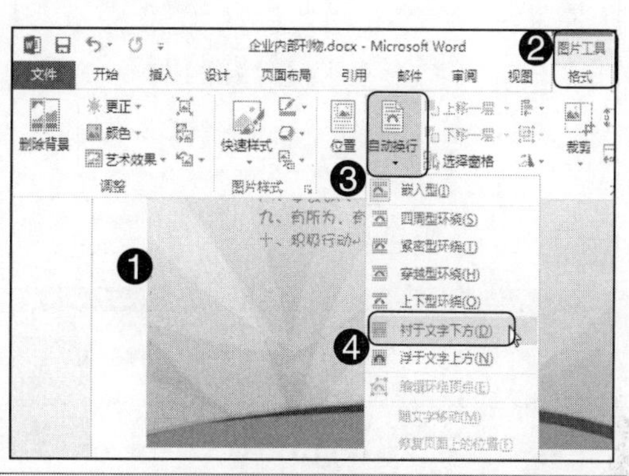

Step04：❶ 切换到“插入”选项卡；❷ 单击“文本”组中的“文本框”按钮；❸ 在弹出的下拉列表中选择“绘制竖排文本框”选项，如下图所示。

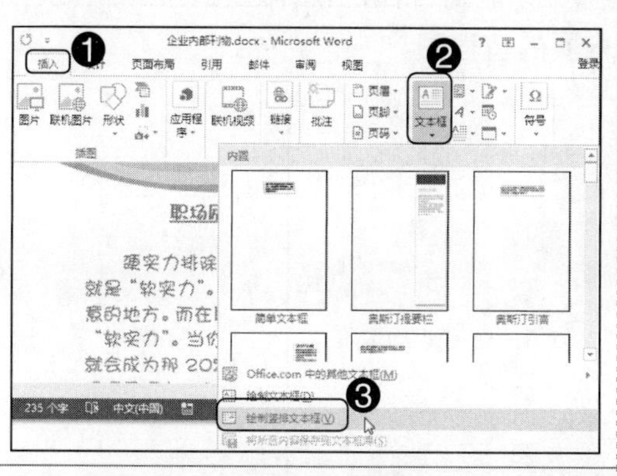

Step05：拖动鼠标绘制文本框，并调整好大小、位置，然后在文本框中输入文本内容，并将字体格式设置为“方正琥珀简体、初号、绿色”，如下图所示。

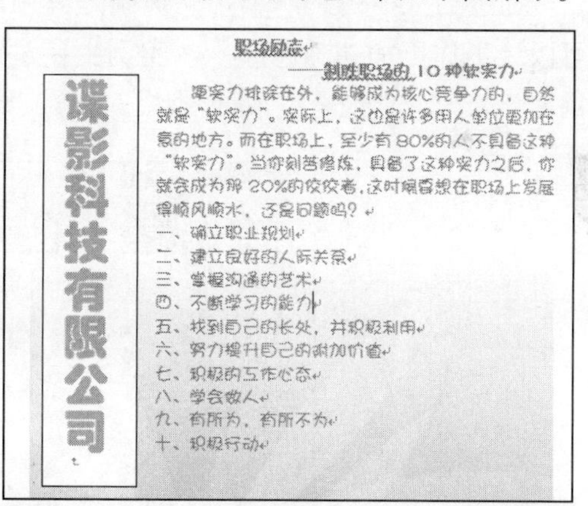

Step06：❶ 选中文本框；❷ 切换到“绘图工具 / 格式”选项卡；❸ 在“形状样式”组中，单击“形状填充”按钮右侧的下拉按钮；❹ 在弹出的下拉列表中选择“无填充颜色”选项，如右图所示。

Step07：在“形状样式”组中，❶ 单击“形状轮廓”按钮右侧的下拉按钮；❷ 在弹出的下拉列表中选择“无轮廓”选项，如下图所示。

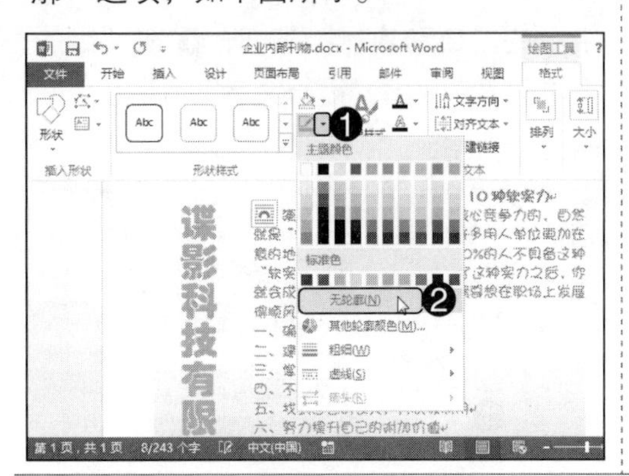

Step08：至此，完成了企业内部刊物的制作，效果如下图所示。

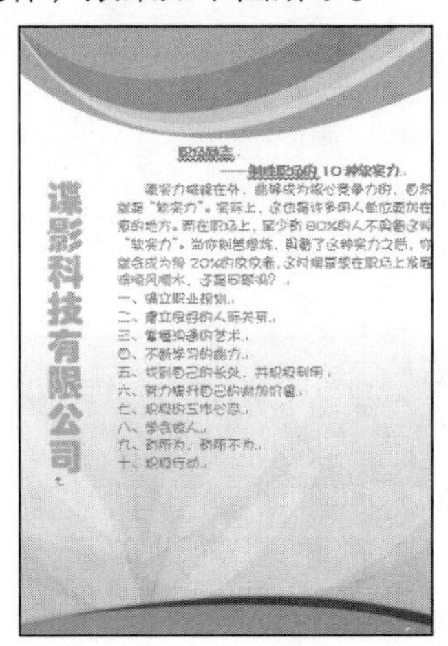

技能训练 2——制作员工招聘流程图

训练介绍

在进行人事管理时，招聘员工是其中的工作之一，如果有一个固定的招聘流程，可以让工作更加井然有序。本实例主要讲解员工招聘流程图的制作过程，用户可以根据实际情况设定内容，以便制作出符合实际需要的流程图。

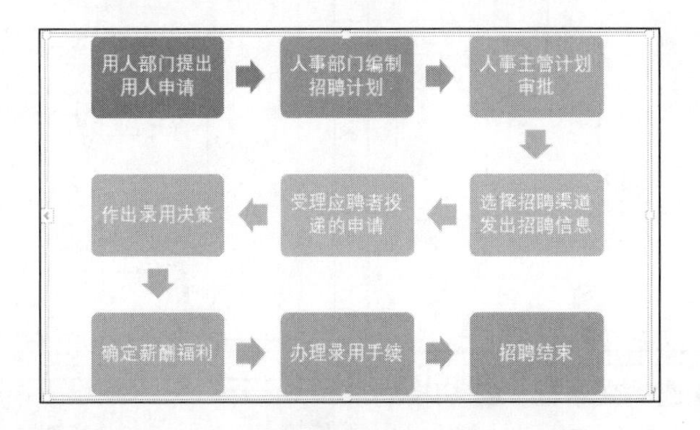

光盘同步文件

素材文件：光盘\素材文件\无

结果文件：光盘\结果文件\第 5 章\员工招聘流程图 .docx

视频文件：光盘\视频文件\第 5 章\技能训练 2.mp4

操作提示

制作关键	技能与知识要点
本实例制作员工招聘流程图，先插入一个流程类型的SmartArt图形，再输入内容，最后美化SmartArt图形，完成员工招聘流程图的制作。	● 插入SmartArt图形 ● 编辑SmartArt图形

操作步骤

本实例的具体制作步骤如下。

Step01：新建一个名为“员工招聘流程图.docx”的文档，❶将光标插入点定位到要插入SmartArt图形的位置；❷切换到“插入”选项卡；❸单击“插图”组中的“SmartArt”按钮，如下图所示。

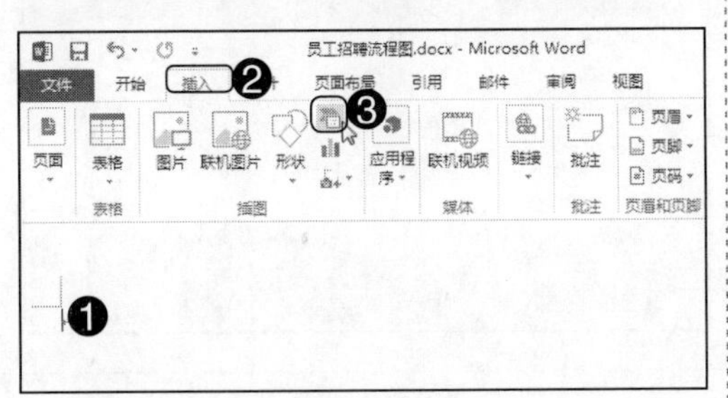

Step02：弹出“选择SmartArt图形”对话框，❶在左侧列表框中选择“流程”选项；❷在右侧列表框中选择具体的图形布局；❸单击“确定”按钮，如下图所示。

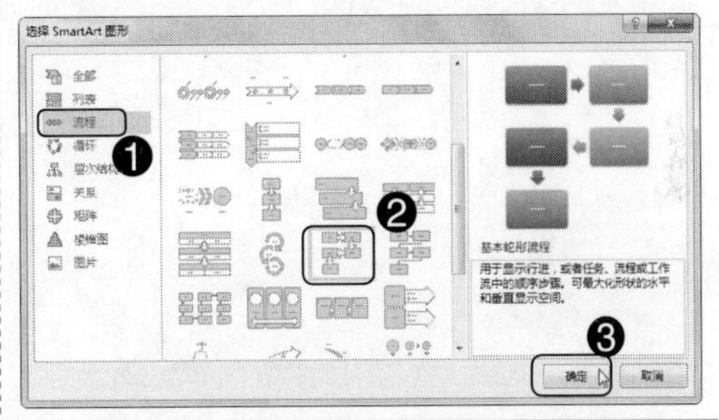

Step03：所选样式的SmartArt图形将插入到文档中，直接在形状中输入内容，如下图所示。

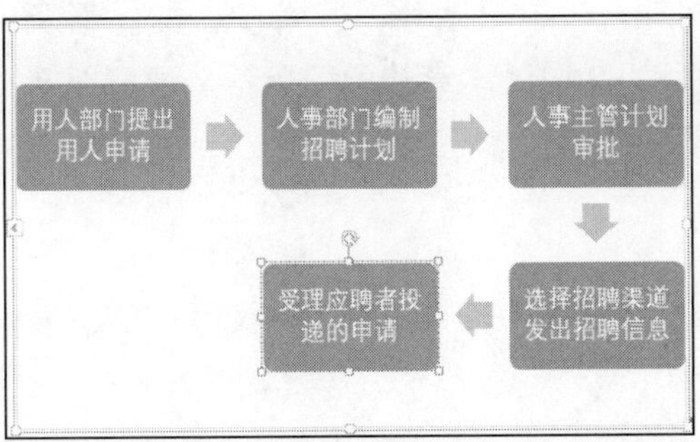

Step04：❶选中最末的形状；❷切换到“SmartArt工具/设计”选项卡；❸在“创建图形”组中单击“添加形状”按钮右侧的下拉按钮；❹在弹出的下拉列表中选择“在后面添加形状”选项，如下图所示。

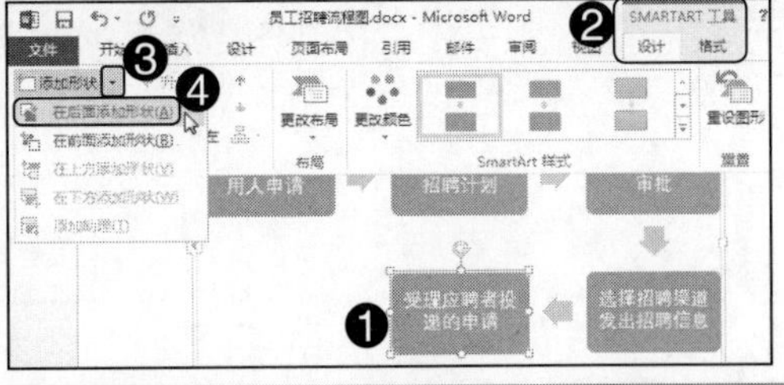

Step05：在新增的形状中直接输入内容，如右图所示。

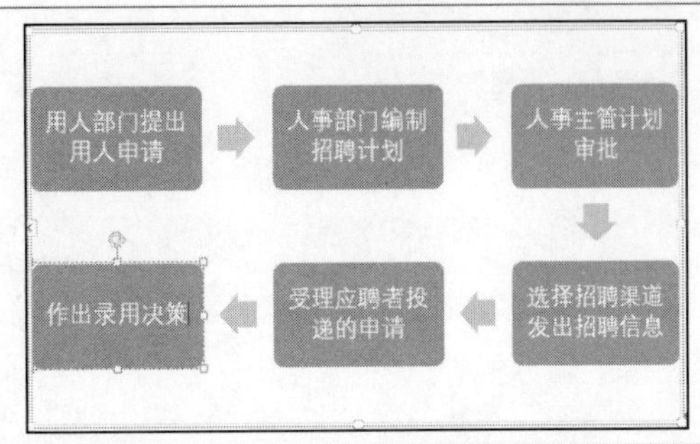

Step06：用同样的方法，依次在后面添加形状，并在其中输入内容，如下图所示。

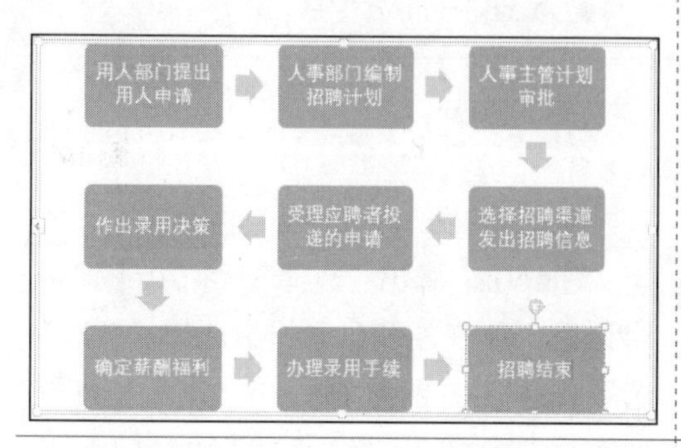

Step07：❶ 选中 SmartArt 图形；❷ 在“SmartArt 样式”组中单击“更改颜色”按钮；❸ 在弹出的下拉列表中选择需要的图形颜色，如下图所示。

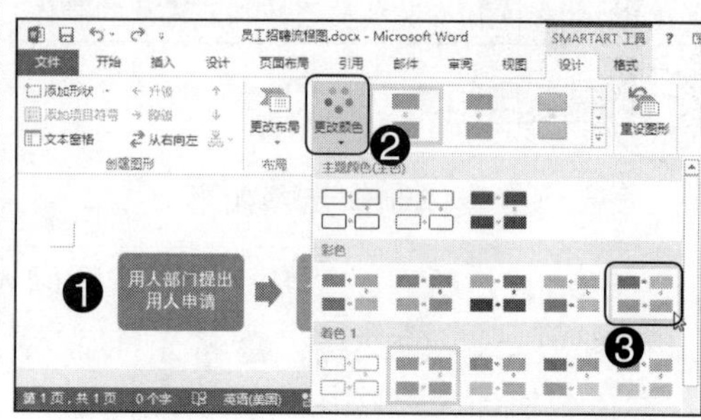

Step08：至此，完成员工招聘流程图的制作，效果如右图所示。

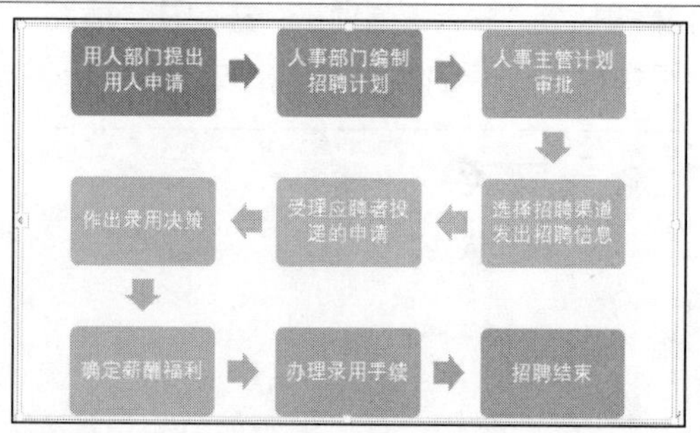

本章小结

本章主要讲解了如何在 Word 文档中插入与编辑图片、艺术字、文本框及 SmartArt 图形等对象，以达到图文混排的目的。通过本章的学习，希望读者能够融会贯通，举一反三，制作出漂亮的文档。

Chapter 06 Word 文档的高级排版功能应用

本章导读

通过前面章节的学习，相信读者已经能够制作出简单而不失美观的文档。如果希望能制作出格式更加复杂，版面更加美观的文档，那么本章的精彩内容不容错过。接下来本章将讲解样式的使用、设置分页与分节、以及设置页眉、页脚等相关操作。

学完本章后应该掌握的技能

- 样式的使用
- 设置分页与分节
- 设置页眉和页脚
- 脚注和尾注的应用
- 目录与封面的设置

本章相关实例效果展示

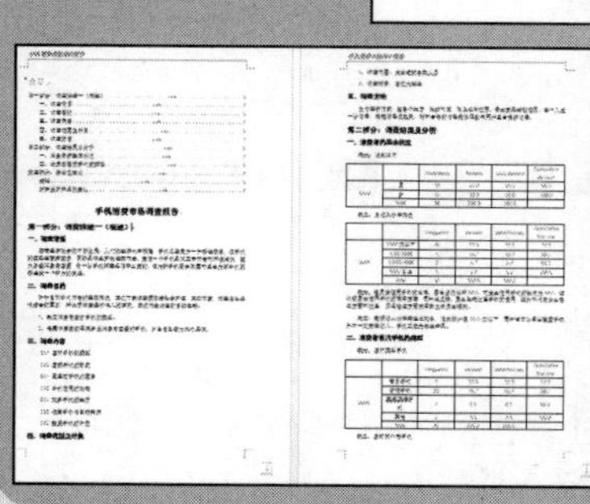

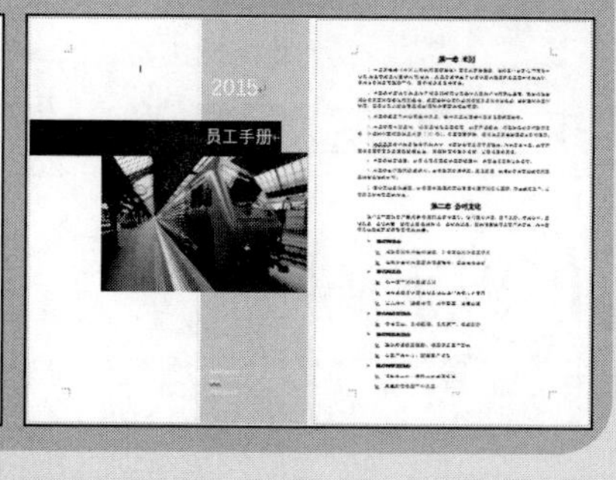

6.1 知识讲解——样式的使用

在编辑长文档或者要求具有统一格式风格的文档时，通常需要对多个段落设置相同的文本格式，若逐一设置或者通过格式刷复制格式，都会显得非常烦琐，此时可通过样式进行排版，以减少工作量，从而提高工作效率。

6.1.1 应用样式

通俗地讲，样式是一组格式化命令，集合了字体、段落等相关格式。运用样式可快速为文本对象设置统一的格式，从而提高文档的排版效率。Word 提供有许多内置的样式，用户可直接使用内置样式来排版文档，具体操作方法如下。

光盘同步文件

素材文件：光盘 \ 素材文件 \ 第 6 章 \2015 年三季度工作总结 .docx
结果文件：光盘 \ 结果文件 \ 第 6 章 \2015 年三季度工作总结 .docx
视频文件：光盘 \ 视频文件 \ 第 6 章 \6-1-1.mp4

Step01：打开光盘 \ 素材文件 \ 第 6 章 \2015 年三季度工作总结 .docx，❶ 选中要应用样式的段落（可以是多个段落）；❷ 在“开始”选项卡的“样式”组中，单击“功能扩展”按钮；❸ 在打开的“样式”窗格中选择需要的样式，如下图所示。

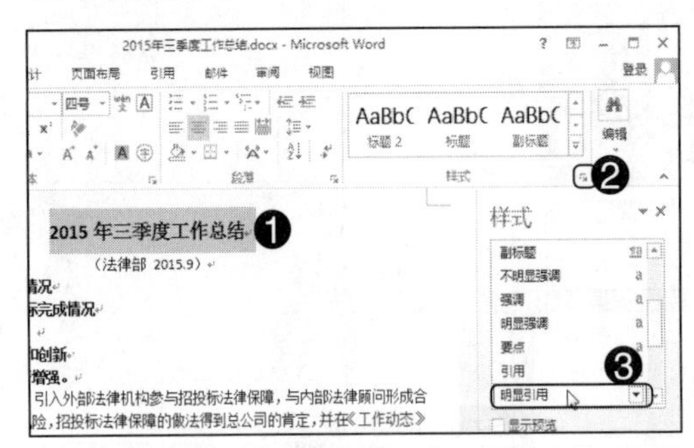

Step02：此时，该样式即可应用到所选段落中，效果如下图所示。

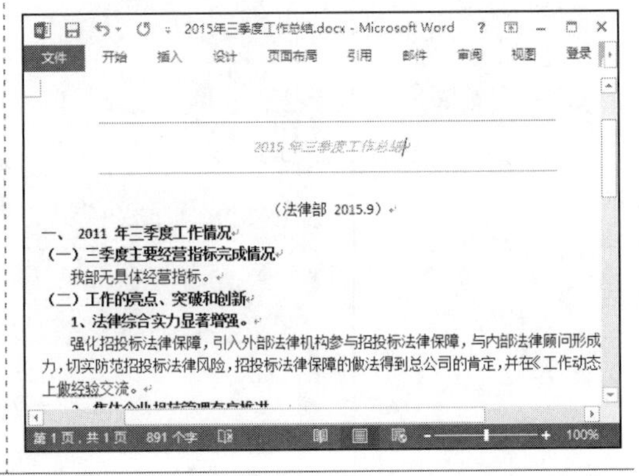

专家提示

除了“样式”窗格外，还可通过功能区应用内置样式，具体操作方法为：选中要应用样式的段落，在“样式”组中的列表框中进行选择即可。

6.1.2 新建样式

除了使用内置样式排版文档外，还可以自己创建和设计样式，以便制作出独特风格的 Word 文档。创建样式的具体操作方法如下。

光盘同步文件

素材文件：光盘 \ 素材文件 \ 第 6 章 \2015 年三季度工作总结 .docx
结果文件：光盘 \ 结果文件 \ 第 6 章 \2015 年三季度工作总结 1.docx
视频文件：光盘 \ 视频文件 \ 第 6 章 \6-1-2.mp4

Step01：打开光盘 \ 素材文件 \ 第 6 章 \2015 年三季度工作总结 .docx，并打开“样式”窗格，❶ 将光标插入点定位到需要应用样式的段落中；❷ 单击“新建样式”按钮，如下图所示。

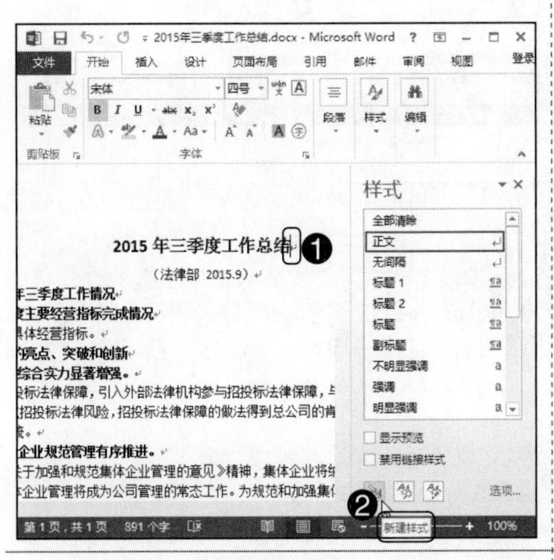

Step02：弹出“根据格式设置创建新样式”对话框，❶ 在“属性”栏中设置样式的名称、样式类型等参数；❷ 单击“格式”按钮；❸ 在弹出的菜单中选择“字体”命令，如下图所示。

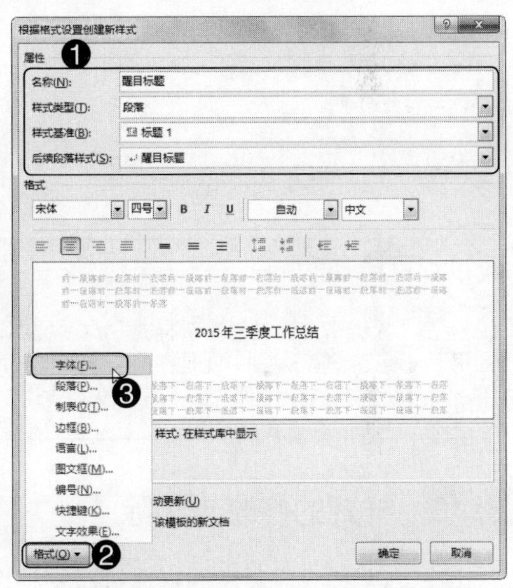

Step03：❶ 在弹出的“字体”对话框中设置字体格式参数；❷ 单击“确定”按钮，如右图所示。

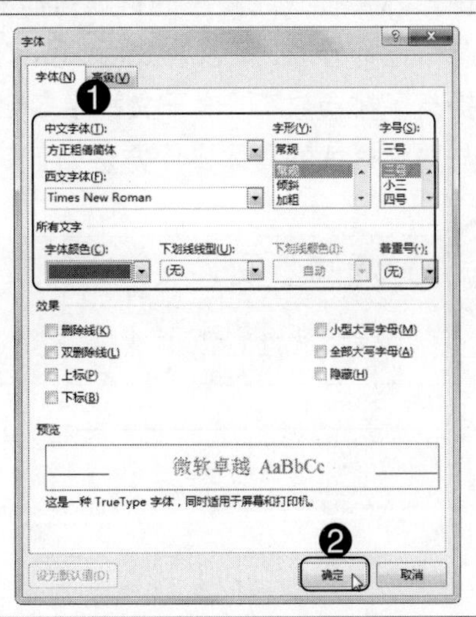

Step04：返回“根据格式设置创建新样式”对话框，通过“格式”按钮中的菜单命令设置需要的段落格式、边框和底纹格式，完成设置后单击“确定”按钮，如下图所示。

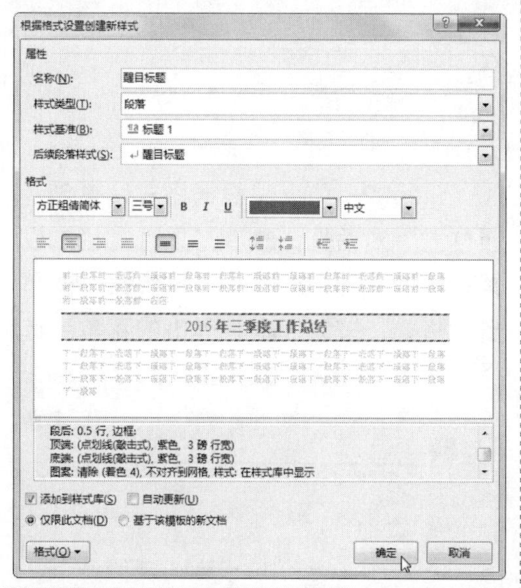

Step05：返回“根据格式设置创建新样式”对话框，单击“确定”按钮，在返回的文档中将看见当前段落应用了新建的样式，效果如下图所示。

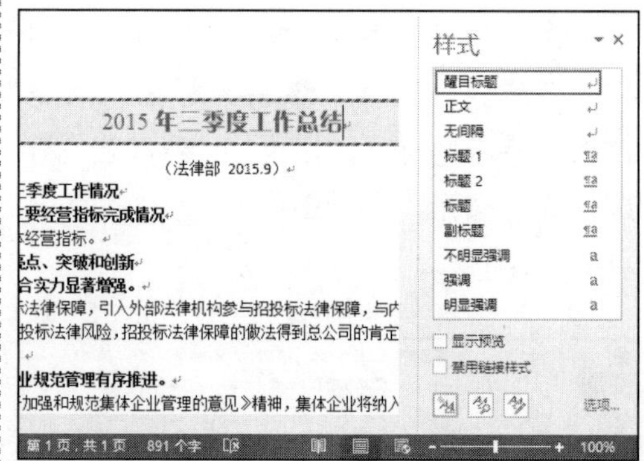

专家提示

在“根据格式设置创建新样式”对话框中，“后续段落样式”下拉列表框中所选的样式将应用下一段落，通俗地讲，就是在当前新建样式所应用的段落中按下“Enter”键换到下一段落后，下一段落所应用的样式便是在“后续段落样式”下拉列表中选择的样式。

6.1.3 样式的修改与删除

通过内置样式或新建的样式排版文档后，若对某些格式不满意，可直接对样式的格式参数进行修改，修改样式后，所有应用了该样式的文本都会发生相应的格式变化，从而提高了排版效率。对于文档中多余的样式，可以将其删除，以便更好地应用样式。修改与删除样式的具体操作方法如下。

光盘同步文件

视频文件：光盘 \ 视频文件 \ 第 6 章 \6-1-3.mp4

Step01：在“样式”窗格中，❶将鼠标指针指向需要修改的样式，单击右侧出现的下拉按钮；❷在弹出的下拉菜单中选择“修改”命令，如下图所示。

Step02：弹出“修改样式”对话框，参照新建样式的方法，对相关格式的参数进行重新设置，完成设置后单击“确定”按钮即可，如下图所示。

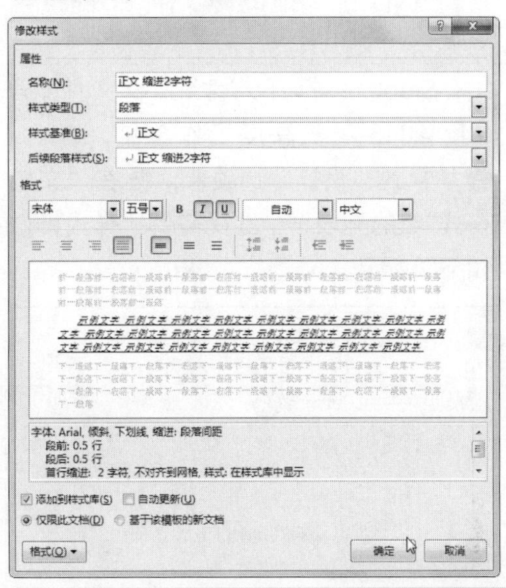

专家提示

在“样式”窗格中，若单击“选项”链接，则可在弹出的“样式窗格选项”对话框中设置样式的显示方式及排序方式等参数。

Step03：在“样式”窗格中，❶将鼠标指针指向需要删除的样式，单击右侧出现的下拉按钮；❷在弹出的下拉菜单中选择“删除……”命令，如下图所示。

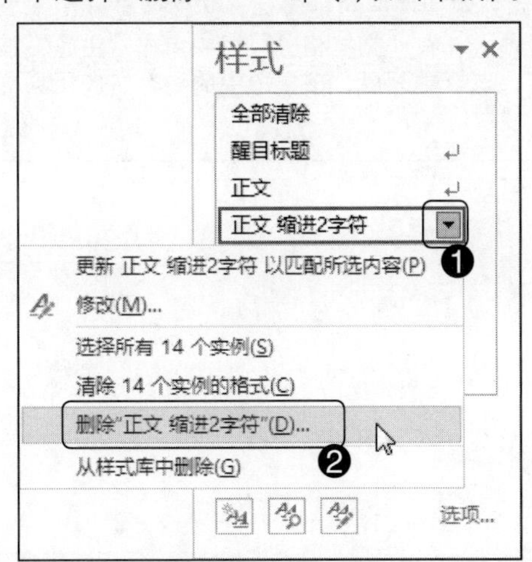

Step04：弹出提示框询问是否要删除，单击“是”按钮即可，如下图所示。

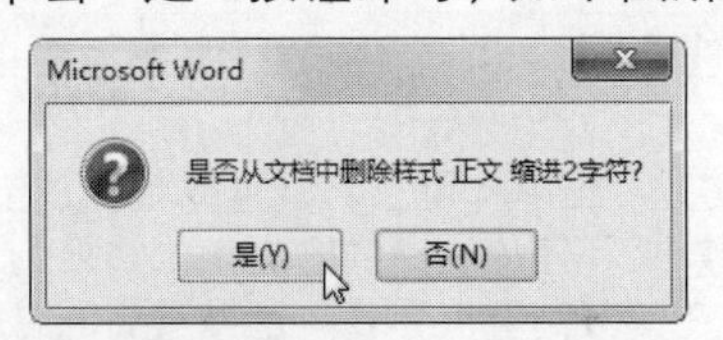

专家提示

删除样式时，并不是所有的样式都可以被删除掉，对于带有¶a或a符号的内置样式，是无法删除的。此外，在新建样式时，若样式基准选择的是带有¶a或a符号的内置样式，则删除方法略有不同。例如，在6.1.2节中新建的“项目标题”样式，样式基准选择的是“¶a 标题 1”，所有执行删除操作时，需要在下拉菜单中选择“还原为标题 1”命令。

6.1.4 使用样式集

Word 2013提供了多套样式集，每套样式集都设计了成套的样式，分别用于设置文档标题、副标题等文本的格式。在排版文档的过程中，可以先选择需要的样式集，再使用内置样式排版文档，具体操作方法如下。

光盘同步文件

素材文件：光盘 \ 素材文件 \ 第 6 章 \2015 年三季度工作总结 .docx
结果文件：光盘 \ 结果文件 \ 第 6 章 \2015 年三季度工作总结 2.docx
视频文件：光盘 \ 视频文件 \ 第 6 章 \6-1-4.mp4

Step01：打开光盘 \ 素材文件 \ 第 6 章 \2015 年三季度工作总结 .docx，❶ 切换到“设计”选项卡；❷ 在“文档格式”组的列表框中选择需要的样式集，如下图所示。

Step02：❶ 选中需要应用样式的段落；❷ 切换到“开始”选项卡；❸ 在“样式”组的列表框中选择需要的样式即可，如下图所示。

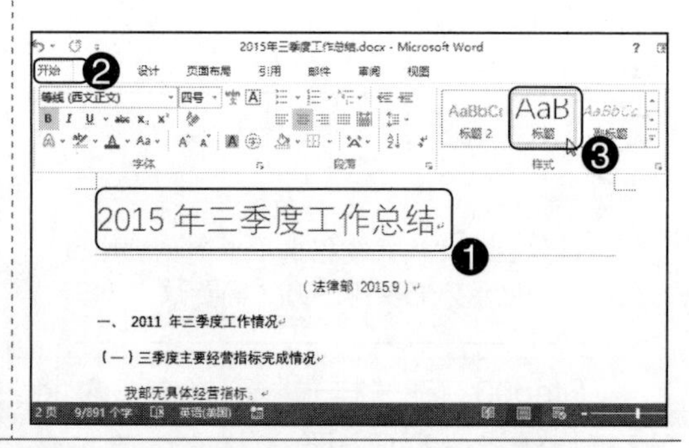

知识拓展　主题的运用

在文档中使用主题，可以快速改变文档的整体外观，主要包括字体、字体颜色和图形对象的效果。使用主题的方法为：切换到“设计”选项卡，在“文档格式”组中单击“主题”按钮，在弹出的下拉列表中选择需要的主题样式即可。选择主题后，该主题中的参数将应用到样式集中。

6.2 知识讲解——设置分页与分节

编排格式较复杂的 Word 文档时，分页、分节是两个必不可少的功能，所有读者有必要了解两个分页、分节的区别，以及如何进行分页、分节操作。

6.2.1 设置分页

当一页的内容没有填满并需要换到下一页，或者需要将一页的内容分成多页显示时，通常用户会通过按下“Enter”键的方式输入空行，直到换到下一页为止。但是，当内容有增减时，则需要反复去调整空行的数量。此时，我们可以通过插入分页符进行强制分页，从而轻松解决问题。插入分页符的具体操作方法如下。

光盘同步文件

素材文件：光盘 \ 素材文件 \ 第 6 章 \2015 年三季度工作总结 .docx
结果文件：光盘 \ 结果文件 \ 第 6 章 \2015 年三季度工作总结 3.docx
视频文件：光盘 \ 视频文件 \ 第 6 章 \6-2-1.mp4

Step01：打开光盘 \ 素材文件 \ 第 6 章 \2015 年三季度工作总结 .docx，❶ 将光标插入点定位到需要分页的位置；❷ 切换到“页面布局”选项卡；❸ 单击“分隔符”按钮；❹ 在弹出的下拉列表中选择“分页符”选项，如下图所示。

Step02：通过上述操作后，光标插入点所在位置后面的内容将自动显示在下一页，效果如下图所示。

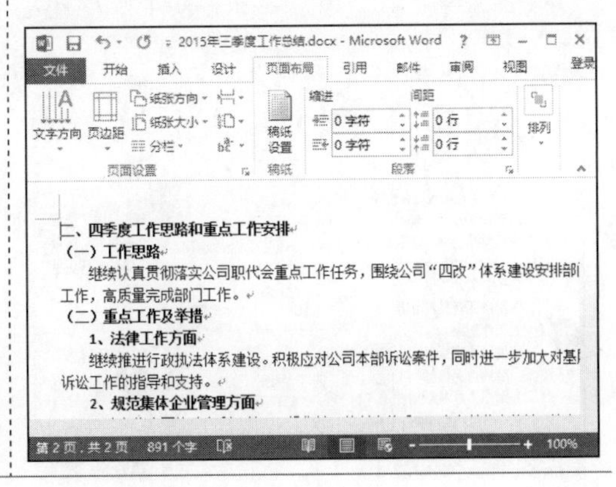

专家提示

除了上述操作方法外，还可通过以下两种方式插入分页符。

- 将光标插入点定位到需要分页的位置，切换到“插入”选项卡，然后单击“页面”组中的“分页”按钮即可。
- 将光标插入点定位到需要分页的位置，按下“Ctrl+Enter”组合键即可。

6.2.2 设置分节

在 Word 排版中，“节”是一个非常重要的概念，这个“节”并非书籍中的“章节”，而是文档格式化的最大单位，通俗地理解，“节”是指排版格式（包括页眉、页脚、页面设置等）要应用的范围。默认情况下，Word 将整个文档视为一个“节”，所以对文档的页面设置、页眉设置等格式是应用于整篇文档的。若要在不同的页码范围设置不同的格式（例如第 1 页采用纵向纸张方向，第 2 ~ 7 页采用横向纸张方向），只需插入分节符对文档进行分节，然后单独为每“节”设置格式即可。插入分节符的具体操作方法如下。

光盘同步文件

素材文件：光盘 \ 素材文件 \ 第 6 章 \2015 年三季度工作总结 .docx

结果文件：光盘 \ 结果文件 \ 第 6 章 \2015 年三季度工作总结 4.docx

视频文件：光盘 \ 视频文件 \ 第 6 章 \6-2-2.mp4

Step01：打开光盘 \ 素材文件 \ 第 6 章 \2015 年三季度工作总结 .docx，❶ 将光标插入点定位到需要插入分节符的位置；❷ 切换到“页面布局”选项卡；❸ 单击“分隔符”按钮；❹ 在弹出的下拉列表中选择“下一页”选项，如下图所示。

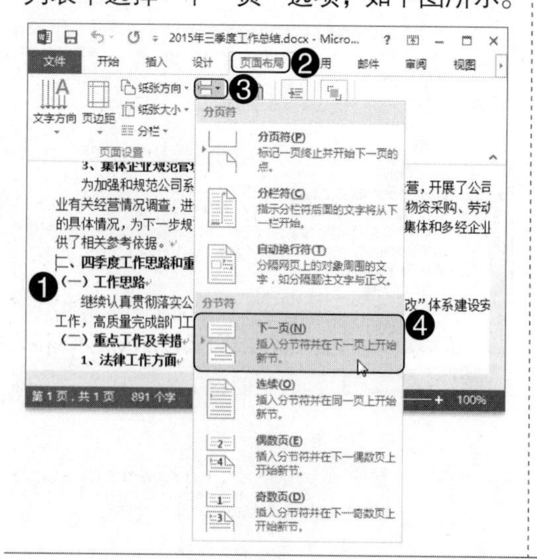

Step02：通过上述操作后，将在光标插入点所在位置插入分节符，并在下一页开始分节。插入分节符后，文档中会显示分节符号（需要显示编辑标记才能看见），分节符所在表示一个“节”的结束，效果如下图所示。

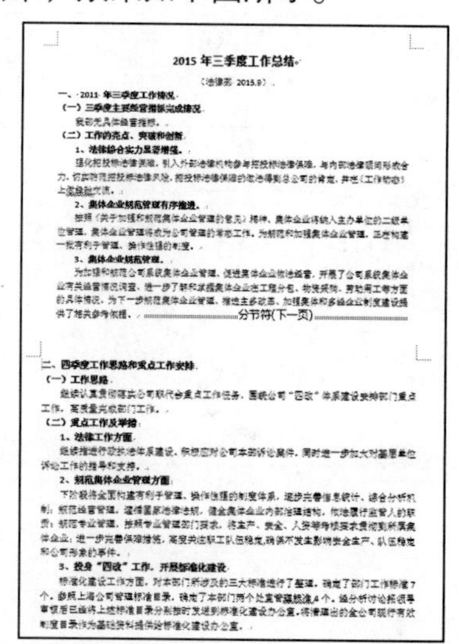

插入分节符时，在“分节符”栏中有4个选项，分别是“下一页”、“连续”、“偶数页”、“奇数页”，选择不同的选项，可插入不同的分节符，在排版时，使用最为频繁的分节符是“下一页”。

知识拓展　分页符与分节符的区别

分页符与分节符最大的区别在于页眉、页脚与页面设置，分页符只是纯粹的分页，前后还是同一节，且不会影响前后内容的格式设置；而分节符是对文档内容进行分节，可以是同一页中不同节，也可以在分节的同时跳转到下一页，分节后，可以为单独的某个节设置不同的版面格式。

6.3 知识讲解——设置页眉和页脚

页眉、页脚分别位于文档的最上方和最下方，编排文档时，在页眉和页脚处输入文本或插入图形，如页码、公司名称、书稿名称、日期或公司徽标等，可以对文档起到美化点缀的作用。

6.3.1 插入页眉与页脚

Word 提供了多种样式的页眉、页脚，用户可以根据实际需要进行选择，具体操作方法如下。

光盘同步文件

素材文件：光盘 \ 素材文件 \ 第 6 章 \ 公司简介 .docx
结果文件：光盘 \ 结果文件 \ 第 6 章 \ 公司简介 .docx
视频文件：光盘 \ 视频文件 \ 第 6 章 \6-3-1.mp4

Step01：打开光盘 \ 素材文件 \ 第 6 章 \ 公司简介 .docx，❶ 切换到“插入”选项卡；❷ 单击“页眉和页脚”组中的“页眉”按钮；❸ 在弹出的下拉列表中选择页眉样式，如下图所示。

Step02：所选样式的页眉将添加到页面顶端，同时文档自动进入到页眉编辑区，❶ 通过单击占位符或在段落标记处输入并编辑页眉内容；❷ 完成页眉内容的编辑后，在“页眉和页脚工具 / 设计”选项卡的“导航”组中单击“转至页脚”按钮，如下图所示。

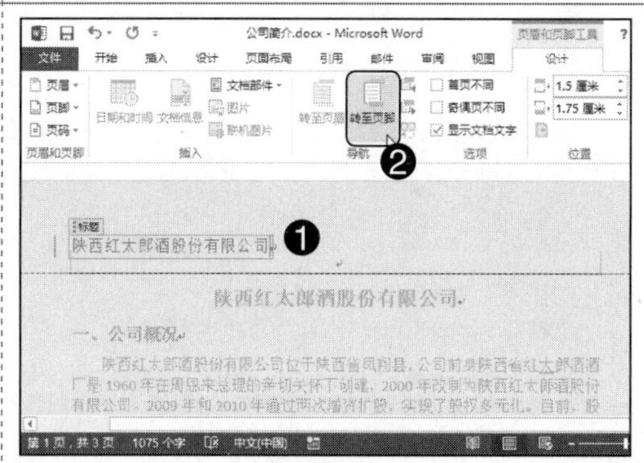

专家提示

编辑页眉页脚时，在“页眉和页脚工具 / 设计”选项卡的“插入”组中，通过单击相应的按钮，可在页眉 / 页脚中插入图片、剪贴画等对象，以及插入作者、文件路径等文档信息。

Step03：自动转至当前页的页脚，此时，页脚为空白样式，如果要更改其样式，❶ 在“页眉和页脚工具 / 设计”选项卡的“页眉和页脚”组中单击“页脚”按钮；❷ 在弹出的下拉列表中选择需要的样式，如下图所示。

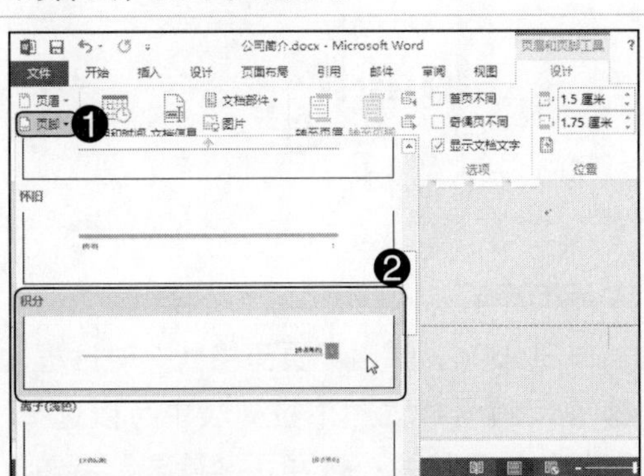

Step04：❶ 通过单击占位符或在段落标记处输入并编辑页脚内容；❷ 完成页脚内容的编辑后，在“页眉和页脚工具 / 设计”选项卡的“关闭”组中单击“关闭页眉和页脚”按钮，退出页眉 / 页脚编辑状态即可，如下图所示。

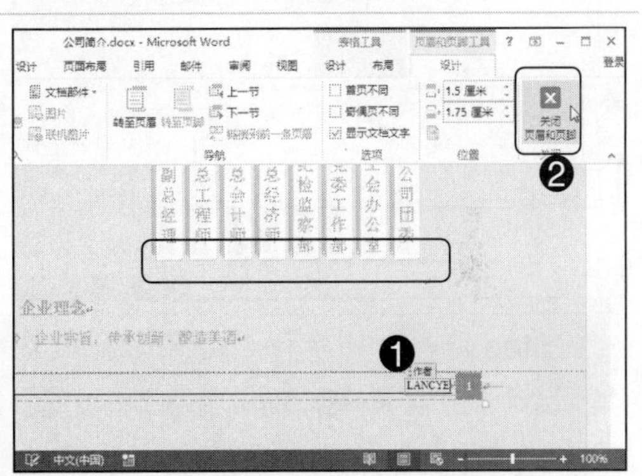

专家提示

编辑页眉、页脚时，还可自定义页眉、页脚，方法为：双击页眉或页脚，即文档上方或下方的页边距，进入页眉、页脚编辑区，此时根据需要直接编辑页眉、页脚内容即可。

6.3.2 插入和设置页码

对文档进行排版时，页码必不可少。在使用 Word 提供的页眉、页脚样式中，部分样式提供了添加页码的功能，即插入某些样式的页眉、页脚后，会自动添加页码。若使用的样式没有自动添加页码，则需要手动添加。在 Word 中，可以将页码插入到页面顶端、页面底端、页边距等位置，例如，要插入到页面底端，具体操作方法如下。

光盘同步文件

素材文件：光盘 \ 素材文件 \ 第 6 章 \ 企业员工薪酬方案 .docx
结果文件：光盘 \ 结果文件 \ 第 6 章 \ 企业员工薪酬方案 .docx
视频文件：光盘 \ 视频文件 \ 第 6 章 \6-3-2.mp4

Step01：打开光盘\素材文件\第6章\企业员工薪酬方案.docx，❶ 切换到“插入”选项卡；❷ 单击“页眉和页脚”组中的“页码”按钮；❸ 在弹出的下拉列表中选择“页面底端”选项；❹ 在弹出的级联列表中选择需要的页码样式，如下图所示。

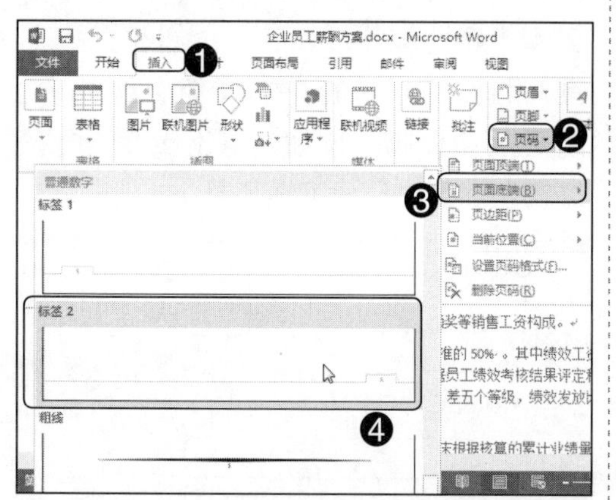

Step02：所选样式的页码插入页面底端，❶ 选中页码内容；❷ 切换到“开始”选项卡；❸ 在“字体颜色”下拉列表中选择需要的字符颜色，如下图所示。

Step03：❶ 切换到“页眉和页脚工具/设计”选项卡；❷ 单击“页眉和页脚”组中的“页码”按钮；❸ 在弹出的下拉列表中选择“设置页码格式”选项，如下图所示。

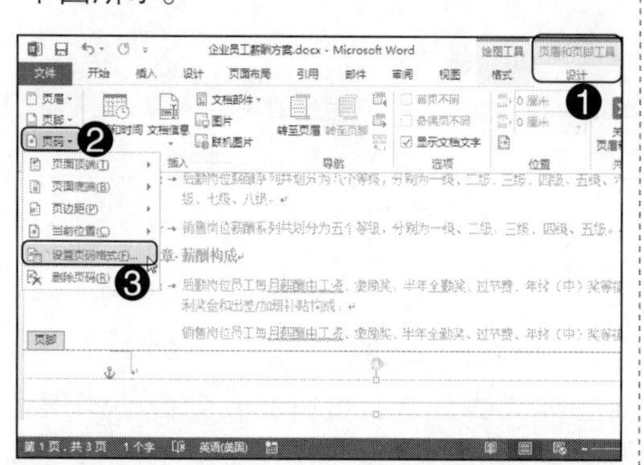

Step04：弹出“页码格式”对话框，❶ 在“编号格式”下拉列表中可以选择需要的编号格式；❷ 单击“确定”按钮，如下图所示。

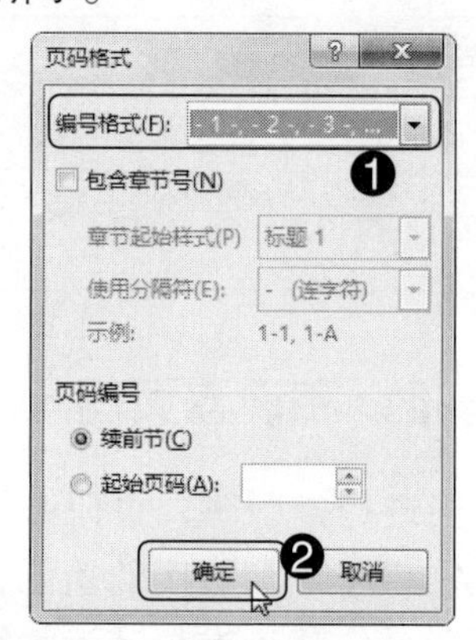

Step05：返回Word文档，在“关闭”组中单击“关闭页眉和页脚”按钮，退出页眉、页脚编辑状态即可，如右图所示。

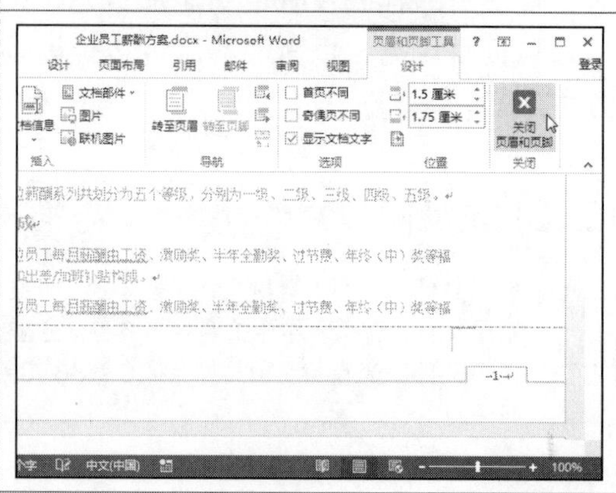

知识拓展　设置页码起始值

若 Word 文档中设置了分节，则还可以设置页码的起始值。在“页码格式”对话框的“页码编号”栏中，若选择“续前节”选项，则页码与上一节相接续；若选择“起始页码”选项，则可以自定义当前节的起始页码。

6.3.3 为首页创建页眉和页脚

Word 提供了“首页不同”功能，通过该功能，可以单独为首页设置不同的页眉、页脚效果，具体操作方法如下。

光盘同步文件

素材文件：光盘 \ 素材文件 \ 第 6 章 \ 公司简介 .docx
结果文件：光盘 \ 结果文件 \ 第 6 章 \ 公司简介 1.docx
视频文件：光盘 \ 视频文件 \ 第 6 章 \6-3-3.mp4

Step01：打开光盘 \ 素材文件 \ 第 6 章 \ 公司简介 .docx，双击页眉或页脚进入编辑状态，❶ 切换到“页眉和页脚工具 / 设计”选项卡；❷ 勾选“选项”组中的“首页不同”复选框；❸ 在首页页眉中编辑页眉内容；❹ 单击“导航”组中的“转至页脚”按钮，如下图所示。

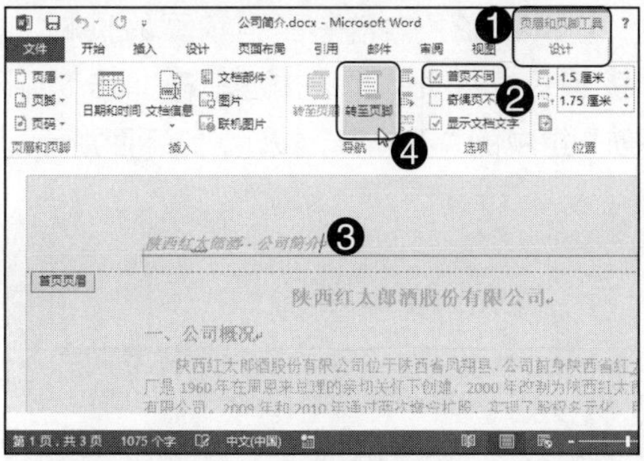

Step02：自动转至当前页的页脚，❶ 编辑首页的页脚内容；❷ 单击“导航”组中的“下一节”按钮，如下图所示。

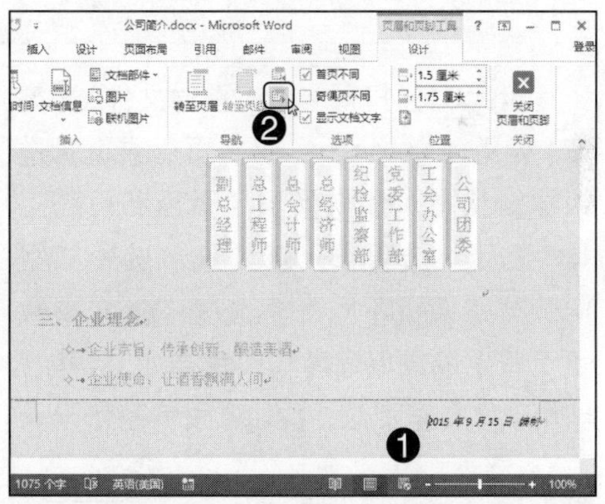

Step03：跳转到第 2 页的页脚，❶ 编辑页脚内容；❷ 单击“导航”组中的“转至页眉”按钮，如右图所示。

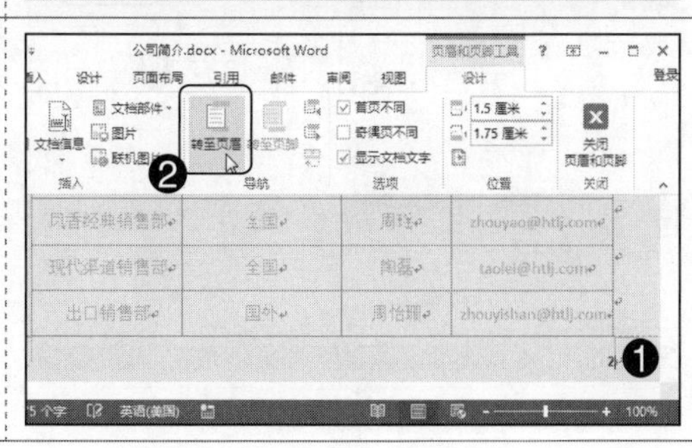

Step04：自动转至当前页的页眉，❶ 编辑页眉内容；❷ 在“关闭”组中单击“关闭页眉和页脚”按钮，退出页眉页脚编辑状态即可，如右图所示。

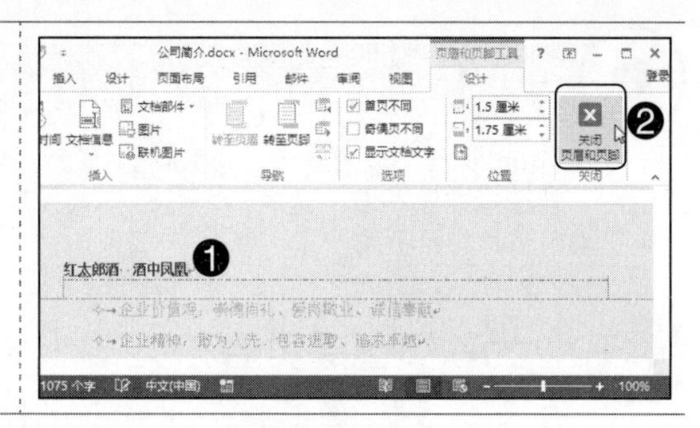

专家提示

在本操作中，在第 2 页中编辑的页眉、页脚将应用到除首页外的所有页面，所以无须在其他页面进行设置。

6.3.4 为奇、偶页创建页眉和页脚

在实际应用中，有时还需要为奇、偶页创建不同的页眉和页脚，这需要通过 Word 提供的“奇偶页不同”功能实现，具体操作方法如下。

光盘同步文件

素材文件：光盘 \ 素材文件 \ 第 6 章 \ 公司简介 .docx
结果文件：光盘 \ 结果文件 \ 第 6 章 \ 公司简介 2.docx
视频文件：光盘 \ 视频文件 \ 第 6 章 \6-3-4.mp4

Step01：打开光盘 \ 素材文件 \ 第 6 章 \ 公司简介 .docx，双击页眉或页脚进入编辑状态，❶ 切换到“页眉和页脚工具 / 设计”选项卡；❷ 勾选“选项”组中的“奇偶页不同”复选框；❸ 在奇数页页眉中编辑页眉内容；❹ 单击“导航”组中的“转至页脚”按钮，如下图所示。

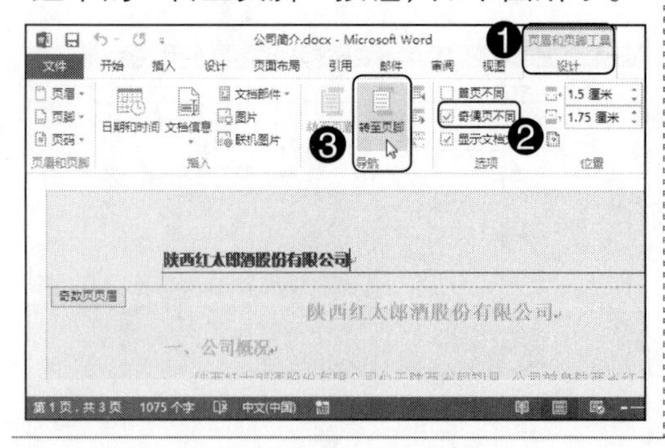

Step02：自动转至当前页的页脚，❶ 编辑奇数页的页脚内容；❷ 单击“导航”组中的“下一节”按钮，如下图所示。

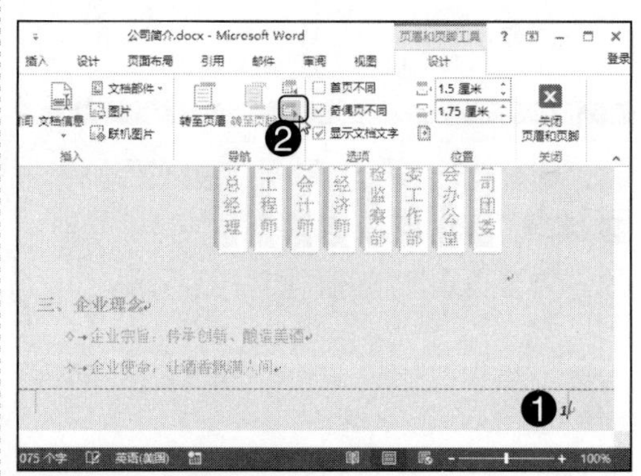

Step03：自动转至偶数页的页脚，❶ 编辑偶数页的页脚内容；❷ 单击“导航”组中的“转至页眉”按钮，如下图所示。

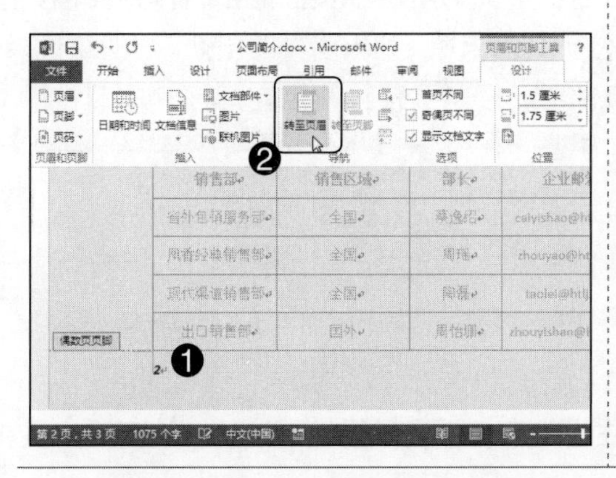

Step04：自动转至当前页的页眉，❶ 编辑偶数页的页眉内容；❷ 在“关闭”组中单击“关闭页眉和页脚”按钮，退出页眉页脚编辑状态即可，如下图所示。

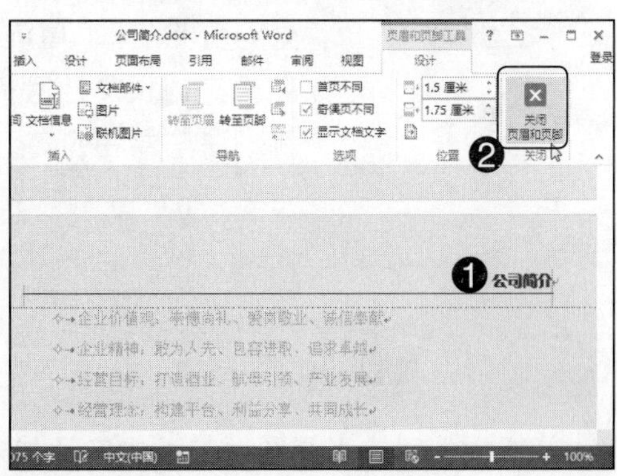

6.4 知识讲解——脚注和尾注的应用

编辑文档时，若需要对某些内容进行补充说明，可通过脚注与尾注实现。通常情况下，脚注位于页面底部，作为文档某处内容的注释；尾注位于文档末尾，列出引文的出处。一般来说，在论文、长文档等稿件中，经常会使用脚注与尾注，本节将讲解脚注与尾注的使用方法。

6.4.1 插入脚注

编辑文档时，当需要对某处内容添加注释信息，可通过插入脚注的方法实现，具体操作方法如下。

光盘同步文件

素材文件：光盘 \ 素材文件 \ 第 6 章 \ 诗词鉴赏——山居秋暝 .docx
结果文件：光盘 \ 结果文件 \ 第 6 章 \ 诗词鉴赏——山居秋暝 .docx
视频文件：光盘 \ 视频文件 \ 第 6 章 \6-4-1.mp4

Step01：打开光盘 \ 素材文件 \ 第 6 章 \ 诗词鉴赏——山居秋暝 .docx，❶ 将光标定位在需要插入脚注的位置；❷ 切换到“引用”选项卡；❸ 单击“脚注”组中的“插入脚注”按钮，如下图所示。

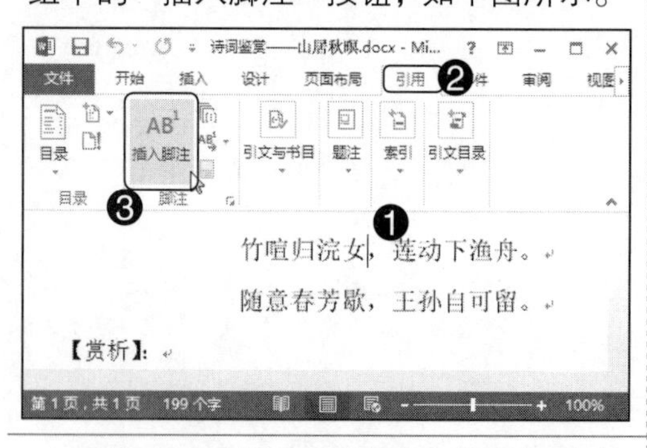

Step02：Word 将自动跳转到该页面的底端，直接输入脚注内容即可，如下图所示。

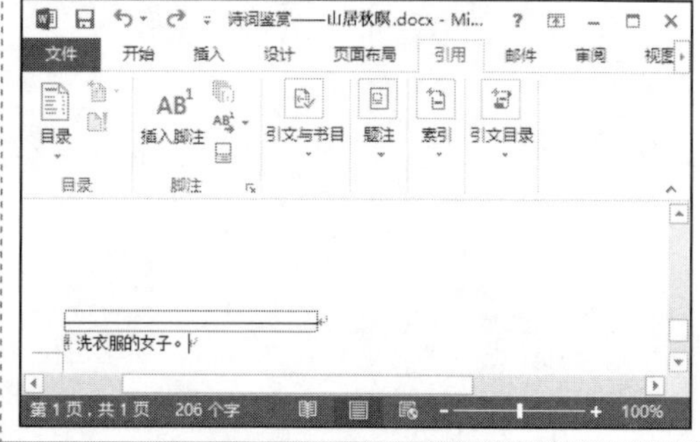

Step03：输入完成后，将鼠标指针指向插入脚注的文本位置，将自动出现脚注文本提示，效果如右图所示。

山居秋暝

空山新雨后，天气晚来秋。
明月松间照，清泉石上流。
竹喧归浣女，莲动下渔舟。
随意春芳歇，王孙自可留。

洗衣服的女子。

6.4.2 插入尾注

编辑文档时，当需要列出引文的出处时，便会使用到尾注，具体操作方法如下。

光盘同步文件

素材文件：光盘 \ 素材文件 \ 第 6 章 \ 论文 .docx

结果文件：光盘 \ 结果文件 \ 第 6 章 \ 论文 .docx

视频文件：光盘 \ 视频文件 \ 第 6 章 \6-4-2.mp4

Step01：打开光盘 \ 素材文件 \ 第 6 章 \ 论文 .docx，❶ 将光标定位在需要插入尾注的位置；❷ 切换到“引用”选项卡；❸ 单击“脚注”组中的“插入尾注”按钮，如下图所示。

Step02：Word 将自动跳转到文档的末尾位置，直接输入尾注内容即可，如下图所示。

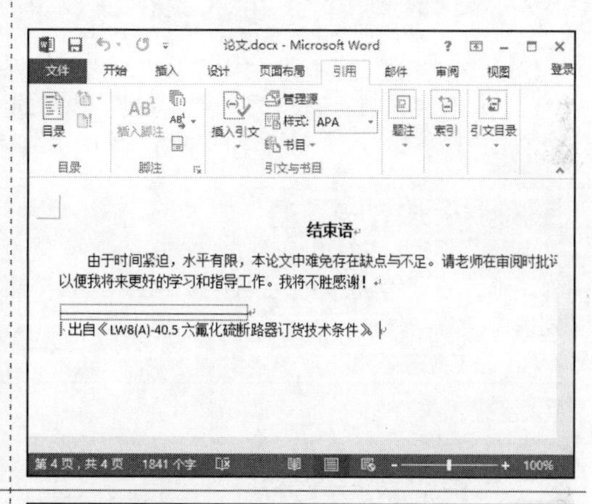

Step03：输入完成后，将鼠标指针指向插入尾注的文本位置，将自动出现尾注文本提示，效果如右图所示。

6.5 知识讲解——目录与封面的设置

在编辑长文档时，如果希望文档更加完整、美观，还可对其创建目录及设置封面等，接下来将分别进行讲解。

6.5.1 插入目录

目录是指文档中标题的列表，通过目录，用户可以浏览文档中讨论的主题，从而大体了解整个文档的结构。插入目录的具体操作方法如下。

知识拓展 为标题指定大纲级别

要将文档中的标题生成为目录，就需要为标题指定大纲级别，其方法有以下两种。

● 使用内置标题样式：大纲级别与内置的标题样式紧密联系在一起，如“标题 1”的大纲级别为 1，“标题 2”的大纲级别为 2，依此类推。在编辑文档时，如果没有为标题指定内置标题样式，则无论标题与正文分别设置了什么格式，在 Word 中一律被视为“正文”样式，从而无法正确提取标题目录。

● 手动指定大纲级别：将光标插入点定位到需要指定大纲级别的段落中，打开“段落”对话框，在“缩进和间距”选项卡的“常规”栏中，在“大纲级别”下拉列表中选择相应的级别即可。

光盘同步文件

素材文件：光盘 \ 素材文件 \ 第 6 章 \ 员工奖惩制度 .docx
结果文件：光盘 \ 结果文件 \ 第 6 章 \ 员工奖惩制度 .docx
视频文件：光盘 \ 视频文件 \ 第 6 章 \6-5-1.mp4

Step01：打开光盘 \ 素材文件 \ 第 6 章 \ 员工奖惩制度 .docx，将光标插入点定位在文档起始处，❶ 切换到“引用”选项卡；❷ 单击“目录”组中的“目录”按钮；❸ 在弹出的下拉列表中选择需要的目录样式，如右图所示。

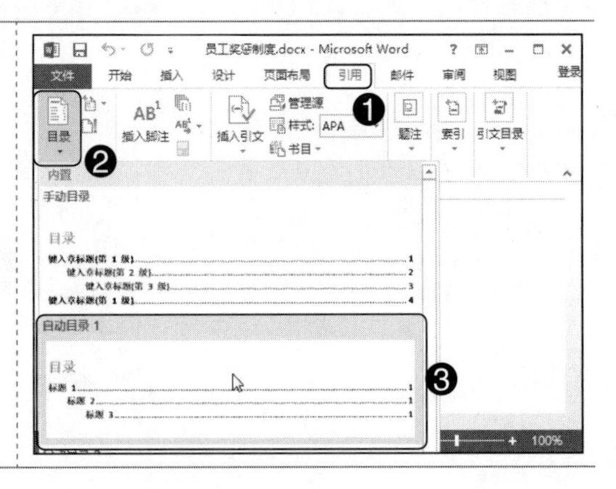

Step02：所选样式的目录即可插入到文档起始处，在“目录”组中单击“更新目录”按钮，如下图所示。

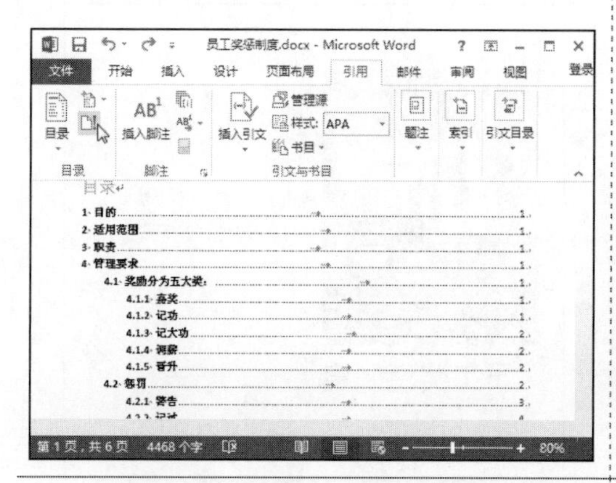

Step03：弹出“更新目录”对话框，❶选中“只更新页码”单选按钮；❷单击“确定”按钮，如下图所示。

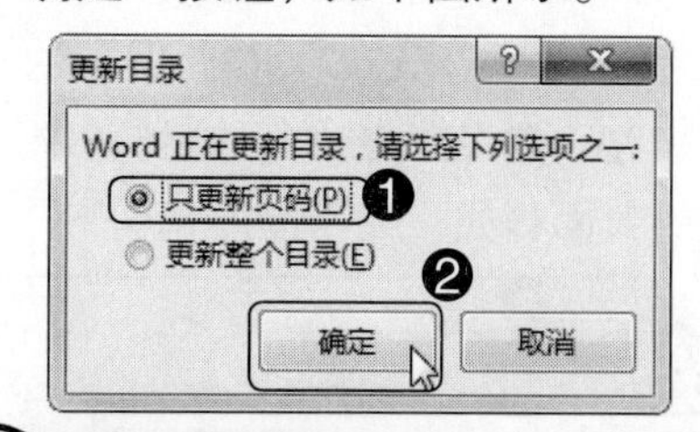

专家提示

在本案例中，因为插入目录的原因，标题对应的页码发生变化，因此需要更新页码。此外，如果是对标题内容进行了增删或修改等操作，则更新目录时需要选择“更新整个目录”选项。

Step04：目录的页码得到更新，最终效果如右图所示。

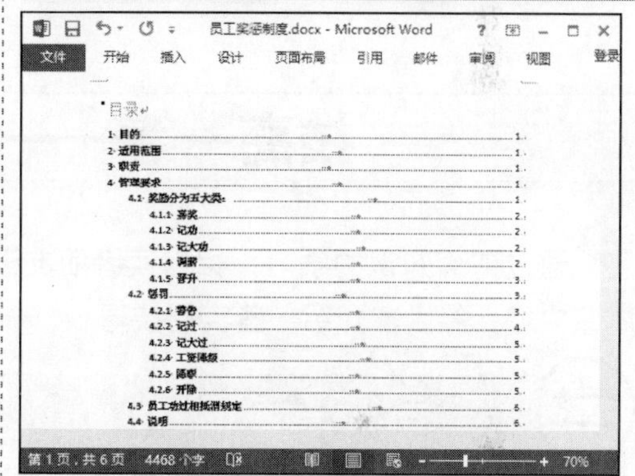

6.5.2 插入封面

对于没有美工基础的用户来说，常常苦于无法对文档设计出漂亮的封面，而在 Word 2013 中可以轻松实现封面的设计，具体操作方法如下。

光盘同步文件

素材文件：光盘\素材文件\第 6 章\员工奖惩制度 .docx
结果文件：光盘\结果文件\第 6 章\员工奖惩制度 1.docx
视频文件：光盘\视频文件\第 6 章\6-5-2.mp4

Step01：打开光盘\素材文件\第6章\员工奖惩制度.docx，将光标插入点定位在文档的任意位置，❶ 切换到“插入”选项卡；❷ 单击“页面”组中的“封面”按钮；❸ 在弹出的下拉列表中选择需要的封面样式，如下图所示。

Step02：所选样式的封面将自动插入到文档首页，此时用户只需在占位符中输入相关内容即可（根据实际操作，对于不需要的占位符可以自行删除），最终效果如下图所示。

技高一筹——实用操作技巧

通过前面知识的学习，相信读者朋友已经掌握了更深层次的排版知识。下面结合本章内容，给大家介绍一些实用技巧。

光盘同步文件

素材文件：光盘\素材文件\第6章\技高一筹
结果文件：光盘\结果文件\第6章\技高一筹
视频文件：光盘\视频文件\第6章\技高一筹.mp4

技巧01 为样式指定快捷键

使用样式排版文档时，对于一些使用频率较高的样式，可以对其设置快捷键，从而加快文档的排版速度。为样式指定快捷键的具体操作方法如下。

Step01：打开光盘\素材文件\第6章\技高一筹\综合服务部请销假管理规定.docx，❶ 在“样式”窗格中单击某样式（如“正文缩进_2字符”）右侧的下拉按钮；❷ 在弹出的下拉菜单中单击“修改”命令，如右图所示。

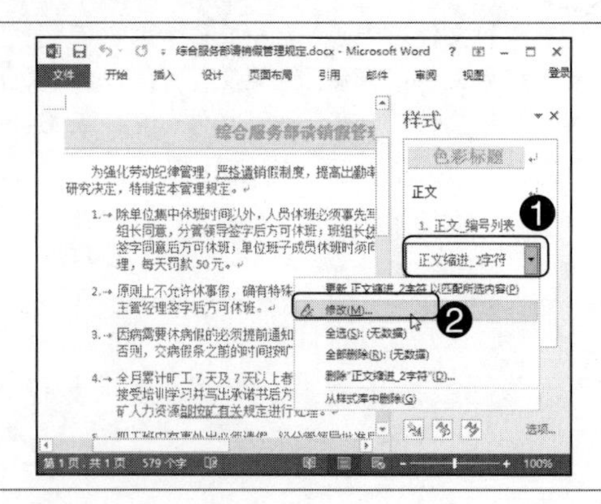

Step02：弹出“修改样式”对话框，单击“格式”按钮，在弹出的菜单中选择“快捷键”命令，如下图所示。

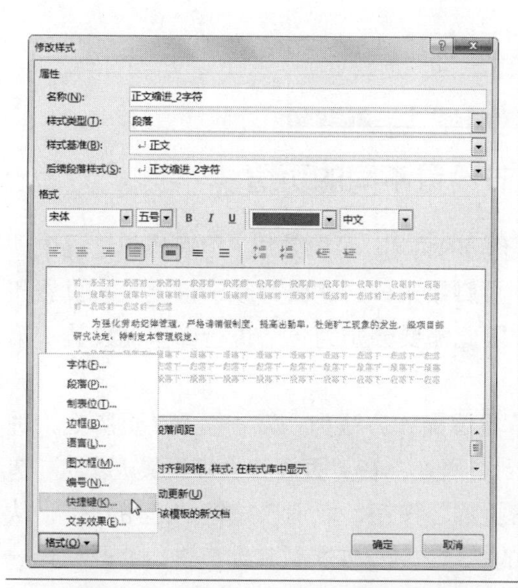

Step03：弹出“自定义键盘”对话框，光标将自动定位到“请按新快捷键”文本框中，❶ 在键盘上按下需要的快捷键，如“Ctrl+Alt+K”，该快捷键即可显示在文本框中；❷ 在“将更改保存在”下拉列表框中选择保存位置；❸ 单击“指定”按钮，操作如下图所示。

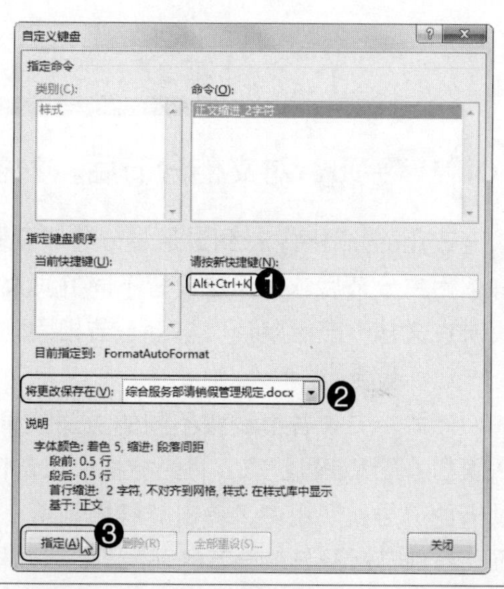

Step04：单击“关闭”按钮关闭“自定义键盘”对话框，返回“修改样式”对话框，单击“确定”按钮确认即可，如右图所示。

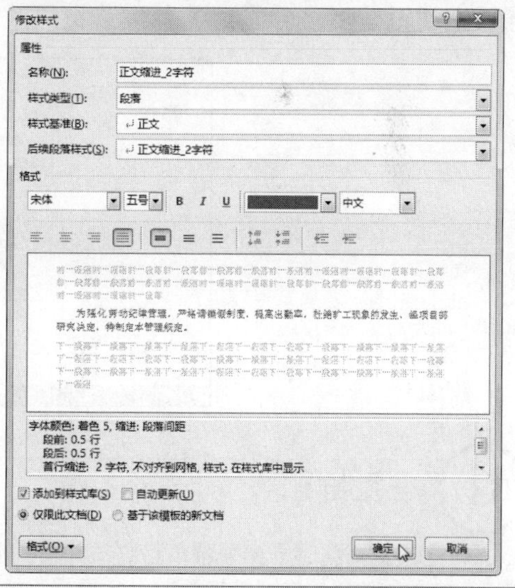

通过上述设置后，选中某段落，然后按“Ctrl+Alt+K”组合键，所选段落即可应用与该快捷键相对应的样式。

技巧 02 如何删除页眉中的多余横线

在文档中添加页眉后，页眉里面有时会出现一条多余的横线，且无法通过“Delete”键删除，此时可以通过隐藏边框线的方法实现，具体操作方法为：打开光盘\素材文件\第

6章\技高一筹\安全生产工作总结.docx，双击页眉/页脚处，进入页眉/页脚编辑状态，在页眉区中选中多余横线所在的段落，切换到“开始”选项卡，在“段落”组中单击“边框”按钮右侧的下拉按钮，在弹出的下拉列表中选择“无框线”选项即可。

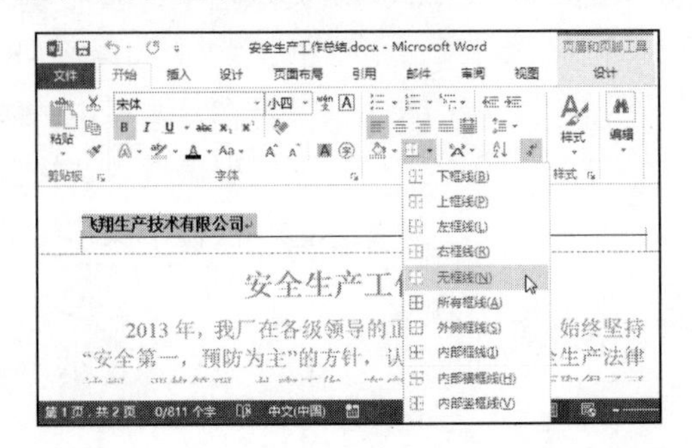

技巧03 对文档分节后，为各节设置不同的页眉

在介绍分节时，提到过通过分节能设置不同的页眉、页脚效果，但在操作过程中，许多用户分节后依然无法设置不同的页眉、页脚效果，这是因为默认情况下，页眉和页脚在文档分节后默认“与上一节相同”，因此需要分别为各节进行简单的设置（第1节无须设置）。

例如，要为各节设置不同的页眉效果，具体操作方法为：双击页眉/页脚处，进入页眉/页脚编辑状态，将光标插入点定位到页眉处，在“页眉和页脚工具/设计”选项卡的“导航”组中，单击“链接到前一条页眉”按钮，取消该按钮的选中状态，从而使当前节断开与前一节的联系。参照这样的操作方法，依次对其他节进行断开设置。通过上述设置后，分别为各节设置页眉效果即可。

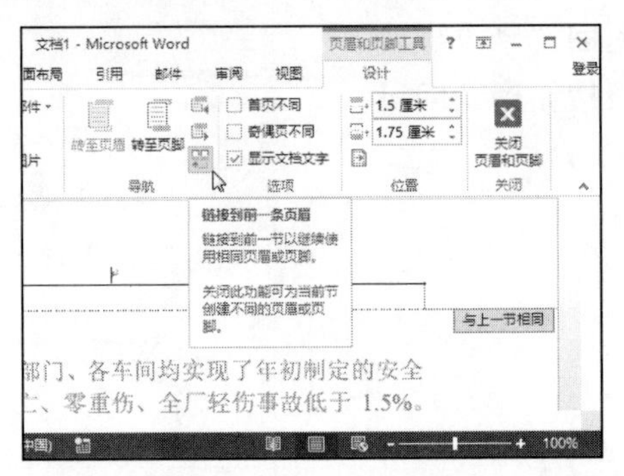

专家提示

在设置页眉时，如果希望当前节与上一节设置相同的页眉效果，则将光标插入点定位在当前节的页眉处，单击“链接到前一条页眉”按钮，使该按钮呈选中状态即可。

技巧04 改变脚注/尾注的编号形式

默认情况下，脚注的编号形式为“1,2,3…”，尾注的编号形式为“i,ii,iii…”，根据操作需要，我们可以更改脚注/尾注的编号形式。例如，要更改脚注的编号形式，具体操作方法如下。

Step01：打开光盘\素材文件\第6章\技高一筹\诗词鉴赏——山居秋暝.docx，❶切换到“引用”选项卡；❷单击“功能扩展”按钮，如下图所示。

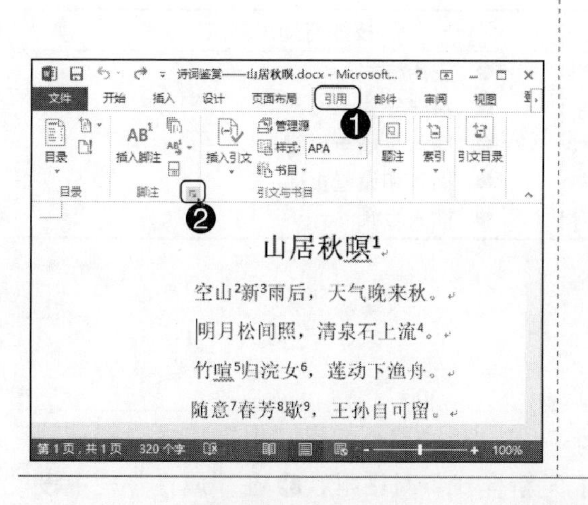

Step02：弹出“脚注和尾注”对话框，❶在“位置”栏中选中“脚注”单选按钮；❷在“编号格式”下拉列表中选择需要的编号样式；❸单击“应用”按钮即可，如下图所示。

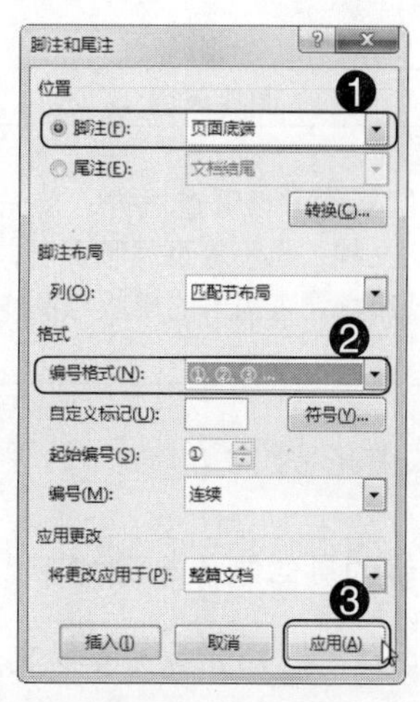

技能训练 1——制作市场调查报告

训练介绍

在进行市场分析时，一份版面整洁的市场调查报告能大大提高阅读性。本实例主要讲解市场调查报告的排版过程，根据实际操作情况，会对某些操作步骤进行简化，希望读者能够举一反三。

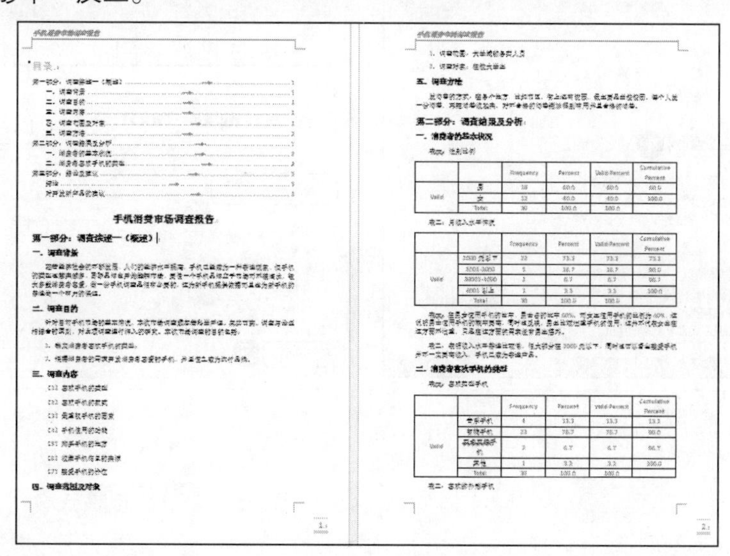

光盘同步文件

素材文件：光盘\素材文件\第 6 章\手机消费市场调查报告 .docx
结果文件：光盘\结果文件\第 6 章\手机消费市场调查报告 .docx
视频文件：光盘\视频文件\第 6 章\技能训练 1.mp4

操作提示

制作关键	技能与知识要点
本实例制作市场调查报告，首先通过新建样式格式化文档，再设置页眉和页脚，最后插入目录，完成市场调查报告的排版与制作	● 应用样式 ● 新建样式 ● 插入页眉与页脚 ● 插入和设置页码 ● 插入目录

操作步骤

本实例的具体制作步骤如下。

Step01：打开光盘\素材文件\第 6 章\手机消费市场调查报告 .docx，并打开“样式”窗格，❶ 将光标插入点定位到需要应用样式的段落中；❷ 单击“新建样式”按钮，如下图所示。

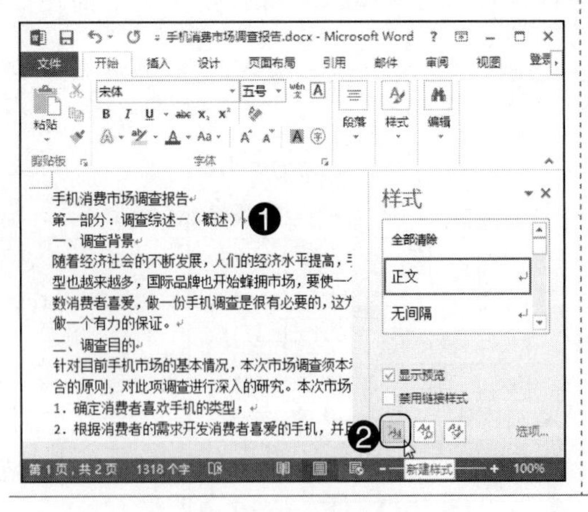

Step02：弹出“根据格式设置创建新样式”对话框，❶ 在“属性”栏中设置样式的名称、样式类型等参数；❷ 在“格式”栏中设置字符格式；❸ 单击“格式”按钮；❹ 在弹出的菜单中选择“段落”命令，如下图所示。

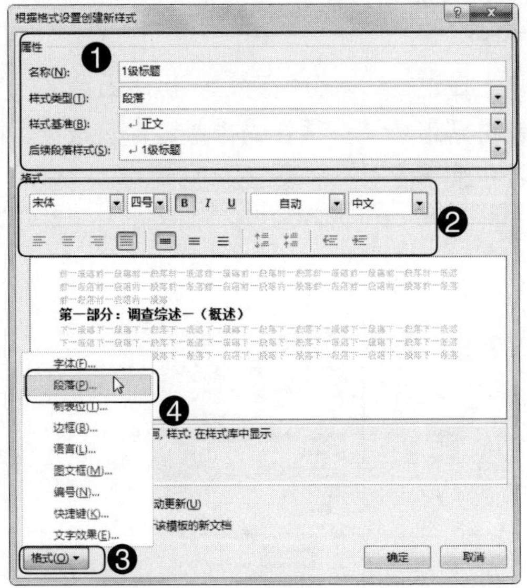

Step03：❶ 在弹出的“段落”对话框中设置段落格式参数；❷ 单击“确定”按钮，如右图所示。

专家提示

在“样式”窗格中，勾选“显示预览”复选框，窗格中的样式名称会显示相对应样式的预览效果，从而方便格式化文档时快速选择需要的样式。

Step04：返回“根据格式设置创建新样式”对话框，后单击“确定”按钮。参照上述操作方法，在文档中新建其他需要的样式，并将样式应用到对应的段落中，效果如下图所示。

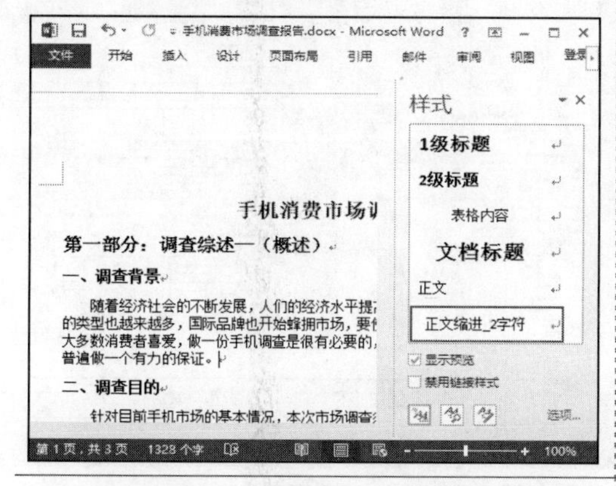

Step05：双击页眉或页脚进入编辑状态，❶ 在页眉中输入并编辑页眉内容；❷ 单击“导航”组中的“转至页脚”按钮，如下图所示。

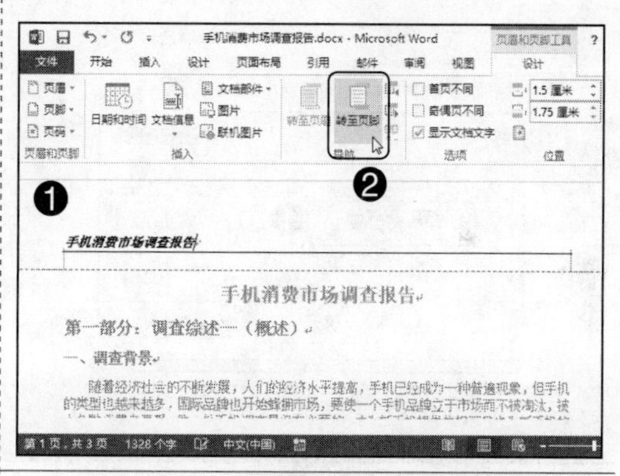

Step06：自动跳转到页脚，❶ 在“页眉和页脚”组中单击“页码”按钮；❷ 在弹出的下拉列表中单击“页面底端”选项；❸ 在弹出的级联列表中选择需要的页码样式，如下图所示。

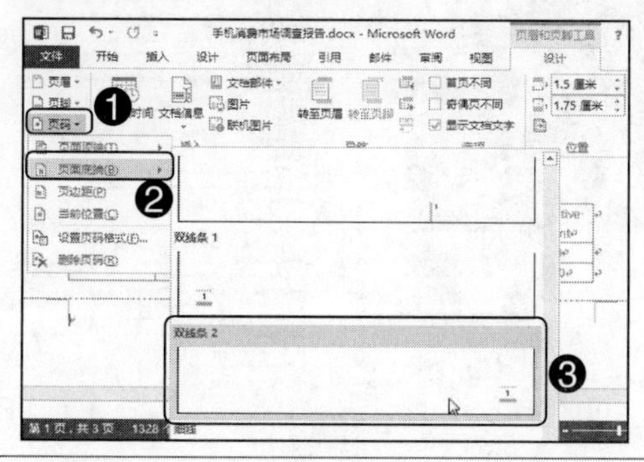

Step07：所选样式的页码将插入到页面底端，单击“关闭页眉和页脚”按钮，退出页眉页脚编辑状态，如下图所示。

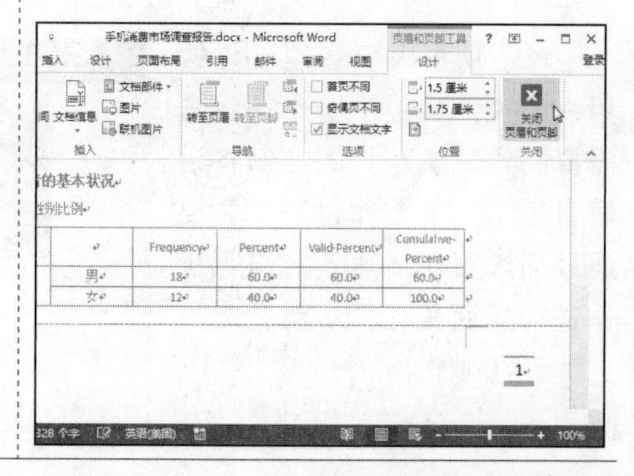

Step08：将光标插入点定位在文档起始处，❶切换到“引用”选项卡；❷单击“目录”组中的“目录”按钮；❸在弹出的下拉列表中选择需要的目录样式，如下图所示。

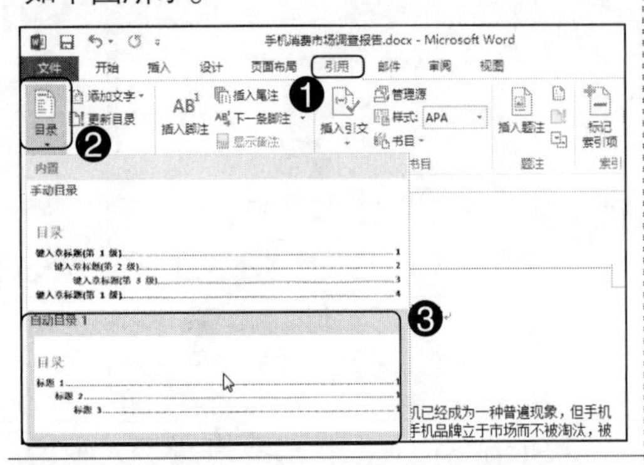

Step09：文档起始处将插入所选样式的目录，在“目录”组中单击“更新目录”按钮，如下图所示。

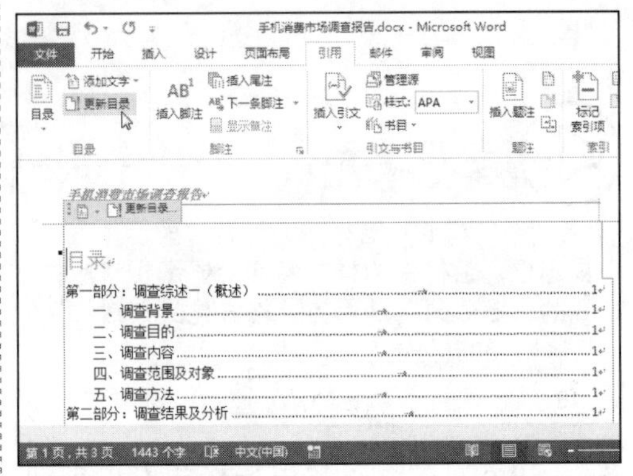

Step10：弹出“更新目录”对话框，❶选中“只更新页码”单选按钮；❷单击“确定”按钮，如下图所示。

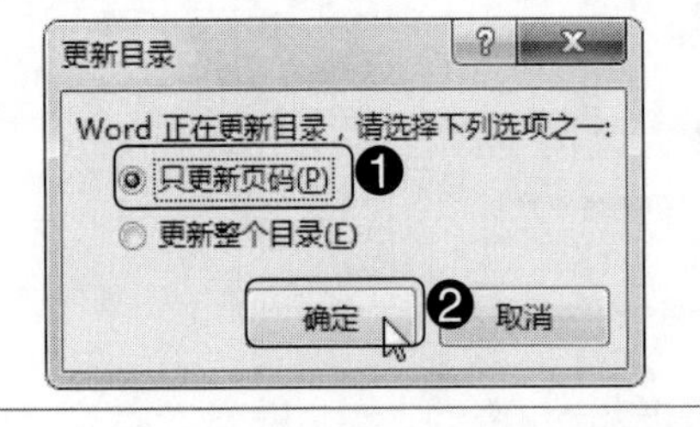

Step11：至此，完成了市场调查报告的排版制作，最终效果如下图所示。

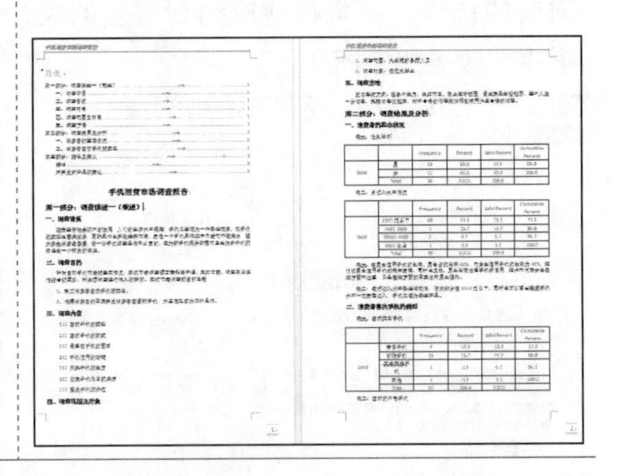

技能训练 2——制作员工手册

训练介绍

对于从事人事管理工作的用户来说，员工手册也是经常需要制作的文档。本实例将讲解员工手册的制作过程，主要通过插入页码、插入封面等操作进行版面美化，从而完成员工手册的制作。

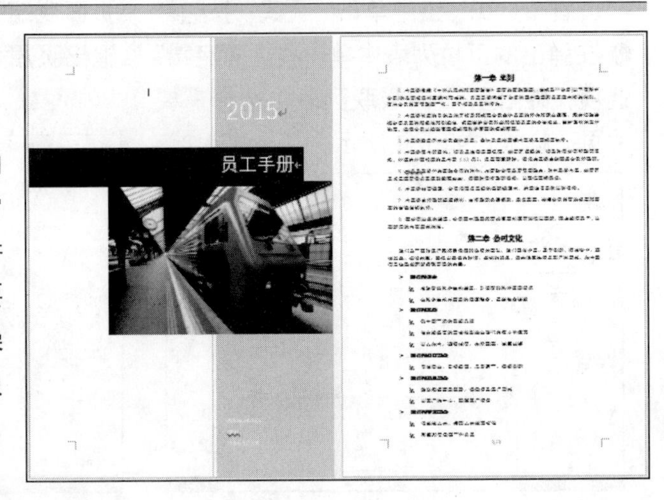

光盘同步文件

素材文件：光盘\素材文件\第 6 章\员工手册 .docx
结果文件：光盘\结果文件\第 6 章\员工手册 .docx
视频文件：光盘\视频文件\第 6 章\技能训练 2.mp4

操作提示

制作关键	技能与知识要点
本实例制作员工手册，首先在页脚插入页码，然后插入封面，完成员工手册的排版与制作	● 插入和设置页码 ● 插入封面

操作步骤

本实例的具体制作步骤如下。

Step01：打开光盘\素材文件\第 6 章\员工手册 .docx，❶ 切换到“插入”选项卡；❷ 单击“页眉和页脚”组中的“页码”按钮；❸ 在弹出的下拉列表中选择“页面底端”选项；❹ 在弹出的级联列表中选择需要的页码样式，如下图所示。

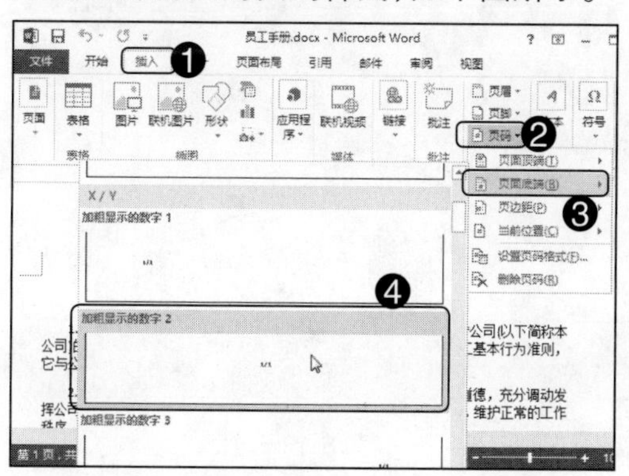

Step02：所选样式的页码将插入页面底端，在“关闭”组中单击“关闭页眉和页脚”按钮，退出页眉页脚编辑状态，如下图所示。

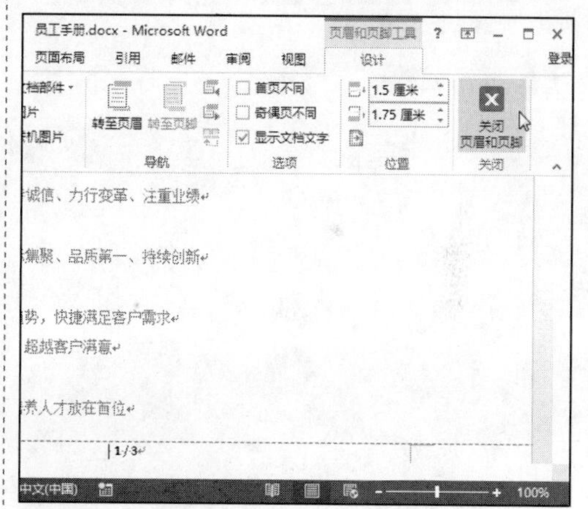

Step03：❶ 切换到“插入”选项卡；❷ 单击“页面”组中的“封面”按钮；❸ 在弹出的下拉列表中选择需要的封面样式，如右图所示。

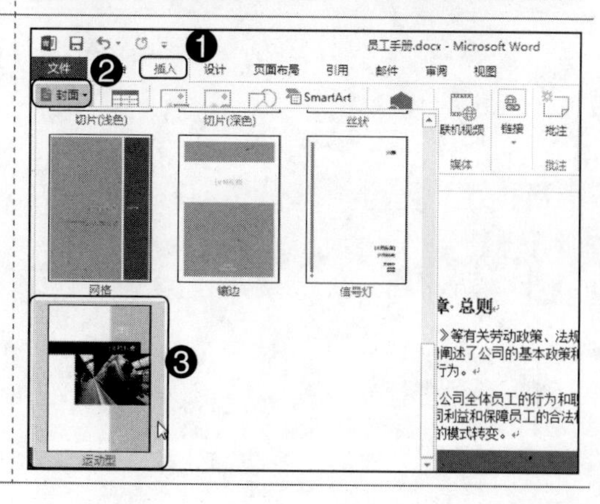

Step04：所选样式的封面将自动插入文档首页，此时用户只需在占位符中输入相关内容即可。至此，完成了员工手册的制作，最终效果如右图所示。

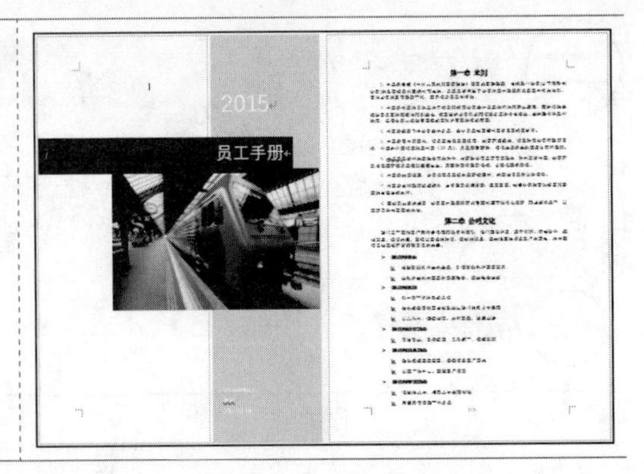

本章小结

本章主要讲解了 Word 文档的高级排版操作，主要包括样式的使用、设置分页与分节、设置页眉和页脚、脚注和尾注的应用、目录与封面的设置等知识点。通过本章的学习，相信读者的排版能力得到了提升，从而能够制作出版面更加漂亮的文档。

Chapter

Word 办公文档的审阅、修订与邮件合并

本章导读

完成文档的编辑后，我们可以通过审阅功能，对文档进行校对、修订及设置权限等操作。此外，通过 Word 提供的邮件合并功能，可以快速制作一些需要批量生成的文档。

学完本章后应该掌握的技能

- 校对文档
- 文档的修订
- 设置文档权限
- 邮件合并

本章相关实例效果展示

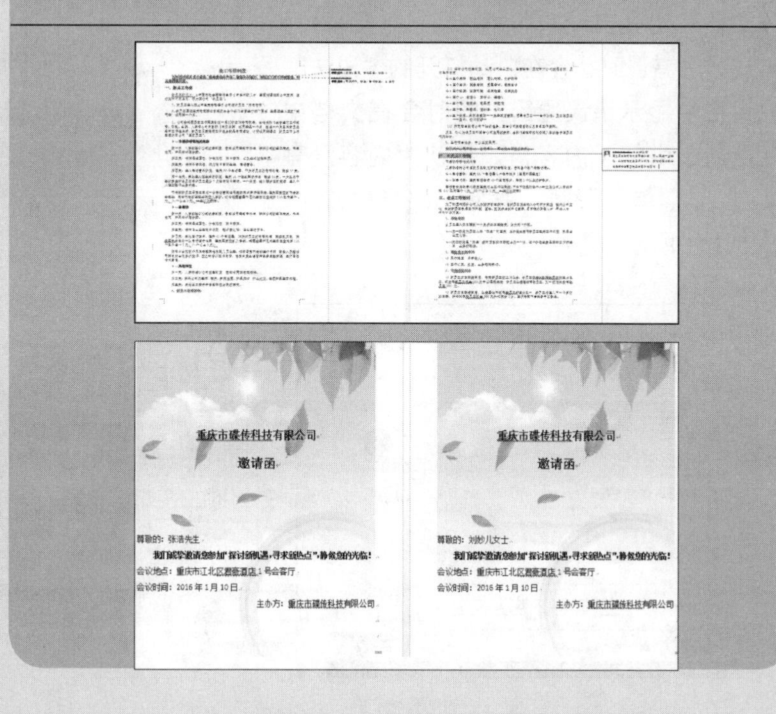

7.1 知识讲解——校对文档

对文档完成了编辑工作后，根据操作需要，可以进行有效的校对工作，如检查文档中的拼写和语法、统计文档的页数与字数等。

7.1.1 拼写和语法检查

在编辑文档的过程中，难免会发生拼写与语法错误，如果逐一进行检查，不仅枯燥乏味，还会影响工作质量与速度。此时，通过 Word 的“拼写和语法”功能，可快速完成文档的检查，具体操作方法如下。

光盘同步文件

素材文件：光盘 \ 素材文件 \ 第 7 章 \ 手机消费市场调查报告 .docx
结果文件：光盘 \ 结果文件 \ 第 7 章 \ 手机消费市场调查报告 .docx
视频文件：光盘 \ 视频文件 \ 第 7 章 \7-1-1.mp4

Step01：打开光盘 \ 素材文件 \ 第 7 章 \ 手机消费市场调查报告 .docx，将光标插入点定位到文档的开始处，❶ 切换到“审阅”选项卡；❷ 单击“校对”组中的“拼写和语法”按钮；❸ Word 将从文档开始处自动进行检查，当遇到拼写或语法错误时，会在自动打开的“语法”窗格中显示错误原因，同时会在文档中自动选中错误内容，如果认为内容没有错误，则单击“忽略”按钮忽略当前校对，如下图所示。

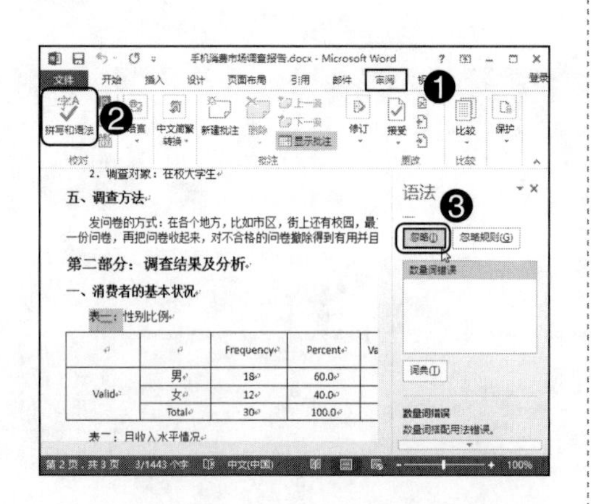

Step02：Word 将继续进行检查，当遇到拼写或语法错误时，根据实际情况进行忽略操作，或在 Word 文档中进行修改操作。完成检查后，弹出提示框进行提示，单击“确定”按钮即可，如下图所示。

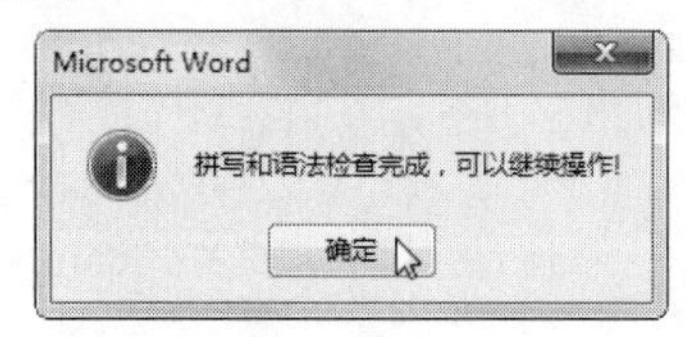

专家提示

遇到拼写或语法错误时，在 Word 文档中进行修改操作后，需要在“语法”窗格中单击“恢复”按钮，Word 才会继续向前进行检查。

当遇到拼写或语法错误时，在“语法”窗格中单击“忽略规则”按钮，可忽略当前错误在文档中出现的所有位置。

7.1.2 统计文档页数与字数

默认情况下，在编辑文档时，Word 窗口的状态栏中会实时显示文档页码信息及总字数，如果需要了解更详细的字数信息，可通过字数统计功能进行查看，具体操作方法如下。

光盘同步文件

素材文件：光盘 \ 素材文件 \ 第 7 章 \ 手机消费市场调查报告 .docx
结果文件：光盘 \ 结果文件 \ 第 7 章 \ 无
视频文件：光盘 \ 视频文件 \ 第 7 章 \7-1-2.mp4

Step01：打开光盘 \ 素材文件 \ 第 7 章 \ 手机消费市场调查报告 .docx，❶ 切换到“审阅”选项卡；❷ 单击“校对”组中的“字数统计”按钮，如下图所示。

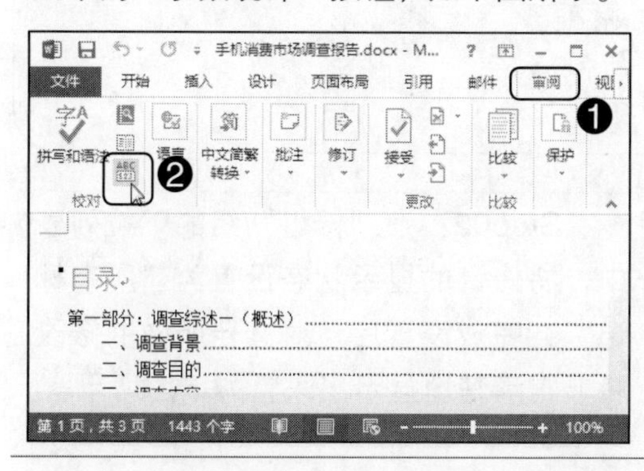

Step02：弹出“字数统计”对话框，将显示当前文档的页数、字数、字符数等信息，查看完成后，单击“确定”按钮即可，如下图所示。

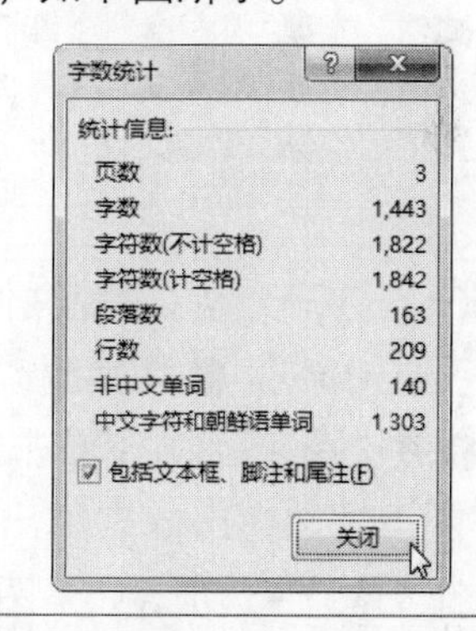

知识拓展 统计部分内容的页数与字数

若要统计文档中某部分内容的页码与字数信息，则可以先选中要统计字数信息的段落，再单击“字数统计”按钮，在打开的“字数统计”对话框中进行查看即可。

7.2 知识讲解——文档的修订

在编辑会议发言稿之类的文档时，文档由作者编辑完成后，一般还需要审阅者进行审阅，再由作者根据审阅者提供的修改建议进行修改，通过这样的反复修改，最后才能定稿，接下来就讲解文档的修订方法。

7.2.1 修订文档

审阅者在审阅文档时，如果需要对文档内容进行修改，建议先打开修订功能。打开修订功能后，对文档所做的修改都会反映在文档中，以便文档编辑者查看审阅者对文档所做的修改。修订文档的具体操作方法如下。

光盘同步文件

素材文件：光盘\素材文件\第 7 章\员工手册 .docx
结果文件：光盘\结果文件\第 7 章\员工手册 .docx
视频文件：光盘\视频文件\第 7 章\7-2-1.mp4

Step01：打开光盘\素材文件\第 7 章\员工手册 .docx，❶ 切换到“审阅”选项卡；❷ 在“修订”组中，单击“修订”按钮下方的下拉按钮；❸ 在弹出的下拉列表中选择“修订”选项，如下图所示。

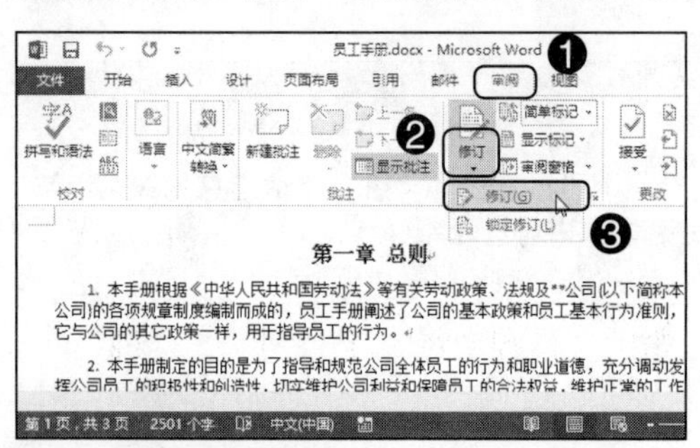

Step02：在“修订”组的下拉列表中，将修订的显示状态设置为“所有标记”，完成设置后，对文档所做的修改将非常清楚地显示出来，如下图所示。

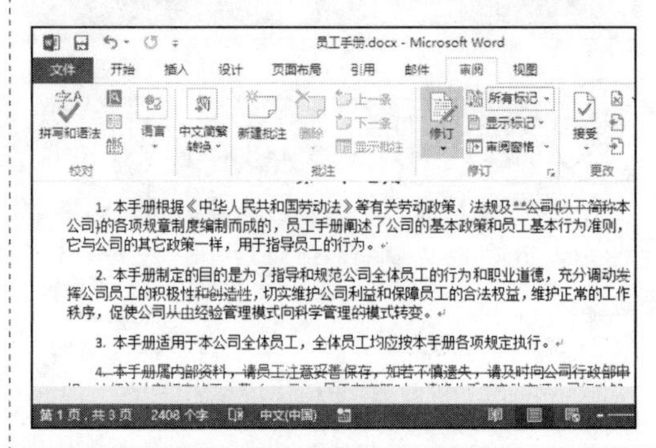

专家提示

打开修订功能后，“修订”按钮呈选中状态。如果需要关闭修订功能，则单击“修订”按钮下方的下拉按钮，在弹出的下拉列表中选择“修订”选项即可。

7.2.2 接受与拒绝修订

对文档进行修订后，文档编辑者可对修订做出接受或拒绝操作。若接受修订，则文档会保存为审阅者修改后的状态；若拒绝修订，则文档会保存为修改前的状态。接受或拒绝修订的操作方法如下。

光盘同步文件

素材文件：光盘\素材文件\第 7 章\员工手册 1.docx
结果文件：光盘\结果文件\第 7 章\员工手册 1.docx
视频文件：光盘\视频文件\第 7 章\7-2-2.mp4

Step01：打开光盘\素材文件\第 7 章\员工手册 1.docx，❶ 将光标定位在某条修订中；❷ 切换到“审阅”选项卡；❸若要接受，则在“更改”组中单击“接受”按钮下方的下拉按钮；❹ 在弹出的下拉列表中选择“接受并移到下一条”选项，如下图所示。

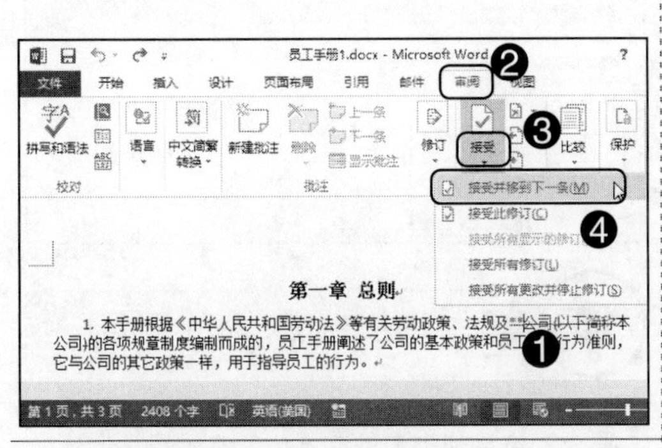

Step02：当前修订即可被接受，与此同时，光标自动定位到下一条修订中，若要拒绝，❶ 单击“拒绝”按钮右侧的下拉按钮；❷ 在弹出的下拉列表中选择“拒绝并移到下一条”选项，如下图所示。

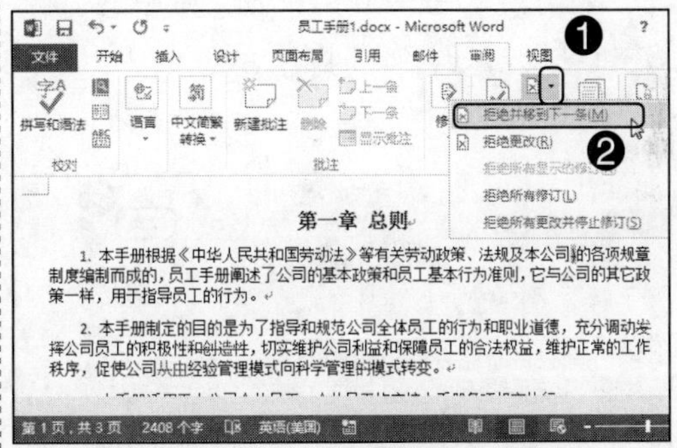

Step03：当前修订即可被拒绝，与此同时，光标自动定位到下一条修订中，如下图所示。

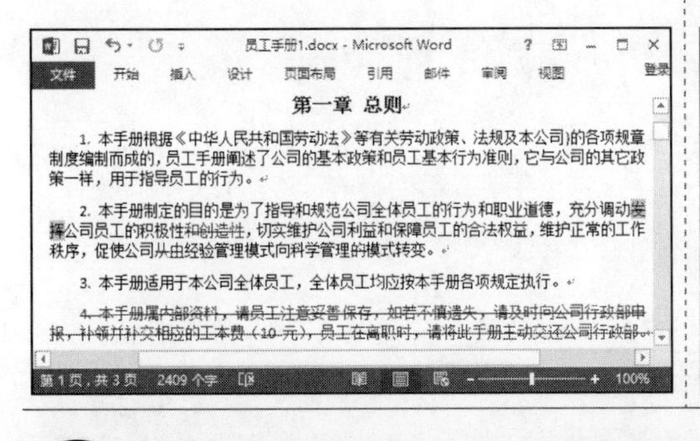

Step04：参照上述操作方法，对文档中的修订进行接受或拒绝操作即可，完成操作后，会弹出提示框进行提示，单击“确定”按钮即可，如下图所示。

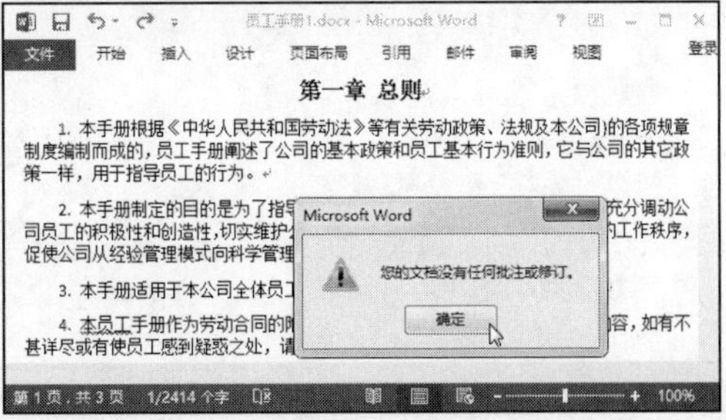

知识拓展　接受或拒绝全部修订

如果需要接受审阅者的全部修订，则单击“接受”按钮下方的下拉按钮，在弹出的下拉列表中选择“接受所有修订”选项；如果需要拒绝审阅者的全部修订，则单击“拒绝”按钮右侧的下拉按钮，在弹出的下拉列表中选择“拒绝所有修订”选项。

7.2.3 批注的应用

批注是作者与审阅者的沟通渠道，审阅者在修改他人文档时，通过插入批注，可以将自己的建议插入文档中，以供作者参考。插入批注的具体操作方法如下。

光盘同步文件

素材文件：光盘 \ 素材文件 \ 第 7 章 \ 手机消费市场调查报告 .docx
结果文件：光盘 \ 结果文件 \ 第 7 章 \ 手机消费市场调查报告 1.docx
视频文件：光盘 \ 视频文件 \ 第 7 章 \7-2-2.mp4

Step01：打开光盘 \ 素材文件 \ 第 7 章 \ 手机消费市场调查报告 .docx，❶ 选中需要添加批注的文本；❷ 切换到“审阅”选项卡；❸ 单击“批注”组中的“新建批注”按钮，如下图所示。

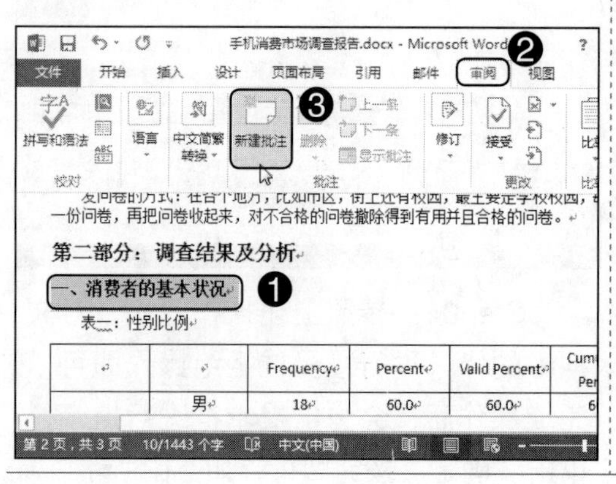

Step02：窗口右侧将出现一个批注框，在批注框中输入自己的见解即可，如下图所示。

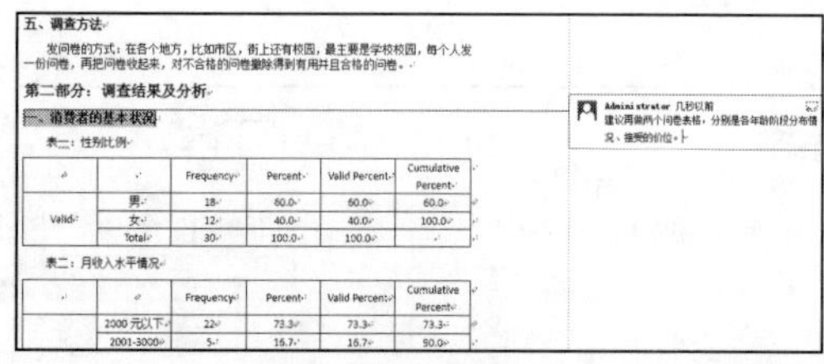

知识拓展　删除批注

若要删除批注，则将光标定位在批注框或者被添加批注的文本中，在“批注”组中单击“删除”按钮下方的下拉按钮，在弹出的下拉列表中选择“删除”选项，即可删除当前批注。

7.3 知识讲解——设置文档权限

编辑文档时，对于重要的文档，为了防止他人随意修改，可以对文档设置权限保护，如设置格式修改权限、编辑权限、修订权限等。

7.3.1 设置格式修改权限

如果允许用户对文档的内容进行编辑，但是不允许修改格式，则可以设置格式修改权限，具体操作方法如下。

光盘同步文件

素材文件：光盘\素材文件\第 7 章\手机消费市场调查报告 .docx
结果文件：光盘\结果文件\第 7 章\手机消费市场调查报告 2.docx
视频文件：光盘\视频文件\第 7 章\7-3-1.mp4

Step01：打开光盘\素材文件\第 7 章\手机消费市场调查报告 .docx，❶ 切换到“审阅”选项卡；❷ 在“保护”组中单击“限制编辑”按钮；❸ 打开“限制编辑”窗格，勾选“限制对选定的样式设置格式”复选框；❹ 单击“是，启动强制保护”按钮，如下图所示。

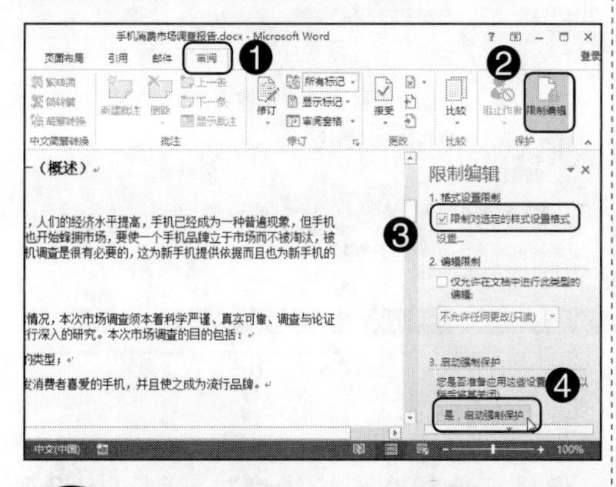

知识拓展 取消格式修改权限

若要取消格式修改权限，则可以打开“限制编辑”窗格，单击“停止保护”按钮，在弹出的“取消保护文档”对话框中输入之前设置的密码，单击“确定”按钮即可。

Step02：弹出“启动强制保护”对话框，❶ 设置保护密码；❷ 单击“确定”按钮，如下图所示。

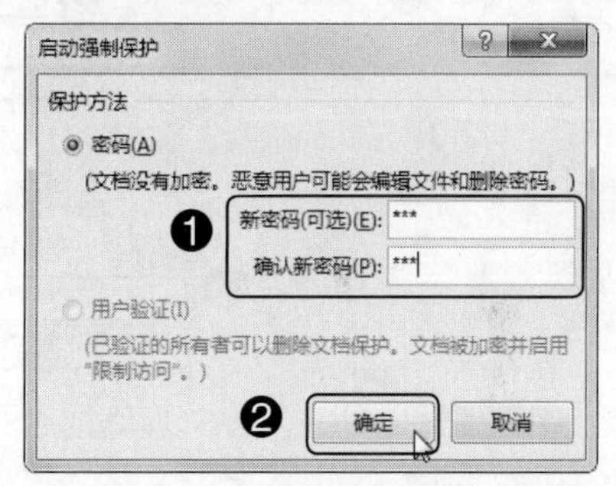

Step03：返回文档，此时用户仅仅可以使用部分样式格式化文本，如在“开始”选项卡中可以看到大部分按钮都呈不可使用状态，如下图所示。

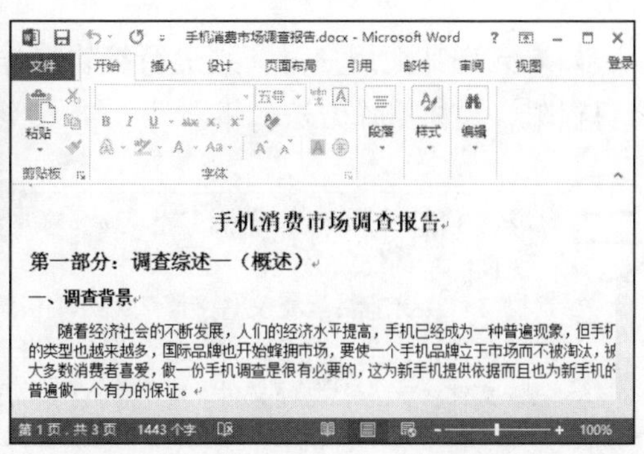

7.3.2 设置编辑权限

如果只允许其他用户查看文档，但不允许对文档进行任何编辑操作，则可以设置编辑权限，具体操作方法如下。

光盘同步文件

素材文件：光盘\素材文件\第 7 章\手机消费市场调查报告 .docx
结果文件：光盘\结果文件\第 7 章\手机消费市场调查报告 3.docx
视频文件：光盘\视频文件\第 7 章\7-3-2.mp4

Step01：打开光盘\素材文件\第 7 章\手机消费市场调查报告 .docx，❶ 切换到“审阅”选项卡；❷ 在“保护”组中单击“限制编辑”按钮；❸ 打开“限制编辑”窗格，勾选“仅允许在文档中进行此类型的编辑”复选框；❹ 选择“不允许任何人更改（只读）”选项；❺ 单击“是，启动强制保护”按钮，如下图所示。

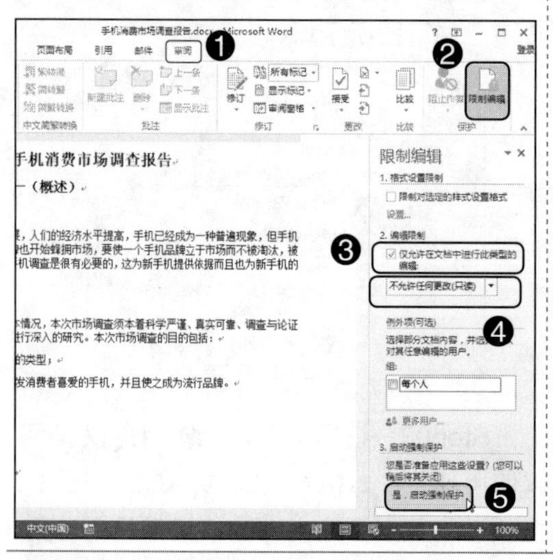

Step02：弹出“启动强制保护”对话框，❶ 设置保护密码；❷ 单击“确定”按钮，如下图所示。

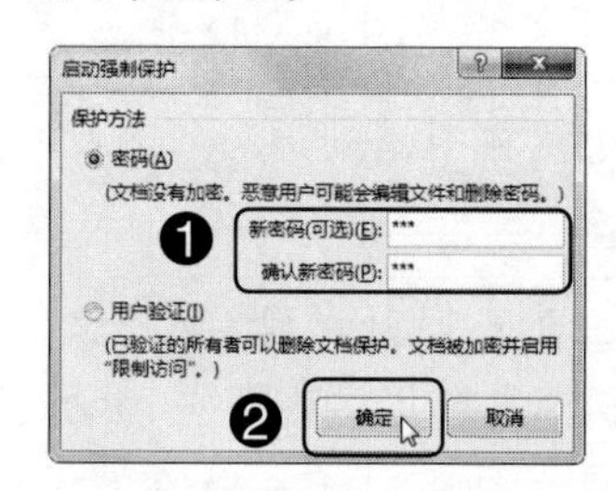

Step03：返回文档，此时无论进行什么操作，状态栏都会出现“不允许修改，因为所选内容已被锁定”的提示信息，如下图所示。

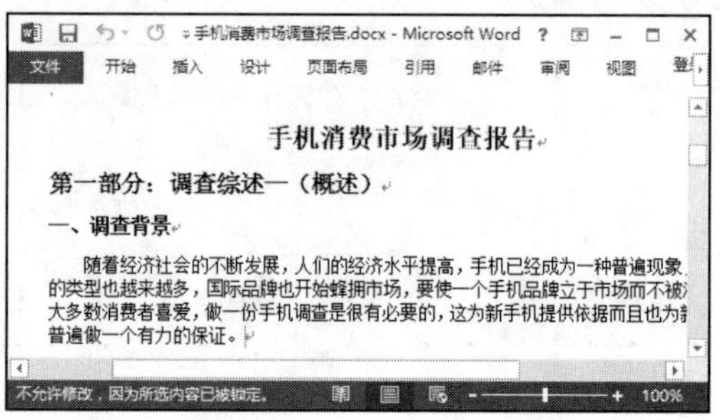

7.3.3 设置修订权限

如果允许其他用户对文档进行编辑操作，但是又希望查看编辑痕迹，则可以设置修订权限，具体操作方法如下。

光盘同步文件

素材文件：光盘\素材文件\第 7 章\手机消费市场调查报告 .docx
结果文件：光盘\结果文件\第 7 章\手机消费市场调查报告 4.docx
视频文件：光盘\视频文件\第 7 章\7-3-3.mp4

Step01：打开光盘\素材文件\第7章\手机消费市场调查报告.docx，❶切换到“审阅”选项卡；❷在“保护”组中单击“限制编辑”按钮；❸打开“限制编辑”窗格，勾选“仅允许在文档中进行此类型的编辑”复选框；❹选择“修订”选项；❺单击“是，启动强制保护”按钮，如下图所示。

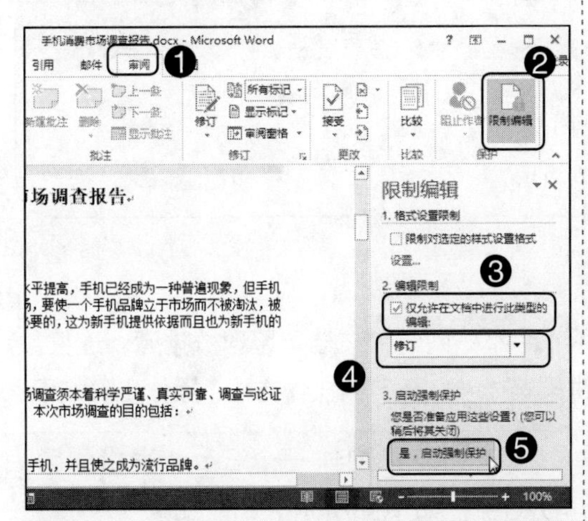

Step02：弹出“启动强制保护”对话框，❶设置保护密码，❷单击“确定”按钮，如下图所示。

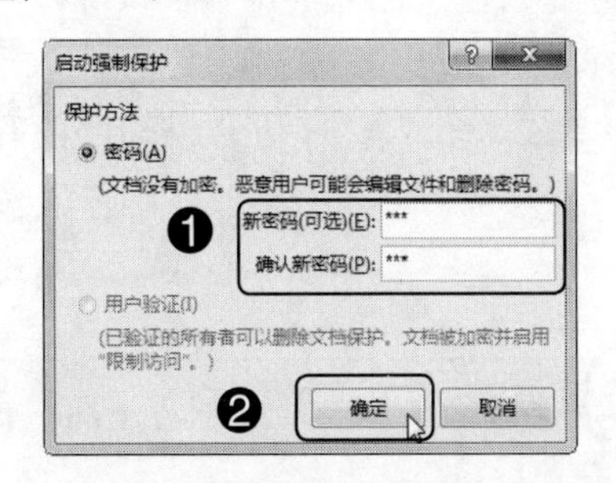

Step03：返回文档，此后若对其进行编辑，文档会自动进入修订状态，即任何修改都会做出修订标记，如下图所示。

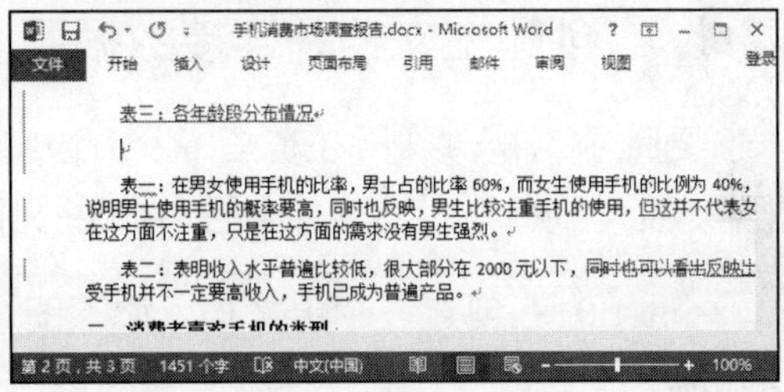

7.4 知识讲解——邮件合并

在日常办公中，通常会有许多数据表，如果要根据这些数据信息制作大量文档，如奖状、工资条、准考证或信封等，便可通过邮件合并功能，轻松、准确、快速地完成这些重复性工作。本节以制作工资条为例，讲解具体操作方法。

光盘同步文件

素材文件：光盘\素材文件\第 7 章\工资条 .docx、员工工资表 .xlsx
结果文件：光盘\结果文件\第 7 章\信函 1.docx
视频文件：光盘\视频文件\第 7 章\7-4.mp4

7.4.1 创建主文档并连接数据源

要通过邮件合并制作工资条，分 5 个小环节，即：创建主文档、整理数据源、连接数据源、插入合并域、生成合并文档，本节将先讲解第 1 ~ 3 环节的操作方法，操作步骤如下。

Step01：创建一个主文档，如下图所示。

Step02：制作一个 Excel 表格作为数据源，如下图所示。

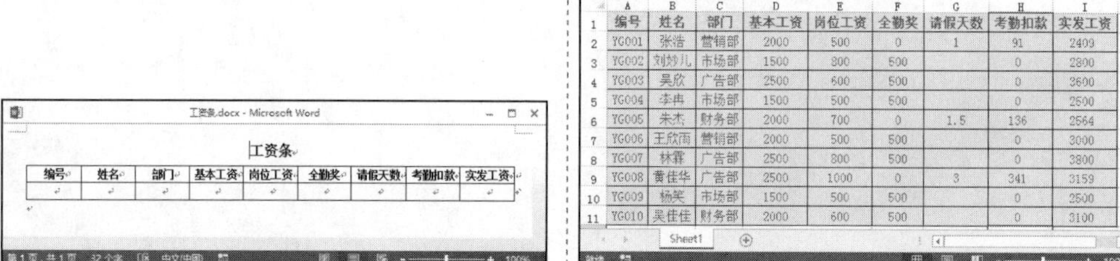

工资条

编号	姓名	部门	基本工资	岗位工资	全勤奖	请假天数	考勤扣款	实发工资

编号	姓名	部门	基本工资	岗位工资	全勤奖	请假天数	考勤扣款	实发工资
YG001	张浩	营销部	2000	500	0	1	91	2409
YG002	刘妙儿	市场部	1500	800	500		0	2800
YG003	吴欣	广告部	2500	600	500		0	3600
YG004	李冉	市场部	1500	500	500		0	2500
YG005	朱杰	财务部	2000	700	0	1.5	136	2564
YG006	王欣雨	营销部	2000	500	500		0	3000
YG007	林霖	广告部	2500	800	500		0	3800
YG008	黄佳华	广告部	2500	1000	0	3	341	3159
YG009	杨笑	市场部	1500	500	500		0	2500
YG010	吴佳佳	财务部	2000	600	500		0	3100

Step03：在主控文档中，❶ 切换到"邮件"选项卡；❷ 在"开始邮件合并"组中单击"选择收件人"按钮；❸ 在弹出的下拉列表中选择"使用现有列表"选项，如下图所示。

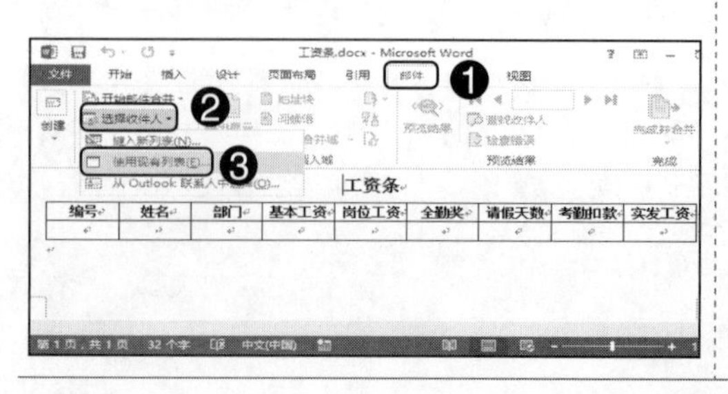

Step04：弹出"选取数据源"对话框，❶ 选择数据源文件；❷ 单击"打开"按钮，如下图所示。

Step05：弹出“选择表格”对话框，❶ 选中数据源所在的工作表；❷ 单击“确定”按钮即可，如右图所示。

7.4.2 插入合并域

接下来继续上述的操作，进行第 4 环节的操作，即插入合并域，具体操作方法如下。

Step01：在主文档中连接数据源后，❶ 将光标定位在“编号”下方的单元格；❷ 在“编写和插入域”组中单击“插入合并域”按钮右侧的下拉按钮；❸ 在弹出的下拉列表中选择“编号”选项，如下图所示。

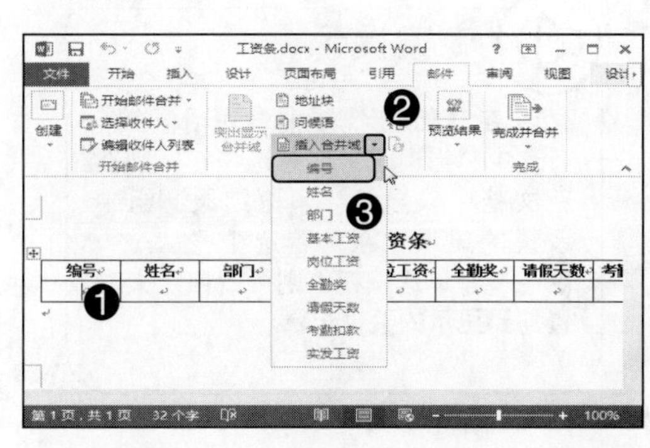

Step02：所选合并域将插入当前单元格，如下图所示。

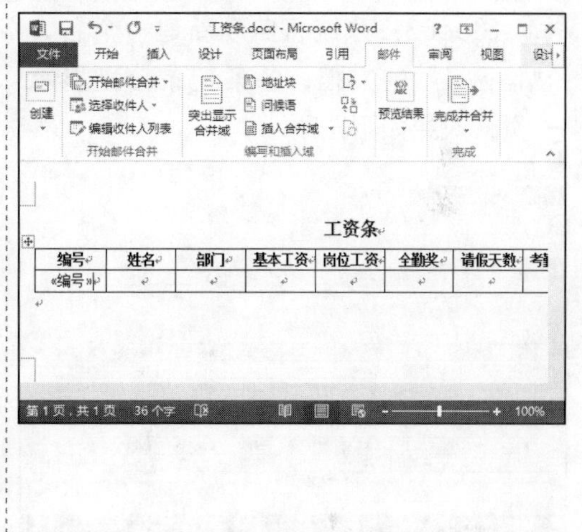

Step03：按照同样的方法，在其他单元格中插入对应的合并域，效果如下图所示。

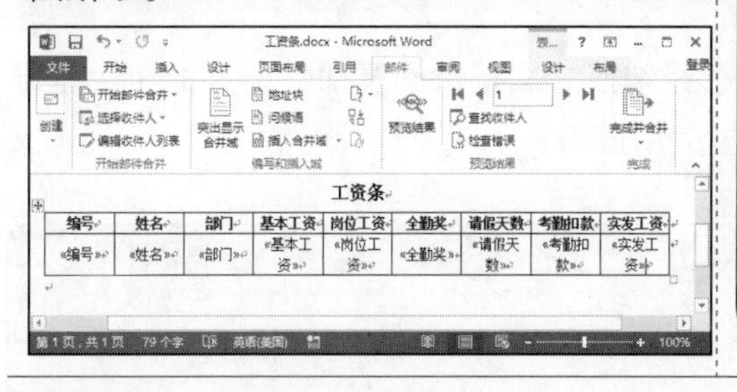

知识拓展 预览合并结果

插入合并域后，在“预览结果”组中单击“预览结果”按钮，插入的合并域将显示为实际内容，从而预览数据效果。在“预览结果”组中，通过单击“上一记录”◀ 或“下一记录”▶ 按钮，可切换显示其他数据信息。完成预览后，再次单击“预览结果”按钮，可取消预览。

7.4.3 生成合并文档

继续上面的操作，执行第 5 环节的操作，即生成合并文档，具体操作方法如下。

Step01：插入合并域后，❶在“完成”组中单击“完成并合并”按钮；❷在弹出的下拉列表中选择“编辑单个文档”选项，如下图所示。

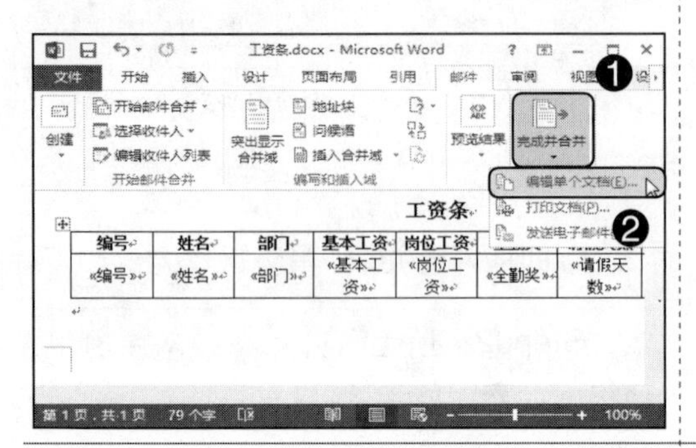

Step02：弹出“合并到新文档”对话框，❶选中“全部”单选按钮；❷单击“确定”按钮，如下图所示。

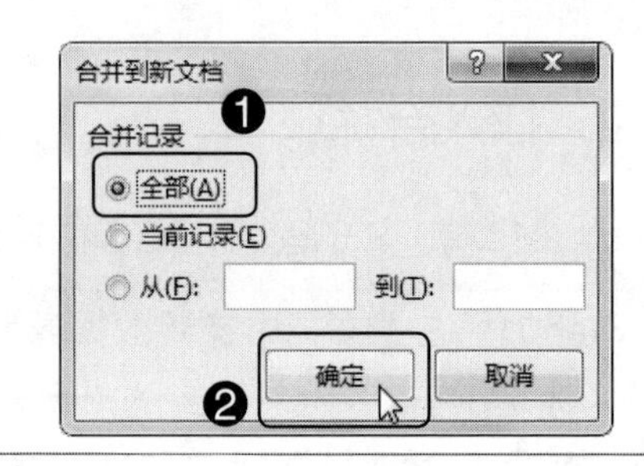

Step03：系统将自动新建一个名为“信函1”的文档，各条记录分别显示一页，效果如下图所示。

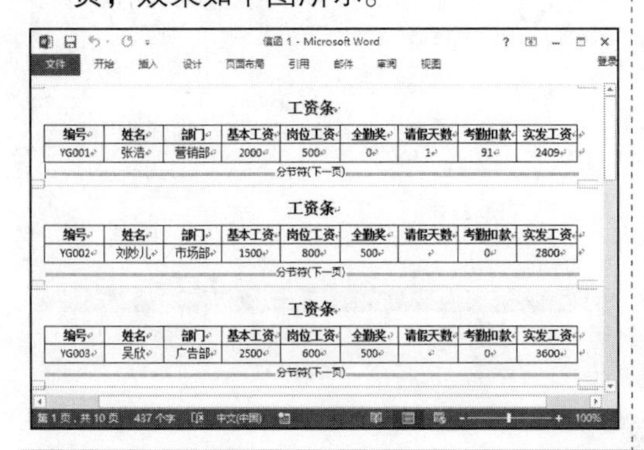

专家提示

在“合并到新文档”对话框中，若选中“当前记录”单选按钮，则在新文档中只显示“预览结果”组中设置的显示记录；若选中“从……到……”单选按钮，则可以自定义设置需要显示的数据记录。

技高一筹——实用操作技巧

通过前面知识的学习，相信读者朋友已经掌握好文档审阅及邮件合并的相关基础知识。下面结合本章内容，给大家介绍一些实用技巧。

光盘同步文件

素材文件：光盘\素材文件\第7章\技高一筹
结果文件：光盘\结果文件\第7章\技高一筹
视频文件：光盘\视频文件\第7章\技高一筹.mp4

技巧01 如何防止他人随意关闭修订

打开修订功能后，通过单击“修订”按钮下方的下拉按钮，在弹出的下拉列表中选择“修订”选项，可关闭修订功能。为了防止他人随意关闭修订功能，可使用锁定修订功能，具体操作方法如下。

Step01：打开光盘\素材文件\第7章\技高一筹\企业员工薪酬方案.docx，❶切换到“审阅”选项卡；❷在“修订”组中单击“修订”按钮下方的下拉按钮；❸在弹出的下拉列表中选择“锁定修订”选项，如下图所示。

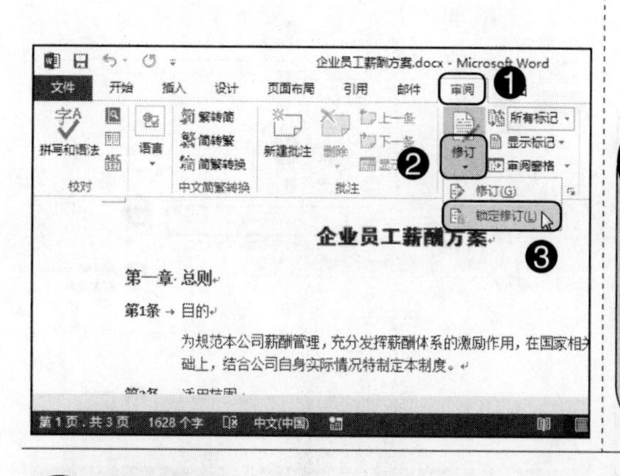

Step02：弹出“锁定跟踪”对话框，❶输入密码；❷单击“确定”按钮即可，如下图所示。

专家提示

设置锁定修订后，此后若需要关闭修订，则单击“修订”按钮下方的下拉按钮，在弹出的下拉列表中选择“锁定修订”选项，在弹出的“解除锁定跟踪”对话框中需要输入正确的密码，才能关闭修订。

技巧 02 如何更改审阅者姓名

在文档中插入批注后，批注框中会显示审阅者的名字。此外，对文档做出修订后，将鼠标指针指向某条修订，会在弹出的指示框中显示审阅者的名称。

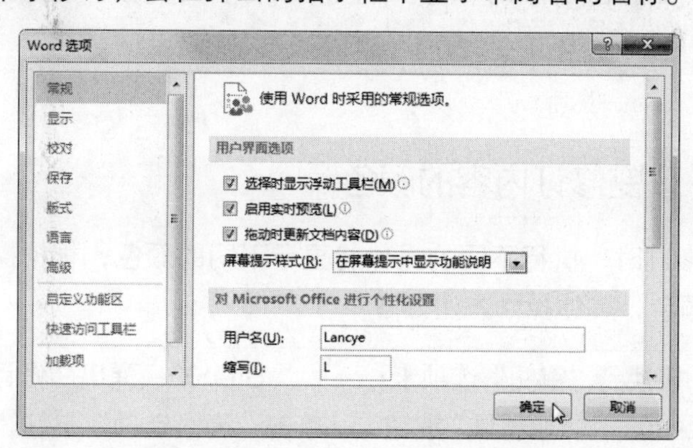

根据操作需要，我们可以修改审阅者的名称，具体操作方法为：打开“Word 选项”对话框，在“常规”选项卡的“对 Microsoft Office 进行个性化设置”栏中设置用户名及缩写名，然后单击“确定”按钮即可。

技巧 03 批量删除指定审阅者插入的批注

在审阅文档时，有时会有多个审阅者在文档中插入批注，如果只需要删除某个审阅者插入的批注，可按下面的操作方法实现。

Step01：打开光盘\素材文件\第7章\技高一筹\企业员工薪酬方案1.docx，❶切换到“审阅”选项卡；❷在“修订”组中单击“显示标记”按钮；❸在弹出的下拉列表中选择“特定人员”选项；❹在弹出的级联列表中设置需要显示的审阅者，本例中只需要显示“Administrator”的批注，因此取消勾选“Lancye”复选框，以取消该选项的选中状态，如下图所示。

Step02：此时文档中将只显示“Administrator”的批注，❶在“批注”框中单击“删除”按钮下方的下拉按钮；❷在弹出的下拉列表中选择“删除所有显示的批注”选项即可，如下图所示。

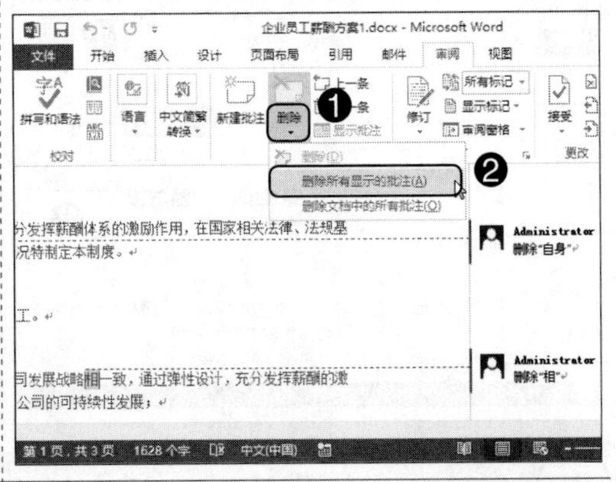

专家提示

若文档被多个审阅者进行修订，还可参照上述操作方法，通过设置显示指定审阅者的修订，然后对显示的修订做出接受或拒绝操作。

技巧 04 改变修订内容的颜色

对文档进行修订时，执行不同的操作将显示不同的颜色，根据操作需要，我们还可以自定义设置颜色，具体操作方法如下。

Step01：❶切换到“审阅”选项卡；❷在“修订”组中单击“功能扩展”按钮，如下图所示。

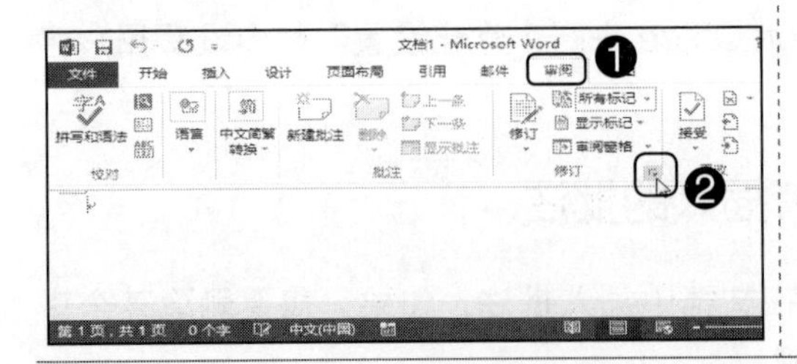

Step02：弹出“修订选项”对话框，单击“高级选项”按钮，如下图所示。

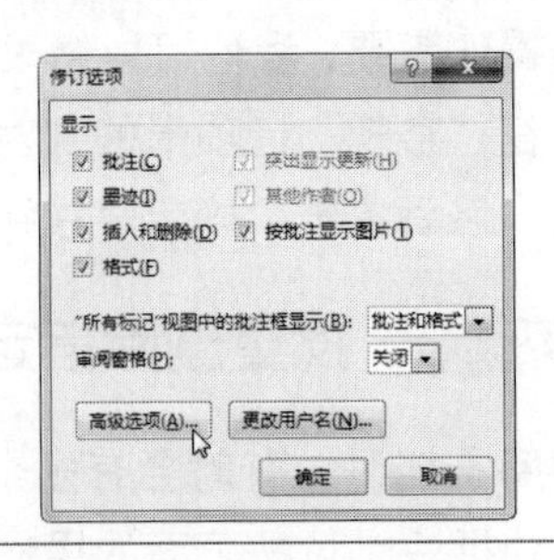

Step03：弹出“高级修订选项”对话框，❶在各个选项区域中进行相应的设置；❷单击“确定”按钮即可，如右图所示。

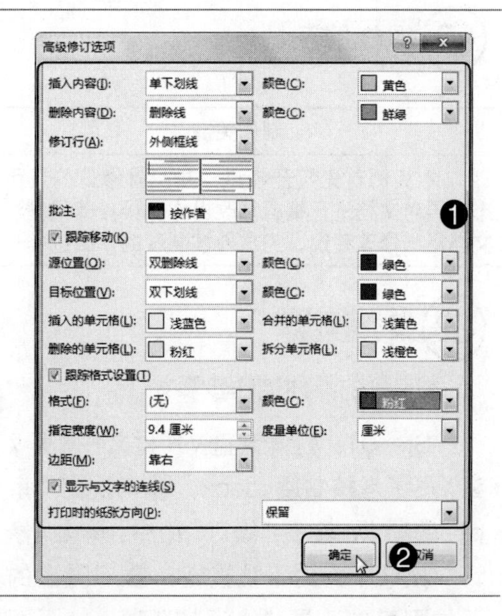

专家提示

在“高级修订选项”对话框中，其中“跟踪移动”复选框是针对段落的移动，当移动段落时，Word 会进行跟踪显示；“跟踪格式设置”复选框是针对文字或段落格式的更改。当格式发生变化时，会在窗口右侧的标记区中显示格式的变化。

技能训练 1——审阅考核制度

训练介绍

要制作一个完善的考核制度，总是会反复的审阅才能定稿。本实例主要通过修订功能，来讲解考核制度的审阅过程。

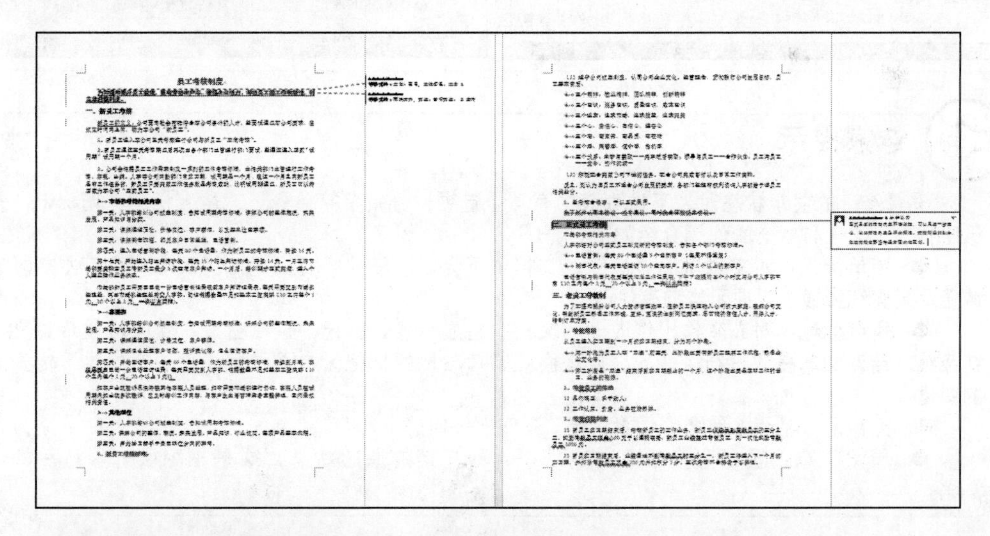

光盘同步文件

素材文件：光盘\素材文件\第 7 章\员工考核制度 .docx
结果文件：光盘\结果文件\第 7 章\员工考核制度 .docx
视频文件：光盘\视频文件\第 7 章\技能训练 1.mp4

操作提示

制作关键	技能与知识要点
本实例首先打开修订，并设置修订的显示状态，再对文档进行编辑修改操作；接着使用批注对文档提出修改建议，完成考核制度的审阅过程	● 修订文档 ● 批注的应用

操作步骤

本实例的具体制作步骤如下。

Step01：打开光盘\素材文件\第 7 章\员工考核制度 .docx，❶ 切换到“审阅”选项卡；❷ 在“修订”组中，单击“修订”按钮下方的下拉按钮；❸ 在弹出的下拉列表中选择“修订”选项，如下图所示。

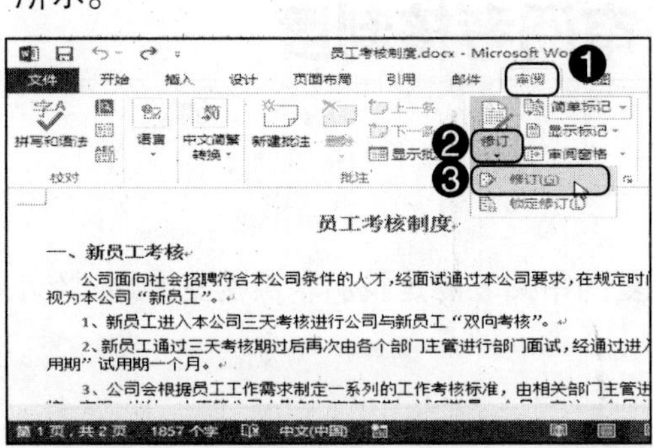

Step02：在“修订”组的下拉列表中，将修订的显示状态设置为“所有标记”，如下图所示。

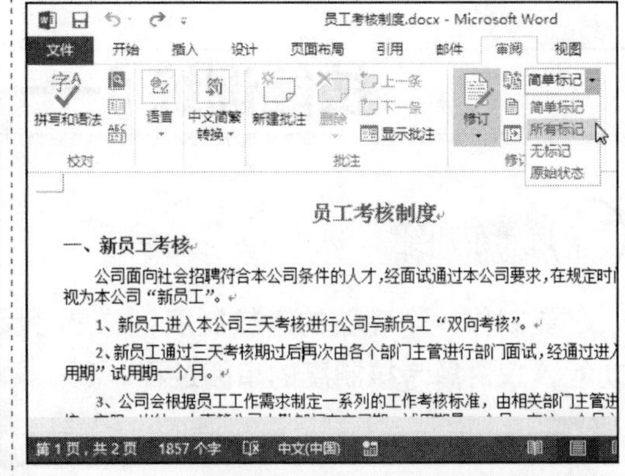

专家提示

设置修订的显示状态时，下拉列表中有 4 个选项，分别是简单标记、所有标记、无标记、原始状态，这 4 种状态的作用介绍如下。

● 简单标记：对文本做出修改时，文档中不会显示任何修订标记，仅仅会在窗口左端区域显示高亮红竖线，以提示当前有修改。

● 所有标记：对文本作出修改时，文档中将显示修订标记，且在窗口左端区域显示高亮红竖线。若对文本格式进行了修改，则还会在窗口右侧的标记区中通过批注框的方式显示格式的变化。

● 无标记：显示接受修改后的文档，不作出任何提示。

● 原始状态：显示为修改之前的状态，即文档的原始状态，或是拒绝所有修订后的文档。

Step03：对文档进行修改操作，效果如下图所示。

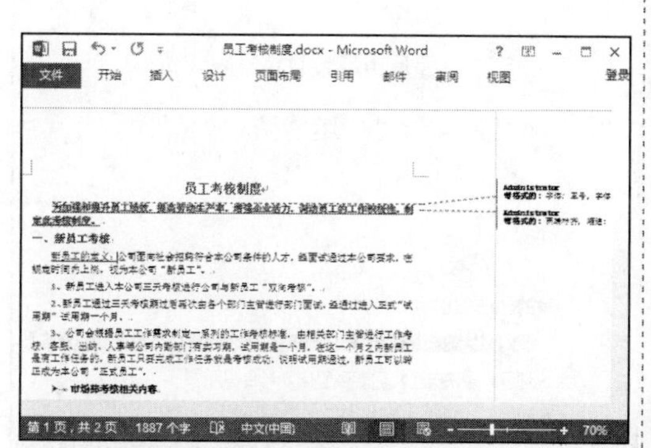

Step04：❶ 选中需要添加批注的文本；❷ 单击“批注”组中的“新建批注”按钮，如下图所示。

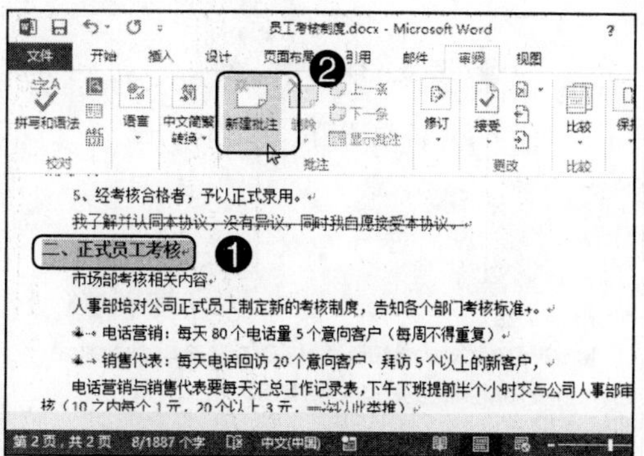

Step05：窗口右侧将出现一个批注框，在批注框中输入修改建议，如下图所示。

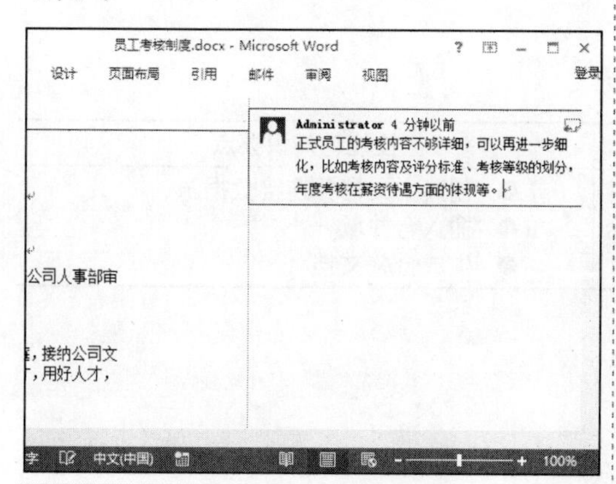

Step06：至此，完成了考核制度的审阅，最终效果如下图所示。

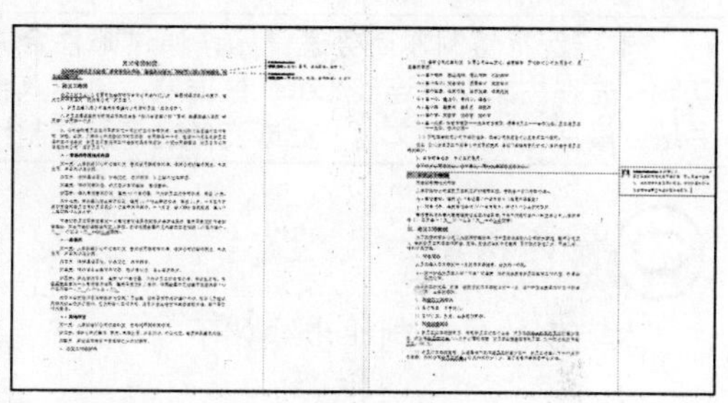

技能训练 2——制作商务邀请函

训练介绍

活动主办方为了郑重邀请其合作伙伴参加其举办的商务活动，体现主办方的盛情，通常需要制作商务邀请函。本实例主要通过邮件合并功能，讲解商务邀请函的批量制作过程。

光盘同步文件

素材文件：光盘 \ 素材文件 \ 第 7 章 \ 邀请函 .docx、邀请名单 .xlsx
结果文件：光盘 \ 结果文件 \ 第 7 章 \ 批量制作商务邀请函 .docx
视频文件：光盘 \ 视频文件 \ 第 7 章 \ 技能训练 2.mp4

重庆市碟传科技有限公司

邀请函

尊敬的：张浩先生

我们诚挚邀请您参加"探讨新机遇，寻求新热点"，静候您的光临！

会议地点：重庆市江北区君豪酒店1号会客厅

会议时间：2016年1月10日

主办方：重庆市碟传科技有限公司

重庆市碟传科技有限公司

邀请函

尊敬的：刘妙儿女士

我们诚挚邀请您参加"探讨新机遇，寻求新热点"，静候您的光临！

会议地点：重庆市江北区君豪酒店1号会客厅

会议时间：2016年1月10日

主办方：重庆市碟传科技有限公司

操作提示

制作关键	技能与知识要点
本实例批量制作商务邀请函，通过邮件合并功能，先在主文档中连接 Excel 数据源，再插入合并域，最后生成合并文档，完成商务邀请函的制作	● 创建主文档并连接数据源 ● 插入合并域 ● 生成合并文档

操作步骤

本实例的具体制作步骤如下。

Step01：创建一个主文档，如下图所示。

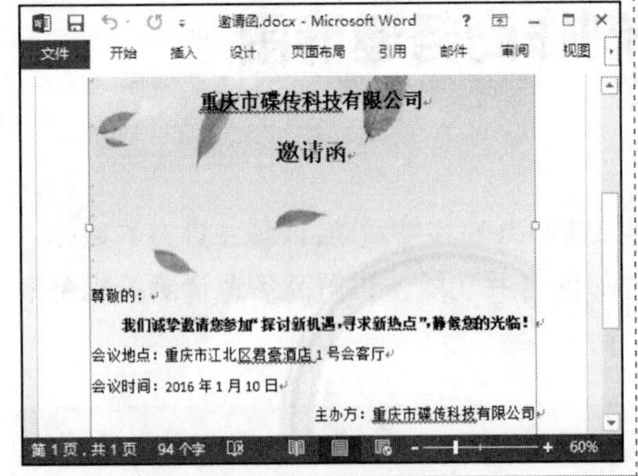

Step02：制作一个 Excel 表格作为数据源，如下图所示。

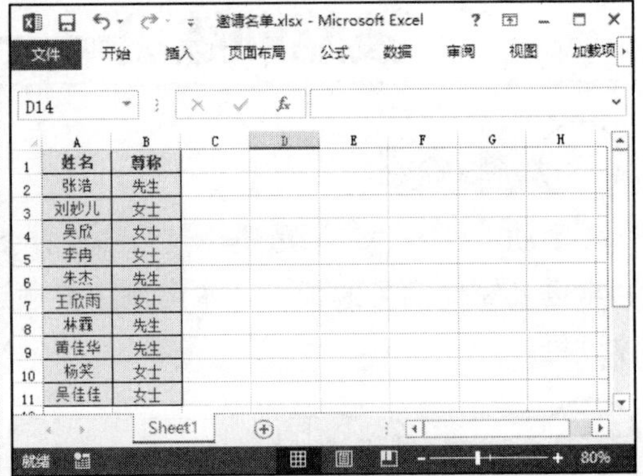

Step03：在主控文档中，❶切换到“邮件”选项卡；❷在“开始邮件合并”组中单击“选择收件人”按钮；❸在弹出的下拉列表中选择“使用现有列表”选项，如下图所示。

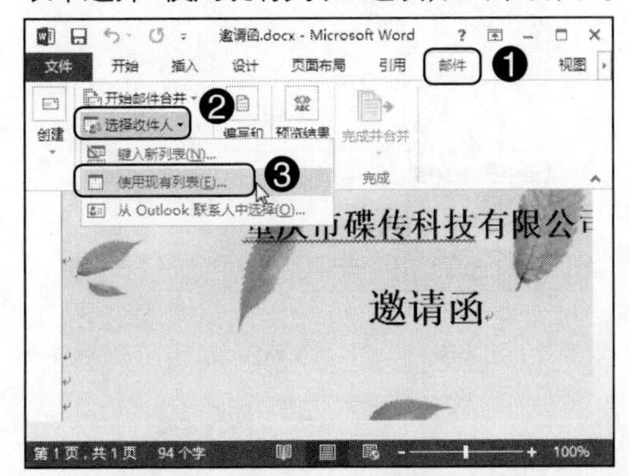

Step04：弹出“选取数据源”对话框，❶选择数据源文件；❷单击“打开”按钮，如下图所示。

Step05：弹出“选择表格”对话框，❶选中数据源所在的工作表；❷单击“确定”按钮，如下图所示。

Step06：❶将光标定位在“尊敬的：”之后；❷在“编写和插入域”组中单击“插入合并域”按钮右侧的下拉按钮；❸在弹出的下拉列表中选择“姓名”选项，如下图所示。

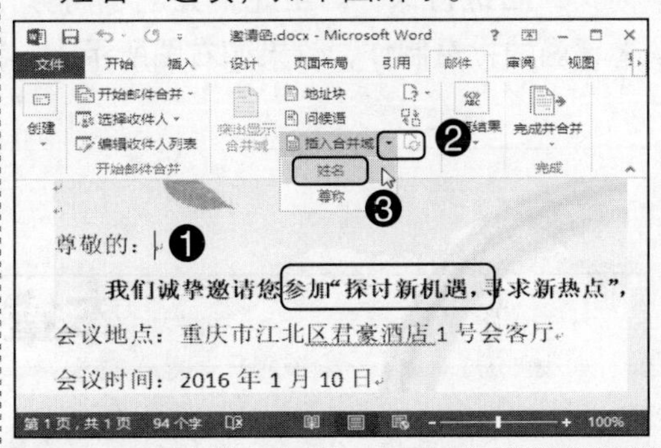

Step07：所选合并域将插入位置，❶将光标定位在“《姓名》”之后；❷单击“插入合并域”按钮右侧的下拉按钮；❸在弹出的下拉列表中选择“尊称”选项，如下图所示。

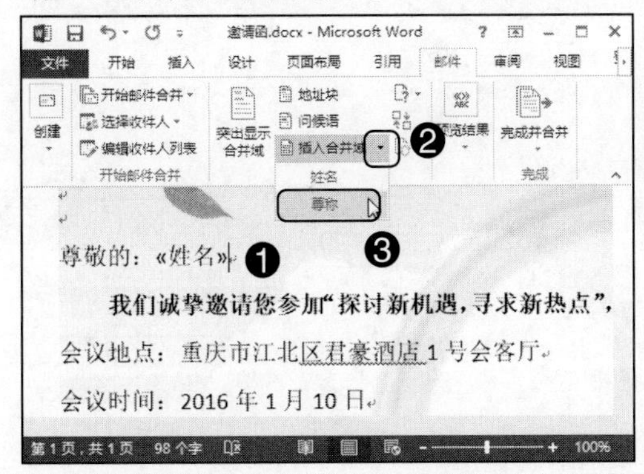

Step08：完成合并域的插入操作，效果如下图所示。

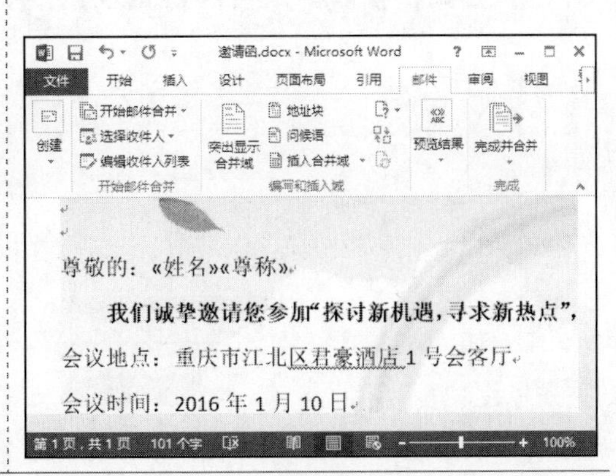

Step09：❶在“完成”组中单击“完成并合并”按钮；❷在弹出的下拉列表中选择“编辑单个文档”选项，如下图所示。

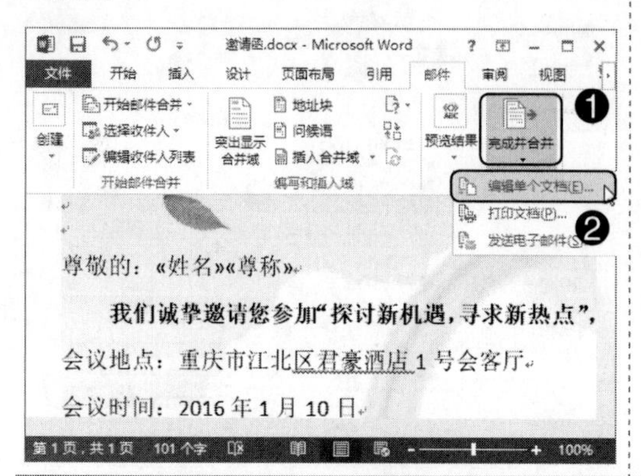

Step10：弹出“合并到新文档”对话框，❶选中“全部”单选按钮；❷单击“确定”按钮，如下图所示。

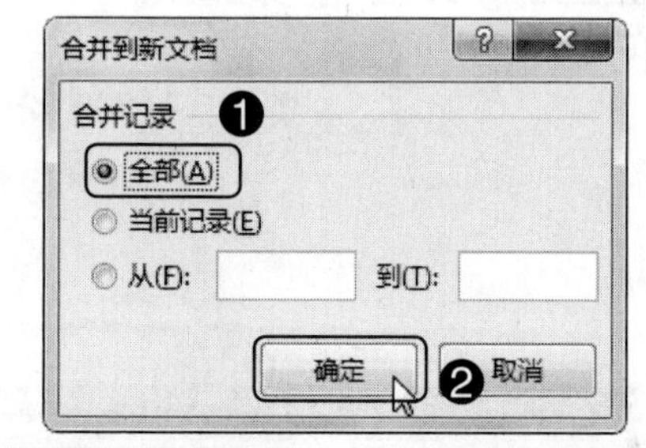

Step11：系统将自动新建一个名为“信函1”的文档，各张邀请函分别显示一页，根据操作需要，将生成的合并文档以“批量制作商务邀请函.docx”为文件名进行保存。至此，完成了商务邀请函的批量制作，效果如右图所示。

本章小结

本章主要学习了Word文档的一些高级应用知识，主要包括校对文档、文档的修订、设置文档权限，以及通过邮件合并功能批量制作文档等知识点。通过本章的学习，相信读者的Word技能又上了一个新台阶。本章是介绍Word的最后一章，下一章开始，我们将介绍Excel在办公中的使用。

Chapter

08 Excel 电子表格的创建与编辑

本章导读

Excel 主要用于表格数据处理，在数据处理这一块的功能是非常强大的。因此，要想学好 Excel 软件，首先需要认识 Excel 中的各个元素、然后再熟悉工作表的基本操作，以及如何输入数据，最后对行、列和单元格进行编辑相关操作。

学完本章后应该掌握的技能

- 认识工作簿、工作表和单元格
- 掌握工作表的基本操作
- 掌握如何输入数据
- 掌握编辑数据的方法
- 掌握编辑行、列和单元格的方法

本章相关实例效果展示

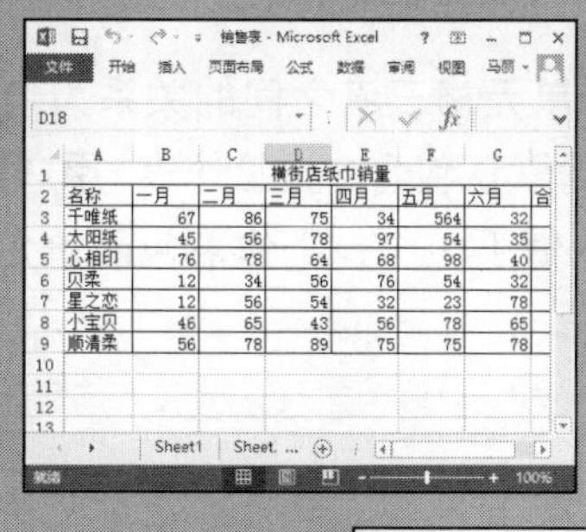

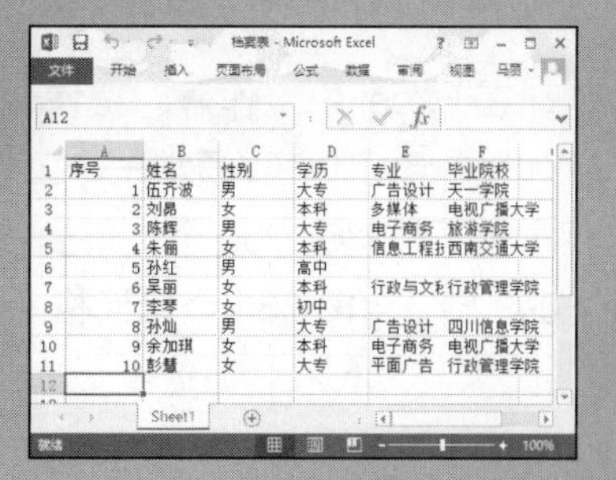

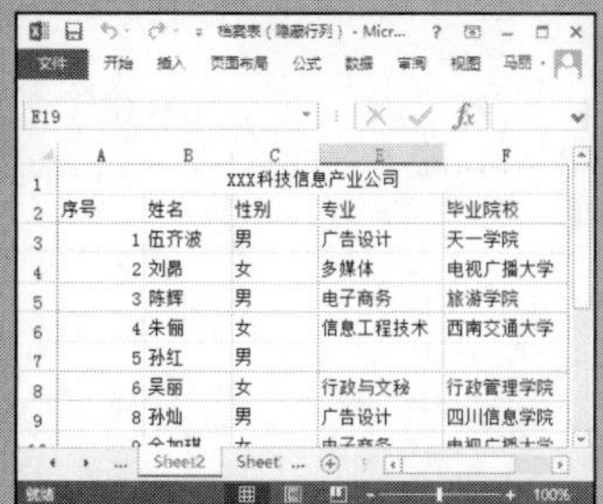

8.1 知识讲解——认识工作簿、工作表和单元格

在操作工作表之前，首先需要认识什么是工作簿、工作表及单元格等。理清各元素之间的关系，为学习 Excel 表格打好基础。

8.1.1 工作簿、工作表和单元格的概念

工作表和工作薄都是办公软件中的 Excel 中的专业术语，工作薄是由一个或多个工作表组成的。下面，分别介绍这些术语。

- 工作簿

在 Microsoft Excel 中，工作簿是处理和存储数据的文件。由于每个工作簿可以包含多张工作表，因此可在一个文件中管理多种类型的相关信息。

- 工作表

使用工作表可以显示和分析数据。可以同时在多张工作表上输入并编辑数据，并且可以对不同工作表的数据进行汇总合并计算。

- 单元格

单元格是工作表中的小方格，它是工作表的基本元素，也是 Excel 独立操作的最小单位。用户可以向单元格中输入文字、数据和公式，也可以对单元格进行各种格式的设置，如字体、颜色、长度、宽度和对齐方式等。单元格的位置是通过它所在的行号和列标来确定的，例如 C5 单元格是第 C 列和第 5 行交汇处的小方格。

8.1.2 工作簿、工作表和单元格的关系

在 Excel 中工作簿、工作表、单元格三者之间的关系为包函与被包函的关系，即工作簿包函工作表，通常一个工作簿默认包含 3 张工作表，用户可以根据需要进行增删，但最多不能超过 255 个，最少不能低于 1 个；工作表包函单元格，在一张工作表中有 1 048 576×16 384 个单元格。

8.2 知识讲解——工作表的基本操作

知道了 Excel 中的专业术语外，下面，接着对工作表的基本操作进行介绍，相信读者朋友很快就能学会。

8.2.1 切换与选择工作表

在启动的 Excel 软件中，我们认识了工作表，但如果一个工作簿中有多个工作表，就需要对工作表进行切换或者选择。切换工作表与选择单张工作表的操作一样，直接选中即可，但是对于选择工作表来说，不仅仅是单击一次就可以解决的，因为选择工作表，可以是连续或间断地进行多张工作表的选择操作。

光盘同步文件

素材文件：光盘\素材文件\第 8 章\销售表 .xlsx
结果文件：光盘\结果文件\第 8 章\销售表 .xlsx
视频文件：光盘\视频文件\第 8 章\8-2-1.mp4

Step01：打开素材文件\第 8 章\销售表.xlsx，单击“Sheet3”工作表，如下图所示。

Step02：经过上步操作，即可直接查看到 Sheet3 工作表的内容，效果如下图所示。

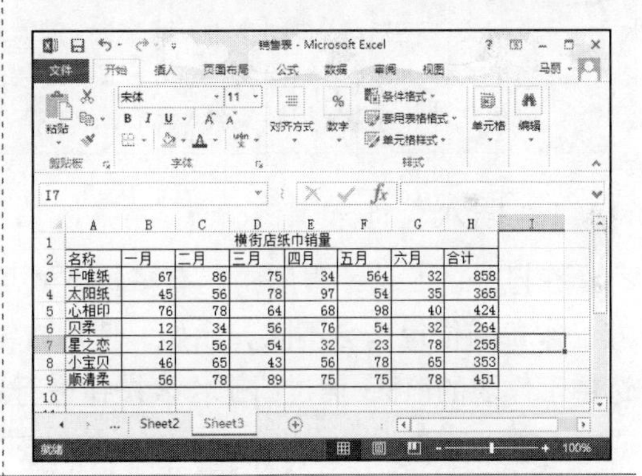

Step03：单击 Sheet1，按住“Shift”键，再单击后面的工作表，这样可以连续选择多张工作表，如下图所示。

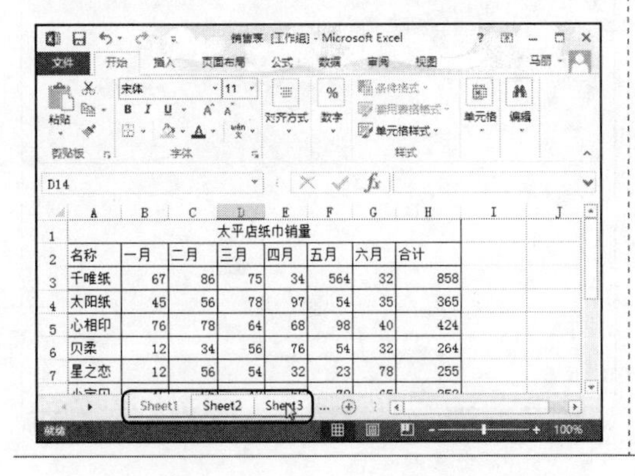

Step04：经过上步操作，连续选择多张工作表，效果如下图所示。

Step05：按住“Ctrl”键，单击“Sheet2”取消选择工作表，如下图所示。

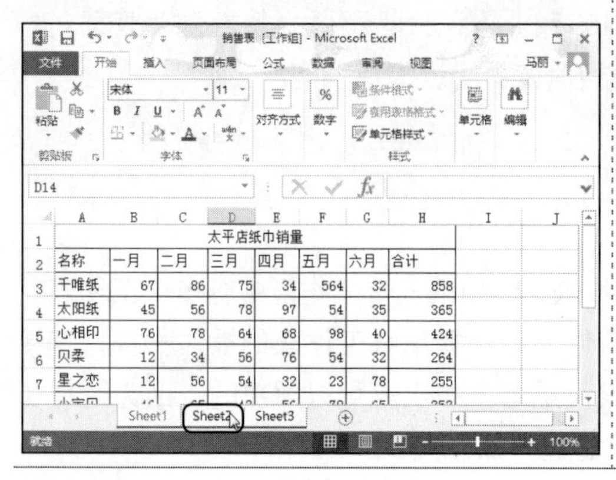

Step06：经过上步操作，只选中 Sheet1 和 Sheet3 工作表，效果如下图所示。

8.2.2 添加与删除工作表

在启动的 Excel 程序中，默认的会有 3 张工作表，如果在一个工作簿中 3 张工作表不够用时，可以添加工作表，一个工作簿中最多能添加 255 张。但是如果添加多了工作表，切换工作表就比较麻烦，因此，对于多余的工作表，也可以进行删除。

光盘同步文件

素材文件：光盘\素材文件\第 8 章\销售表 .xlsx
结果文件：光盘\结果文件\第 8 章\销售表 .xlsx
视频文件：光盘\视频文件\第 8 章\8-2-2.mp4

1. 插入工作表

在打开的 Excel 程序中，有多种方式可以插入工作表，但是选择的方式不同，插入工作表的位置也会不同。比如，使用右键的功能插入工作表，是将新工作表插入所选中工作表的前面；通过新工作表按钮进行添加，可将工作表插入所选中工作表的后面。

Step01：打开素材文件\第 8 章\销售表 .xlsx，❶选择 Sheet3 工作表；❷单击“新工作表”按钮⊕，如下图所示。

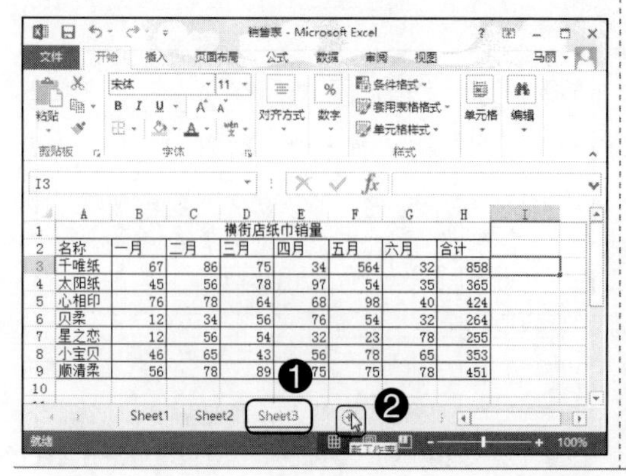

Step02：经过上步操作，插入一张工作表，效果如下图所示。

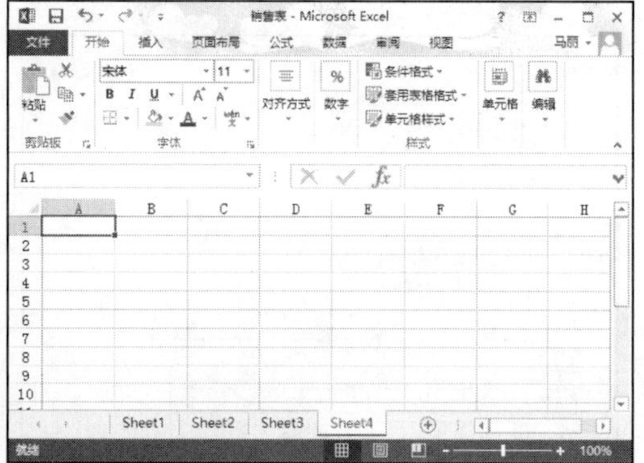

2. 删除工作表

如果在工作簿中多添加了一些工作簿，在目前的数据表格中使用不上，可以将其删除，具体操作方法如下。

Step01：❶ 选中 Sheet5 和 Sheet6 工作表，右击；❷ 在弹出的快捷菜单中选择“删除”命令，如下图所示。

Step02：经过上步操作，删除 Sheet5 和 Sheet6 工作表，效果如下图所示。

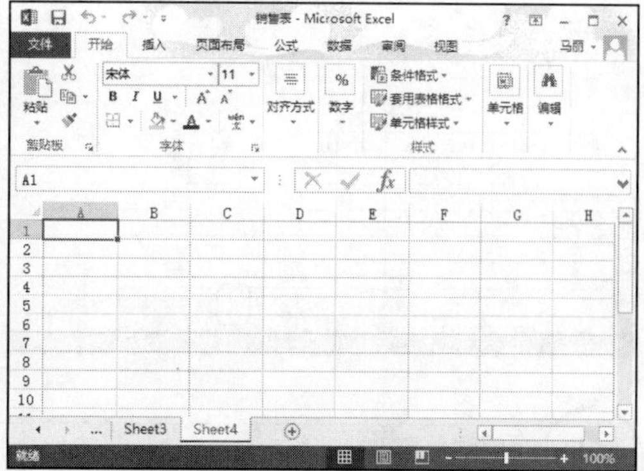

知识拓展　为什么我删除工作表会有提示?

如果删除的工作表中输入的有数据信息，在删除工作表时，就会弹出“Microsoft Excel”提示框，确认删除该工作表对数据是否有无影响，如果确认要删除，单击“删除”按钮即可，否则单击“取消”按钮。

8.2.3 移动与复制工作表

在一个工作簿中，如果含有多张工作表，那么对制作的工作表的顺序进行移动，或者对重要数据的工作表进行复制就是比较常用的操作。

光盘同步文件

素材文件：光盘 \ 素材文件 \ 第 8 章 \ 销售表 .xlsx
结果文件：光盘 \ 结果文件 \ 第 8 章 \ 工作簿 2.xlsx
视频文件：光盘 \ 视频文件 \ 第 8 章 \8-2-3.mp4

1. 移动工作表

如果制作表格时，工作表的顺序不清晰，可以将制作好的工作表进行移动位置，具体操作方法如下。

Step01：打开素材文件\第 8 章\销售表 .xlsx，选中 Sheet1 工作表，按住左键不放拖动至 Sheet4 工作表后放开，如下图所示。

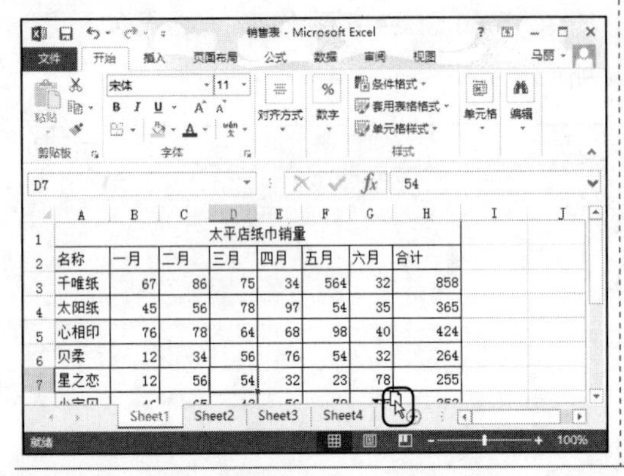

Step02：经过上步操作，移动 Sheet1 工作表的顺序，效果如下图所示。

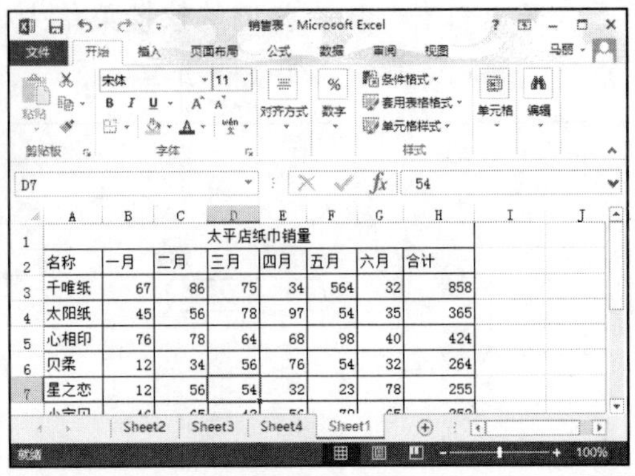

专家提示

如果复制工作表是在同一个工作簿进行操作的，可以直接按住“Ctrl”+ 鼠标拖动进行复制，在执行复制命令时，鼠标上方有一个“+”，否则就是移动工作表。

2. 复制工作表

复制表格内容，为表格设置的某些格式会发生改生，为了提高操作结果的准确性，可以复制工作表，复制工作表可以在当前工作簿中，也可以复制到新的工作簿，具体操作方法如下。

Step01：❶选择 Sheet3 和 Sheet4 工作表，右击；❷选择“移动或复制”命令，如下图所示。

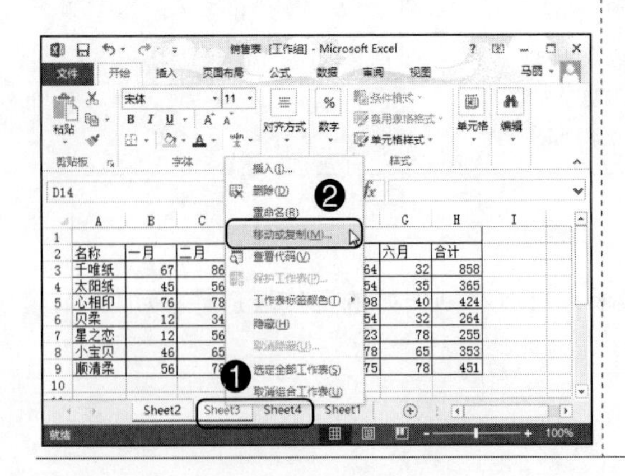

Step02：打开“移动或复制”对话框，❶在“工作簿”列表框中选择“新工作簿”选项；❷勾选“建立副本”复选框；❸单击“确定”按钮，如下图所示。

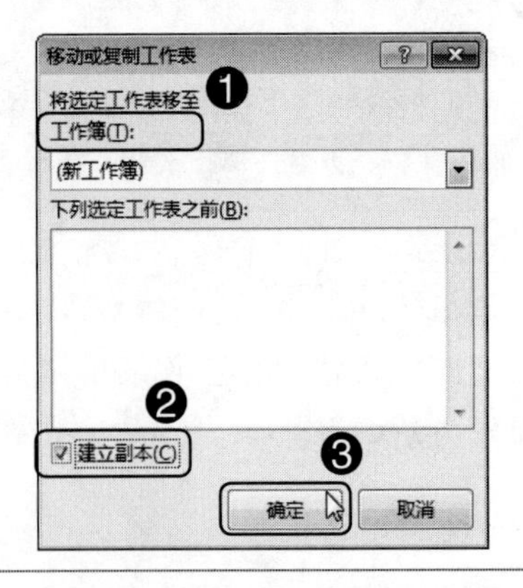

Step03：经过以上操作，自动打开工作簿 2，复制的工作表效果如右图所示。

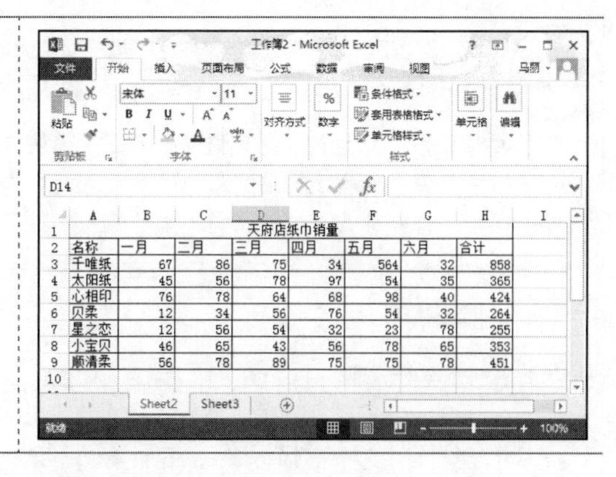

天府店纸巾销量							
名称	一月	二月	三月	四月	五月	六月	合计
千唯纸	67	86	75	34	564	32	858
太阳纸	45	56	78	97	54	35	365
心相印	76	78	64	68	98	40	424
贝柔	12	34	56	76	54	32	264
星之恋	12	56	54	32	23	78	255
小宝贝	46	65	43	56	78	65	353
顺清柔	56	78	89	75	75	78	451

8.2.4 重命名工作表

当一个工作簿中包含有多张工作表时，为了区别不同的工作表，可以为工作表设置容易区别和理解的名称，重命名工作表的方法如下。

光盘同步文件

素材文件：光盘 \ 素材文件 \ 第 8 章 \ 销售表 .xlsx
结果文件：光盘 \ 结果文件 \ 第 8 章 \ 销售表 .xlsx
视频文件：光盘 \ 视频文件 \ 第 8 章 \8-2-4.mp4

Step01：打开素材文件 \ 第 8 章 \ 销售表 .xlsx，❶ 右击“Sheet1”工作表；❷ 在弹出快捷菜单中选择“重命名”命令，如下图所示。

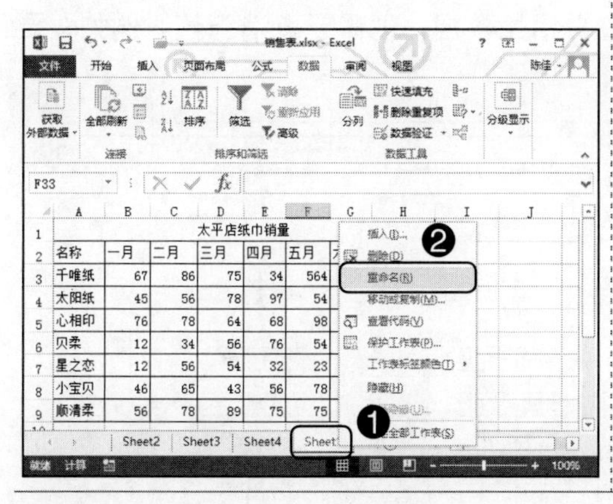

Step02：当工作表的名称处于编辑状态时，输入工作表的名称，然后将鼠标定位至工作表中任意单元格单击，即可完成重命名工作表操作，如下图所示。

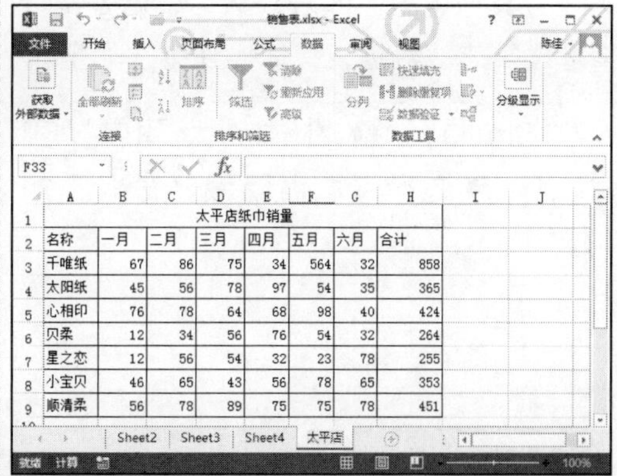

太平店纸巾销量							
名称	一月	二月	三月	四月	五月	六月	合计
千唯纸	67	86	75	34	564	32	858
太阳纸	45	56	78	97	54	35	365
心相印	76	78	64	68	98	40	424
贝柔	12	34	56	76	54	32	264
星之恋	12	56	54	32	23	78	255
小宝贝	46	65	43	56	78	65	353
顺清柔	56	78	89	75	75	78	451

8.2.5 隐藏与显示工作表

在工作表中输入了一些数据后，如果不想让他人轻易看到这些数据，或者为了方便其他重要的数据表的操作，可以将不需要显示的工作表进行隐藏，若是操作需要，再次执行显示工作表即可。

光盘同步文件

素材文件：光盘 \ 素材文件 \ 第 8 章 \ 销售表 .xlsx
结果文件：光盘 \ 结果文件 \ 第 8 章 \ 销售表 .xlsx
视频文件：光盘 \ 视频文件 \ 第 8 章 \8-2-5.mp4

1. 隐藏工作表

在销售表中，将天府店、横街店和江津店 3 张工作表进行隐藏，具体操作方法如下。

Step01：打开素材文件 \ 第 8 章 \ 销售表 .xlsx，❶ 选中天府店、横街店和江津店 3 张工作表，右击；❷ 选择“隐藏”命令，如下图所示。

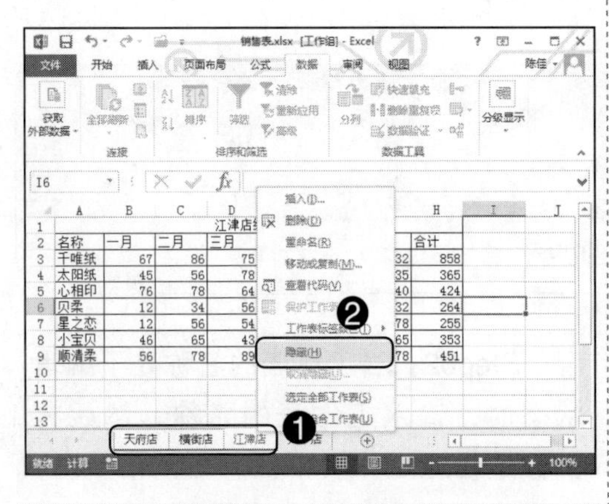

Step02：经过以上操作，隐藏工作表的效果如下图所示。

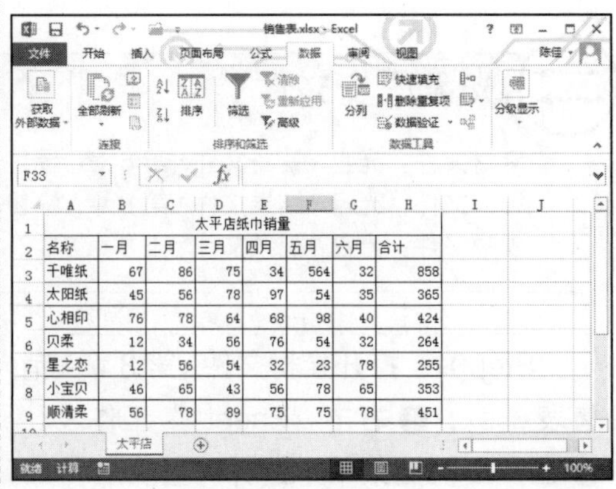

2. 取消隐藏工作表

将其他店的工作表隐藏后，若是需要查看相关数据，则需要取消隐藏。例如，要查看横街店的数据，具体操作方法如下。

Step01：❶ 右击“太平店”工作表；❷ 选择“取消隐藏”命令，如右图所示。

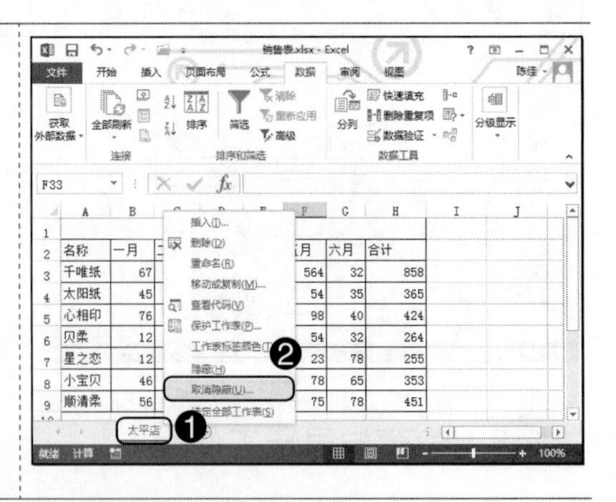

Step02：打开“取消隐藏”对话框，❶单击“横街店”工作表；❷单击“确定”按钮，如下图所示。

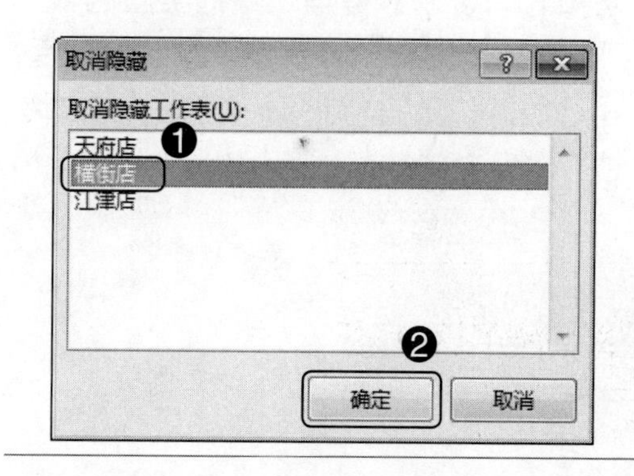

Step03：经过以上操作，取消横街店的隐藏，效果如下图所示。

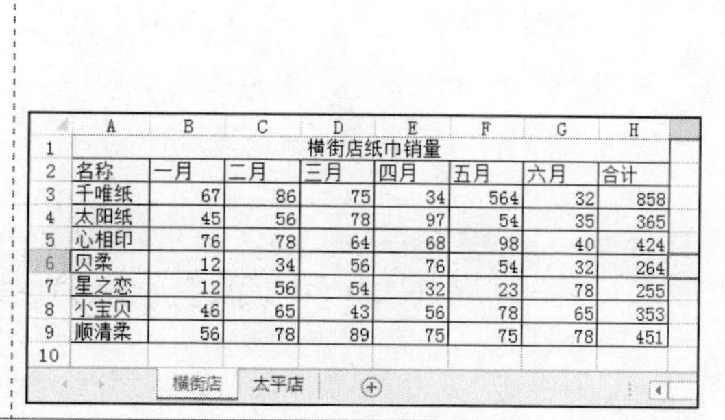

	A	B	C	D	E	F	G	H
1	横街店纸巾销量							
2	名称	一月	二月	三月	四月	五月	六月	合计
3	千唯纸	67	86	75	34	564	32	858
4	太阳纸	45	56	78	97	54	35	365
5	心相印	76	78	64	68	98	40	424
6	贝柔	12	34	56	76	54	32	264
7	星之恋	12	56	54	32	23	78	255
8	小宝贝	46	65	43	56	78	65	353
9	顺清柔	56	78	89	75	75	78	451
10								

横街店　太平店

8.3 知识讲解——数据的输入与编辑

在 Excel 工作表中，单元格内的数据可以有多种不同的类型，例如文本、日期和时间、百分数等，不同类型的数据在输入时需要使用不同的输入方式。在工作表中输入数据后，无论是修改其内容或者对数据位置进行移动，还是快速查找单元格中数据，都会对工作表中的数据进行编辑。

8.3.1 选择单元格

在为单元格输入数据之前，首先需要学会如何选择单元格，选择单元格分为，选择单个单元格、连续多个单元格和间断多个单元格。

鼠标定位至任意单元格，单击一次即可选中一个单元格；

单击选中一个单元格，按住“Shift”键不放，再选择另一个单元格单击，即可选中一个连续的单元格区域；

单击选中一个单元格，按住“Ctrl”键不放，再单击其他单元格，即可选中间断的多个单元格。

8.3.2 输入数据

只要在幻灯片中输入文本，就形成一个段落。段落以段落标记为标识，而不论文字内容有多少。段落格式包括对齐方式、文字方向、分栏、缩进及间距等。根据幻灯片内容的需要选择性地对段落进行设置，例如取消正文的项目符号，设置首行缩进，具体操作方法如下。

光盘同步文件

素材文件：无

结果文件：光盘 \ 结果文件 \ 第 8 章 \ 档案表 .xlsx

视频文件：光盘 \ 视频文件 \ 第 8 章 \8-3-2.mp4

Step01：❶ 启动 Excel 程序，保存为“档案表”；❷ 设置输入法；❸ 在 A1 单元格中输入需要的文本，按空格键确认上屏，如右图所示。

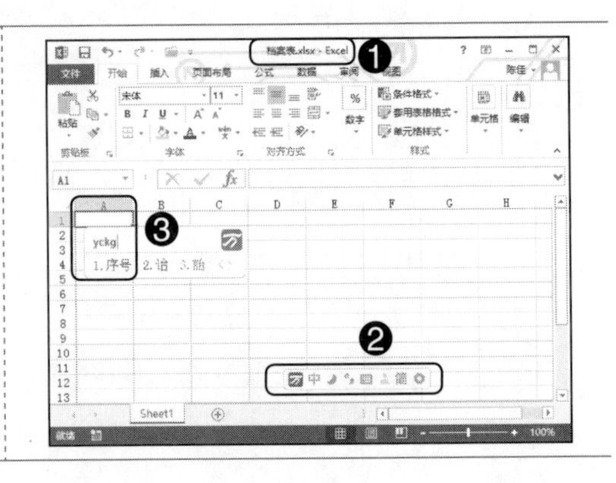

Step02：❶ 依次在其他单元格输入信息；❷ 按住“Ctrl”不放，选中需要输入相同内容的单元格；❸ 输入“男”，按空格键上屏，如下图所示。

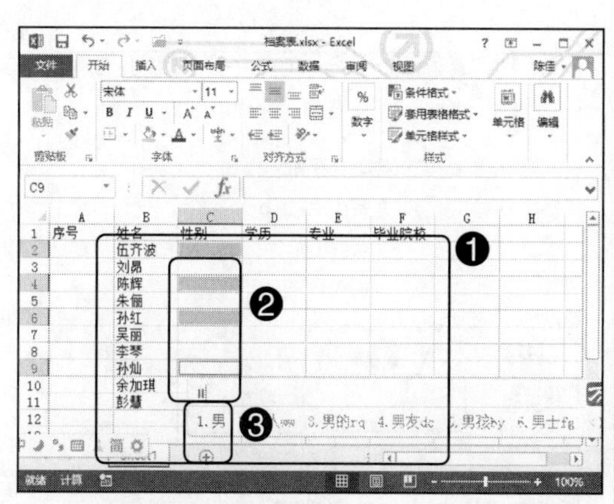

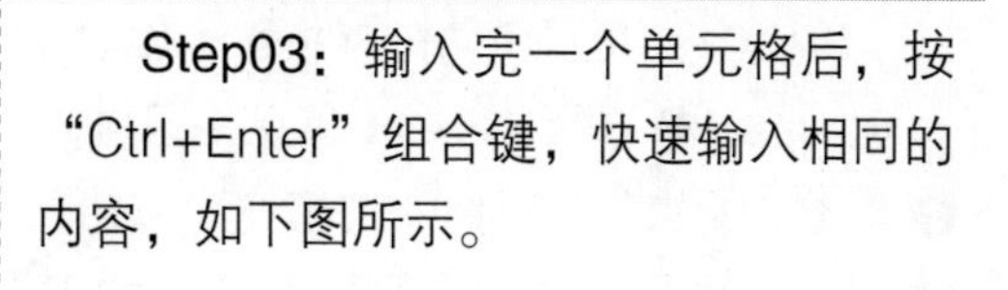

Step03：输入完一个单元格后，按“Ctrl+Enter”组合键，快速输入相同的内容，如下图所示。

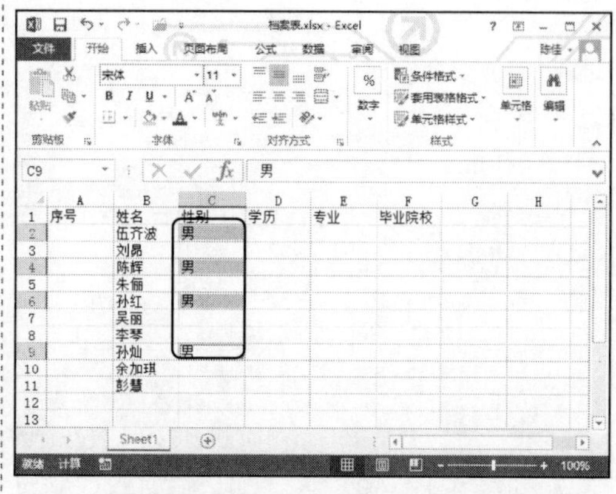

Step04：重复操作第 2 步和第 3 步，为多个单元格输入性别为女，如下图所示。

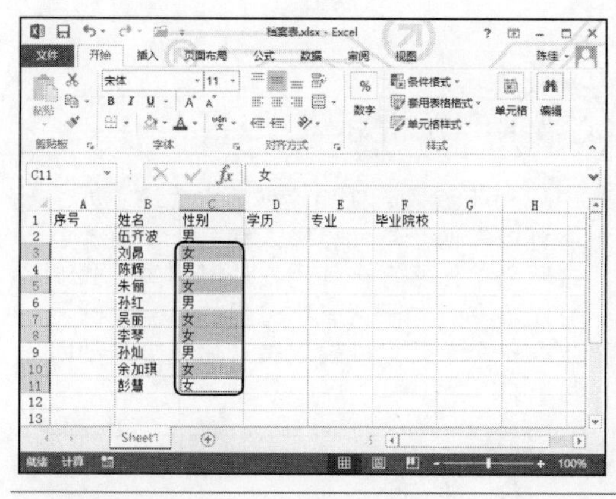

Step05：在工作表中依次输入其他单元格的相关信息，如下图所示。

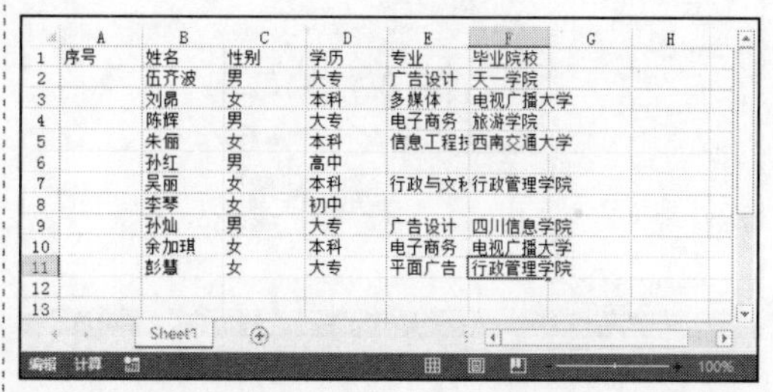

8.3.3 快速填充数据

在 Excel 工作表中输入数据时，经常需要输入一些有规律的数据，对于这些数据，可以使用填充功能将具有规律的数据填充到相应的单元格，具体操作如下。

光盘同步文件

素材文件：光盘 \ 素材文件 \ 第 8 章 \ 档案表 .xlsx
结果文件：光盘 \ 结果文件 \ 第 8 章 \ 档案表 .xlsx
视频文件：光盘 \ 视频文件 \ 第 8 章 \8-3-3.mp4

Step01：打开素材文件第 8 章\档案表 .xlsx，❶ 选择 A2:A11 单元格区域；❷ 单击“编辑”工具组中“填充”按钮；❸ 选择下拉列表中“序列”命令，如下图所示。

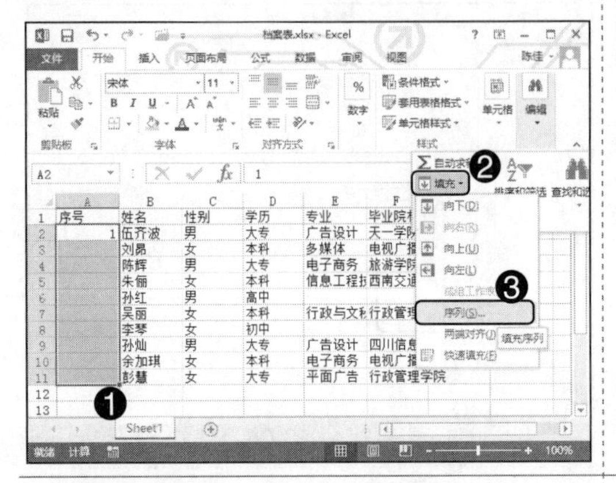

Step02：打开“序列”对话框，❶ 在“步长值”文本框中输入 1；❷ 单击“确定”按钮，如下图所示。

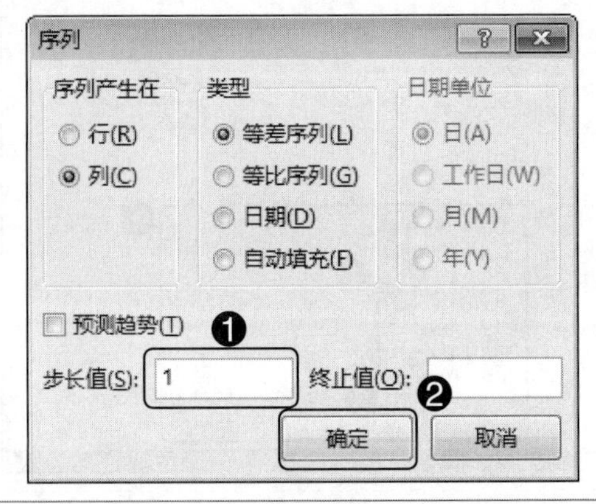

Step03：经过以上操作，快速向下填充编号，效果如下图所示。

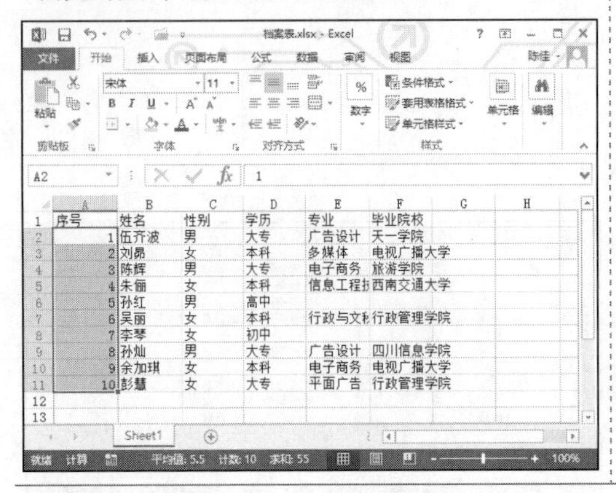

专家提示

对于编号除使用序列的方式填充外，还可以在两个单元格输入编号，然后选中这两个单元格直接使用拖动鼠标的方式就可以填充。对于含有字母类的编号，则可以在一个单元格中输入编号后直接拖动即可填充。

8.3.4 修改与删除数据

在输入单元格数据时，如果因为输入时不小心将数据输入错误或数据与名称不对应的情况下，需要修改数据或重新输入。例如将第 5 条记录的学历修改为大专，删除第 7 条记录，具体操作方法如下。

光盘同步文件

素材文件：光盘\素材文件\第 8 章\档案表（修改与删除数据）.xlsx
结果文件：光盘\结果文件\第 8 章\档案表（修改与删除数据）.xlsx
视频文件：光盘\视频文件\第 8 章\8-3-4.mp4

Step01：打开素材文件\第 8 章\档案表（修改与删除数据）.xlsx，选中 D6 单元格，如下图所示。

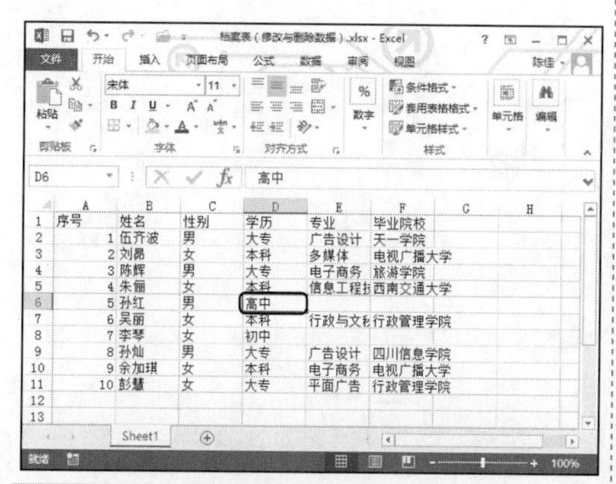

Step02：重新输入需要的信息，如“大专”，如下图所示。

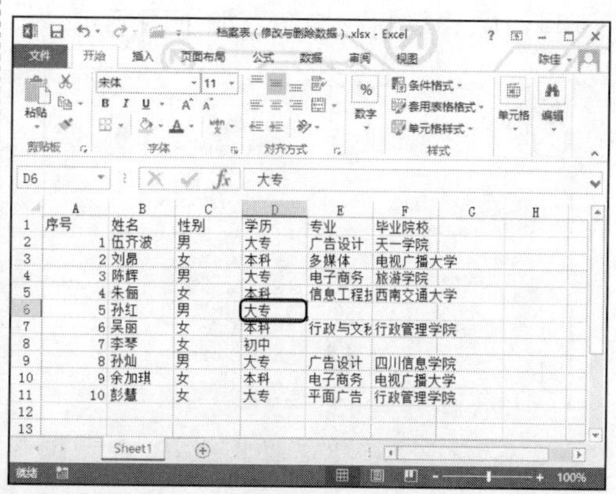

Step03：❶选中 A8:D8 单元格区域，右击；❷在弹出的快捷菜单中选择“清除内容”命令，如右图所示。

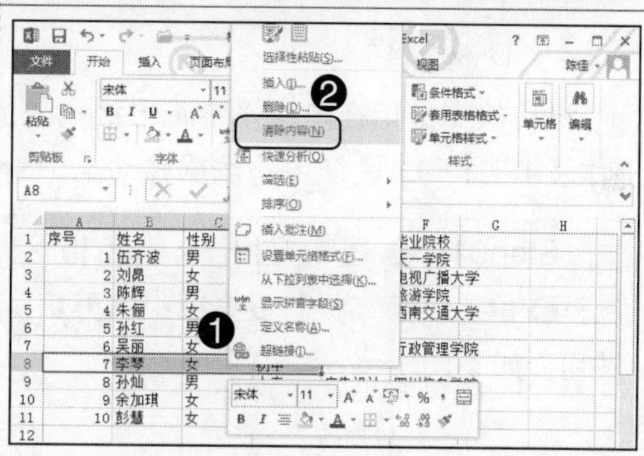

8.3.5 复制与移动数据

在编辑工作表中数据时，经常会遇到输入相同的数据，或者将已有数据移动至其他位置，这时可以使用复制、移动与粘贴命令来实现。

光盘同步文件

素材文件：光盘\素材文件\第 8 章\档案表（复制与移动数据）.xlsx
结果文件：光盘\结果文件\第 8 章\档案表（复制与移动除数据）.xlsx
视频文件：光盘\视频文件\第 8 章\8-3-5.mp4

1. 复制数据

如果表格中需要的原始数据，事先已经存在表格中，为了避免重复劳动，减少二次输入数据可能产生的错误，可以通过复制和粘贴命令来进行操作，具体操作如下。

Step01：打开素材文件\第 8 章\档案表（复制与移动数据）.xlsx，❶ 选中 A1:C11 单元格区域；❷ 单击“剪贴板”工具组中“复制”按钮，如下图所示。

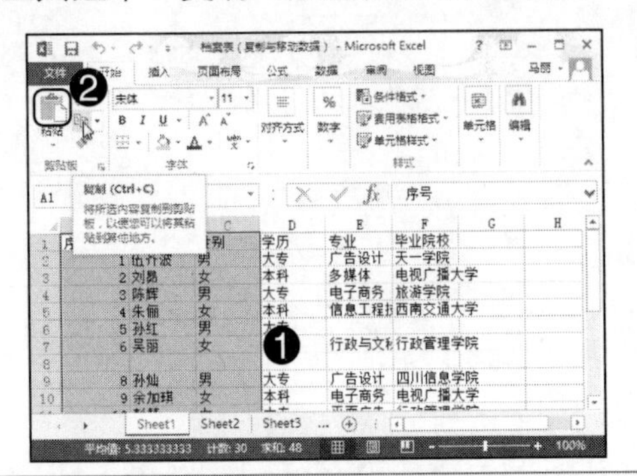

Step02：❶ 单击“Sheet2”工作表；将鼠标光标定位至 A1 单元格，❷ 单击“剪贴板”工具组中“粘贴”按钮，如下图所示。

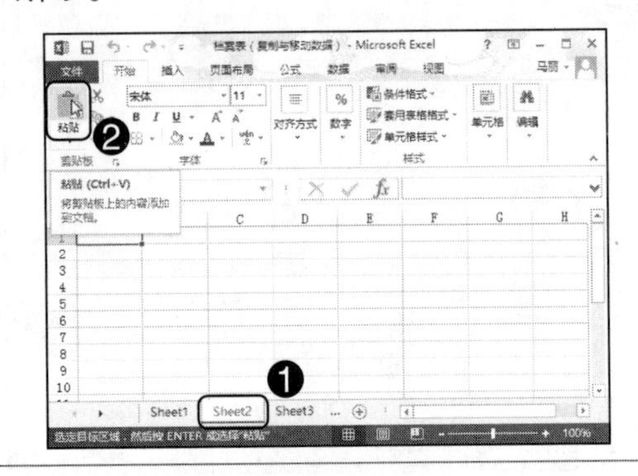

2. 移动数据

移动数据是指在单元格中将已经输入的数据进行位置调整的操作。例如将 Sheet1 工作表中 E1:F11 区域中的数据移动至“Sheet2”工作表，具体操作如下。

Step01：❶ 选中 E1:F11 单元格区域；❷ 单击“剪贴板”工具组中“剪切”按钮，如下图所示：

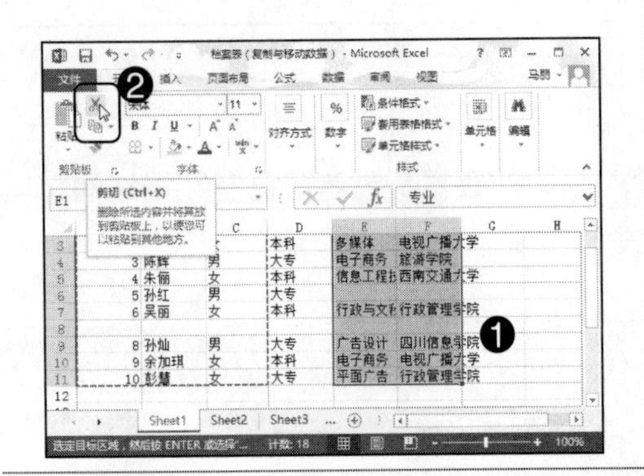

Step02：❶ 单击“Sheet2”工作表；❷ 将鼠标光标定位至 D1 单元格，❸ 单击“剪贴板”工具组中“粘贴”按钮，如下图所示。

Step03：经过以上操作，复制与移动的数据显示在“Sheet2”工作表中，如下图所示。

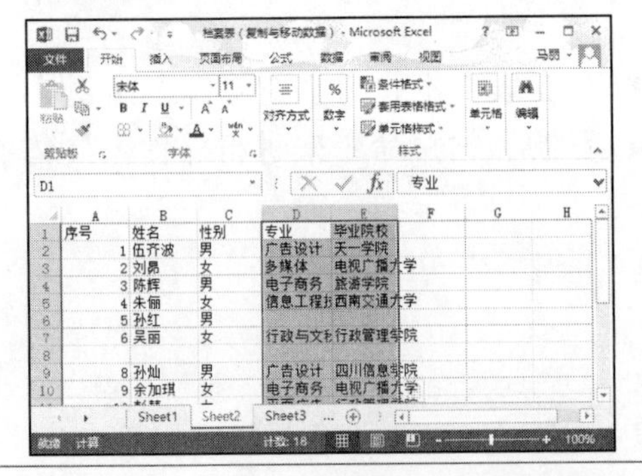

Step04：执行剪切命令后，在“Sheet1”工作表显示出移动后的效果，如下图所示。

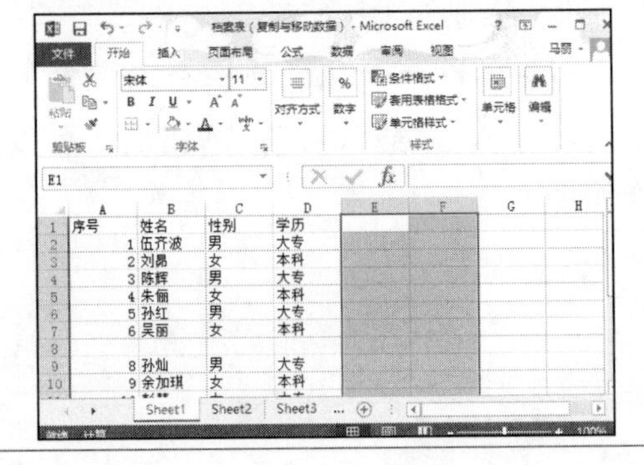

8.3.6 查找与替换数据

在编辑和审阅工作表数据时，如果数据较多或较复杂，用户可以利用查找功能对要查看的数据进行查找，以便提高工作效率。如果要批量修改工作表中的数据，则可以使用替换功能，既快捷又简单。

光盘同步文件

素材文件：光盘\素材文件\第 8 章\档案表（查找与替换数据）.xlsx
结果文件：光盘\结果文件\第 8 章\档案表（查找与替换数据）.xlsx
视频文件：光盘\视频文件\第 8 章\8-3-6.mp4

1. 查找数据

在编辑工作表时，如果工作表中的数据较多，为提高工作效率，可以使用 Excel 提供“查找”功能，以便快速找到需要的内容。如果符合条件的有多个数值，则在“查找”对话框中显示所有的数据，查找数据具体操作如下。

Step01：打开素材文件\第 8 章\档案表(查找与替换数据).xlsx，❶单击“查找和选择”右侧下拉按钮；❷选择下拉列表中“查找”命令，如下图所示。

Step02：打开“查找与替换”对话框，❶在“查找内容”框中输入需要查找的数据；❷单击“查找下一个”按钮，如下图所示。

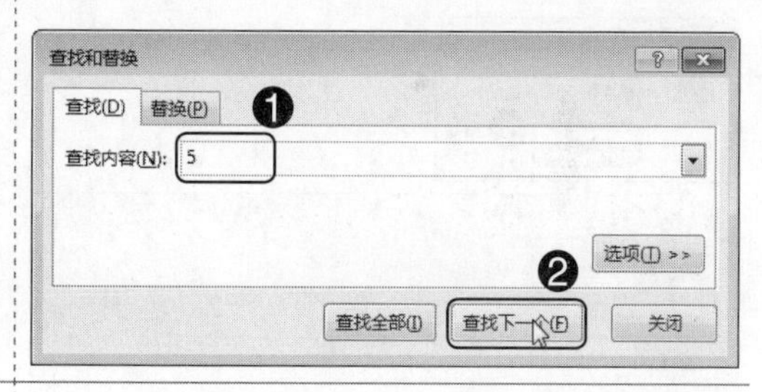

Step03：❶自动将鼠标光标定位至“5”的单元格；❷单击“关闭”按钮，如下图所示。

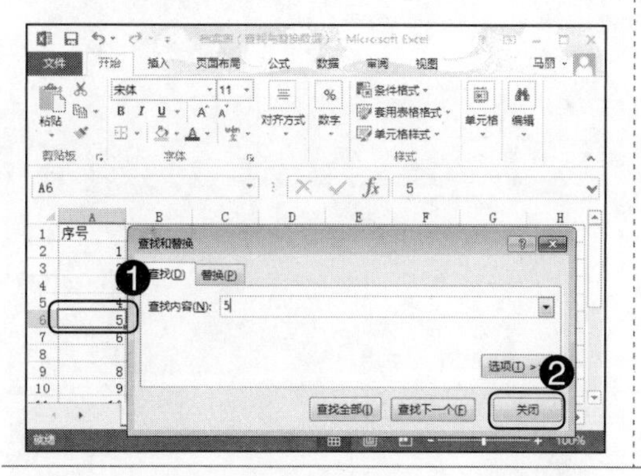

Step04：经过上步操作，查找数据的效果如下图所示。

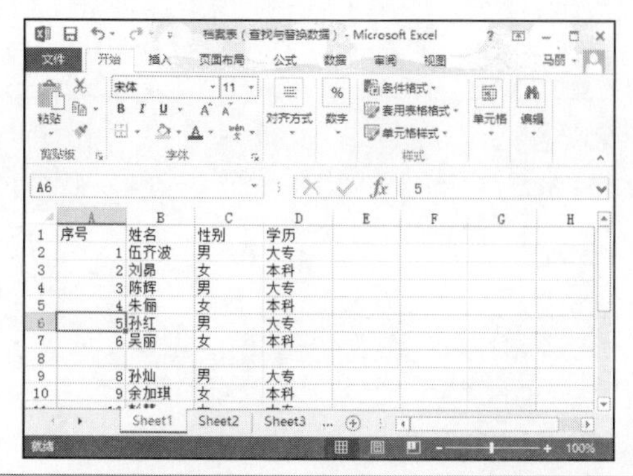

2. 替换数据

如果在编辑数据时发现有一些错误是相同的，则可以使用“替换”功能一次性操作，以便有效地提高工作效率。例如将“档案表（查找与替换数据）”工作簿中的“大专”更改为“大学专科”，具体操作方法如下。

Step01：❶ 单击“查找和选择”按钮；❷ 在弹出的下拉列表中选择“替换”命令，如下图所示。

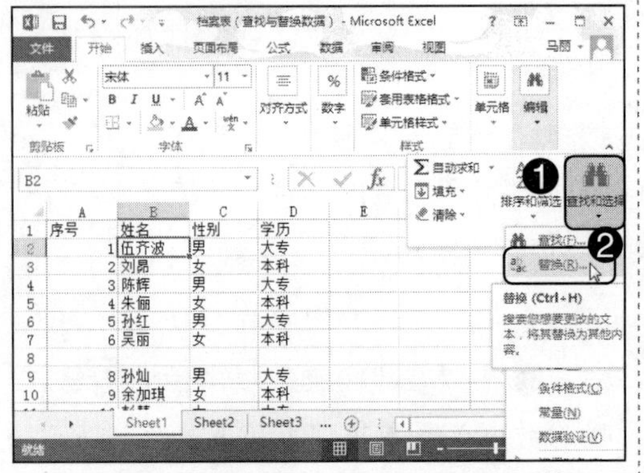

Step02：打开“查找与替换”对话框，❶ 在“查找内容”和“替换内容”框中输入要更改的内容；❷ 单击“全部替换”按钮，如下图所示。

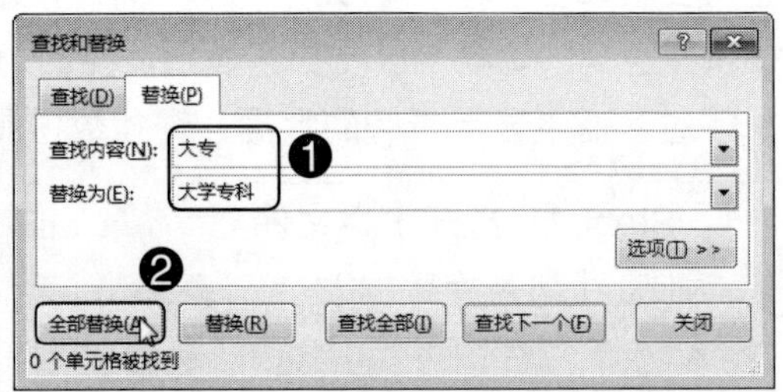

Step03：❶ 在打开的提示框中，单击“确定”按钮；❷ 单击“查找和替换”对话框中“关闭”按钮，如下图所示。

Step04：经过以上操作，将大专替换为大学专科，效果如下图所示。

8.4 知识讲解——编辑行、列和单元格

工作表由排列成行或列的单元格组成。在实际操作过程中，经常涉及行与列的选择、插入与删除行 / 列、修改行高 / 列宽以及行列的隐藏与显示等相关操作。

8.4.1 插入行、列或单元格

在输入的数据表格中，经常会遇到添加行、列或者单元格的情况，为了不影响已经输入数据的情况下，可以直接插入行、列或单元格，具体操作方法如下：

光盘同步文件

素材文件：光盘 \ 素材文件 \ 第 8 章 \ 档案表（插入行、列和单元格）.xlsx
结果文件：光盘 \ 结果文件 \ 第 8 章 \ 档案表（插入行、列和单元格）.xlsx
视频文件：光盘 \ 视频文件 \ 第 8 章 \8-4-1.mp4

Step01：打开素材文件第 8 章 \ 档案表（插入行、列和单元格）xlsx，❶ 选中第 1 行；❷ 单击“单元格”工具组中“插入”按钮；❸ 在弹出的下拉列表中选择“插入工作表行”命令，如下图所示。

Step02：❶ 选中第 D 列；❷ 单击“单元格”工具组中“插入”按钮；❸ 在弹出的下拉列表中选择“插入工作表列”命令，如下图所示：

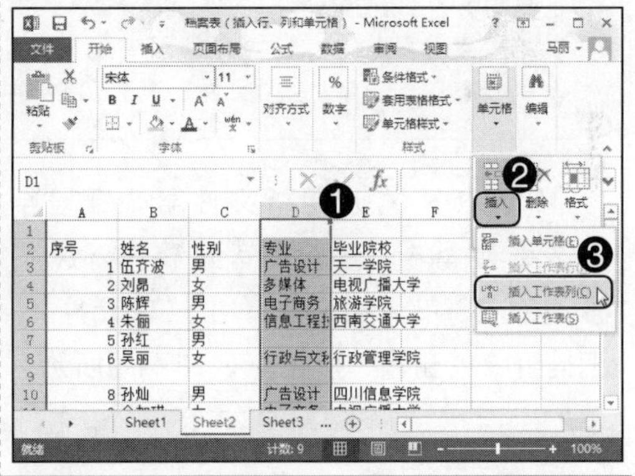

Step03：❶ 选择 A3 单元格；❷ 单击“单元格”工具组中“插入”按钮，如右图所示。

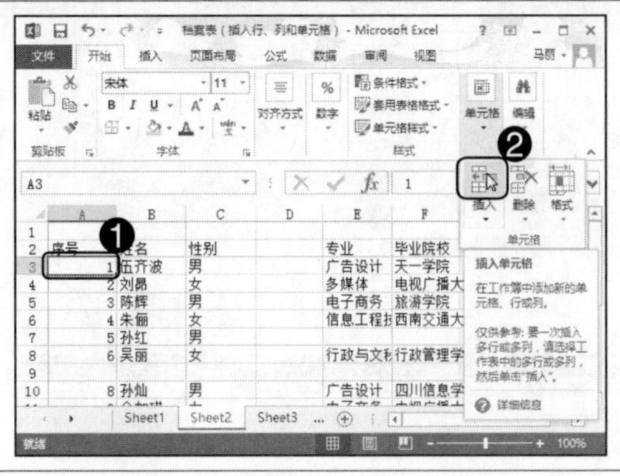

Step04：经过以上操作，在工作表中插入行、列和单元格，效果如右图所示。

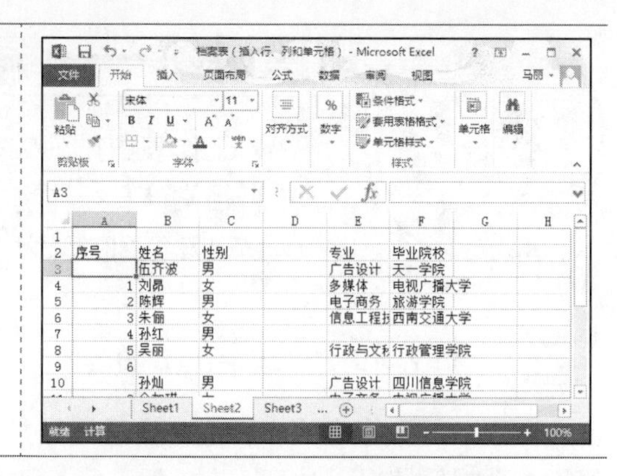

知识拓展　插入单元格，选择当前单元格的内容移动位置

在工作表中，如果只需要插入一个单元格，选中的单元格内容需要向下移动或者向右移动，则需要单击“单元格”工具组中“插入”按钮，在下拉列表中选择“插入单元格”命令，打开“插入”对话框，选择单元格需要移动位置的选项，单击“确定”按钮即可。

8.4.2 删除行、列或单元格

如果在数据表中插入了多余的行、列或单元格，在编辑表格时就需要将这些不用的单元格、行和列进行删除，具体操作方法如下：

光盘同步文件

素材文件：光盘 \ 素材文件 \ 第 8 章 \ 档案表（删除行、列和单元格）.xlsx
结果文件：光盘 \ 结果文件 \ 第 8 章 \ 档案表（删除行、列和单元格）.xlsx
视频文件：光盘 \ 视频文件 \ 第 8 章 \8-4-2.mp4

Step01：打开素材文件第 8 章 \ 档案表（删除行、列和单元格）xlsx，❶ 选中 A3 单元格；❷ 单击“单元格”工具组中“删除”按钮，如下图所示。

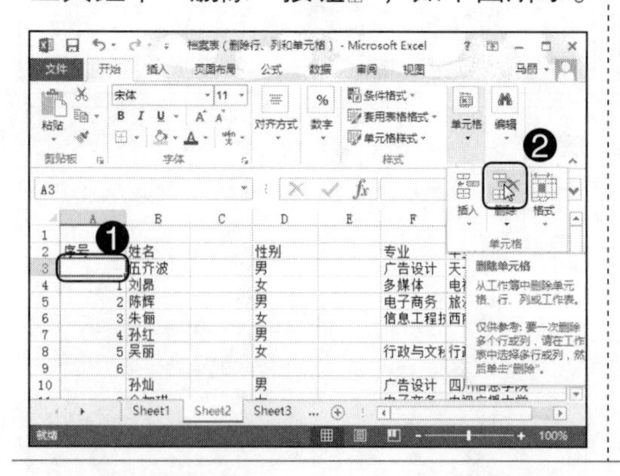

Step02：❶ 选择第 9 行；❷ 单击“单元格”工具组中“删除”按钮；❸ 在弹出的下拉列表中选择“删除工作表行”命令，如下图所示。

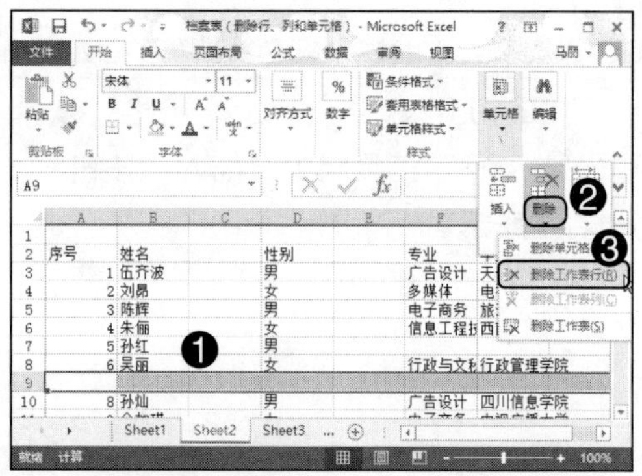

Step03：❶右击C列；❷在弹出快捷菜单中选择“删除”命令，如下图所示。

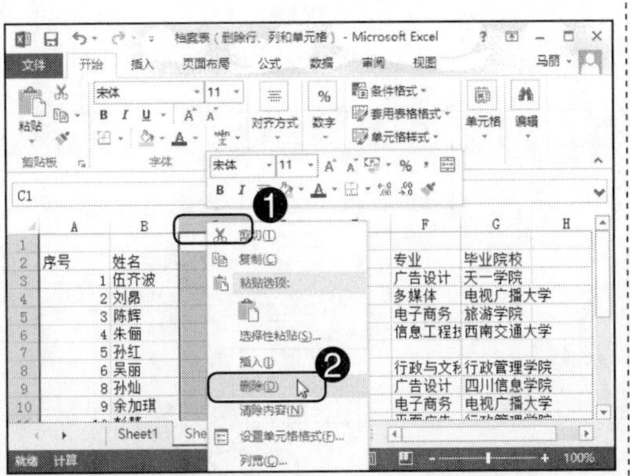

Step04：经过以上操作，删除单元格、行和列，效果如下图所示。

8.4.3 设置行高与列宽

在 Excel 2013 中，用户可以使用鼠标修改行高和列宽，将行高和列宽设置为指定数值大小，也可以更改行高和列宽以适合内容等。

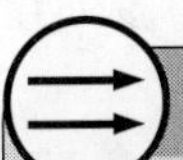

光盘同步文件

素材文件：光盘\素材文件\第 8 章\档案表（设置行高与列宽）.xlsx
结果文件：光盘\结果文件\第 8 章\档案表（设置行高与列宽）.xlsx
视频文件：光盘\视频文件\第 8 章\8-4-3.mp4

Step01：打开素材文件第 8 章\档案表（设置行高与列宽）xlsx，❶选中 1:11 单元格区域；❷单击“单元格”工具组中“格式”按钮；❸在其下拉列表中选择“行高”命令，如下图所示。

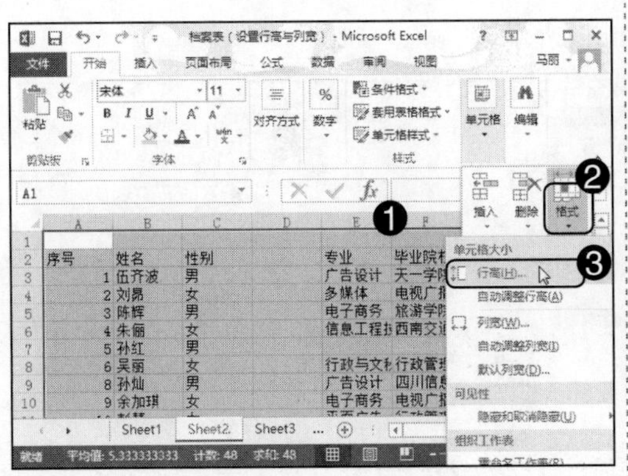

Step02：打开“行高”对话框，❶在“行高”文本框中输入行高值；❷单击“确定”按钮，完成行高设置，如下图所示。

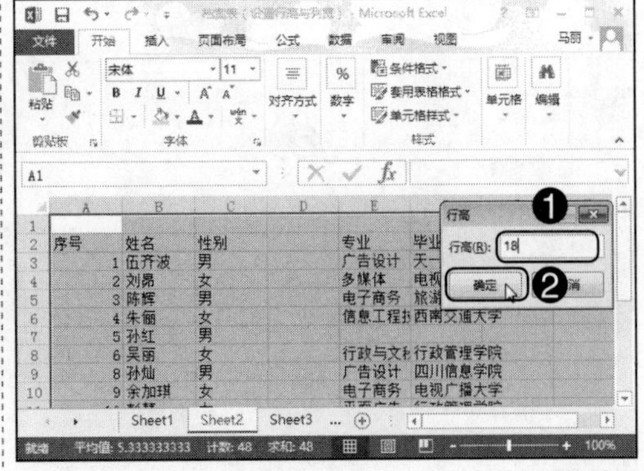

Step03：❶ 选中 E 和 F 列；❷ 单击“单元格”工具组中“格式”按钮；❸ 在其下拉列表中选择“自动调整列宽”命令，如下图所示。

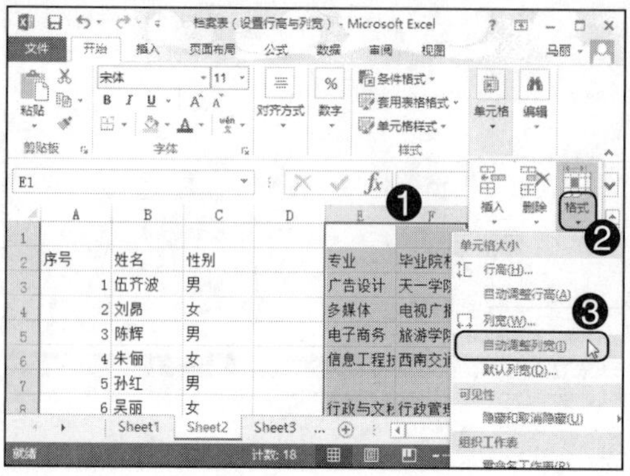

Step04：经过以上操作，调整行高和列宽，效果如下图所示。

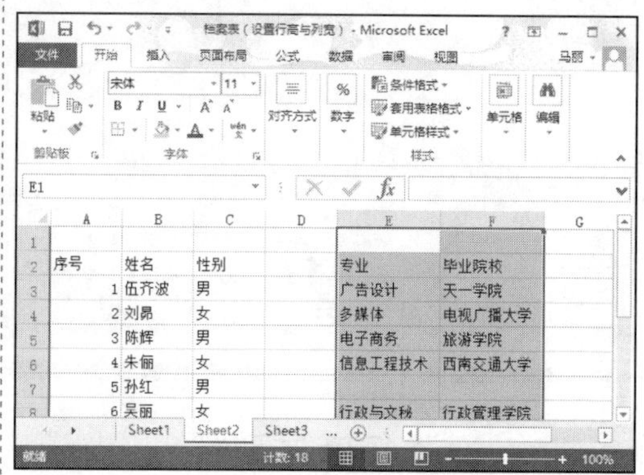

8.4.4 合并与拆分单元格

Excel 2013 允许用户将两个或多个相信的水平或垂直单元格合并成一个跨多列或多行显示的大单元格。用户也可以将合并的单元格重新拆分成多个单元格。

光盘同步文件

素材文件：光盘 \ 素材文件 \ 第 8 章 \ 档案表（合并与拆分）.xlsx
结果文件：光盘 \ 结果文件 \ 第 8 章 \ 档案表（合并与拆分）.xlsx
视频文件：光盘 \ 视频文件 \ 第 8 章 \8-4-4.mp4

Step01：打开素材文件第 8 章 \ 档案表（合并与拆分）xlsx，❶ 选中 A1:F1 单元格区域；❷ 单击“对齐方式”工具组中“合并后居中”按钮⊟，如下图所示。

Step02：❶ 选中 G2:H6 单元格区域；❷ 单击“对齐方式”工具组中“合并后居中”右侧下拉按钮；❸ 在其下拉列表中选择“合并单元格”命令，如下图所示。

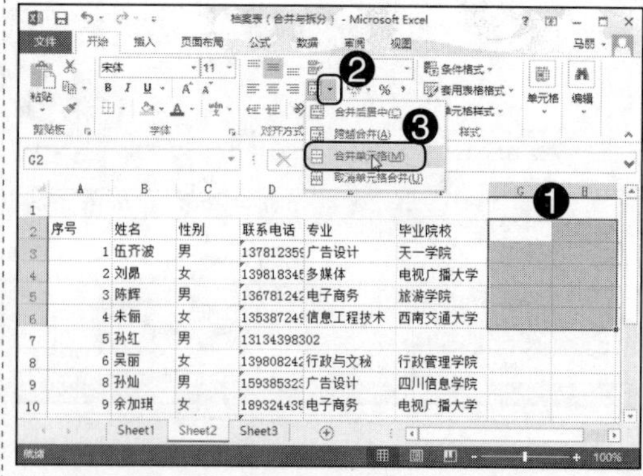

Step03：❶ 如果合并的单元格需要取消合并，选中 G2 单元格；❷ 再次单击“对齐方式”工具组中“合并后居中”按钮，如下图所示。

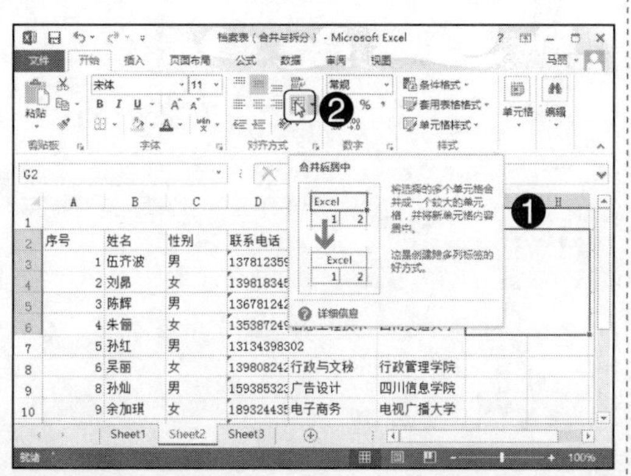

Step04：经过上步操作，取消单元格的合并恢复到之前的状态，效果如下图所示。

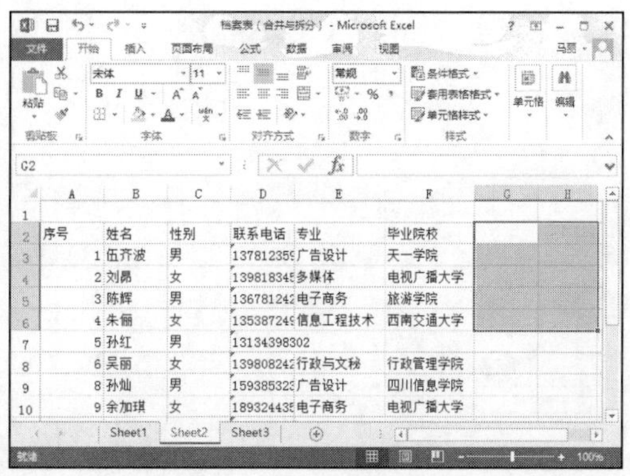

8.4.5 隐藏与显示行和列

通过对行和列隐藏，可以有效地保护行和列内的数据不被误操作。在 Excel 2013 中，用户可以选择“隐藏”命令隐藏行或列，选择“取消隐藏”命令使行或列再次显示，具体操作方法如下。

光盘同步文件

素材文件：光盘\素材文件\第 8 章\档案表（隐藏行列）.xlsx
结果文件：光盘\结果文件\第 8 章\档案表（隐藏行列）.xlsx
视频文件：光盘\视频文件\第 8 章\8-4-5.mp4

Step01：打开素材文件第 8 章\档案表（隐藏行列）xlsx，❶ 选中 D 列；❷ 单击“单元格”工具组中“格式”按钮；❸ 指向“隐藏和取消隐藏”命令；❹ 选择“隐藏列”命令，如下图所示。

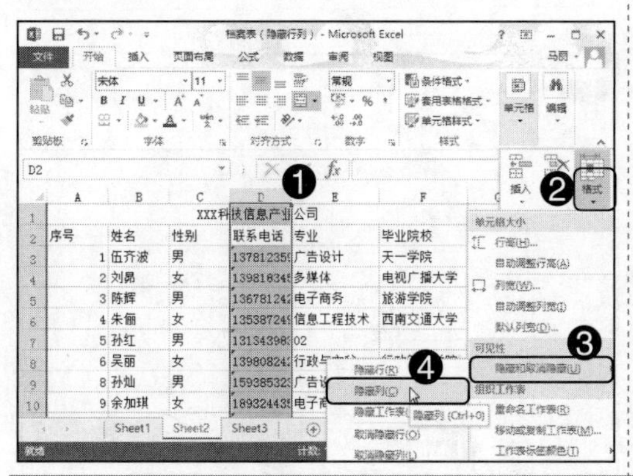

Step02：❶ 右击第 7 行；❷ 选择快捷菜单中的“隐藏”命令，如下图所示。

Step03：❶ 鼠标光标移至 6 和 8 行之间，变成双向箭头，右击；❷ 在弹出快捷菜单中选择“取消隐藏”命令，如下图所示。

Step04：经过以上操作，隐藏与显示行 / 列，效果如下图所示。

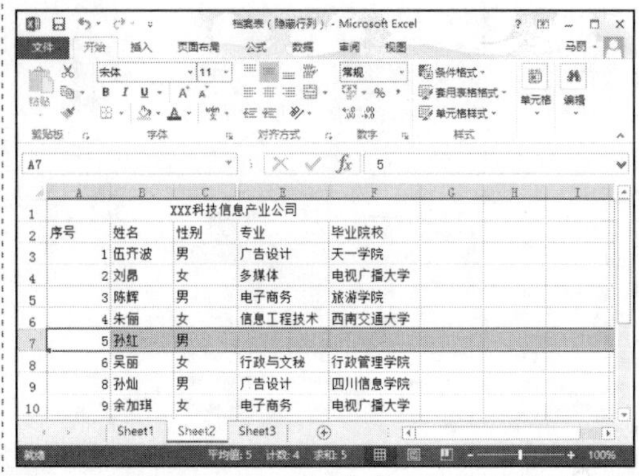

技高一筹——实用操作技巧

通过前面知识的学习，相信读者朋友已经掌握好输入与编辑数据方面的相关基础知识。下面结合本章内容，给大家介绍一些实用技巧。

光盘同步文件

素材文件：光盘 \ 素材文件 \ 第 8 章 \ 技高一筹

结果文件：光盘 \ 结果文件 \ 第 8 章 \ 技高一筹

视频文件：光盘 \ 视频文件 \ 第 8 章 \ 技高一筹 .mp4

技巧 01 防止他人对工作表进行更改操作

要防止用户意外或故意更改、移动或删除工作表中的重要数据，可以将工作表保护起来，具体方法如下。

Step01：打开素材文件 \ 第 8 章 \ 技高一筹 \ 技巧 01.xlsx，❶ 右击要保护的工作表标签；❷ 在弹出的快捷菜单中选择“保护工作表”命令，如右图所示。

Step02：打开“保护工作表”对话框，❶ 勾选“选定锁定单元格”和“选定未锁定的单元格”复选框；❷ 输入保护工作表的密码，如“123”；❸ 单击“确定”按钮，如下图所示。

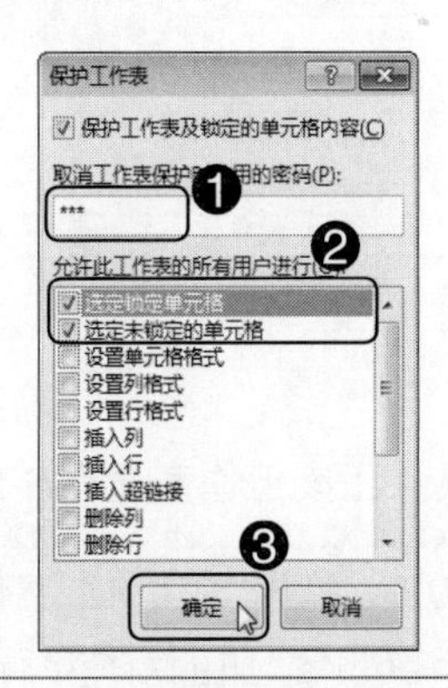

Step03：打开“确认密码”对话框，❶ 重新输入一次密码；❷ 单击“确定”按钮，如下图所示。

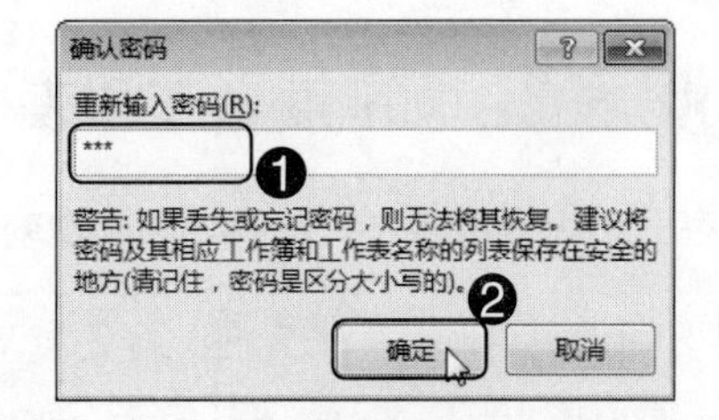

Step04：设置好工作表的密码后，在任意单元格输入新的内容，即可弹出提示框，单击“确定”按钮，如右图所示。

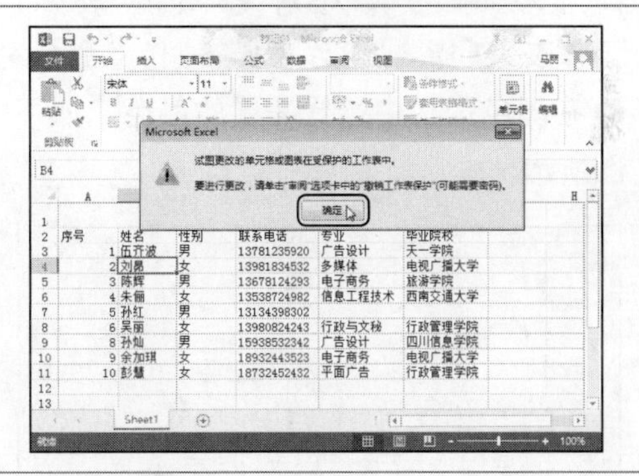

技巧 02 如何更改 Excel 默认的工作表张数

默认情况下，Excel 在一个工作簿中只提供三张工作表，用户也可以需要更改默认的工作表张数，设置的默认张数只在打开新的工作簿才生效，具体操作方法如下。

Step01：打开素材文件\第 8 章\技高一筹\技巧 01.xlsx，单击“菜单”按钮，如下图所示。

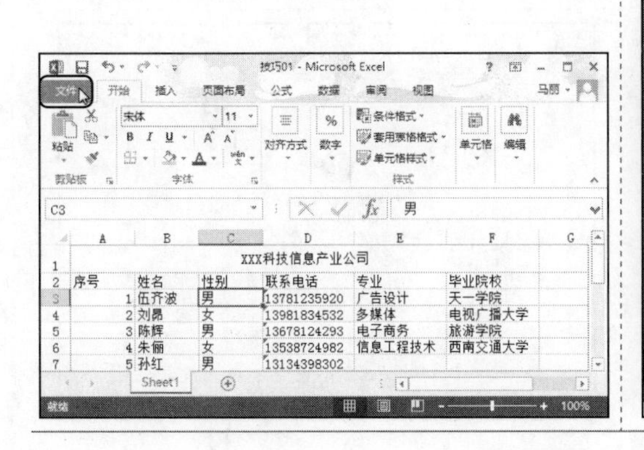

Step02：在文件列表中选择“选项”命令，如下图所示。

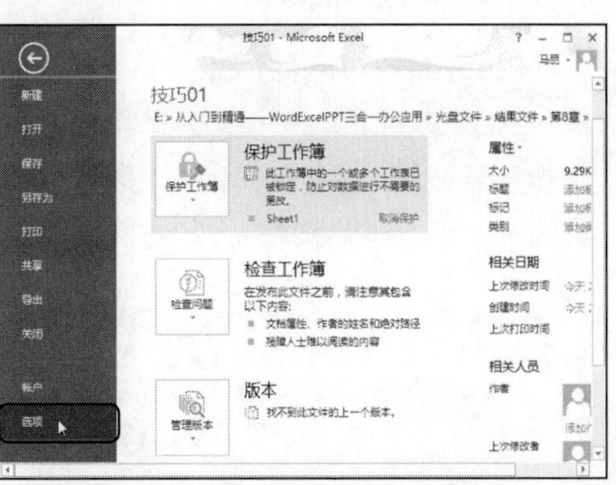

Step03：打开"Excel 选项"对话框，❶ 在"常规"选项右侧面板"包含的工作数"框中输入数值；❷ 单击"确定"按钮，如右图所示。

技巧 03 如何更改工作表标签颜色

在 Excel 工作簿中，可以通过改变工作表标签的颜色让该工作表显得格外醒目。

Step01：打开素材文件\第 8 章\技高一筹\技巧 03.xlsx，❶ 右击 Sheet1 工作表；❷ 指向"工作表标签颜色"命令；❸ 在颜色面板中选择需要的颜色，如下图所示。

Step02：单击 Sheet2 工作表，即可看到 Sheet1 添加的标签颜色，如下图所示。

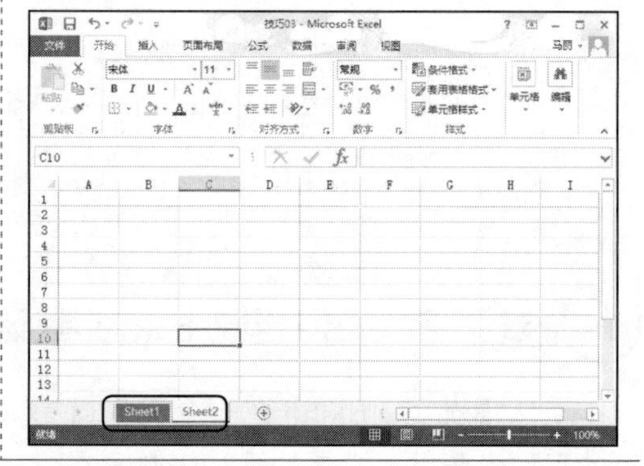

技巧 04 怎样输入身份证号码

现在使用的身份证号码为 18 位，如果想要在单元格中正确保存并显示身分证号码，则必须将其以文本的形式来输入数字，具体操作方法如下。

Step01：打开素材文件\第 8 章\技高一筹\技巧 04.xlsx，❶ 选择需要输入身份证号码的 D 列；❷ 单击"数字"工具组中对话框开启按钮 ，如右图所示。

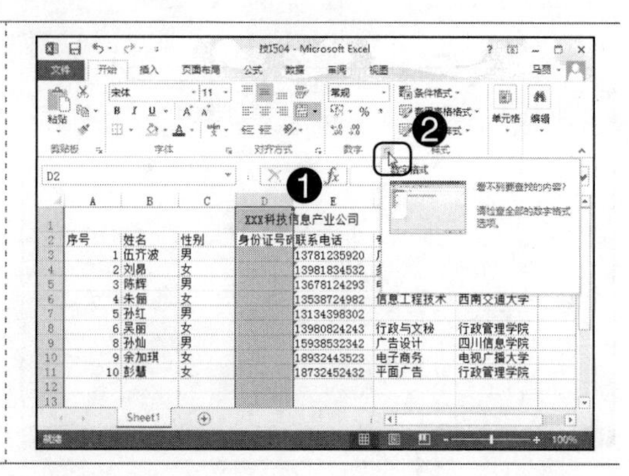

Step02：打开“设置单元格格式”对话框，❶在“分类”组中选择“文本”选项；❷单击“确定”按钮，如下图所示。

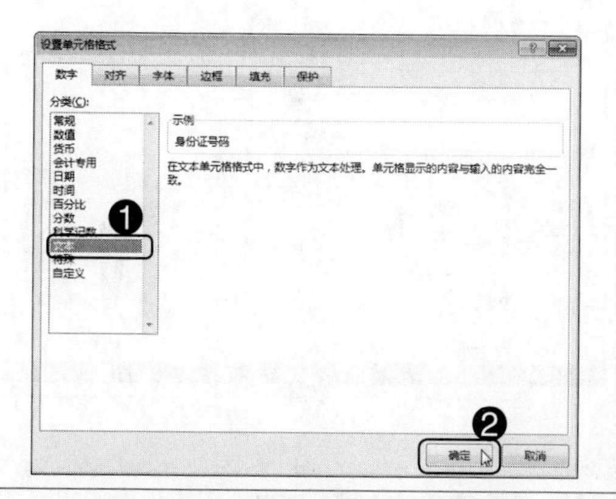

Step03：设置完身份证号码列后，在单元格中输入身份证号，如下图所示。

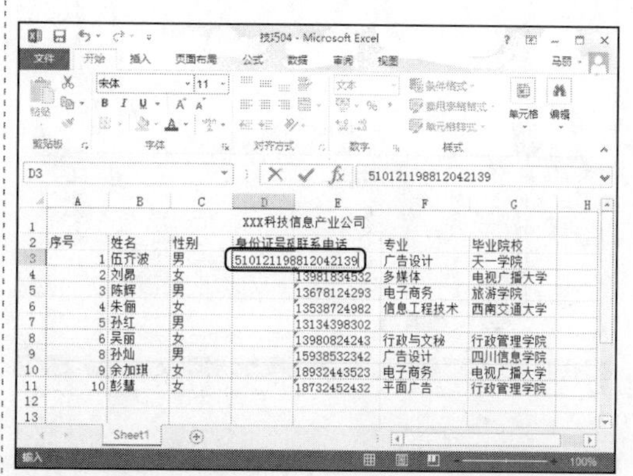

Step04：输入身份证号后，数字结果不会发生改变，效果如右图所示。

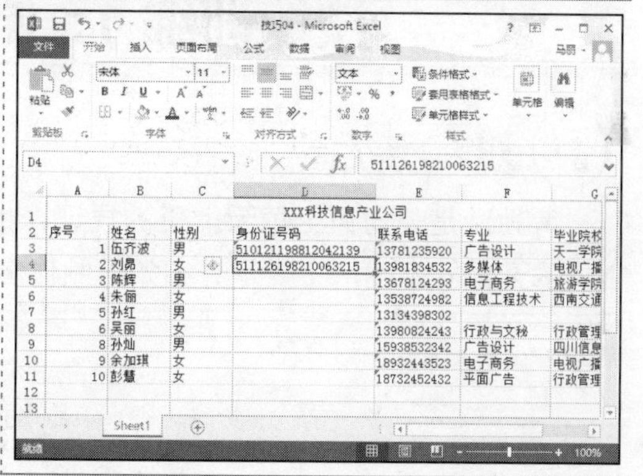

技巧 05 输入以“0”开头的数字编号

在使用 Excel 处理日常工作中，经常碰到输入以“0”开头的数字，如输入工牌号“001”等。直接在单元格中输入“001”，Excel 会把它识别成数值型数据变成数字“1”，要输入以“0”开头的数字，具体方法如下。

Step01：打开素材文件\第 8 章\技高一筹\技巧 05.xlsx，❶将输入法切换为英文状态；❷选中 A3 单元格，先输入“'”，再输入以“0”开头的编号，如右图所示。

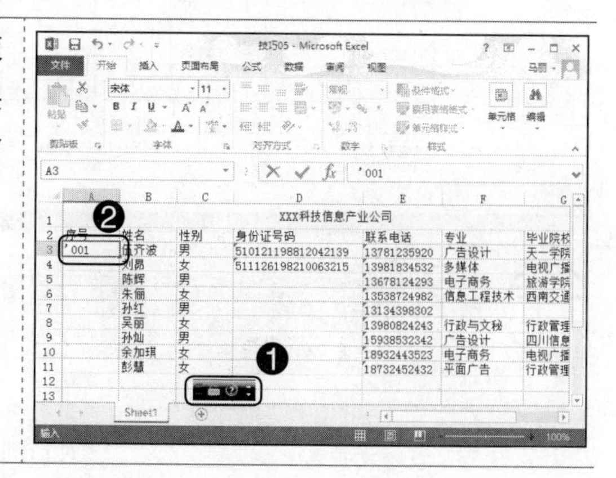

Step02：❶ 选中 A3 单元格；❷ 按住左键不放拖动填充，如下图所示。

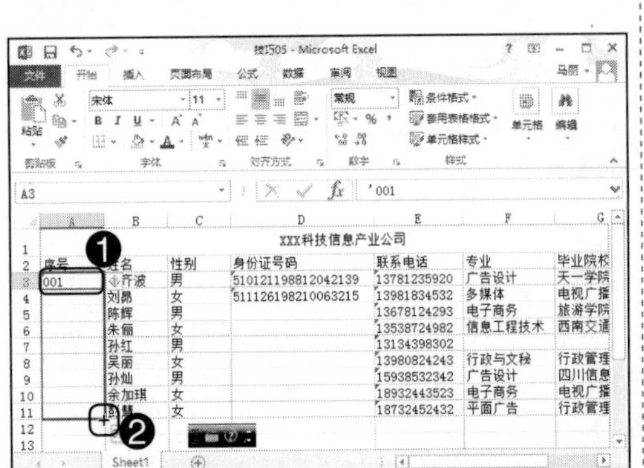

Step03：经过以上操作，输入并填充以 0 开头的编号，效果如下图所示。

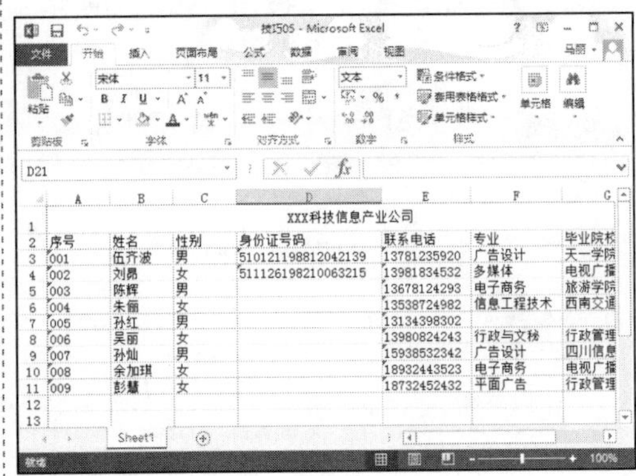

技能训练 1：制作员工考勤表

训练介绍

考勤表是公司员工每天上班的凭证，也是员工领工资的凭证，因为它是记录员工上班的天数。本案例主要是介绍如何制作出一份常用的考勤表，效果如下图所示。

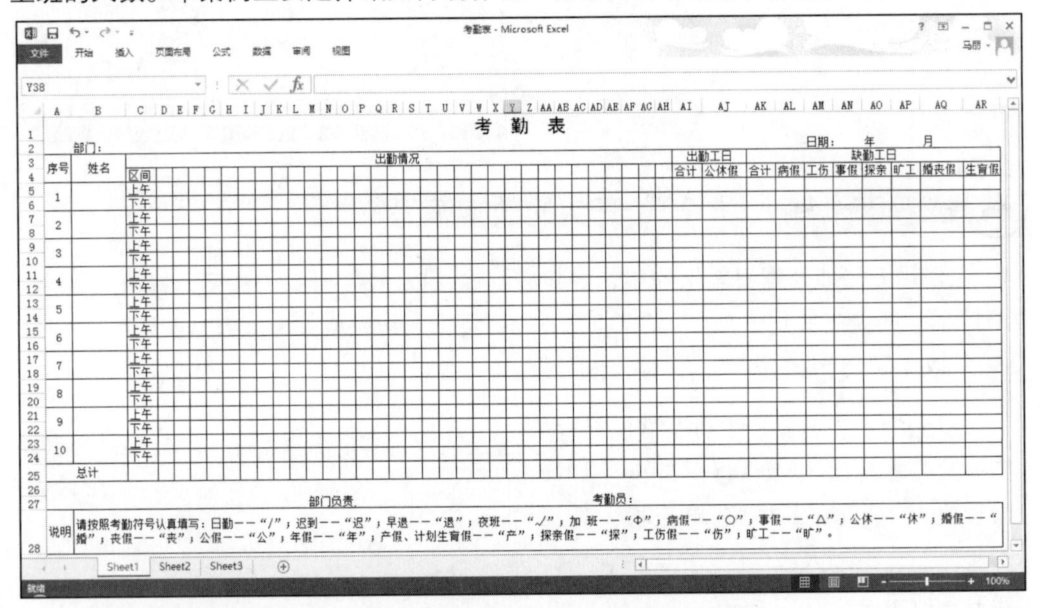

光盘同步文件

素材文件：无

结果文件：光盘 \ 结果文件 \ 第 8 章 \ 考勤表 .xlsx

视频文件：光盘 \ 视频文件 \ 第 8 章 \ 技能训练 1.mp4

制作关键	技能与知识要点
本实例首先输入考勤表中的所有文本信息，然后调整表格的行高和列宽，根据表格的内容进行合并单元格，调整文本信息的位置等，最后添加边框线，隐藏网格线，完成考勤表的制作	● 输入考勤表的文本信息 ● 调整列宽 ● 插入多列 ● 合并单元格 ● 调整文本信息位置 ● 为考勤表添加边框

本实例的具体制作步骤如下。

Step01：启动 Excel 2013，保存为考勤表，在单元格中输入文本信息，选中 C:H 列，按住左键不放拖动调整单元格的列宽，如下图所示。

Step02：❶ 选 中 D:H 列， 右 击；❷ 在弹出的快捷菜单中选择“插入”命令，如下图所示。

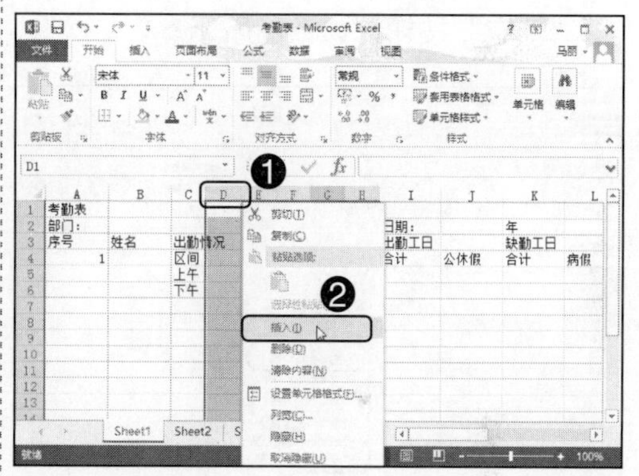

Step03：❶ 选中 A1:AR1 单元格区域；❷ 单击“对齐方式”工具组“合并后居中”按钮，如下图所示。

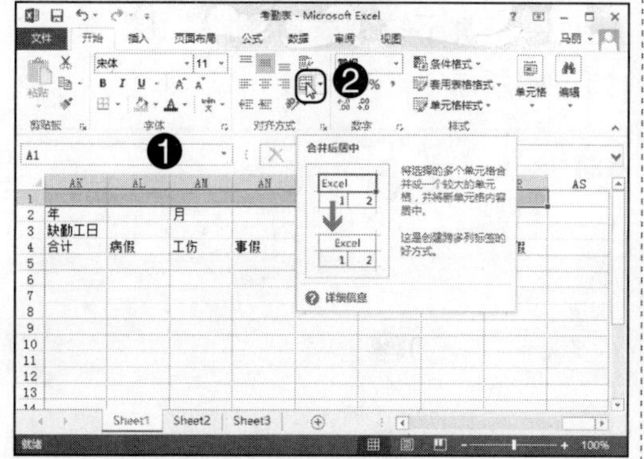

Step04：❶ 选中 B3 和 B4 单元格；❷ 单击“对齐方式”工具组“合并后居中”按钮，如下图所示。

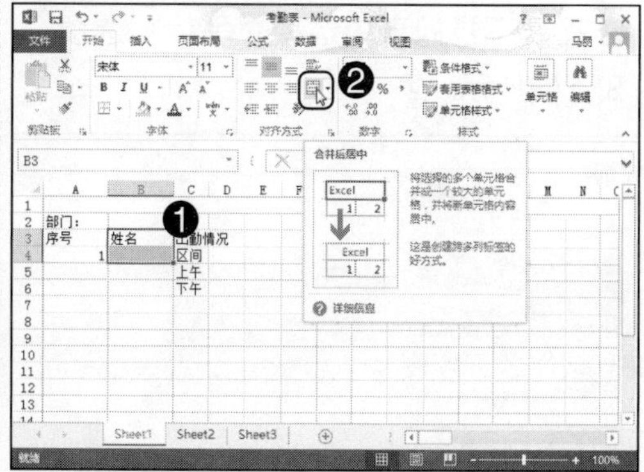

Step05：选中 A4 单元格，拖动至 A5 单元格，如下图所示。

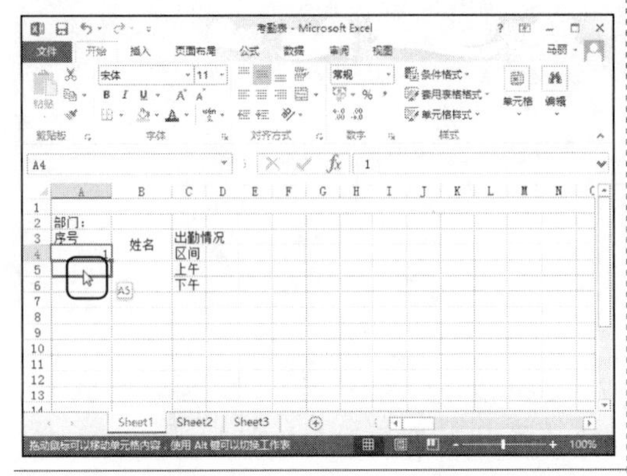

Step06：❶重复操作合并单元格，选中 A2 单元格；❷单击“单元格”工具组“插入”按钮；❸在弹出的快捷中选择“插入单元格”命令，如下图所示。

Step07：打开“插入”对话框，❶选中“活动单元格右移”单选按钮；❷单击“确定”按钮，如下图所示。

Step08：❶选中 C3:AH3 单元格区域；❷单击“对齐方式”工具组中“合并后居中”按钮，如下图所示。

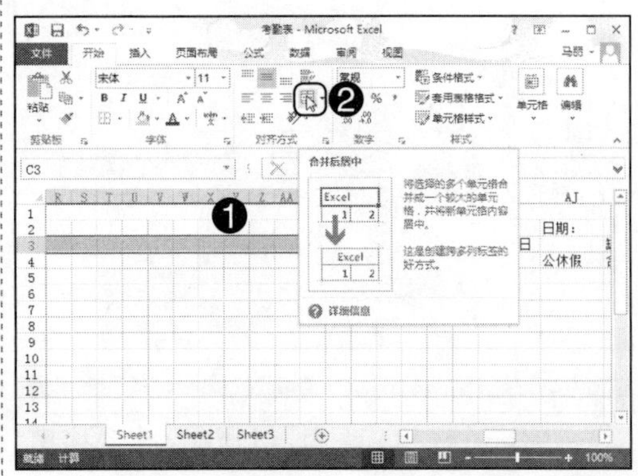

Step09：❶选中 A1 单元格，单击“字体”工具组中“字体”右侧下拉按钮；❷在其下拉列表中选择“黑体”选项，如下图所示。

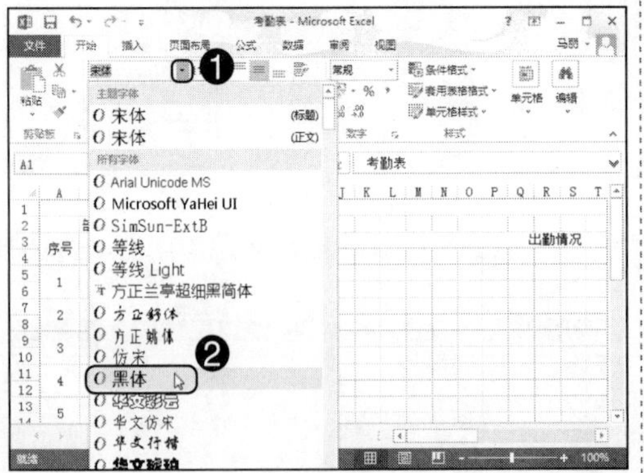

Step10：❶选中 A1 单元格，单击“字体”工具组中“字号”右侧下拉按钮；❷在其下拉列表中选择“18”选项，如下图所示。

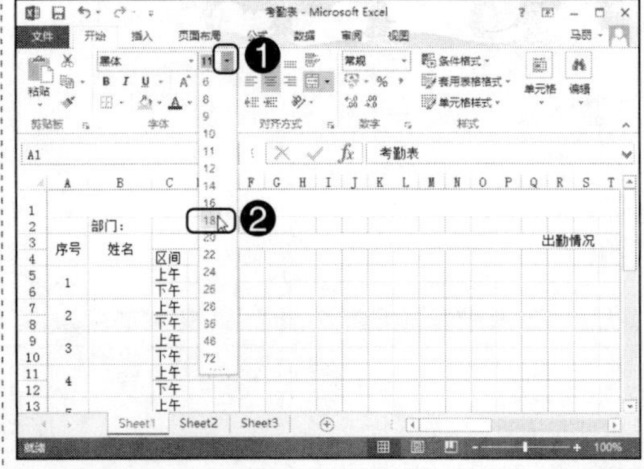

Step11：❶ 选择 A3:AR25 单元格区域；❷ 单击“下框线”右侧下拉按钮；❸ 在其下拉列中选择“所有框线”命令，如下图所示。

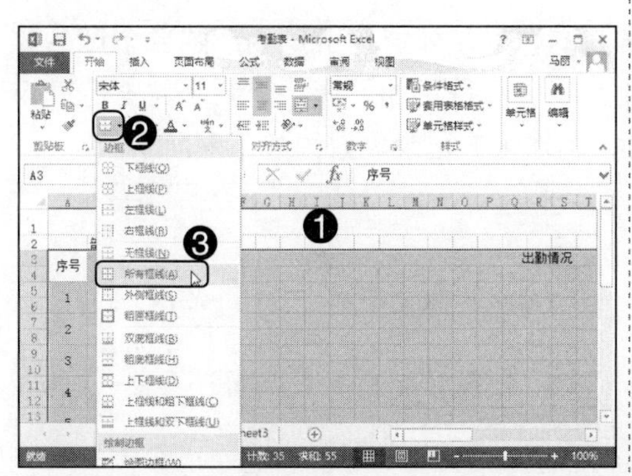

Step12：重复上一步操作，为 A28 和 B28 添加边框线，单击“文件”菜单，如下图所示。

Step13：在文件列表中选择“选项”命令，如下图所示。

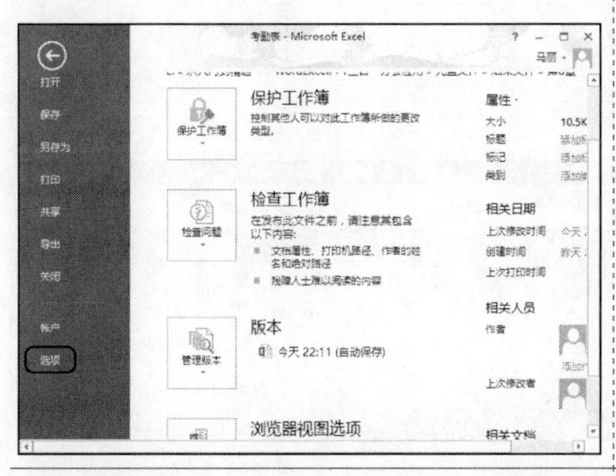

Step14：打开“Excel 选项”对话框，❶ 单击“高级”选项；❷ 取消勾选“显示网格线”复选框；❸ 单击“确定”按钮，如下图所示。

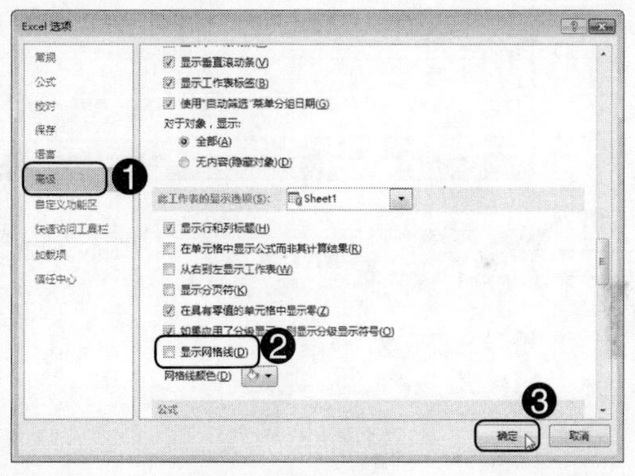

Step15：经过以上操作，为考勤表添加连线和隐藏网格线，效果如右图所。

技能训练 2：制作生产记录表

训练介绍

在平时的生活中，工作表、表格是最常用的。例如公司或工厂生产的各个产品数量都需要入库，表格填写非常重要。为了让数据填写得更加严谨，需要制作一份模板表格，然后每次使用时将相关数据输入即可，制作生产记录表效果如下图所示。

天津迈尔电梯有限公司

班组： 工序名称： 编号：

序号	工作令/批号	原材料名称	规则	数量	成品名称	开始时间	结束时间	检验	本工序签字	下道工序签字	下工序领用时间	备注
1												
2												
3												
4												
5												
6												
7												
8												
9												
10												
11												
12												

注：请各工序如实填写本记录表，如有疑问可记录于备注栏中。

光盘同步文件

素材文件：无
结果文件：光盘 \ 结果文件 \ 第 8 章 \ 生产记录表 .xlsx
视频文件：光盘 \ 视频文件 \ 第 8 章 \ 技能训练 2.mp4

操作提示

制作关键	技能与知识要点
本实例首先输入生产记录表的相关名称，然后进行填充序列、合并单元格、调整列宽等相关操作，最后为表格添加边框	● 填充序列 ● 合并单元格 ● 调整行高 ● 添加边框 ● 自动调整列宽 ● 隐藏网格线

操作步骤

本实例的具体制作步骤如下。

Step01：❶ 启动 Excel 2013，保存为生产记录表，在单元格中输入文本信息，选中 A4:A15 单元格区域；❷ 单击“编辑”工具组中“填充”按钮；❸ 在其下拉列表中选择“序列”命令，如下图所示。

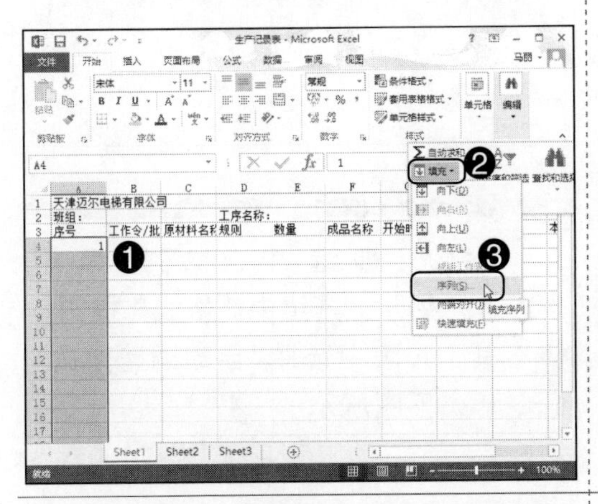

Step02：打开“序列”对话框，❶ 在“步长值”文本框中输入数值；❷ 单击“确定”按钮，如下图所示。

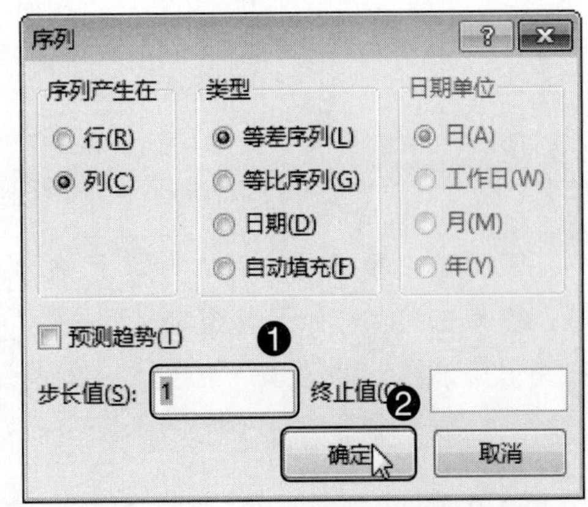

Step03：❶ 选择 A1:M1 单元格区域；❷ 单击“对齐方式”工具组中“合并后居中”按钮，如下图所示。

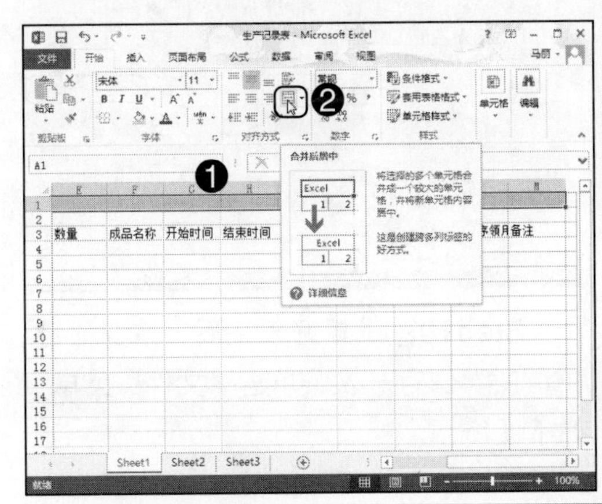

Step04：选中第 1 行，鼠标光标移至行线上，按住左键不放拖动调整行高，如下图所示。

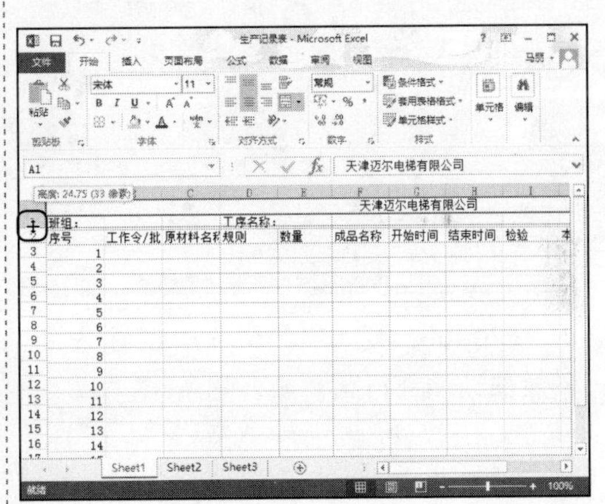

Step05：❶ 选中 A1 单元格；❷ 在“字体”工具组中设置字号为“18”，如右图所示。

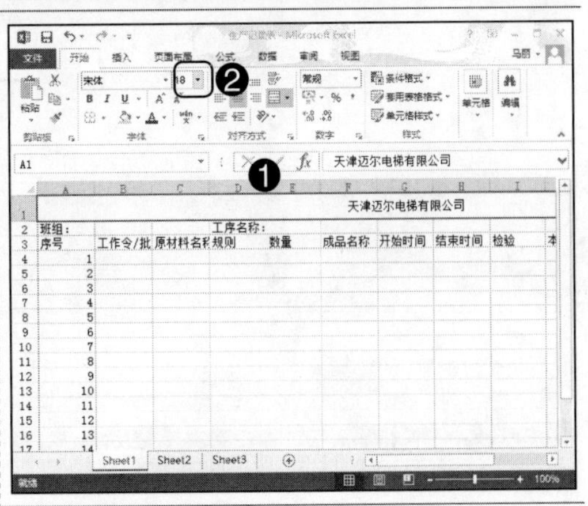

Step06：将鼠标光标移至 M 列线上，按住左键不放，拖动调整列宽，如右图所示。

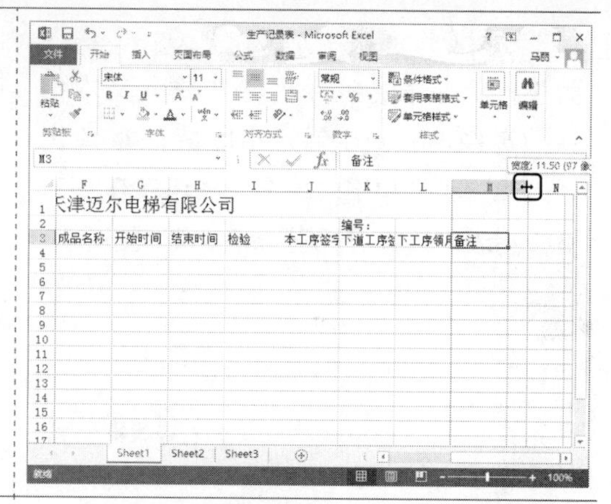

Step07：❶ 选中 A3:M15 单元格区域；❷ 单击“字体”工具组中“下画线”右侧下拉按钮；❸ 在其下拉列表中选择“所有框线”命令，如下图所示。

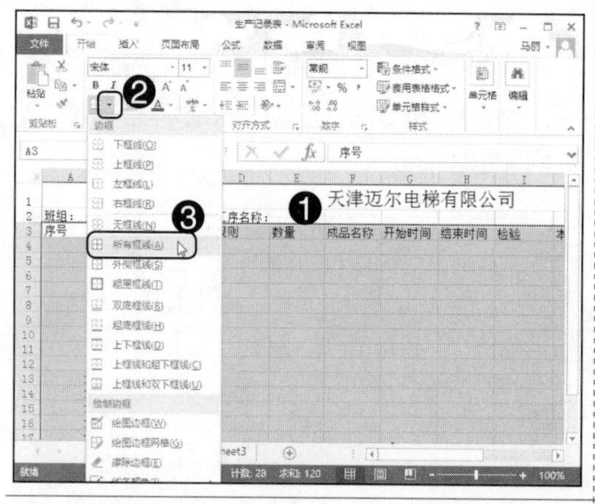

Step08：❶ 选 中 A:M 列；❷ 单击“单元格”工具组中“格式”按钮；❸ 在其下拉表中选择“自动调整列宽”命令，如下图所示。

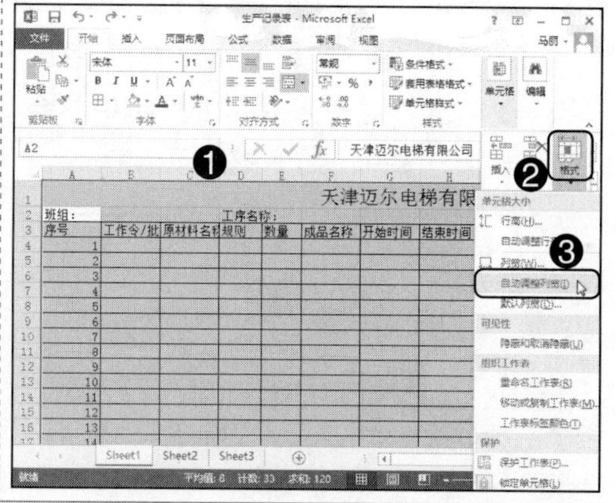

Step09：选 中 2:15 行，按住左键不放拖动调整行高，如下图所示。

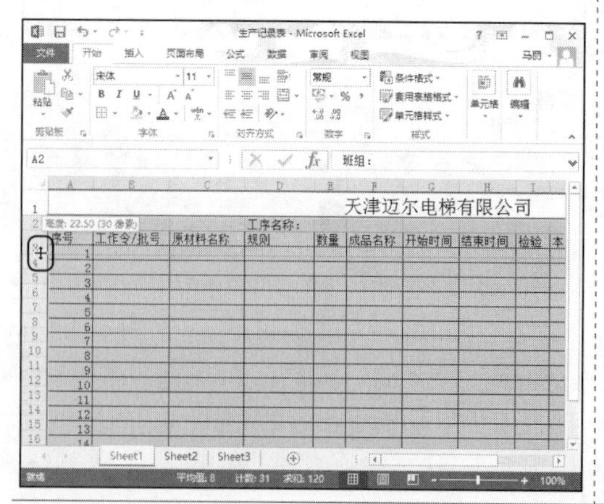

Step10：设置好表格后，按快捷键“Ctrl+S”保存一次，单击“文件”菜单，如下图所示。

Step11：选择“文件”列表中“选项”命令，如下图所示。

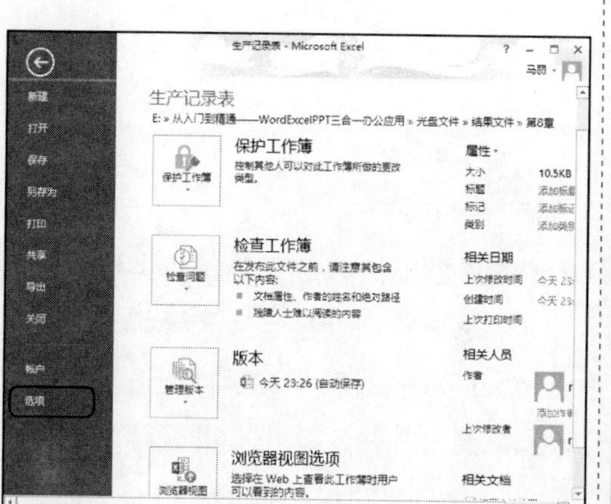

Step12：打开“Excel 选项”对话框，❶单击“高级”选项；❷取消勾选“显示网格线”复选框；❸单击“确定”按钮，如下图所示。

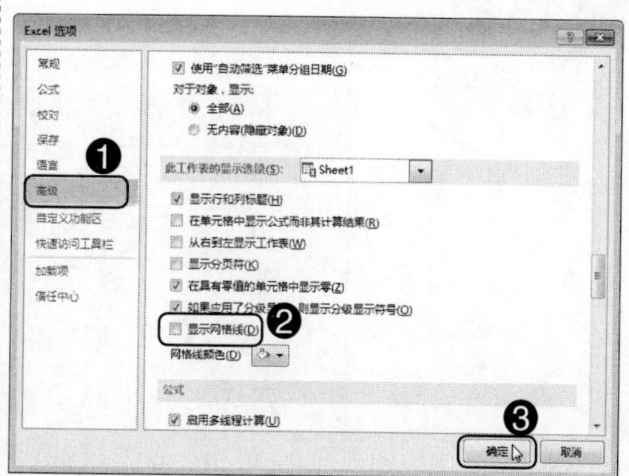

本章小结

本章的重点在于 Excel 中录入和编辑数据的基本操作，主要熟悉 Excel 中的名词术语、表格内容的录入与编辑、工作表的基本操作及编辑行、列和单元格等知识点。通过本章的学习，希望大家能够灵活应用 Excel 来存储实际工作中所需要应用的各类数据，高效地录入数据、完成表格制作。

Chapter

Excel 电子表格的美化与打印

本章导读

在 Excel 软件中，除输入数据进行处理外，也需要对单元格的格式进行设置。漂亮的格式可以让视觉效果更好。为了让打印出来的表格完整显示，还需要对表格页面进行设置，设置完成后，可以通过打印预览查看效果。本章主要介绍如何美化和打印工作表的相关操作。

学完本章后应该掌握的技能

- 如何设置数据格式
- 掌握如何为单元格添加边框
- 掌握为工作表添加背景的操作
- 掌握如何为单元格和表格应用样式
- 掌握页面格式的设置

本章相关实例效果展示

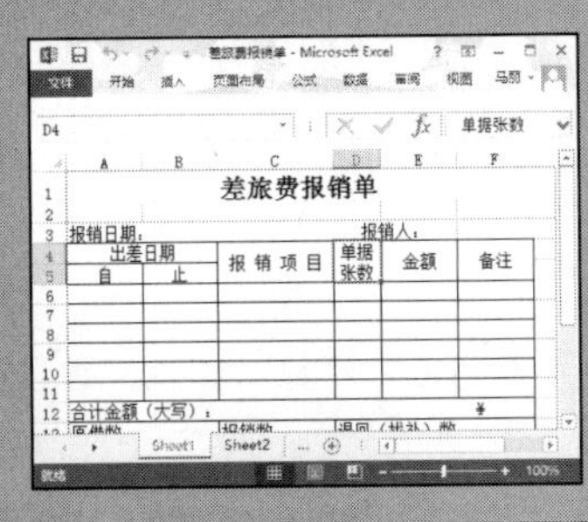

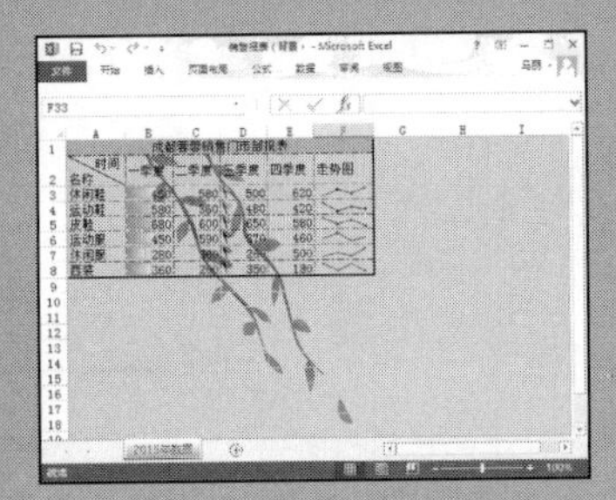

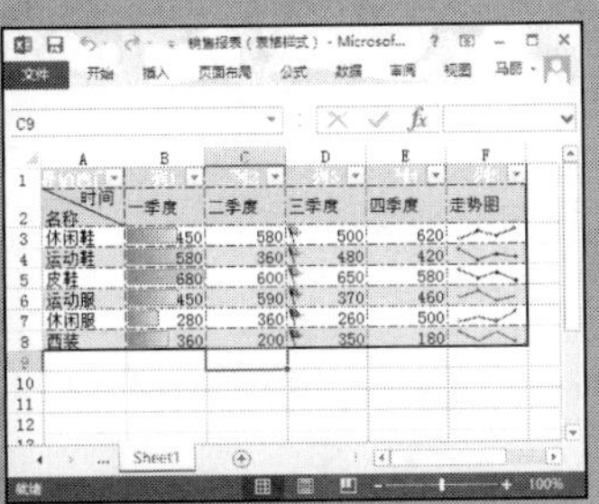

9.1 知识讲解——设置数据格式

美化工作表首先应对单元格的格式进行设置。单元格的格式包含字体格式、对齐方式和底纹与边框，只有恰当好处地集合这些元素，才能更好地表现数据，使表格、数字更加突出。

9.1.1 设置文本格式

Excel 主要对数据进行处理，但该软件同样拥有强大的文字处理功能，为了突出整个表格的美化操作，常常会对字体、字号和字形进行调整。

例如，设置标题文本的字体、字号、加粗和正文内容的字号，具体操作方法如下。

光盘同步文件

素材文件：光盘 \ 素材文件 \ 第 9 章 \ 销售表 .xlsx
结果文件：光盘 \ 结果文件 \ 第 9 章 \ 销售表 .xlsx
视频文件：光盘 \ 视频文件 \ 第 9 章 \9-1-1.mp4

Step01：打开素材文件 \ 第 9 章 \ 销售表 .xlsx，❶选中 A1 单元格，单击“字体”工具组中“字体”右侧下拉按钮；❷在其下拉表中选择“黑体”选项，如下图所示。

Step02：❶选中 A1 单元格，单击“字体”工具组中“字号”右侧下拉按钮；❷在其下拉表中选择“18”选项，如下图所示。

Step03：❶选中 A1 单元格；❷单击“字体”工具组中“加粗”按钮，如右图所示。

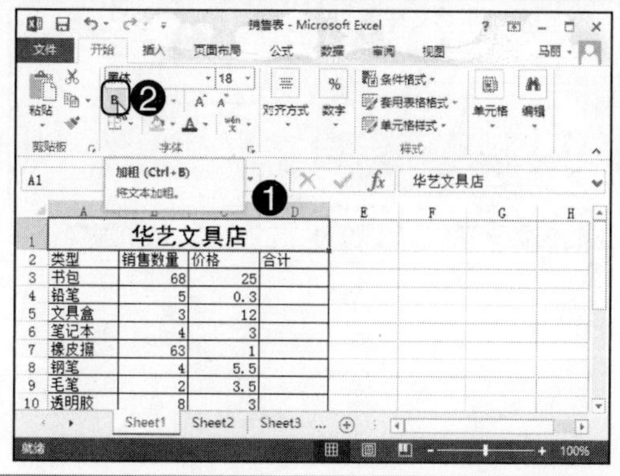

Step04：❶ 选中 A2:D10 单元格区域；❷ 在“字体”工具组中“字号”文本框中输入文字大小，如右图所示。

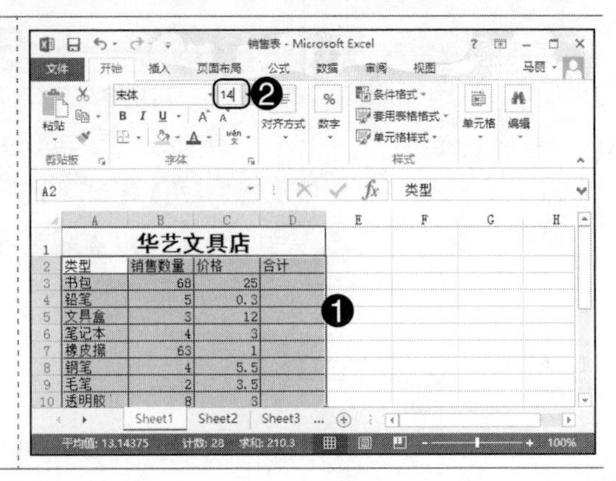

9.1.2 设置数字格式

在表格中输入数据，为了让数据更加专业和精准，就需要对数字的格式进行设置。如小数位数、货币符号等格式。下面，以设置价格和设置合计单元格区域为货币符号，具体操作方法如下。

光盘同步文件

素材文件：光盘\素材文件\第 9 章\销售表（数字格式）.xlsx
结果文件：光盘\结果文件\第 9 章\销售表（数字格式）.xlsx
视频文件：光盘\视频文件\第 9 章\9-1-2.mp4

Step01：打开素材文件\第 9 章\销售表（数字格式）.xlsx，❶ 选中 C3:D10 单元格区域；❷ 单击“数字”工具组中“常规”右侧下拉按钮；❸ 在其下拉表中选择“货币”选项，如下图所示。

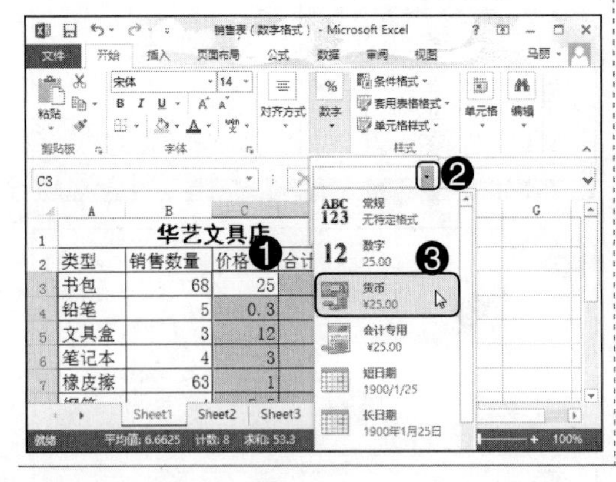

Step02：经过上步操作，为选中的单元格区域添加货币符号，效果如下图所示。

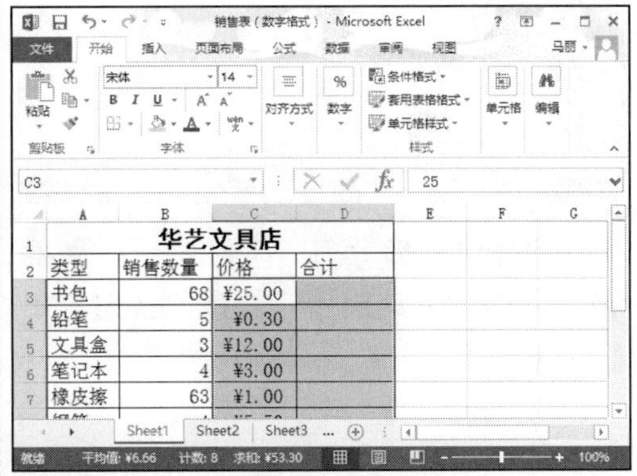

知识拓展　货币与会计专用的区别

在 Excel 中应用货币和会计专用两种数据格式，币种符号位置不同，货币的货种符号是连在一起靠右的，会计专用的货种符号是靠左。

9.1.3 设置对齐方式

为单元格设置好字体格式后，可以调整单元格的对齐方式。在 Excel 中，内容水平对齐的方式有左对齐、居中和右对齐三种。下面，以选中的内容居中对齐为例，具体操作方法如下。

光盘同步文件

素材文件：光盘 \ 素材文件 \ 第 9 章 \ 销售表（对齐方式）.xlsx
结果文件：光盘 \ 结果文件 \ 第 9 章 \ 销售表（对齐方式）.xlsx
视频文件：光盘 \ 视频文件 \ 第 9 章 \9-1-3.mp4

Step01：打开素材文件 \ 第 9 章 \ 销售表（对齐方式）.xlsx，❶ 选中 A2:D10 单元格区域；❷ 单击“对齐方式”工具组中“居中”按钮，如下图所示。

Step02：经过上步操作，设置选中单元格的内容居中对齐，效果如下图所示。

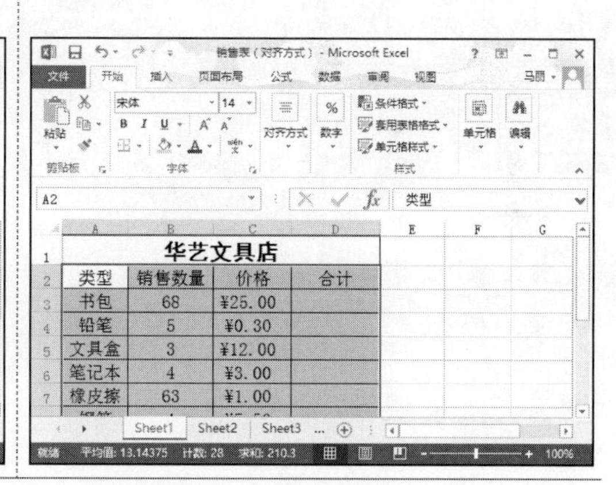

9.1.4 设置文本自动换行

在单元格中输入数据信息时，如果内容较长或者需要文本换行显示，可以设置文本内容自动换行，具体操作方法如下。

光盘同步文件

素材文件：光盘 \ 素材文件 \ 第 9 章 \ 差旅费报销单 .xlsx
结果文件：光盘 \ 结果文件 \ 第 9 章 \ 差旅费报销单 .xlsx
视频文件：光盘 \ 视频文件 \ 第 9 章 \9-1-4.mp4

Step01：打开素材文件\第9章\差旅费报销单.xlsx，❶选中D4单元格；❷单击“对齐方式”工具组中“自动换行”按钮，如下图所示。

Step02：经过上步操作，设置D4单元格的数据如下图所示。

知识拓展　使用快捷键自动换行

除了使用功能区的自动换行外，还可以在输入信息时，按“Alt+Enter”组合键快速进行换行。

9.2 知识讲解——设置表格的边框和背景

Excel 默认情况下，打开工作表是没有边框和背景的，如果要将表格打印出来，或者为工作表添加一个背景，是需要重新为工作表进行设置的。

9.2.1 设置单元格边框

在工作表中为了突出显示数据表格，使表格更清晰，可以为输入数据的单元格区域添加边框线，具体操作方法如下。

光盘同步文件

素材文件：光盘 \ 素材文件 \ 第 9 章 \ 销售报表 .xlsx
结果文件：光盘 \ 结果文件 \ 第 9 章 \ 销售报表 .xlsx
视频文件：光盘 \ 视频文件 \ 第 9 章 \9-2-1.mp4

Step01：打开素材文件 \ 第 9 章 \ 销售报表 .xlsx，❶ 选择 A1:F8 单元格区域；❷ 单击“字体”工具组中“下框线”右侧下拉按钮；❸ 在其下拉表中选择“其他边框”命令，如下图所示。

成都蓉蓉销售门市部报表

时间 名称	一季度	二季度	三季度	四季度	走势图
休闲鞋	450	580	500	620	
运动鞋	580	360	480	420	
皮鞋	680	600	650	580	
运动服	450	590	370	460	
休闲服	280	360	260	500	
西装	360	200	350	180	

Step02：打开“设置单元格格式”对话框，❶ 单击“边框”选项卡；❷ 单击边框线样式；❸ 单击“外边框”按钮，如下图所示。

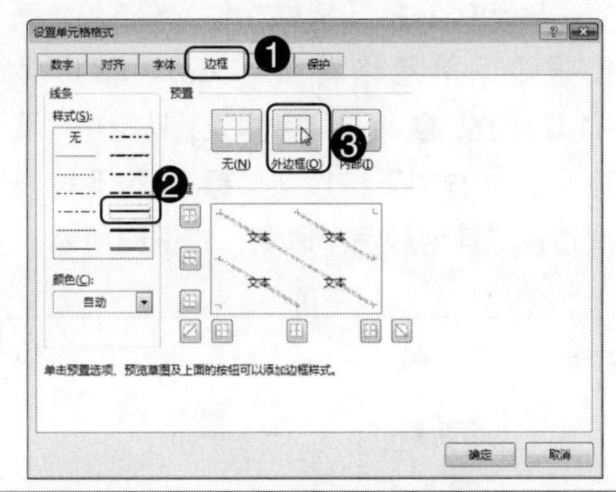

Step03：❶ 单击边框线样式；❷ 选择边框线颜色；❸ 单击“内部”按钮；❹ 单击“确定”按钮，如右图所示。

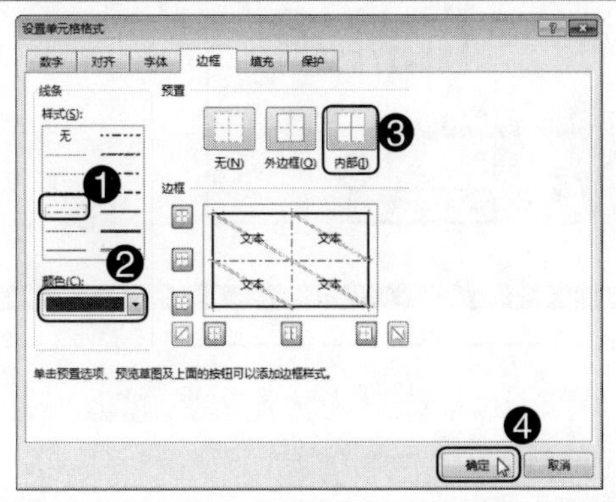

Step04：经过以上操作，为表格添加外边框和内边框，效果如右图所示。

9.2.2 设置单元格背景

在单元格中输入信息后，如果需要让信息突出显示，可以为单元格填充一个背景色，背景色可以为单一的颜色，也可以自定义颜色值，具体操作方法如下。

光盘同步文件

素材文件：光盘\素材文件\第 9 章\销售报表（单元格背景）.xlsx
结果文件：光盘\结果文件\第 9 章\销售报表（单元格背景）.xlsx
视频文件：光盘\视频文件\第 9 章\9-2-2.mp4

Step01：打开素材文件\第 9 章\销售报表（单元格背景）.xlsx，❶选择 A1 单元格；❷单击“字体”工具组中“填充颜色”右侧下拉按钮；❸在其下拉表中选择“其他颜色”命令，如下图所示。

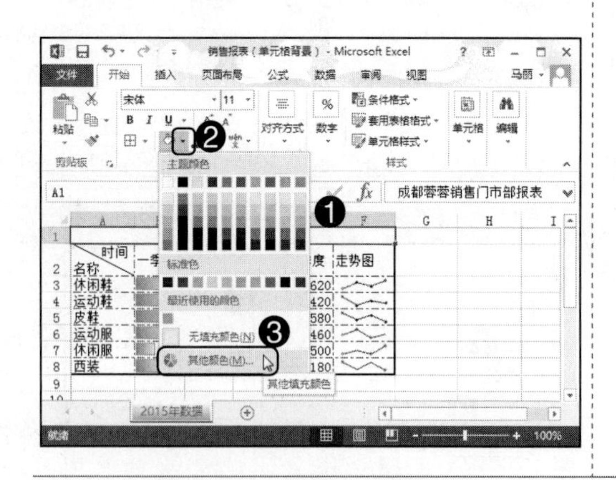

Step02：打开“颜色”对话框，❶单击“自定义”选项卡；❷在“颜色”面板中拖动选择颜色；❸单击“确定”按钮，效果如下图所示。

Step03：经过以上操作，为单元格填充背景，效果如右图所示。

如果自定义的颜色需要修改，可以在填充颜色的面板重新进行选择颜色。

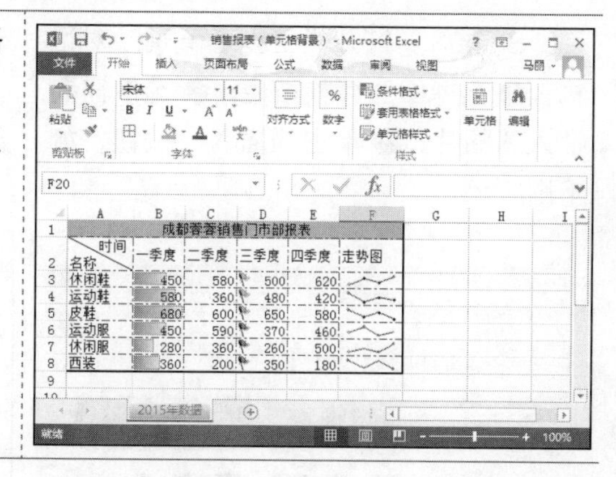

9.2.3 设置表格背景

在 Excel 中，除可以添加单元格的背景外，还可以为工作表添加背景，但是工作表的背景不是以单元格区域为标准，因此填充后会在整个工作表中显示出来，图片不能铺满所有的单元格，则图片将以平铺的方式填充背景。

光盘同步文件

素材文件：光盘 \ 素材文件 \ 第 9 章 \ 销售报表（背景）.xlsx
结果文件：光盘 \ 结果文件 \ 第 9 章 \ 销售报表（背景）.xlsx
视频文件：光盘 \ 视频文件 \ 第 9 章 \9-2-3.mp4

Step01：打开素材文件 \ 第 9 章 \ 销售报表（背景）.xlsx，❶ 单击"页面布局"选项卡；❷ 单击"页面设置"工具组中"背景"按钮，如下图所示。

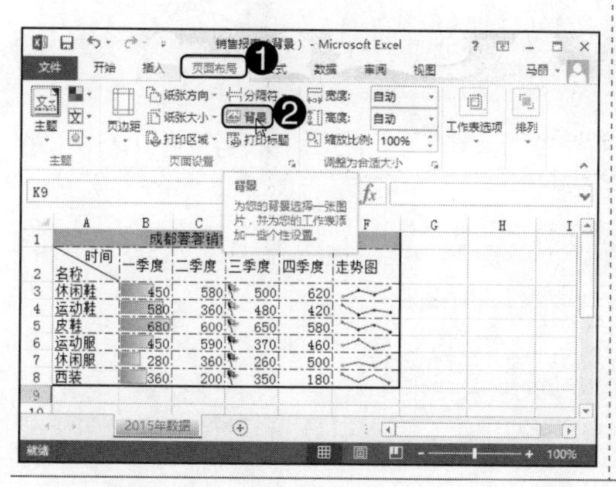

Step02：打开"插入图片"对话框，单击"浏览"按钮，如下图所示。

Step03：打开“工作表背景”对话框，❶选择图片存放路径；❷选中需要插入的图片；❸单击“插入”按钮，如下图所示。

Step04：经过以上操作，为工作表添加背景，效果如下图所示。

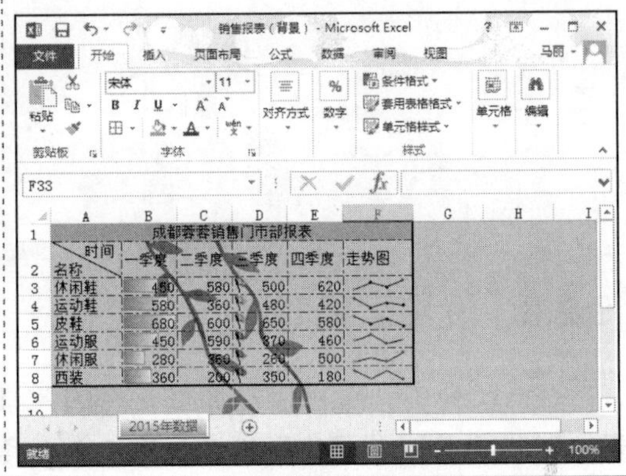

知识讲解——利用样式美化 Excel 表格

制作完内容后，可以利用 Excel 提供的内置样式为单元格或者单元格区域添加样式，让单元格的背景更完美，让单元格区域套用样式后更加专业。

9.3.1 套用单元格样式

Excel 为用户提供了单元格样式，用户可以直接应用到选定的单元格中，快捷地设置单元格的样式，起到美化工作表的目的。快速应用单元格样式的操作方法与步骤如下。

光盘同步文件

素材文件：光盘 \ 素材文件 \ 第 9 章 \ 销售报表（单元格样式）.xlsx
结果文件：光盘 \ 结果文件 \ 第 9 章 \ 销售报表（单元格样式）.xlsx
视频文件：光盘 \ 视频文件 \ 第 9 章 \9-3-1.mp4

Step01：打开素材文件 \ 第 9 章 \ 销售报表（单元格样式）.xlsx，❶ 选择 A1:F2 单元格区域；❷ 单击“样式”工具组中“单元格样式”按钮；❸ 在其下拉列表框中选择“20%，着色 2”样式，如下图所示。

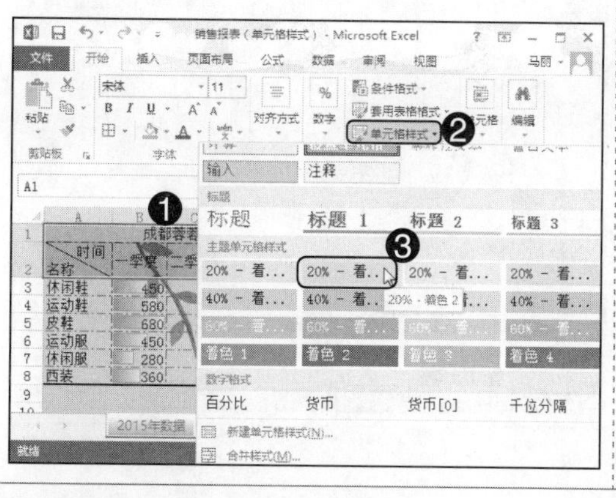

Step02：经过以上操作，为单元格应用内置的样式，效果如下图所示。

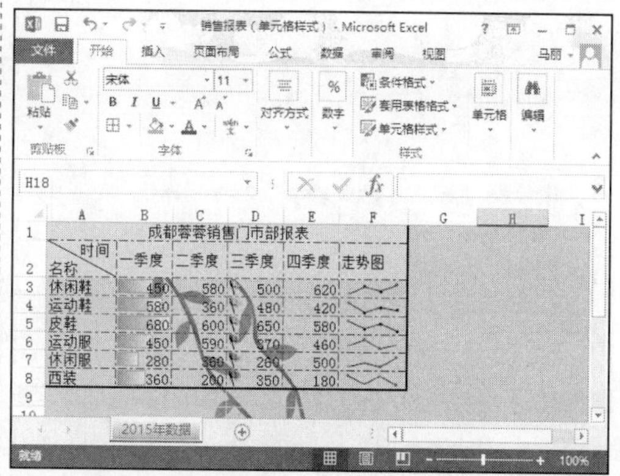

9.3.2 套用工作表样式

Excel 提供了许多预定义的表样式（或快速样式），使用这些样式可快速用表样式，具体操作方法如下。

光盘同步文件

素材文件：光盘\素材文件\第 9 章\销售报表（表格样式）.xlsx
结果文件：光盘\结果文件\第 9 章\销售报表（表格样式）.xlsx
视频文件：光盘\视频文件\第 9 章\9-3-2.mp4

Step01：打开素材文件\第 9 章\销售报表（表格样式）.xlsx，❶ 选择 A1:F8 单元格区域；❷ 单击“样式”工具组中“套用表格格式”按钮；❸ 在其下拉列表框中选择“2 表样式中等深浅 2”样式，如下图所示。

Step02：打开“套用表格式”对话框，❶ 确认表数据的来源区域，并勾选“表包含标题”复选框；❷ 单击“确定”按钮，如下图所示。

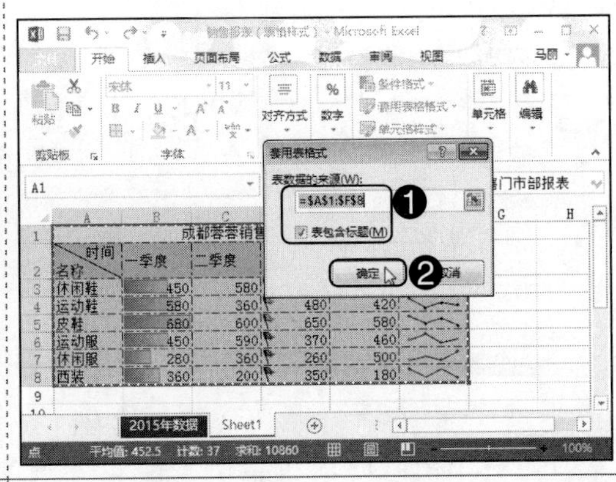

Step03：为表格添加样式后，拖动调整 A 列的列宽，如下图所示。

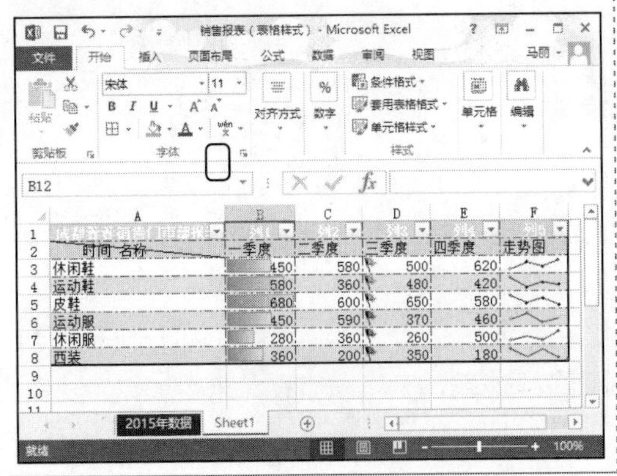

Step04：经过以上操作，为单元格区域添加表样式，效果如下图所示。

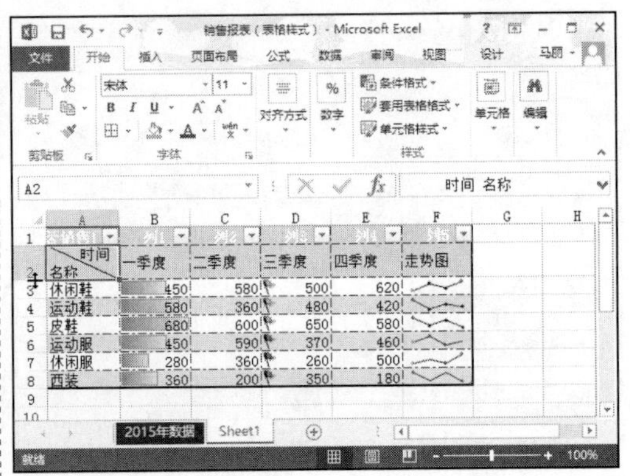

9.4 知识讲解——打印工作表

为了打出印来的表格整洁、美观，在打印文件之前，很重要的操作。通过页面设置可以设置打印的页面格式、查看打印预览，打印工作表等。

9.4.1 页面设置

制作完表格后，如果需要将表格打印出来，首先应对表格的页面进行设置，才能让打印出来的表格显得更专业，具体操作方法如下：

光盘同步文件

素材文件：光盘\素材文件\第 9 章\工资表 .xlsx
结果文件：光盘\结果文件\第 9 章\工资表 .xlsx
视频文件：光盘\视频文件\第 9 章\9-4-1.mp4

Step01：打开素材文件\第 9 章\工资表 xlsx，❶ 单击“页面布局”选项卡；❷ 单击“页面设置”工具组中“页边距”按钮；❸ 在其下拉列表框中选择“普通”选项，如下图所示。

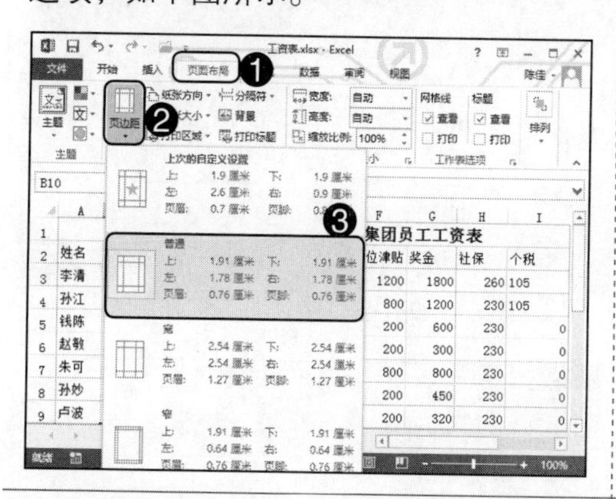

Step02：单击“页面设置”工具组对话框开启按钮，如下图所示。

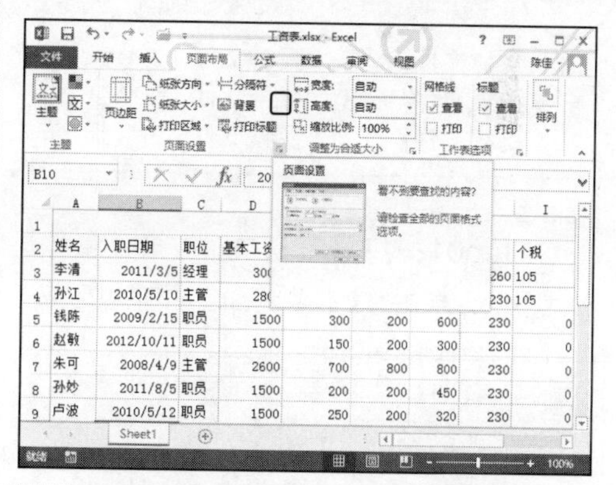

Step03：打开“页面设置”对话框，❶ 单击“纸张大小”右侧下拉按钮；❷ 在其下拉列表中选择“B5”选项，如右图所示。

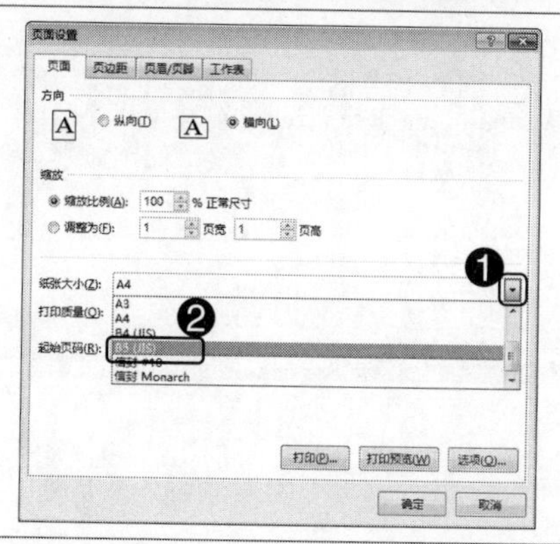

Step04：❶单击“页边距”选项卡；❷在“居中方式”组中单击勾选“水平”和“垂直”复选框；❸单击“确定”按钮，如右图所示。

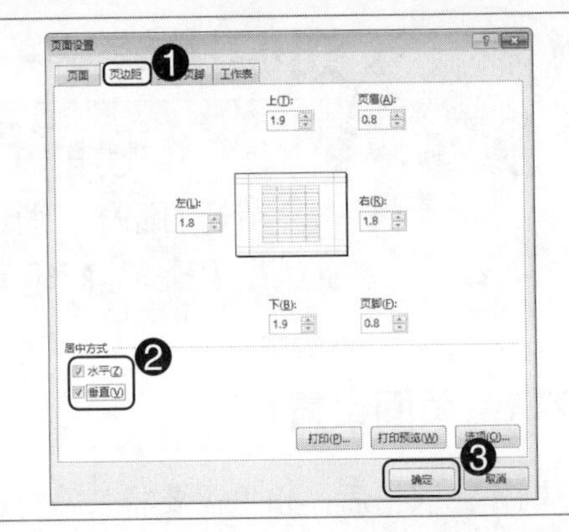

知识拓展　设置边框距离

在“页面设置”对话框中，单击“页边距”选项卡，设置“上、下、左、右”的边距值，可以调整表格数据与边框线之间的距离。

9.4.2 打印预览

设置好表格页面格式后，可以先查看打印预览，如果打印预览效果不佳，可以重新设置页面，如果没有问题就可以直接打印，查看打印预览，具体操作方法如下。

光盘同步文件

素材文件：光盘\素材文件\第 9 章\工资表 .xlsx
结果文件：光盘\结果文件\第 9 章\工资表 .xlsx
视频文件：光盘\视频文件\第 9 章\9-4-2.mp4

Step01：打开素材文件\第 9 章\工资表 .xlsx，单击“文件”菜单，如下图所示。

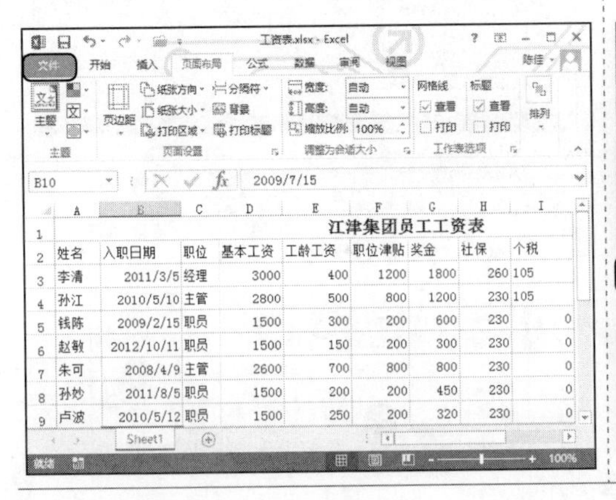

Step02：在文件列表中，选择“打印”命令，如下图所示。

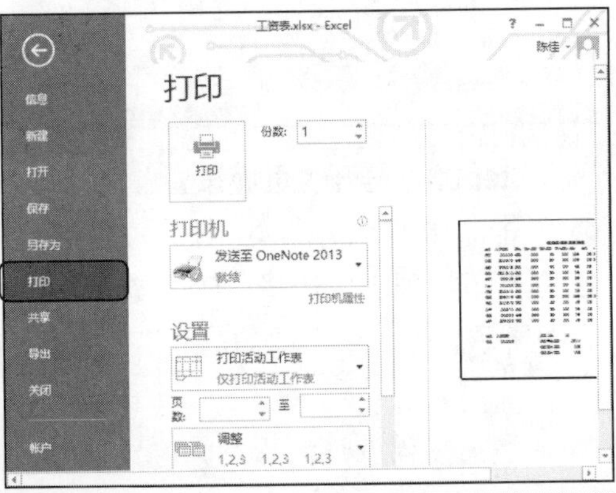

Step03：在打印面板右侧，即可看到打印预览的效果，如右图所示。

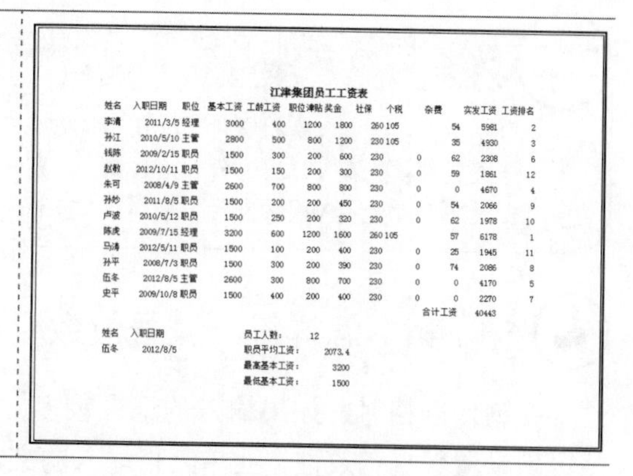

江津集团员工工资表

姓名	入职日期	职位	基本工资	工龄工资	职位津贴	奖金	社保	个税	杂费	实发工资	工资排名
李清	2011/3/5	经理	3000	400	1200	1800	260	105	54	5981	2
孙江	2010/5/10	主管	2800	500	800	1200	230	105	35	4930	3
钱陈	2009/2/15	职员	1500	300	200	600	230	0	62	2308	6
赵敏	2012/10/11	职员	1500	150	200	300	230	0	59	1861	12
朱可	2008/4/9	主管	2600	700	800	800	230	0	0	4670	4
孙妙	2011/8/5	职员	1500	200	200	450	230	0	54	2066	9
卢波	2010/5/12	职员	1500	250	200	320	230	0	62	1978	10
陈虎	2009/7/15	经理	3200	600	1200	1600	260	105	57	6178	1
马清	2012/5/11	职员	1500	100	200	400	230	0	25	1945	11
孙平	2008/7/3	职员	1500	300	200	390	230	0	74	2086	8
伍冬	2012/8/5	主管	2600	300	800	700	230	0	0	4170	5
史平	2009/10/8	职员	1500	400	200	400	230	0	0	2270	7
									合计工资	40443	

姓名	入职日期
伍冬	2012/8/5

员工人数：12
职员平均工资：2073.4
最高基本工资：3200
最低基本工资：1500

9.4.3 打印工作表

设置完成表格页面后，连接打印机，然后通过 Excel 的打印命令执行打印操作。在开始打印之前，需要设置打印的份数，具体操作方法如下。

光盘同步文件

素材文件：光盘\素材文件\第 9 章\工资表 .xlsx
结果文件：光盘\结果文件\第 9 章\工资表 .xlsx
视频文件：光盘\视频文件\第 9 章\9-4-3.mp4

Step01：打开素材文件\第 9 章\工资表 .xlsx，单击“文件”菜单，如下图所示。

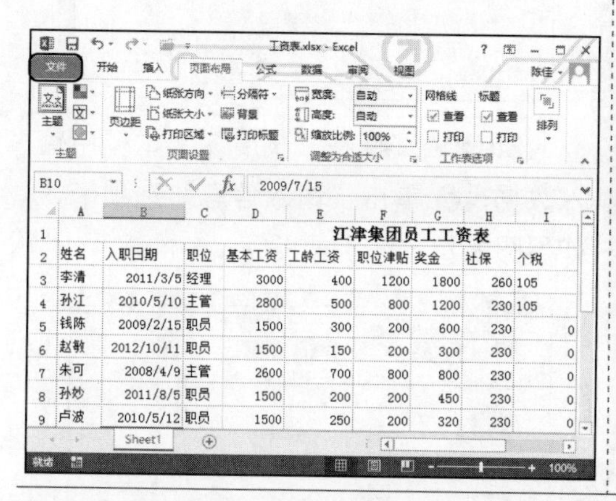

Step02：❶在文件列表中选择“打印”选项；❷设置打印份数；❸单击“打印”按钮，如下图所示。

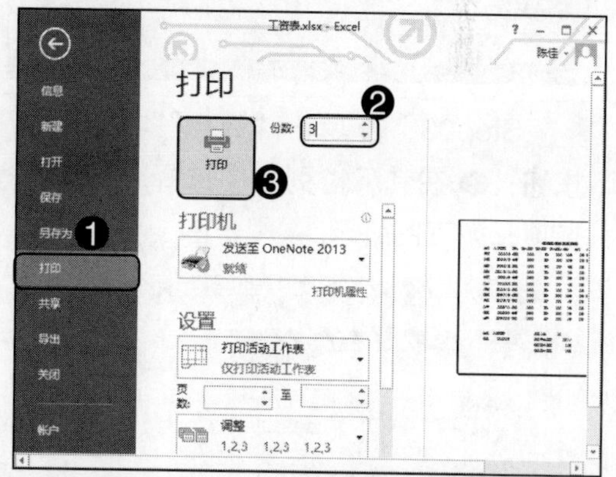

技高一筹——实用操作技巧

通过前面知识的学习，相信读者朋友已经掌握好美化与打印工作表的相关基础知识。下面结合本章内容，给大家介绍一些实用技巧。

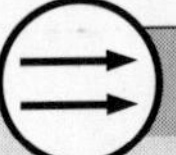

光盘同步文件

素材文件：光盘\素材文件\第 9 章\技高一筹
结果文件：光盘\结果文件\第 9 章\技高一筹
视频文件：光盘\视频文件\第 9 章\技高一筹 .mp4

技巧 01 怎样统一编号位数

在制作表格时，如果输入的记录较多，为避免输入的位数出错，可以为编号单元格区域设置数据有效性，让单元格输入的文本长度一样，具体方法如下。

Step01：打开素材文件\第 9 章\技高一筹\技巧 01.xlsx，❶ 选中 A 列；❷ 单击“数据”选项卡；❸ 单击“数据工具”组中“数据验证”按钮，如下图所示。

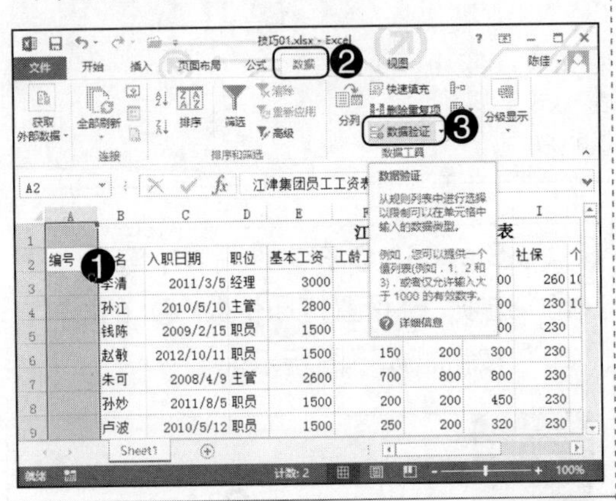

Step02：打开“数据验证”对话框，❶ 单击“允许”右侧下拉按钮；❷ 在其下拉列表中选择“文本长度”选项，如下图所示。

Step03：❶ 单击“数据”右侧下拉按钮；❷ 在其下拉列表中选择“等于”选项，如下图所示。

Step04：❶ 在“长度”文本框中输入数据；❷ 单击“输入信息”选项卡，如下图所示。

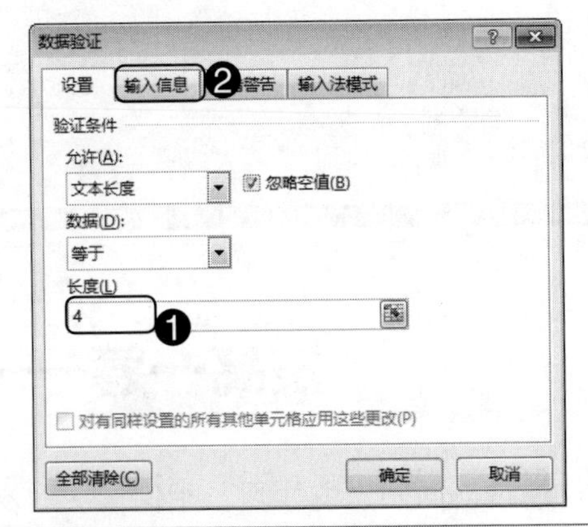

Step05：❶在“输入信息”文本框内输入提示信息；❷单击“确定”按钮，如下图所示。

提示信息可以让用户在输入该信息时，帮助正确填写。

Step06：经过以上操作后，在A3单元格输入“' 00010”，按“Enter”键确认，如下图所示。

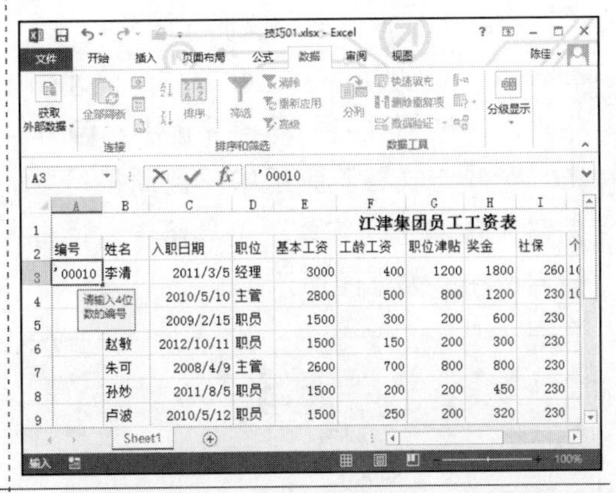

Step07：如果输入的信息出错，则会弹出提示信息框，单击“取消”按钮，如下图所示。

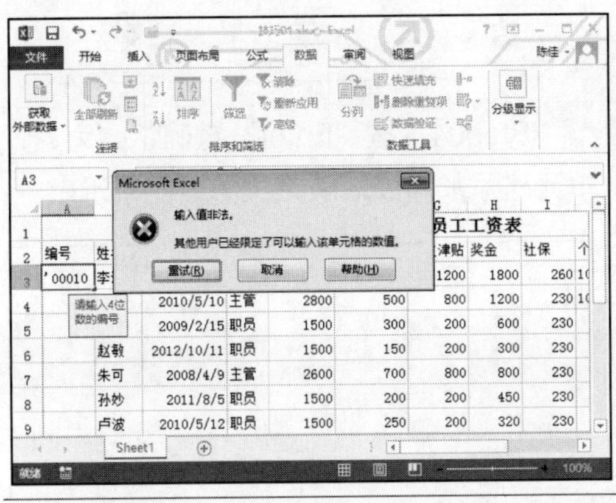

Step08：❶单击取消后，单元格的内容被清除，重新输入正确的编号；❷选中A3单元格向下填充编号，如下图所示。

Step09：经过以上操作，正确输入统一的编号位数，效果如右图所示。

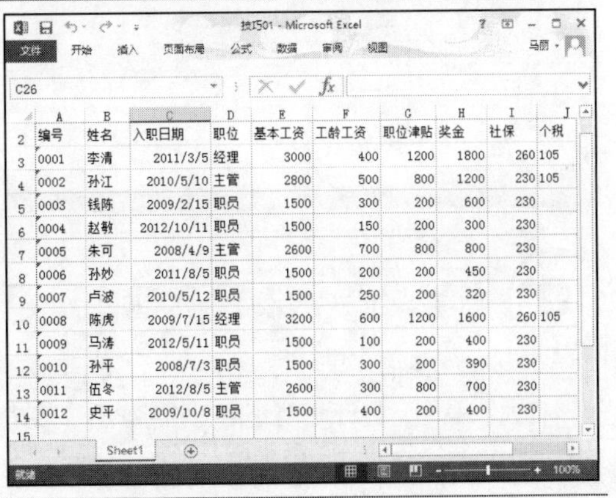

编号	姓名	入职日期	职位	基本工资	工龄工资	职位津贴	奖金	社保	个税
0001	李清	2011/3/5	经理	3000	400	1200	1800	260	105
0002	孙江	2010/5/10	主管	2800	500	800	1200	230	105
0003	钱陈	2009/2/15	职员	1500	300	200	600	230	
0004	赵毅	2012/10/11	职员	1500	150	200	300	230	
0005	朱可	2008/4/9	主管	2600	700	800	800	230	
0006	孙妙	2011/8/5	职员	1500	200	200	450	230	
0007	卢波	2010/5/12	职员	1500	250	200	320	230	
0008	陈虎	2009/7/15	经理	3200	600	1200	1600	260	105
0009	马涛	2012/5/11	职员	1500	100	200	400	230	
0010	孙平	2008/7/3	职员	1500	300	200	390	230	
0011	伍冬	2012/8/5	主管	2600	300	800	700	230	
0012	史平	2009/10/8	职员	1500	400	200	400	230	

技巧 02 如何制作斜线表头

在 Excel 表格的使用中，我们经常会遇到需要使用斜线的情况，由于 Excel 中没有“绘制斜线表头”功能。因此，要制作斜线表头，可以通过其他方法来实现。下面，介绍使用边框线的方法制作斜线表头，具体操作方法如下。

Step01：打开素材文件\第 9 章\技高一筹\技巧 02.xlsx，❶ 在 A1 单元格中输入“成绩姓名”内容并选中；❷ 单击“对齐方式”工具组中“自动换行”按钮；❸ 单击“字体”工具组中对话框开启按钮，如下图所示。

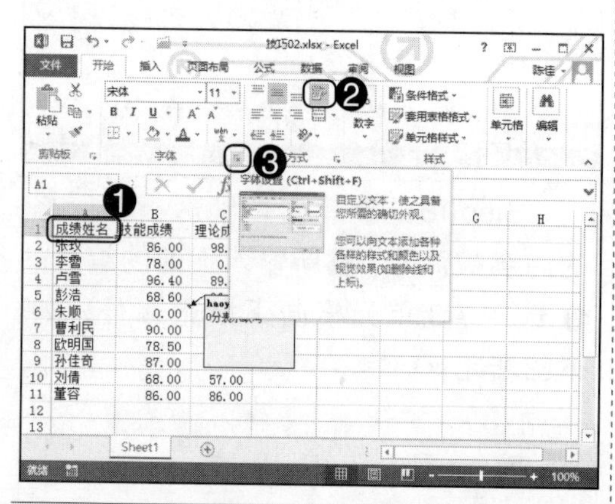

Step02：打开“设置单元格格式”对话框，❶ 单击“边框”选项卡；❷ 单击“斜线”按钮；❸ 单击“确定”按钮，如下图所示。

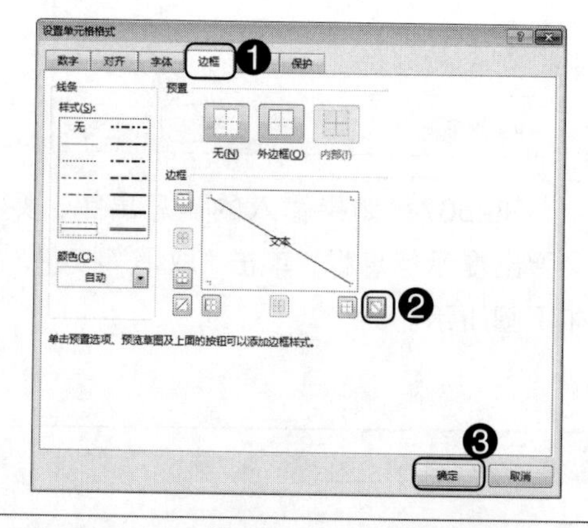

Step03：将鼠标光标移至编辑栏中，按空格键调整成绩的位置，如下图所示。

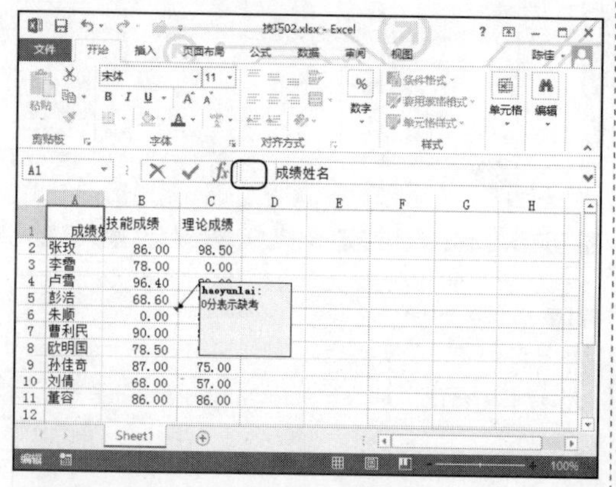

Step04：按“Enter”键确认，为 A1 单元格添加斜线表头效果如下图所示。

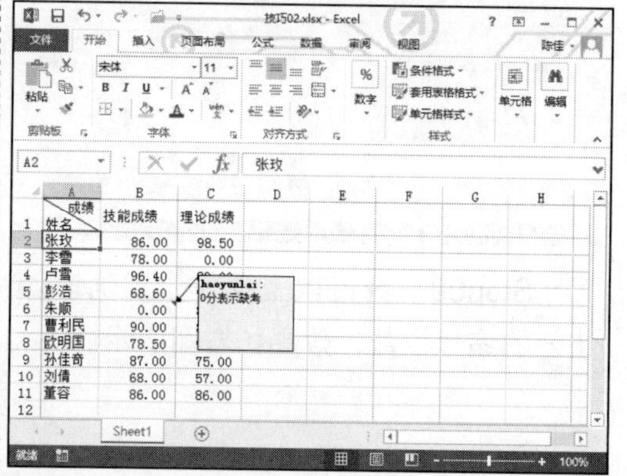

知识拓展 使用其他方法添加斜线表头

除上述的方法添加斜线表头外，还可以选中单元格，右击，在弹出快捷菜单中选择设置单元格格式”命令，打开“设置单元格格式”对话框，然后再单击“边框”选项卡，选择边框线的样式并单击斜线按钮，最后单击“确定”按钮即可。

技巧 03 如何让表格标题显示在每一页上

如果制作的表格内容较多，要将标题行的内容在每页都能打印出来，将标题行设置为打印标题行，具体操作方法如下。

Step01：打开素材文件\第 9 章\技高一筹\技巧 03.xlsx，❶单击“页面布局”选项卡；❷单击“页面设置”工具组中“打印标题”按钮，如下图所示。

Step02：打开“页面设置”对话框，❶在“顶端标题行”中选择需要设置的行；❷单击“确定”按钮，如下图所示。

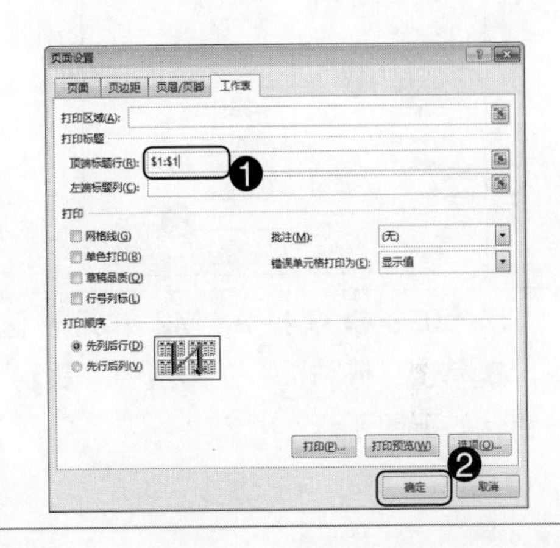

技巧 04 打印员工的工资条

使用 Excel 做工资统计，是很多中、小企业都在应用的，但是如何让工资条打印既快速又漂亮是很多人头痛的问题，下面，介绍如何将工资条的类型分别放置在每位员工的数据前面，然后再打印工资条，具体操作方法如下。

Step01：打开素材文件\第 9 章\技高一筹\技巧 04.xlsx，在数据表的右侧输入交叉的两个数据，如下图所示。

Step02：按住左键不放拖动向下填充至数据记录的最后一条，❶单击“编辑”工具组中“查找和选择”按钮，❷在弹出的下拉列表中选择“定位条件”命令，如下图所示。

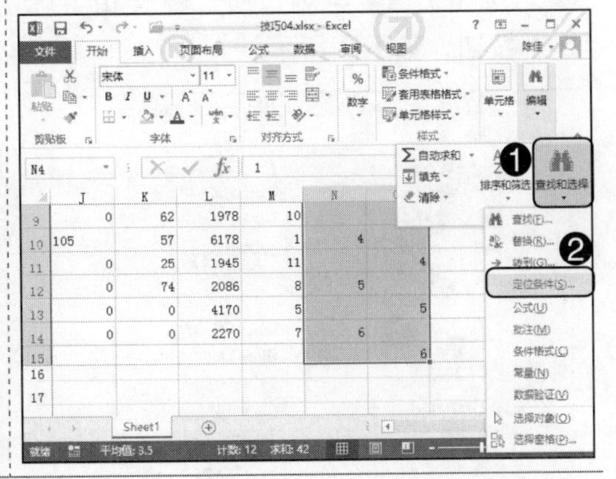

Step03：打开“定位条件”对话框，❶选中“空值”单选按钮；❷单击“确定”按钮，如下图所示。

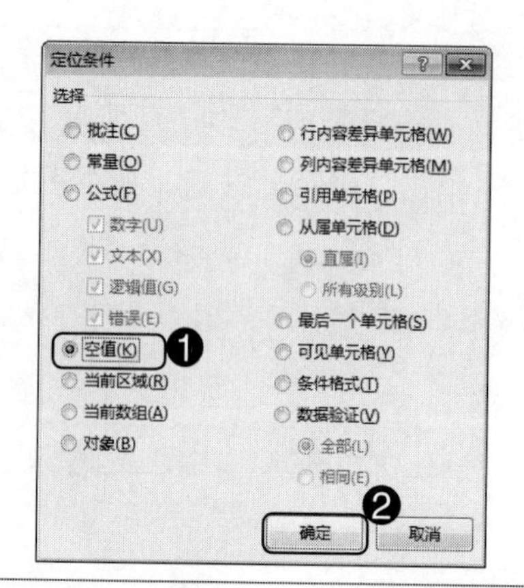

Step04：选中交叉单元格的空白单元格，❶单击“单元格”工具组中“插入”按钮；❷在其下拉列表中选择“插入工作表行”命令，如下图所示。

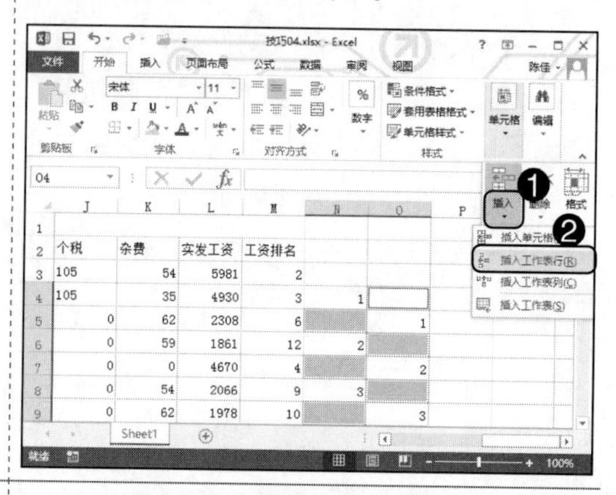

Step05：❶选择A2:M2单元格区域；❷单击“剪贴板”工具组中“复制”按钮，如下图所示。

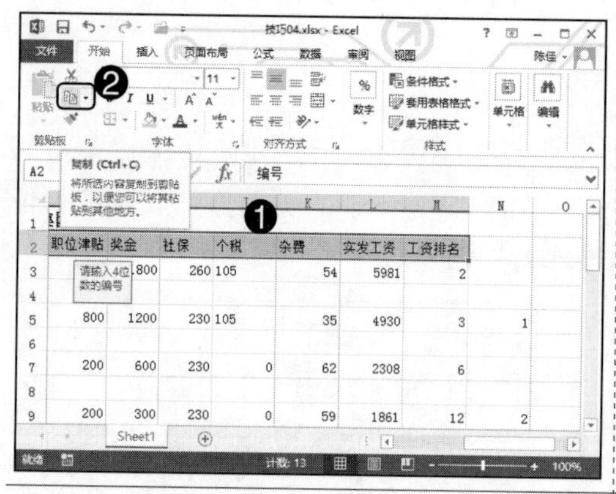

Step06：❶选中员工记录的单元格区域；❷单击“编辑”工具组中“查找和选择”按钮；❸在其下拉列表中选择“定位条件”命令，如下图所示。

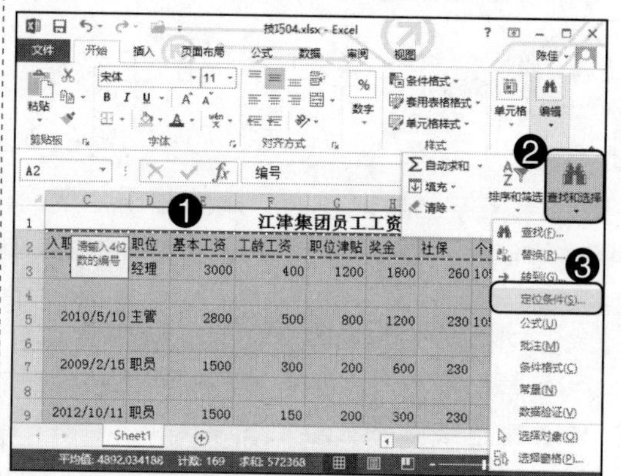

Step07：打开“定位条件”对话框，❶选中“空值”单选按钮；❷单击“确定”按钮，如下图所示。

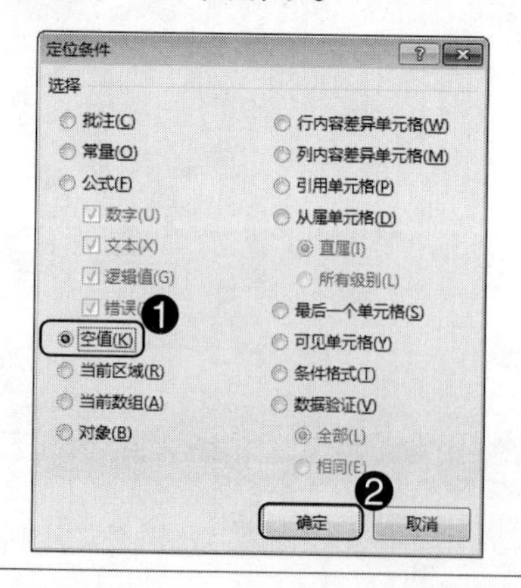

Step08：选中所有插入的空行，单击“剪贴板”工具组中“粘贴”按钮，如下图所示。

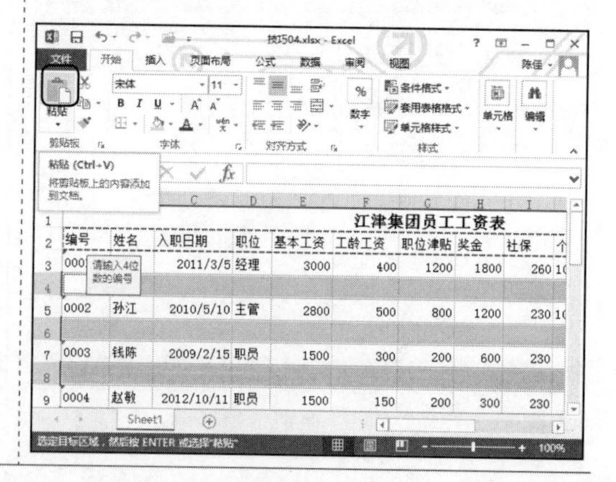

Step09：经过以上操作，快速制作完成工资条，单击“文件”菜单，如下图所示。

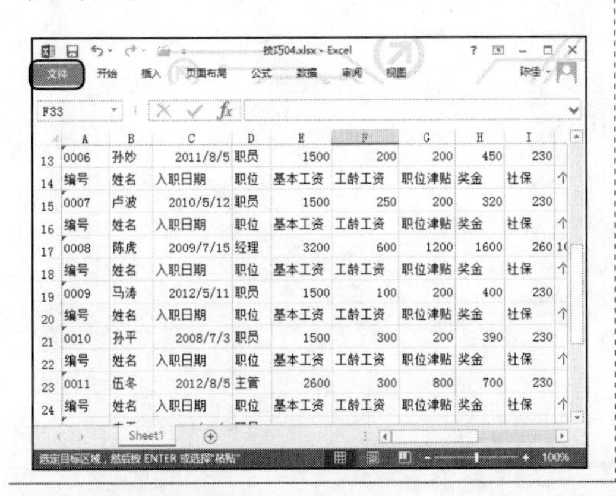

Step10：❶ 单击文件列表中“打印”命令；❷ 如果工资条确认无误，单击“打印”按钮，如下图所示。

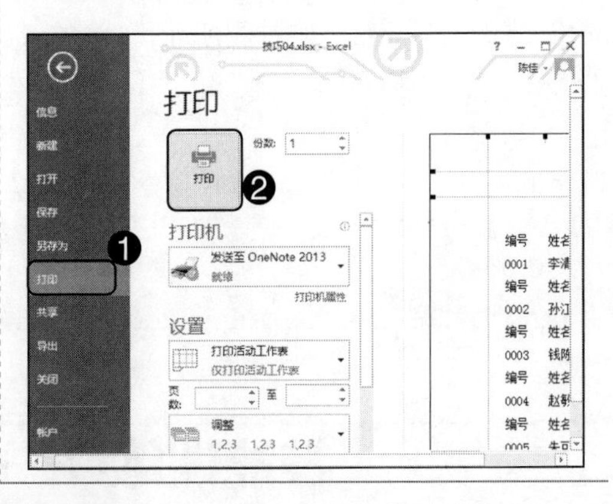

技巧 05　如何将工作表背景打印出来

在使用 Excel 处理日常工作中，经常碰到输入以“0”开头的数字，如输入工牌号“001”等。直接在单元格中输入“001”，Excel 会把它识别成数值型数据变成数字“1”，要输入以“0”开头的数字，具体方法如下。

Step01：打开素材文件 \ 第 9 章 \ 技高一筹 \ 技巧 05.xlsx，❶ 选中工作表中数据区域；❷ 单击“剪贴板”工具组中“复制”按钮，如下图所示。

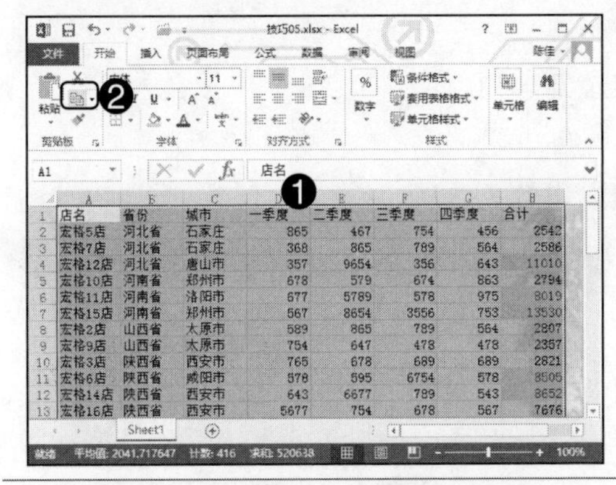

Step02：❶ 单击 Sheet2 工作表；❷ 单击“剪贴板”工具组中“粘贴”按钮；❸ 在其下拉列表框中选择“图片”选项，如下图所示。

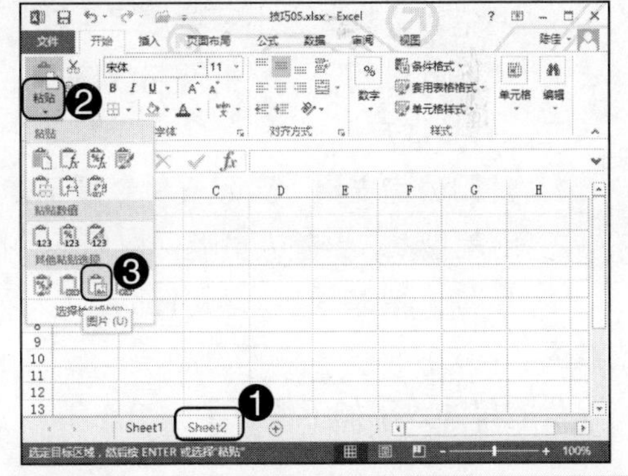

Step03：将数据区域转换为图片后，单击“文件”菜单，如右图所示。

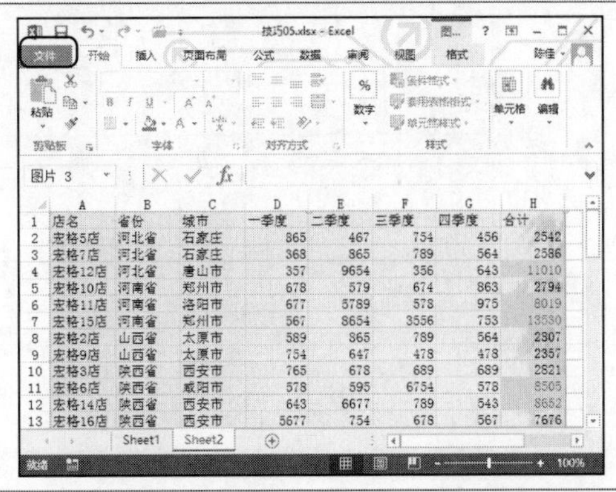

Step04：选择文件列表中“打印”命令，在右侧预览中即可看到工作表的背景，单击“打印”按钮，就可以将背景和表格一起打印出来，如右图所示。

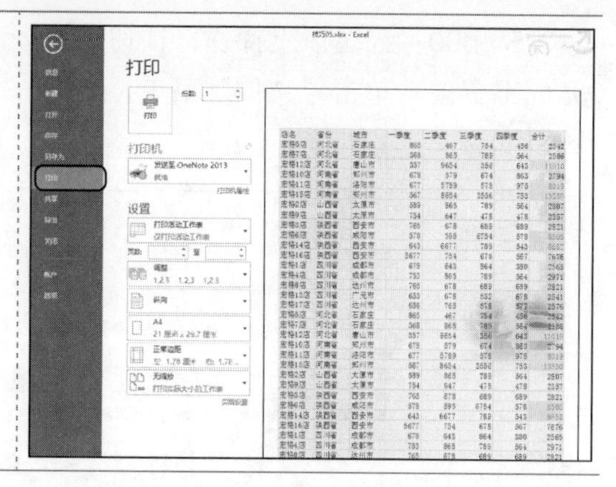

技能训练 1——制作借款单

训练介绍

为了规范各公司和个人借款行为，更好地按照财务管理规定办事，及时掌握企业货币资金情况，通过公司领导班子研究决定，对借款单进行重新印制，有关借款单的填写和有关规定作如下说明：

一、填写说明：

1. 公司或个人借款必须填写借款单，借款单所列相关内容必须填写清楚，项目要逐一填写完整，不得有空缺。

2. 借款单位、借款事由必须具体详细。

3. “借款金额”大小写要填写一致。

4. “还款日期”、“批准还款日期”要填写到日。

二、有关规定：

1. 凡因公借支票、实际支付金额不得超过借款单金额。

2. 出差借款，出差人员返回以后 5 日内到财务部结算清楚，交回余款，不得拖欠。

3. 所借支票和现金，财务部会计人员须在还款日到期前 5 日，第一次电话通知借款人。

借款单的效果如下图所示。

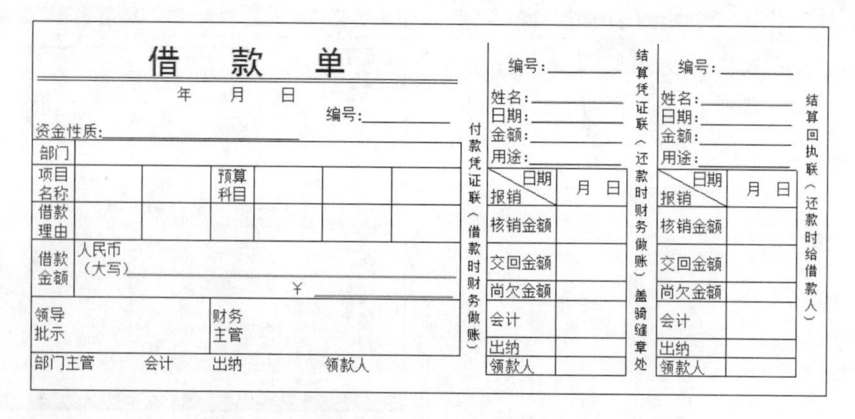

借　款　单

年　月　日

编号:________

资金性质:________

部门					
项目名称			预算科目		
借款理由					
借款金额	人民币（大写）________ ￥________				
领导批示			财务主管		

部门主管　会计　出纳　领款人

付款凭证联（借款时财务做账）

编号:________

姓名:________
日期:________
金额:________
用途:________

日期/报销	月　日
核销金额	
交回金额	
尚欠金额	
会计	
出纳	
领款人	

结算凭证联（还款时财务做账）盖骑缝章处

编号:________

姓名:________
日期:________
金额:________
用途:________

日期/报销	月　日
核销金额	
交回金额	
尚欠金额	
会计	
出纳	
领款人	

结算回执联（还款时给借款人）

光盘同步文件

素材文件：无
结果文件：光盘 \ 结果文件 \ 第 9 章 \ 借款单 .xlsx
视频文件：光盘 \ 视频文件 \ 第 9 章 \ 技能训练 1.mp4

操作提示

制作关键	技能与知识要点
本实例将借款单的所有项全都输入单元格中，然后对单元格合并、设置字体格式、调整列宽、插入直线、添加边框线、斜线、设置文本方向和取消网格线的显示，最后为了体现打印效果，设置表格为横向	● 输入借款单的文本信息 ● 合并单元格 ● 设置字体格式 ● 调整列宽 ● 插入直线命令 ● 为单元格添加边框 ● 设置单元格斜线 ● 设置文本显示方向 ● 取消网格线的显示 ● 设置表格的方向

操作步骤

本实例的具体制作步骤如下。

Step01：启动 Excel 2013，保存为借款单，在 A1:H12 单元格区域输入如下图所示的借款单文本信息。

Step02：在 J1:N12 单元格区域输入如下图所示的借款单信息。

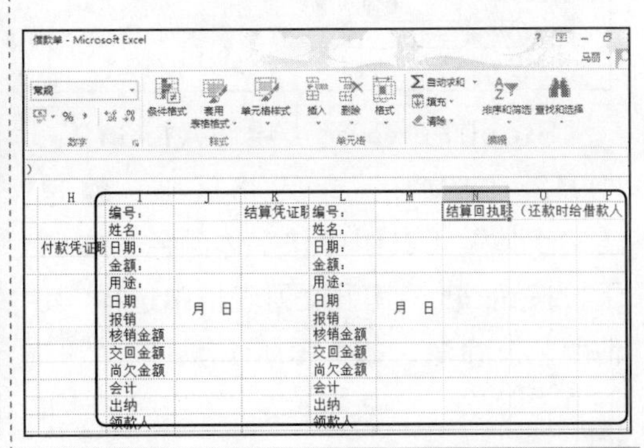

Step03：❶ 选中 A1:G1 单元格区域；❷ 单击“对齐方式”工具组“合并后居中”按钮，如下图所示。

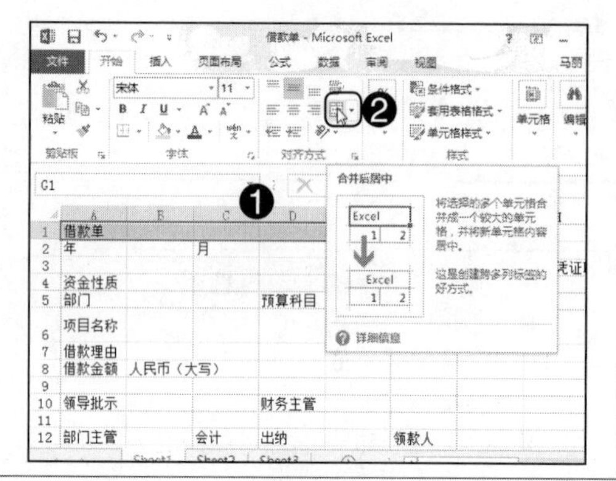

Step04：❶ 选中 A1 单元格；❷ 单击“字体”工具组“下画线”右侧下拉按钮；❸ 在其下拉列表中选择“双下画线”命令，如下图所示。

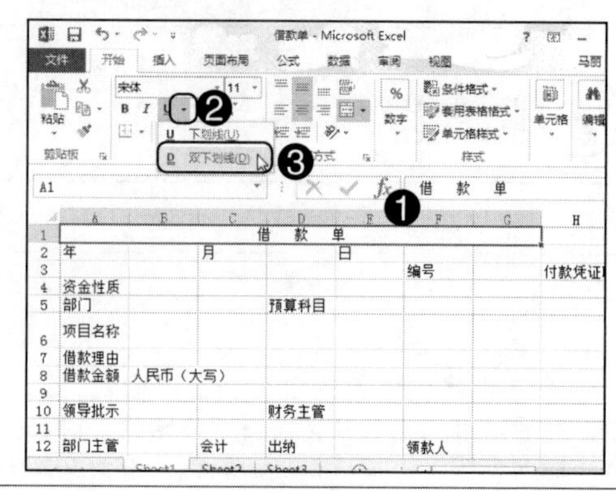

Step05：❶ 选中 A1 单元格，单击“字体”工具组“字体”右侧下拉按钮；❷ 在其下拉列表中选择“黑体”选项，如下图所示。

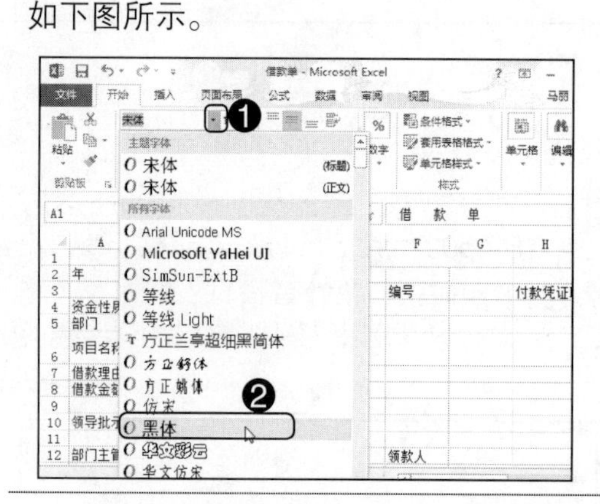

Step06：❶ 选中 A1 单元格，单击“字体”工具组“字号”右侧下拉按钮；❷ 在其下拉列表中选择“24”选项，如下图所示。

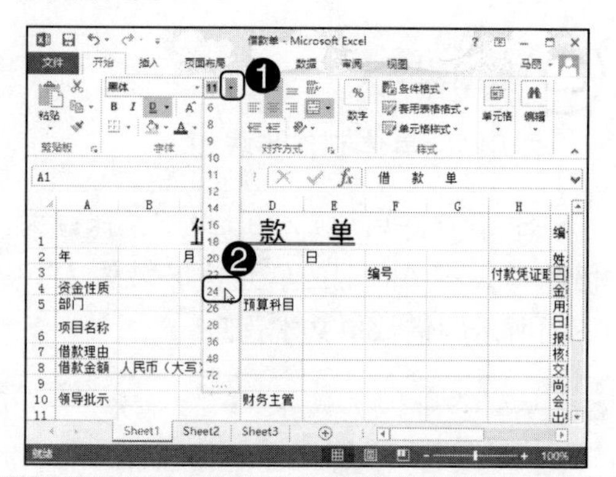

Step07：❶ 选中“A1:G12、I1:J12、L1:M12”单元格区域；❷ 单击“字体”工具组中“字体颜色”右侧下拉按钮；❸ 在其下拉列表框中选择“其他颜色”命令，如下图所示。

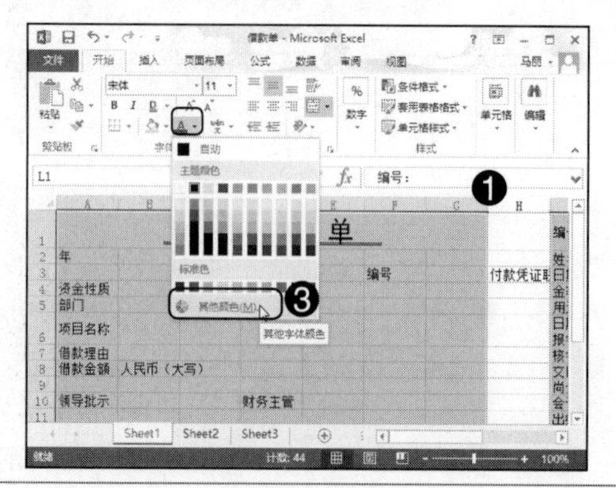

Step08：打开“颜色”对话框，❶ 在颜色面板中选择颜色；❷ 单击“确定”按钮，如下图所示。

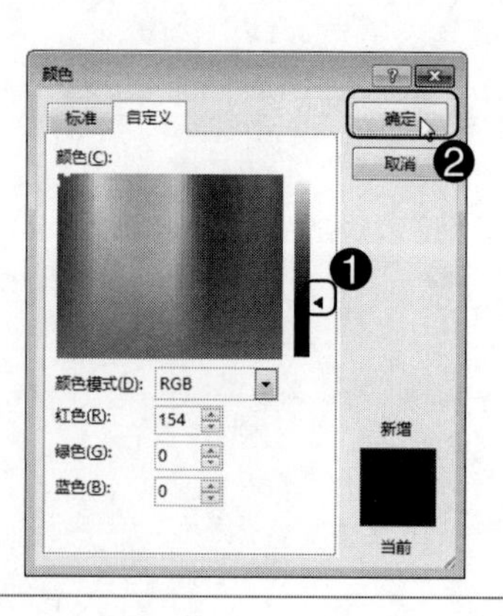

Step09：鼠标光标移至 A 列上按住左键不放拖动调整列宽大小，如下图所示。

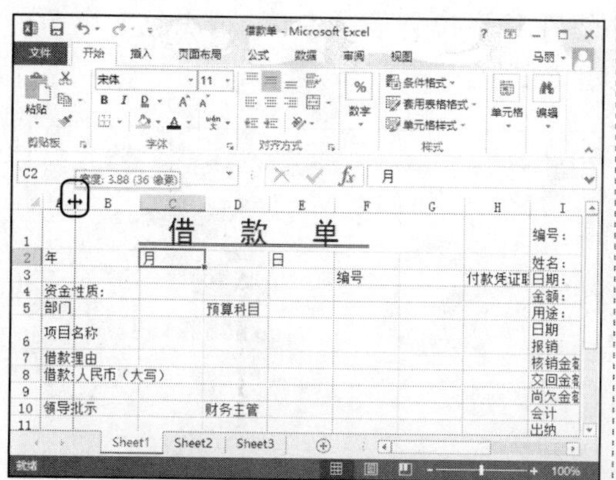

Step10：❶ 选中 A5:A8、A10、D5、D10 单元格区域；❷ 单击“对齐方式”工具组中“自动换行”按钮，如下图所示。

Step11：选择 D5 单元格按住左键不放拖动至 D6 单元格，如下图所示。

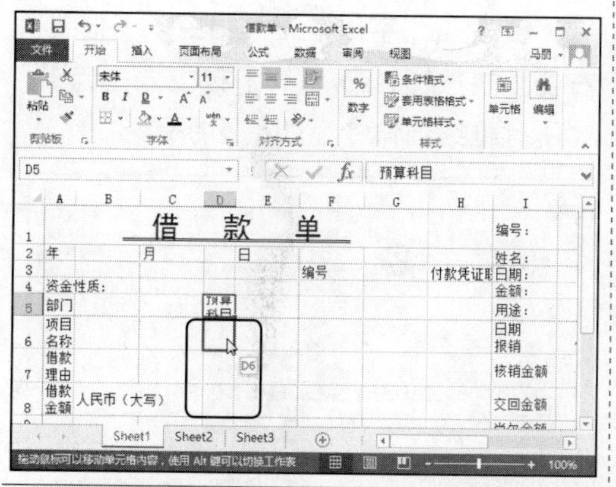

Step12：❶ 选择 A8 和 A9 单元格；❷ 单击“对齐方式”工具组中“合并后居中”按钮，如下图所示。

Step13：❶ 选择 B8:G9 单元格区域；❷ 单击“对齐方式”工具组中“合并后居中”按钮，如下图所示。

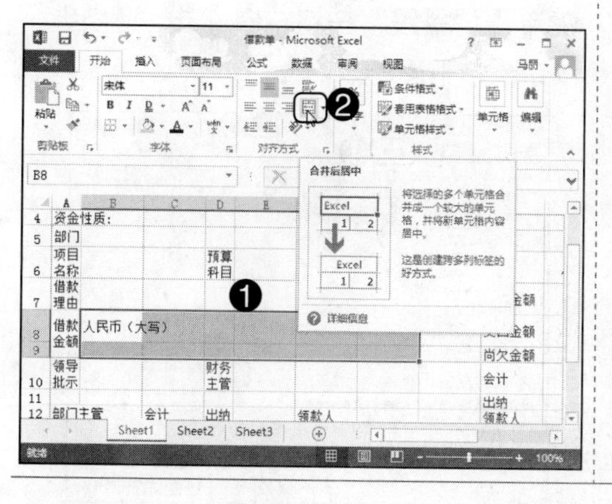

Step14：❶ 单击“插入”选项卡；❷ 单击“插图”工具组中“形状”按钮；❸ 在其下拉列表框中选择“直线”样式，如下图所示。

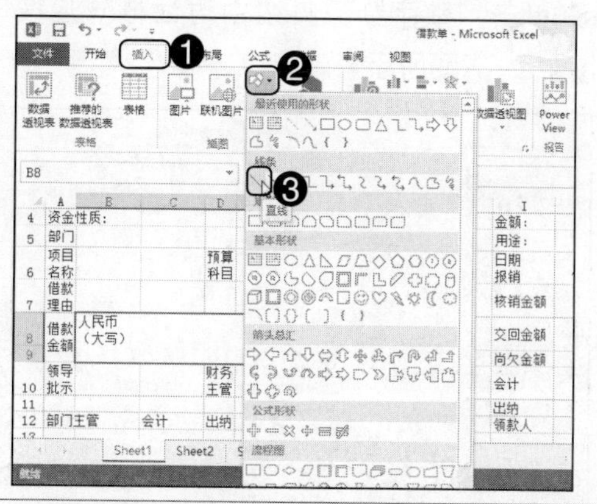

Chapter 09

Step15：执行命令后，按住左键不放拖动绘制直线的长度，如果要绘制一条直线，可以按住“Shift”键不放，如下图所示。

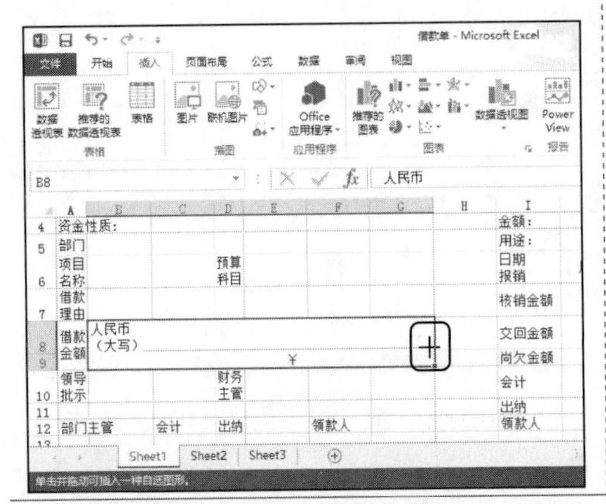

Step16：❶选中绘制的直线，单击“格式”选项卡；❷单击“形状样式”工具组中“形状轮廓”右侧下拉按钮；❸在其下拉列表框中选择“黑色文字 1”命令，如下图所示。

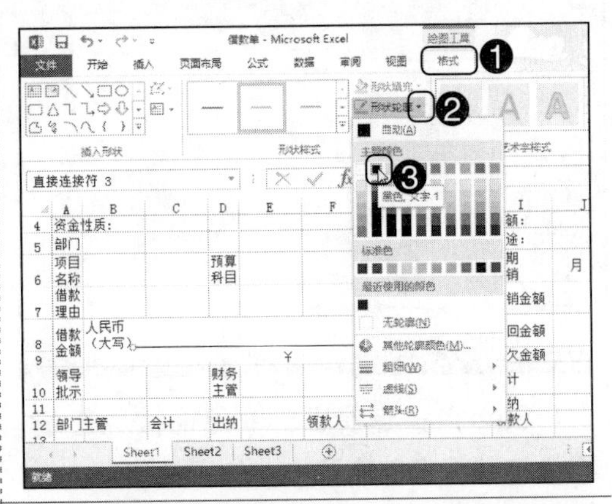

Step17：复制绘制的直线，并调整直线长度，如下图所示。

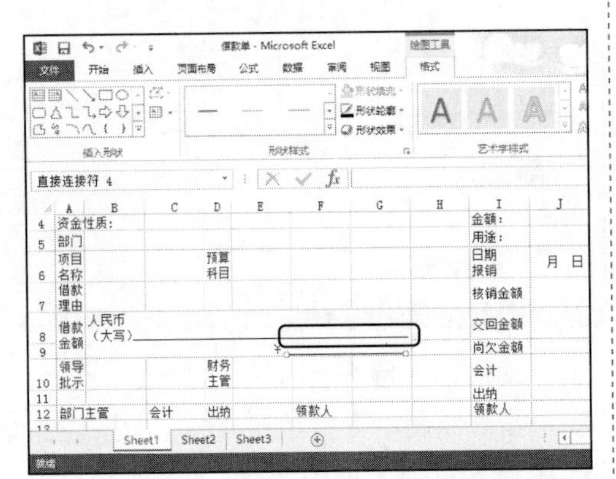

Step18：❶选中 A5:G11 单元格区域；❷单击“字体”工具组中“下框线”右侧下拉按钮；❸在其下拉列表中选择“所有框线”命令，如下图所示。

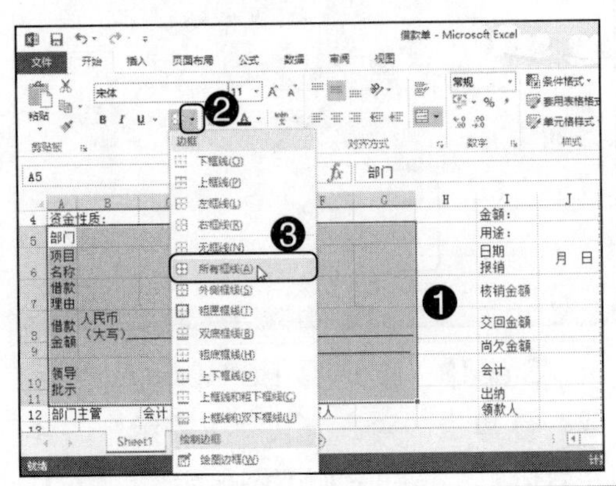

Step19：❶选中 I6 和 L6 单元格；❷单击“数字”工具组中对话框开启按钮，如下图所示。

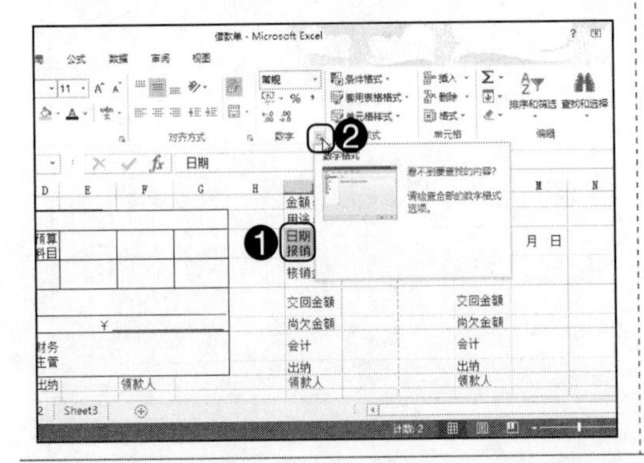

Step20：❶单击“边框”选项卡；❷单击“斜线”按钮；❸单击“确定”按钮，如下图所示。

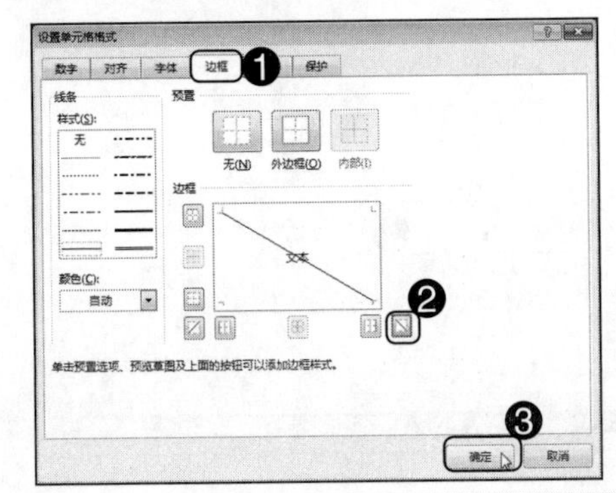

Step21：设置好斜线后，将鼠标移至编辑栏中调整文字前面的距离，两个单元格需要分开进行设置，如下图所示。

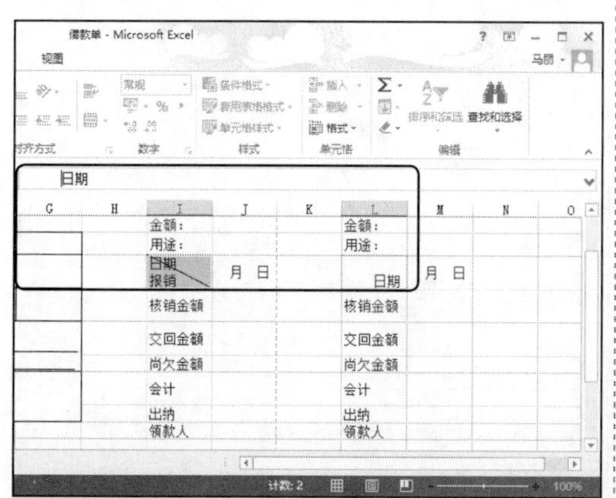

Step22：❶ 选中 I6:J12 和 L6:M12 单元格区域；❷ 单击“字体”工具组中“所有框线”按钮，如下图所示。

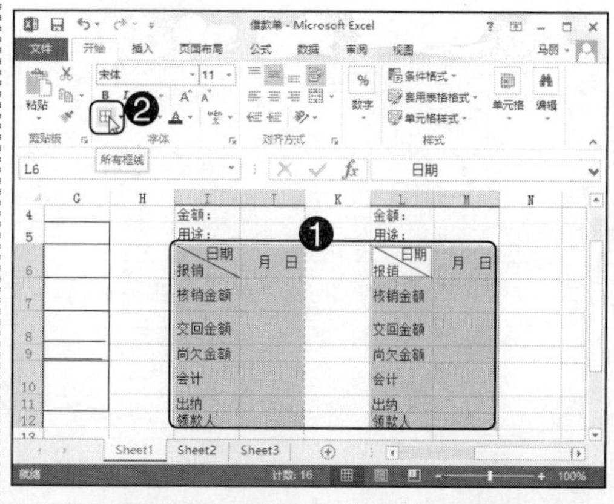

Step23：❶ 选中 H3:H12 单元格区域；❷ 单击“对齐方式”工具组中对话框开启按钮，如下图所示。

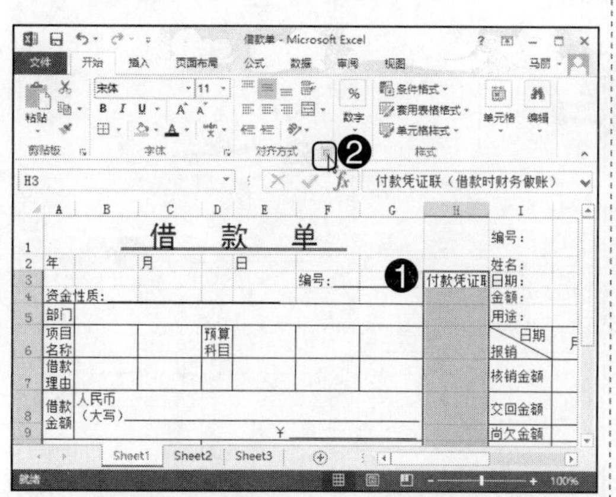

Step24：❶ 勾选“合并单元格”复选框；❷ 单击“方向”选项；❸ 单击“确定”按钮，如下图所示。

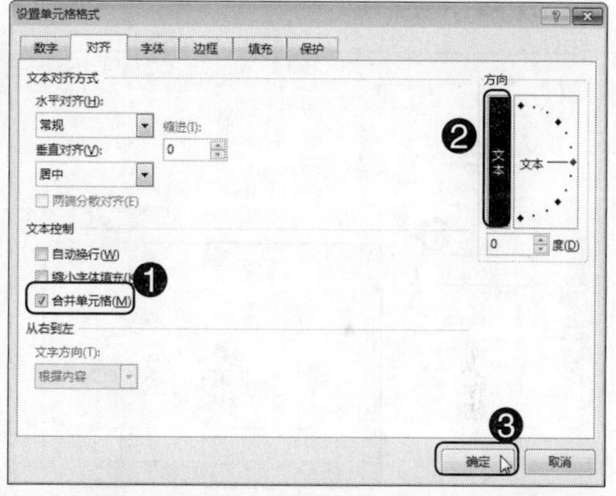

Step25：将鼠标光标移至 H 列线上，按住左键不放拖动调整列宽，如下图所示。

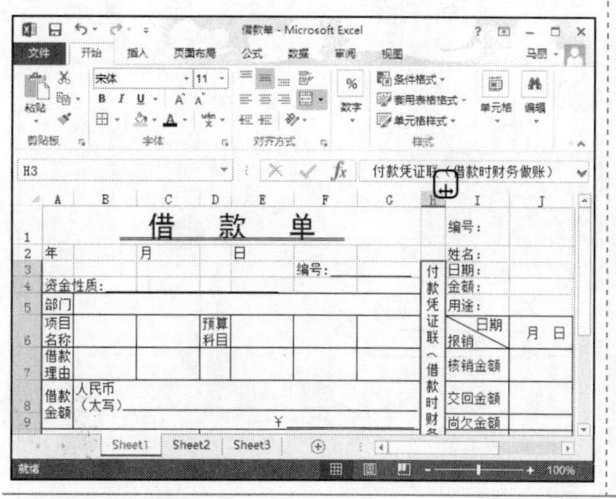

Step26：❶ 选择 H3 单元格；❷ 双击“剪贴板”工具组中“格式刷”按钮，如下图所示。

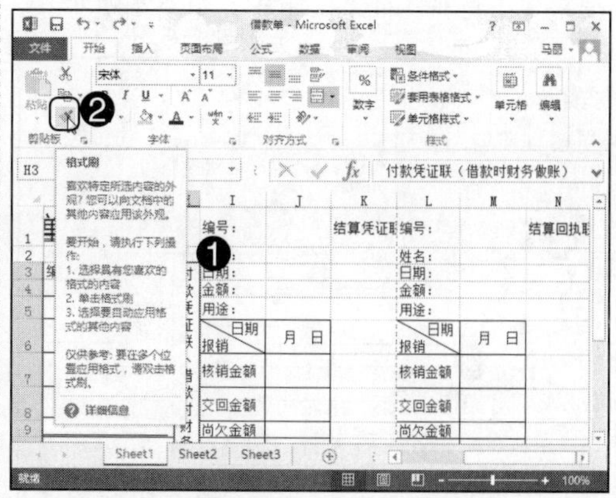

Step27：执行格式刷命令后，将鼠标光标移至需要复制格式的单元格进行拖动，如下图所示。

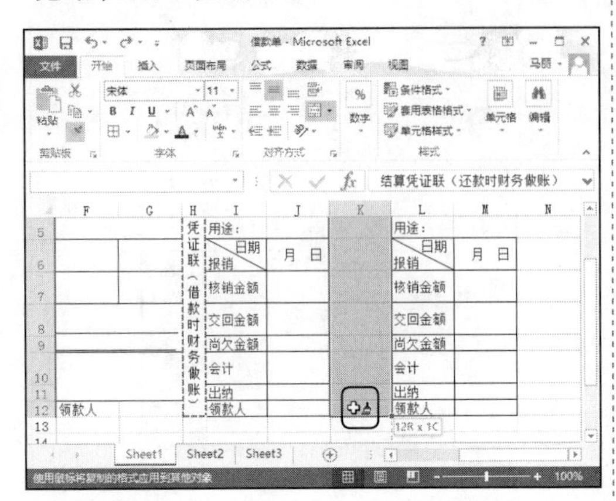

Step28：选中 K 和 N 列，鼠标光标移至 K 列线上，按住左键不放拖动调整列宽，如下图所示。

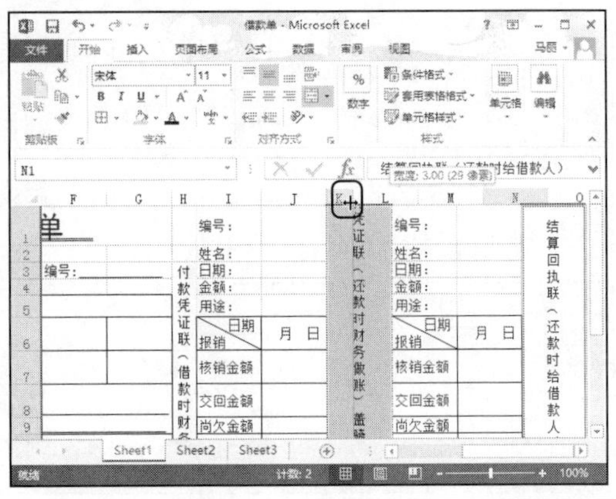

Step29：❶ 选择 H3、K1 和 N1 单元格；❷ 单击“下框线”右侧下拉按钮；❸ 在其下拉列表中选择“右框线”命令，如下图所示。

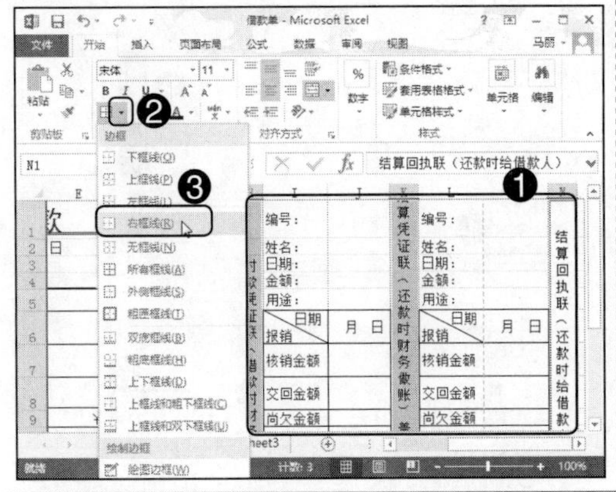

Step30：❶ 选择 I1 和 L1 单元格；❷ 单击“对齐方式”工具组中“右对齐”按钮，如下图所示。

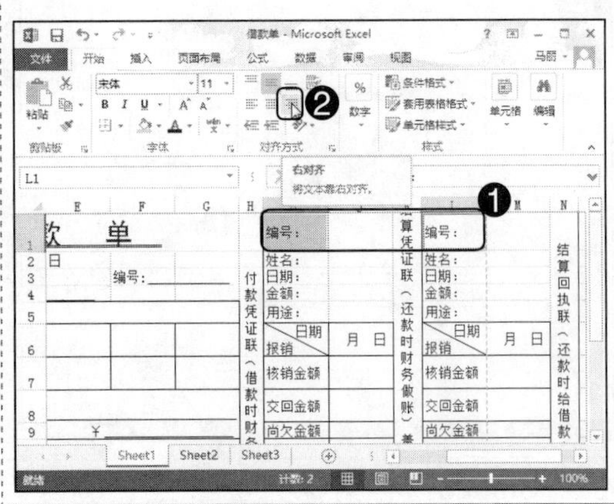

Step31：复制直线，为其他单元格添加下画线，❶ 右击第 1 行；❷ 在弹出的快捷菜单中选择“插入”命令，如下图所示。

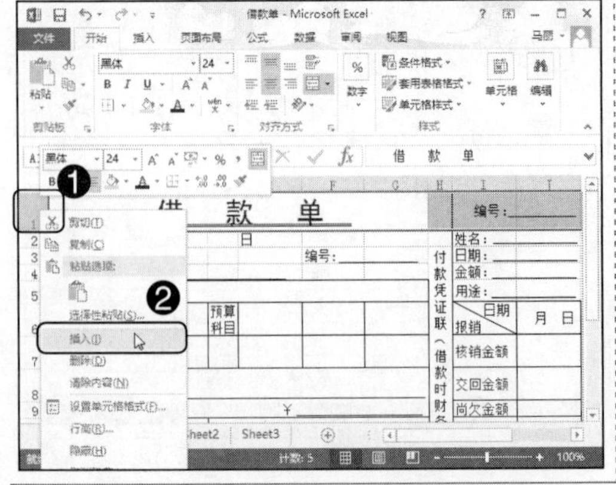

Step32：❶ 选 择 A1:N14 单 元 格；❷ 单击“下框线”下拉按钮；❸ 在其下拉列表中选择“所有框线”命令，如下图所示。

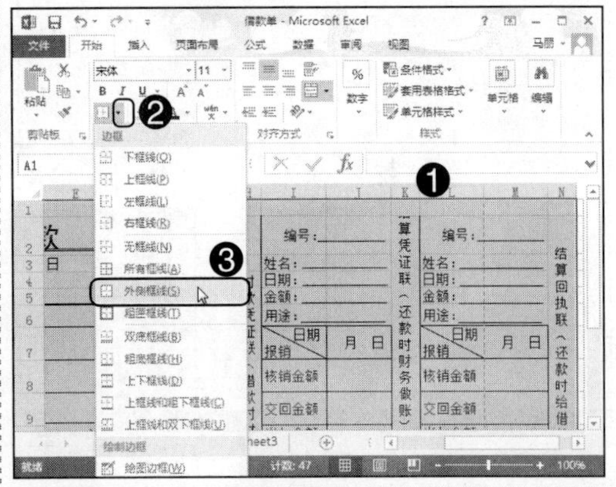

Step33：要隐藏网格线，选项文件列表中“选项”命令，如下图所示。

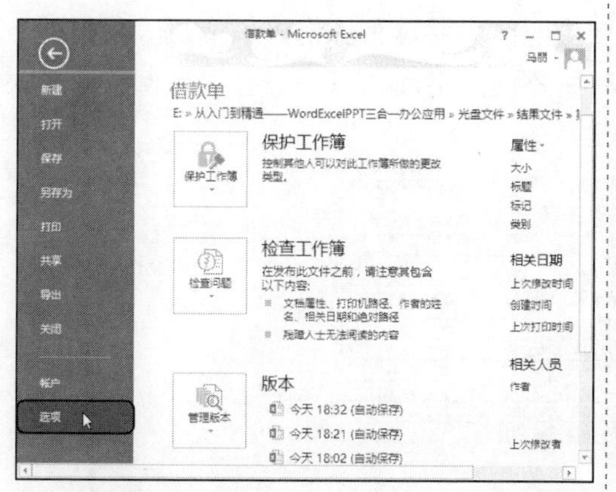

Step34：打开“Excel 选项”对话框，❶单击“高级”选项；❷取消勾选“显示网格线”复选框；❸单击“确定”按钮，如下图所示。

Step35：❶选择 A2 单元格；❷单击“字体”工具组中对话框开启按钮，如下图所示。

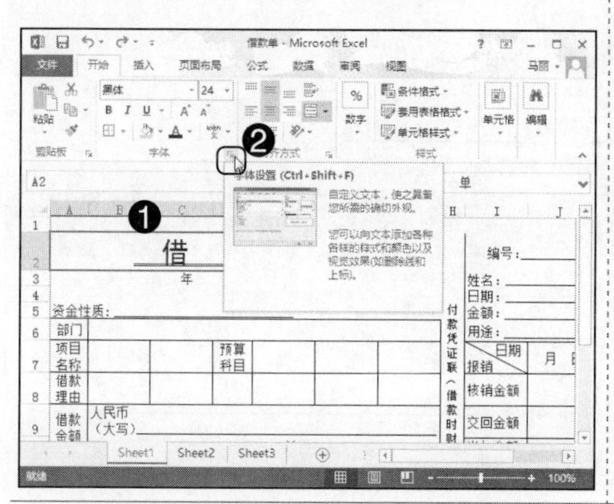

Step36：❶在“下画线”下拉列表框中选择“会计用双下画线”选项；❷单击“确定”按钮，如下图所示。

Step37：❶选择文件列表中“打印”命令；❷单击“页面设置”按钮，如下图所示。

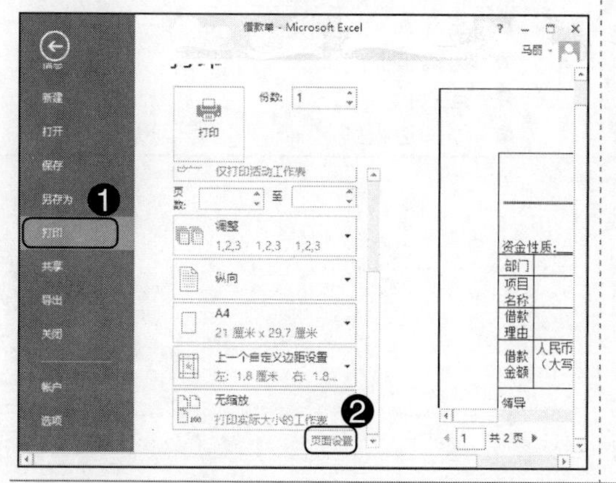

Step38：❶选中“横向”单选按钮；❷单击“确定”按钮，如下图所示。

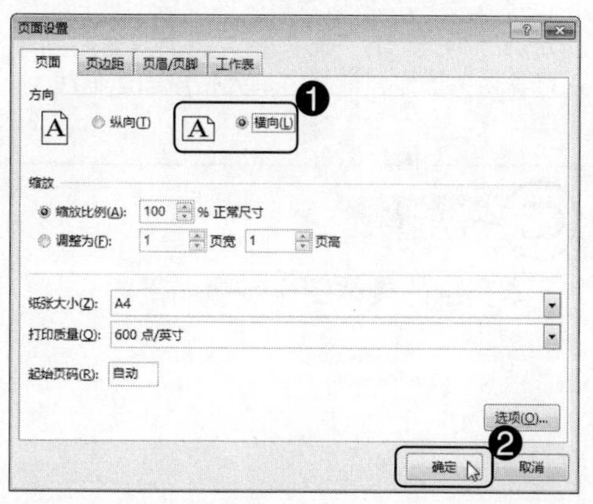

技能训练 2——人事变更管理表

训练介绍

为了规范单位人事管理制度，在人员变更时，需要填写一份人事变更表，当然，根据公司不同，所列举的人事变更内容也有所不同。下面，以一般公司为例，介绍人事变更表的制作，效果如下图所示。

人事变更表

员工姓名		员工编号	
变更类型	[ ]级别　[ ]升职　[ ]调岗　[ ]试用期 [ ]降职　[ ]年度工资调整　[ ]其他		
变更前的部门		变更后的部门	
变更前职位		变更后职位	
变更前级别		变更后级别	
变更前汇报对象		变更后汇报对象	
入职时间		变更生效日期	
变更前工资（元）		变更后工资（元）	
审批意见（主管上级填写） 签字：　时间：　年　月　日			
部门经理意见： 签字：　时间：　年　月　日			
行政人事部意见： 签字：　时间：　年　月　日			
总经理意见： 签字：　时间：　年　月　日			

光盘同步文件

素材文件：光盘 \ 素材文件 \ 第 9 章 \ 人事变更表 .xlsx
结果文件：光盘 \ 结果文件 \ 第 9 章 \ 人事变更表 .xlsx
视频文件：光盘 \ 视频文件 \ 第 9 章 \ 技能训练 2.mp4

操作提示

制作关键	技能与知识要点
本实例主要根据素材文件提供的项目，设置自动调整列宽、合并单元格、根据表格的间距插入行等相关操作，最后为单元格添加边框线。	● 自动调整列宽 ● 合并单元格 ● 左对齐 ● 拖动调整行高 ● 插入行 ● 添加边框线

操作步骤

本实例的具体制作步骤如下。

Step01：打开素材文件\第9章\人事变更表.xlsx，❶选中A和C列；❷单击“单元格”工具组中“格式”按钮；❸选择其下拉列表中“自动调整列宽”命令，如下图所示。

Step02：❶选中B3:D3单元格区域；❷单击“对齐方式”工具组中“合并后居中”按钮，如下图所示。

Step03：❶选中B3单元格；❷单击“对齐方式”工具组中“左对齐”按钮，如下图所示。

Step04：鼠标光标移至3的行线上，按住左键不放拖动调整行高，如下图所示。

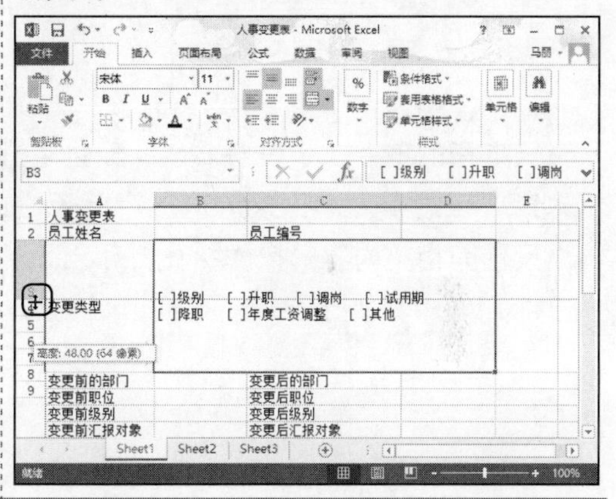

Step05：❶选中A10:D10单元格区域；❷单击“对齐方式”工具组中“合并后居中”按钮，如下图所示。

Step06：合并单元格后，使用快捷键“Alt+Enter”设置自动换行，重复操作，设置A11: A13的单元格效果如下图所示。

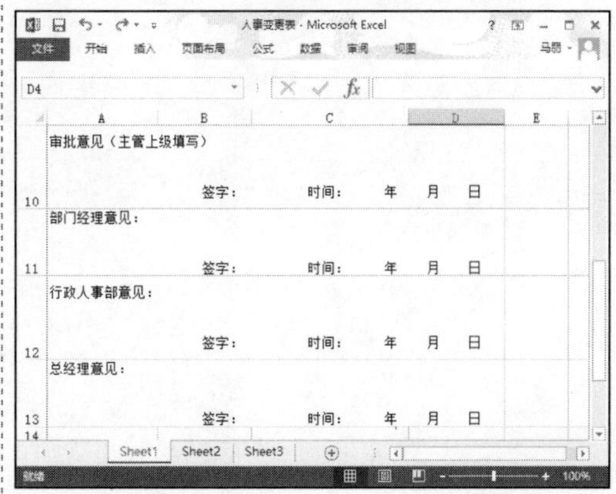

Step07：❶ 右击第 2 行；❷ 在弹出的快捷菜单中选择“插入”命令，如下图所示。

Step08：❶ 选择 A3:D13 单元格区域；❷ 单击“下框线”右侧下拉按钮；❸ 在其下拉列表中选择“所有框线”命令，如下图所示。

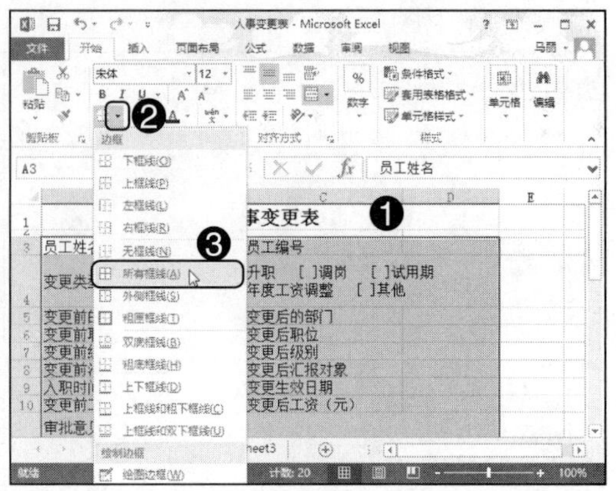

本章小结

本章的重点在于讲解 Excel 美化与打印工作表的相关知识。相信读者朋友通过本章内容的学习，可以快速进行单元格或单元格区域添加边框、应用样式以及页面设置等相关内容的操作，让打印出来的表格效果更好。

Chapter

Excel 公式与函数的使用

本章导读

Excel主要的功能是数据处理，因此要在表格中计算数据，就需要输入公式，在输入公式时可以直接引用单元格地址进行自定义公式，也可以使用函数的方式输入公式，利用函数可以简化公式。本章主要介绍公式和函数应用的相关知识内容。

学完本章后应该掌握的技能

- 掌握使用公式计算数据的方法
- 掌握单元格地址的引用
- 掌握如何插入函数
- 掌握嵌套函数的使用方法
- 掌握常用函数的使用方法

本章相关实例效果展示

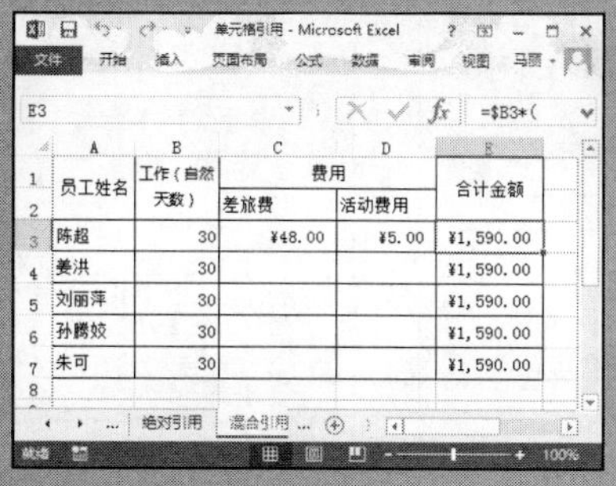

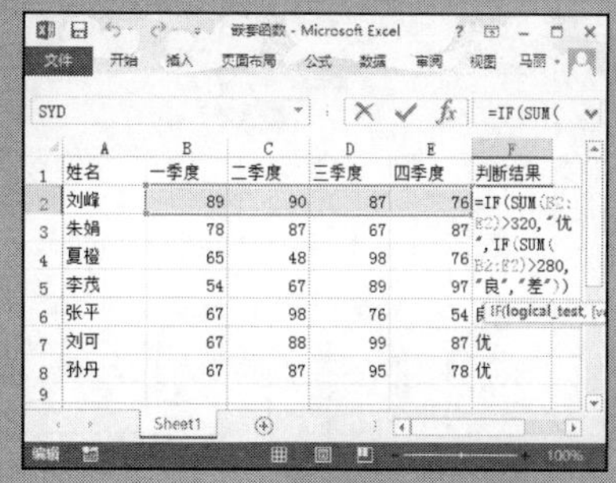

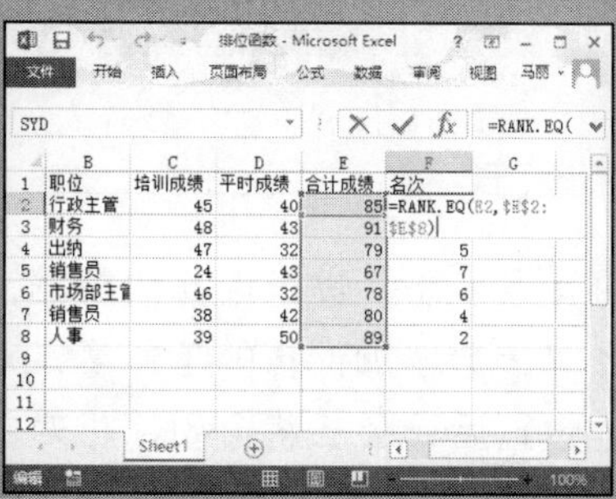

10.1 知识讲解——使用公式计算数据

数据计算的依据就是公式，在 Excel 中要输入公式计算数据有很多种方法。如果公式输入错误，也可以修改公式。如果在同一张工作表中计算数据的方式都是相同的，可以使用复制公式的方式快速计算数据。

10.1.1 输入公式

在 Excel 中，当知道需要使用的公式结构和公式内容时，可直接输入公式的内容。例如，在下表中需要将六个月的销量相加，计算出合计销量，最简单的方法就是输入等号，然后引用单元格输入公式即可，具体操作方法如下。

光盘同步文件

素材文件：光盘\素材文件\第 10 章\销售表 .xlsx
结果文件：光盘\结果文件\第 10 章\销售表 .xlsx
视频文件：光盘\视频文件\第 10 章\10-1-1.mp4

Step01: 打开素材文件\第 10 章\销售表 .xlsx，❶ 在 H3 单元格中输入要计算的公式；❷ 单击编辑栏中“✔”按钮，确认计算，如下图所示。

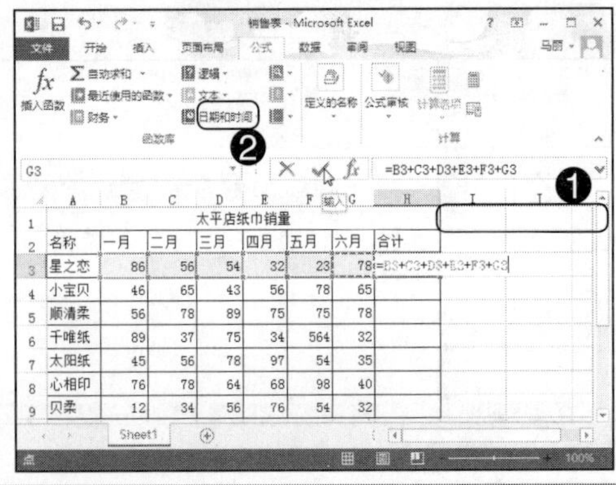

Step02: 经过上步操作，计算出“星之恋”的合计销量，效果如下图所示。

10.1.2 复制公式

当工作表中有很多需要进行计算的数据，如果与 Word 一样在每个单元格依次逐个输入公式计算，会增加计算的工作量，对于相同的计算，就需要复制公式。将公式复制到新的位置后，公式将会引用相对单元格数据计算出新的结果，具体操作步骤如下。

光盘同步文件

素材文件：光盘\素材文件\第 10 章\销售表 .xlsx
结果文件：光盘\结果文件\第 10 章\销售表 .xlsx
视频文件：光盘\视频文件\第 10 章\10–1–2.mp4

Step01：打开素材文件\第 10 章\销售表 .xlsx，❶ 选择 H3 单元格；❷ 单击“剪贴板”工具组中“复制”按钮，如下图所示。

Step02：❶ 选中 H4:H9 单元格区域；❷ 单击“剪贴板”工具组中“粘贴”下拉按钮；❸ 在其下拉列表框中选择“公式”选项，如下图所示。

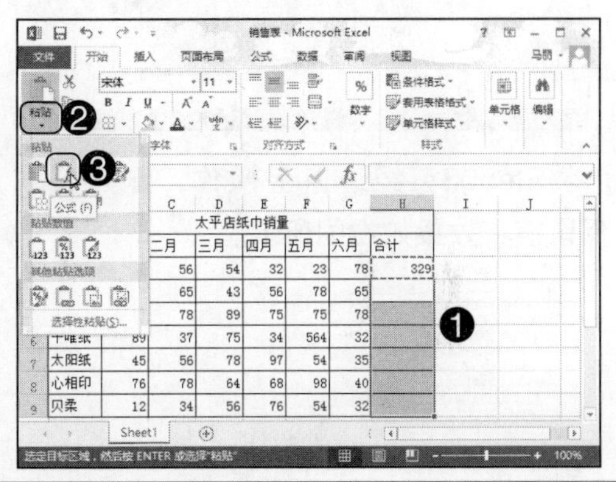

Step03：经过以上操作，使用复制公式的方法，快速计算出其他数据，效果如右图所示。

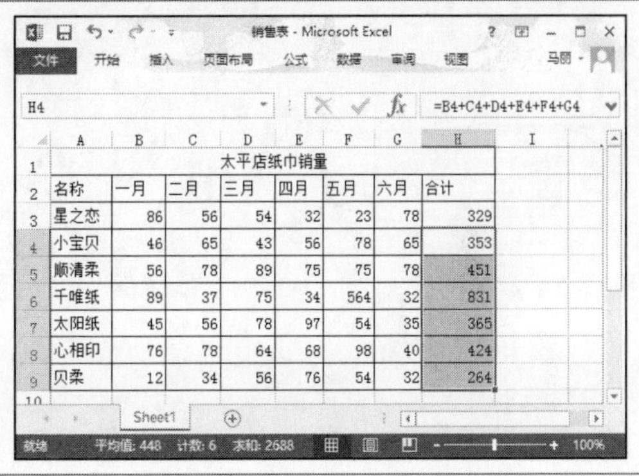

10.1.3 删除公式

使用 Excel 时，经常需要很多的公式来辅助，也是非常的方便，但是有时候，我们需要来删除这些公式，同时也要保留公式计算的数据，可以使用公式转换为数值的方法进行操作。

光盘同步文件

素材文件：光盘\素材文件\第 10 章\删除公式 .xlsx
结果文件：光盘\结果文件\第 10 章\删除公式 .xlsx
视频文件：光盘\视频文件\第 10 章\10–1–3.mp4

Step01：打开素材文件\第10章\删除公式.xlsx，❶选择F2:F8单元格区域；❷单击“剪贴板”工具组中“复制”按钮，如下图所示。

Step02：❶单击“剪贴板”工具组中“粘贴”按钮；❷在其下拉列表框中选择“值”选项，如下图所示。

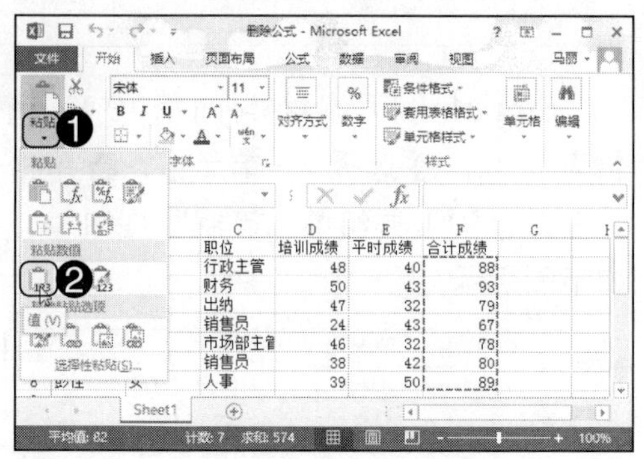

Step03：经过以上操作，删除公式保留值，效果如右图所示。

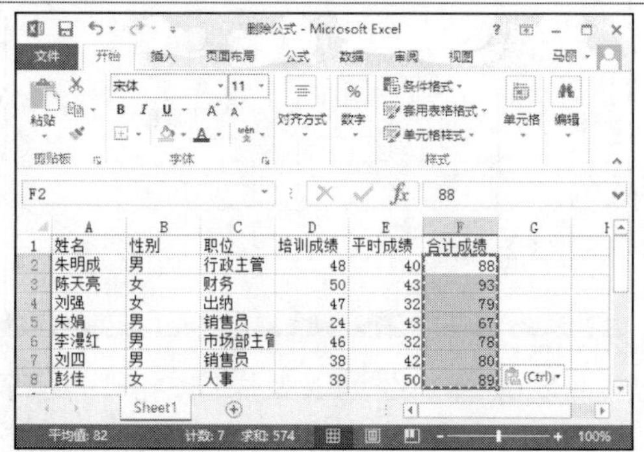

10.2 知识讲解——单元格引用

在 Excel 中，单元格地址引用的作用是指公式中所使用的数据的地址。在编辑公式和函数时需要对单元格的地址进行引用，一个引用地址代表工作表中的一个或者多个单元格以及单元格区域。在 Excel 中，单元格引用包括相对引用、绝对引用和混合引用。

10.2.1 相对引用、绝对引用和混合引用

在 Excel 中，经常会出现单元格地址引用的情况，下面将主要介绍这三种引用：相对引用、绝对引用和混合引用。

光盘同步文件

素材文件：光盘 \ 素材文件 \ 第 10 章 \ 单元格引用 .xlsx
结果文件：光盘 \ 结果文件 \ 第 10 章 \ 单元格引用 .xlsx
视频文件：光盘 \ 视频文件 \ 第 10 章 \10-2-1.mp4

1. 相对引用

所谓相对引用，是指公式中引用的单元格以它的行、列地址作为它的引用名，如 A1、B2 等。

在相对引用中，如果公式所在单元格的位置改变，引用也随之改变。如果多行或多列地复制或填充公式，引用会自动调整。默认情况下，新公式使用相对引用。

下面以实例来讲解单元格的相对引用。在单元格地址引用表中，金额值等于数量乘以价格计算得出的数据，此公式中的单元格引用就要使用相对引用，因为复制该公式到其他合计单元格中，引用的单元格要随着公式位置的变化而变化。该例中相对引用单元格的操作方法如下。

Step01：打开素材文件 \ 第 10 章 \ 单元格引用 .xlsx，❶ 在“相对引用”工作表的 D2 单元格中输入公式“=B2*C2”；❷ 单击编辑栏中“✔”按钮，确认计算，如右图所示。

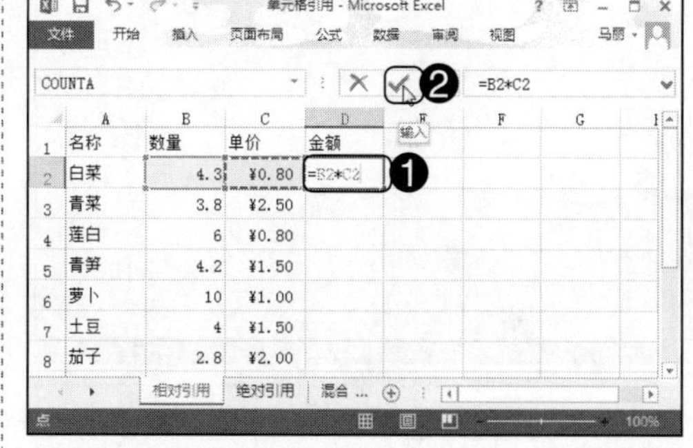

Step02：❶ 选中 D2 单元格；❷ 鼠标光标移至右下角，按住左键不放拖动填充，如右图所示。

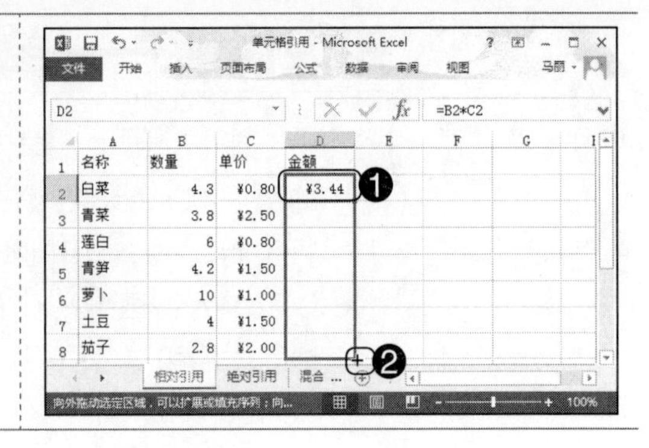

2. 绝对引用

所谓绝对引用，是指公式中引用的单元格，在它的行地址、列地址前都加上一个美元符“$”作为它的名字。如 A1 是单元格的相对引用，而 $A$1 则是单元格的绝对引用。

在 Excel 中，绝对引用是指某一确定的位置，如果公式所在单元格的位置改变，绝对引用将保持不变。如果多行或多列地复制或填充公式，绝对引用将不作调整。

默认情况下，新公式使用相对引用，用户也可以根据需要将它们转换为绝对引用。

下面以实例来讲解单元格的绝对引用。在水费收取表中，由于水费单价是固定在一个单元格中的，因此，水费单价在公式的引用中要使用绝对引用。而用水量是变化的，因此用水量的单元格采用相对引用。该例操作方法如下。

Step01：❶ 在“绝对引用”工作表的 C3 单元格中输入公式“=B3*$D$3”；❷ 单击编辑栏中“✔”按钮，确认计算，如下图所示。

Step02：❶ 选中 D2 单元格；❷ 鼠标光标移至右下角，按住左键不放拖动填充，如下图所示。

3. 混合引用

所谓混合引用，是指公式中引用的单元格具有绝对列和相对行或绝对行和相对列。绝对引用列采用如 $A1、$B1 等形式。绝对引用行采用 A$1、B$1 等形式。

在混合引用中，如果公式所在单元格的位置改变，则相对引用将改变，而绝对引用将不变。如果多行或多列地复制或填充公式，相对引用将自动调整，而绝对引用将不作调整。

下面以实例来讲解单元格的混合引用。在混合引用表中，工作天数是变动的，差旅费和活动费用是固定的。因此，在该例中就会使用混合引用，操作方法如下。

Step01：❶ 在“混合引用”工作表的E3单元格中输入公式“=$B3*(C$3+D$3)”；❷ 单击编辑栏中“✔”按钮，确认计算，如下图所示。

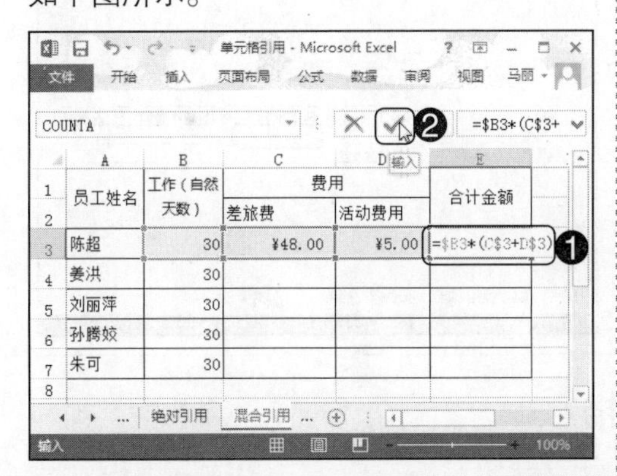

Step02：❶ 选中 E2 单元格；❷ 鼠标光标移至右下角，按住左键不放拖动填充，如下图所示。

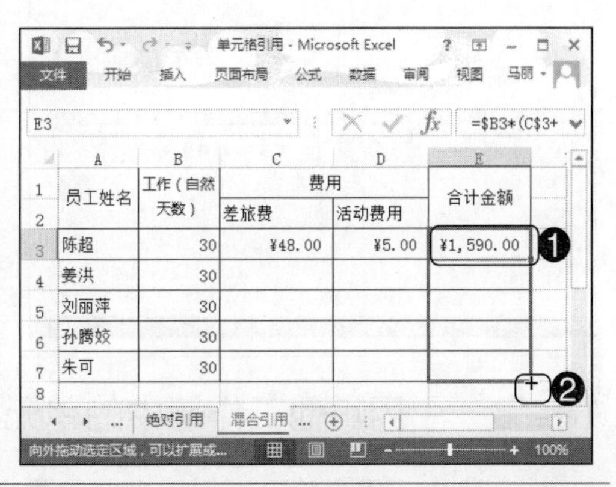

Step03：经过以上操作，使用混合引用计算出合计金额，填充公式效果如右图所示。

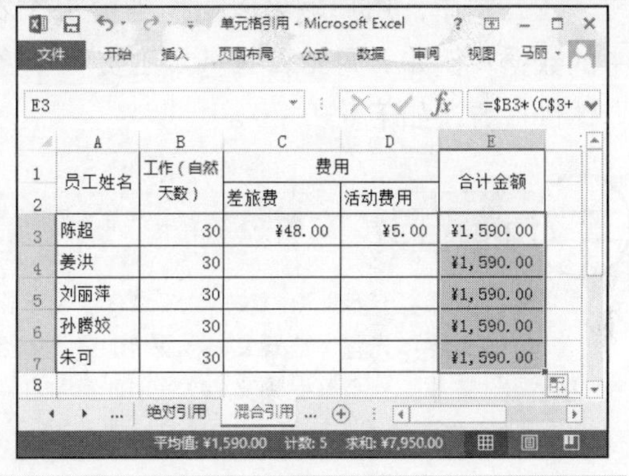

10.2.2 同一工作簿中的单元格引用

除了上面介绍的引用方式外，在同一工作簿中如果对某一张工作表进行计算，计算的单位包含有其他工作表，使用混合引用即可计算出数据，具体操作方法如下。

光盘同步文件

素材文件：光盘 \ 素材文件 \ 第 10 章 \ 进销存管理表 .xlsx
结果文件：光盘 \ 结果文件 \ 第 10 章 \ 进销存管理表 .xlsx
视频文件：光盘 \ 视频文件 \ 第 10 章 \10-2-2.mp4

Step01：打开素材文件\第 10 章\进销存管理表 .xlsx，❶ 在 I3 单元格中输入公式“=IF(OR($B3=" ",$D3=" ")," ",VLOOKUP($D3, 商品代码表 !$B:$G, COLUMN()-3,0))”；❷ 单击编辑栏中“✔”按钮，确认计算，如下图所示。

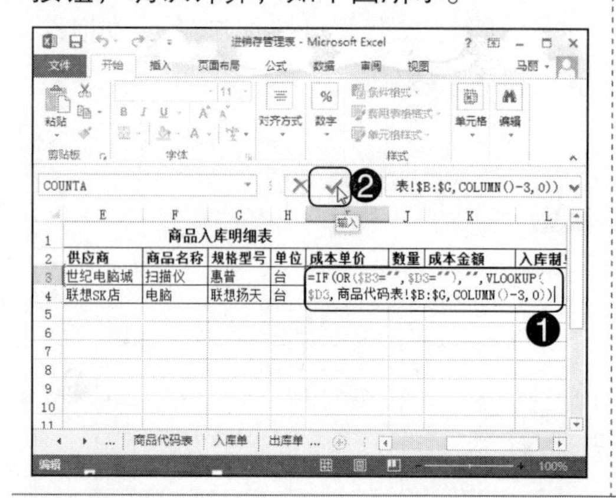

Step02：经过上步操作，在同一工作簿中，引用不同工作表的单元格进行计算，结果如下图所示。

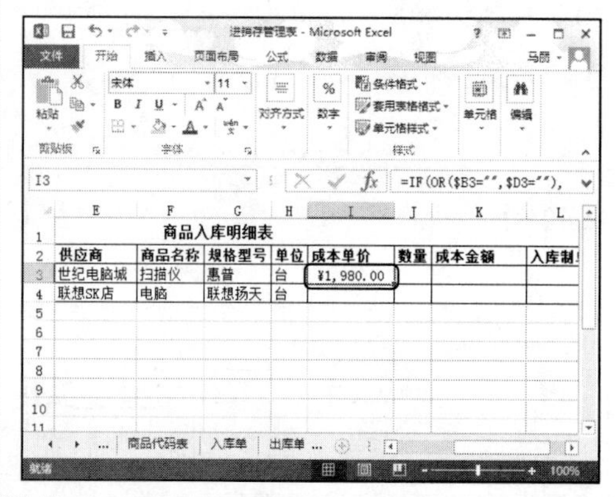

10.2.3 引用其他工作簿中的单元格

在公式中，用户除可以引用当前工作表的单元格数据外，还可以引用其他工作簿中的数据。例如 2 月结算有基本工资和年终奖金，在两个不同的工作簿中引用单元格，具体操作方法如下。

光盘同步文件

素材文件：光盘\素材文件\第 10 章\年终奖金 .xlsx、2 月工资表 .xlsx
结果文件：光盘\结果文件\第 10 章\年终奖金 .xlsx
视频文件：光盘\视频文件\第 10 章\10-2-3.mp4

Step01：打开素材文件\第 10 章\年终奖金和 2 月工资表 .xlsx，在年终奖金表的 E2 单元格中输入“=D2+”如右图所示。

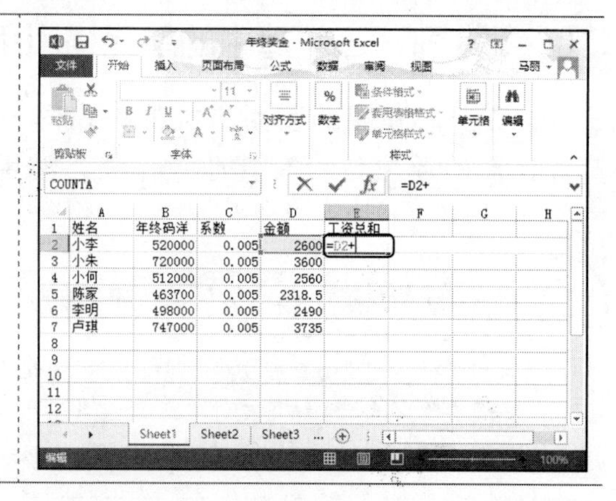

Step02：❶ 单击 2 月工资表中 D2 单元格；❷ 单击编辑栏中“✔”按钮，确认计算，如下图所示。

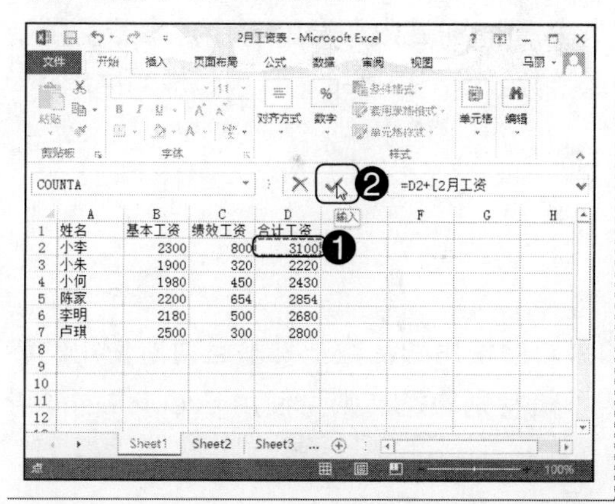

Step03：❶ 选中 E2 单元格；❷ 鼠标光标移至右下角，按住左键不放拖动填充，如下图所示。

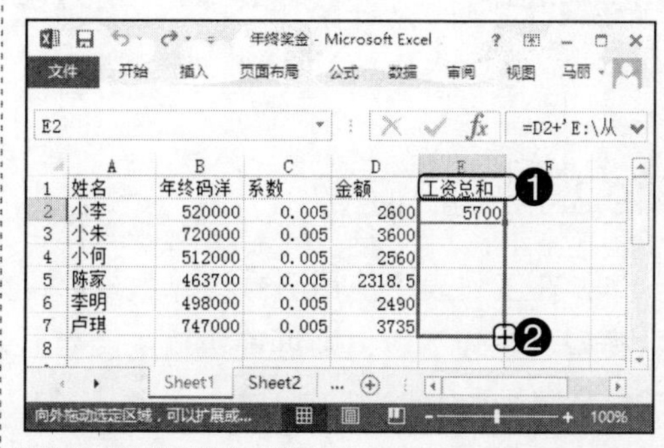

10.3 知识讲解——使用函数计算数据

在工作表中输入数据后，为了快速计算出结果值，就会使用函数进行简化公式，从而达到高效办公的操作。本节主要介绍如何插入函数、嵌套函数的使用以及一些常用函数的使用。

10.3.1 插入函数

如在工作表中使用函数计算数据时，如果对所使用的函数很熟悉且对所使用的参数类型也比较了解，则可直接输入函数。若不是特别熟悉，则可使用 Excel 中的向导功能创建函数。

光盘同步文件

素材文件：光盘 \ 素材文件 \ 第 10 章 \ 插入函数 .xlsx
结果文件：光盘 \ 结果文件 \ 第 10 章 \ 插入函数 .xlsx
视频文件：光盘 \ 视频文件 \ 第 10 章 \10-3-1.mp4

例如，在本例中根据职员姓名统计出人数值，具体操作方法如下。

Step01：打开素材文件 \ 第 10 章 \ 插入函数 .xlsx，❶ 选择 C14 单元格；❷ 单击“编辑栏”中“插入函数”按钮，如下图所示。

员工编号	职员姓名	销售地点	商品名称	销售量
ID050103	江雨薇	北京	水晶	2
ID050107	郝韵	上海	红宝石	5
ID050104	林晓彤	成都	水晶	1
ID050108	曾霞	成都	蓝宝石	4
ID050101	邱月清	上海	钻石	3
ID050103	陈嘉明	北京	红宝石	3
ID050106	孔雪	北京	珍珠	2
ID050106	唐思思	北京	珍珠	3
ID050101	李晟	上海	蓝宝石	5
ID050111	薛画	成都	蓝宝石	1
ID050108	萧丝丝	成都	水晶	2
ID050110	陈婷	上海	珍珠	4
统计员工人数：				

Step02：打开“插入函数”对话框，❶ 在“或选择类别”下拉列表框中选择“全部”选项；❷ 在“选择函数”下拉列表框中选择“COUNTA”选项；❸ 单击“确定”按钮，如下图所示。

Step03：打开“函数参数”对话框，❶在“Value1”文本框中选择“B2:B13”单元格区域；❷单击“确定”按钮，如下图所示。

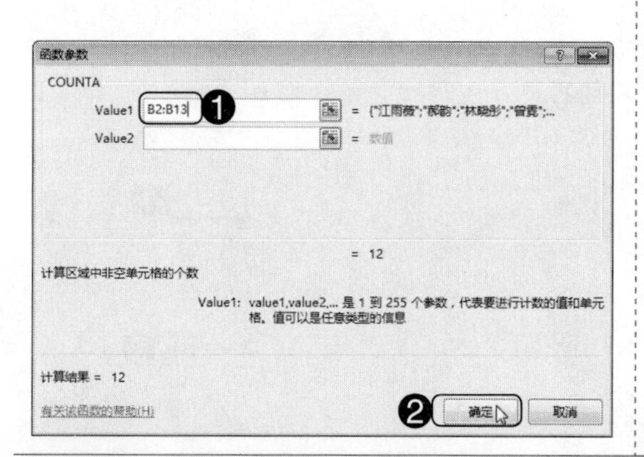

Step04：经过以上操作，使用COUNTA()计算出员工人数，结果如下图所示。

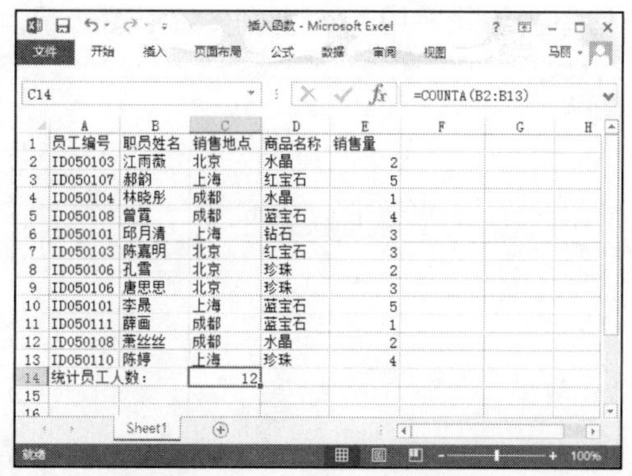

	A	B	C	D	E
1	员工编号	职员姓名	销售地点	商品名称	销售量
2	ID050103	江雨薇	北京	水晶	2
3	ID050107	郝韵	上海	红宝石	5
4	ID050104	林晓彤	成都	水晶	1
5	ID050108	曾霞	成都	蓝宝石	4
6	ID050101	邱月清	上海	钻石	3
7	ID050103	陈嘉明	北京	红宝石	3
8	ID050106	孔雪	北京	珍珠	2
9	ID050106	唐思思	北京	珍珠	3
10	ID050101	李晟	上海	蓝宝石	5
11	ID050111	薛画	成都	蓝宝石	1
12	ID050108	萧丝丝	成都	水晶	2
13	ID050110	陈婷	上海	珍珠	4
14	统计员工人数：		12		

10.3.2 使用嵌套函数

在工作表中计算数据时，在时需要将函数作为另一个函数的参数才能计算出正确的结果，此时就需要使用嵌套函数，在该表格中会应用到SUM()和IF()函数。

SUM()函数可以将用户指定为参数的所有数字相加，每个参数可以是区域、单元格引用、数组、常量、公式或另一个函数的结果。

语法：SUM(Number1, Number2，…)。其中Number1为必需的，是需要相加的第一个数值参数；Number2为可选的，是需要相加的2到255个数值参数。

IF()函数也叫作条件函数，作用是执行真（true）假（false）值判断，根据运算出的真假值，返回不同的结果。它用于判断条件是否满足，若满足返回一个值，若不满足则返回另外一个值。

语法：IF(logical test，value_if_true，value_if_false)。logical test：逻辑值，表示计算结果为TRUE或FALSE的任意值或表达式；alue_if_true：如果真，是logical test为TRUE时返回的值；value_if_false：如果假，是logical test为FALSE时返回的值。

光盘同步文件

素材文件：光盘\素材文件\第10章\嵌套函数.xlsx
结果文件：光盘\结果文件\第10章\嵌套函数.xlsx
视频文件：光盘\视频文件\第10章\10-3-2.mp4

IF()函数根据SUM()函数的区域进行判断，当求和的数据大于320时为优，大于280时为良，否则为差。在给出的这个条件中对单元格进行操作，具体方法如下。

Step01：打开素材文件\第 10 章\嵌套函数 .xlsx，❶在 F2 单元格中输入公式"=IF(SUM(B2:E2)>320," 优 ",IF(SUM(B2:E2)>280," 良 "," 差 "))"；❷单击编辑栏中"✔"按钮，如下图所示。

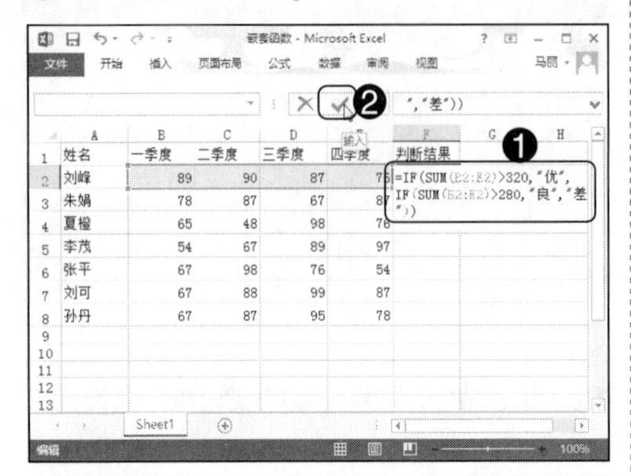

Step02：❶选择 F2 单元格；❷按住左键不放拖动向下填充公式，如下图所示。

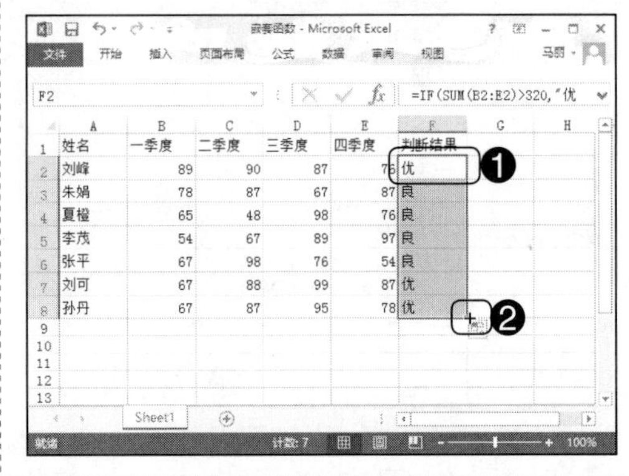

10.3.3 利用 YEAR() 函数和 TODAY() 函数计算职工工龄

在日期函数中，单个的函数使用起来都非常简单，但是根据每位员工来公司上班的日期不同，想要快速计算出工龄，那么就需要使用 YEAR() 和 TODAY() 两个函数来进行计算了，具体操作方法如下：

语法：YEAR（serial number）。Serial_number 为必需的参数，表示要查找的年份的日期。

语法：TODAY()。

光盘同步文件

素材文件：光盘\素材文件\第 10 章\计算工龄 .xlsx
结果文件：光盘\结果文件\第 10 章\计算工龄 .xlsx
视频文件：光盘\视频文件\第 10 章\10-3-3.mp4

Step01：打开素材文件\第 10 章\计算工龄 .xlsx，❶选中 D2:D10 单元格区域；❷单击"数字"工具组中"常规"右侧下拉按钮；❸在其下拉列表中选择"数字"选项，如右图所示。

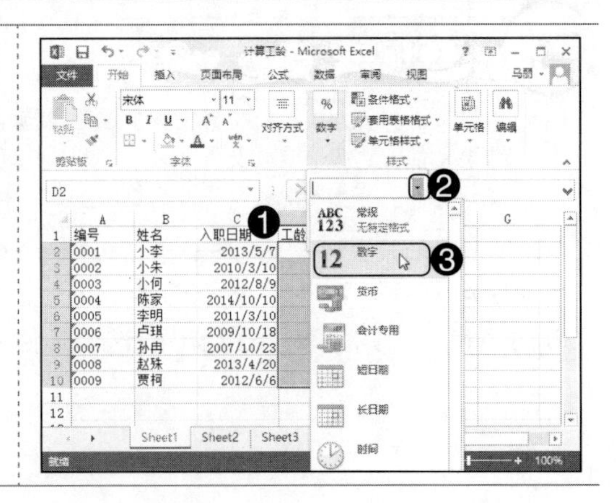

Step02：❶ 在 D2 单元格中输入公式“=YEAR(TODAY())-YEAR(C2)”；❷ 单击“编辑栏”中“输入”按钮✓，如下图所示。

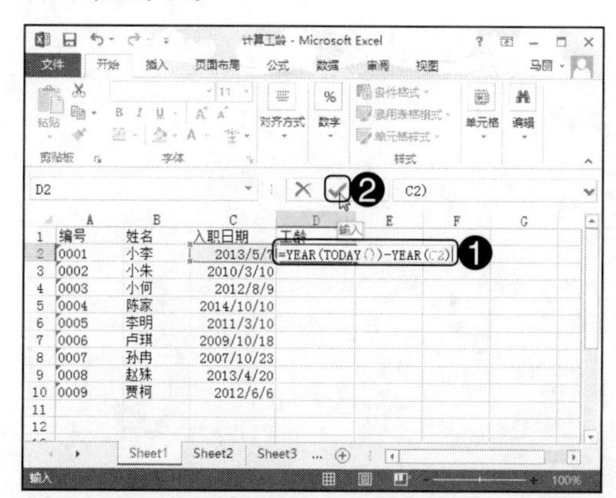

Step03：❶ 选择 D2 单元格；❷ 单击“数字”工具组中“减少小数位数”按钮，设置为整数，如下图所示。

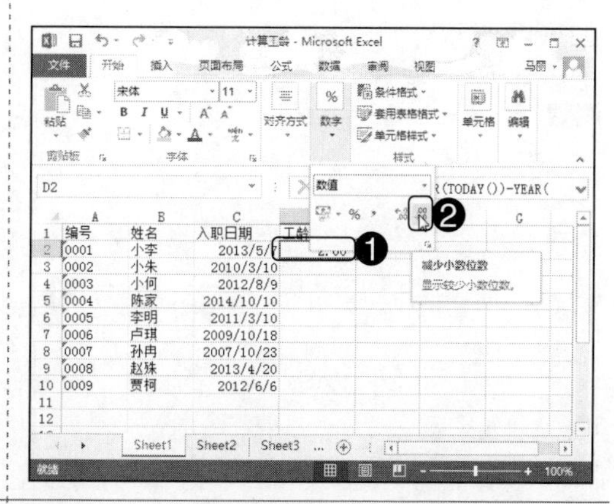

Step04：选择 D2 单元格；按住左键不放拖动填充计算公式，效果如右图所示。

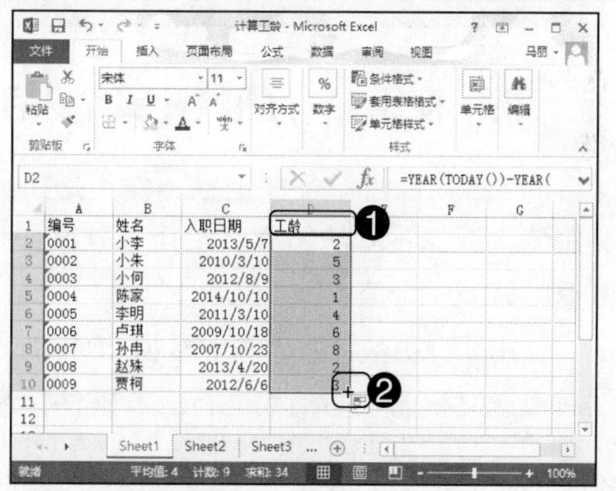

10.3.4 使用 RANK.EQ() 函数对数据进行排序

RANK.EQ() 函数，是指返回某数字在一列数字中相对于其他数值的大小排名；如果多个数值排名相同，则返回该组数值的最佳排名。

语法：RANK.EQ(number,ref,[order])，参数 number 为必需参数，表示要找到其排位的数字；参数 ref，表示数字列表的数组，对数字列表的引用。Ref 中的非数字值会被忽略；参数 order，为可选参数，一个指定数字排位方式的数字。

例如，在下表中对合计成绩进行排名，具体设置方法如下。

光盘同步文件

素材文件：光盘 \ 素材文件 \ 第 10 章 \ 排位函数 .xlsx
结果文件：光盘 \ 结果文件 \ 第 10 章 \ 排位函数 .xlsx
视频文件：光盘 \ 视频文件 \ 第 10 章 \10-3-4.mp4

Step01：打开素材文件\第 10 章\排位函数 .xlsx，❶ 在 F2 单元格中输入公式“=RANK.EQ(E2,$E$2:$E$8)”；❷ 单击“编辑栏”中“输入”按钮✔，如下图所示。

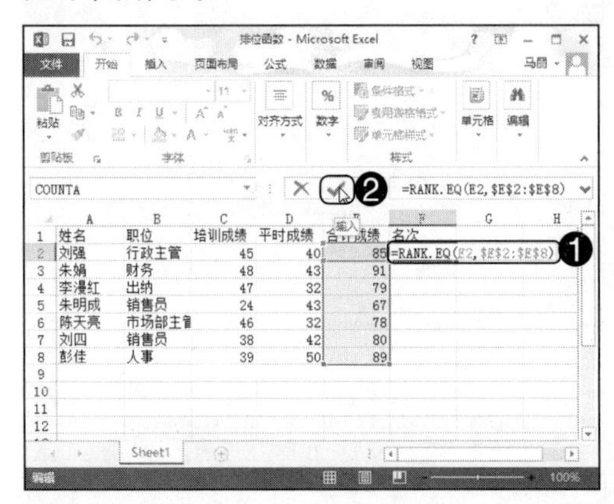

Step02：❶ 选择 F2 单元格；❷ 按住左键不放向下拖动填充公式，如下图所示。

10.3.5 使用 IF() 函数计算个人所得税

IF() 函数也叫作条件函数，作用是执行真 (true) 假 (false) 值判断，根据运算出的真假值，返回不同的结果。它用于判断条件是否满足，若满足返回一个值，若不满足则返回另外一个值。

使用 IF() 函数计算个税，根据 2015 新个税计算方法，根据工资总和减去 3 500 元，然后根据交税的不同档次进行设置条件，最后计算出个税值，具体操作方法如下。

光盘同步文件

素材文件：光盘\素材文件\第 10 章\工资表 .xlsx
结果文件：光盘\结果文件\第 10 章\工资表 .xlsx
视频文件：光盘\视频文件\第 10 章\10-3-5.mp4

Step01：打开素材文件\第 10 章\工资表 .xlsx，❶ 在 I3 单元格中输入公式“=IF((D3+E3+F3+G3-H3-J3- 3500)>57505,"13505",IF((D3+E3+F3+G3-H3-J3-3500)>41255,"5505",IF ((D3+E3+F3+G3-H3-J3-3500)>27255,"2775",IF((D3+E3+F3+G3-H3-J3-3500)>7755,"1005",IF((D3+E3+F3+G3-H3-J3-3500)>4155,"555",IF((D3+E3+F3+G3-H3-J3-3500)>1455,"105",0))))))”；❷ 单击“编辑栏”中“输入”按钮✔，如右图所示。

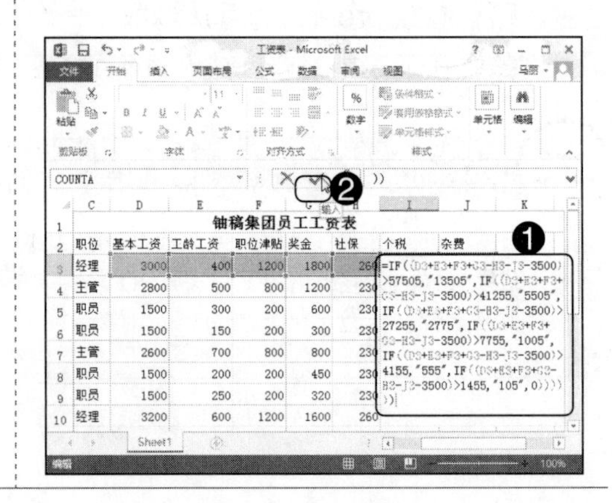

Step02：❶ 选择 I3 单元格；❷ 按住左键不放向下拖动填充公式，如右图所示。

10.3.6 EDATE() 和 DATE() 函数的使用

EDATE() 函数用于返回表示某个日期的序列号，该日期与指定日期 (start_date) 相隔（之前或之后）指示的月份数。

语法结构：EDATE (start_date,months)，参数：start_date 为必需的参数，用于设置开始日期；months 为必需的参数，用于设置与 start_date 间隔的月份数，如果取值为正数，则代表未来日期。

DATE() 函数可以返回表示特定日期的连续序列号。如果将日期中的年、月、日分别记录在不同的单元格中了，现在需要返回一个连续的日期格式，可使用 DATE() 函数。

语法结构：DATE (year,month,day)，参数：year 为必需的参数，year 参数的值可以包含 1 ~ 4 位数字；month 为必需的参数，一个正整数或负整数，表示一年中从 1 月至 12 月（一月到十二月）的各个月；day 为必需的参数，一个正整数或负整数，表示一月中从 1 日到 31 日的各天。

光盘同步文件

素材文件：光盘 \ 素材文件 \ 第 10 章 \ 日期函数 .xlsx
结果文件：光盘 \ 结果文件 \ 第 10 章 \ 日期函数 .xlsx
视频文件：光盘 \ 视频文件 \ 第 10 章 \10-3-6.mp4

例如，使用 EDATE() 和 DATE() 函数根据提供的日期，返回前 3 个月前的日期，具体操作方法如下。

Step01：打开素材文件 \ 第 10 章日期函数 .xlsx，❶ 在 A1 单元格中输入“=EDATE(DATE(2015,3,15),-3)”；❷ 单击“编辑栏”中“输入”按钮✔，如右图所示。

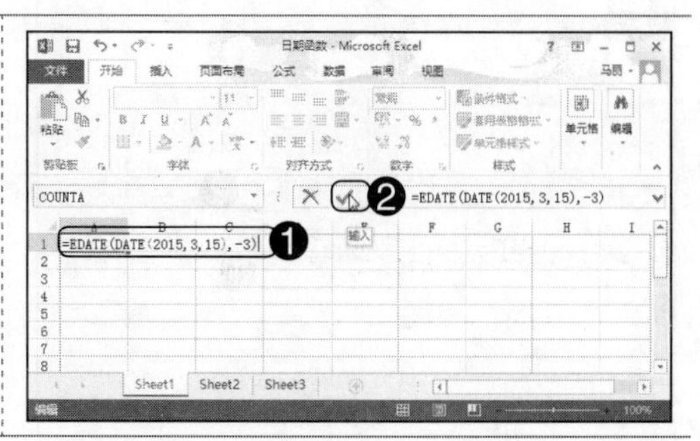

Step02：返回一个数据值，❶ 选中 A1 单元格；❷ 单击“数字”工具组中“常规”右侧下拉按钮；❸ 在其下拉列表中选择“长日期”选项，如下图所示。

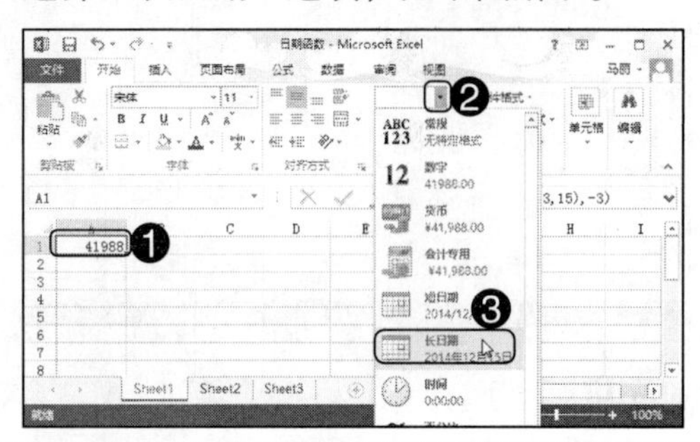

Step03：经过以上操作，根据输入的日期返回前 3 个月的日期，效果如下图所示。

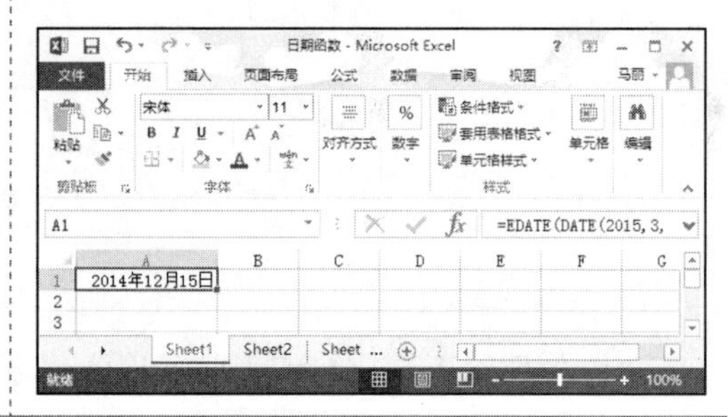

10.3.7 COMBIN() 函数的使用

COMBIN() 函数是计算从给定数目的对象集合中提取若干对象的组合数。利用函数 COMBIN() 可以确定一组对象所有可能的组合数。不论其内部顺序，对象组合是对象整体的任意集合或子集，如 AB 和 BA 是同一组合。

语法：COMBIN(number,number_chosen)。参数 Number 为对象的总数量；参数 Number chosen 为每一组合中对象的数量。

光盘同步文件

素材文件：光盘 \ 素材文件 \ 第 10 章 \COMBIN() 函数 .xlsx
结果文件：光盘 \ 结果文件 \ 第 10 章 \COMBIN() 函数 .xlsx
视频文件：光盘 \ 视频文件 \ 第 10 章 \10-3-7.mp4

Step01：打开素材文件 \ 第 10 章 \COMBIN 函数 .xlsx，❶ 在 C2 单元格中输入公式“=COMBIN(A2,B2)”；❷ 单击“编辑栏”中“输入”按钮✔，如下图所示。

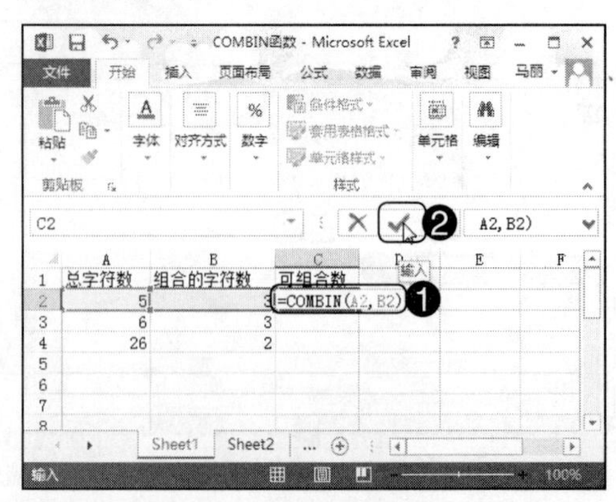

Step02：❶ 选中 C2 单元格；❷ 按住左键不放向下拖动填充计算公式，如下图所示。

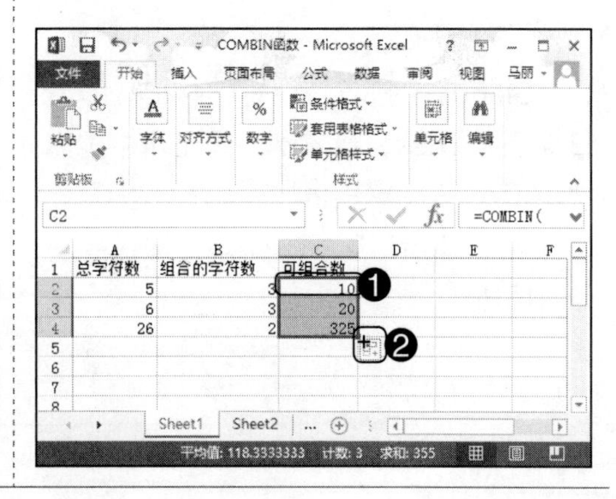

专家提示

使用 COMBIN() 函数对单元格进行计算时，引用的单元格类型必须为数据，如果为文本，将会返回错误值。

技高一筹——实用操作技巧

通过前面知识的学习，相信读者朋友已经掌握好公式与常用函数方面的相关基础知识。下面结合本章内容，给大家介绍一些实用技巧。

光盘同步文件

素材文件：光盘 \ 素材文件 \ 第 10 章 \ 技高一筹
结果文件：光盘 \ 结果文件 \ 第 10 章 \ 技高一筹
视频文件：光盘 \ 视频文件 \ 第 10 章 \ 技高一筹 .mp4

技巧 01　如何防止公式被修改

把做好的 Excel 文件给别人查看时，经常担心别人的误操作会改动 Excel 文件里面的数据，特别是对于一些由公式编写的 Excel 文件，改动一处就会多处发生改变。所以，在不需要其他修改的情况下，可以给 Excel 文件加密，具体方法如下。

Step01：打开素材文件 \ 第 10 章 \ 技高一筹 \ 技巧 01.xlsx，❶ 单击选中工作表中所有单元格；❷ 单击“字体”工具组中对话框开启按钮，如下图所示。

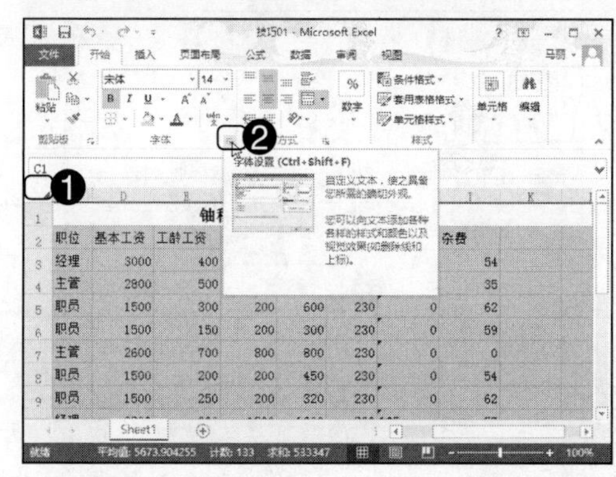

Step02：打开“设置单元格格式”对话框，❶ 单击“保护”选项卡；❷ 取消勾选“锁定”选中复选框；❸ 单击“确定”按钮，如下图所示。

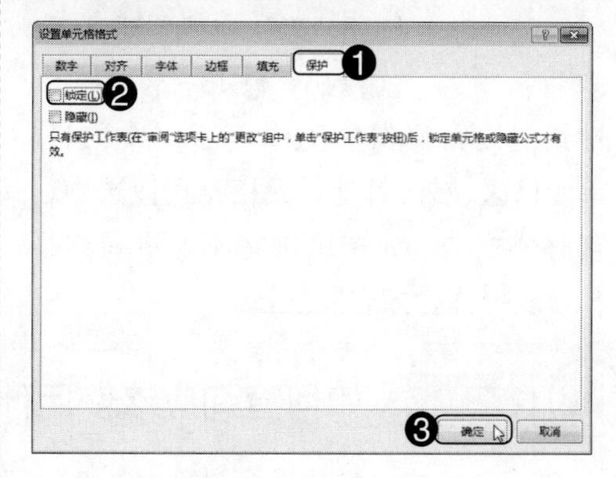

Step03：❶ 选中 I3:I14 单元格区域；❷ 单击“字体”工具组中对话框开启按钮，如下图所示。

Step04：打开“设置单元格格式”对话框，❶ 单击“保护”选项卡；❷ 勾选“锁定”复选框；❸ 单击“确定”按钮，如下图所示。

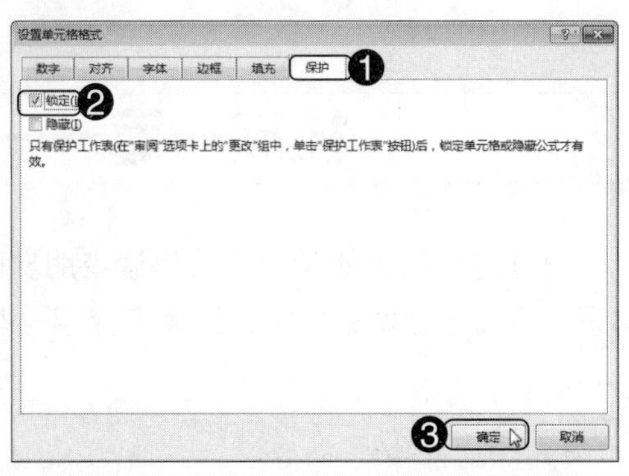

Step05：❶ 单击“审阅”选项卡；❷ 单击“更改”工具组中“保护工作表”按钮，如下图所示。

Step06：打开“保护工作表”对话框，❶ 勾选“选定未锁定的单元格”复选框；❷ 输入保护工作表的密码，如“123”；❸ 单击“确定”按钮，如下图所示。

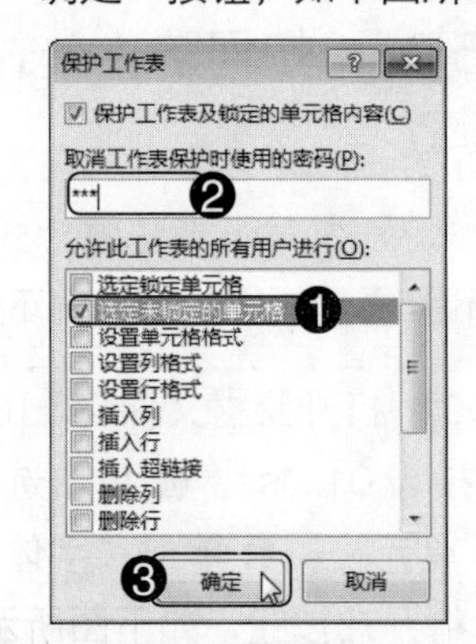

Step07：打开“确认密码”对话框，❶ 重新输入一次密码；❷ 单击“确定”按钮，设置好保护工作表后，除 I3:I14 单元格区域外，其他单元格都可以选中，含有公式的单元格区域将不能进行选择和修改操作，如右图所示。

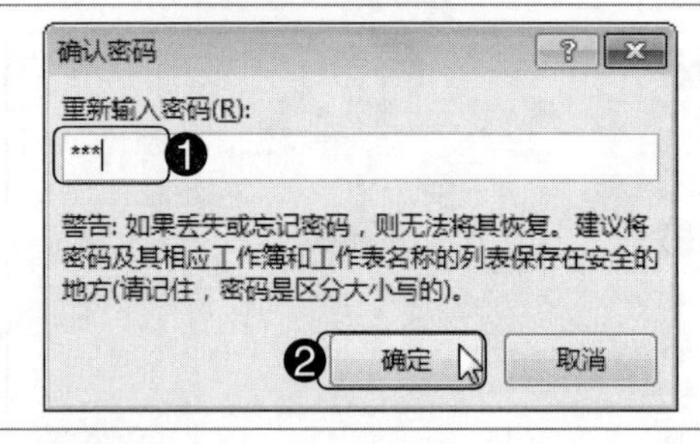

技巧 02 如何查询应该使用什么函数

在 Excel 中，如果遇到计算数据时，不知使用何种函数，可以通过插入函数框进行查询。例如，某小型公司投资购买一台 20 万元的机器，使用 5 年后，现资产残值为 30 000 元，如果按年度总和折旧法第 1 年的折旧金额为多少？可使用查询的方法进行操作，具体方法如下。

Step01：打开素材文件\第 10 章\技高一筹\技巧 02.xlsx，❶ 选择 B4 单元格；❷ 单击“公式”选项卡中“插入函数”按钮，如下图所示。

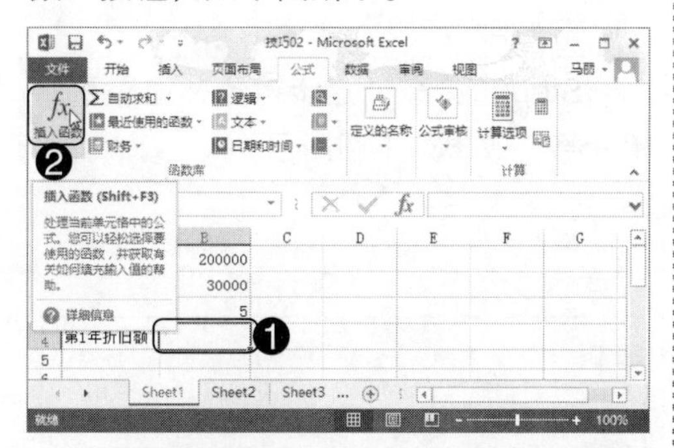

Step02：打开“插入函数”对话框，❶ 在“搜索”框中输入关键字，如“折旧”；❷ 单击“转到”按钮，如下图所示。

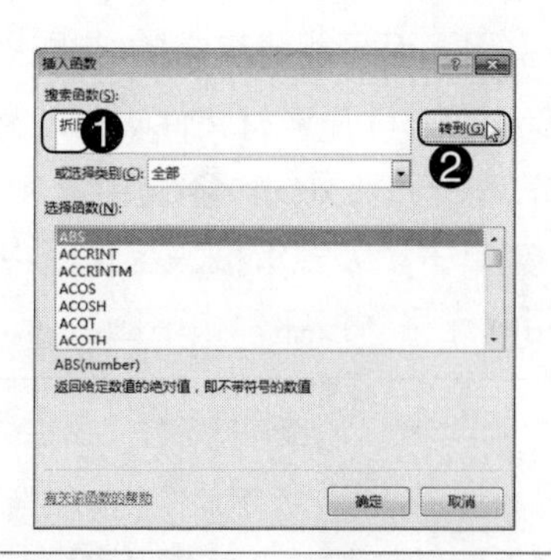

Step03：❶ 在“选择函数”列表框中选择需要的函数（单击函数后，在对话框中会显示函数的相关信息）；❷ 单击“确定”按钮，如下图所示。

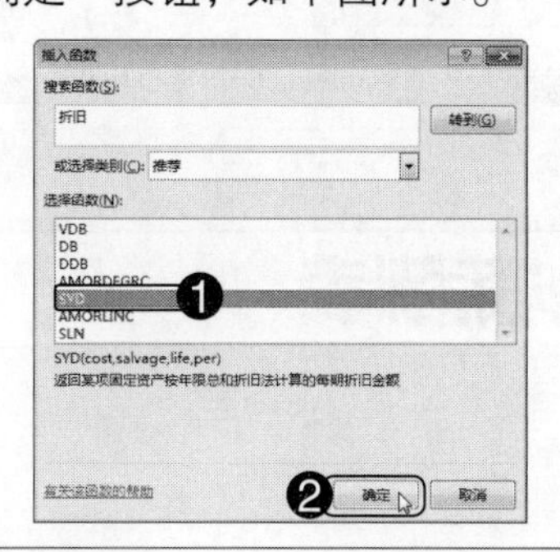

Step04：打开“函数参数”对话框，❶ 在各参数框中根据提示在工作表中选择相应的单元格，“Per”框中输入“1”；❷ 单击“确定”按钮，如下图所示。

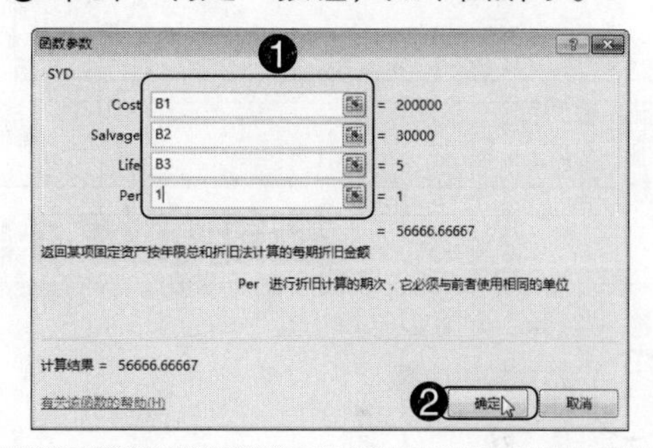

技巧 03 快速查看工作表中的所有公式

如果在单元格中使用了公式计算数据，公式的单元格不固定，多处使用公式后，可以使用查看公式的方法，快速查看工作表中的所有公式，具体操作方法如下。

Step01：打开素材文件\第 10 章\技高一筹\技巧 03.xlsx，❶ 单击“公式”选项卡；❷ 单击“公式审核”工具组中“显示公式”按钮，如下图所示。

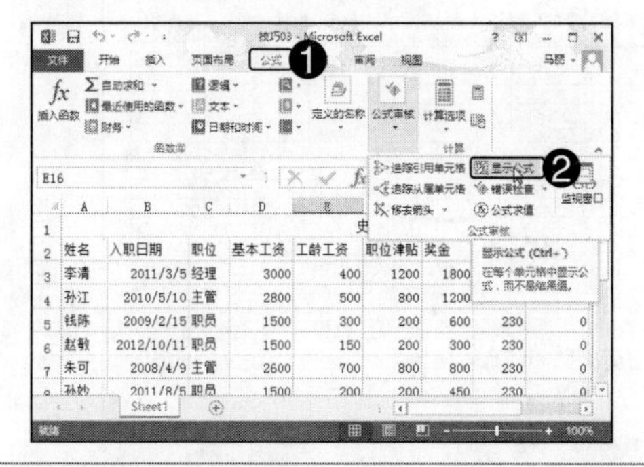

Step02：经过上步操作，在工作表中所有使用了公式的都会显示出来，效果如下图所示。

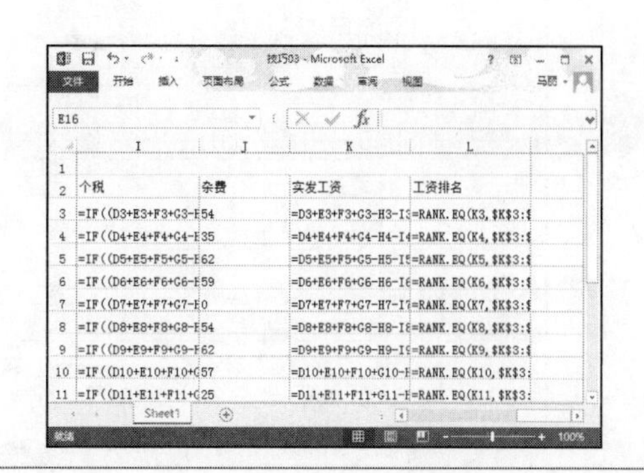

技巧 04 利用“追踪引用单元格”功能查看公式所引用的单元格

追踪引用单元格是指标记所选单元格中公式引用的单元格，追踪从属单元格是指标记所选单元格应用于公式所在的单元格，追踪引用单元格只能在当前工作表中查看单元格引用，而不能将查看的结果进行保存，具体操作方法如下。

Step01：打开素材文件\第 10 章\技高一筹\技巧 02.xlsx，❶ 选中 B18 单元格；❷ 单击“公式审核”工具组中“追踪引用单元格”按钮，如下图所示。

Step02：经过上步操作，追踪引用单元格，效果如下图所示。

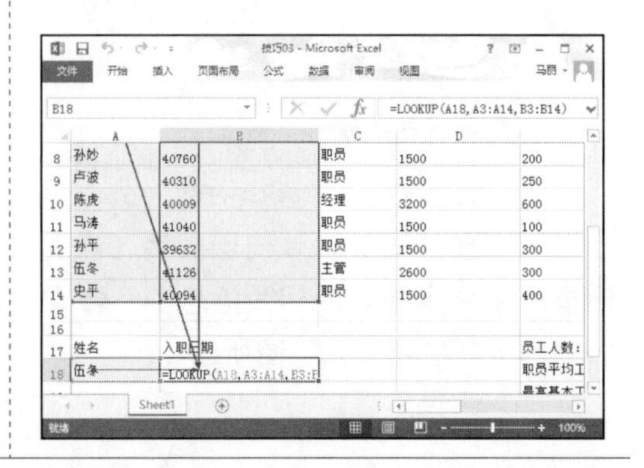

技能训练 1：制作薪酬表

训练介绍

薪酬表是每家公司或者单位财会部门不可缺少的一种表格模板，每个月都会在发放工资之前在该表格中将工资的所有项填写好。这也是员工的劳动报酬凭证，根据薪酬条上的详细项，可以核对每月各项的金额。本案例，主要是讲如何在薪酬模板表中使用函数将这些结果计算出来，效果如下图所示。

编号	姓名	所在部门	基本工资	业绩得分	员工津贴	养老保险	医疗保险	失业保险	应发工资	月收入合计	缴税部分	税率	速扣	个税	实发工资
YG001	张三	办公室	3500	0.091	410	149.52	59.06	3.74	4228.5	4016.18	516.18	0.03	0	15.4854	4000.695
YG002	李四	办公室	3500	0.088	410	149.52	59.06	3.74	4218	4005.68	505.68	0.03	0	15.1704	3990.51
YG003	王五	销售部	4200	0.094	410	149.52	59.06	3.74	5004.8	4792.48	1292.48	0.03	0	38.7744	4753.706
YG004	陈六	后勤部	3100	0.089	410	149.52	59.06	3.74	3785.9	3573.58	73.58	0.03	0	2.2074	3571.373
YG005	林强	销售部	4200	0.079	410	149.52	59.06	3.74	4941.8	4729.48	1229.48	0.03	0	36.8844	4692.596
YG006	彭飞	后勤部	3100	0.091	410	149.52	59.06	3.74	3792.1	3579.78	79.78	0.03	0	2.3934	3577.387
YG007	范涛	车间	5000	0.074	410	149.52	59.06	3.74	5780	5567.68	2067.68	0.1	105	101.768	5465.912
YG008	郭亮	销售部	4200	0.089	410	149.52	59.06	3.74	4983.8	4771.48	1271.48	0.03	0	38.1444	4733.336
YG009	黄云	车间	5000	0.086	410	149.52	59.06	3.74	5840	5627.68	2127.68	0.1	105	107.768	5519.912
YG010	张浩	车间	5000	0.091	410	149.52	59.06	3.74	5865	5652.68	2152.68	0.1	105	110.268	5542.412
YG011	杜林	办公室	3500	0.078	410	149.52	59.06	3.74	4183	3970.68	470.68	0.03	0	14.1204	3956.56
YG012	李佳	车间	5000	0.088	410	149.52	59.06	3.74	5850	5637.68	2137.68	0.1	105	108.768	5528.912
YG013	吴洁	车间	5000	0.093	410	149.52	59.06	3.74	5875	5662.68	2162.68	0.1	105	111.268	5551.412
YG014	李琪	销售部	4200	0.091	410	149.52	59.06	3.74	4992.2	4779.88	1279.88	0.03	0	38.3964	4741.484
YG015	郭飞	后勤部	3100	0.074	410	149.52	59.06	3.74	3739.4	3527.08	27.08	0.03	0	0.8124	3526.268
YG016	薛亮	车间	5000	0.089	410	149.52	59.06	3.74	5855	5642.68	2142.68	0.1	105	109.268	5533.412
YG017	曹倩	销售部	4200	0.086	410	149.52	59.06	3.74	4971.2	4758.88	1258.88	0.03	0	37.7664	4721.114
YG018	李华	车间	5000	0.091	410	149.52	59.06	3.74	5865	5652.68	2152.68	0.1	105	110.268	5542.412
YG019	朱军	办公室	3500	0.088	410	149.52	59.06	3.74	4218	4005.68	505.68	0.03	0	15.1704	3990.51

光盘同步文件

素材文件：光盘 \ 素材文件 \ 第 10 章 \ 薪酬表 .xlsx
结果文件：光盘 \ 结果文件 \ 第 10 章 \ 薪酬表 .xlsx
视频文件：光盘 \ 视频文件 \ 第 10 章 \ 技能训练 1.mp4

操作提示

制作关键	技能与知识要点
本实例根据表格提供的数据，使用自定义公式和函数嵌套的方法计算出员工的应发工资、月收入合计、缴税部分、税率、速扣、个税和实发工资，最后使用填充公式的方法将所有计算的单元格公式填充至最后一个员工数据	● 自定义公式 ● SUM() 函数的使用 ● IF() 函数的使用 ● 填充功能

操作步骤

本实例的具体制作步骤如下。

Step01：打开素材文件 \ 第 10 章 \ 薪酬表 .xlsx，❶ 在 J2 单元格中输入“=D2+D2*E2+F2”；❷ 单击“编辑栏”中“输入”按钮✔，如下图所示。

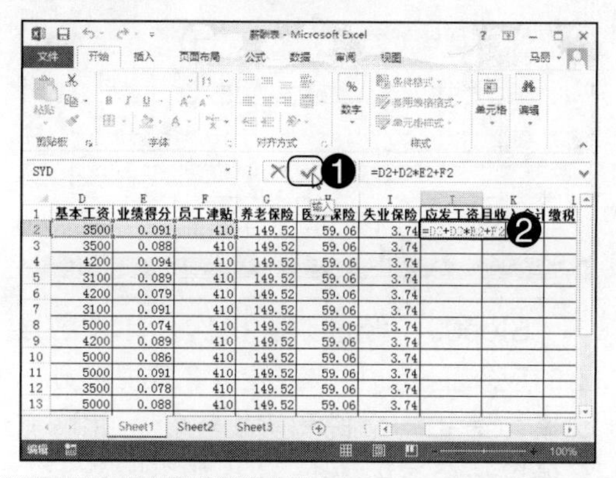

Step02：❶ 在 K2 单元格中输入“=J2-SUM(G2:I2)”；❷ 单击“编辑栏”中“输入”按钮✔，如下图所示。

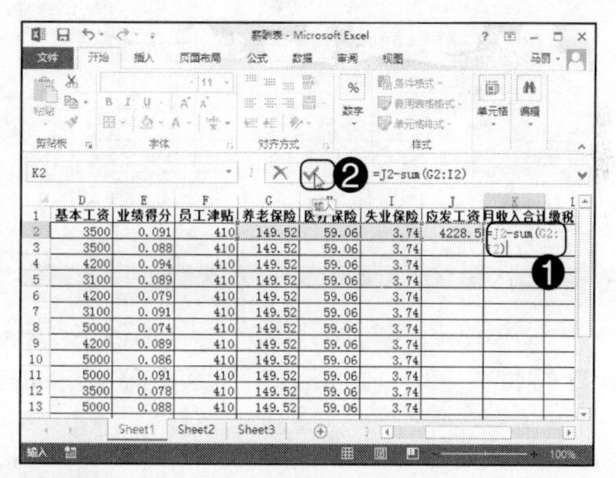

Step03：❶ 在 L2 单元格中输入“=IF(K2<=3500,0,K2-3500)”；❷ 单击“编辑栏”中“输入”按钮✔，如右图所示。

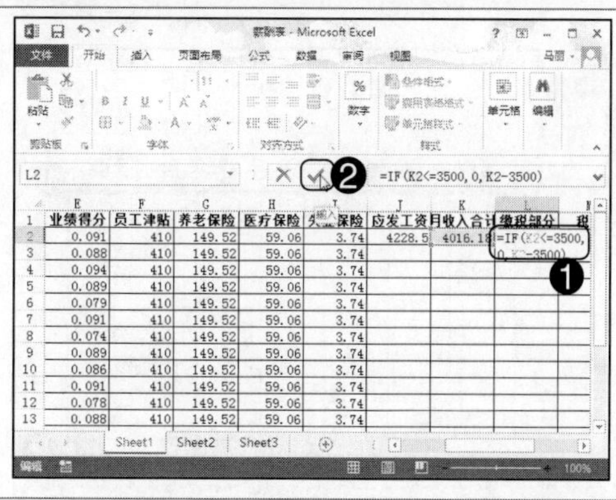

Step04：❶ 在 M2 单元格中输入“=IF(L2>80000,0.45,IF(L2>55000,0.35,IF(L2>35000,0.3,IF(L2>9000,0.25,IF(L2>4500,0.2,IF(L2>1500,0.1,IF(L2>0,0.03,0)))))))”；❷ 单击“编辑栏”中“输入”按钮✔，如下图所示。

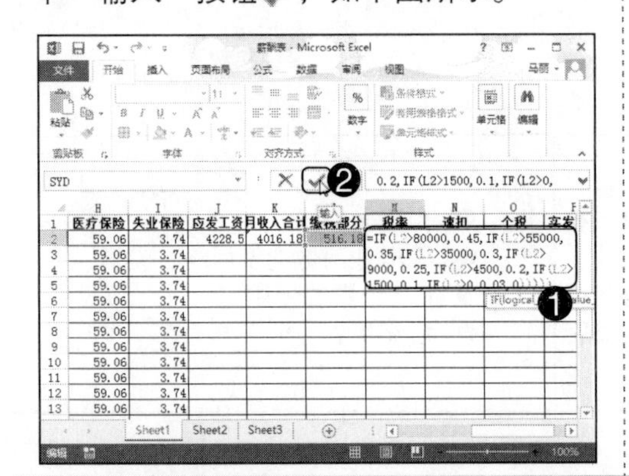

Step05：❶ 在 N2 单元格中输入“=IF(L2>80000,13505,IF(L2>55000,5505,IF(L2>35000,2755,IF(L2>9000,1005,IF(L2>4500,555,IF(L2>1500,105,0))))))”；❷ 单击“编辑栏”中“输入”按钮✔，如下图所示。

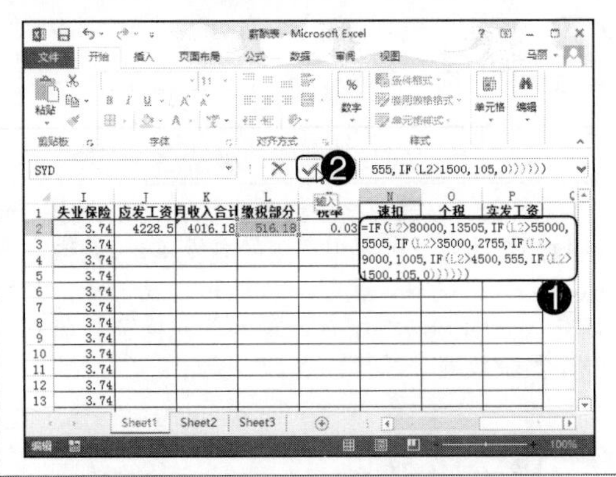

Step06：❶ 在 O2 单元格中输入“=L2*M2-N2”；❷ 单击“编辑栏”中“输入”按钮✔，如下图所示。

Step07：❶ 在 P2 单元格中输入“=K2-O2”；❷ 单击“编辑栏”中“输入”按钮✔，如下图所示。

Step08：❶ 选中 J2:P2 单元格区域；❷ 按住左键不放拖动向下填充公式，如下图所示。

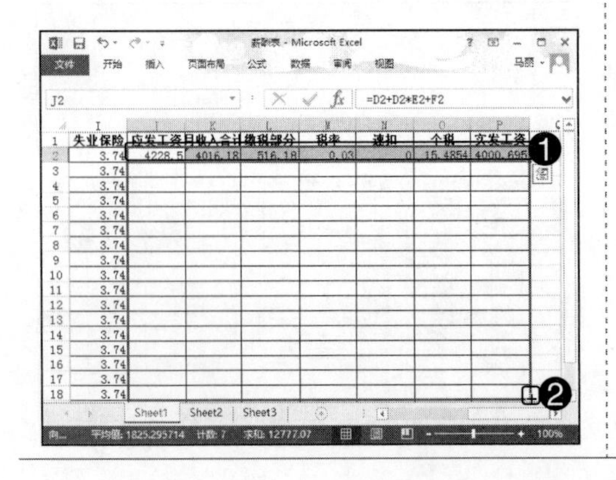

Step09：经过以上操作，计算出员工的应发工资、月收入合计、缴税部分、税率、速扣、个税和实发工资，并填充至最后一个员工数据，效果如下图所示。

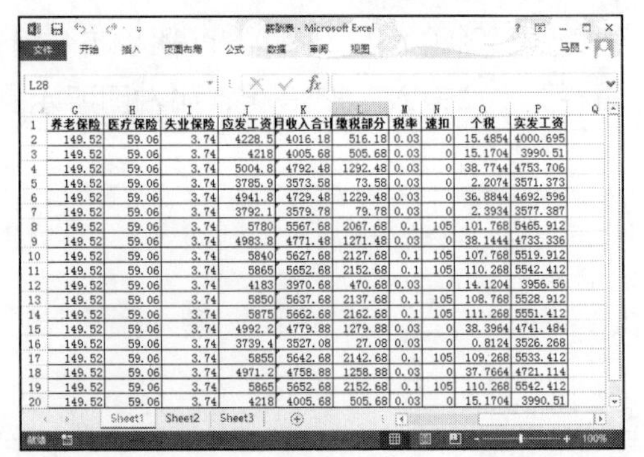

技能训练 2：制作外勤费用报销单

训练介绍

对于公司外派出差或者借调至其他单位办公时，需要填写外勤费用报销单，为了方便员工快速填写该表格，下面介绍使用函数嵌套的方式将一些计算公式编写出来，员工根据实际的数据进行填写即可，外勤费用表效果如下图所示。

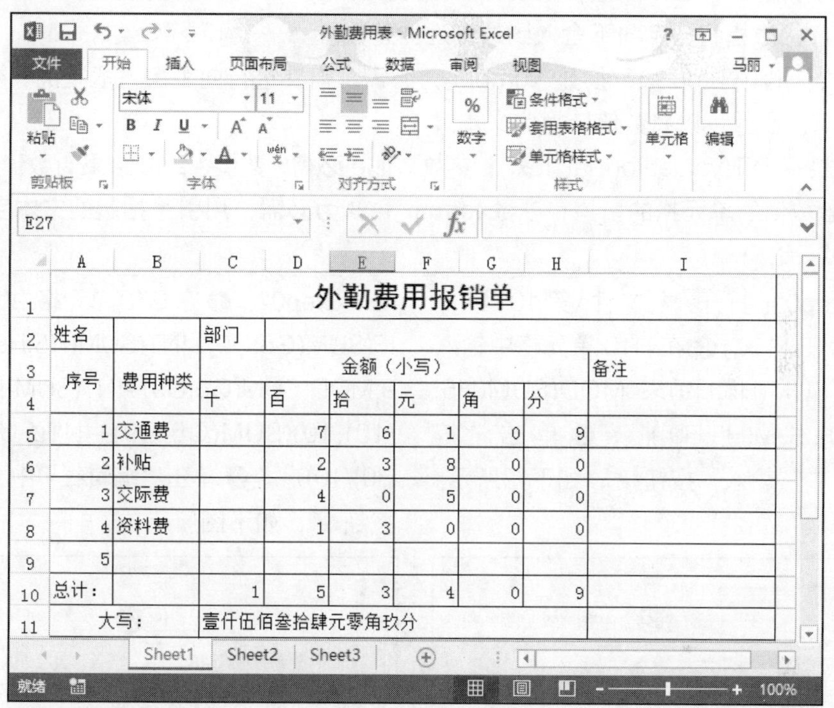

外勤费用报销单								
姓名		部门						
序号	费用种类	金额（小写）						备注
		千	百	拾	元	角	分	
1	交通费		7	6	1	0	9	
2	补贴		2	3	8	0	0	
3	交际费		4	0	5	0	0	
4	资料费		1	3	0	0	0	
5								
总计：		1	5	3	4	0	9	
大写：		壹仟伍佰叁拾肆元零角玖分						

光盘同步文件

素材文件：光盘\素材文件\第 10 章\外勤费用表 .xlsx
结果文件：光盘\结果文件\第 10 章\外勤费用表 .xlsx
视频文件：光盘\视频文件\第 10 章\技能训练 2.mp4

操作提示

制作关键	技能与知识要点
本实例设置 Word 2013 的办公环境，先在快速访问工具栏中添加“粘贴并只保留文本”按钮，然后将文档的自动保存时间间隔设置为 5 分钟，最后将最近使用的文档的数目设置为 10，完成办公环境的设置	● IF() 函数 ● SUM() 函数 ● MOD() 函数 ● INT() 函数 ● 除法运算 ● TEXT() 函数

操作步骤

本实例中运用到 IF() 函数、SUM() 函数、MOD() 函数和 INT() 函数，在知识讲解节中已经介绍了 IF() 函数和 SUM() 函数的语法结构。下面，介绍 MOD() 函数和 INT() 函数的语法。

MOD() 函数主要返回两数相除的余数。 结果的符号与除数相同。

语法：MOD(number, divisor)，参数 Number 为必需，要计算余数的被除数；参数 divisor 为必需，表示除数，如果 divisor 为 0，则 MOD() 返回错误值 #DIV/0!。

INT() 函数指将数字向下舍入到最接近的整数。

语法：INT(number)，参数 Number 为必需，需要进行向下舍入取整的实数。

TEXT() 函数可以将数值转换为文本。

语法：TEXT(value, format_text)，参数 value 必需，数值、计算结果为数值的公式，或对包含数值的单元格的引用；参数 format_text 为必需，用引号括起的文本字符串的数字格式。

Step01：打开素材文件\第 10 章\外勤费用表 .xlsx，❶ 在 H10 单元格中输入 “=IF(SUM(H5:H9)>9,MOD(SUM(H5:H9),10),SUM(H5:H9))”；❷ 单击 “编辑栏” 中 “输入” 按钮✔，如下图所示。

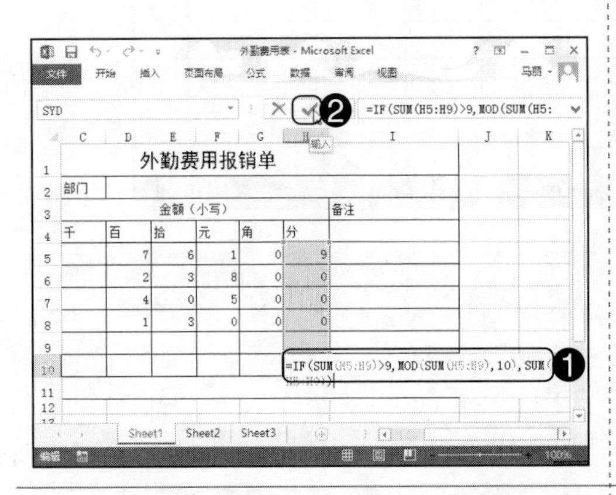

Step02：❶ 在 G10 单元格中输入 “=IF(SUM(G5:G9)+INT(SUM(H5:H9)/10)>9,MOD(SUM(G5:G9)+INT(SUM(H5:H9)/10),10),SUM(G5:G9)+INT(SUM(H5:H9)/10))”；❷ 单击 “编辑栏” 中 “输入” 按钮✔，如下图所示。

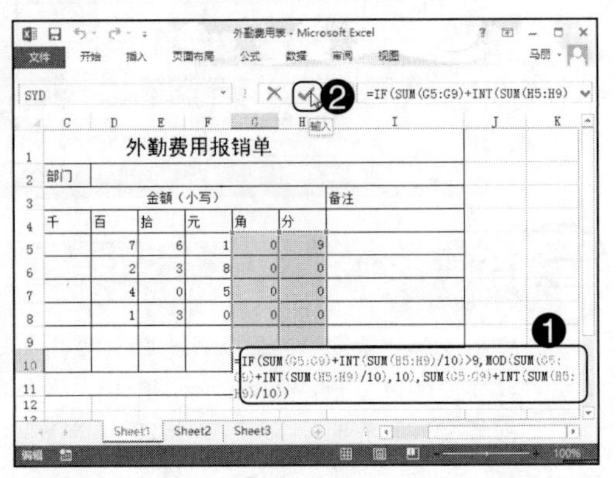

Step03：❶ 在 F10 单元格中输入 “=IF(SUM(F5:F9)+INT((SUM(G5:G9)+INT(SUM(H5:H9)/10))/10)>9,INT(MOD(SUM(F5:F9)+INT((SUM(G5:G9)+INT(SUM(H5:H9)/10))/10),10)),SUM(F5:F9)+INT((SUM(G5:G9)+INT(SUM(H5:H9)/10))/10))”；❷ 单击 “编辑栏” 中 “输入” 按钮✔，如右图所示。

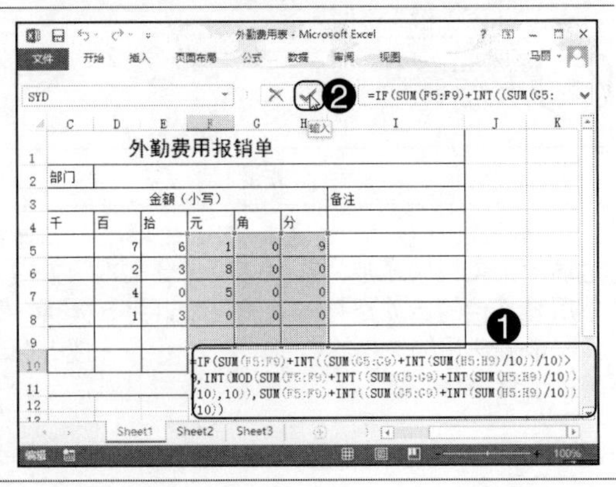

Step04：❶在E10单元格中输入“=IF(SUM(E5:E9)+INT((SUM(F5:F9)+INT((SUM(G5:G9)+INT(SUM(H5:H9)/10))/10))/10)>9,INT(MOD(SUM(E5:E9)+INT((SUM(F5:F9)+INT((SUM(G5:G9)+INT(SUM(H5:H9)/10))/10))/10),10)),SUM(E5:E9)+INT((SUM(F5:F9)+INT((SUM(G5:G9)+INT(SUM(H5:H9)/10))/10))/10))”；❷单击“编辑栏”中“输入”按钮✔，如下图所示。

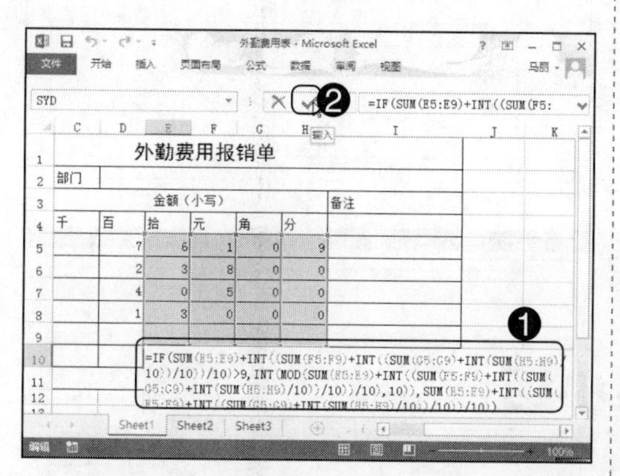

Step05：❶在D10单元格中输入“=IF(SUM(D5:D9)+INT((SUM(E5:E9)+INT((SUM(F5:F9)+INT((SUM(G5:G9)+INT(SUM(H5:H9)/10))/10))/10))/10)>9,INT(MOD(SUM(D5:D9)+INT((SUM(E5:E9)+INT((SUM(F5:F9)+INT((SUM(G5:G9)+INT(SUM(H5:H9)/10))/10))/10))/10),10)),SUM(D5:D9)+INT((SUM(E5:E9)+INT((SUM(F5:F9)+INT((SUM(G5:G9)+INT(SUM(H5:H9)/10))/10))/10))/10))”；❷单击“编辑栏”中“输入”按钮✔，，如下图所示。

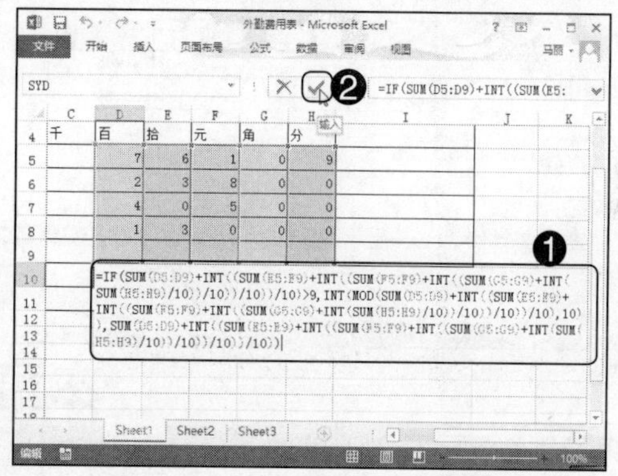

Step06：❶在C10单元格中输入“=IF(SUM(C5:C9)+INT((SUM(D5:D9)+INT((SUM(E5:E9)+INT((SUM(F5:F9)+INT((SUM(G5:G9)+INT(SUM(H5:H9)/10))/10))/10))/10))/10)>9,INT(MOD(SUM(C5:C9)+INT((SUM(D5:D9)+INT((SUM(E5:E9)+INT((SUM(F5:F9)+INT((SUM(G5:G9)+INT(SUM(H5:H9)/10))/10))/10))/10))/10),10)),SUM(C5:C9)+INT((SUM(D5:D9)+INT((SUM(E5:E9)+INT((SUM(F5:F9)+INT((SUM(G5:G9)+INT(SUM(H5:H9)/10))/10))/10))/10))/10))”；❷单击“编辑栏”中“输入”按钮✔，，如右图所示。

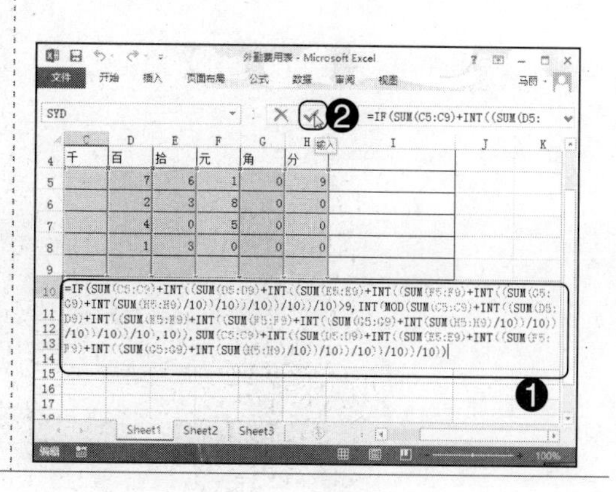

Step07：❶在 C11 单元格中输入“=TEXT(C10*1000+D10*100+E10* 10+F10,"[DBNum2][$-804]G/ 通用格式元 ")&IF(G10+H10=0," 整 ",TEXT(G10,"[DBNum2][$-804]G/ 通用格式角 ")&TEXT(H10,"[DBNum2][$-804]G/ 通用格式分 "))”；❷单击“编辑栏”中“输入”按钮✔，如下图所示。

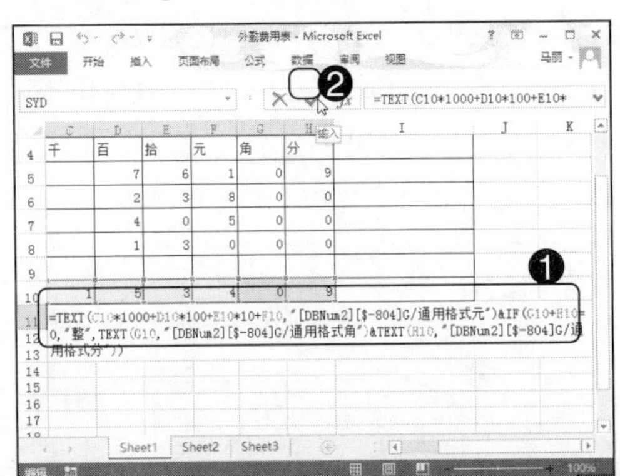

Step08：经过以上操作，计算出所有的总计金额并填写大写金额，效果如下图所示。

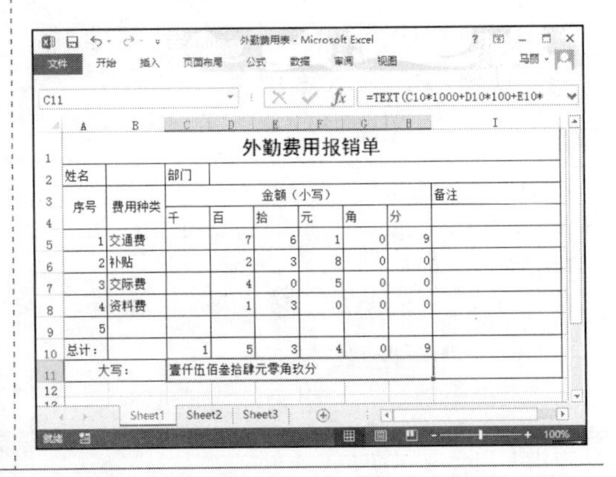

本章小结

本章的重点在于讲解如何引用单元格地址、如何使用函数计算数据以及公式审核等相关内容，通过本章内容的学习，相信 Excel 利用函数可以为用户的工作带来极大的方便，简化工作量，提高工作效率。希望读者朋友可以举一反三地多使用函数，只有函数使用熟练，才会觉得使用 Excel 计算数据是非常快捷的方法。

Chapter

Excel 数据的排序、筛选与汇总分析

本章导读

Excel 具有强大的数据统计与分析功能，排序、筛选和分类汇总是重要的数据统计和分析工具。本章主要 Excel 数据统计与分析的相关功能应用。通过本章的内容学习，相信读者能学会如何使用 Excel 进行数据的简单分析与汇总。

学完本章后应该掌握的技能

- 数据的排序
- 筛选出需要的数据
- 分类汇总数据
- 使用条件格式
- 使用数据验证功能

本章相关实例效果展示

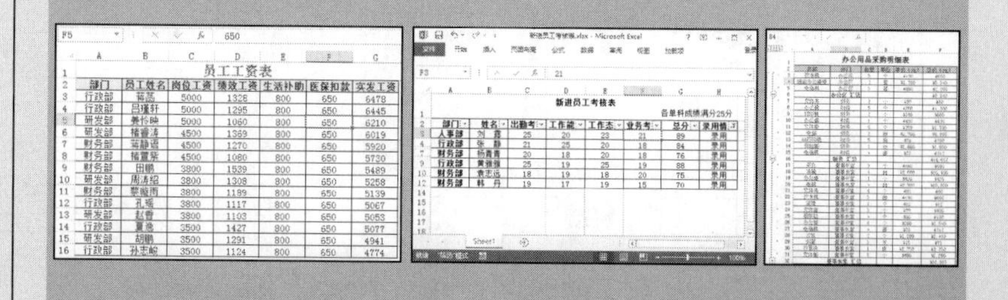

11.1 知识讲解——数据的排序

在办公过程中，我们可以通过 Excel 的排序功能对表格数据进行排序，以便更加直观地查看数据，接下来将讲解数据的排序方法。

11.1.1 按一个条件排序

对数据进行排序时，最简单常用的方法便是按一个条件对数据进行排序，即依据某列的数据规则对表格数据进行升序或降序操作，按升序方式排序时，最小的数据将位于该列的最前端；按降序方式排序时，最大的数据将位于该列的最前端。

光盘同步文件

素材文件：光盘 \ 素材文件 \ 第 11 章 \ 员工工资表 .xlsx
结果文件：光盘 \ 结果文件 \ 第 11 章 \ 员工工资表 (按一个条件排序).xlsx
视频文件：光盘 \ 视频文件 \ 第 11 章 \11-1-1.mp4

Step01：打开光盘 \ 素材文件 \ 第 11 章 \ 员工工资表 .xlsx，❶ 在要作为排序依据的列中，选择任意单元格，本例中以“绩效工资”为排序依据；❷ 切换到“数据”选项卡；❸ 在“排序和筛选”组中单击“升序”或“降序”按钮进行排序，本例中单击“降序”，如下图所示。

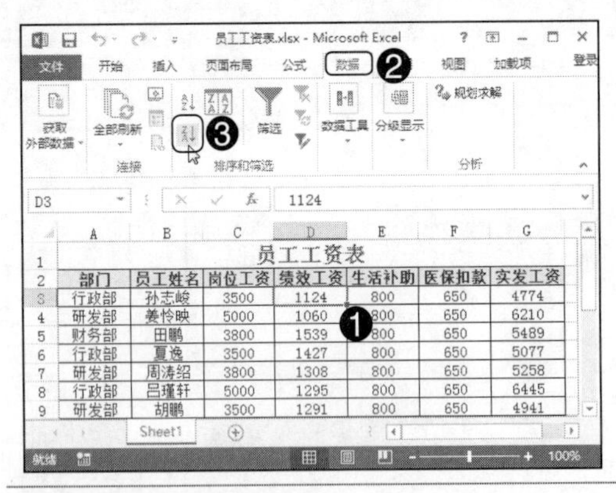

Step02：此时，工作表中的数据将按照关键字“绩效工资”进行降序排列，效果如下图所示。

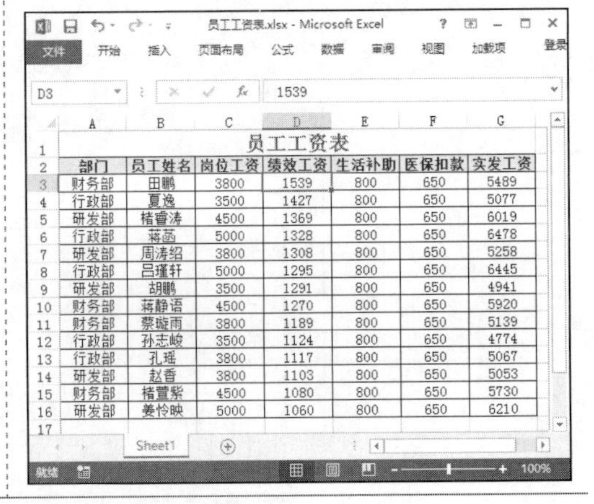

11.1.2 按多个条件排序

按多个条件进行排序，是指依据多列的数据规则对表格数据进行排序操作。具体操作方法如下。

光盘同步文件

素材文件：光盘\素材文件\第 11 章\员工工资表 .xlsx
结果文件：光盘\结果文件\第 11 章\员工工资表 (按多个条件排序).xlsx
视频文件：光盘\视频文件\第 11 章\11-1-2.mp4

Step01：打开光盘\素材文件\第 11 章\员工工资表 .xlsx，❶ 选中数据区域中的任意单元格；❷ 切换到“数据”选项卡；❸ 单击“排序和筛选”组中的“排序”按钮，如下图所示。

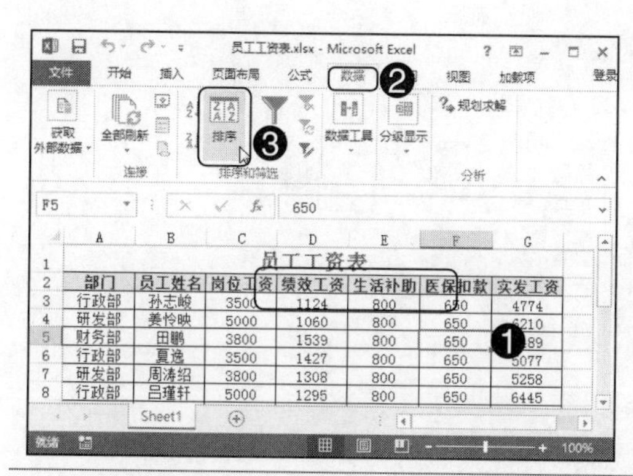

Step02：弹出“排序”对话框，❶ 设置主要关键字的相关参数，本例中以“岗位工资”为主要关键字，排序依据设置为“数值”，次序设置为“降序”；❷ 单击“添加条件”按钮，如下图所示。

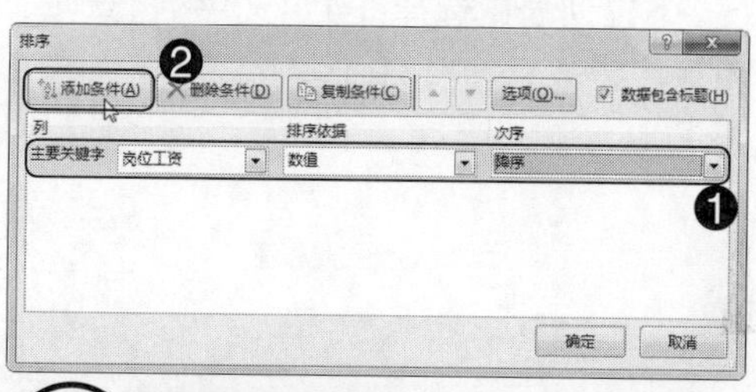

专家提示

在“排序”对话框中，每单击一次“删除条件”按钮，可删除最下面一个排序条件。

Step03：❶ 设置次要关键字的相关参数，本例中以“实发工资”为次要关键字，排序依据为“数值”，次序设置为“降序”；❷ 单击“确定”按钮，如下图所示。

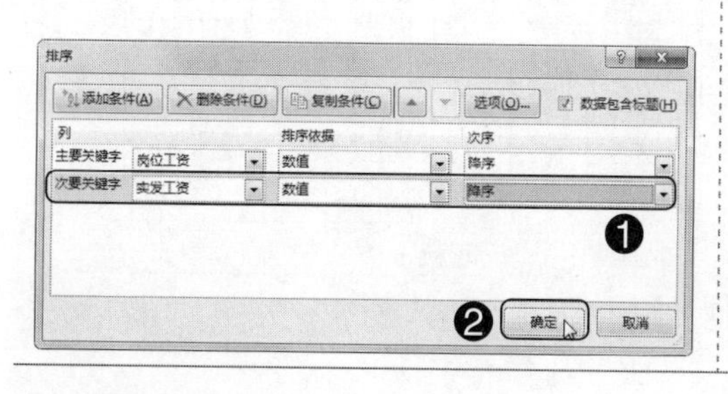

Step04：返回工作表，可看见按照多个关键字排序的效果，如下图所示。

员工工资表

部门	员工姓名	岗位工资	绩效工资	生活补助	医保扣款	实发工资
行政部	蒋菡	5000	1328	800	650	6478
行政部	吕瑾轩	5000	1295	800	650	6445
研发部	姜怜映	5000	1060	800	650	6210
研发部	楮睿涛	4500	1369	800	650	6019
财务部	蒋静语	4500	1270	800	650	5920
财务部	楮萱紫	4500	1080	800	650	5730
财务部	田鹏	3800	1539	800	650	5489
研发部	周涛绍	3800	1308	800	650	5258
财务部	蔡璇雨	3800	1189	800	650	5139
行政部	孔瑶	3800	1117	800	650	5067
研发部	赵香	3800	1103	800	650	5053
行政部	夏逸	3500	1427	800	650	5077
研发部	胡鹏	3500	1291	800	650	4941
行政部	孙志峻	3500	1124	800	650	4774

11.1.3 自定义排序条件

在对工作表数据进行排序时，如果希望按照指定的字段序列进行排序，则需要进行自定义序列排序，具体操作方法如下。

光盘同步文件

素材文件：光盘\素材文件\第 11 章\员工工资表 .xlsx
结果文件：光盘\结果文件\第 11 章\员工工资表 (自定义排序条件).xlsx
视频文件：光盘\视频文件\第 11 章\11-1-3.mp4

Step01：打开光盘\素材文件\第 11 章\员工工资表 .xlsx，选中数据区域中的任意单元格，打开“排序”对话框，❶ 在“主要关键字”下拉列表中选择排序关键字，本例中选择“部门”；❷ 在“次序”下拉列表中选择“自定义序列”选项，如下图所示。

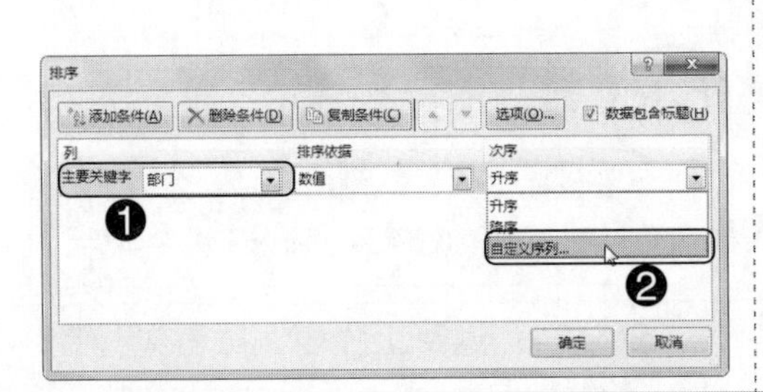

Step02：弹出“自定义序列”对话框，❶ 在“输入序列”文本框中输入排序序列；❷ 单击“添加”按钮，将其添加到“自定义序列”列表框中；❸ 单击“确定”按钮，如下图所示。

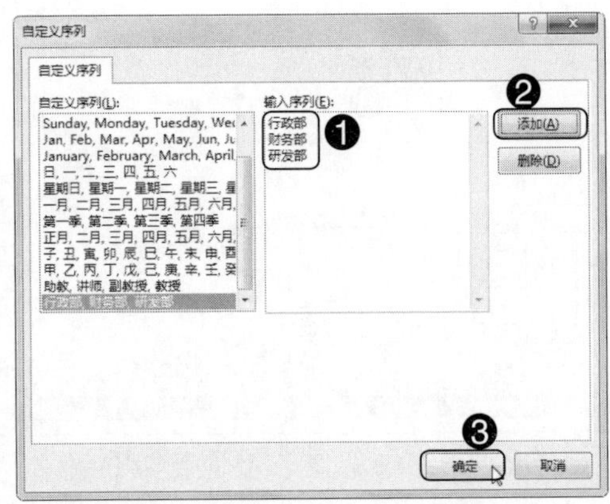

Step03：返回“排序”对话框，单击“确定”按钮，如下图所示。

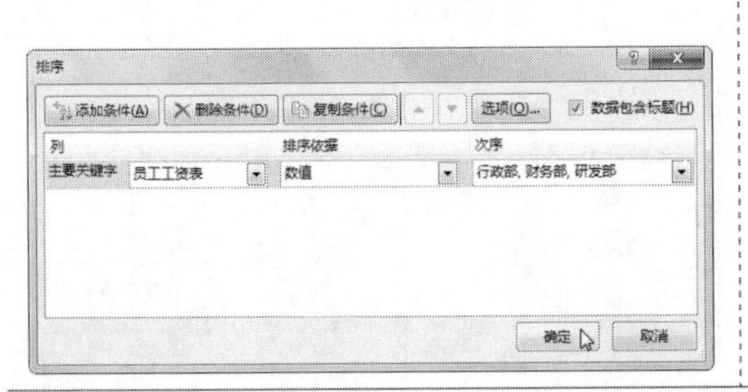

Step04：返回工作表，即可查看排序后的效果，如下图所示。

C6 3800

员工工资表

部门	员工姓名	岗位工资	绩效工资	生活补助	医保扣款	实发工资
行政部	孙志峻	3500	1124	800	650	4774
行政部	夏逸	3500	1427	800	650	5077
行政部	吕瑾轩	5000	1295	800	650	6445
行政部	孔瑶	3800	1117	800	650	5067
行政部	蒋菡	5000	1328	800	650	6478
财务部	田鹏	3800	1539	800	650	5489
财务部	楮萱紫	4500	1080	800	650	5730
财务部	蒋静语	4500	1270	800	650	5920
财务部	蔡璇雨	3800	1189	800	650	5139
研发部	姜怜映	5000	1060	800	650	6210
研发部	周涛绍	3800	1308	800	650	5258
研发部	胡鹏	3500	1291	800	650	4941
研发部	楮睿涛	4500	1369	800	650	6019
研发部	赵香	3800	1103	800	650	5053

11.2 知识讲解——筛选出需要的数据

在管理工作表数据时，可以通过筛选功能将符合某个条件的数据显示出来，将不符合条件的数据隐藏，以方便数据的管理与查看。

11.2.1 筛选出符合单个条件的数据

在管理工作表数据时，如果需要将符合某个指定条件的数据筛选出来，可按下面的方法实现。

光盘同步文件

素材文件：光盘\素材文件\第 11 章\销售业绩表 .xlsx
结果文件：光盘\结果文件\第 11 章\销售业绩表 (筛选出符合单个条件的数据).xlsx
视频文件：光盘\视频文件\第 11 章\11-2-1.mp4

Step01：打开光盘\素材文件\第 11 章\销售业绩表 .xlsx；❶ 选中数据区域中的任意单元格，❷ 切换到“数据”选项卡；❸ 单击“排序和筛选”组中的“筛选”按钮，如下图所示。

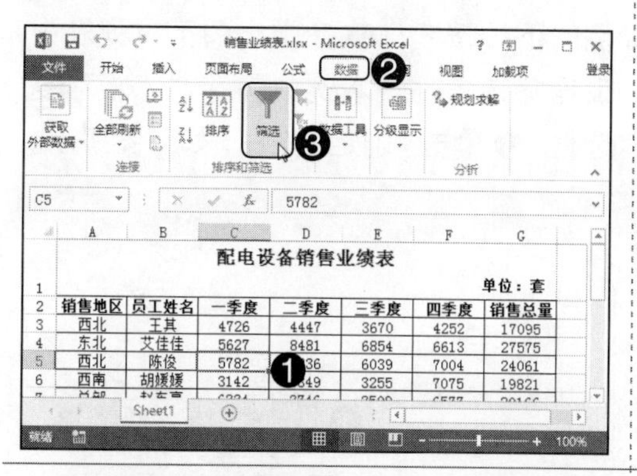

Step02：进入筛选状态，❶ 单击需要进行筛选的字段名右侧的下拉按钮，本例中单击“销售地区”字段右侧的下拉按钮；❷ 在弹出的下拉列表中设置筛选条件，本例中只勾选“西北”复选框；❸ 单击“确定”按钮，如下图所示。

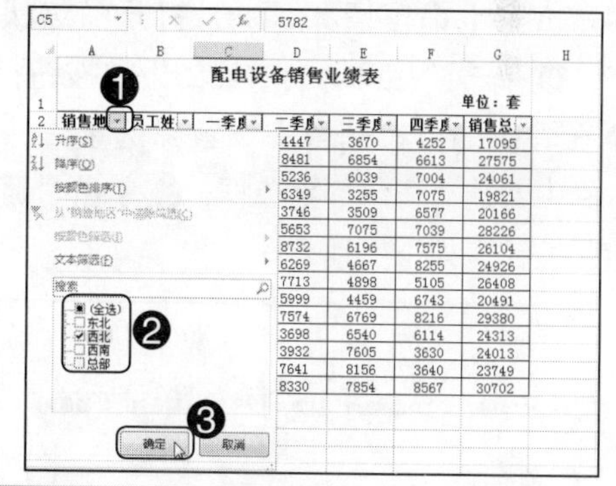

Step03：返回工作表，可看见表格中只显示了“销售地区”为“西北”的数据，且列标题“销售地区”右侧的下拉按钮将变为漏斗形状的按钮，表示“销售地区”为当前数据区域的筛选条件，效果如右图所示。

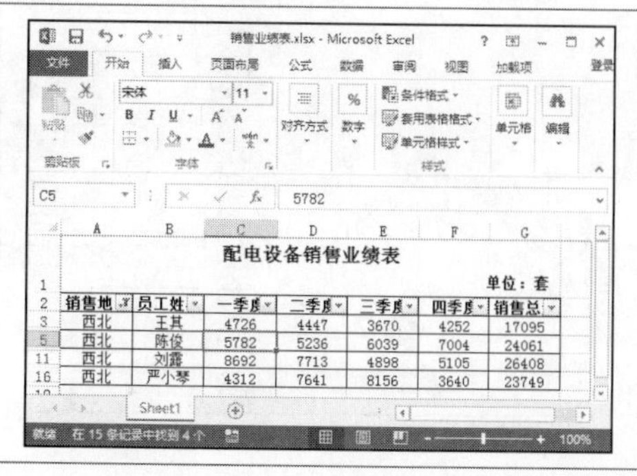

专家提示

表格数据呈筛选状态时，单击“筛选”按钮可退出筛选状态。若在“排序和筛选”组中单击“清除”按钮，可快速清除当前设置的所有筛选条件，将所有数据显示出来，但不退出筛选状态。

知识拓展 对筛选结果进行排序整理

完成数据的筛选后，单击某个列标题右侧的下拉按钮，在弹出的下拉列表中通过选择“升序”或“降序”选项，可以该列为关键字，对筛选结果进行排序。

11.2.2 筛选出符合多个条件的数据

为了更好地分析数据，还可以将符合多个指定条件的数据筛选出来。例如，在“家电销售情况 .xlsx”中，将品牌为“海尔”、商品类别为“冰箱”的数据筛选出来，具体操作方法如下。

光盘同步文件

素材文件：光盘\素材文件\第 11 章\家电销售情况 .xlsx
结果文件：光盘\结果文件\第 11 章\家电销售情况筛选出符合多个条件的数据
视频文件：光盘\视频文件\第 11 章\11-2-2.mp4

Step01：打开光盘\素材文件\第 11 章\家电销售情况 .xlsx，打开筛选状态，❶单击“品牌”列右侧的下拉按钮；❷在弹出的下拉列表中设置筛选条件，本例中勾选“海尔”复选框；❸单击“确定”按钮，如下图所示。

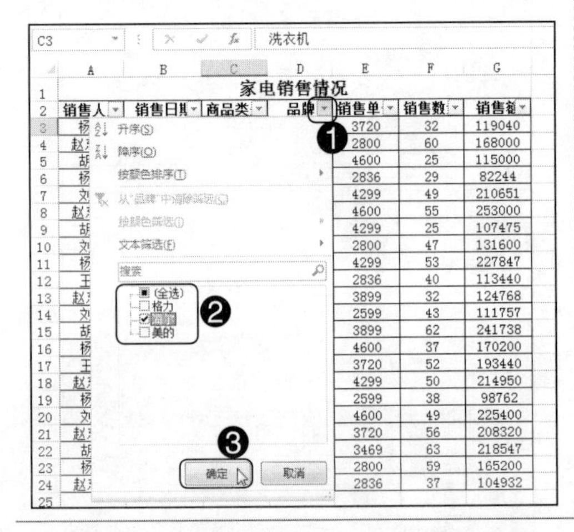

Step02：❶单击“商品类别”列右侧的下拉按钮；❷在弹出的下拉列表中设置筛选条件，本例中勾选“冰箱”复选框；❸单击“确定”按钮，如下图所示。

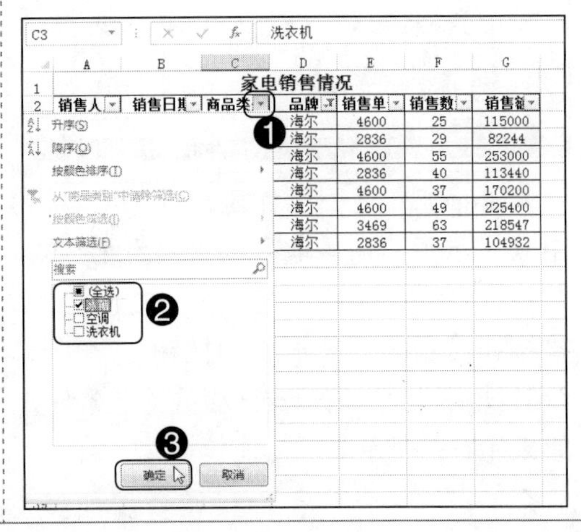

Step03：返回工作表，可看见只显示了品牌为“海尔”、商品类别为“冰箱”的数据，如右图所示。

	家电销售情况						
2	销售人	销售日其	商品类	品牌	销售单	销售数	销售额
6	杨曦	2015/11/8	冰箱	海尔	2836	29	82244
12	王其	2015/11/9	冰箱	海尔	2836	40	113440
24	赵东亮	2015/11/11	冰箱	海尔	2836	37	104932

11.2.3 自定义筛选条件

在筛选数据时，可以通过 Excel 提供的自定义筛选功能来进行更复杂、更具体的筛选，使数据筛选更具灵活性。例如，在“销售业绩表 .xlsx”中，将“销售总量”在 25 000 以上的数据筛选出来，具体操作方法如下。

光盘同步文件

素材文件：光盘 \ 素材文件 \ 第 11 章 \ 销售业绩表 .xlsx

结果文件：光盘 \ 结果文件 \ 第 11 章 \ 销售业绩表 (自定义筛选条件).xlsx

视频文件：光盘 \ 视频文件 \ 第 11 章 \11-2-3.mp4

Step01：打开光盘 \ 素材文件 \ 第 11 章 \ 销售业绩表 .xlsx，打开筛选状态，❶ 单击“销售总量”右侧的下拉按钮；❷ 在弹出的下拉列表中选择“数字筛选”选项；❸ 在弹出的级联列表中选择“大于”选项，如下图所示。

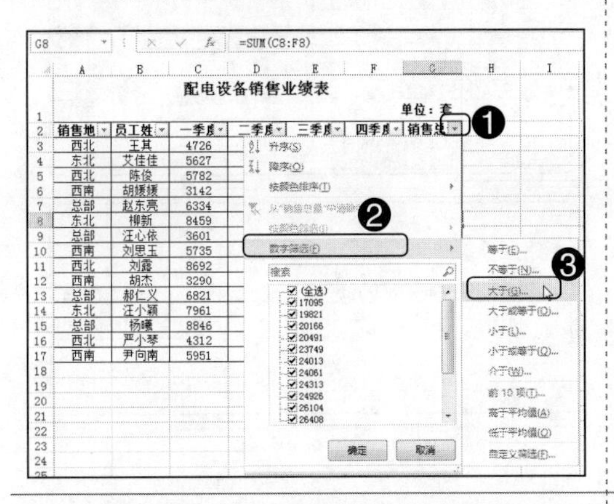

Step02：弹出“自定义自动筛选方式”对话框，❶ 在“销售总量”栏中的第二个下拉列表中输入“25 000”；❷ 单击“确定”按钮，如下图所示。

Step03：返回工作表，可看见只显示了销售总量大于 25 000 的数据，如右图所示。

	配电设备销售业绩表						
1							单位：套
2	销售地	员工姓	一季度	二季度	三季度	四季度	销售总
4	东北	艾佳佳	5627	8481	6854	6613	27575
8	东北	柳新	8459	5653	7075	7039	28226
9	总部	汪心依	3601	8732	6196	7575	26104
11	西北	刘露	8692	7713	4898	5105	26408
13	总部	郝仁义	6821	7574	6769	8216	29380
17	西南	尹向南	5951	8330	7854	8567	30702

11.2.4 高级筛选

当要对表格数据进行多条件筛选时，用户通常会按照常规方法依次设置筛选条件。如果需要设置的筛选字段较多，且条件比较复杂，通过常规方法就会比较麻烦，而且还易出错，此时便可通过高级筛选方法进行筛选，具体操作方法如下。

光盘同步文件

素材文件：光盘\素材文件\第 11 章\员工工资表 .xlsx
结果文件：光盘\结果文件\第 11 章\员工工资表 (高级筛选).xlsx
视频文件：光盘\视频文件\第 11 章\11-2-4.mp4

Step01：打开光盘\素材文件\第 11 章\员工工资表 .xlsx，❶ 在数据区域下方创建一个筛选的约束条件；❷ 选择数据区域内的任意单元格；❸ 单击“排序和筛选”组中的“高级”按钮，如下图所示。

Step02：弹出“高级筛选”对话框，“列表区域”中自动设置了参数区域（若有误，需手动修改），❶ 将光标插入点定位在“条件区域”参数框中；在工作表中拖动鼠标选择参数区域，❷ 单击“确定”按钮，如下图所示。

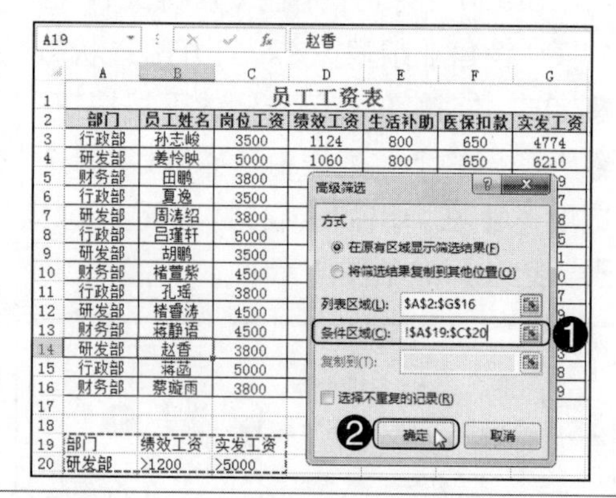

Step03：返回工作表，可查看筛选结果，如右图所示。

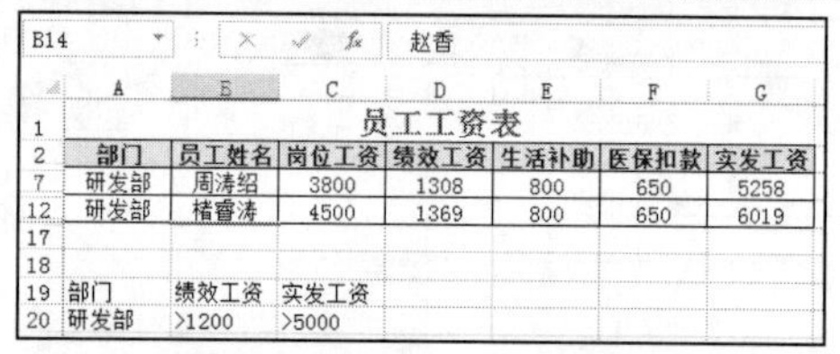

	A	B	C	D	E	F	G
1	员工工资表						
2	部门	员工姓名	岗位工资	绩效工资	生活补助	医保扣款	实发工资
7	研发部	周涛绍	3800	1308	800	650	5258
12	研发部	楮睿涛	4500	1369	800	650	6019
17							
18							
19	部门	绩效工资	实发工资				
20	研发部	>1200	>5000				

11.3 知识讲解——分类汇总数据

对表格数据进行分析处理的过程中，利用 Excel 提供的分类汇总功能，我们可以将表格中的数据进行分类，然后再把性质相同的数据汇总，使其结构更清晰，便于查找数据信息。

11.3.1 创建分类汇总

分类汇总是指根据指定的条件对数据进行分类，并计算各分类数据的汇总值。在进行分类汇总前，应先以需要进行分类汇总的字段为关键字进行排序，以避免无法达到预期的汇总效果。例如在“家电销售情况 .xlsx”中，以“销售人员”为分类字段，对销售额进行求和汇总，具体操作方法如下。

光盘同步文件

素材文件：光盘 \ 素材文件 \ 第 11 章 \ 家电销售情况 .xlsx

结果文件：光盘 \ 结果文件 \ 第 11 章 \ 家电销售情况 (创建分类汇总).xlsx

视频文件：光盘 \ 视频文件 \ 第 11 章 \11-3-1.mp4

Step01：打开光盘 \ 素材文件 \ 第 11 章 \ 家电销售情况 .xlsx，❶ 在“销售人员”列中选中任意单元格；❷ 切换到“数据”选项卡；❸ 单击“排序和筛选”组中的“升序”按钮进行排序，如下图所示。

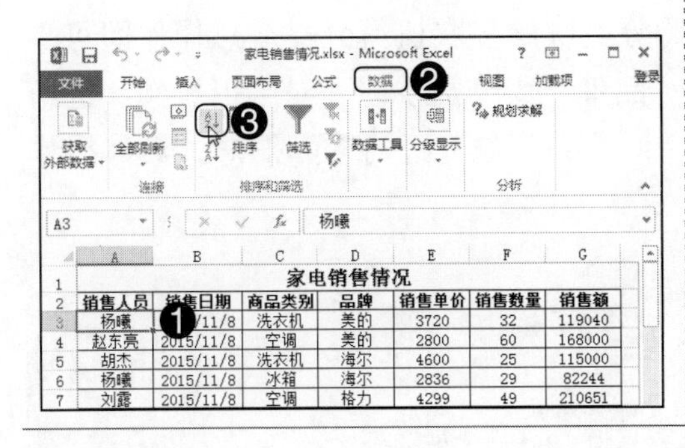

Step02：❶ 选择数据区域中的任意单元格；❷ 单击“分级显示”组中的“分类汇总”按钮，如下图所示。

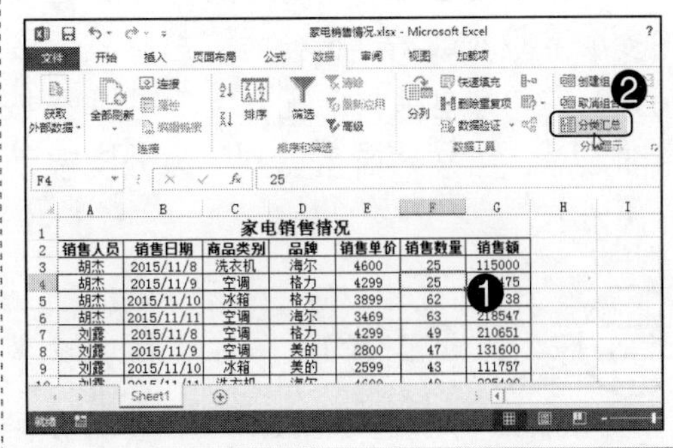

Step03：弹出“分类汇总”对话框，❶在“分类字段”下拉列表中选择要进行分类汇总的字段，本例中选择“销售人员”；❷在“汇总方式”下拉列表选择需要的汇总方式，本例中选择“求和”选项；❸在“选定汇总项”列表框中设置要进行汇总的项目，本例中勾选“销售额”复选框；❹单击“确定”按钮，如下图所示。

Step04：返回工作表，工作表数据完成分类汇总。分类汇总后，工作表左侧会出现一个分级显示栏，通过分级显示栏中的分级显示符号可分级查看相应的表格数据，如下图所示。

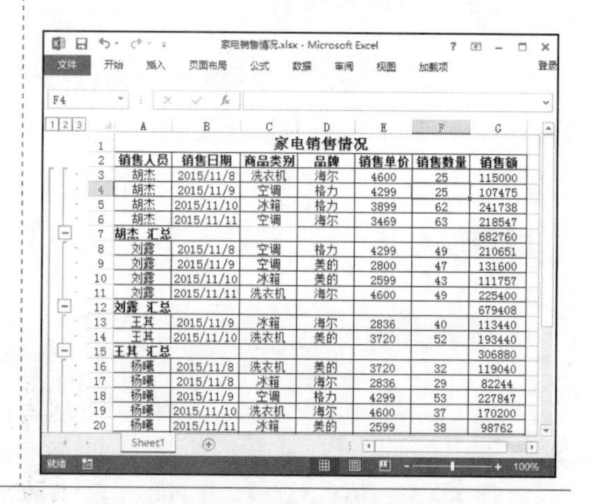

家电销售情况

销售人员	销售日期	商品类别	品牌	销售单价	销售数量	销售额
胡杰	2015/11/8	洗衣机	海尔	4600	25	115000
胡杰	2015/11/9	空调	格力	4299	25	107475
胡杰	2015/11/10	冰箱	格力	3899	62	241738
胡杰	2015/11/11	空调	海尔	3469	63	218547
胡杰 汇总						682760
刘露	2015/11/8	空调	格力	4299	49	210651
刘露	2015/11/9	空调	美的	2800	47	131600
刘露	2015/11/10	冰箱	美的	2599	43	111757
刘露	2015/11/11	洗衣机	海尔	4600	49	225400
刘露 汇总						679408
王其	2015/11/9	冰箱	海尔	2836	40	113440
王其	2015/11/10	洗衣机	美的	3720	52	193440
王其 汇总						306880
杨曦	2015/11/8	洗衣机	美的	3720	32	119040
杨曦	2015/11/8	冰箱	海尔	2836	29	82244
杨曦	2015/11/9	空调	格力	4299	53	227847
杨曦	2015/11/10	洗衣机	海尔	4600	37	170200
杨曦	2015/11/11	冰箱	美的	2599	38	98762

知识拓展 删除分类汇总

对表格数据进行分类汇总后，如果需要恢复到汇总前的状态，可将设置的分类汇总删除，操作方法为：选择数据区域中的任意单元格，打开“分类汇总”对话框，单击“全部”删除按钮即可。

11.3.2 创建多字段分类汇总

在对数据进行分类汇总时，一般是按单个字段对数据进行分类汇总。如果需要按多个字段对数据进行分类汇总，只需按照分类次序多次执行分类汇总操作即可。例如，在“家电销售情况.xlsx”中，先按“品牌”为分类字段，对“销售额”进行求和汇总，再按“商品类别”为分类字段，对“销售额”进行求和汇总，具体操作方法如下。

光盘同步文件

素材文件：光盘\素材文件\第 11 章\家电销售情况.xlsx
结果文件：光盘\结果文件\第 11 章\家电销售情况(创建多字段分类汇总).xlsx
视频文件：光盘\视频文件\第 11 章\11-3-2.mp4

Step01：打开光盘\素材文件\第11章\家电销售情况.xlsx，选中数据区域中的任意单元格，打开“排序”对话框。❶设置排序条件；❷单击“确定”按钮，如下图所示。

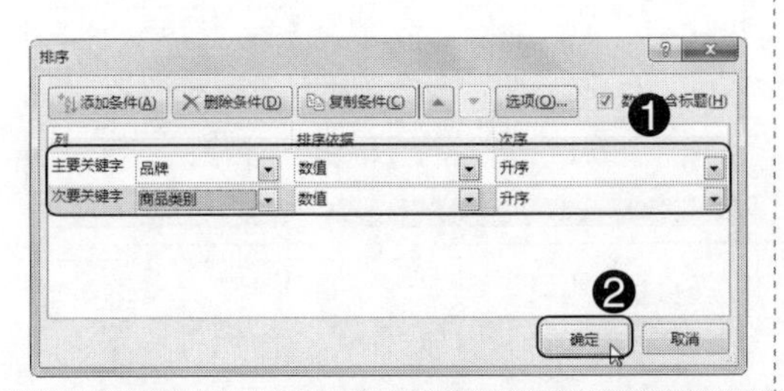

Step02：返回工作表，❶选择数据区域中的任意单元格；❷单击“分级显示”组中的“分类汇总”按钮，如下图所示。

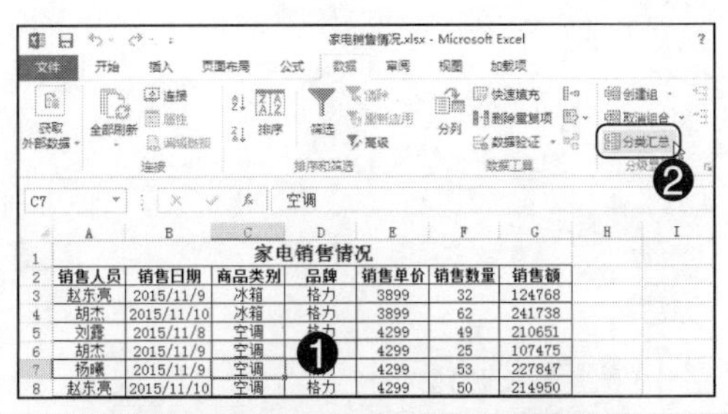

	家电销售情况					
销售人员	销售日期	商品类别	品牌	销售单价	销售数量	销售额
赵东亮	2015/11/9	冰箱	格力	3899	32	124768
胡杰	2015/11/10	冰箱	格力	3899	62	241738
刘露	2015/11/8	空调	格力	4299	49	210651
胡杰	2015/11/9	空调		4299	25	107475
杨曦	2015/11/9	空调		4299	53	227847
赵东亮	2015/11/10	空调	格力	4299	50	214950

Step03：弹出“分类汇总”对话框，❶在“分类字段”下拉列表中选择“品牌”选项；❷在“汇总方式”下拉列表选择“求和”选项；❸在“选定汇总项”列表框中勾选“销售额”复选框；❹单击“确定”按钮，如下图所示。

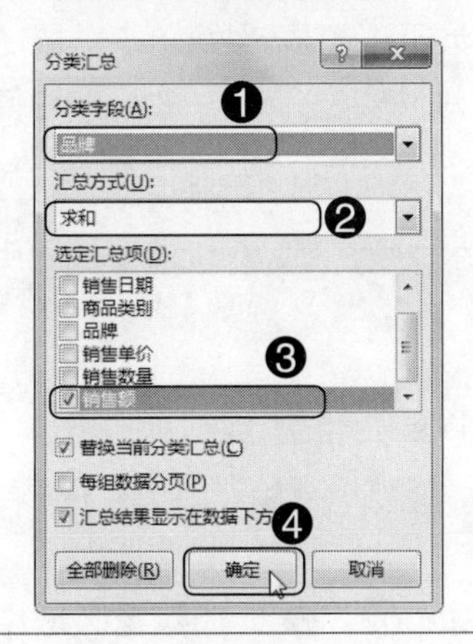

Step04：返回工作表，可看到以“品牌”为分类字段，对“销售额”进行求和汇总后的效果，如下图所示。

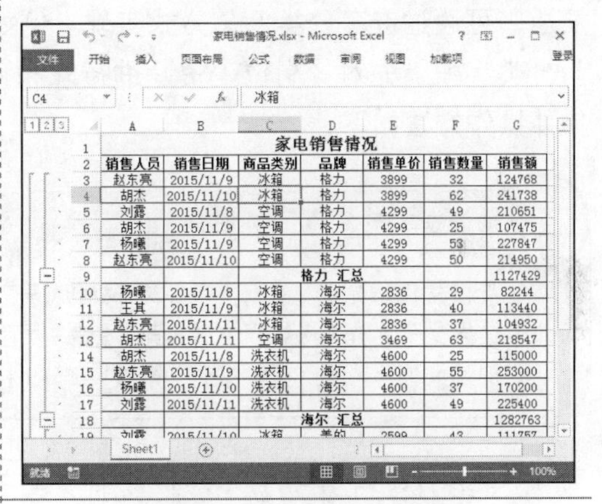

	家电销售情况					
销售人员	销售日期	商品类别	品牌	销售单价	销售数量	销售额
赵东亮	2015/11/9	冰箱	格力	3899	32	124768
胡杰	2015/11/10	冰箱	格力	3899	62	241738
刘露	2015/11/8	空调	格力	4299	49	210651
胡杰	2015/11/9	空调	格力	4299	25	107475
杨曦	2015/11/9	空调	格力	4299	53	227847
赵东亮	2015/11/10	空调	格力	4299	50	214950
			格力 汇总			1127429
杨曦	2015/11/8	冰箱	海尔	2836	29	82244
王其	2015/11/9	冰箱	海尔	2836	40	113440
赵东亮	2015/11/11	冰箱	海尔	2836	37	104932
胡杰	2015/11/11	空调	海尔	3469	63	218547
胡杰	2015/11/8	洗衣机	海尔	4600	25	115000
赵东亮	2015/11/9	洗衣机	海尔	4600	55	253000
杨曦	2015/11/10	洗衣机	海尔	4600	37	170200
刘露	2015/11/11	洗衣机	海尔	4600	49	225400
			海尔 汇总			1282763

Step05：选择数据区域中的任意单元格，打开“分类汇总”对话框，❶在“分类字段”下拉列表中选择“商品类别”选项；❷在“汇总方式”下拉列表选择“求和”选项；❸在“选定汇总项”列表框中勾选“销售额”复选框；❹取消“替换当前分类汇总”复选框的勾选；❺单击“确定”按钮，如右图所示。

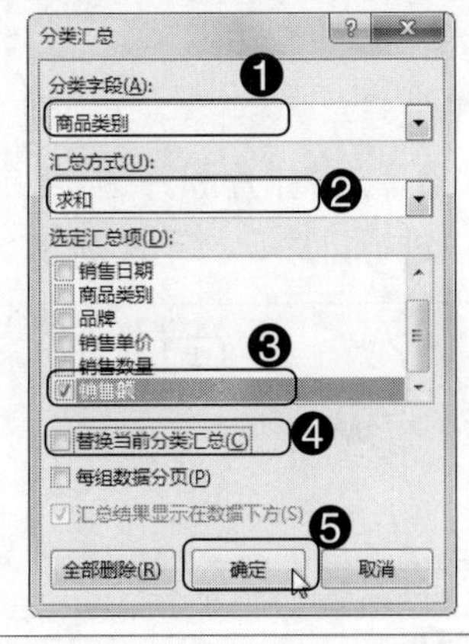

Step06：返回工作表，可看到汇总后的效果，效果如右图所示。

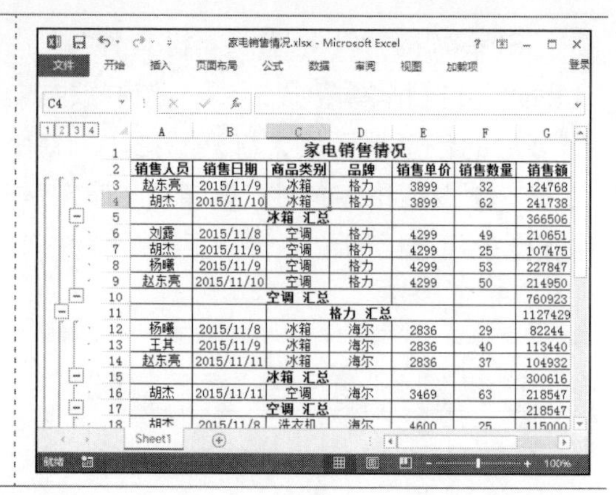

专家提示

在第 5 步操作中，若不取消“替换当前分类汇总”复选框的勾选，则当前设置的汇总方式将替换掉之前的汇总，即工作表中将只按当前设置的参数进行汇总。

11.3.3 嵌套分类汇总

对表格数据进行分类汇总时，如果希望对某一关键字段进行多项不同汇总方式的汇总，可通过嵌套分类汇总方式实现。例如，在“员工工资表 .xlsx”中，以“部门”为分类字段，先对“岗位工资”进行求和汇总，再对“实发工资”进行平均值汇总，具体操作方法如下。

光盘同步文件

素材文件：光盘 \ 素材文件 \ 第 11 章 \ 员工工资表 .xlsx
结果文件：光盘 \ 结果文件 \ 第 11 章 \ 员工工资表 (嵌套分类汇总).xlsx
视频文件：光盘 \ 视频文件 \ 第 11 章 \11-3-3.mp4

Step01：打开光盘 \ 素材文件 \ 第 11 章 \ 员工工资表 .xlsx，❶ 在“部门”列中选中任意单元格；❷ 切换到“数据”选项卡；❸ 单击“排序和筛选”组中的“升序”按钮进行排序，如下图所示。

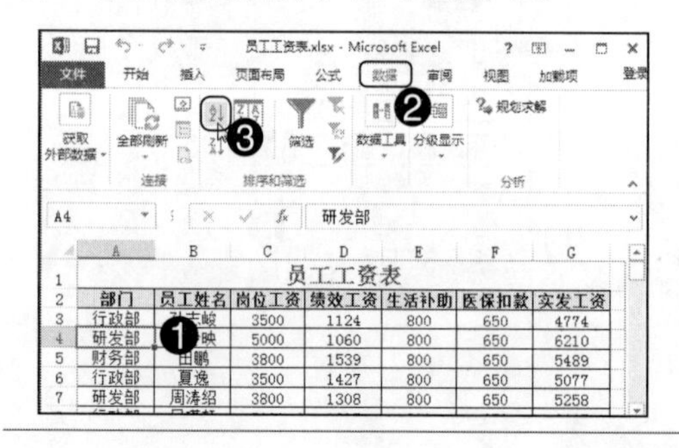

Step02：❶ 选择数据区域中的任意单元格；❷ 单击“分级显示”组中的“分类汇总”按钮，如下图所示。

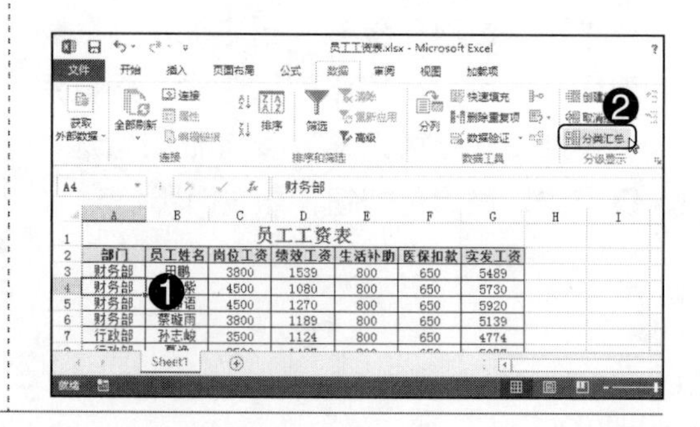

Step03：弹出“分类汇总”对话框，❶在“分类字段”下拉列表中选择“部门”选项；❷在“汇总方式”下拉列表选择“求和”选项；❸在“选定汇总项”列表框中勾选“岗位工资”复选框；❹单击“确定”按钮，如下图所示。

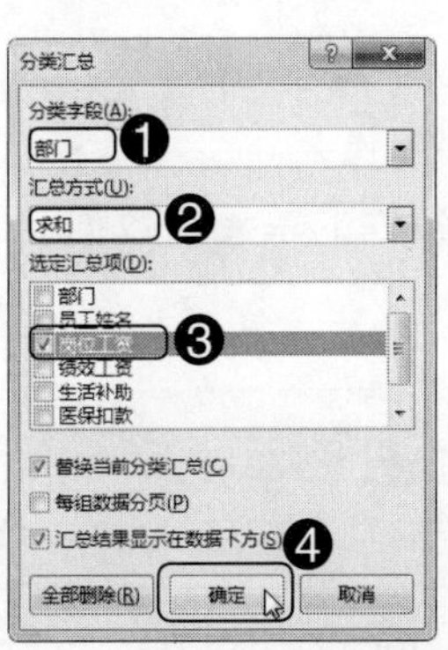

Step04：返回工作表，可看到以“部门”为分类字段，对“岗位工资”进行求和汇总后的效果，如下图所示。

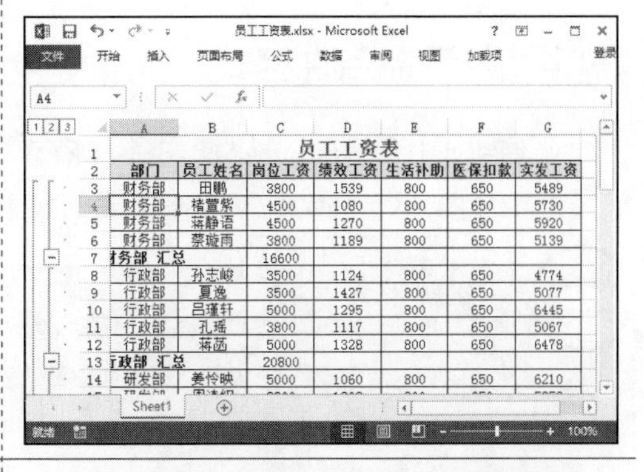

员工工资表

部门	员工姓名	岗位工资	绩效工资	生活补助	医保扣款	实发工资
财务部	田鹏	3800	1539	800	650	5489
财务部	楮萱紫	4500	1080	800	650	5730
财务部	蒋静语	4500	1270	800	650	5920
财务部	蔡璇雨	3800	1189	800	650	5139
财务部 汇总		16600				
行政部	孙志峻	3500	1124	800	650	4774
行政部	夏逸	3500	1427	800	650	5077
行政部	吕瑾轩	5000	1295	800	650	6445
行政部	孔瑶	3800	1117	800	650	5067
行政部	蒋菡	5000	1328	800	650	6478
行政部 汇总		20800				
研发部	姜怜映	5000	1060	800	650	6210

Step05：选择数据区域中的任意单元格，打开“分类汇总”对话框，❶在“分类字段”下拉列表中选择“部门”选项；❷在“汇总方式”下拉列表选择“平均值”选项；❸在“选定汇总项”列表框中勾选“实发工资”复选框；❹取消“替换当前分类汇总”复选框的勾选；❺单击“确定”按钮，如下图所示。

Step06：返回工作表，可查看嵌套汇总后的最终效果，如下图所示。

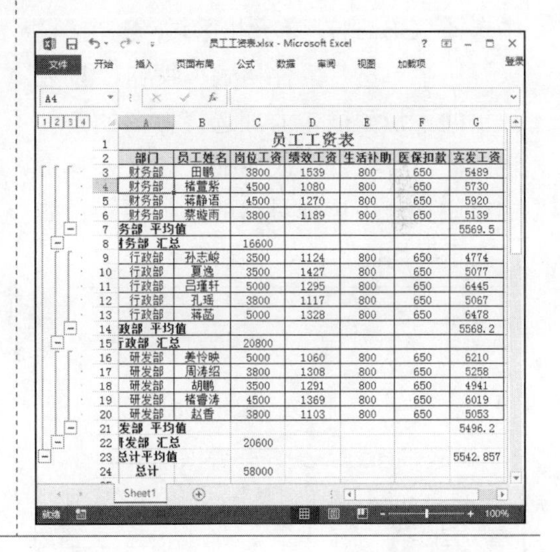

员工工资表

部门	员工姓名	岗位工资	绩效工资	生活补助	医保扣款	实发工资
财务部	田鹏	3800	1539	800	650	5489
财务部	楮萱紫	4500	1080	800	650	5730
财务部	蒋静语	4500	1270	800	650	5920
财务部	蔡璇雨	3800	1189	800	650	5139
财务部 平均值						5569.5
财务部 汇总		16600				
行政部	孙志峻	3500	1124	800	650	4774
行政部	夏逸	3500	1427	800	650	5077
行政部	吕瑾轩	5000	1295	800	650	6445
行政部	孔瑶	3800	1117	800	650	5067
行政部	蒋菡	5000	1328	800	650	6478
行政部 平均值						5568.2
行政部 汇总		20800				
研发部	姜怜映	5000	1060	800	650	6210
研发部	周涛绍	3800	1308	800	650	5258
研发部	胡鹏	3500	1291	800	650	4941
研发部	楮睿涛	4500	1369	800	650	6019
研发部	赵香	3800	1103	800	650	5053
研发部 平均值						5496.2
研发部 汇总		20600				
总计平均值						5542.857
总计		58000				

11.4 知识讲解——使用条件格式

条件格式是指当单元格中的数据满足某个设定的条件时，系统会自动地将其以设定的格式显示出来，从而使表格数据更加直观。

11.4.1 设置条件格式

在编辑工作表时，可以使用条件格式让符合特定条件的单元格数据突出显示，以便更好地查看工作表数据。条件格式的设置方法如下。

光盘同步文件

素材文件：光盘\素材文件\第 11 章\销售业绩表 .xlsx
结果文件：光盘\结果文件\第 11 章\销售业绩表 (设置条件格式).xlsx
视频文件：光盘\视频文件\第 11 章\11-4-1.mp4

Step01：打开光盘\素材文件\第 11 章\销售业绩表 .xlsx，❶ 选中要设置条件格式的单元格或单元格区域，本例中选择“G3:G17”单元格区域；❷ 在“样式”组中单击“条件格式”按钮；❸ 在弹出的下拉列表中添加选择需要的条件规则，如“项目选取规则”；❹ 在弹出的级联列表中选择具体的条件要求，如“高于平均值”，如下图所示。

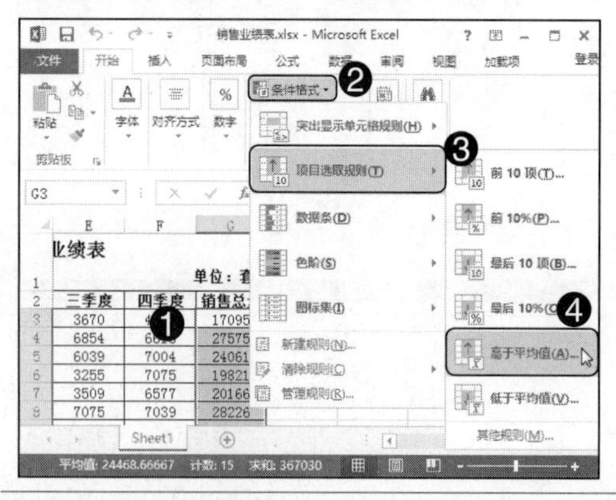

Step02：弹出“高于平均值”对话框，❶ 在“设置为”下拉列表中选择需要的单元格格式；❷ 单击“确定”按钮即可，如下图所示。

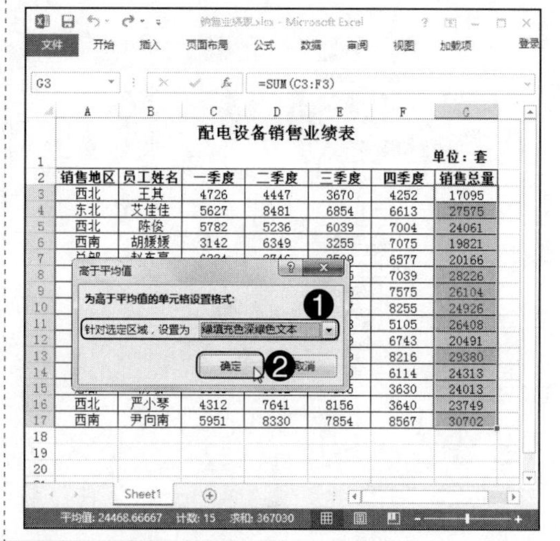

专家提示

选择条件规则时，若下拉列表中没有需要的条件，可以选择“新建规则”选项，在弹出的“新建格式规则”对话框中自定义设置条件规则，以达到需要的显示效果。

11.4.2 清除设置的条件格式

在工作表中应用条件格式后，若要将其清除，可按下面的操作方法实现。

光盘同步文件

素材文件：光盘 \ 素材文件 \ 第 11 章 \ 销售业绩表 1.xlsx
结果文件：光盘 \ 结果文件 \ 第 11 章 \ 销售业绩表 (清除设置的条件格式).xlsx
视频文件：光盘 \ 视频文件 \ 第 11 章 \11-4-2.mp4

打开光盘 \ 素材文件 \ 第 11 章 \ 销售业绩表 1.xlsx，❶ 选中设置了包含条件格式的单元格区域“C3:C17”；❷ 单击“条件格式”按钮；❸ 在弹出的下拉列表中选择“清除规则”选项；❹ 在弹出的级联列表中选择“清除所选单元格的规则”选项即可，如下图所示。

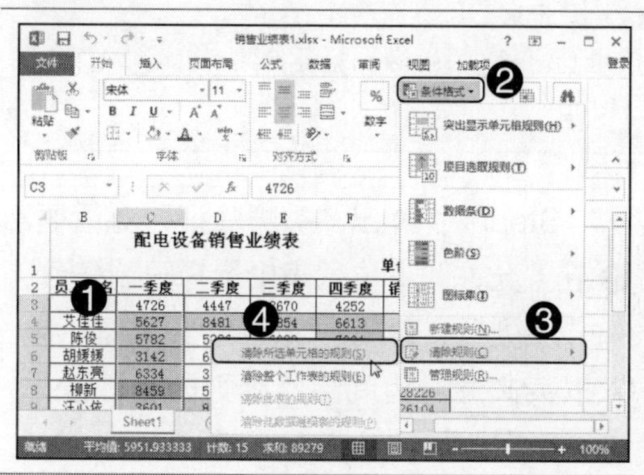

专家提示

在执行清除条件格式的操作时，若在级联列表中选择“清除整个工作表的规则”选项，可清除当前工作表中所有的条件格式。

11.5 知识讲解——使用数据验证功能

数据验证功能用来验证用户输入单元格中的数据是否有效，以及限制输入数据的类型或范围等，从而减少输入错误，提高工作效率。

11.5.1 设置数据验证参数

在编辑工作表时，通过数据验证功能，可以设置输入的数值范围、限制在单元格内输入文本的长度、为单元格设置有效下拉列表等。设置数据验证的操作方法如下。

光盘同步文件

素材文件：光盘\素材文件\第 11 章\员工信息登记表 .xlsx
结果文件：光盘\结果文件\第 11 章\员工信息登记表 (设置数据验证参数).xlsx
视频文件：光盘\视频文件\第 11 章\11-5-1.mp4

Step01：打开光盘\素材文件\第 11 章\员工信息登记表 .xlsx，❶ 选中要设置数据验证的单元格区域“C3:C17”；❷ 切换到“数据”选项卡；❸ 单击“数据工具”组中的“数据验证”按钮，如下图所示。

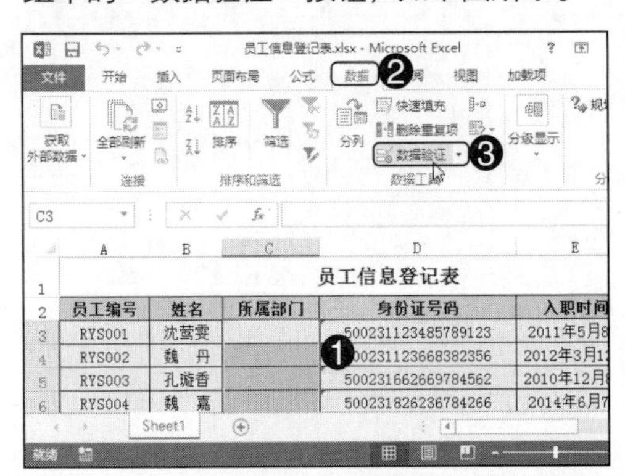

Step02：弹出“数据验证”对话框，❶ 在“允许”下拉列表中选择限制条件，如“序列”；❷ 在“来源”文本框中输入以英文逗号为间隔的序列内容；❸ 单击“确定”按钮，如下图所示。

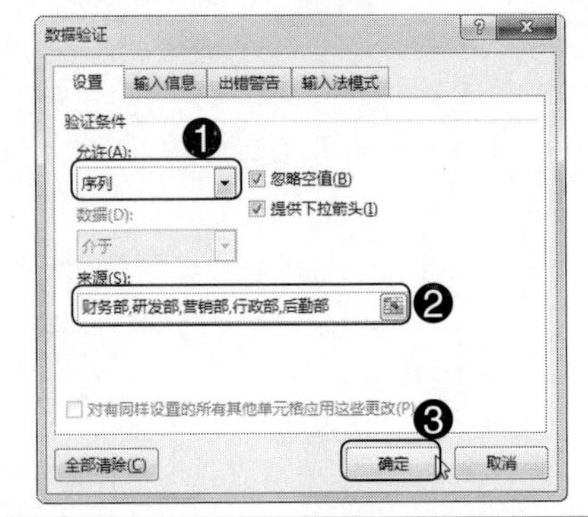

Step03：返回工作表，在“C3:C17”单元格区域中，单击任意一个单元格，其右侧会出现一个下拉箭头，单击该箭头，将弹出一个下拉列表，选择某个选项，即可快速在该单元格中输入所选内容，如右图所示。

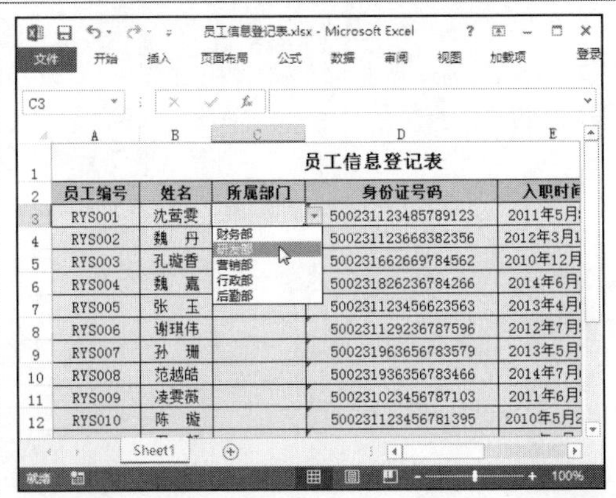

专家提示

在“数据验证”对话框的“允许”下拉列表中，提供了 8 种数据验证允许的条件，分别是：任何值、整数、小数、序列、日期、时间、文本长度、自定义，选择不同的条件，可以进行不同的设置，以便更好地对数据录入进行有效管理和控制。

知识拓展　设置输入提示信息和出错警告提示

编辑工作表数据时，可以为单元格设置输入提示信息，以便提醒用户应该在单元格中输入的内容；在单元格中设置了数据有效性后，当输入错误的数据时，系统会自动弹出提示警告信息，除了系统默认的警告信息之外，我们还可以自定义警告信息。设置输入提示信息和出错警告提示的方法如下。

- 设置数据输入前的提示信息：选中要设置提示信息的单元格区域，打开“数据验证”对话框，切换到“输入信息”选项卡，勾选“选定单元格时显示输入信息”复选框，在“标题”和“输入信息”文本框中输入提示内容，然后单击“确定”按钮即可。
- 设置数据输入错误后的警告信息：选中要设置数据验证的单元格区域，打开“数据验证”对话框，在“设置”选项卡中设置允许输入的内容信息，然后切换到“出错警告”选项卡，在“样式”下拉列表中选择警告样式，在“标题”文本框中输入提示标题，在“错误信息”文本框中输入提示信息，完成设置后单击“确定”按钮即可。

11.5.2 圈释无效数据

在编辑工作表的时候，还可通过 Excel 的圈释无效数据功能，快速找出错误或不符合条件的数据，具体操作方法如下。

光盘同步文件

素材文件：光盘 \ 素材文件 \ 第 11 章 \ 员工信息登记表 1.xlsx
结果文件：光盘 \ 结果文件 \ 第 11 章 \ 员工信息登记表 (圈释无效数据).xlsx
视频文件：光盘 \ 视频文件 \ 第 11 章 \11-5-2.mp4

Step01：打开光盘 \ 素材文件 \ 第 11 章 \ 员工信息登记表 1.xlsx，❶ 选中要进行数据验证的单元格区域“E3:E17”；❷ 切换到“数据”选项卡；❸ 单击“数据工具”组中的“数据验证”按钮，如右图所示。

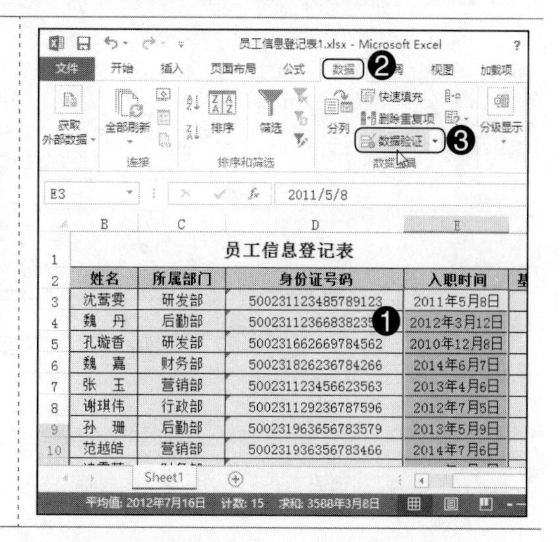

Step02：弹出“数据验证”对话框，❶在“允许”下拉列表中选择限制条件，如“日期”；❷在“数据”下拉列表中选择数据条件，如“介于”；❸分别在“开始日期”和“结束日期”文本框中输入参数值，如将“开始日期”设置为“2011年10月1日”，将“结束日期”设置为“2014年8月1日”；❹单击“确定”按钮，如右图所示。

Step03：返回工作表，保持当前单元格区域的选中状态，❶在“数据工具”组中单击“数据验证”按钮右侧的下拉按钮；❷在弹出的下拉列表中选择“圈释无效数据”选项，如下图所示。

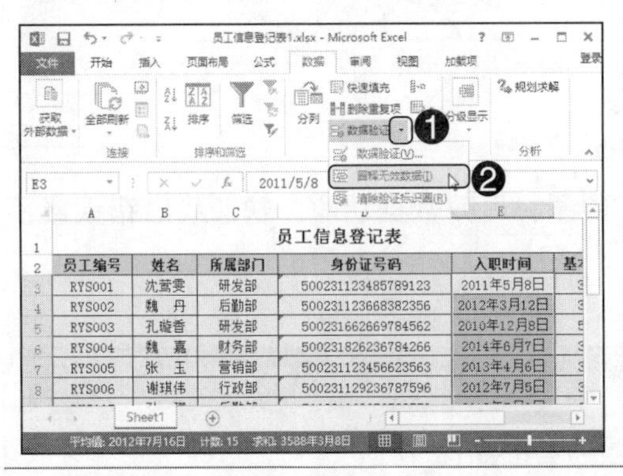

Step04：Excel即可将不在2011年10月1日至2014年8月1日范围内的数据圈释出来，效果如下图所示。

员工信息登记表

员工编号	姓名	所属部门	身份证号码	入职时间	基本工资
RYS001	沈莺雯	研发部	500231123485789123	2011年5月8日	3500
RYS002	魏　丹	后勤部	500231123668382356	2012年3月12日	3400
RYS003	孔璇香	研发部	500231662669784562	2010年12月8日	5000
RYS004	魏　嘉	财务部	500231826236784266	2014年6月7日	3400
RYS005	张　玉	营销部	500231123456623563	2013年4月6日	3800
RYS006	谢琪伟	行政部	500231129236787596	2012年7月5日	3500
RYS007	孙　珊	后勤部	500231963656783579	2013年5月9日	3500
RYS008	范越皓	营销部	500231936356783466	2014年7月6日	5000
RYS009	凌雯薇	财务部	500231023456787103	2011年6月9日	3400
RYS010	陈　璇	行政部	500231123456781395	2010年5月27日	3500
RYS011	卫　轩	研发部	500231123456782468	2012年9月26日	3800
RYS012	尤烨城	营销部	500231123456781279	2014年3月6日	5000
RYS013	吴　磊	后勤部	500231123456780376	2011年11月3日	3800
RYS014	柳莲纹	营销部	500231123456781018	2012年7月9日	3500
RYS015	何语芝	行政部	500231123456787305	2012年6月17日	3400

知识拓展　清除数据验证

编辑工作表时，在不同的单元格区域设置了不同的数据验证，若希望一次性清除设置的所有数据验证，则可以通过“数据验证”对话框实现，方法为：在工作表中选中整个数据区域，单击“数据工具”组中的“数据验证”按钮，弹出提示对话框，提示选择区域含有多种类型的数据验证，询问是否清除当前设置并继续，单击“确定”按钮，弹出“数据验证”对话框，在“设置”选项卡的“允许”下拉列表中选择“任何值”选项，单击“确定”按钮即可。

技高一筹——实用操作技巧

通过前面知识的学习，相信读者朋友已经掌握了数据的排序、筛选、与汇总分析等方面的相关基础知识。下面结合本章内容，给大家介绍一些实用技巧。

光盘同步文件

素材文件：光盘\素材文件\第 11 章\技高一筹
结果文件：光盘\结果文件\第 11 章\技高一筹
视频文件：光盘\视频文件\第 11 章\技高一筹 .mp4

技巧 01 对合并单元格相邻的数据区域进行排序

在编辑工作表时，若对部分单元格进行了合并操作，则按照常规方法是无法进行排序的，此时可按下面的操作方法进行排序。

Step01：打开光盘\素材文件\第 11 章\技高一筹\洗衣机价格报表 .xlsx，❶选中要进行排序的单元格区域“B3:C6”；❷切换到“数据”选项卡；❸单击“排序和筛选”组中的“排序”按钮，如下图所示。

	A	B	C
1	洗衣机价格报表		
2	品牌	型号	参考价格
3	海尔	H56	4197
4		E438	4586
5		HY778	5105
6		VI511	3573
7	美的	P183	3555
8		JL151	4322

Step02：弹出“排序”对话框，❶取消“数据包含标题”复选框的勾选；❷设置排序参数；❸单击“确定”按钮，如下图所示。

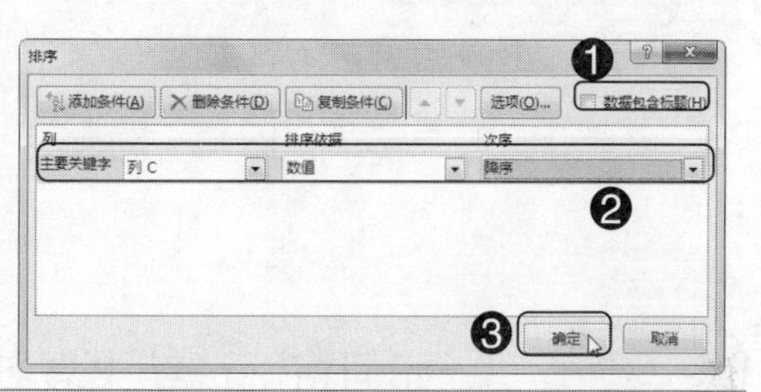

Step03：返回工作表，即可查看排序后的效果，如下图所示。

	A	B	C
1	洗衣机价格报表		
2	品牌	型号	参考价格
3	海尔	HY778	5105
4		E438	4586
5		H56	4197
6		VI511	3573
7	美的	P183	3555
8		JL151	4322
9		MD900	3735

Step04：参照上述方法，对“B7:C9”进行排序，排序后的效果如下图所示。

	A	B	C
1	洗衣机价格报表		
2	品牌	型号	参考价格
3	海尔	HY778	5105
4		E438	4586
5		H56	4197
6		VI511	3573
7	美的	JL151	4322
8		MD900	3735
9		P183	3555

技巧 02 分类汇总后如何按照汇总值进行排序

对表格数据进行分类汇总后，有时会希望按照汇总值对表格数据进行排序，如果直接对其进行排序操作，会弹出提示框提示该操作会删除分类汇总并重新排序。如果希望在分类汇总后按照汇总值进行排序，就需要先进行分级显示，再进行排序，具体操作方法如下。

Step01：打开光盘\素材文件\第11章\技高一筹\项目经费预算.xlsx，在工作表左侧的分级显示栏中，单击二级显示按钮[2]，操作如下图所示。

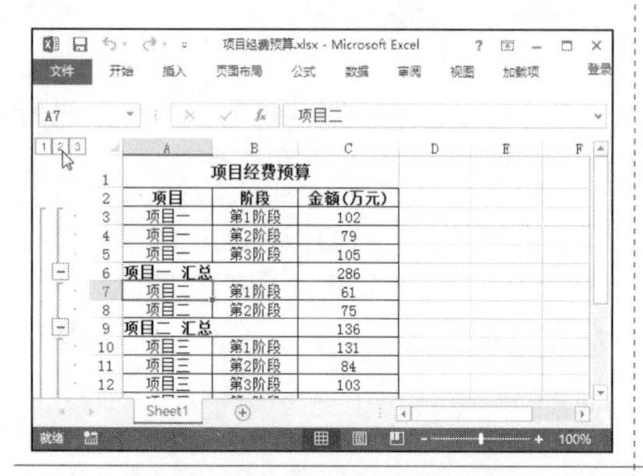

Step02：此时，表格数据将只显示汇总数据，❶在需要作为排序依据的列中，选择任意单元格，本例中以“金额(万元)”为排序依据；❷切换到“数据”选项卡，❸在“排序和筛选”组中选择排序方式；本例中单击“升序”按钮，如下图所示。

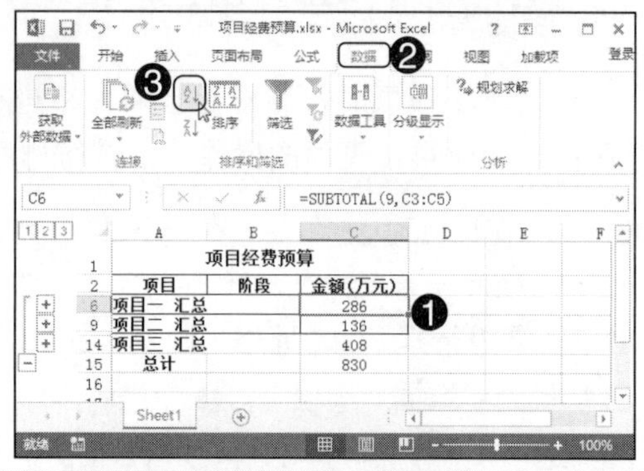

Step03：在工作表左侧的分级显示栏中，单击三级显示按钮[3]，显示全部数据，此时可发现表格数据已经按照汇总值进行了升序排列，如右图所示。

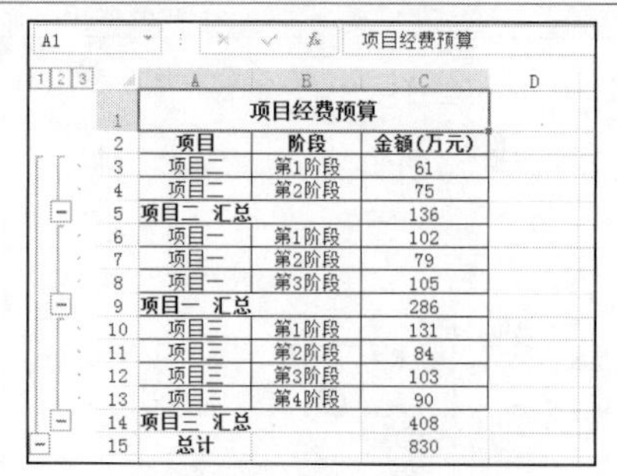

项目	阶段	金额(万元)
项目二	第1阶段	61
项目二	第2阶段	75
项目二 汇总		136
项目一	第1阶段	102
项目一	第2阶段	79
项目一	第3阶段	105
项目一 汇总		286
项目三	第1阶段	131
项目三	第2阶段	84
项目三	第3阶段	103
项目三	第4阶段	90
项目三 汇总		408
总计		830

技巧 03 如何将筛选结果复制到其他工作表中

对数据进行高级筛选时，默认会在原数据区域中显示筛选结果，如果希望将筛选结果显示到其他工作表，可按下面的操作方法实现。

Step01：打开光盘\素材文件\第11章\技高一筹\奶粉销量情况.xlsx，在数据区域下方创建一个筛选的约束条件，如下图所示。

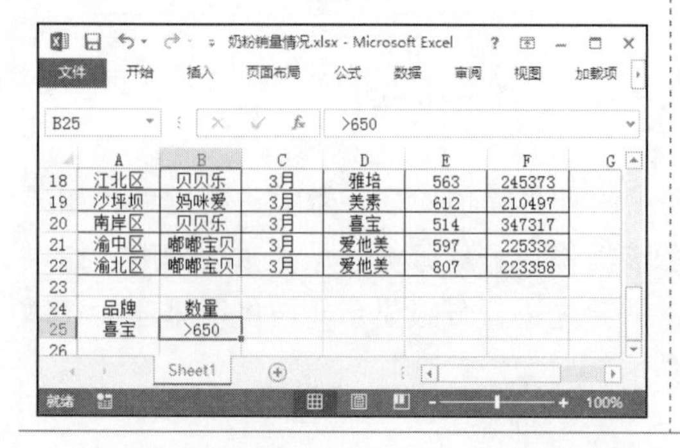

Step02：新建一个名为“筛选结果”的工作表，并切换到该工作表，❶选中任意单元格；❷切换到“数据”选项卡；❸单击“排序和筛选”组中的“高级”按钮，如下图所示。

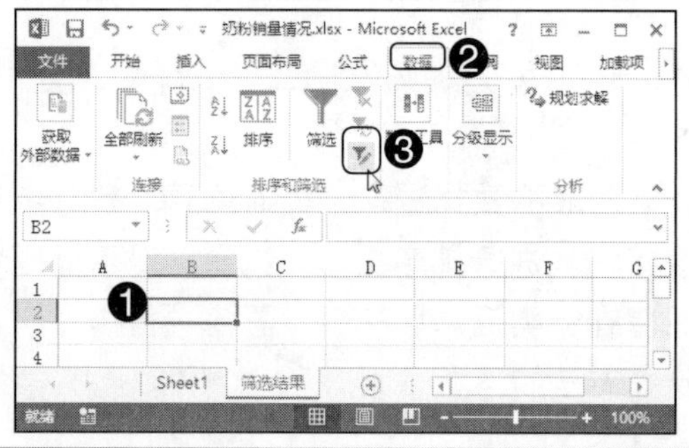

Step03：弹出“高级筛选”对话框，❶选中“将筛选结果复制到其他位置”单选按钮；❷分别在“列表区域”和“条件区域”参数框中设置参数区域；❸在“复制到”参数框中设置筛选结果要放置的起始单元格；❹单击“确定”按钮，如下图所示。

高级筛选
方式
在原有区域显示筛选结果(F)
❶ 将筛选结果复制到其他位置(O)
列表区域(L): t1!$A$2:$F$22 ❷
条件区域(C): !$A$24:$B$25
复制到(T): 筛选结果!$A$1 ❸
选择不重复的记录(R)
❹ 确定 取消

Step04：返回工作表，即可在“筛选结果”工作表中查看筛选结果，如下图所示。

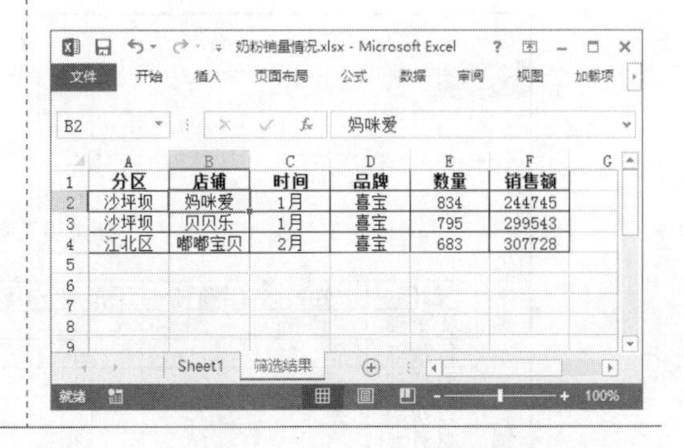

	A	B	C	D	E	F
1	分区	店铺	时间	品牌	数量	销售额
2	沙坪坝	妈咪爱	1月	喜宝	834	244745
3	沙坪坝	贝贝乐	1月	喜宝	795	299543
4	江北区	嘟嘟宝贝	2月	喜宝	683	307728

技巧 04 分页存放汇总结果

如果希望将分类汇总后的每组数据进行分页打印操作，可通过设置分页汇总来实现，具体操作方法如下。

Step01：打开光盘\素材文件\第11章\技高一筹\奶粉销量情况 1.xlsx，选中数据区域中的任意单元格，打开“分类汇总”对话框，❶设置分类汇总的相关条件；❷勾选“每组数据分页”复选框；❸单击“确定”按钮，如下图所示。

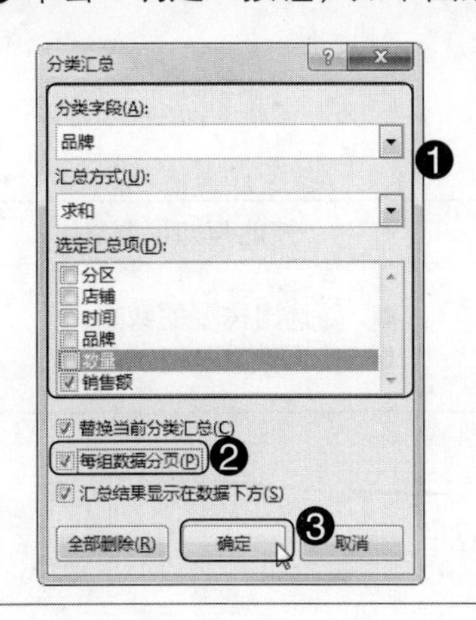

Step02：经过以上操作后，在每组汇总数据的后面会自动插入分页符，在打印时则会分页进行打印，如下图所示。

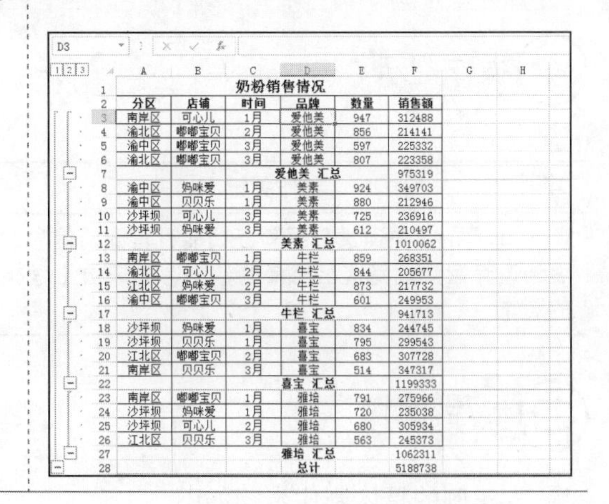

	A	B	C	D	E	F
1			奶粉销售情况			
2	分区	店铺	时间	品牌	数量	销售额
3	南岸区	可心儿	1月	爱他美	947	312488
4	渝北区	嘟嘟宝贝	2月	爱他美	856	214141
5	渝中区	嘟嘟宝贝	3月	爱他美	597	225332
6	渝北区	嘟嘟宝贝	3月	爱他美	807	223358
7				爱他美 汇总		975319
8	渝中区	妈咪爱	1月	美素	924	349703
9	渝中区	贝贝乐	1月	美素	880	212946
10	沙坪坝	可心儿	3月	美素	725	236916
11	沙坪坝	妈咪爱	3月	美素	612	210497
12				美素 汇总		1010062
13	南岸区	嘟嘟宝贝	1月	牛栏	859	268351
14	渝北区	可心儿	2月	牛栏	844	205677
15	江北区	妈咪爱	2月	牛栏	873	217732
16	渝中区	嘟嘟宝贝	3月	牛栏	601	249953
17				牛栏 汇总		941713
18	沙坪坝	妈咪爱	1月	喜宝	834	244745
19	沙坪坝	贝贝乐	1月	喜宝	795	299543
20	江北区	嘟嘟宝贝	2月	喜宝	683	307728
21	南岸区	贝贝乐	3月	喜宝	514	347317
22				喜宝 汇总		1199333
23	南岸区	嘟嘟宝贝	1月	雅培	791	275966
24	沙坪坝	妈咪爱	1月	雅培	720	235038
25	沙坪坝	可心儿	2月	雅培	680	305934
26	江北区	贝贝乐	3月	雅培	563	245373
27				雅培 汇总		1062311
28				总计		5188738

技能训练 1——制作员工考核表

训练介绍

在从事人事方面的工作时，有时需要制作员工考核表。本实例主要结合数据的筛选、数据验证等知识点，来讲解员工考核表的制作。

部门	姓名	出勤考	工作能	工作态	业务考	总分	录用情
人事部	刘　露	25	20	23	21	89	录用
行政部	张　静	21	25	20	18	84	录用
财务部	杨青青	20	18	20	18	76	录用
行政部	黄雅雅	25	19	25	19	88	录用
财务部	袁志远	18	19	18	20	75	录用
财务部	韩　丹	19	17	19	15	70	录用

光盘同步文件

素材文件：光盘 \ 素材文件 \ 第 11 章 \ 新进员工考核表 .xlsx
结果文件：光盘 \ 结果文件 \ 第 11 章 \ 新进员工考核表 .xlsx
视频文件：光盘 \ 视频文件 \ 第 11 章 \ 技能训练 1.mp4

操作提示

制作关键	技能与知识要点
本实例首先通过数据验证功能设置部门信息，然后通过筛选功能筛选出需要的数据，完成员工考核表的制作	● 筛选出需要的数据 ● 使用数据验证功能

操作步骤

本实例的具体制作步骤如下。

Step01：打开光盘\素材文件\第11章\新进员工考核表.xlsx，❶选中单元格区域“A3:A13”；❷切换到“数据”选项卡；❸单击“数据工具”组中的“数据验证”按钮，如下图所示。

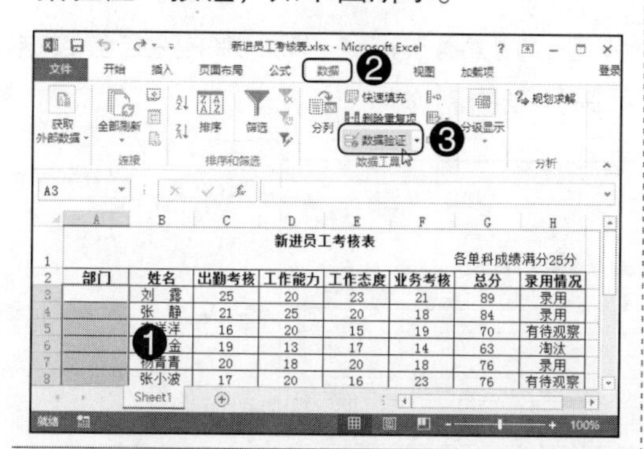

Step02：弹出“数据验证”对话框，❶在“允许”下拉列表中选择“序列”选项；❷在“来源”文本框中输入序列内容；❸单击“确定”按钮，如下图所示。

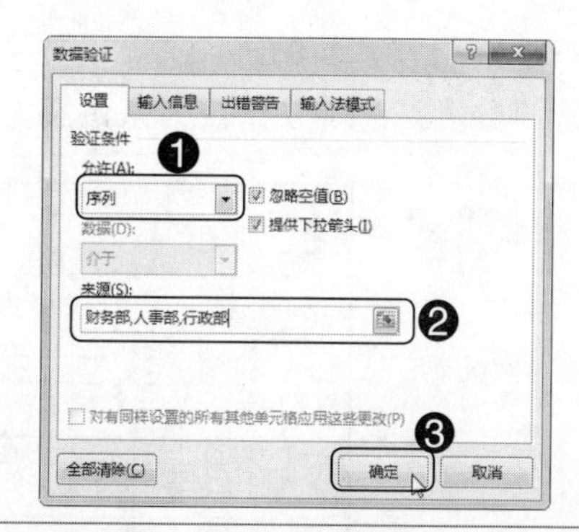

Step03：返回工作表，在“A3:A13”单元格区域中，通过设置的下拉列表输入内容，完成输入后的效果如下图所示。

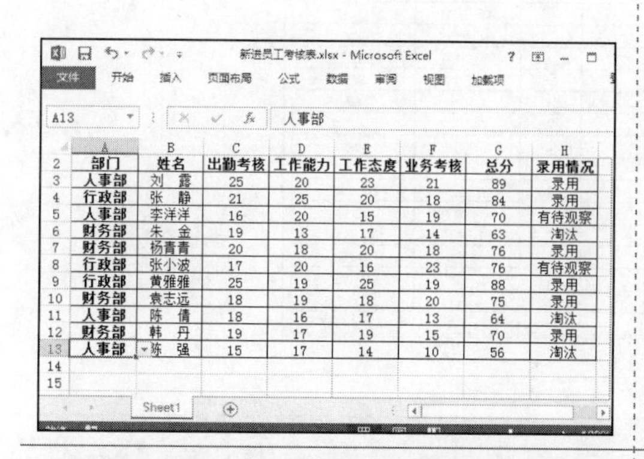

Step04：❶选中数据区域中的任意单元格；❷切换到“数据”选项卡；❸单击“排序和筛选”组中的“筛选”按钮，如下图所示。

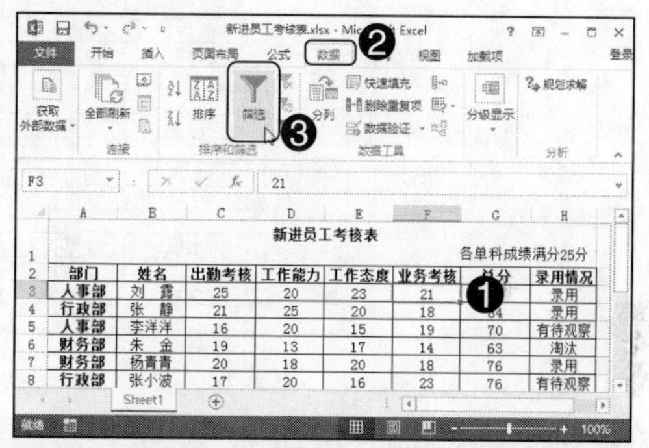

Step05：进入筛选状态，❶单击“录用情况”字段右侧的下拉按钮；❷在弹出的下拉列表中只勾选“录用”复选框；❸单击“确定”按钮，如下图所示。

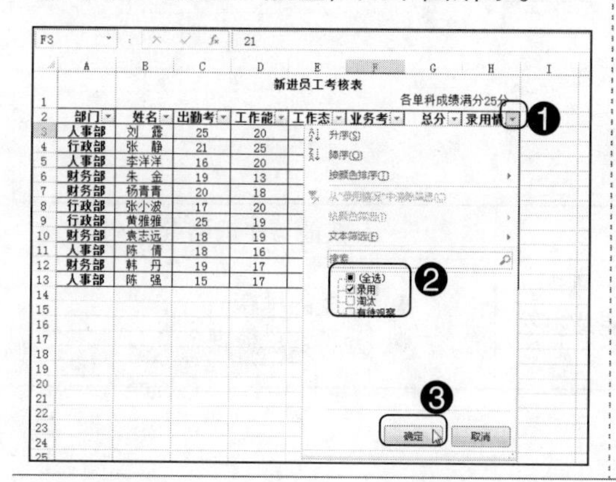

Step06：返回工作表，可看见表格中只显示了“录用情况”为“录用”的数据。至此，完成了员工考核表的制作，效果如下图所示。

技能训练 2——制作办公用品采购表

训练介绍

在从事行政方面的工作时，有时需要制作办公用品采购表。本实例主要结合数据的排序、分类汇总等知识点，来讲解办公用品采购表的制作。

B4

	A	B	C	D	E	F
1	办公用品采购明细表					
2	名称	部门	数量	单位	单价（元）	总价（元）
3	饮水机	办公区	5	个	¥130	¥650
4	组合办公桌椅	办公区	3	套	¥1,780	¥5,340
5	电话机	办公区	5	部	¥450	¥2,250
6		办公区 汇总				¥8,240
7	文件夹	财务	3	个	¥20	¥60
8	办公椅	财务	5	个	¥260	¥1,300
9	打印机	财务	2	个	¥340	¥680
10	办公桌	财务	1	个	¥420	¥420
11	文件柜	财务	5	个	¥359	¥1,795
12	电脑	财务	3	台	¥2,700	¥8,100
13	A4打印纸	财务	5	箱	¥78	¥390
14	保险柜	财务	1	台	¥1,600	¥1,600
15	电话机	财务	4	部	¥78	¥312
16		财务 汇总				¥14,657
17	茶几	董事长室	3	个	¥180	¥540
18	冰箱	董事长室	4	台	¥2,600	¥10,400
19	办公桌	董事长室	1	个	¥420	¥420
20	电脑	董事长室	4	台	¥2,700	¥10,800
21	文件夹	董事长室	4	个	¥20	¥80
22	饮水机	董事长室	5	台	¥130	¥650
23	笔筒	董事长室	1	个	¥12	¥12
24	文件盒	董事长室	5	个	¥80	¥400
25	烟灰缸	董事长室	4	个	¥30	¥120
26	办公椅	董事长室	4	个	¥260	¥1,040
27	电话机	董事长室	4	部	¥78	¥312
28	沙发	董事长室	2	个	¥1,209	¥2,418
29	钢笔	董事长室	5	支	¥15	¥75
30	行军床	董事长室	1	床	¥2,350	¥2,350
31	文件柜	董事长室	5	个	¥450	¥2,250
32		董事长室 汇总				¥31,867

光盘同步文件

素材文件：光盘 \ 素材文件 \ 第 11 章 \ 办公用品采购明细表 .xlsx
结果文件：光盘 \ 结果文件 \ 第 11 章 \ 办公用品采购明细表 .xlsx
视频文件：光盘 \ 视频文件 \ 第 11 章 \ 技能训练 2.mp4

操作提示

制作关键	技能与知识要点
本实例首先通过排序功能，对工作表数据进行排序，然后通过分类汇总功能对数据进行汇总查看，完成办公用品采购表的制作。	● 数据的排序 ● 分类汇总数据

操作步骤

本实例的具体制作步骤如下。

Step01：打开光盘\素材文件\第11章\办公用品采购明细表.xlsx，❶在“部门”列中选中任意单元格；❷切换到“数据”选项卡；❸单击“排序和筛选”组中的“升序”按钮进行排序，如下图所示。

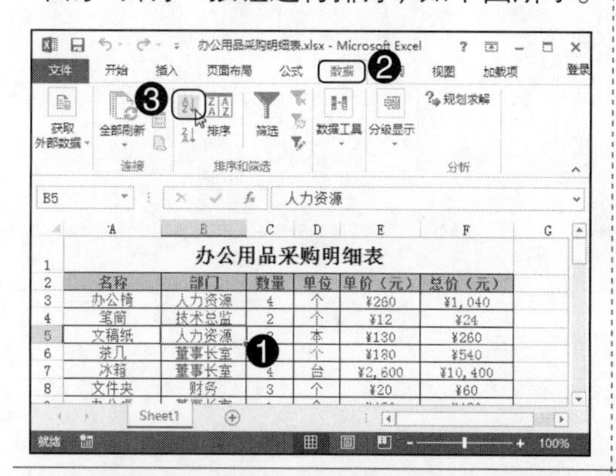

Step02：此时，工作表中的数据将以“部门”为关键字进行排序，❶选择数据区域中的任意单元格；❷单击“分级显示”组中的“分类汇总”按钮，如下图所示。

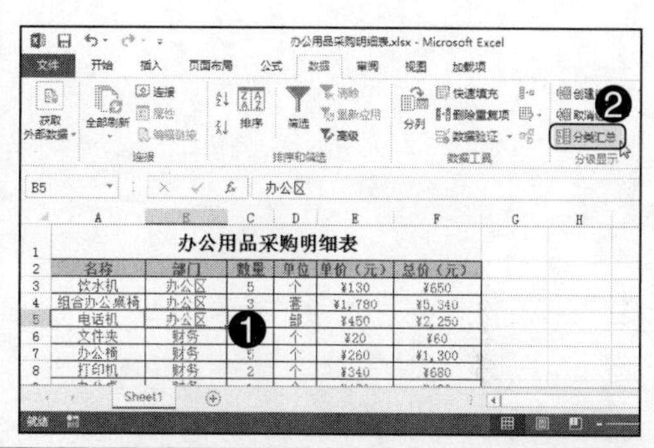

Step03：弹出“分类汇总”对话框，❶在“分类字段”下拉列表中选择“部门”选项；❷在“汇总方式”下拉列表选择“求和”选项；❸在“选定汇总项”列表框中勾选“总价（元）”复选框；❹单击“确定”按钮，如下图所示。

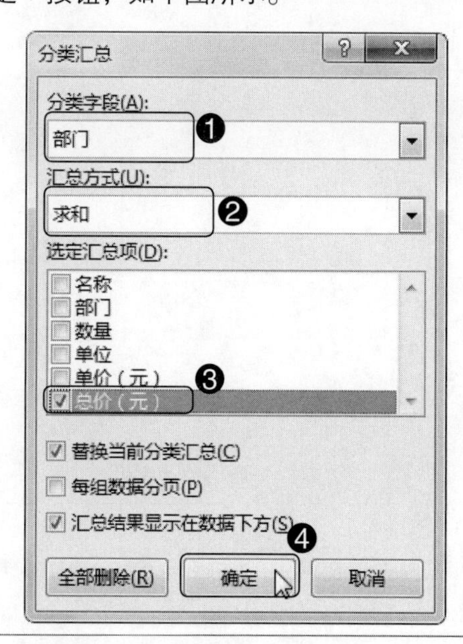

Step04：返回工作表，工作表中的数据将以“部门”为字段进行分类汇总。至此，完成了办公用品采购表的制作，效果如下图所示。

办公用品采购明细表

名称	部门	数量	单位	单价（元）	总价（元）
饮水机	办公区	5	个	¥130	¥650
组合办公桌椅	办公区	3	套	¥1,780	¥5,340
电话机	办公区	5	部	¥450	¥2,250
	办公区 汇总				¥8,240
文件夹	财务	3	个	¥20	¥60
办公椅	财务	5	个	¥260	¥1,300
打印机	财务	2	个	¥340	¥680
办公桌	财务	1	个	¥420	¥420
文件柜	财务	5	个	¥359	¥1,795
电脑	财务	3	台	¥2,700	¥8,100
A4打印纸	财务	5	箱	¥78	¥390
保险柜	财务	1	台	¥1,600	¥1,600
电话机	财务	4	部	¥78	¥312
	财务 汇总				¥14,657
茶几	董事长室	3	个	¥180	¥540
冰箱	董事长室	4	台	¥2,600	¥10,400
办公桌	董事长室	1	个	¥420	¥420
电脑	董事长室	4	台	¥2,700	¥10,800
文件夹	董事长室	4	个	¥20	¥80
饮水机	董事长室	5	台	¥130	¥650
笔筒	董事长室	1	个	¥12	¥12
文件篮	董事长室	5	个	¥80	¥400
烟灰缸	董事长室	4	个	¥30	¥120
办公椅	董事长室	4	个	¥260	¥1,040
电话机	董事长室	4	部	¥78	¥312
沙发	董事长室	2	个	¥1,209	¥2,418
钢笔	董事长室	5	支	¥15	¥75
行军床	董事长室	1	床	¥2,350	¥2,350
文件柜	董事长室	5	个	¥450	¥2,250
	董事长室 汇总				¥31,867

本章小结

本章讲解了在工作表中管理数据的基本方法，主要包括数据的排序、筛选出需要的数据、分类汇总数据、使用条件格式、使用数据验证功能等知识点。通过本章的学习，相信读者以后在工作中能够轻松管理各种复杂的数据。

Chapter

12

使用 Excel 图表与数据透视表分析数据

本章导读

Excel 不仅仅可以编辑和计算数据，还可以通过图表、数据透视表等功能对数据进行处理分析。本章将讲解图表、数据透视表、迷你图等工具的使用，从而帮助读者掌握数据的分析方法。

学完本章后应该掌握的技能

- 使用图表显示数据走势
- 使用数据透视表分析数据
- 使用迷你图显示数据

本章相关实例效果展示

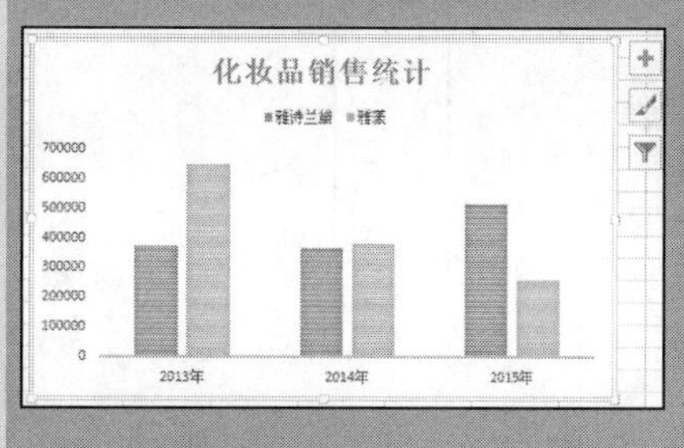

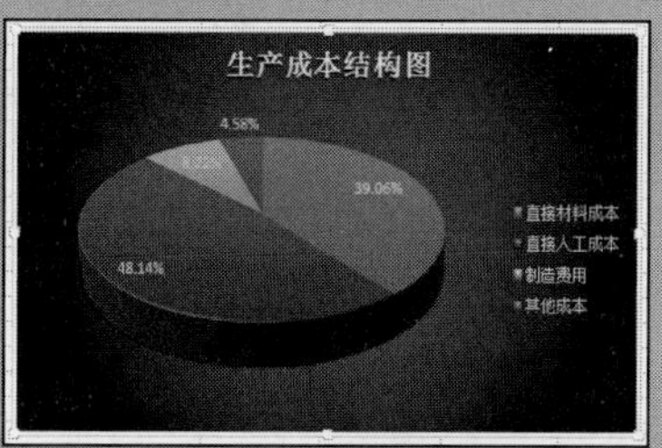

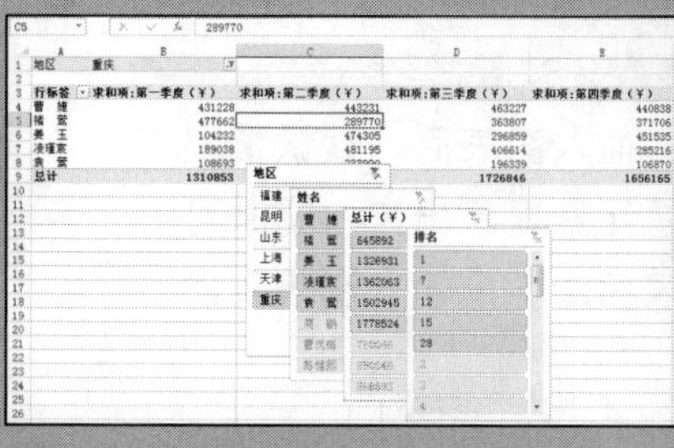

12.1 知识讲解——使用图表显示数据走势

图表是重要的数据分析工具之一，通过图表，可以非常直观地诠释工作表数据，并能清楚地显示数据间的细微差异及变化情况，从而使用户能更好地分析数据。

12.1.1 创建图表

Excel 提供了多种类型的图表，包括柱形图、折线图、饼图、条形图、面积图、散点图等，用户可根据不同的需要进行选择。创建图表的具体操作方法如下。

光盘同步文件

素材文件：光盘 \ 素材文件 \ 第 12 章 \ 化妆品销售统计表 .xlsx
结果文件：光盘 \ 结果文件 \ 第 12 章 \ 化妆品销售统计表 (创建图表).xlsx
视频文件：光盘 \ 视频文件 \ 第 12 章 \12-1-1.mp4

Step01：打开光盘 \ 素材文件 \ 第 12 章 \ 化妆品销售统计表 .xlsx，❶ 选择要创建为图表的数据区域；❷ 切换到“插入”选项卡；❸ 在“图表”组中单击图表类型对应的按钮，如“插入柱形图”按钮；❹ 在弹出的下拉列表中选择需要的柱形图样式，如下图所示。

Step02：通过上述操作后，将在工作表中插入一个图表，如下图所示。

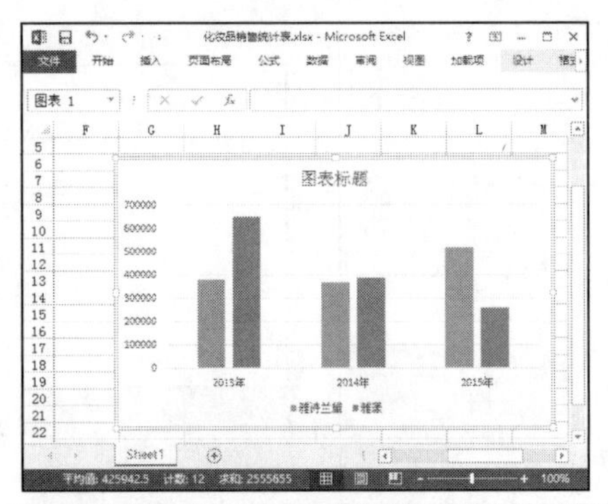

Step03：插入图表后，默认情况下会将图表标题元素显示出来，此时可直接通过“图表标题”框输入图表标题，如右图所示。

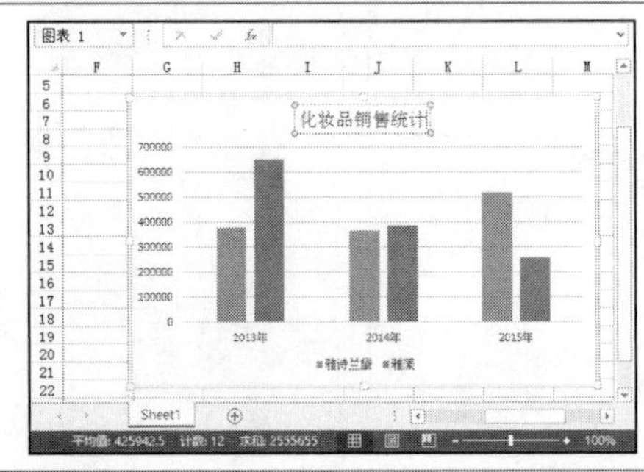

专家提示

插入图表后，鼠标指针指向该图表边缘时，鼠标指针会呈✥状，此时按住鼠标左键不放并拖动鼠标，可移动图表的位置；选中图表，其四周会出现控制点，将鼠标指针指向这些控制点，当鼠标指针呈双向箭头时，拖动鼠标可调整图表的大小。

12.1.2 更改图表类型

完成图表的创建后，若图表的类型不符合需求，则可以更改图表的类型，具体操作步骤如下。

光盘同步文件

素材文件：光盘\素材文件\第 12 章\化妆品销售统计表 1.xlsx
结果文件：光盘\结果文件\第 12 章\化妆品销售统计表 (更改图表类型).xlsx
视频文件：光盘\视频文件\第 12 章\12-1-2.mp4

Step01：打开光盘\素材文件\第 12 章\化妆品销售统计表 1.xlsx，❶ 选中图表；❷ 切换到“图表工具 / 设计”选项卡；❸ 单击“类型”组中的“更改图表类型”按钮，如下图所示。

Step02：弹出“更改图表类型”对话框，在“所有图表”选项卡中，❶ 在左侧列表中选择需要的图表类型，如“条形图”；❷ 在右侧选择预览栏上方选择需要的折线图样式；❸ 在预览栏中提供了所选样式的呈现方式，根据需要进行选择；❹ 单击“确定”按钮即可，如下图所示。

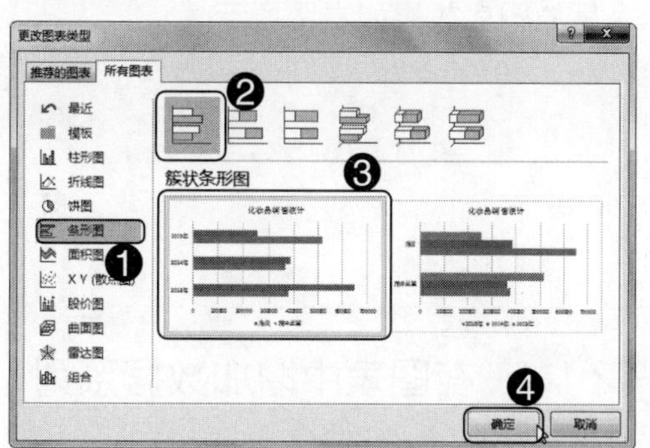

Step03：返回工作表，可看到原来的柱形图已经更改为条形图，如右图所示。

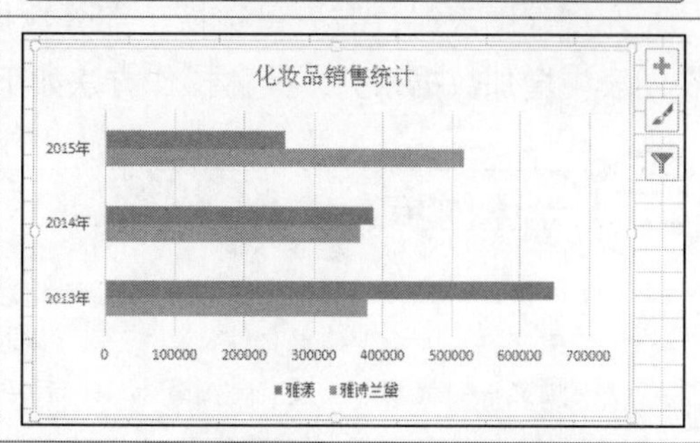

12.1.3 更改数据源

创建图表后，还可根据操作需要，更改图表的数据源，具体操作步骤如下。

光盘同步文件

素材文件：光盘 \ 素材文件 \ 第 12 章 \ 化妆品销售统计表 1.xlsx
结果文件：光盘 \ 结果文件 \ 第 12 章 \ 化妆品销售统计表 (更改数据源).xlsx
视频文件：光盘 \ 视频文件 \ 第 12 章 \12-1-3.mp4

Step01：打开光盘 \ 素材文件 \ 第 12 章 \ 化妆品销售统计表 1.xlsx，❶ 选中图表；❷ 切换到“图表工具 / 设计”选项卡；❸ 单击“数据”组中的“选择数据”按钮，如下图所示。

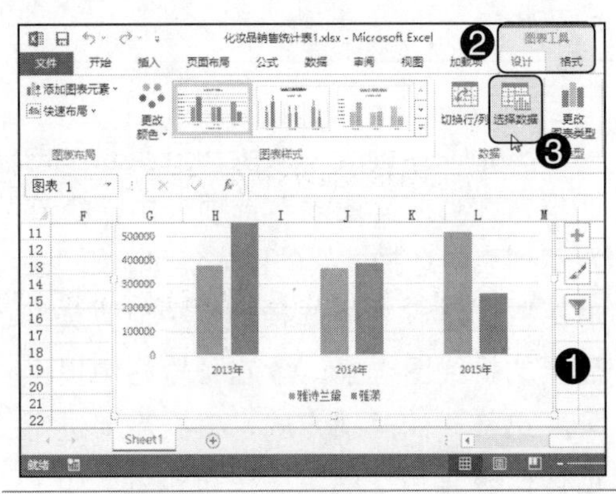

Step02：弹出“选择数据源”对话框，❶ 在“图表数据区域”参数框内设置数据源；❷ 单击“确定”按钮，如下图所示。

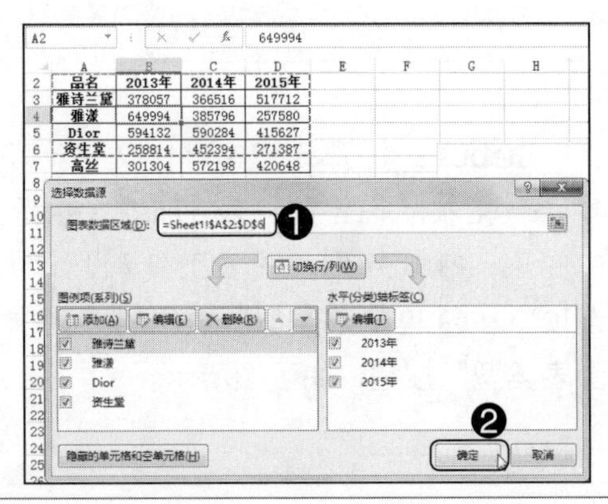

Step03：返回工作表，更改数据源之后的图表效果如右图所示。

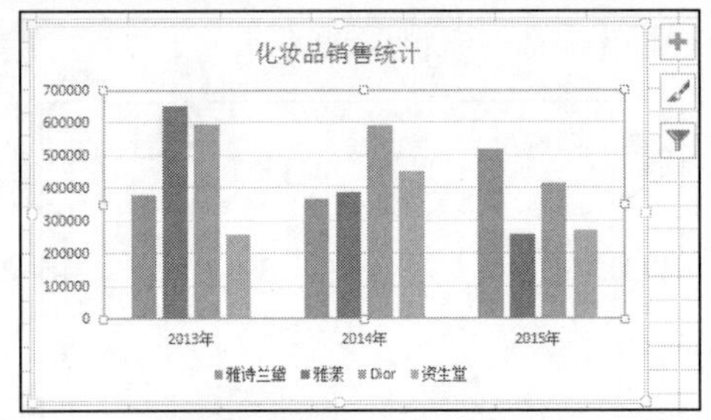

12.1.4 在图表中增加数据系列

在创建图表时，若只是选择了部分数据进行创建，则在后期操作过程中，还可以在图表中增加数据系列，具体操作方法如下。

光盘同步文件

素材文件：光盘 \ 素材文件 \ 第 12 章 \ 化妆品销售统计表 1.xlsx
结果文件：光盘 \ 结果文件 \ 第 12 章 \ 化妆品销售统计表 (在图表中增加数据系列).xlsx
视频文件：光盘 \ 视频文件 \ 第 12 章 \12-1-4.mp4

Step01：打开光盘\素材文件\第12章\化妆品销售统计表1.xlsx，❶ 选中图表；❷ 切换到“图表工具/设计”选项卡；❸ 单击“数据”组中的“选择数据”按钮，如下图所示。

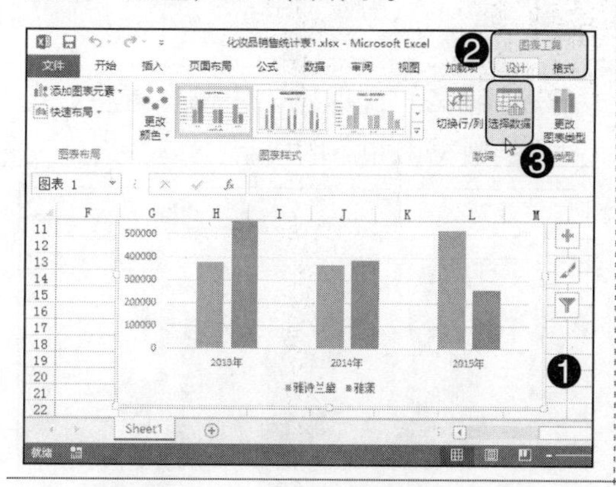

Step02：弹出“选择数据源”对话框，单击“图例项”栏中的“添加”按钮，如下图所示。

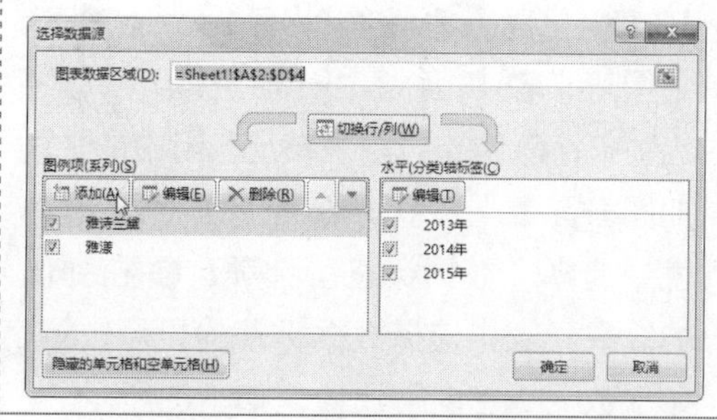

Step03：弹出“编辑数据系列”对话框，❶ 分别在“系列名称”和“系列值”参数框中设置对应的数据源；❷ 单击“确定”按钮，如下图所示。

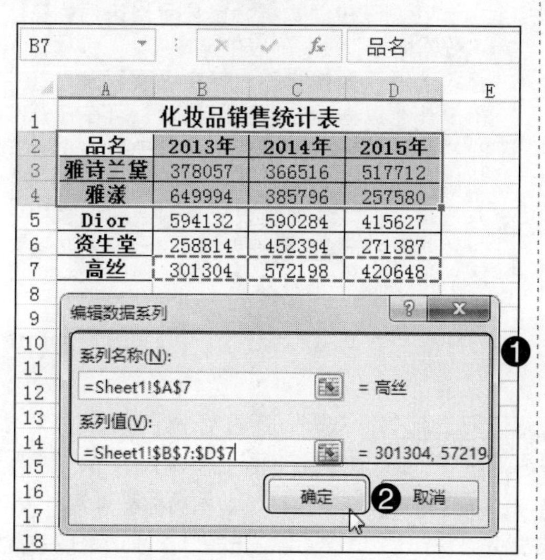

化妆品销售统计表			
品名	2013年	2014年	2015年
雅诗兰黛	378057	366516	517712
雅漾	649994	385796	257580
Dior	594132	590284	415627
资生堂	258814	452394	271387
高丝	301304	572198	420648

Step04：返回“选择数据源”对话框，单击“确定”按钮，返回工作表，即可看到图表中增加了数据系列，效果如下图所示。

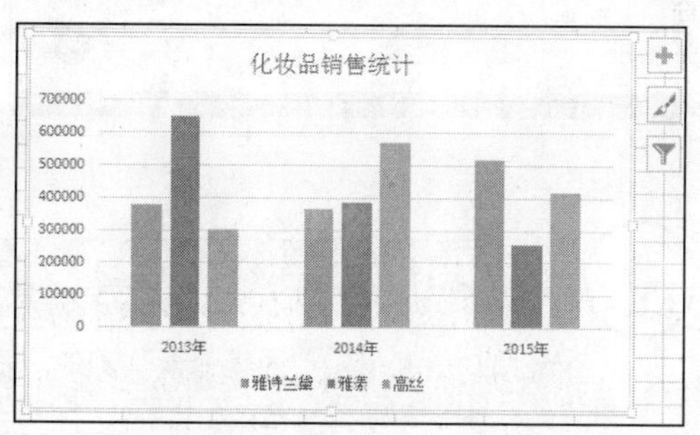

专家提示

在工作表中，如果对数据进行了修改或删除操作，图表会自动进行相应的更新。如果在工作表中增加了新数据，则图表不会自动进行更新，需要手动增加数据系列。

12.1.5 显示数据标签

使用图表时，为了便于分析数据，还可以将数据标签显示出来，具体操作方法如下。

光盘同步文件

素材文件：光盘\素材文件\第 12 章\化妆品销售统计表 1.xlsx
结果文件：光盘\结果文件\第 12 章\化妆品销售统计表(显示数据标签).xlsx
视频文件：光盘\视频文件\第 12 章\12-1-5.mp4

Step01：打开光盘\素材文件\第 12 章\化妆品销售统计表 1.xlsx，❶ 选中图表；❷ 切换到“图表工具 / 设计”选项卡；❸ 单击“图表布局”组中的“添加图表元素”按钮；❹ 在弹出的下拉列表中选择“数据标签”选项；❺ 在弹出的级联列表中选择数据标签的显示位置，如“数据标签内”选项，如下图所示。

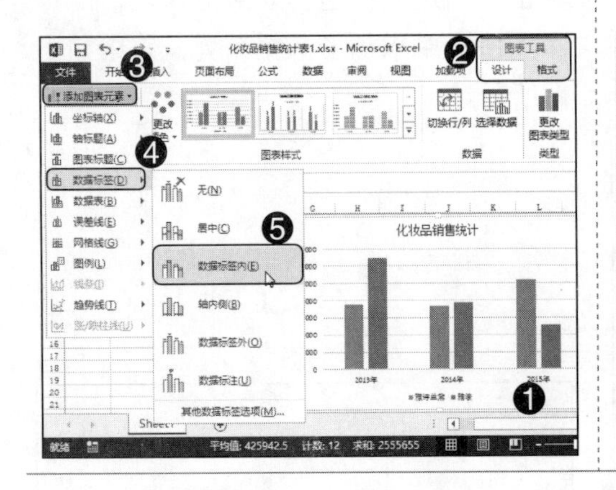

Step02：此时图表内侧位置将显示对应的数据，如下图所示：

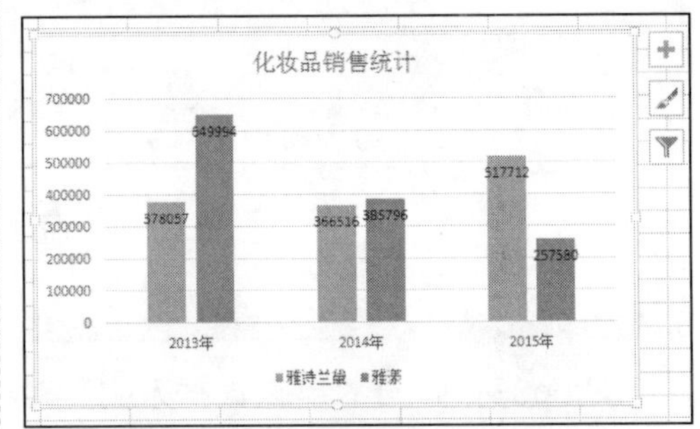

专家提示

在图表中将数据标签显示出来后，在“数据标签”级联列表中选择“无”选项，可取消显示数据标签。若在级联列表中选择“其他数据标签选项”选项，可在打开的“设置数据标签格式”窗格中对数据标签进行格式设置。此外，参照本节的操作方法，可在“添加图表元素”下拉列表中对其他图表元素（数据表、误差线、趋势线等）进行显示 / 隐藏操作。

知识拓展 “图表元素”窗口的使用

Excel 2013 新增了“图表元素”窗口，通过该窗口，可以非常方便地对图表元素进行显示 / 隐藏操作，具体操作方法为：选中图表，图表右侧会出现一个“图表元素”按钮+，单击该按钮，即可打开“图表元素”窗口，勾选相应的复选框，便可在图表中显示对应的元素；反之，取消相应的复选框的勾选，则会隐藏对应的元素。

12.1.6 使用图表样式美化图表

Excel 提供了许多内置图表样式，通过这些样式，可快速对图表进行美化操作，具体操作方法如下。

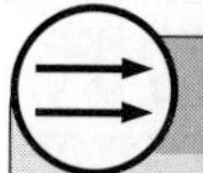

光盘同步文件

素材文件：光盘\素材文件\第 12 章\化妆品销售统计表 1.xlsx
结果文件：光盘\结果文件\第 12 章\化妆品销售统计表(使用图表样式美化图表).xlsx
视频文件：光盘\视频文件\第 12 章\12-1-6.mp4

Step01：打开光盘\素材文件\第 12 章\化妆品销售统计表 1.xlsx，❶ 选中图表；❷ 切换到“图表工具 / 设计”选项卡；❸ 在“图表样式”组中单击“更改颜色”按钮；❹ 在弹出的下拉列表中选择颜色方案，如下图所示。

Step02：在“图表样式”组的列表框中选择需要的内置图表样式，如下图所示。

Step03：所选样式即可应用到当前图表中，效果如右图所示。

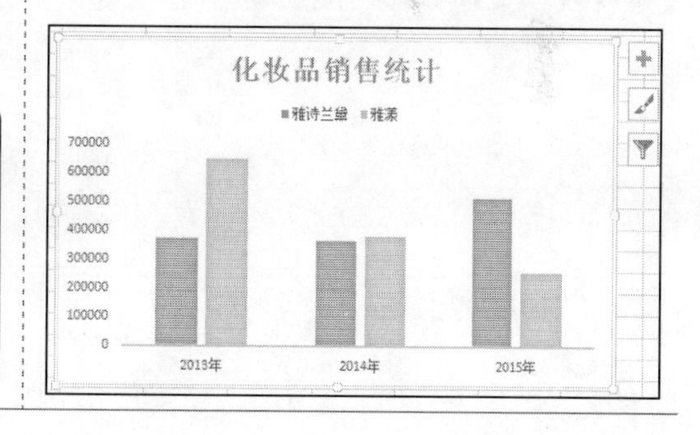

专家提示

根据操作需要，选择整个图表或者某个图表元素，还可通过“图表工具 / 格式”选项卡进行相关的美化操作，如设置形状样式、形状填充、形状轮廓、形状效果等。

12.2 知识讲解——使用数据透视表分析数据

当表格中有大量数据时，利用数据透视表可以更加直观地查看数据，并且能够方便地对数据进行对比和分析。

12.2.1 创建数据透视表

数据透视表的创建是一项非常简单的操作，只需连接到一个数据源，并输入报表的位置即可。创建数据透视表的具体操作方法如下。

光盘同步文件

素材文件：光盘\素材文件\第 12 章\家电销售情况 .xlsx
结果文件：光盘\结果文件\第 12 章\家电销售情况 (创建数据透视表).xlsx
视频文件：光盘\视频文件\第 12 章\12-2-1.mp4

Step01：打开光盘\素材文件\第 12 章\家电销售情况 .xlsx，❶ 选中要作为数据透视表数据源的单元格区域，本例中选择“A2:G24”；❷ 切换到“插入”选项卡；❸ 单击“表格”组中的“数据透视表”按钮，如下图所示。

家电销售情况

销售人员	销售日期	商品类别	品牌	销售单价	销售数量	销售额
杨曦	2015/11/8	洗衣机	美的	3720	32	119040
赵东亮	2015/11/8	空调	美的	2800	60	168000
胡杰	2015/11/8	洗衣机	海尔	4600	25	115000
杨曦	2015/11/8	冰箱	海尔	2836	29	82244
刘露	2015/11/8	空调	格力	4299	49	210651
赵东亮	2015/11/9	洗衣机	海尔	4600	55	253000
胡杰	2015/11/9	空调	格力	4299	25	107475
刘露	2015/11/9	空调	美的	2800	47	131600
杨曦	2015/11/9	空调	格力	4299	53	227847
王其	2015/11/9	冰箱	海尔	2836	40	113440

Step02：弹出“创建数据透视表”对话框，此时在“请选择要分析的数据”栏中自动选中“选择一个表或区域”单选按钮，且在“表 / 区域”参数框中自动设置了数据源，❶ 在“选择放置数据透视表的位置”栏中选择数据透视表的放置位置，本例中选中“现有工作表”单选按钮；❷ 在“位置”参数框中设置放置数据透视表的起始单元格；❸ 单击“确定”按钮，如下图所示。

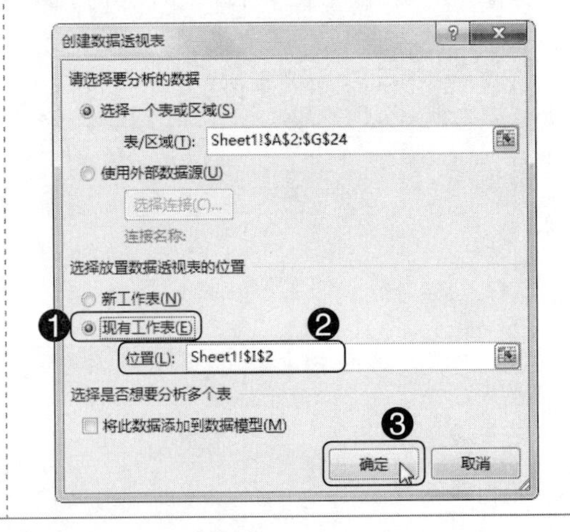

Step03：目标位置将创建一个空白数据透视表，并自动打开“数据透视表字段”窗格，如下图所示。

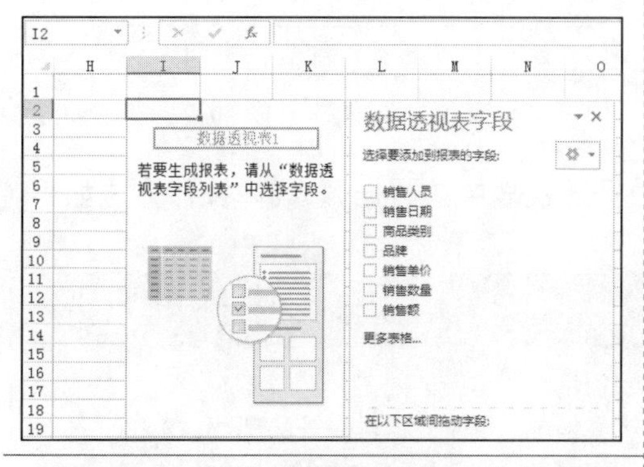

Step04：在“数据透视表字段”窗格的“选择要添加到报表的字段”列表框中，勾选某字段名称的复选框，所选字段名称会自动添加到“在以下区域间拖动字段”栏中相应的位置，同时数据透视表中也会添加相应的字段名称和内容，效果如下图所示。

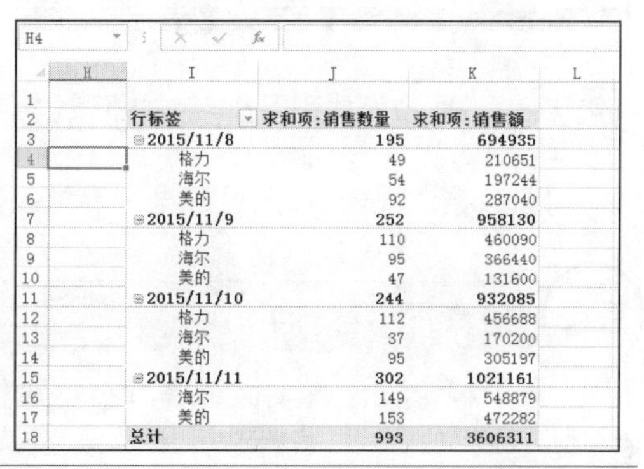

Step05：在数据透视表以外单击任意空白单元格，可退出数据透视表的编辑状态，效果如右图所示。

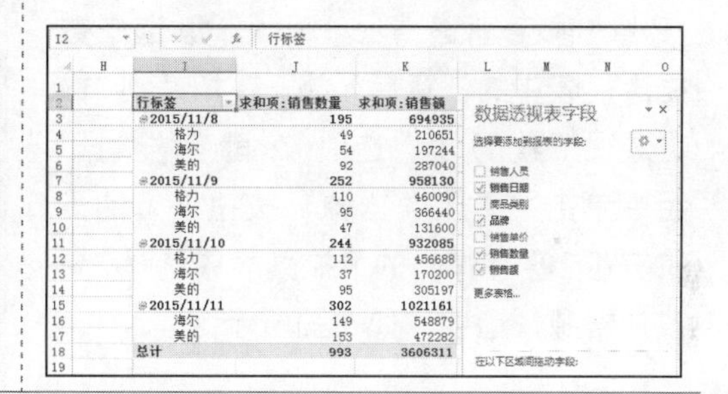

专家提示

选中要作为数据透视表数据源的单元格区域后，切换到“插入”选项卡，通过单击“表格”组中的“推荐的数据透视表”按钮，可快速创建带内容、格式的数据透视表。

12.2.2 重命名数据透视表

默认情况下，数据透视表以“数据透视表 1”、“数据透视表 2”……的形式自动命名，根据操作需要，用户可对其进行重命名操作，具体操作方法如下。

光盘同步文件

素材文件：光盘\素材文件\第 12 章\家电销售情况 1.xlsx
结果文件：光盘\结果文件\第 12 章\家电销售情况 (重命名数据透视表).xlsx
视频文件：光盘\视频文件\第 12 章\12-2-2.mp4

打开光盘\素材文件\第 12 章\家电销售情况 1.xlsx，选中数据透视表中的任意单元格，切换到“数据透视表工具 / 分析”选项卡，在“数据透视表”组的“数据透视表名称”文本框中直接输入新名称即可，效果如下图所示。

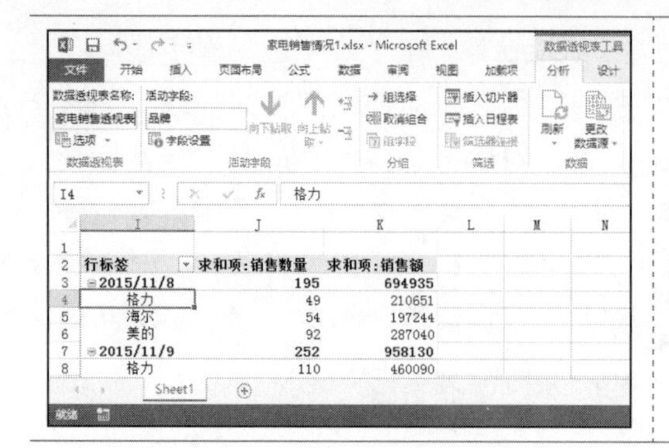

专家提示

选中数据透视表中的任意单元格，在“数据透视表”组中单击“选项”按钮，在弹出的“数据透视表选项”对话框中也可以对当前数据透视表进行重命名操作。

12.2.3 更改数据透视表的源数据

创建数据透视表后，还可根据需要更改数据透视表中的数据源，具体操作方法如下。

光盘同步文件

素材文件：光盘 \ 素材文件 \ 第 12 章 \ 家电销售情况 1.xlsx
结果文件：光盘 \ 结果文件 \ 第 12 章 \ 家电销售情况 (更改数据透视表的源数据).xlsx
视频文件：光盘 \ 视频文件 \ 第 12 章 \12-2-3.mp4

Step01：打开光盘 \ 素材文件 \ 第 12 章 \ 家电销售情况 1.xlsx，❶ 选中数据透视表中的任意单元格；❷ 切换到“数据透视工具 / 分析”选项卡；❸ 在“数据”组中单击“更改数据源”按钮下方的下拉按钮；❹ 在弹出的下拉列表中选择“更改数据源”选项，如右图所示。

Step02：弹出“更改数据透视表数据源”对话框，❶ 在“表 / 区域”参数框设置新的数据源；❷ 单击“确定”按钮即可，如下图所示。

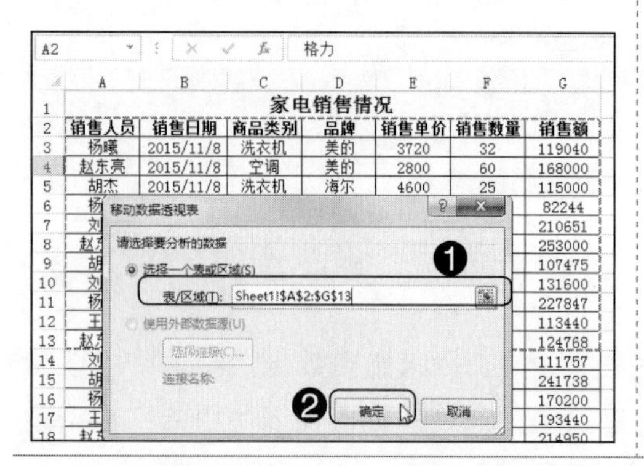

Step03：返回工作表，可看到更改数据透视表的源数据后的效果，如下图所示。

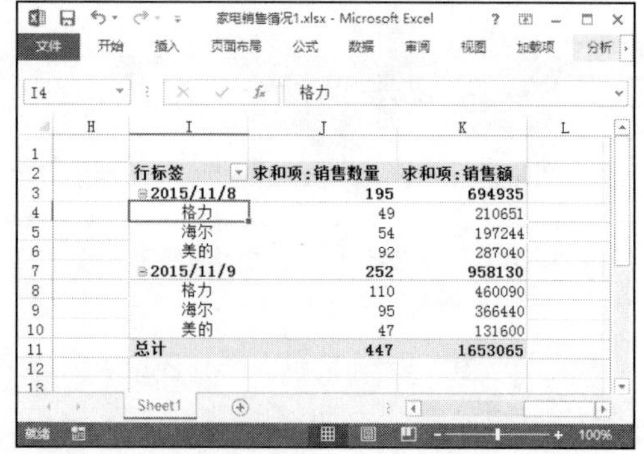

 12.2.4 在数据透视表中添加 / 删除数据字段

创建数据透视表后，可以根据操作需要对数据透视表的字段进行添加或删除操作，以便显示自己希望看到的数据。添加 / 删除数据字段的操作方法如下。

光盘同步文件

素材文件：光盘 \ 素材文件 \ 第 12 章 \ 家电销售情况 1.xlsx
结果文件：光盘 \ 结果文件 \ 第 12 章 \ 家电销售情况 (添加 / 删除数据字段).xlsx
视频文件：光盘 \ 视频文件 \ 第 12 章 \12-2-4.mp4

打开光盘 \ 素材文件 \ 第 12 章 \ 家电销售情况 1.xlsx，选中数据透视表中的任意单元格，在“数据透视表字段”窗格的“选择要添加到报表的字段”列表框中，取消相应复选框的勾选，可删除该数据字段；勾选相应复选框，可添加该数据字段，本例中勾选“销售人员”和“商品类别”复选框，取消“销售日期”和“品牌”复选框的勾选，效果如下图所示。

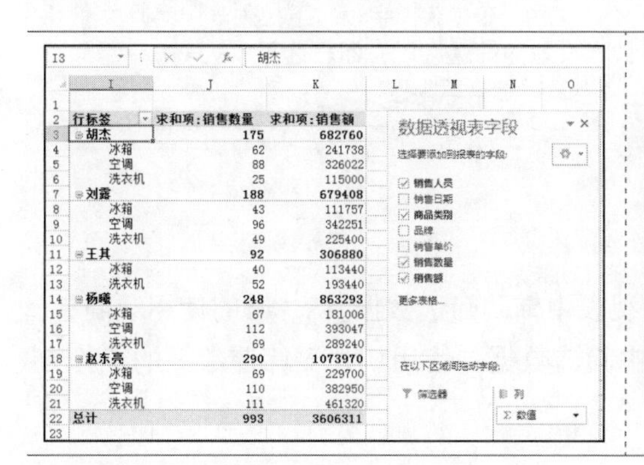

行标签	求和项:销售数量	求和项:销售额
胡杰	175	682760
冰箱	62	241738
空调	88	326022
洗衣机	25	115000
刘露	188	679408
冰箱	43	111757
空调	96	342251
洗衣机	49	225400
王其	92	306880
冰箱	40	113440
洗衣机	52	193440
杨曦	248	863293
冰箱	67	181006
空调	112	393047
洗衣机	69	289240
赵东亮	290	1073970
冰箱	69	229700
空调	110	382950
洗衣机	111	461320
总计	993	3606311

 专家提示

创建数据透视表后，若没有自动打开“数据透视表字段”窗格，或者无意将该窗格关闭了，可选中数据透视表中的任意单元格，切换到“数据透视表工具 / 分析”选项卡，然后单击“显示”组中的“字段列表”按钮，即可将其显示出来。

12.2.5 在数据透视表中筛选数据

创建好数据透视表后，可以通过筛选功能，筛选出需要查看的数据，具体操作方法如下。

 光盘同步文件

素材文件：光盘 \ 素材文件 \ 第 12 章 \ 家电销售情况 1.xlsx
结果文件：光盘 \ 结果文件 \ 家电销售情况 (在数据透视表中筛选数据).xlsx
视频文件：光盘 \ 视频文件 \ 第 12 章 \12-2-5.mp4

Step01：打开光盘\素材文件\第12章\家电销售情况 1.xlsx，选中数据透视表中的任意单元格，❶单击“行标签”右侧的下拉按钮，弹出下拉列表；❷在“选择字段”下拉列表中选择筛选字段，如“品牌”选项；❸根据需要设置筛选条件，本例中只勾选“海尔”复选框；❹单击“确定”按钮，如下图所示。

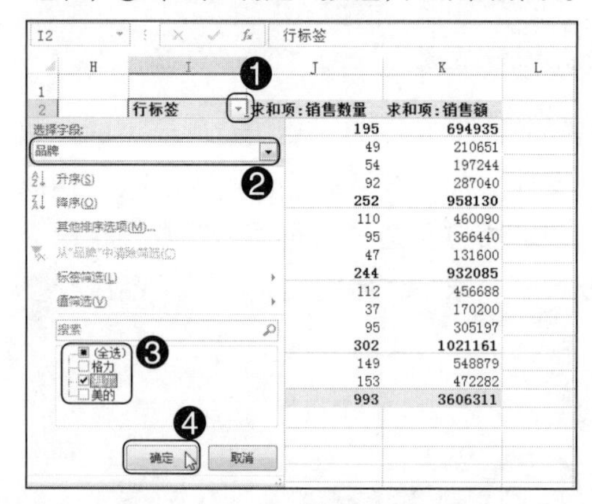

Step02：此时，数据透视表中将仅显示品牌为“海尔”的销售情况，如下图所示。

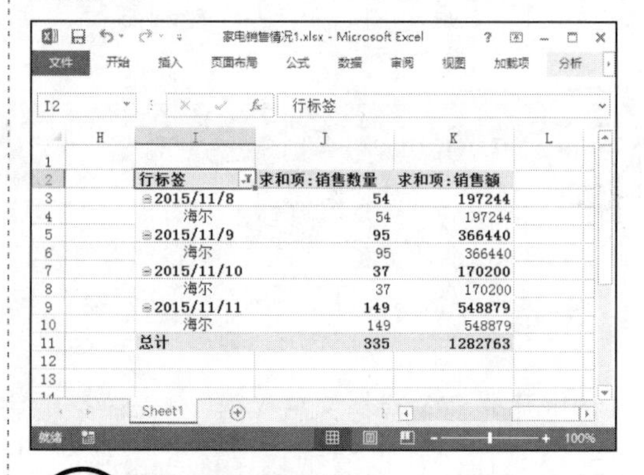

专家提示

筛选数据后，若要清除筛选条件，则单击“行标签”右侧的下拉按钮，弹出下拉列表后，在“选择字段”下拉列表中选择之前设置的筛选字段，然后选择“从……中清除筛选”选项即可。

12.2.6 切片器的使用

切片器是一款筛选组件，用于在数据透视表中辅助筛选数据。切片器的使用既简单，又方便，可以帮助用户快速在数据透视表中筛选数据。使用切片器筛选数据的操作方法如下。

光盘同步文件

素材文件：光盘\素材文件\第12章\家电销售情况 1.xlsx

结果文件：光盘\结果文件\第12章\家电销售情况（切片器的使用）.xlsx

视频文件：光盘\视频文件\第12章\12-2-6.mp4

Step01：打开光盘\素材文件\第12章\家电销售情况 1.xlsx，❶选中数据透视表中的任意单元格；❷切换到“数据透视表工具/分析”选项卡；❸单击“筛选”组中的“插入切片器”按钮，如右图所示。

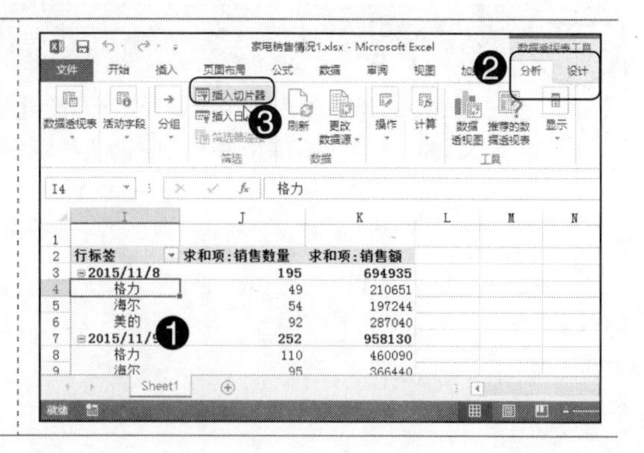

Step02：弹出“插入切片器”对话框，❶ 在列表框中选择需要的关键字，本例中勾选“销售人员”、“商品类别”和“品牌”复选框；❷ 单击“确定”按钮，如下图所示。

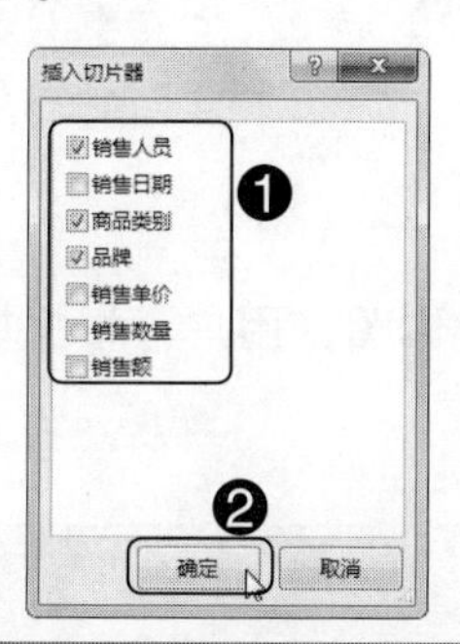

Step03：返回工作表，即可看到为所选关键字创建了切片器，如下图所示。

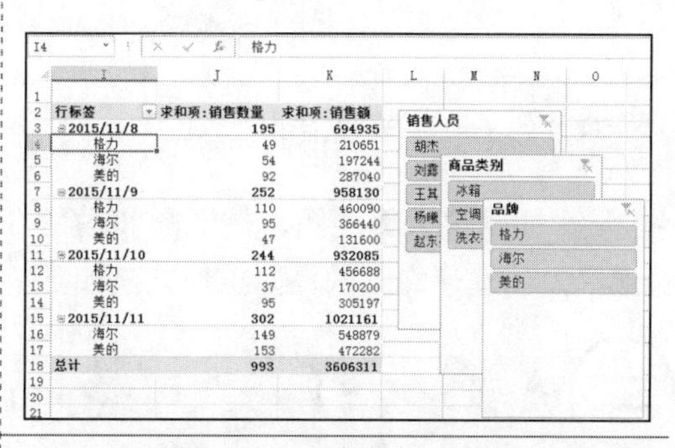

Step04：此时，在“销售人员”切片器中选择“胡杰”字段选项，切片器中将突出显示关于“胡杰”的销售情况，同时，数据透视表中也会同步显示相应的数据，如下图所示。

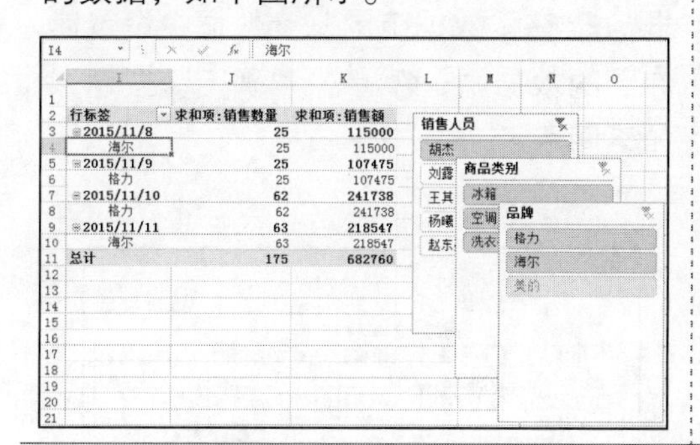

Step05：再选择“商品类别”中的“冰箱”字段选项，切片器中将突出显示关于“胡杰”的冰箱销售额情况，同时数据透视表中的数据也会同步发生变化，如下图所示。

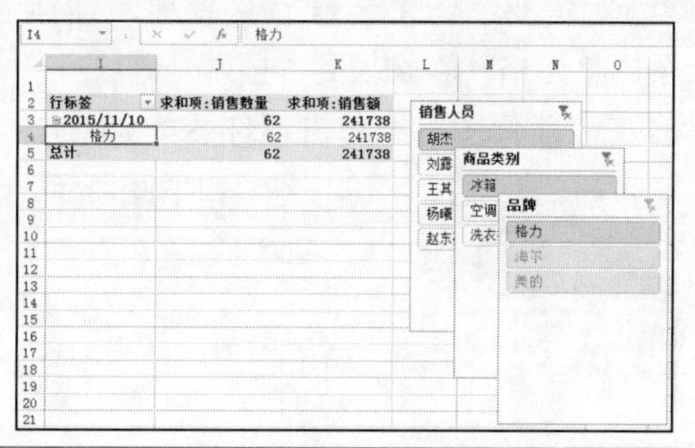

专家提示

在切片器中进行筛选时，若要设置多个筛选字段，则按住“Ctrl”键不放，然后依次选择字段选项即可。在切片器中设置筛选条件后，右上角的“清除筛选器”按钮便会显示可用状态 ，对其单击，可清除当前切片器中设置的筛选条件。

12.3 知识讲解——使用迷你图显示数据趋势

迷你图与图表不同，它是显示于单元格中的一个微型图表，可以直观地反应数据系列中的变化趋势，接下来就讲解迷你图的使用方法。

12.3.1 创建迷你图

Excel 提供了折线图、柱形图和盈亏 3 种类型的迷你图，用户可根据操作需要进行选择。创建迷你图的具体操作方法如下。

光盘同步文件

素材文件：光盘 \ 素材文件 \ 第 12 章 \ 销售业绩 .xlsx
结果文件：光盘 \ 结果文件 \ 第 12 章 \ 销售业绩 (创建迷你图).xlsx
视频文件：光盘 \ 视频文件 \ 第 12 章 \12-3-1.mp4

Step01：打开光盘 \ 素材文件 \ 第 12 章 \ 销售业绩 .xlsx，❶ 选中要显示迷你图的单元格；❷ 切换到“插入”选项卡；❸ 在“迷你图”组单击迷你图类型对应的按钮，如“柱形图”按钮，如下图所示。

销售业绩统计					
销售人员	一季度	二季度	三季度	四季度	销售情况
杨新宇	45576	46958	46103	49017	
胡敏	47623	44565	42407	43773	
张含	49251	42572	43758	47230	
刘晶晶	47719	49062	48087	47255	
吴欢	47459	48964	47359	48744	
黄小梨	46727	47701	47960	42148	

Step02：弹出“创建迷你图”对话框，❶ 在“数据范围”参数框中设置迷你图的数据源；❷ 单击“确定”按钮，如下图所示。

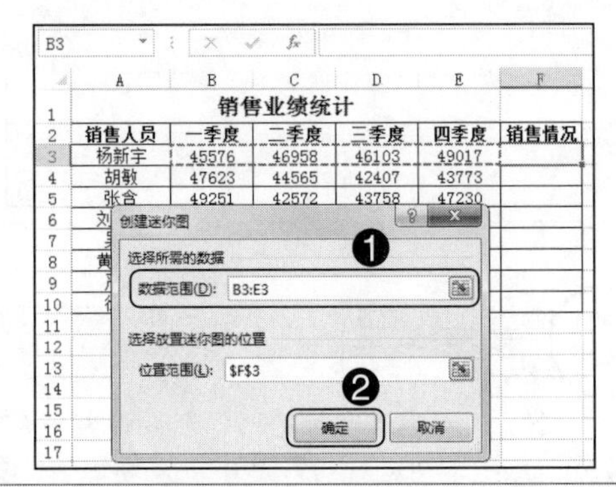

Step03：返回工作表，可看见当前单元格创建了迷你图，如下图所示。

销售业绩统计					
销售人员	一季度	二季度	三季度	四季度	销售情况
杨新宇	45576	46958	46103	49017	
胡敏	47623	44565	42407	43773	
张含	49251	42572	43758	47230	
刘晶晶	47719	49062	48087	47255	
吴欢	47459	48964	47359	48744	
黄小梨	46727	47701	47960	42148	
严紫	47260	46528	43040	40257	
徐刚	45517	47354	45274	47988	

Step04：参照上述操作方法，依次在其他单元格中创建迷你图即可，完成创建后的效果如下图所示。

销售业绩统计					
销售人员	一季度	二季度	三季度	四季度	销售情况
杨新宇	45576	46958	46103	49017	
胡敏	47623	44565	42407	43773	
张含	49251	42572	43758	47230	
刘晶晶	47719	49062	48087	47255	
吴欢	47459	48964	47359	48744	
黄小梨	46727	47701	47960	42148	
严紫	47260	46528	43040	40257	
徐刚	45517	47354	45274	47988	

专家提示

创建迷你图时，数据源只能是同一行或同一列中相邻的单元格，否则无法创建迷你图。

12.3.2 编辑迷你图

在工作表中创建迷你图后，功能区中会出现“迷你图工具 / 设计”选项卡，通过该工具卡，可对迷你图进行相应的编辑操作，如更改迷你图的数据源、迷你图类型、显示数据节点、设置迷你图样式、标记颜色等。编辑迷你图的操作方法如下。

光盘同步文件

素材文件：光盘 \ 素材文件 \ 第 12 章 \ 销售业绩 1.xlsx
结果文件：光盘 \ 结果文件 \ 第 12 章 \ 销售业绩 (编辑迷你图).xlsx
视频文件：光盘 \ 视频文件 \ 第 12 章 \12-3-2.mp4

Step01：打开光盘 \ 素材文件 \ 第 12 章 \ 销售业绩 1.xlsx，❶ 选中需要编辑的迷你图；❷ 切换到“迷你图工具 / 设计”选项卡；❸ 在“样式”组的列表框中选择需要的迷你图样式，如下图所示。

Step02：❶ 在“显示”组中勾选“高点”复选框，迷你图中将突出显示最高值数据节点；❷ 在“样式”组中单击“标记颜色”按钮；❸ 在弹出的下拉列表中选择“高点”选项；❹ 在弹出的级联列表中为高点选择颜色，如下图所示。

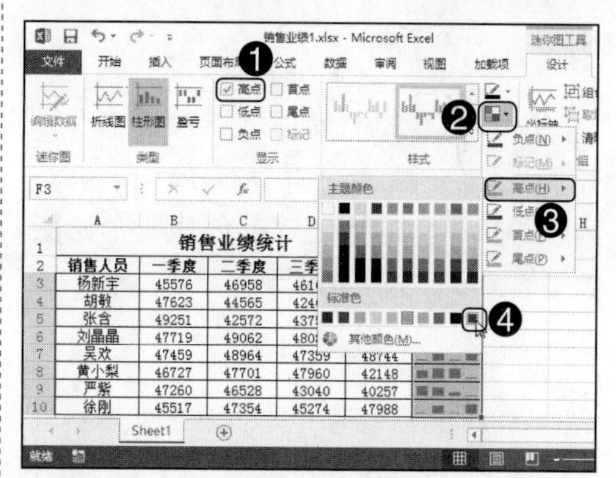

Step03：至此，完成迷你图的编辑操作，效果如右图所示。

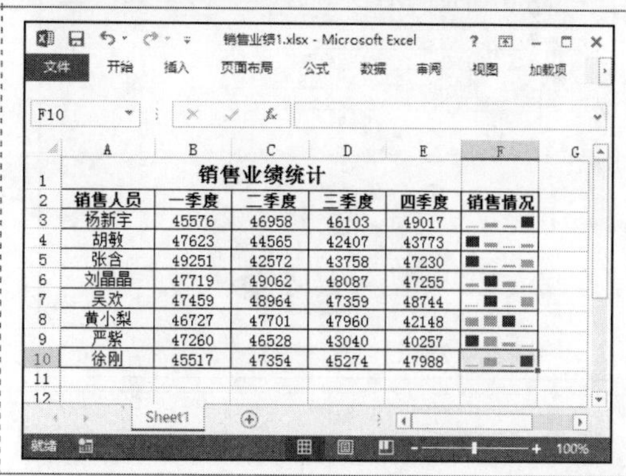

知识拓展　删除迷你图

插入迷你图后，有时需要删除迷你图，在进行删除操作时，是无法通过“Delete”或“BackSpace”键删除的，这时就需要选中要删除的迷你图，切换到“迷你图工具 / 设计”选项卡，在“分组”组中单击“清除”按钮即可。

技高一筹——实用操作技巧

通过前面知识的学习，相信读者朋友已经掌握了图表、数据透视表及迷你图的相关基础知识。下面结合本章内容，给大家介绍一些实用技巧。

光盘同步文件

素材文件：光盘 \ 素材文件 \ 第 12 章 \ 技高一筹
结果文件：光盘 \ 结果文件 \ 第 12 章 \ 技高一筹
视频文件：光盘 \ 视频文件 \ 第 12 章 \ 技高一筹 .mp4

技巧 01　分离饼形图扇区

在工作表中创建饼形图表后，所有的数据系列都是一个整体。根据操作需要，为了突出显示某个扇区的数据，可以将该扇区从饼图中分离出来，具体操作方法如下。

Step01：打开光盘 \ 素材文件 \ 第 12 章 \ 技高一筹 \ 化妆品销售统计表 .xlsx，为“2013”年的销售数据创建一个饼图类型的图表，如下图所示。

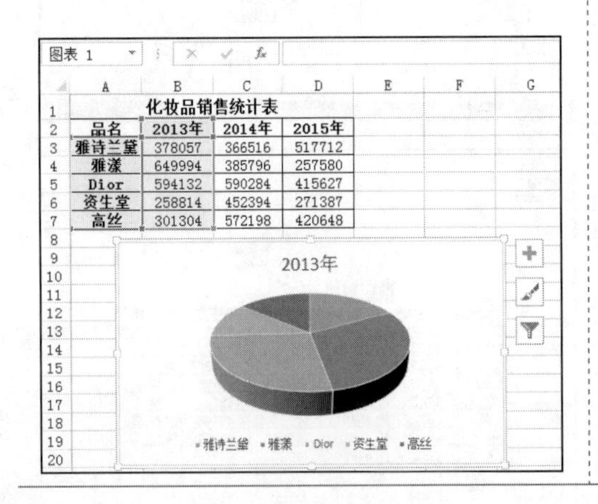

化妆品销售统计表

品名	2013年	2014年	2015年
雅诗兰黛	378057	366516	517712
雅漾	649994	385796	257580
Dior	594132	590284	415627
资生堂	258814	452394	271387
高丝	301304	572198	420648

Step02：在图表中选择要分离的扇区，本例中选择“雅漾”数据系列，然后按住鼠标左键不放并进行拖动，拖动至目标位置后，释放鼠标左键，即可实现该扇区的分离，效果如下图所示。

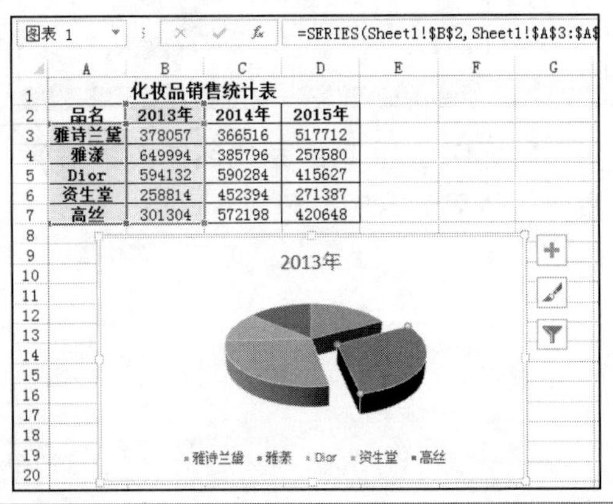

化妆品销售统计表

品名	2013年	2014年	2015年
雅诗兰黛	378057	366516	517712
雅漾	649994	385796	257580
Dior	594132	590284	415627
资生堂	258814	452394	271387
高丝	301304	572198	420648

技巧 02 快速交换坐标轴数据

创建图表后，为了更好地查看和比较数据，我们可以对图表的坐标轴数据进行随意交换，具体操作方法如下。

Step01：打开光盘\素材文件\第 12 章\技高一筹\化妆品销售统计表 1.xlsx，❶选中图表；❷切换到“图表工具 / 设计”选项卡；❸单击“数据”组中的“切换行 / 列”按钮，如下图所示。

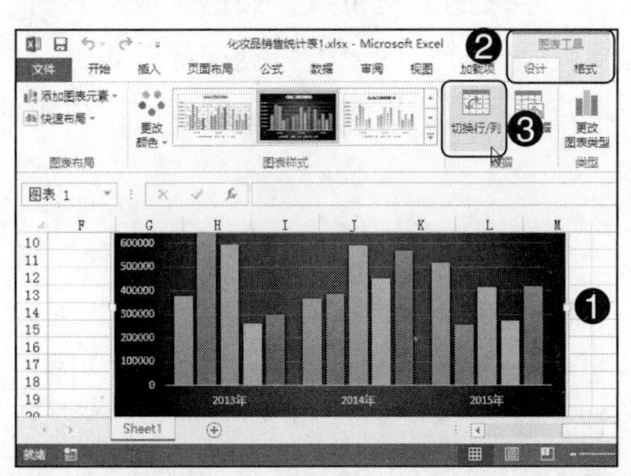

Step02：通过上述操作后，即可快速交换坐标轴中的数据，效果如下图所示。

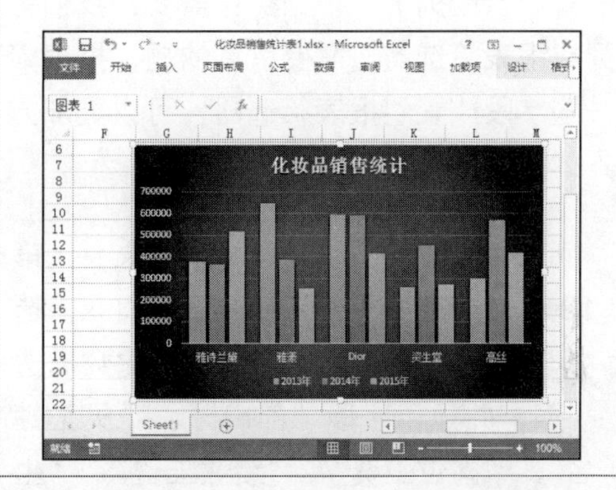

技巧 03 更新数据透视表中的数据

默认情况下，创建数据透视表后，若对数据源中的数据进行了修改，数据透视表中的数据不会自动更新，此时就需要手动更新，具体操作方法如下。

Step01：打开光盘\素材文件\第 12 章\技高一筹\家电销售情况 .xlsx，对数据源中的数据进行修改，本例中对“销售单价”中的数据进行了修改，“销售额”中的数据因为使用的是公式，因此会自动发生改变，如下图所示。

家电销售情况						
销售人员	销售日期	商品类别	品牌	销售单价	销售数量	销售额
杨曦	2015/11/8	洗衣机	美的	4915	32	157280
赵东亮	2015/11/8	空调	美的	5743	60	344580
胡杰	2015/11/8	洗衣机	海尔	5863	25	146575
杨曦	2015/11/8	冰箱	海尔	4914	29	142506
刘露	2015/11/8	空调	格力	5287	49	259063
赵东亮	2015/11/9	洗衣机	海尔	3407	55	187385
胡杰	2015/11/9	空调	格力	5437	25	135925
刘露	2015/11/9	空调	美的	4836	47	227292
杨曦	2015/11/9	空调	格力	3778	53	200234
王其	2015/11/9	冰箱	海尔	5913	40	236520
赵东亮	2015/11/9	冰箱	格力	5154	32	164928
刘露	2015/11/10	冰箱	美的	4748	43	204164
胡杰	2015/11/10	冰箱	格力	4829	62	299398
杨曦	2015/11/10	洗衣机	海尔	5516	37	204092
王其	2015/11/10	洗衣机	美的	5229	52	271908
赵东亮	2015/11/10	空调	格力	5614	50	280700
杨曦	2015/11/11	冰箱	美的	3200	38	121600
刘露	2015/11/11	洗衣机	海尔	4524	49	221676
赵东亮	2015/11/11	洗衣机	美的	5158	56	288848
胡杰	2015/11/11	空调	海尔	5971	63	376173
杨曦	2015/11/11	空调	美的	3998	59	235882
赵东亮	2015/11/11	冰箱	海尔	3935	37	145595

Step02：❶选中数据透视表中的任意单元格；❷切换到“数据透视表工具 / 分析”选项卡；❸在“数据”组中单击“刷新”按钮下方的下拉按钮；❹在弹出的下拉列表中选择“全部刷新”选项即可，如下图所示。

专家提示

对数据透视表进行刷新操作时，在“数据”组中单击“刷新”按钮下方的下拉按钮后，在弹出的下拉列表中有“刷新”和“全部刷新”两个选项，其中“刷新”选项仅对当前数据透视表的数据进行更新，“全部刷新”选项则是对工作簿中所有透视表的数据进行更新。

技巧 04 如何更改数据透视表字段位置

创建数据透视表后，当添加需要显示的字段时，系统会自动指定它们的归属（即放置到行或列）。根据操作需要，我们可以调整字段的放置位置，如指定放置到行、列或报表筛选器。需要解释的是，报表筛选器就是一种大的分类依据和筛选条件，将一些字段放置到报表筛选器，可以更加方便地查看数据。更改数据透视表字段位置的具体操作方法如下。

Step01：打开光盘\素材文件\第12章\技高一筹\员工工资表.xlsx，选中“A1:G15”单元格区域后创建数据透视表，并显示字段“部门”、“员工姓名”、“岗位工资”、“绩效工资”、“生活补助”、“医保扣款”、“实发工资”，效果如下图所示。

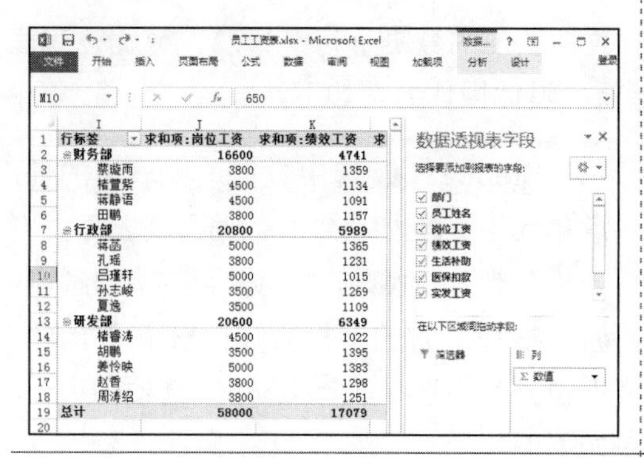

行标签	求和项:岗位工资	求和项:绩效工资
财务部	16600	4741
蔡璇雨	3800	1359
楮萱紫	4500	1134
蒋静语	4500	1091
田鹏	3800	1157
行政部	20800	5989
蒋菡	5000	1365
孔瑶	3800	1231
吕瑾轩	5000	1015
孙志峻	3500	1269
夏逸	3500	1109
研发部	20600	6349
楮睿涛	4500	1022
胡鹏	3500	1395
姜怜映	5000	1383
赵香	3800	1298
周涛绍	3800	1251
总计	58000	17079

Step02：在“数据透视表字段”窗格的“选择要添加到报表的字段”列表框中，❶使用鼠标右击“部门”字段按钮；❷在弹出的快捷菜单中选中需要放置的位置，本例中勾选“添加到报表筛选”复选框，如下图所示。

Step03：通过上述设置后，“部门”字段将放置到报表筛选器，从而更加方便查看数据，效果如右图所示。

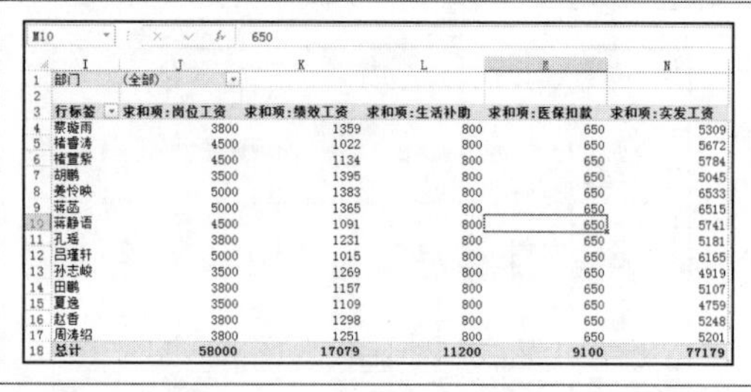

部门 （全部）

行标签	求和项:岗位工资	求和项:绩效工资	求和项:生活补助	求和项:医保扣款	求和项:实发工资
蔡璇雨	3800	1359	800	650	5309
楮睿涛	4500	1022	800	650	5672
楮萱紫	4500	1134	800	650	5784
胡鹏	3500	1395	800	650	5045
姜怜映	5000	1383	800	650	6533
蒋菡	5000	1365	800	650	6515
蒋静语	4500	1091	800	650	5741
孔瑶	3800	1231	800	650	5181
吕瑾轩	5000	1015	800	650	6165
孙志峻	3500	1269	800	650	4919
田鹏	3800	1157	800	650	5107
夏逸	3500	1109	800	650	4759
赵香	3800	1298	800	650	5248
周涛绍	3800	1251	800	650	5201
总计	58000	17079	11200	9100	77179

技巧 05 一次性创建多个迷你图

在工作表中创建迷你图时，若逐个创建，会显得非常烦琐，为了提高工作效率，我们可以一次性创建多个迷你图，具体操作方法如下。

Step01：打开光盘\素材文件\第12章\技高一筹\销售业绩.xlsx，❶选中要显示迷你图的多个单元格；❷切换到“插入”选项卡；❸在“迷你图”组单击“柱形图”按钮，如下图所示。

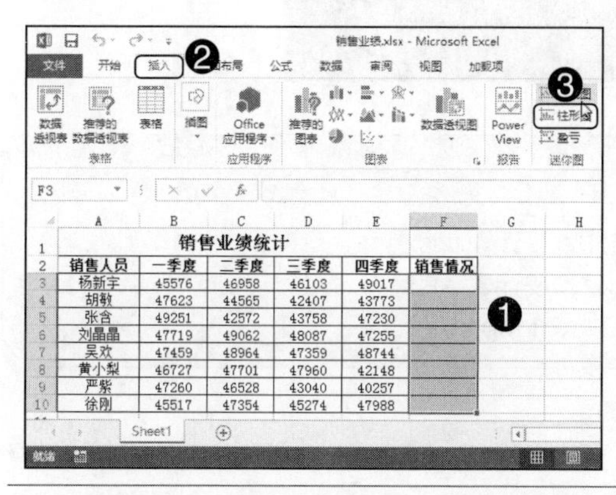

Step02：弹出“创建迷你图”对话框，❶在“数据范围”参数框中设置迷你图的数据源；❷单击“确定”按钮，如下图所示。

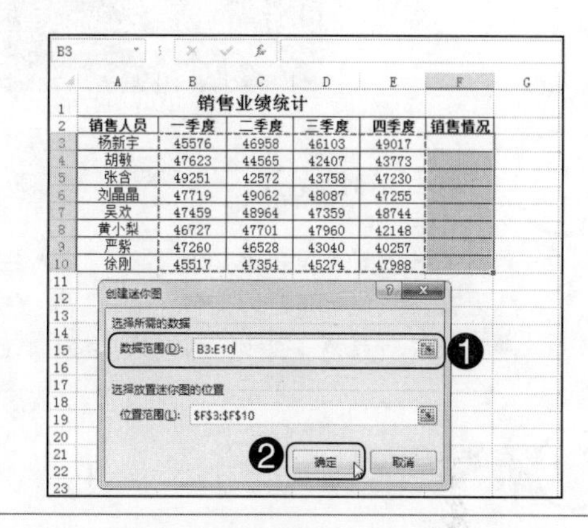

Step03：返回工作表，可看见所选单元格中创建了迷你图，如下图所示。

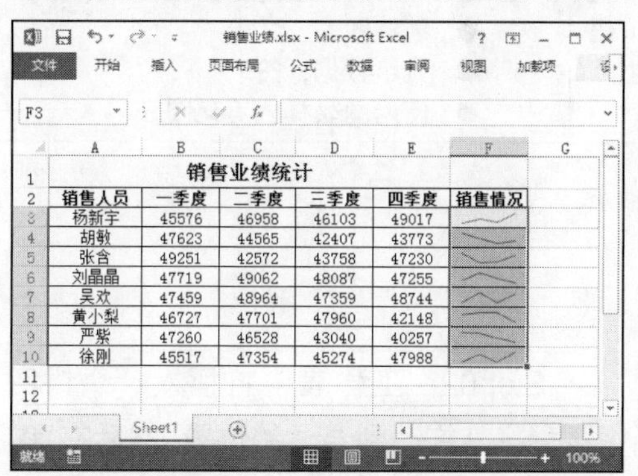

专家提示

一次性创建的多个迷你图默认为一组迷你图，选中组中的任意一个迷你图，便可同时对这个组的迷你图进行编辑操作，如更改源数据、更改迷你图类型等。如果是逐个创建的迷你图，则选中多个迷你图，在“迷你图工具/设计”选项卡的“分组”组中，单击“组合”按钮，可将其组合成一组迷你图。如果要取消组合，则选中组中的任意一个迷你图，在“分组”组中单击“取消组合”按钮即可。

技能训练1——制作生产成本结构分析表

训练介绍

本实例主要讲解图表的应用，通过图表方式来分析生产成本结构，根据实际情况，对图表进行相关设置，完成后的效果如下图所示。

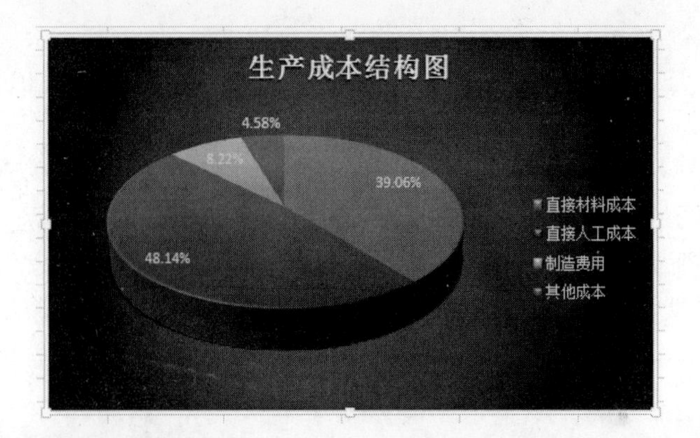

光盘同步文件

素材文件：光盘 \ 素材文件 \ 第 12 章 \ 生产成本统计表 .xlsx
结果文件：光盘 \ 结果文件 \ 第 12 章 \ 生产成本统计表 .xlsx
视频文件：光盘 \ 视频文件 \ 第 12 章 \ 技能训练 1.mp4

操作提示

制作关键	技能与知识要点
本实例首先插入饼图图表，然后通过样式美化图表，最后设置数据标签、图例显示位置，完成生产成本结构分析表的制作	● 创建图表 ● 显示数据标签 ● 使用图表样式美化图表

操作步骤

本实例的具体制作步骤如下。

Step01：打开光盘 \ 素材文件 \ 第 12 章 \ 生产成本统计表 .xlsx，❶ 选中“A4:A7”和“G4:G7”单元格区域；❷ 切换到“插入”选项卡；❸ 在“图表”组中单击“插入饼图或圆环图”按钮；❹ 在弹出的下拉列表中选择需要的饼图样式，如下图所示。

Step02：工作表中将插入一个饼图图表，将其拖动到合适的位置，然后在“图表标题”框输入图表标题内容，如下图所示。

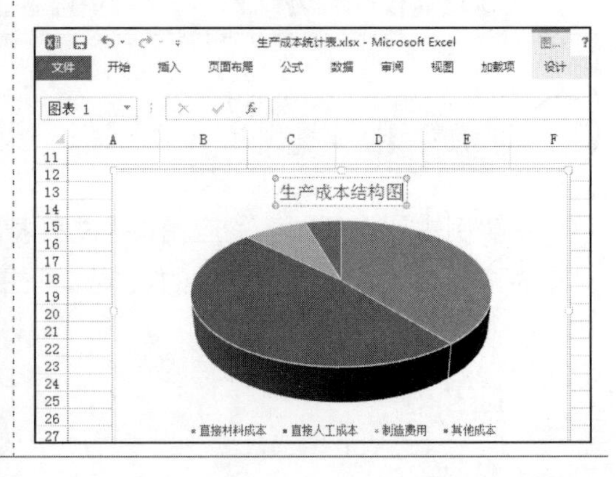

Step03：❶选中图表；❷切换到“图表工具 / 设计”选项卡；❸在“图表样式”组的列表框中选择需要的内置图表样式，如下图所示。

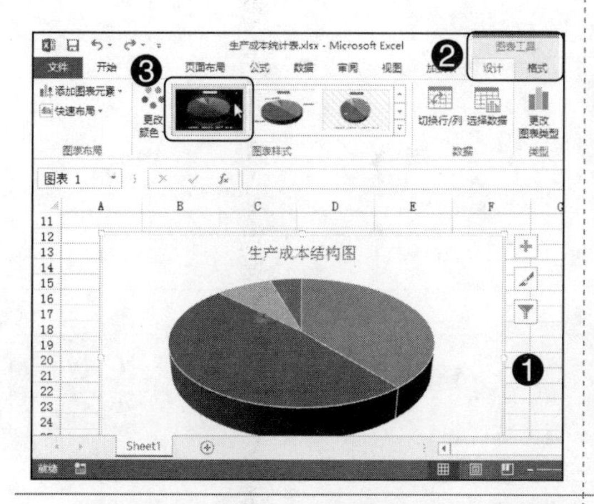

Step04：❶在“图表布局”组中单击“添加图表元素”按钮；❷在弹出的下拉列表中选择“数据标签”选项；❸在弹出的级联列表中选择“最佳匹配”选项，如下图所示。

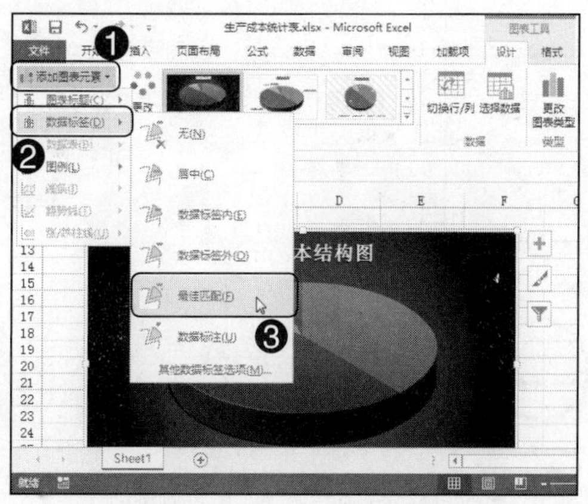

Step05：❶在“图表布局”组中单击“添加图表元素”按钮；❷在弹出的下拉列表中选择“图例”选项；❸在弹出的级联列表中选择“右侧”选项，如下图所示。

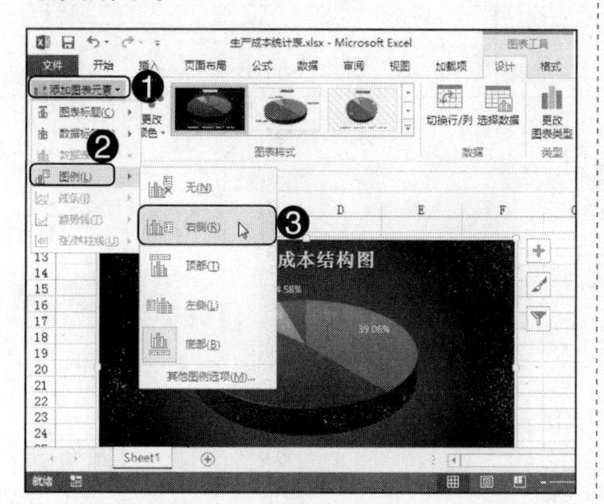

Step06：至此，完成了生产成本结构分析表的制作，效果如下图所示。

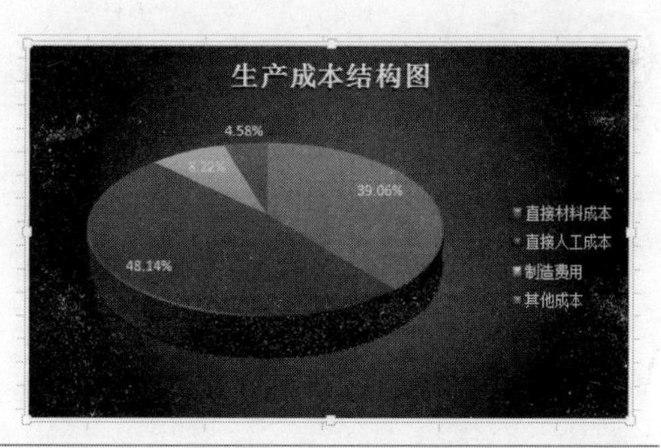

技能训练 2——制作产品销售管理系统

训练介绍

本实例主要通过创建数据透视表来制作产品销售管理系统，从而方便数据的查看。完成后的效果如下图所示。

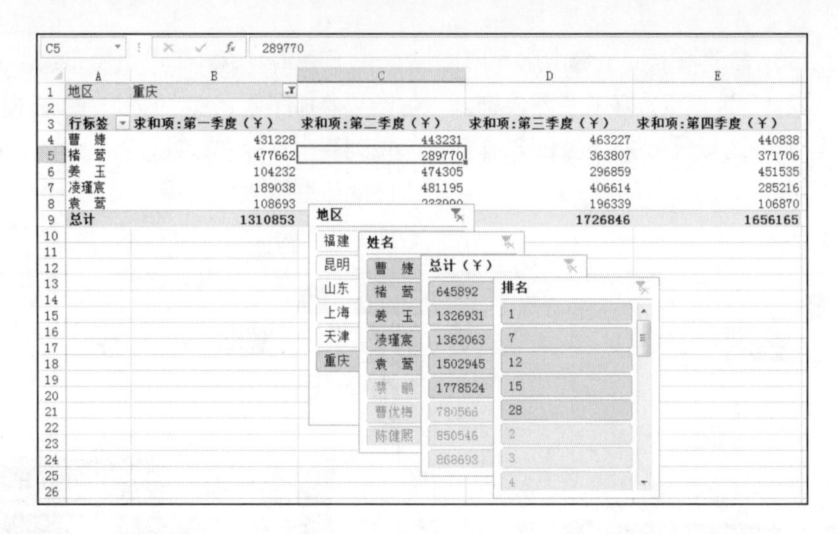

光盘同步文件

素材文件：光盘\素材文件\第 12 章\产品销售统计表 .xlsx
结果文件：光盘\结果文件\第 12 章\产品销售统计表 .xlsx
视频文件：光盘\视频文件\第 12 章\技能训练 2.mp4

操作提示

制作关键	技能与知识要点
本实例首先创建数据透视表，然后插入切片器查看数据，完成产品销售管理系统的制作	● 创建数据透视表 ● 切片器的使用

操作步骤

本实例的具体制作步骤如下。

Step01：打开光盘\素材文件\第 12 章\产品销售统计表 .xlsx，❶ 选中“A2:H30”单元格区域；❷ 切换到“插入”选项卡；❸ 单击“表格”组中的“数据透视表”按钮，如下图所示。

Step02：弹出“创建数据透视表”对话框，❶ 在“选择放置数据透视表的位置”栏中选中“新工作表”单选按钮；❷ 单击“确定”按钮，如下图所示。

Step03：系统将自动在新建工作表中创建一个空白数据透视表，在“数据透视表字段”窗格的“选择要添加到报表的字段”列表框中勾选“地区”、“姓名”、“第一季度(￥)”、“第二季度(￥)”、“第三季度(￥)”、“第四季度(￥)”复选框，如下图所示。

Step04：❶右击“地区”字段；❷在弹出的快捷菜单中选择“添加到报表筛选”选项，如下图所示。

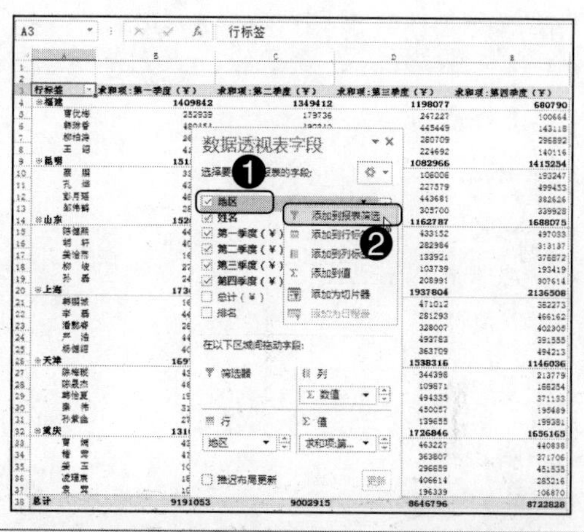

Step05：❶选中数据透视表中的任意单元格；❷切换到“数据透视表工具/分析”选项卡；❸单击“筛选”组中的“插入切片器”按钮，如下图所示。

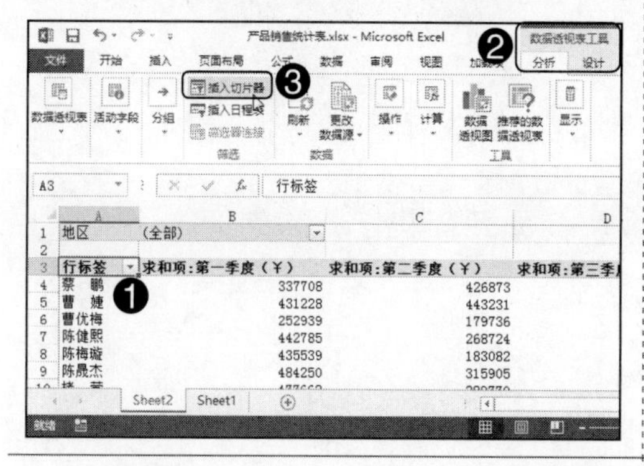

Step06：弹出“插入切片器”对话框，❶在列表框中勾选“地区”、“姓名”、“总计(￥)”、“排名”复选框；❷单击“确定”按钮，如下图所示。

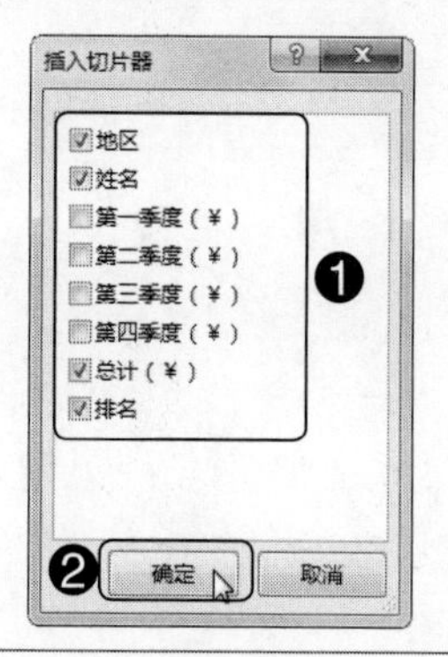

Step07：至此，完成了产品销售管理系统的制作。此后，通过切片器可以非常方便地查看数据，例如，在“地区”切片器中选择“重庆”选项，在其他切片器即可显示重庆地区销售人员的销售总计和排名情况，同时数据透视表中也仅显示与重庆有关的销售数据，效果如右图所示。

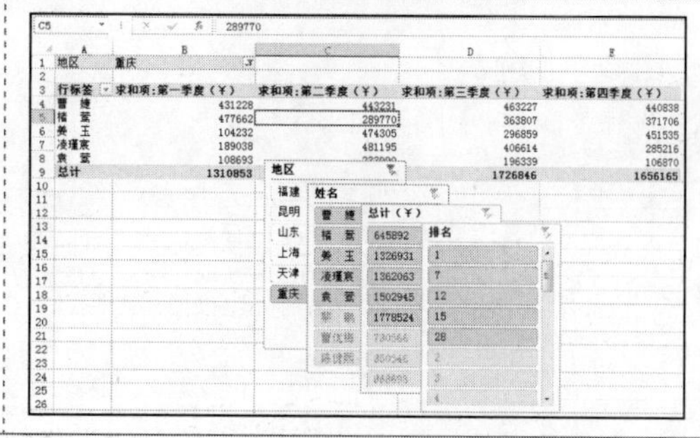

本章小结

本章主要讲解了通过图表与数据透视表分析数据的方法，主要包括创建图表、在图表中增加数据系列、创建数据透视表、在数据透视表中筛选数据、切片器的使用、使用迷你图显示数据趋势等知识点。通过本章的学习，希望读者能够灵活运用这些功能查看与分析数据。

Chapter

13

PowerPoint 演示文稿的创建与编辑

本章导读

PowerPoint 是微软 Office 套件中的重要软件之一，在办公应用中，常常需要应用 PowerPoint 制作用于演示、会议或教学等工作过程中的演示文稿。本章将对 PowerPoint 软件的视图模式、幻灯片的基本操作、幻灯片设计及编辑进行讲解。

学完本章后应该掌握的技能

- 了解 PowerPoint 的视图模式
- 熟练幻灯片的基本操作
- 熟练掌握编辑幻灯片内容的方法
- 熟练掌握为幻灯片添加对象的方法
- 掌握如何插入媒体剪辑的方法

本章相关实例效果展示

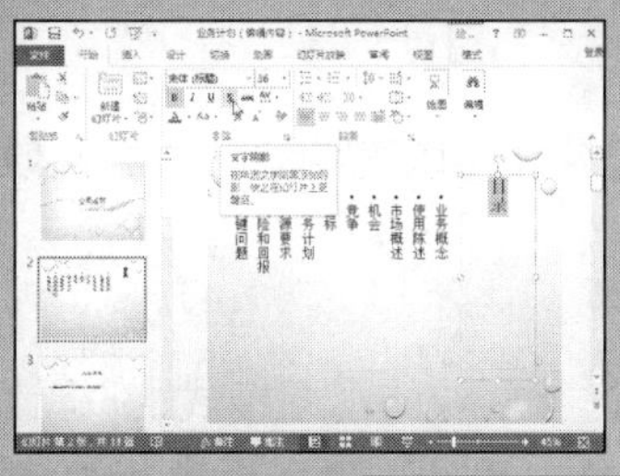

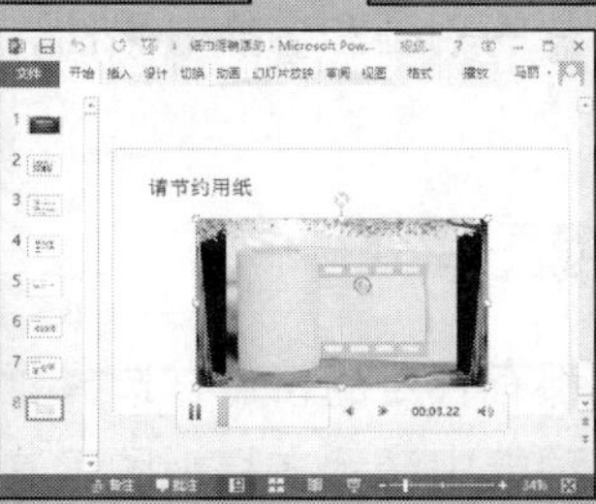

13.1 知识讲解——了解 PowerPoint 的视图模式

在 PowerPoint 2013 中提供了多种不同的工作视图来满足不同的编辑需要，当用户在 PPTX 中进行不同的“工作”时，从这些视图中选择一种适合自己需要的视图即可。下面介绍 PowerPoint 2013 各视图模式。

13.1.1 PowerPoint 的视图模式

PowerPoint 2013 为用户提供了多种视图模式，以便用户在编辑时根据不同的任务要求选择使用。PowerPoint 2013 有普通视图、大纲视图、幻灯片浏览视图、备注页视图、幻灯片阅读视图和幻灯片放映视图 6 种视图模式。

- 普通视图

PowerPoint 2013 的默认视图模式，在该视图模式下可以方便地编辑和查看幻灯片的内容、调整幻灯片的结构及添加备注内容。

- 大纲视图

PowerPoint 2013 提供了独立的大纲视图，这不同于 PowerPoint 2010 中的大纲模式。大纲视图能够在左侧的幻灯片窗格中显示幻灯片内容的主要标题和大纲，便于用户更好更快地编辑幻灯片内容。

- 幻灯片浏览视图

利用幻灯片浏览视图可以浏览演示文稿中的幻灯片，在这种模式下能够方便地对演示文稿的整体结构进行编辑，如选择幻灯片、创建新幻灯片及删除幻灯片等。

- 备注页视图

主要用于演示文稿中的幻灯片添加备注内容或对备注内容进行编辑修改，在该视图模式下无法对幻灯片的内容进行编辑。

- 幻灯片阅读视图

在 PowerPoint 窗口中播放幻灯片，以查看动画和切换效果，无需切换至全屏幻灯片放映。

- 幻灯片放映视图

用于对演示文稿中的幻灯片进行放映的视图模式，都是让幻灯片处于全屏的模式，一般是设置好幻灯片的动画和切换效果后，进入全屏后自动进行播放，用户直接观看即可。

13.1.2 切换视图模式

每种视图方式都有各自的特点，选择正确的视图是良好工作的开始。切换视图的方法都是在视图选项卡中演示文稿视图工具组中进行切换，因此本节不再介绍切换视图的方法。下面，依次对幻灯片的视图进行介绍。

光盘同步文件

素材文件：光盘\素材文件\第 13 章\业务计划 .pptx
结果文件：光盘\结果文件\第 13 章\业务计划 .pptx
视频文件：光盘\视频文件\第 13 章\13-1-2.mp4

1. 最常用的普通视图

普通视图包括幻灯片 / 大纲浏览窗格、幻灯片窗格、备注栏 3 个部分，各个组成部分的显示比例可以通过拖动分隔框来进行调整。在该视图中，既可以对文字进行编辑，也可以在编辑的同时查看幻灯片的设计效果，并且能够及时添加一些重要的备注信息。

Step01：打开素材文件\第 13 章\业务计划 .pptx，❶单击“视图”选项卡；❷单击“演示文稿视图”工具组中“普通”按钮，如下图所示。

Step02：经过上步操作，切换至演示文稿的普通视图，效果如下图所示。

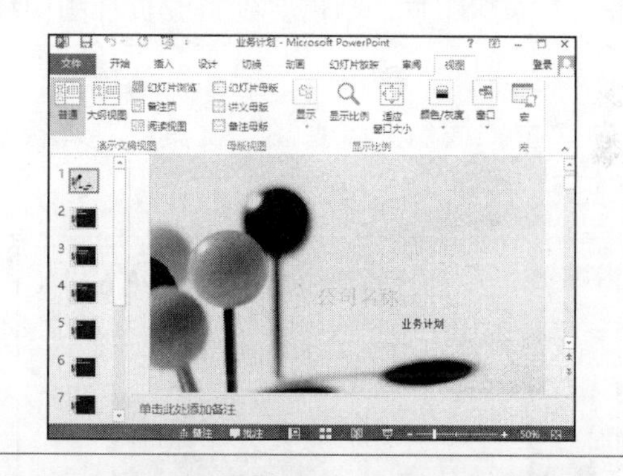

知识拓展　将常用的工作视图设置为默认视图

虽然在幻灯片窗口中切换视图非常方便，但如果用户经常浏览一些类似的幻灯片时，可以将常用的工作视图设置为默认视图，其方法是：

单击“文件”菜单，在弹出下拉列表中选择“选项”命令，打开“PowerPoint 选项”对话框，选择“高级”选项，在右侧单击“显示”组中“用此视图打开全部文档”右侧下拉按钮，在弹出的下拉列表中选择“普通 – 缩略图和幻灯片”选项，单击“确定”按钮即可。

2. 便于查看的浏览视图

它以缩略图的形式显示整个演示文稿中的所有幻灯片，能够看到整个演示文稿的外观，在该视图中可以对演示文稿进行编辑，包括改变幻灯片的背景设计、调整幻灯片顺序等。

Step01：❶单击“视图”选项卡；❷单击“演示文稿视图”工具组中“幻灯片浏览”按钮，如右图所示。

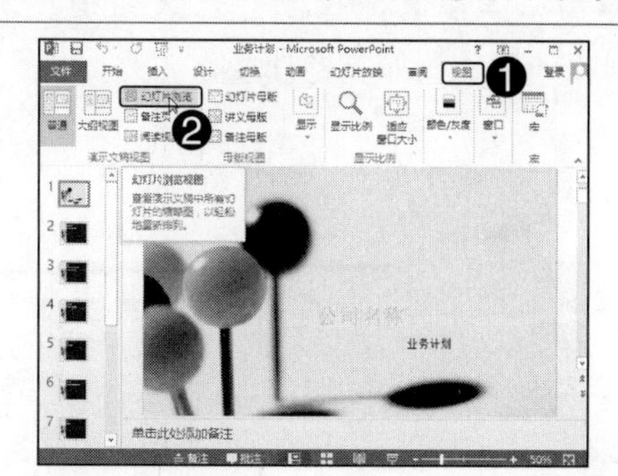

Step02：经过上步操作，切换至幻灯片浏览视图，效果如右图所示。

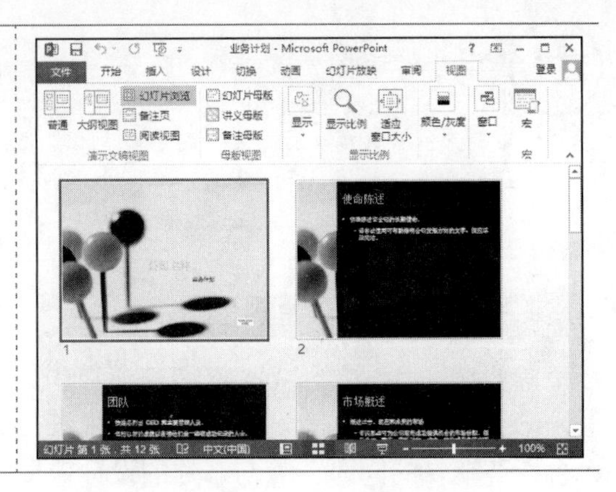

3. 备注页视图

它主要用来添加与每张幻灯片的内容相关的备注信息，供演示文稿的演示者参考，并且可以打印出来。在普通视图下，幻灯片窗格下方的备注栏只能包含文本，若要在备注中添加图片，则需要到备注页视图中编辑。

Step01：❶单击“视图”选项卡；❷单击“演示文稿视图”工具组中“备注页”按钮，如下图所示。

Step02：经过上步操作，切换至备注页视图，效果如下图所示。

4. 大纲视图

制作完幻灯片后，如果想要在左侧看到幻灯片中的所有文字，可以选择大纲视图，这样就不用单击每张幻灯片去进行查看。

Step01：❶单击“视图”选项卡；❷单击“演示文稿视图”工具组中“大纲视图”按钮，如右图所示。

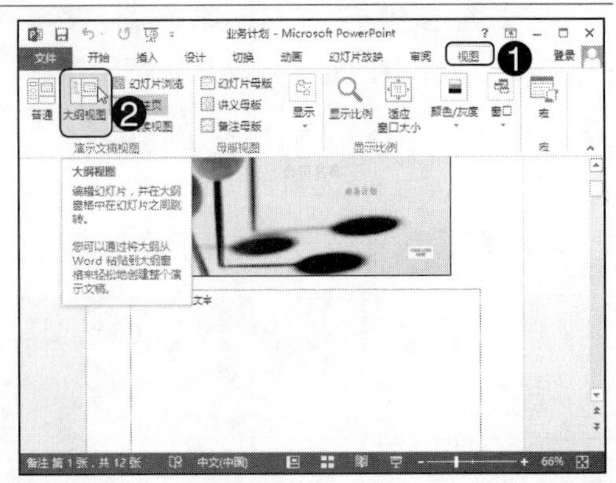

Step02：经过上步操作，切换至大纲视图，效果如右图所示。

5. 以窗口方式放映的阅读视图

阅读版式视图将会隐藏功能组，以最大的空间显示演示文稿的文字内容。如果需要在方便审阅的窗口中查看演示文稿，可以使用全屏的幻灯片放映视图，如果需要更改演示文稿，切换至某个其他视图即可。

Step01：❶单击“视图”选项卡；❷单击“演示文稿视图”工具组中“阅读视图”按钮，如下图所示。

Step02：经过上步操作，切换至阅读视图，效果如下图所示。

13.2 知识讲解——幻灯片的基本操作

幻灯片是演示文稿的主体，一个演示文稿可以包含多张幻灯片。幻灯片的基本操作包括新建、复制、移动、删除、更改幻灯片版式及美化幻灯片等知识。

13.2.1 选择幻灯片

幻灯片的选择是操作幻灯片的前提，选择幻灯片分为选择单张幻灯片和选择多张幻灯片，用户根据自己的需求进行选择即可。

光盘同步文件

素材文件：光盘\素材文件\第 13 章\业务计划 .pptx
结果文件：光盘\结果文件\第 13 章\业务计划 .pptx
视频文件：光盘\视频文件\第 13 章\13-2-1.mp4

1. 选择单张幻灯片

一份演示文稿中可能创建了多张幻灯片，制作时，可以单击任意一张幻灯片进行选择，选中后如果是在普通视图中，在右侧界面可以看到幻灯片的具体内容。例如查看第 3 张幻灯片，具体操作方法如下。

Step01：打开素材文件\第 13 章\业务计划 .pptx，鼠标光标移至第 3 张幻灯片上单击，如下图所示。

Step02：经过上步操作，在演示文稿中选中第 3 张幻灯片并显示出幻灯片的内容，效果如下图所示。

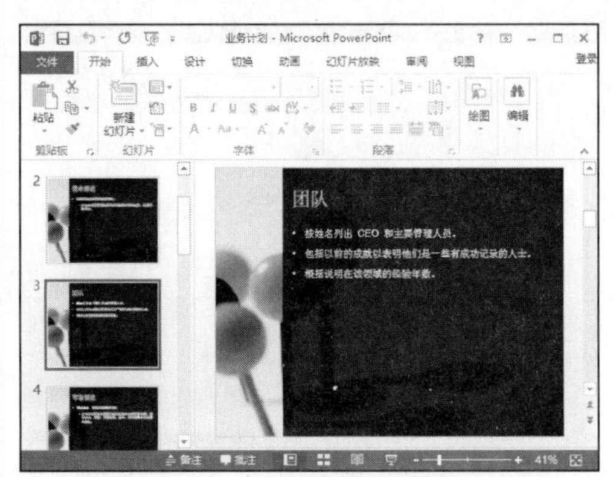

2. 选择多张幻灯片

除选择单张幻灯片外，在操作幻灯片时也有可能会选择多张幻灯片，选择多张幻灯片会根据制作幻灯片的操作进行间断选择或连续选择多张幻灯片。

（1）间断选择多张幻灯片

按住“Ctrl”键，同时单击要使用的各张幻灯片，如下图所示。

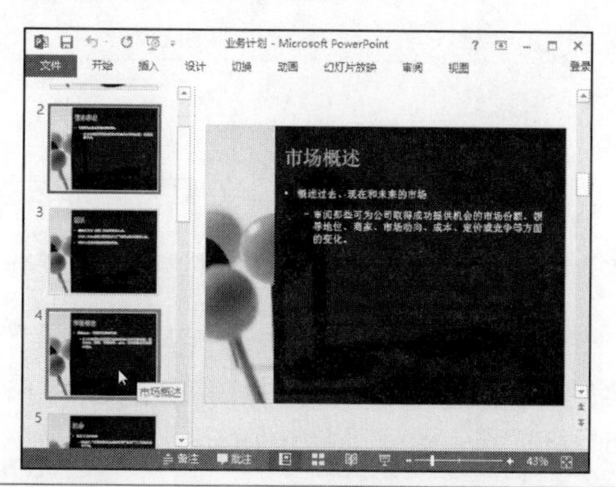

（2）连续选择多张幻灯片

选择第一张幻灯片，按住“Shift”键，然后单击最后一张幻灯片，如下图所示。

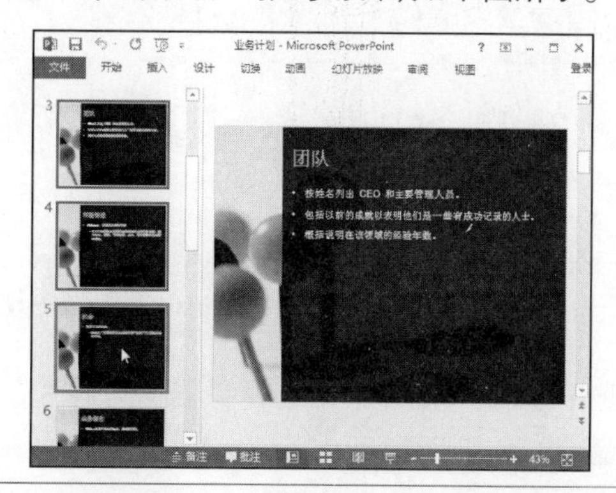

13.2.2 添加与删除幻灯片

制作幻灯片时，添加与删除幻灯片的操作是经常会遇到的事情，要制作一份完美的演示文稿，需要由多张幻灯片进行说明。在制作的过程中若有一些幻灯片显示重复或者可有可无时，可以将其删除。

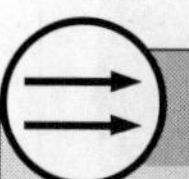

光盘同步文件

素材文件：光盘 \ 素材文件 \ 第 13 章 \ 业务计划 .pptx

结果文件：光盘 \ 结果文件 \ 第 13 章 \ 业务计划 .pptx

视频文件：光盘 \ 视频文件 \ 第 13 章 \13-2-2.mp4

1. 添加幻灯片

启动演示文稿默认情况下只有一张幻灯片，我们要制作一份演示文稿 1 张幻灯片肯定不能将内容表达清楚。因此，需要在演示文稿中添加幻灯片，在添加幻灯片时，可以直接选择好添加幻灯片的版式。

Step01：❶ 鼠标光标定位至需要添加幻灯片的位置；❷ 单击“幻灯片”工具组中“新建幻灯片”按钮；❸ 选择下拉列表中需要的样式，如下图所示。

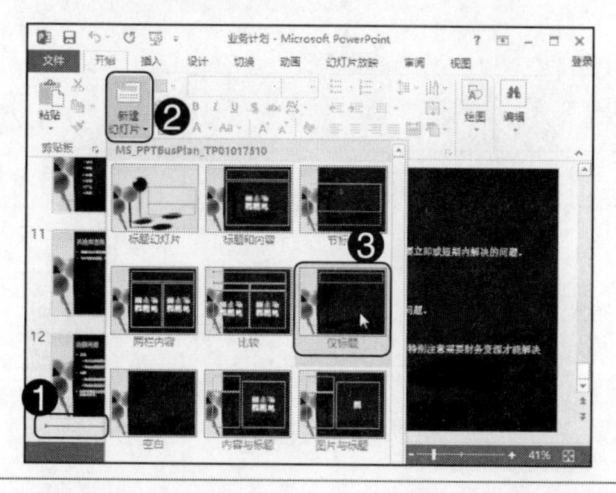

Step02：经过上步操作，为幻灯片添加了一张仅有标题的幻灯片，效果如下图所示。

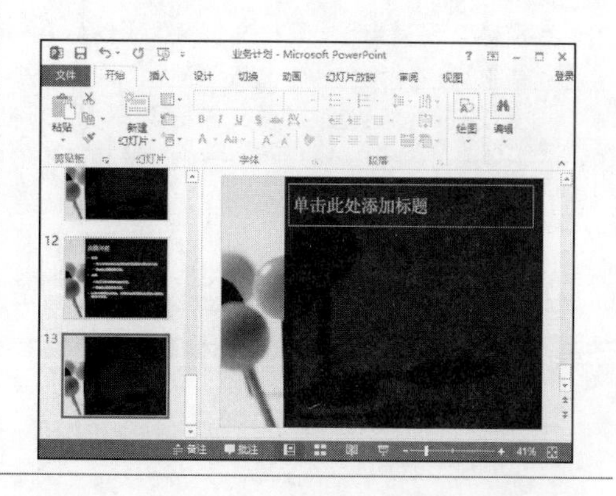

知识拓展　快速新建幻灯片

在添加幻灯片的过程中，如果需要添加一张与上一张相同的幻灯片版式，可以直接在幻灯片下方按“Enter”进行新建。

2. 删除幻灯片

在演示文稿中建立与编排多张幻灯片后，如果不再需要用到某张幻灯片，那么就可以将其从演示文稿中删除，具体操作方法如下。

Step01：❶右击第3张幻灯片；❷在弹出快捷菜单中选择“删除幻灯片”命令，如下图所示。

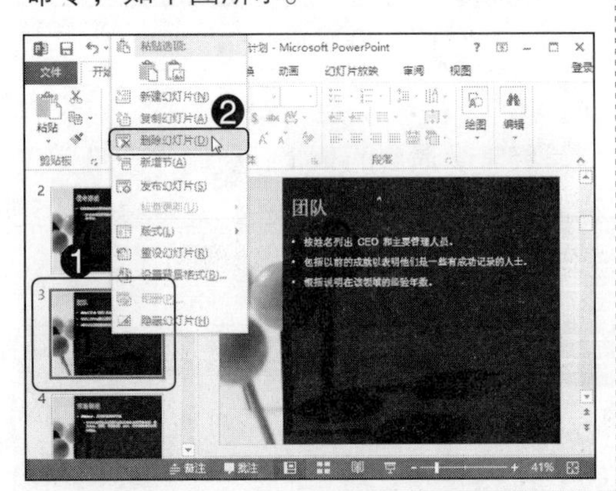

Step02：经过上步操作，删除第3张幻灯片后，下一张幻灯片会自动显示为第3张的内容，效果如下图所示。

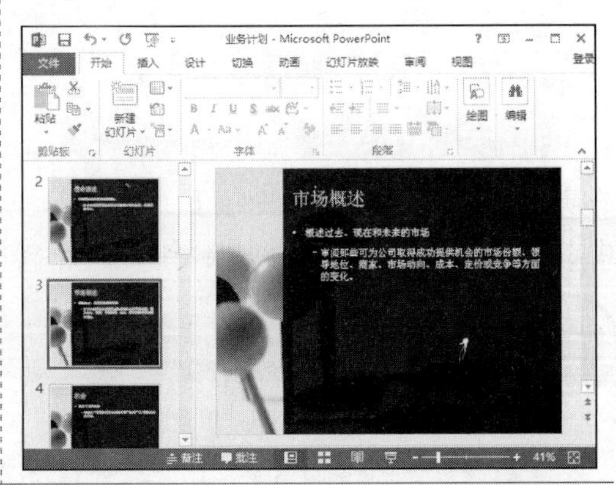

知识拓展　快速删除幻灯片

除了上述的方法删除幻灯片外，还可以直接选择幻灯片，单击“剪贴板”工具组中“剪切”按钮；或者直接按“Delete”键。

13.2.3 复制与移动幻灯片

光盘同步文件

素材文件：光盘\素材文件\第13章\业务计划.pptx
结果文件：光盘\结果文件\第13章\业务计划.pptx
视频文件：光盘\视频文件\第13章\13-2-3.mp4

1. 移动幻灯片

移动幻灯片其实就是调整幻灯片在演示文稿中的顺序。例如将第5张幻灯片，移至第2张幻灯片的位置，具体操作方法如下。

Step01：选中第 5 张幻灯片；单击“剪贴板”工具组中“剪切”按钮✂剪切，如下图所示。

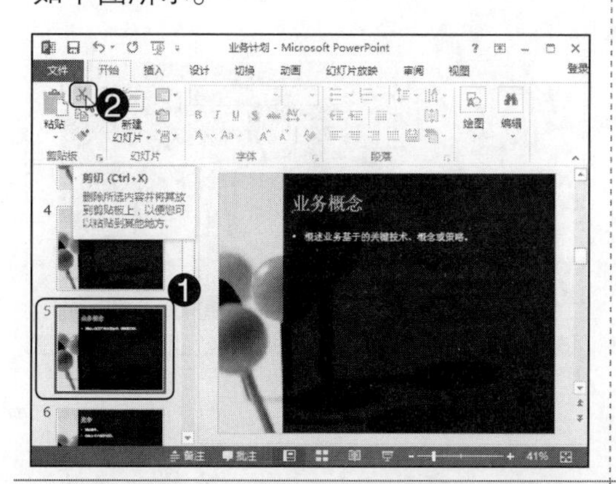

Step02：将鼠标光标定位至幻灯片的存放位置；单击“剪贴板”工具组中“粘贴”按钮，如下图所示。

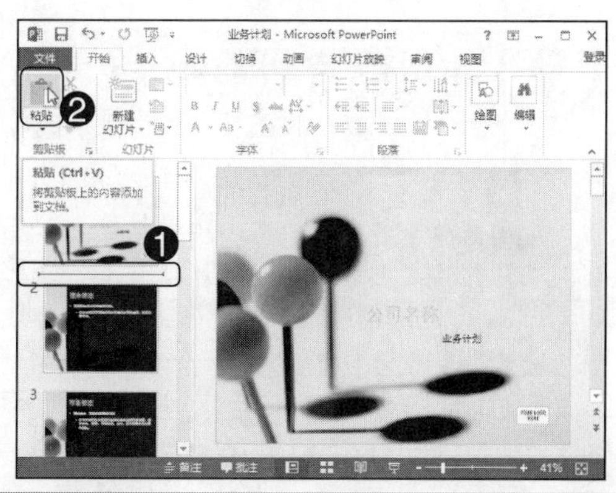

Step03：经过以上操作，将幻灯片从第 5 张移动至第 2 张的位置，效果如右图所示。

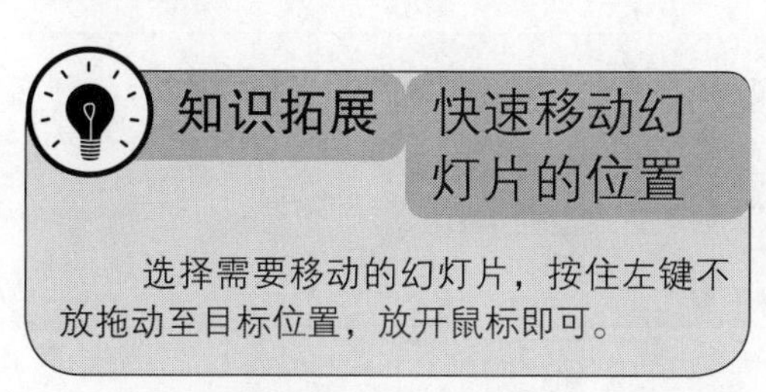

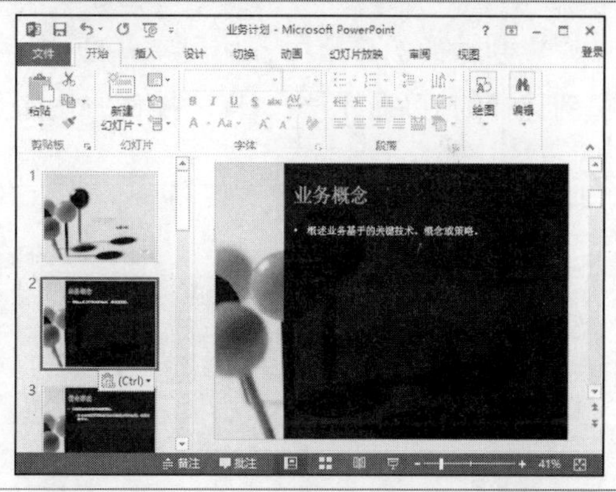

2. 复制幻灯片

复制幻灯片用于在演示文稿中快速创建指定幻灯片的副本；对于结构与格式相同的幻灯片，可以复制一份后直接修改内容，以达到快速创建幻灯片的目的。

例如，复制第 9 张幻灯片，具体操作方法如下。

Step01：❶ 单击第 9 张幻灯片；❷ 单击“剪贴板”工具组中“复制”按钮；如下图所示。

Step02：❶ 将鼠标光标定位至第 1 张幻灯片之后；❷ 单击“剪贴板”工具组中“粘贴”按钮，如下图所示。

Step03：经过以上操作，复制第 9 张幻灯片，放置在第 2 张幻灯片的位置，效果如右图所示。

知识拓展　多次使用粘贴命令

选中要复制的幻灯片后，如果有多张幻灯片需要此张幻灯片的版式，可以直接多次使用粘贴命令，即可复制出多张幻灯片。

13.2.4 更改幻灯片的版式

在制作的幻灯片中，如果有些版式觉得不太好看，可以在不修改内容的前提下，重新选择幻灯片的版式，具体操作方法如下：

光盘同步文件

素材文件：光盘\素材文件\第 13 章\业务计划（更改版式）.pptx
结果文件：光盘\结果文件\第 13 章\业务计划（更改版式）.pptx
视频文件：光盘\视频文件\第 13 章\13-2-4.mp4

Step01：打开素材文件第 13 章业务计划（更改版式）.pptx，❶ 选择第 2 张幻灯片；❷ 单击“幻灯片”工具组中“版式”按钮；❸ 选择下拉列表中需要的样式，如下图所示。

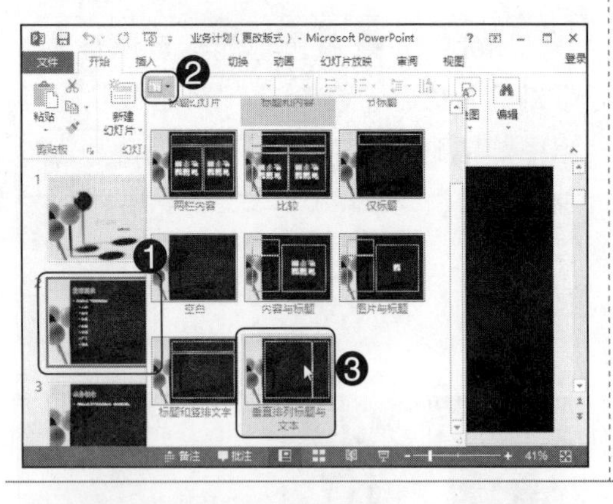

Step02：经过上步操作，修改第 2 张幻灯片的版式，效果如下图所示。

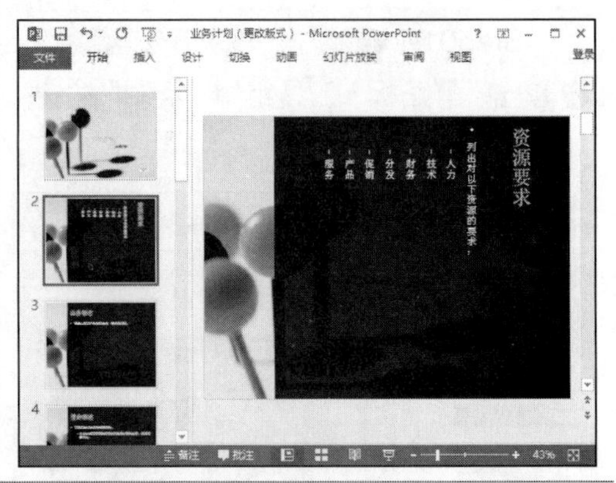

13.2.5 美化幻灯片

幻灯片设计是指演示文稿中幻灯片的整体效果，它包含了幻灯片应用的主题颜色、字体、形状效果、背景样式等，在应用或调整幻灯片设计后，在编辑幻灯片内容时，相应的内容元素会自动应用设计中所包含的颜色及字体等。

光盘同步文件

素材文件：光盘 \ 素材文件 \ 第 13 章 \ 业务计划（更改版式）.pptx
结果文件：光盘 \ 结果文件 \ 第 13 章 \ 业务计划（更改版式）.pptx
视频文件：光盘 \ 视频文件 \ 第 13 章 \13-2-5.mp4

1. 应用幻灯片主题

制作的幻灯片，如果对主题样式不满意时，可以重新进行设置，下面以应用主题样式和修改主题的颜色和字体为例，具体操作方法如下。

Step01：打开素材文件第 13 章业务计划（更改版式）.pptx，❶单击“设计”选项卡；❷单击“主题”工具组中样式，如下图所示。

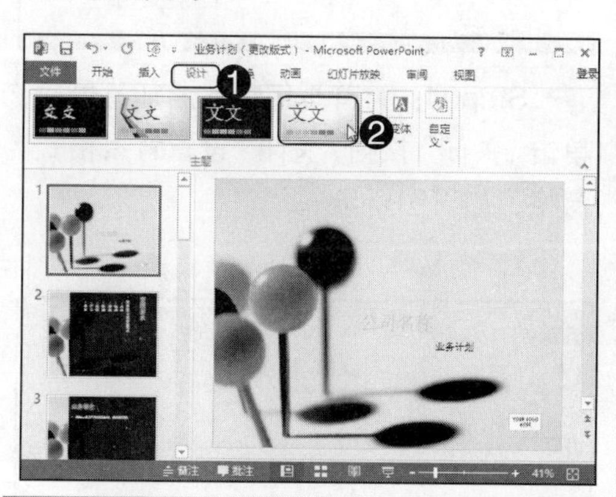

Step02：❶选中标题文本；❷单击“绘图工具 – 格式”选项卡；❸单击“变体”工具组中“其他”按钮，如下图所示。

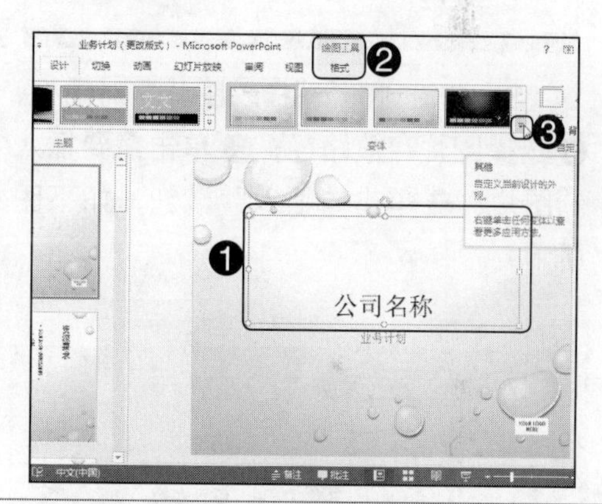

Step03：❶选择下拉列表中“颜色”命令；❷选择单击需要的颜色，如“红橙色”，如下图所示。

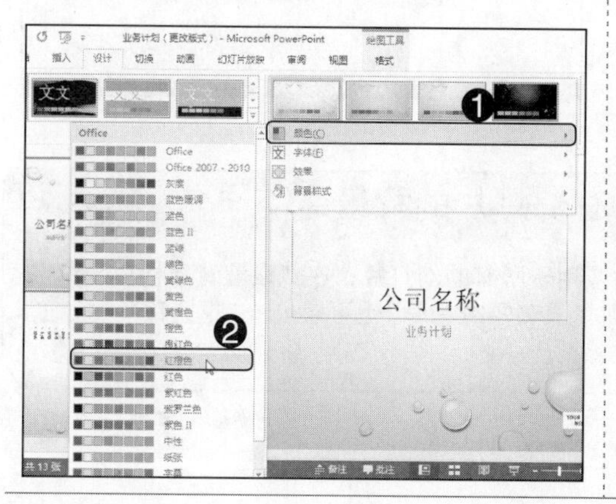

Step04：单击“变体”工具组中“其他”按钮；选择“字体”命令；单击需要的字体，如“黑体”，如下图所示。

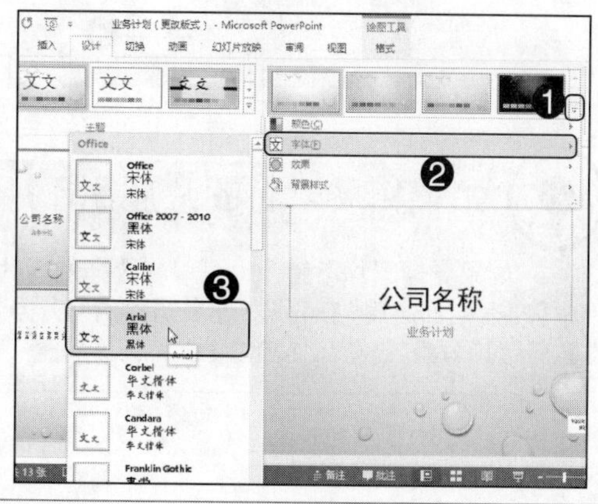

2. 设置幻灯片背景

为幻灯片应用主题后，如果觉得背景还是没有达到自己的要求，可以为幻灯片添加背景，具体操作方法如下。

Step01：选中第1张幻灯片，单击"自定义"工具组中"设置背景格式"按钮，如下图所示。

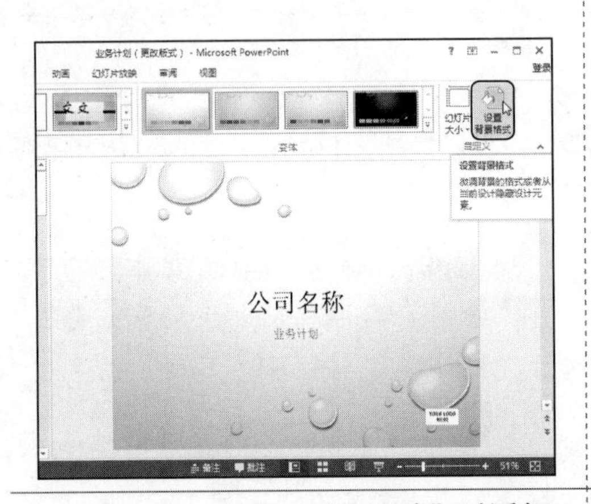

Step02：打开"设置背景格式"按钮窗格，❶ 选中"图片或纹理填充"单选按钮；❷ 单击"文件"按钮，如下图所示。

Step03：打开"插入图片"对话框，❶ 选择图片存放路径；❷ 单击需要插入的图片；❸ 单击"插入"按钮，如下图所示。

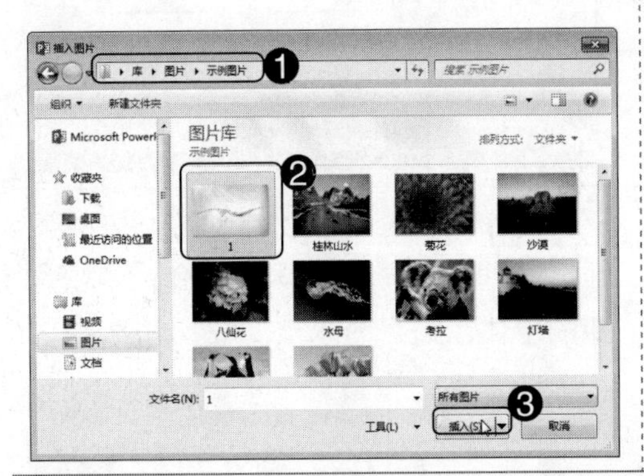

Step04：为首页幻灯片添加背景后，单击"关闭"按钮，关闭"设置背景格式"窗格，如下图所示。

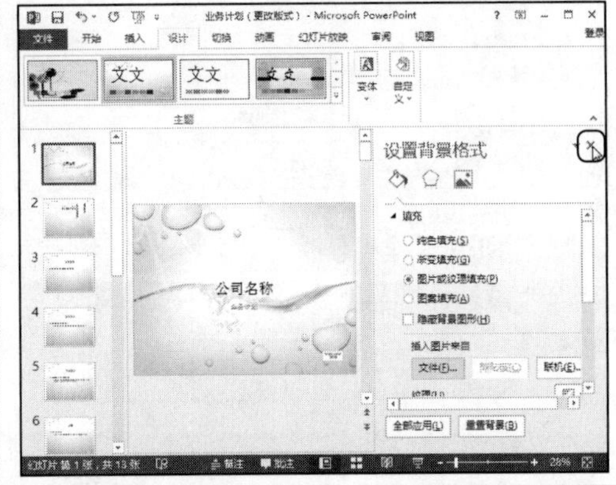

知识拓展 将图片应用于所有幻灯片的背景

如果觉得图片不错，也可以将选择的图片应用于所有的幻灯片，在"设置背景格式"窗格中单击"全部应用"按钮即可，若是对幻灯片添加的背景不满意时，也可以单击"重置背景"按钮，重新选择背景。

13.3 知识讲解——编辑幻灯片内容

文字是演示文稿的主体，演示文稿要展现的内容以及要表达的思想，主要是通过文字表达出来并让受众接受的。在本节中主要介绍输入与编辑文本、设置段落格式和项目符号的使用等内容。

13.3.1 输入与编辑文本

文本是演示文稿中的主体，演示文稿要展现的内容也需要通过文本来实现，在编排幻灯片时，首先需要做的就是在各张幻灯片中输入相应的文本内容。

光盘同步文件

素材文件：光盘 \ 素材文件 \ 第 13 章 \ 业务计划（编辑内容）.pptx
结果文件：光盘 \ 结果文件 \ 第 13 章 \ 业务计划（编辑内容）.pptx
视频文件：光盘 \ 视频文件 \ 第 13 章 \13-3-1.mp4

Step01：打开素材文件 \ 第 13 章 \ 业务计划（编辑内容）.pptx，在第 2 张幻灯片标题占位符中输入标题文本，如下图所示。

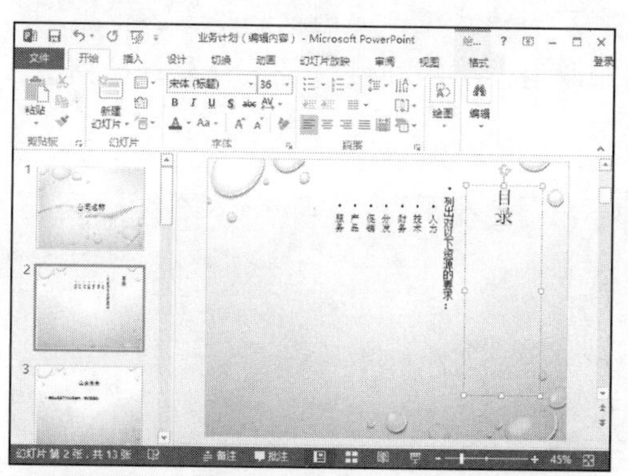

Step02：❶ 选择不需要的文本内容；❷ 单击"剪贴板"工具组中"剪切"按钮，如下图所示。

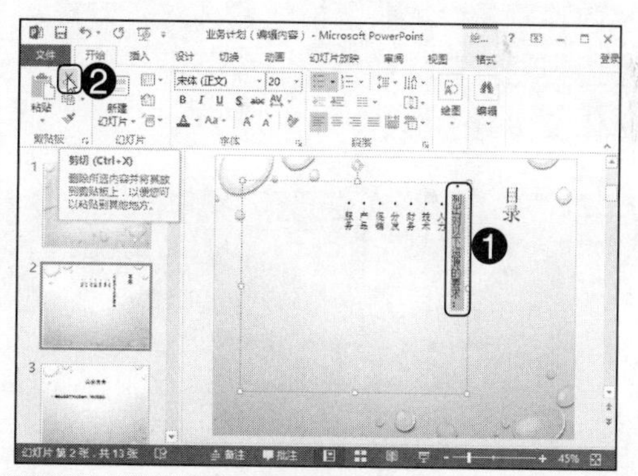

Step03：❶ 在正文文本框中输入内容并选中；❷ 单击"字体"工具组中"字号"框右侧下拉按钮；❸ 在其下拉列表中选择需要的字号，如"28"，如右图所示。

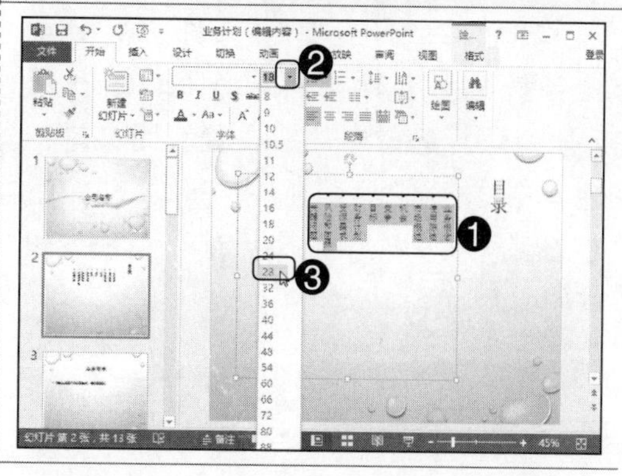

Step04：❶ 选中标题文本；❷ 单击“字体”工具组中“加粗”按钮；❸ 单击“字体”工具组中“文字阴影”按钮，如下图所示。

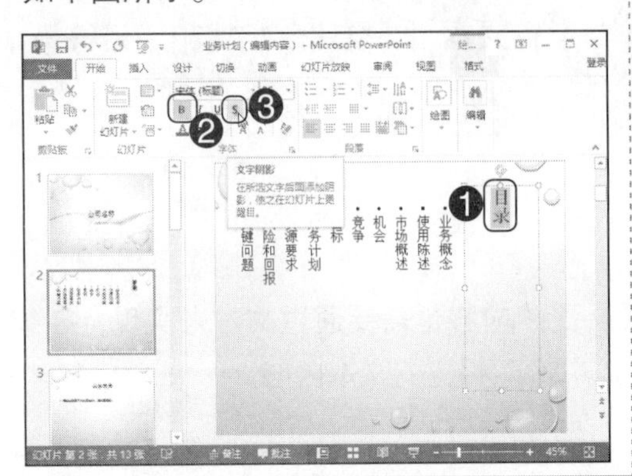

Step05：选中标题和正文文本框，拖动调整大小和移动位置，效果如右图所示。

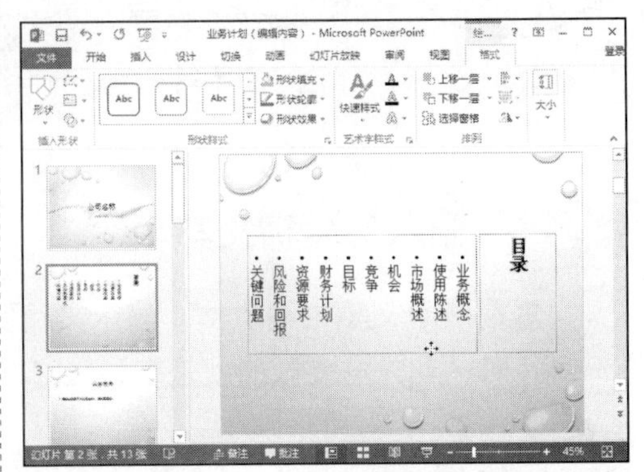

知识拓展　拖动与移动的技巧

在操作文本框时，需要注意鼠标光标的样式，如果是“✥”状态，表示可以拖动调整位置；将鼠标光标移至文本框的控制点上变成“↕”状态，表示拖动缩放文本框的大小。

13.3.2　设置段落格式

只要在幻灯片中输入文本，就形成一个段落。段落以段落标记为标识，而不论文字内容有多少。段落格式包括对齐方式、文字方向、分栏、缩进及间距等。根据幻灯片内容的需要选择性地对段落进行设置，例如取消正文的项目符号，设置首行缩进，具体操作方法如下。

光盘同步文件

素材文件：光盘\素材文件\第 13 章\业务计划（编辑内容）.pptx
结果文件：光盘\结果文件\第 13 章\业务计划（编辑内容）.pptx
视频文件：光盘\视频文件\第 13 章\13-3-2.mp4

Step01：打开素材文件\第 13 章业务计划（编辑内容）.pptx，❶ 在第 5 张幻灯片选择中需要设置行距文本；❷ 单击“段落”工具组中“行距”按钮；❸ 在其下拉列表中选择“2.0”选项，如右图所示。

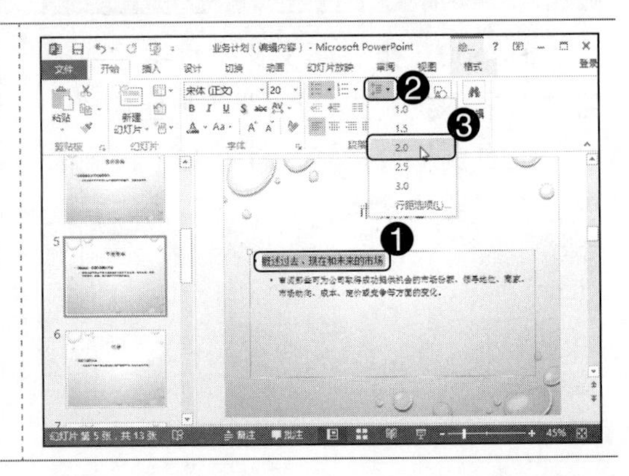

Step02：❶ 在第 5 张幻灯片选择中需要设置的文本；❷ 单击“段落”工具组中“项目符号”按钮，如下图所示。

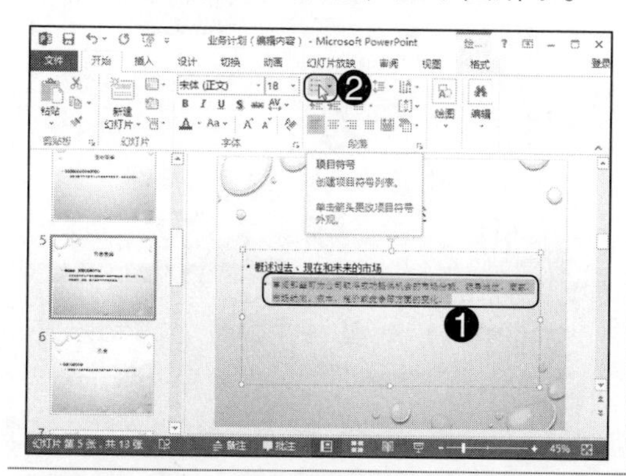

Step03：取消项目符号后，单击“段落”工具组中对话框开启按钮，如下图所示。

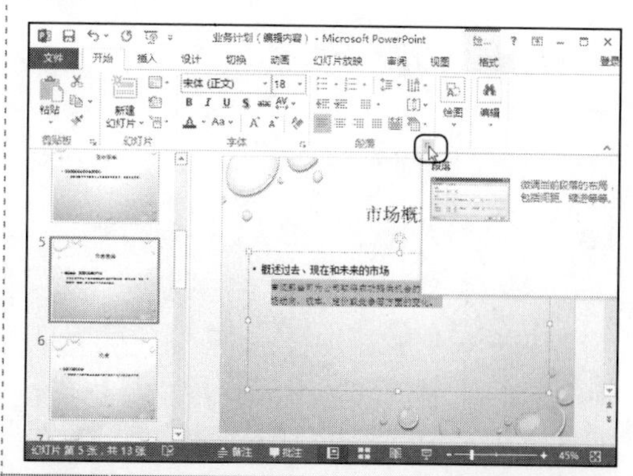

Step04：打开“段落”对话框，❶ 设置首行缩进和度量值；❷ 单击“确定”按钮，如右图所示。

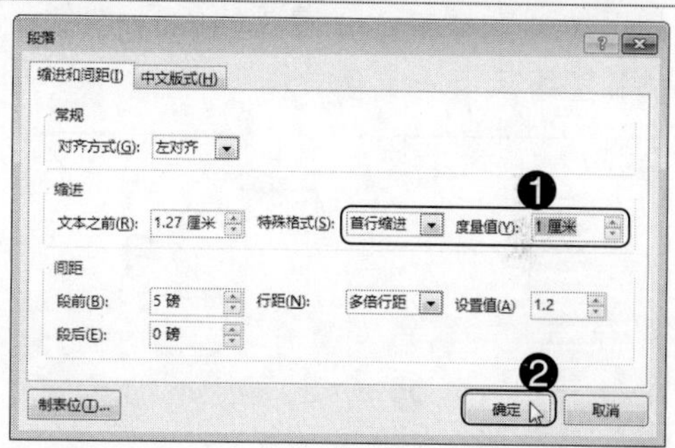

13.3.3 使用项目符号和编号

项目符号和编号是放在文本前的点或其他符号，起到强调作用。合理使用项目符号和编号，可以使文档的层次结构更清晰、更有条理。

光盘同步文件

素材文件：光盘 \ 素材文件 \ 第 13 章 \ 业务计划（编辑内容）.pptx
结果文件：光盘 \ 结果文件 \ 第 13 章 \ 业务计划（编辑内容）.pptx
视频文件：光盘 \ 视频文件 \ 第 13 章 \13-3-3.mp4

Step01：打开素材文件 \ 第 13 章业务计划（编辑内容）.pptx，❶ 选择需要设置项目符号的文本；❷ 单击“段落”工具组中“项目符号”右侧下拉按钮；❸ 在其下拉列表框中选择需要的项目符号，如右图所示。

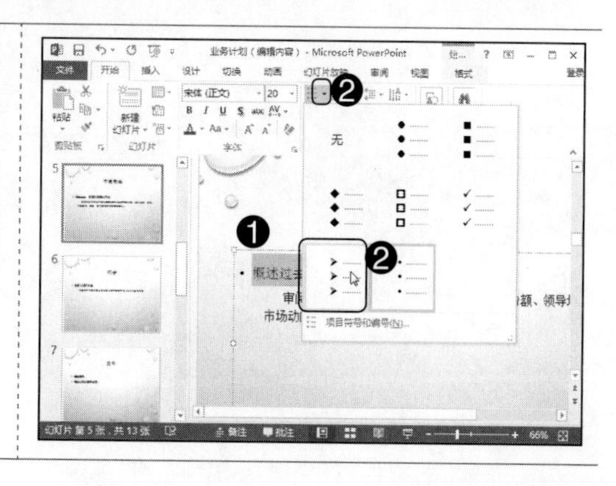

Step02：经过上步操作，为幻灯片中的文本添加项目符号，效果如右图所示。

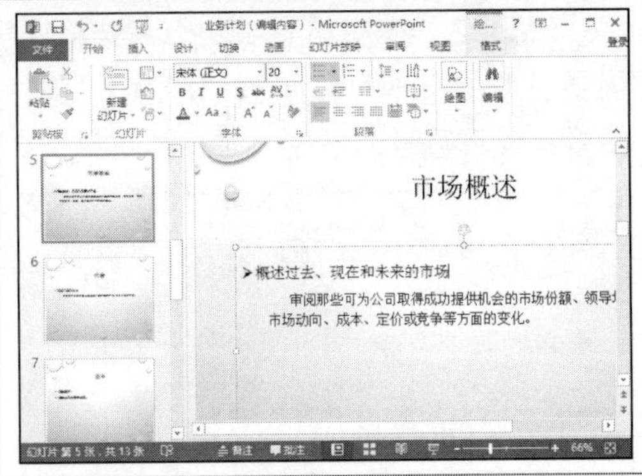

Step03：❶ 选在第 2 张幻灯片中选择需要添加编号的文本；❷ 单击“段落”工具组中“编号”右侧下拉按钮；❸ 在其下拉列表框中选择需要的编号样式，如下图所示。

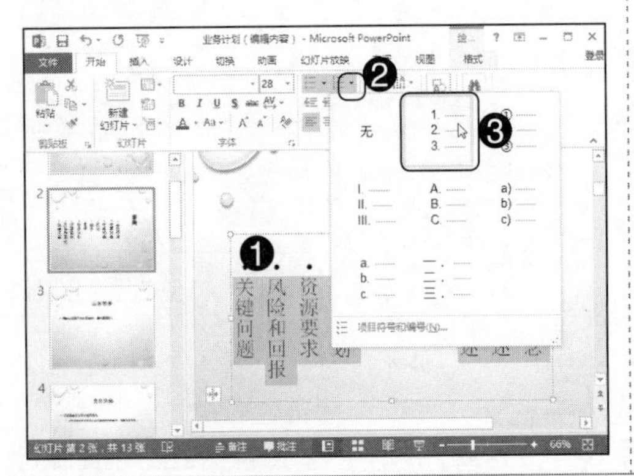

Step04：经过上步操作，为幻灯片中的文本添加编号，效果如下图所示。

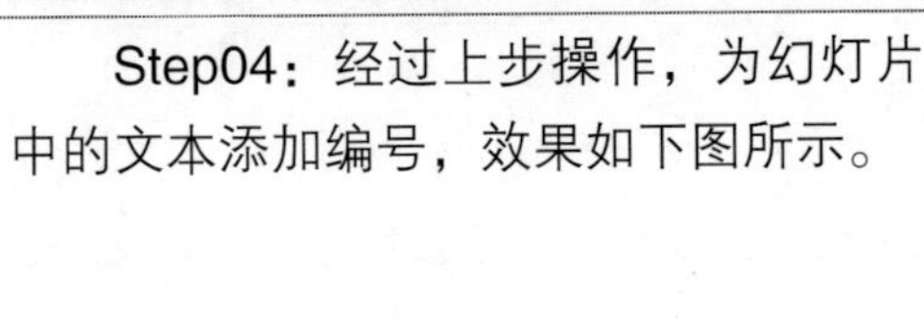

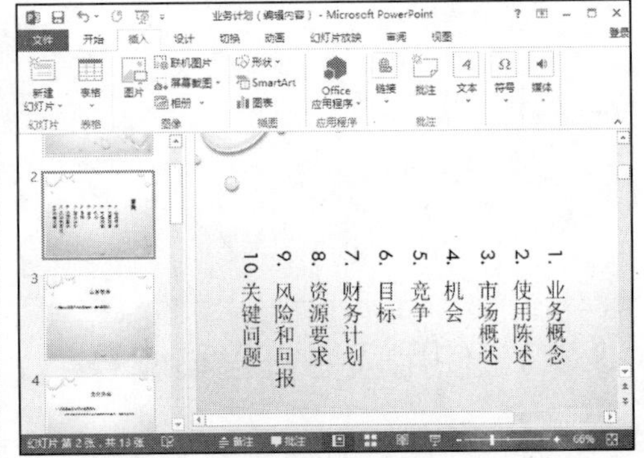

13.4 知识讲解——丰富幻灯片内容

制作幻灯片除需要文字进行说明外，还需要添加各种对象来展现幻灯片更加丰富的内容。本节主要介绍插入自选图形、图片、表格、图表、SmartArt 图形和媒体等对象。

13.4.1 插入图片与自选图形

将幻灯片的文本信息编辑好以后，可以插入自选图形和图片对幻灯片进行美化，下面介绍插入矩形和填充图片的效果设置（演示文稿的首页），具体操作方法如下。

光盘同步文件

素材文件：光盘\素材文件\第 13 章\纸巾促销活动 .pptx、背景图 .jpg
结果文件：光盘\结果文件\第 13 章\纸巾促销活动 .pptx
视频文件：光盘\视频文件\第 13 章\13-4-1.mp4

Step01：打开素材文件\第 13 章\纸巾促销活动 pptx，❶ 单击“插入”选项卡；❷ 单击“插图”工具组中“形状”按钮；❸ 在其下拉列表中选择“矩形”样式，如下图所示。

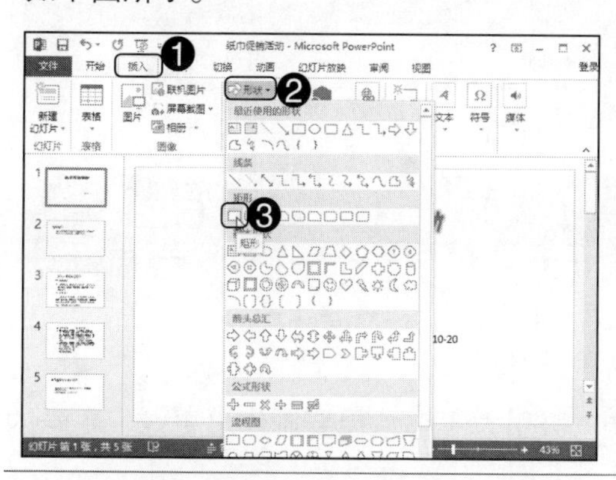

Step02：执行矩形命令后，按住左键不放拖动调整大小，如下图所示。

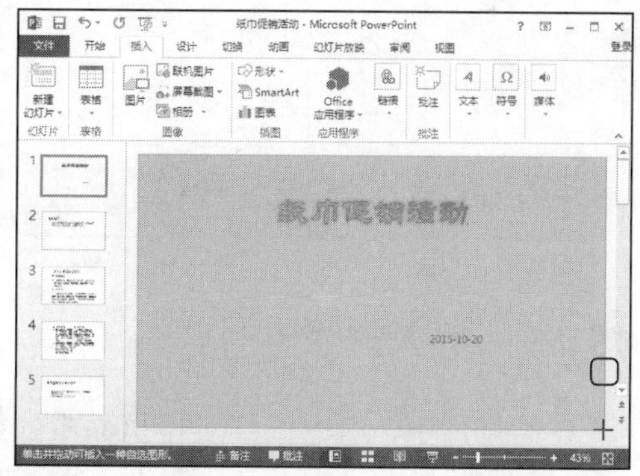

Step03：❶ 单击“绘图工具－格式”选项卡；❷ 单击“排列”工具组中“下移一层”右侧下拉按钮；❸ 选择“置于底层”命令，如右图所示。

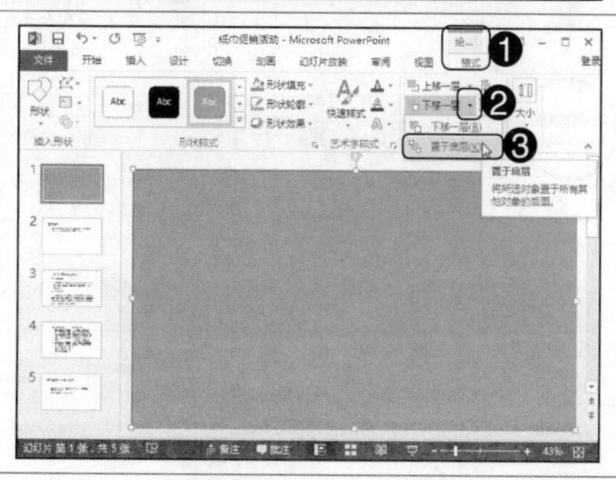

Step04：❶ 单击“绘图工具 – 格式”选项卡；❷ 单击“形状样式”工具组中“形状填充”右侧下拉按钮；❸ 在其下拉列表框中选择“图片”命令，如右图所示。

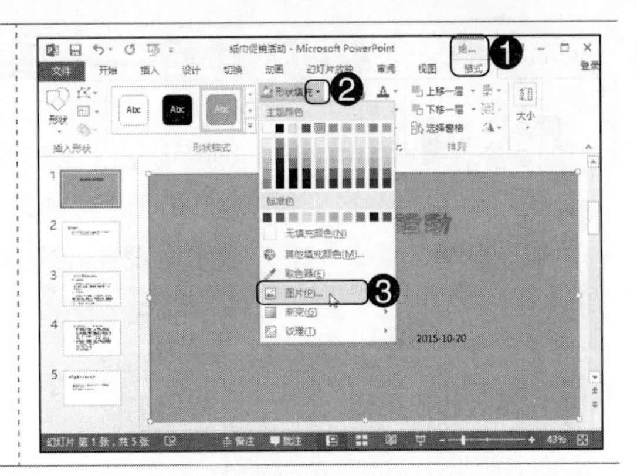

知识拓展　插入图片的方法

除使用图片填充外，还可以在幻灯片中插入图片对象，可以插入本机文件的图片和联机图片。在 PowerPoint 2013 的版本中取消了剪贴画功能。

Step05：打开“插入图片”对话框，单击“来自文件”中的“浏览”链接，如下图所示。

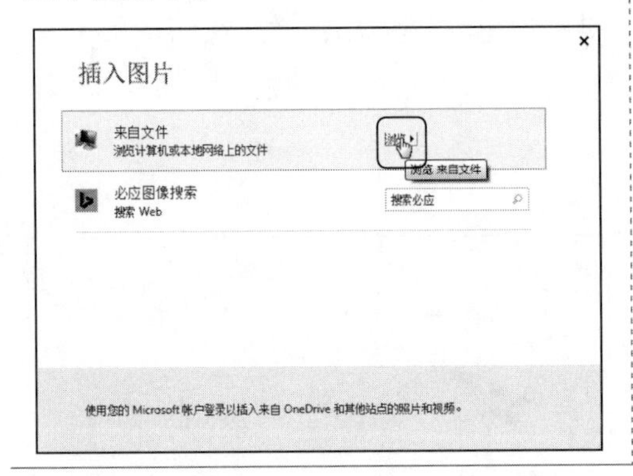

Step06：打开“插入图片”对话框，❶ 选择图片存放路径；❷ 单击“背景图”图片；❸ 单击“插入”按钮，如下图所示。

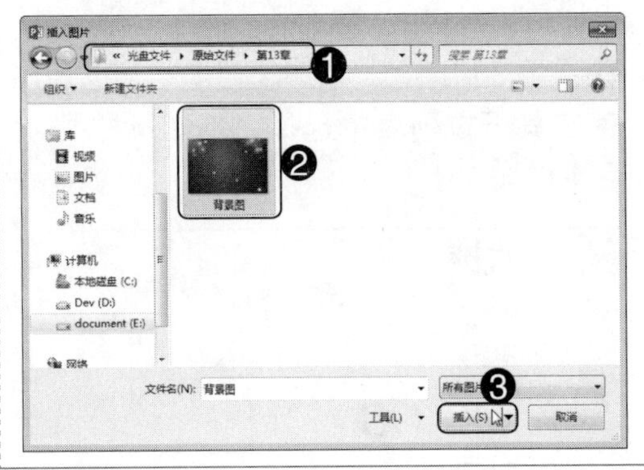

13.4.2　插入艺术字

在幻灯片中，有时候会觉得页面中的文本吸引力不够，想要制作出更炫、更酷的效果，可以使用艺术字，具体操作方法如下。

光盘同步文件

素材文件：光盘 \ 素材文件 \ 第 13 章 \ 纸巾促销活动 .pptx
结果文件：光盘 \ 结果文件 \ 第 13 章 \ 纸巾促销活动 .pptx
视频文件：光盘 \ 视频文件 \ 第 13 章 \13-4-2.mp4

Step01：在纸巾促销活动演示文稿中，❶单击“插入”选项卡；❷单击文本工具组中艺术字按钮；❸在弹出的下拉列表中选择艺术字样式，如下图所示。

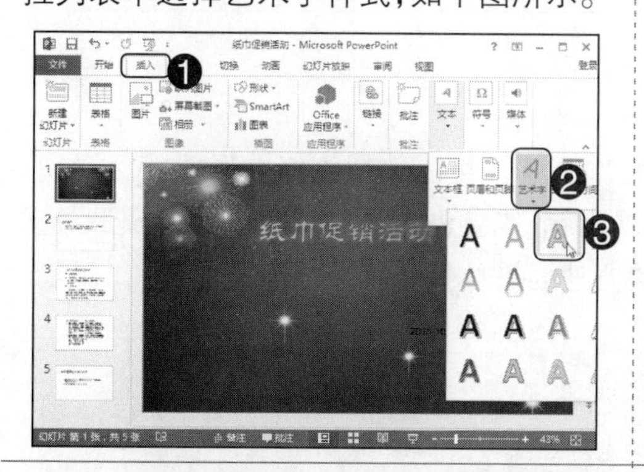

Step02：❶输入艺术字并选中；❷单击“格式”选项卡；❸单击“艺术字样式”工具组中“文本填充”按钮；❹在其下拉列表中选择需要的颜色，如下图所示。

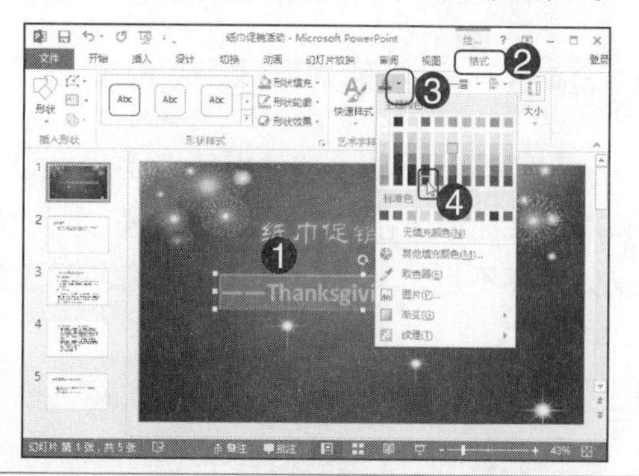

Step03：❶选中输入的艺术字；❷单击“开始”选项卡；❸单击“字体”工具组中“字体”右侧下拉按钮；❹在字体下拉列表中选择需要的字体，如下图所示。

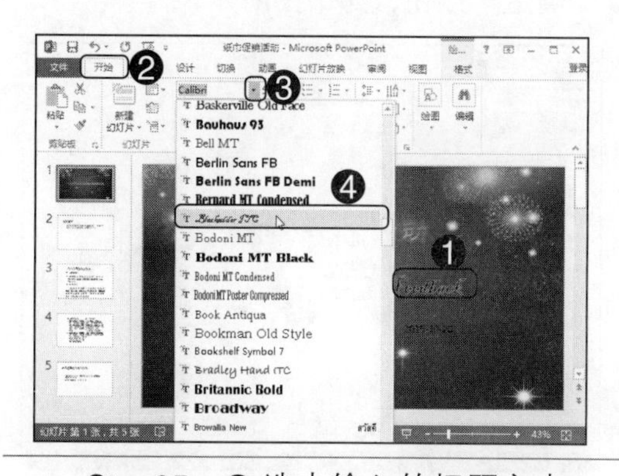

Step04：设置完输入的艺术字外，可以对标题文本进行设置，让效果更好，❶选中标题文本，切换至“格式”选项卡；❷单击“艺术字样式”工具组中“快速样式”按钮；❸在艺术字下拉列表中选择需要的样式，如下图所示。

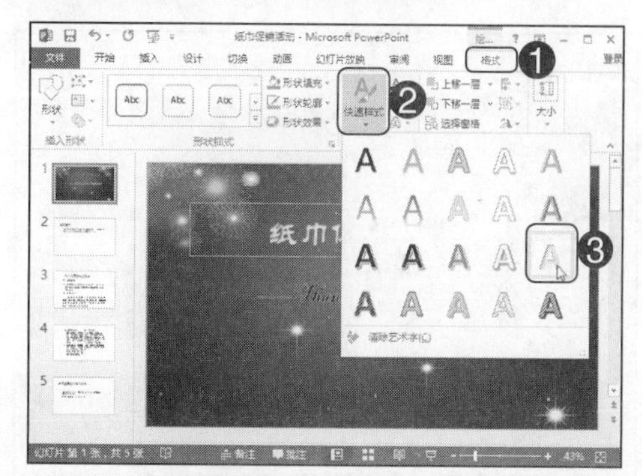

Step05：❶选中输入的标题文本；❷单击“字体”工具组中“字号”右侧下拉按钮；❸在字号下拉列表中选择需要的字号，如下图所示。

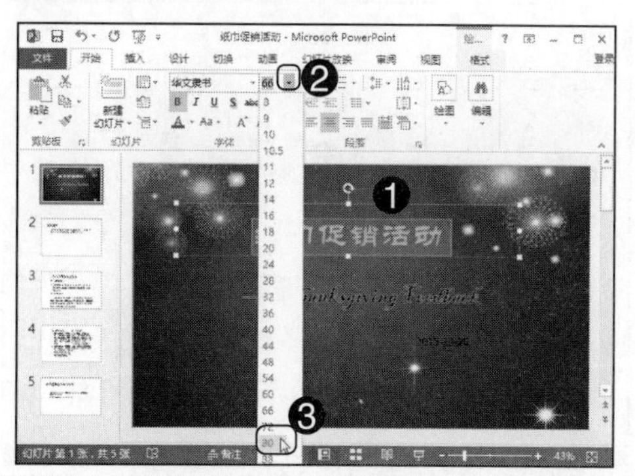

Step06：❶选中日期文本；❷单击“字体”工具组中“字体颜色”右侧下拉按钮；❸在颜色下拉列表中选择需要的颜色，如“白色，背景 1”，如下图所示。

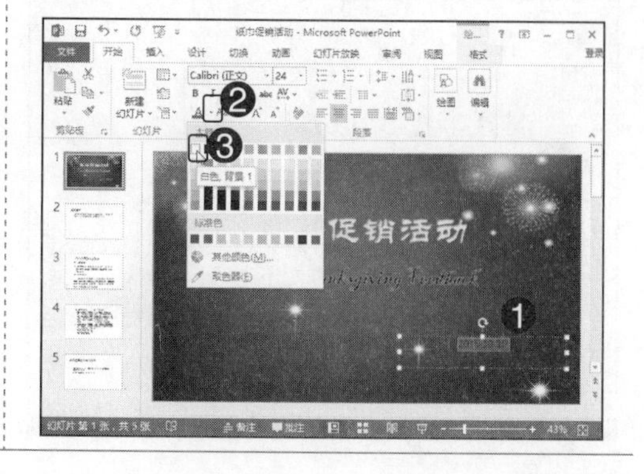

知识拓展　制作发光艺术字

选择制作的艺术字，切换至“格式”选项卡，单击“艺术字样式”工具组中“文本效果”按钮，鼠标指针指向“发光”命令；在弹出的下拉列表中选择发光的样式即可。

13.4.3　插入表格及图表

在幻灯片中，为了让促销产品的活动更加清楚，可以使用表格的形式将活动规则和活动奖品以表格的形式罗列出来。为了本次促销，需要做出一个促销的产品预计数量，以免库存不足，下面介绍制作表格和图表的方法，具体操作如下。

光盘同步文件

素材文件：光盘 \ 素材文件 \ 第 13 章 \ 纸巾促销活动 .pptx
结果文件：光盘 \ 结果文件 \ 第 13 章 \ 纸巾促销活动 .pptx
视频文件：光盘 \ 视频文件 \ 第 13 章 \13-4-3.mp4

Step01：在纸巾促销活动演示文稿中，选中第 2 张幻灯片，单击“插入表格”按钮，如下图所示。

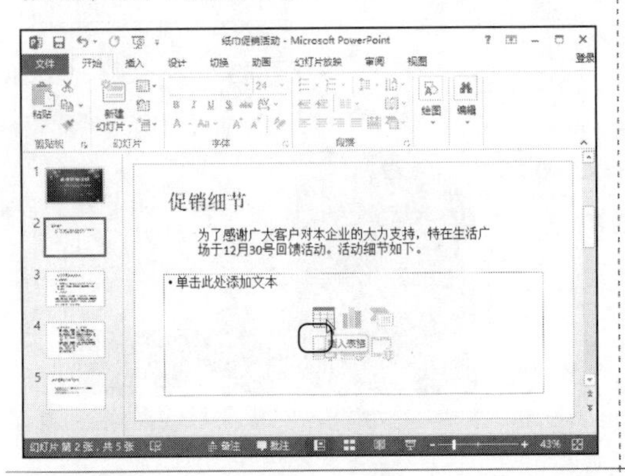

Step02：打开“插入表格”对话框，❶ 输入插入表格的列数和行数；❷ 单击“确定”按钮，如下图所示。

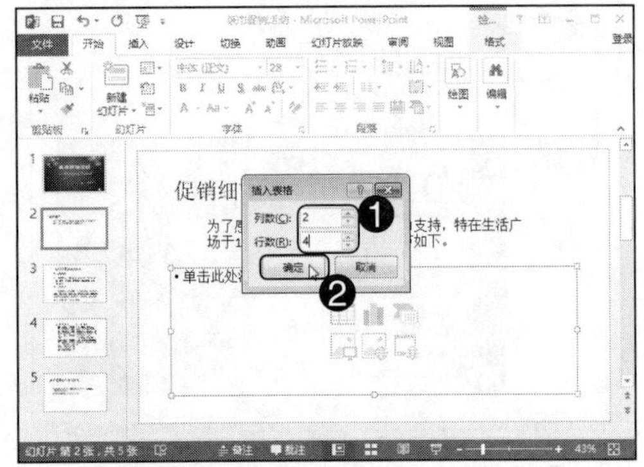

Step03：在插入的表格中输入活动规则和奖品类型的相关信息，如下图所示。

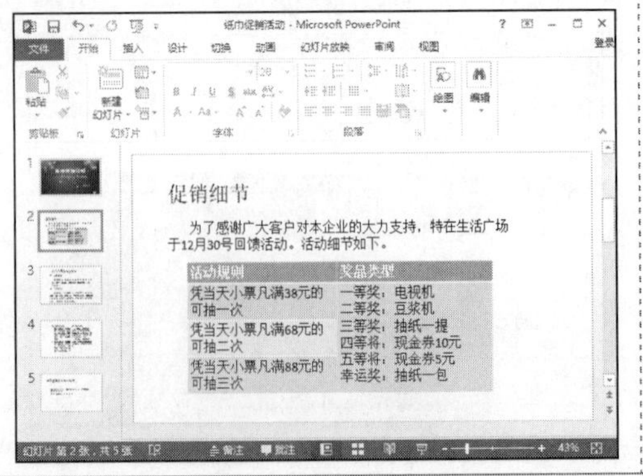

Step04：❶ 在第 5 张幻灯片后，按“Enter”键新建一张幻灯片，输入标题文本；❷ 单击“插入图表”按钮，如下图所示。

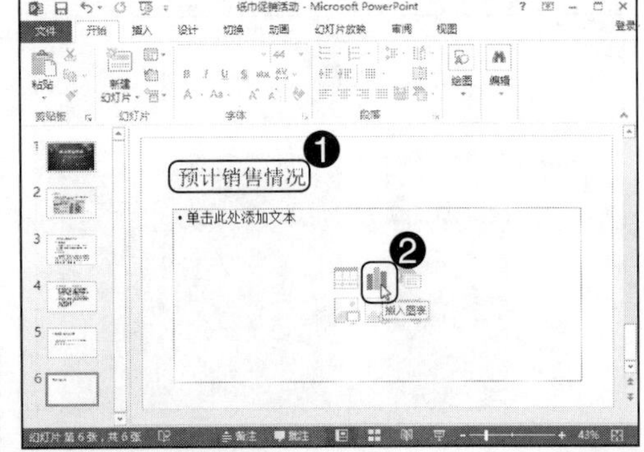

Step05：打开“插入图表”对话框，❶选择“柱形图”选项；❷在右侧选择图表类型；❸单击“确定”按钮，如下图所示。

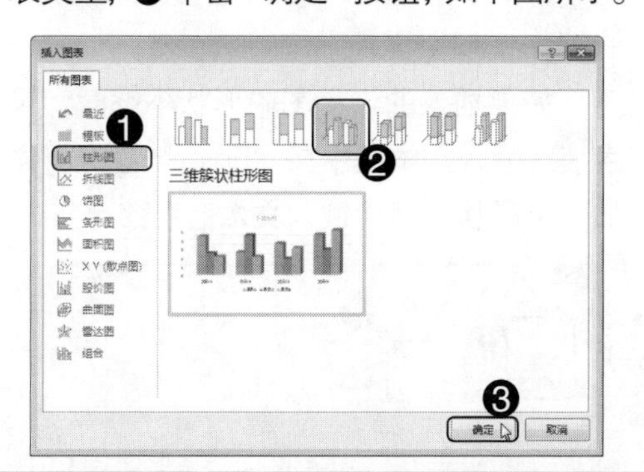

Step06：自动打开“Microsoft PowerPoint 中的图表”窗口，输入图表信息与数据，如下图所示。

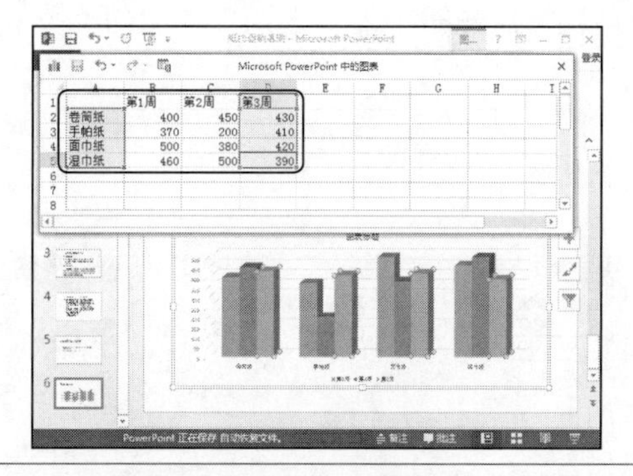

Step07：输入完图表的信息后，单击“关闭”按钮，完成插入图表的操作，如下图所示。

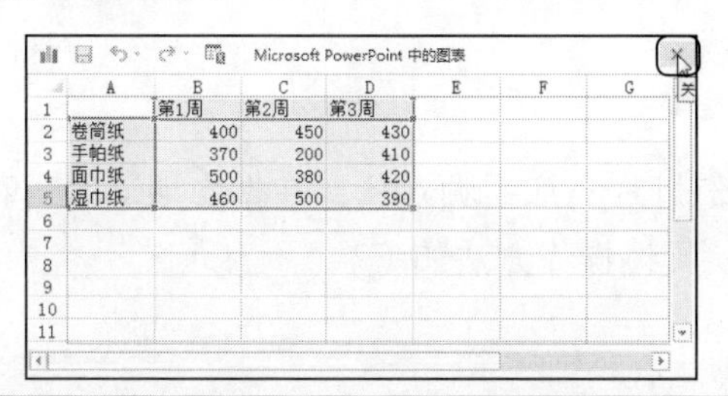

	A	B	C	D
1		第1周	第2周	第3周
2	卷筒纸	400	450	430
3	手帕纸	370	200	410
4	面巾纸	500	380	420
5	湿巾纸	460	500	390

Step08：经过以上操作，在幻灯片中插入图表，效果如下图所示。

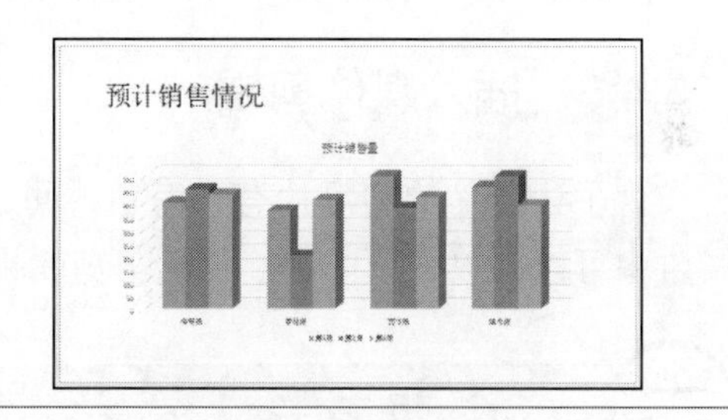

13.4.4 插入 SmartArt 图形

SmartArt 图形是信息和观点的视觉表示形状，如流程图、层次结构图、关系图等特殊图形，使用户快速创建具有专业设计师水准的插图，轻松传达需要表达的关系或流程过程等信息。下面介绍插入流程图的方法，具体操作如下。

光盘同步文件

素材文件：光盘\素材文件\第 13 章\纸巾促销活动 .pptx
结果文件：光盘\结果文件\第 13 章\纸巾促销活动 .pptx
视频文件：光盘\视频文件\第 13 章\13-4-4.mp4

Step01：在纸巾促销活动演示文稿中，❶在第 6 张幻灯片后，按“Enter”键新建一张幻灯片，输入标题文本；❷单击“插入 SmartArt 图形”按钮，如右图所示。

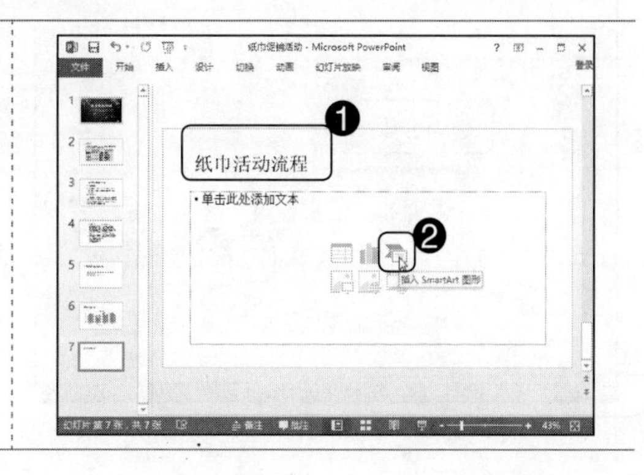

Step02：打开“插入 SmartArt 图形”对话框，❶选择左侧“流程”选项；❷单击右侧需要的样式；❸单击“确定”按钮，如下图所示：

Step03：❶在“在此处键入文字”文本框中输入流程图的信息；❷单击“关闭”按钮，关闭文字窗格，完成流程图的制作，如下图所示。

如果插入的流程图中形状不够时，可直接在输入文本框中按“Enter”键即可添加一个形状，然后输入文本信息即可。

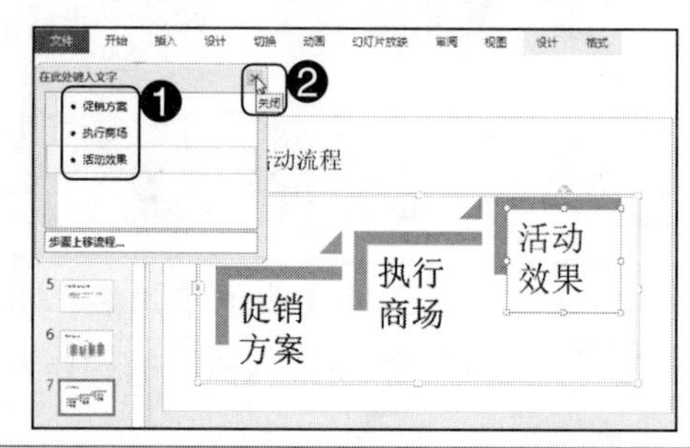

13.4.5 插入媒体剪辑

为了让制作的幻灯片有声有色，可以为幻灯片添加视频对象，在本次活动的屏幕广告中可以播放视频内容。插入与剪辑视频，具体操作方法如下。

光盘同步文件

素材文件：光盘\素材文件\第 13 章\纸巾促销活动 .pptx
结果文件：光盘\结果文件\第 13 章\纸巾促销活动 .pptx
视频文件：光盘\视频文件\第 13 章\13-4-5.mp4

Step01：在纸巾促销活动演示文稿中，❶在第 7 张幻灯片后，按“Enter”键新建一张幻灯片，输入标题文本；❷单击“插入视频文件”按钮，如下图所示。

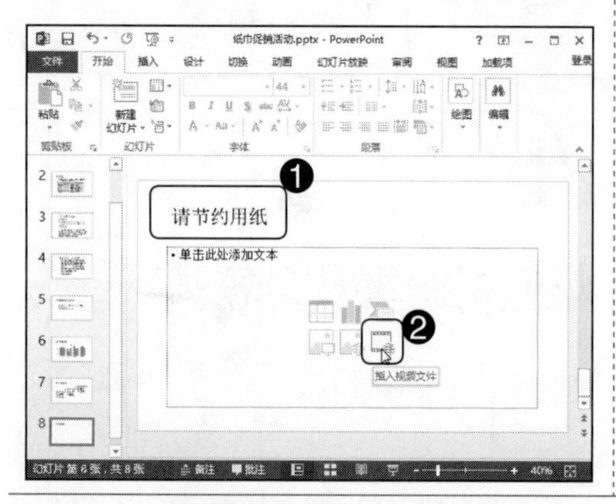

Step02：打开“插入视频”对话框，单击“来自文件”中的“浏览”按钮，如下图所示。

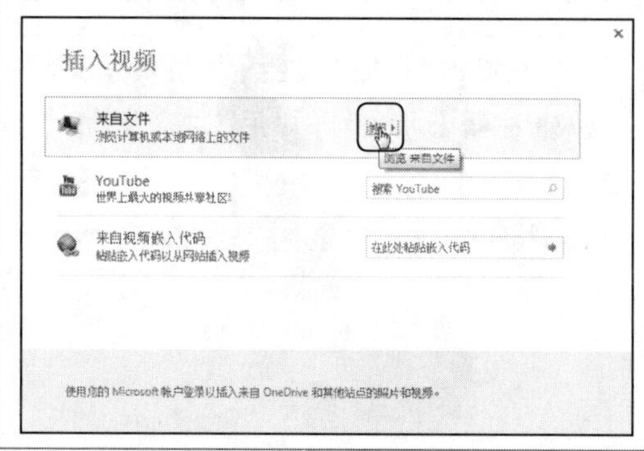

Step03：打开“插入视频文件”对话框，❶ 选择视频文件路径；❷ 选择需要插入的视频文件；❸ 单击“插入”按钮，如下图所示。

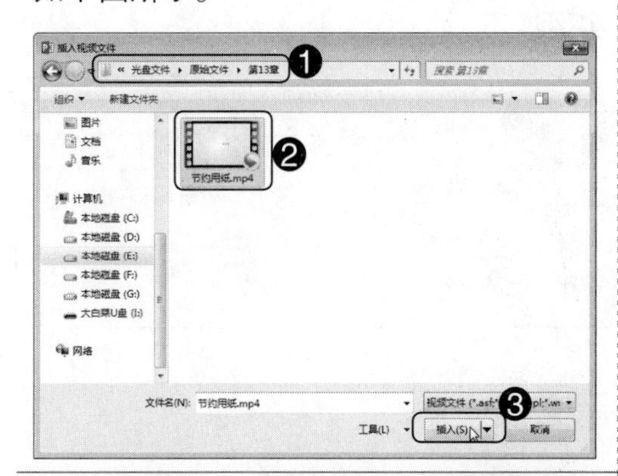

Step04：插入视频后，单击“播放”按钮，可以观看视频内容，如下图所示。

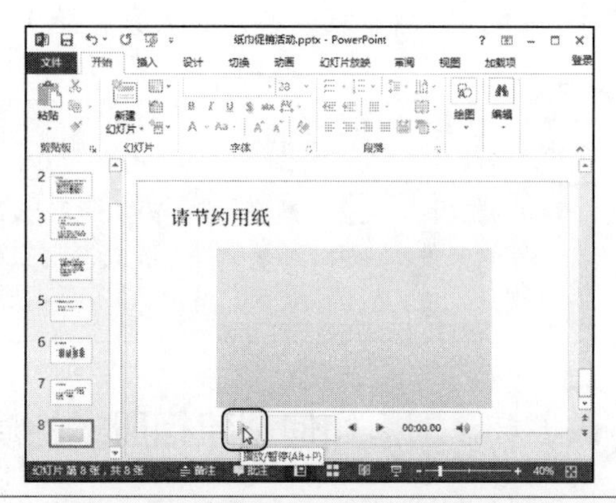

Step05：进入视频播放界面，如果用户在播放时，觉得视频过大需要进行剪辑，可以通过“播放”选项卡进行操作，观看视频如下图所示。

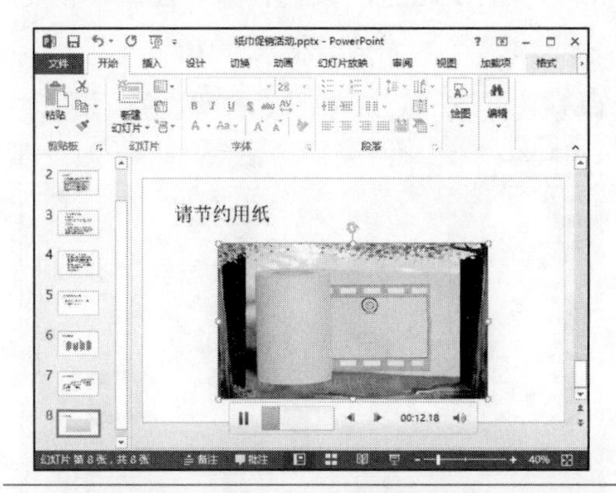

Step06：❶ 选中视频对象；❷ 单击“播放”选项卡；❸ 单击“编辑”工具组中“剪辑视频”按钮，如下图所示。

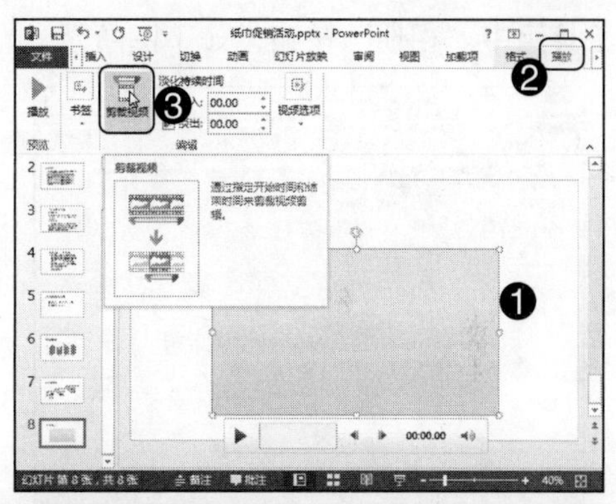

Step07：打开“剪辑视频”对话框，❶ 设置“开始时间”值和“结束时间”值；❷ 单击“确定”按钮，完成视频剪辑，如右图所示。

剪辑完视频后，返回 PowerPoint 中需要进行保存一次，剪辑的视频才会生效，否则剪辑的视频仅在当前浏览有用。

技高一筹——实用操作技巧

通过前面知识的学习，相信读者朋友已经掌握好输入与编辑数据方面的相关基础知识。下面结合本章内容，给大家介绍一些实用技巧。

光盘同步文件

素材文件：光盘\素材文件\第 13 章\技高一筹
结果文件：光盘\结果文件\第 13 章\技高一筹
视频文件：光盘\视频文件\第 13 章\技高一筹 .mp4

技巧 01 如何创建相册式的演示文稿

在制作幻灯片时，如果需要在幻灯片中连续展示多幅图像，并快速制作多幅图像的幻灯片，可以使用相册幻灯片，具体方法如下。

Step01：启动 PowerPoint 2013，❶单击“插入”选项卡；❷单击“图像”工具组中“相册”按钮，如下图所示。

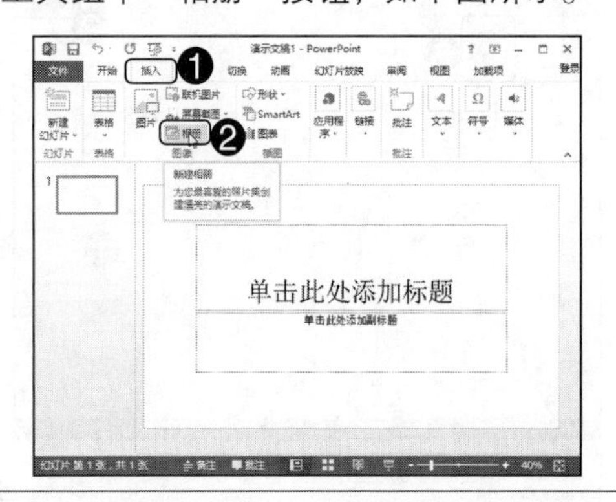

Step02：打开“相册”对话框，单击“文件 / 磁盘”按钮，如下图所示。

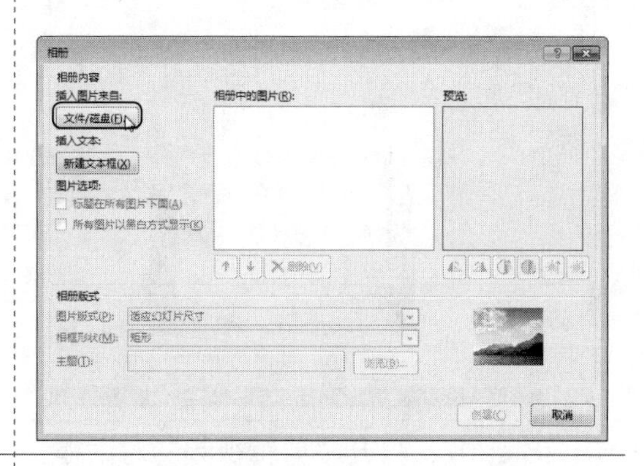

Step03：打开“插入新图片”对话框，❶选择图片存放图中；❷选择需要插入的图片；❸单击“插入”按钮，如下图所示。

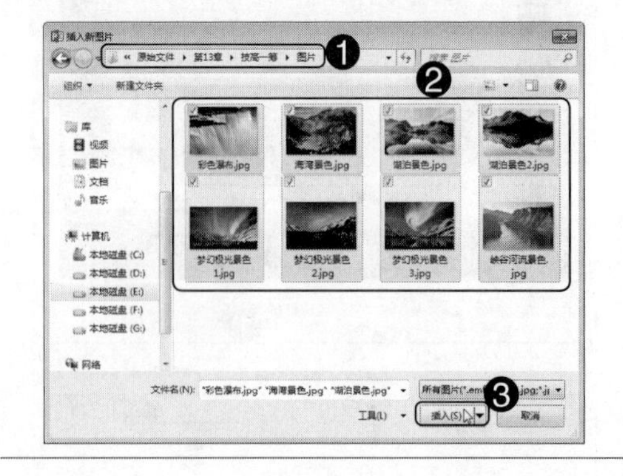

Step04：返回“相册”对话框，单击“创建”按钮，如下图所示。

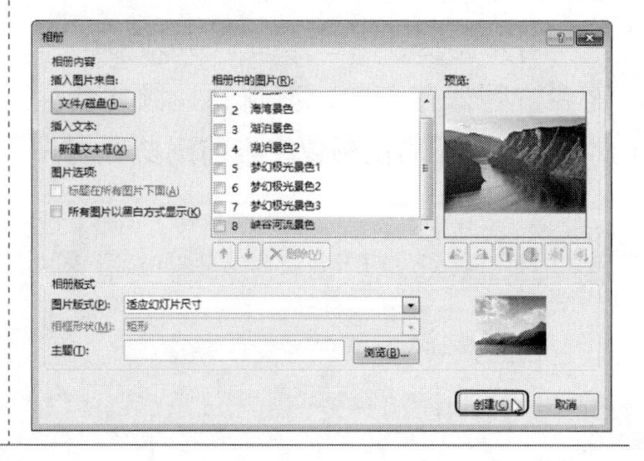

Step05：经过以上操作，创建指定图片的相册，效果如右图所示。

制作好相册后，可以应用内置的一样主题，这样就可以将幻灯片中空白处的黑色边给遮住，让整个相册的效果更好。

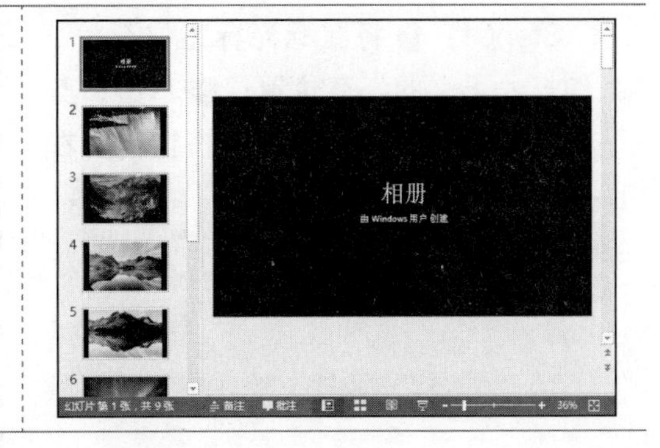

技巧 02 如何禁止输入文本时自动调整文本大小

在幻灯片中输入文本，Powerpoint2013 会根据占位符框的大小自动调整文本的大小，如果用户需要禁止它们自动调整文本大小，可以按照以下方法实现。

Step01：启动 PowerPoint 2013，选择“文件”列表中“选项”命令，如下图所示。

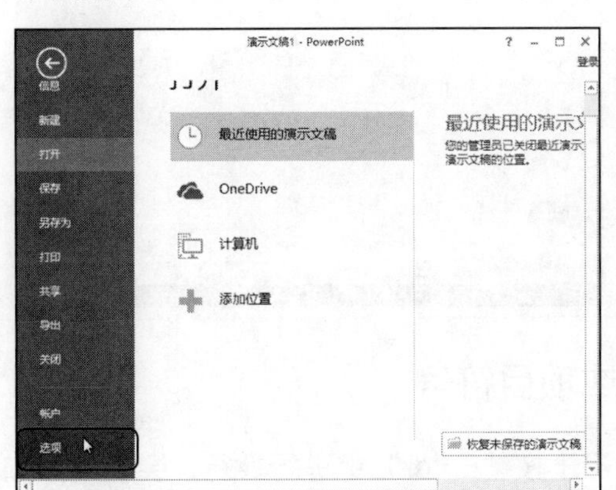

Step02：打开“PowerPoint 选项”对话框，❶选择左侧“校对”选项；❷单击右侧“自动更正选项”按钮，如下图所示。

Step03：打开“自动更正”对话框，❶单击“键入时自动套用格式”选项卡；❷取消“根据占位符自动调整标题文本”复选框的勾选；❸单击“确定”按钮，如右图所示。

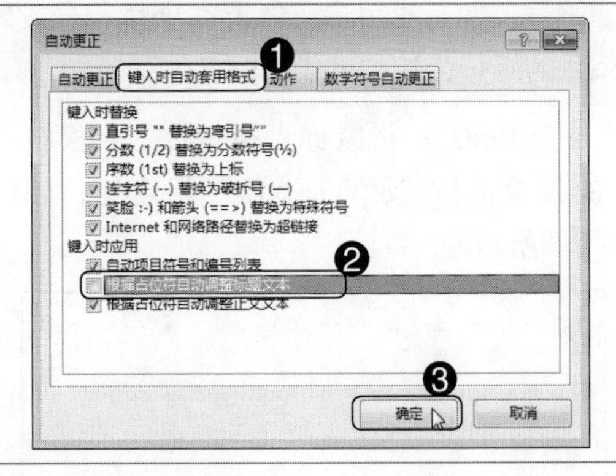

技巧 03 使用格式刷快速复制幻灯片版式

在 PowerPoint 中格式刷的功能主要是用来复制格式的，为了让其他幻灯片可以快速制作出与当前幻灯片相同的格式，可以使用格式刷来进行操作，具体操作方法如下。

Step01：❶ 将鼠标光标定位至第 2 张幻灯片正文的任意位置；❷ 单击“剪贴板”工具组中“格式刷”按钮，如右图所示。

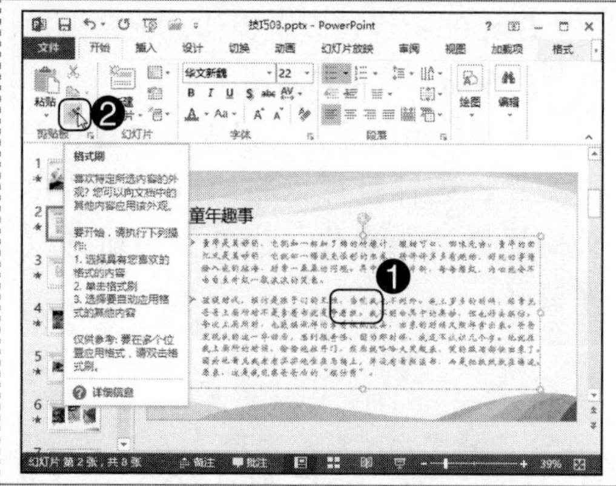

Step02：❶ 选择第 3 张幻灯片；❷ 在正文处按住左键不放拖动复制格式，如下图所示。

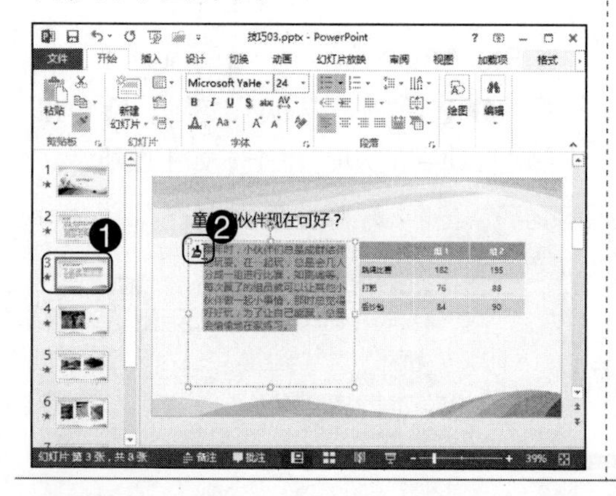

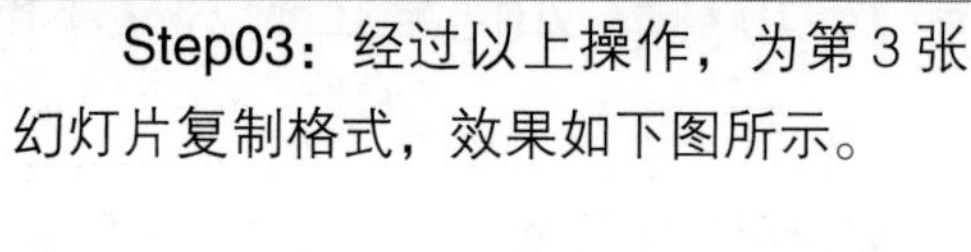

Step03：经过以上操作，为第 3 张幻灯片复制格式，效果如下图所示。

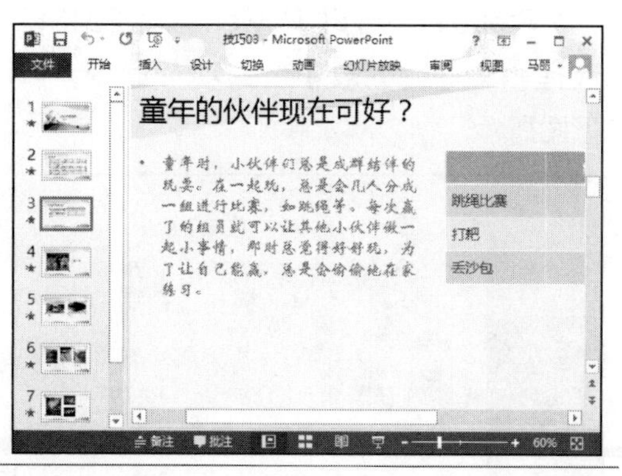

技巧 04 另起新行时不用编号或项目符号

对于编号列表和项目符号列表，默认情况下按“Enter”键进行换行，会自动添加上符号，但有时用户可能要在项目符号或编号列表的项之间另起一个不带项目符号和编号的新行，该如何操作呢？

Step01：将鼠标光标定位至要换行的位置，按“Shift+Enter”组合键，如下图所示。

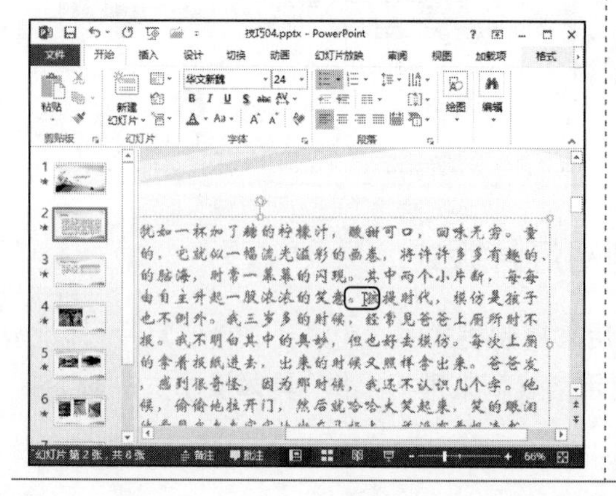

Step02：经过上步操作，另起新行则不自动添加项目符号，效果如下图所示。

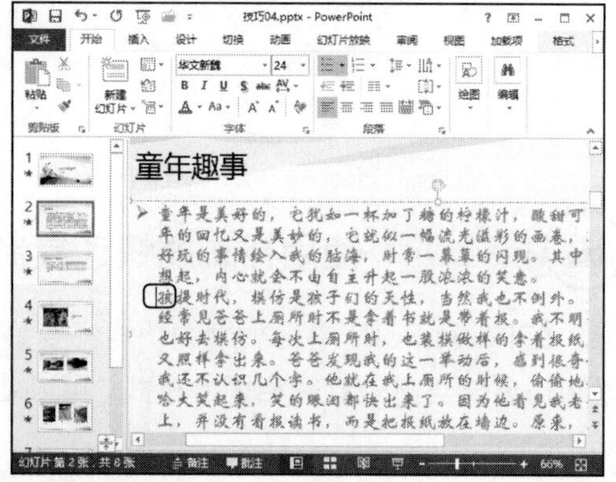

技巧 05 如何将字体嵌入演示文稿中

为了获得更好的演示效果，用户通常会在幻灯片中使用一些漂亮的字体。然而，如果放映演示文稿的计算机上没有安装这些字体，PowerPoint 就会用系统存在的其他字体替代这些特殊字体，严重影响演示效果。如何将特殊字体“嵌入”演示文稿中，并随其一起保存呢?

Step01：选择“文件”列表中“选项”命令，如下图所示。

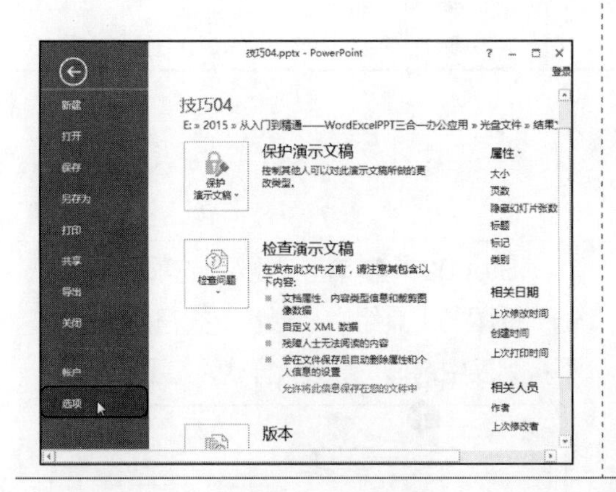

Step02：打开“PowerPoint 选项”对话框，❶单击“保存”选项；❷在“共享此演示文稿时保持保真度”选项区域中，勾选“将字体嵌入文件”复选框；❸单击“确定”按钮，如下图所示。

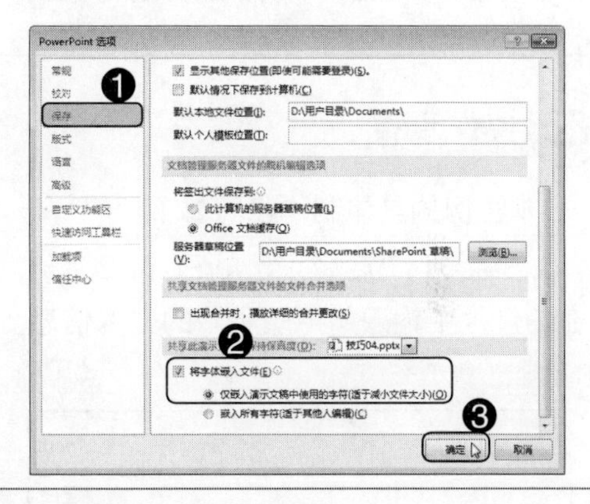

技能训练 1：制作企业宣传幻灯片

训练介绍

为了让他人更好地了解公司，可以将公司制作成一份简单的宣传幻灯片，观看完幻灯片内容后，就会对公司有一个大概的认识。制作演示文稿，需要在不同的幻灯片中输入文字、插入形状、艺术字和图片等各种对象，效果如下图所示。

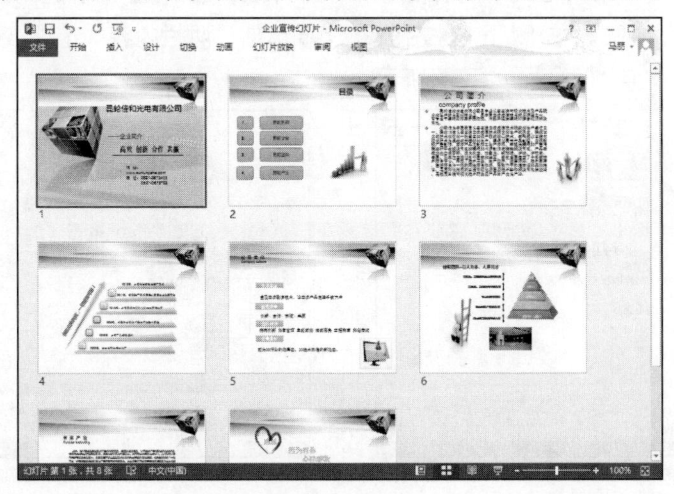

光盘同步文件

素材文件：光盘\素材文件\第 13 章\图片、企业宣传幻灯片 .pptx
结果文件：光盘\结果文件\第 13 章\企业宣传幻灯片 .pptx
视频文件：光盘\视频文件\第 13 章\技能训练 1.mp4

操作提示

制作关键	技能与知识要点
本实例需要使用文本框和艺术字的方式输入文本信息，然后在幻灯片中使用插入图片和形状等相关操作，最后使用母版的方式设置幻灯片的背景效果。	● 输入与编辑文字 ● 新建幻灯片 ● 插入形状、艺术字 ● 插入图片与 SmartArt 图形

操作步骤

本实例的具体制作步骤如下。

Step01：启动 PowerPoint 2013，在幻灯片中输入如下图所示的文本信息。

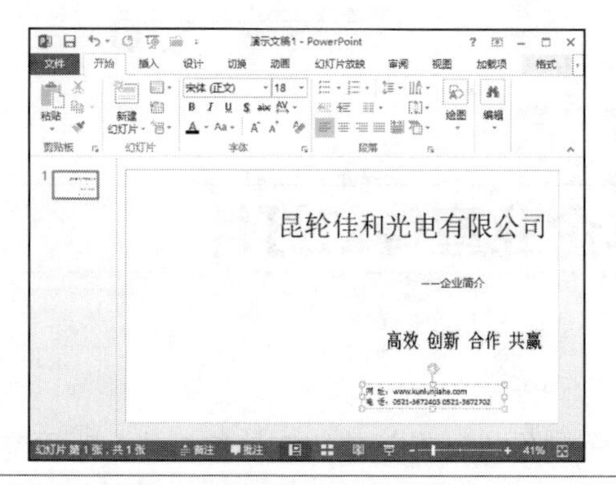

Step02：❶单击“插入”选项卡；❷单击“插图”工具组中“形状”按钮；❸在其下拉列表中选择“直线”样式，如下图所示：

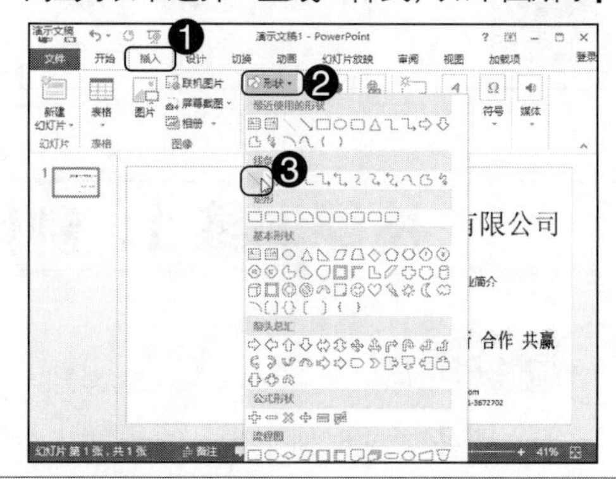

Step03：❶ 绘制直线并选中，单击“格式”选项卡；❷ 单击“形状样式”工具组“形状轮廓”右侧下拉按钮；❸选择“黑色，文字 1”样式，如下图所示。

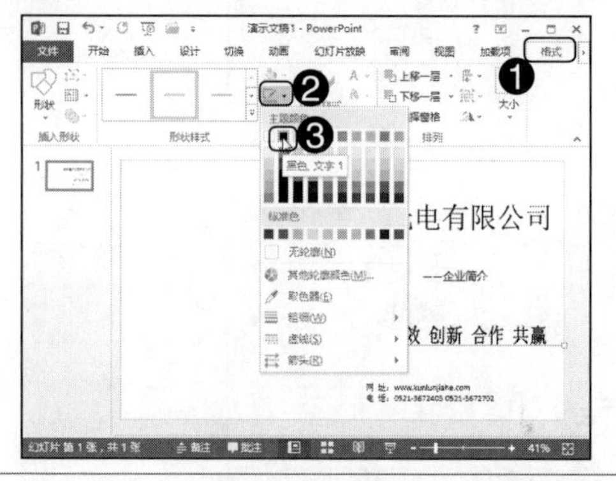

Step04：❶ 鼠标定位至第 1 张幻灯片后；❷ 单击“新建幻灯片”按钮；❸ 选择“两栏内容”选项，如下图所示。

Step05：❶ 单击“插入”选项卡；❷ 单击“插图”工具组中“形状”按钮；❸ 选择“圆角矩形”样式，如下图所示。

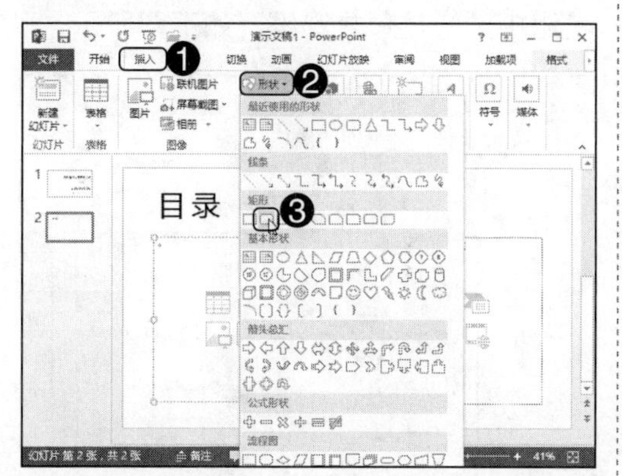

Step06：执行命令后，按住左键不放拖动绘制大小，如下图所示。

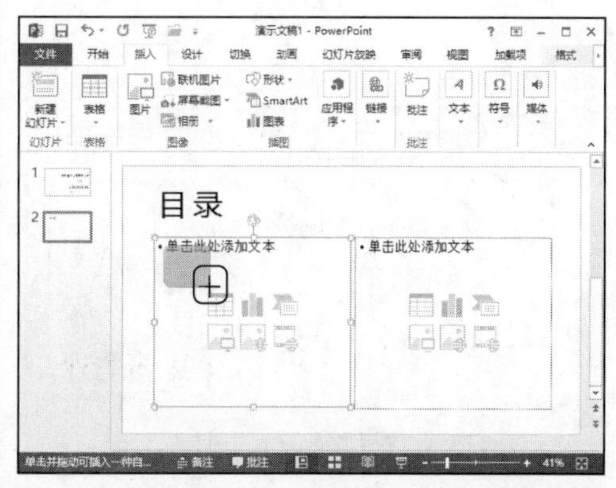

Step07：选中“单击此处添加文本”的文本框，按“Delete”键进行删除，如下图所示。

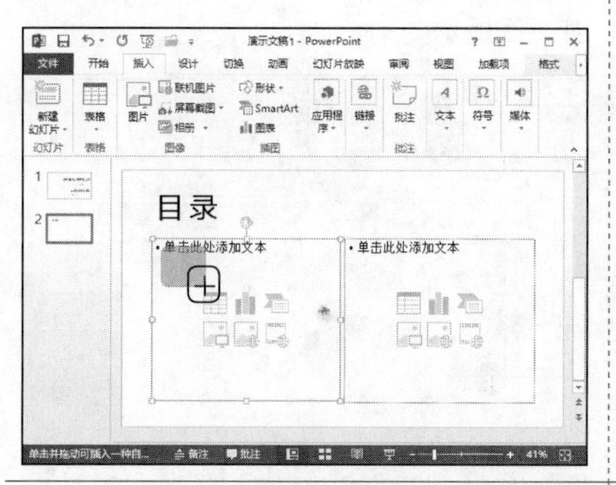

Step08：❶ 右击绘制的圆角矩形；❷ 在弹出的下拉列表中选择“编辑文字”命令，如下图所示。

Step09：❶ 输入文字，选中圆角矩形；❷ 单击“格式”选项卡；❸ 选择“形状样式”工具组中需要的样式，如下图所示。

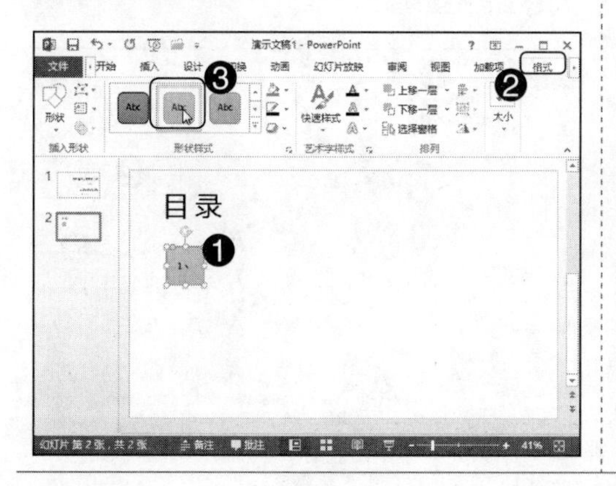

Step10：❶ 复制圆角矩形，输入其他需要的文本信息；❷ 单击“插入”选项卡；❸ 单击“图像”工具组中“图片”按钮，如下图所示。

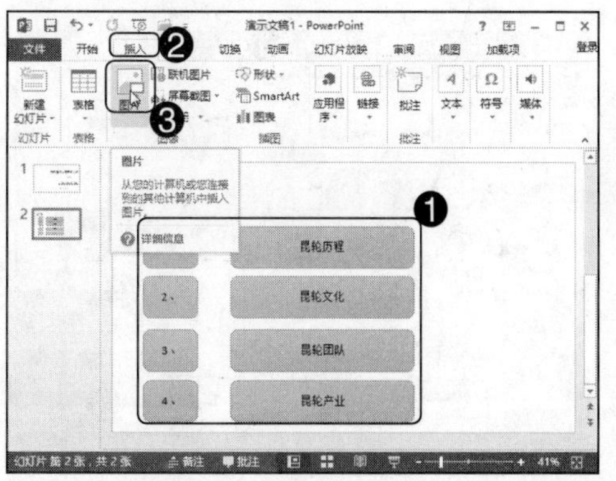

Step11：打开“插入图片”对话框，❶选择图片存放路径；❷选择“图片1”选项；❸单击“插入”按钮，如下图所示。

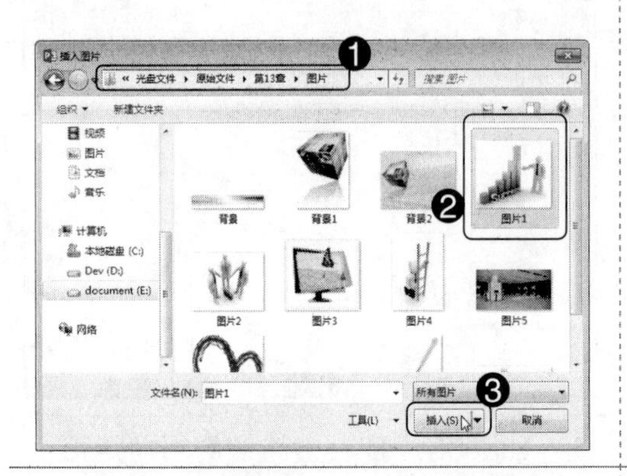

Step12：❶插入第3张幻灯片，并输入相关的文本信息和插入图片；❷单击“视图”选项卡；❸勾选“显示”工具组中“标尺”复选框，如下图所示。

Step13：❶选中文本框的文本内容；❷拖动上标尺调整文字缩进，如下图所示。

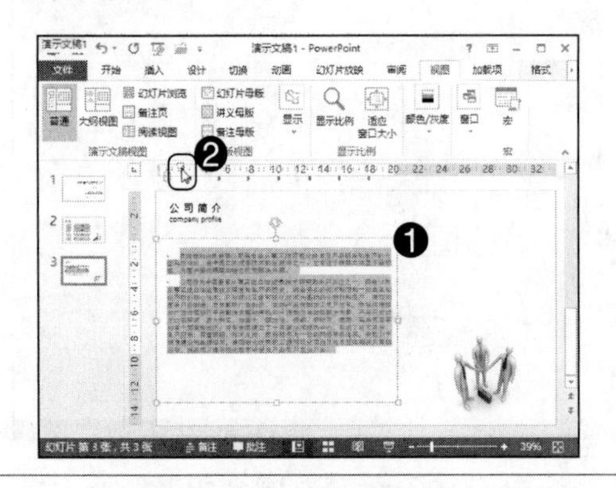

Step14：❶插入第4张幻灯片；❷单击“插入”选项卡；❸单击“图片”按钮，如下图所示。

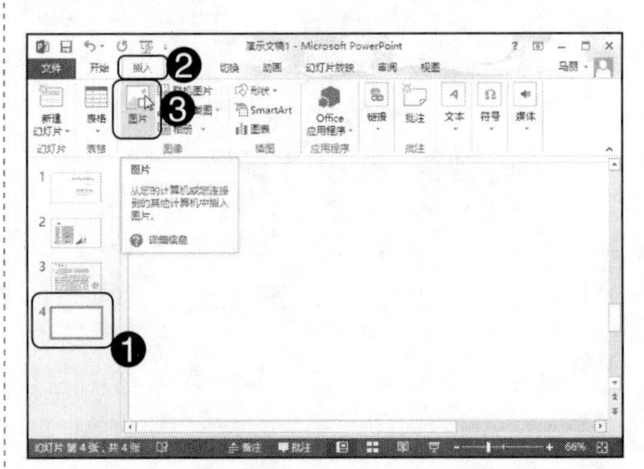

Step15：打开“插入图片”对话框，❶选择图片存放路径；❷选择“图片8”选项；❸单击“插入”按钮，如下图所示。

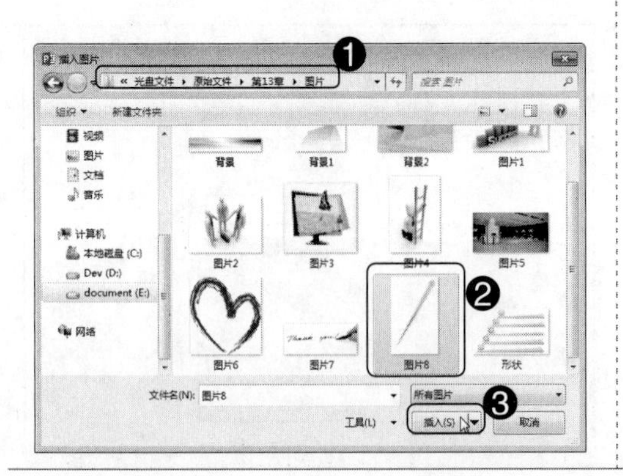

Step16：❶单击“插入”选项卡；❷单击“文本”工具组中“艺术字”按钮；❸在弹出的艺术字面板中选择需要的样式，如下图所示。

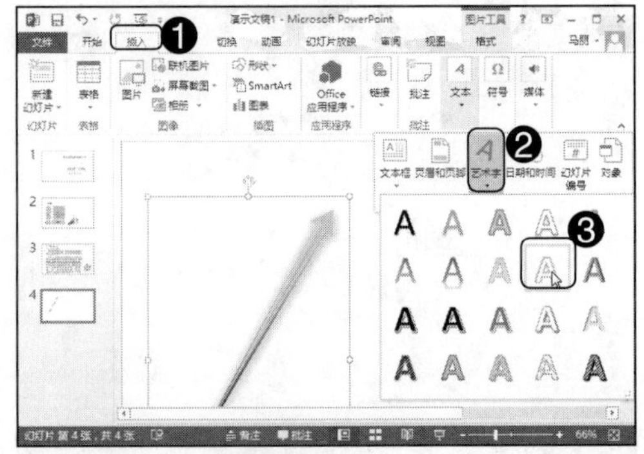

Step17：输入艺术字内容，并旋转艺术字的方向，如下图所示。

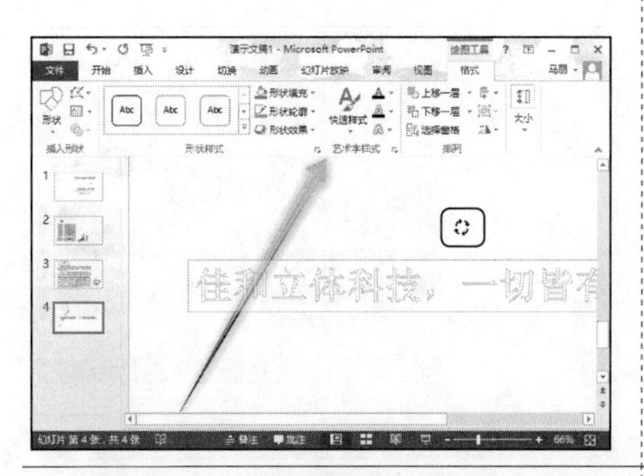

Step18：在第 4 张幻灯片中插入图片并使用文本框输入文本信息，如下图所示。

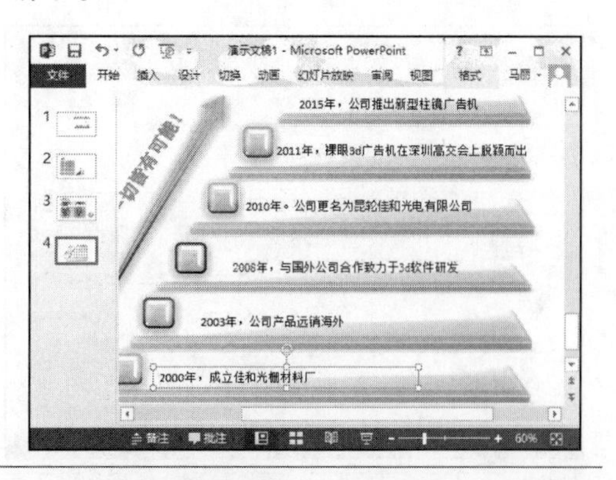

Step19：根据前面介绍的插入图片和形状等操作，制作出第 5 ~ 8 张如下图所示的幻灯片，并保存为企业宣传幻灯片。

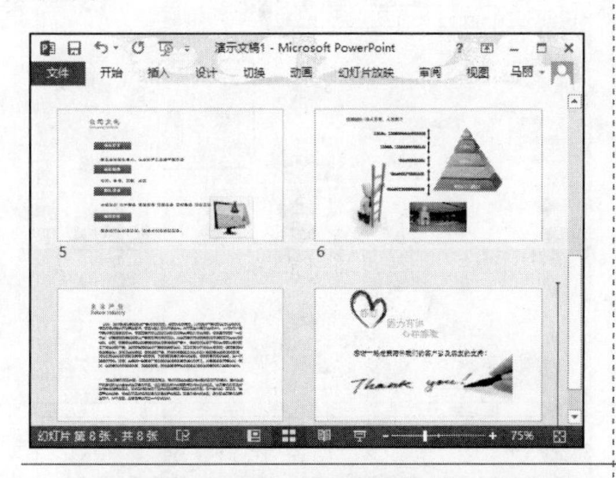

Step20：❶单击“视图”选项卡；❷单击“母版视图”工具组中“幻灯片母版”按钮，如下图所示。

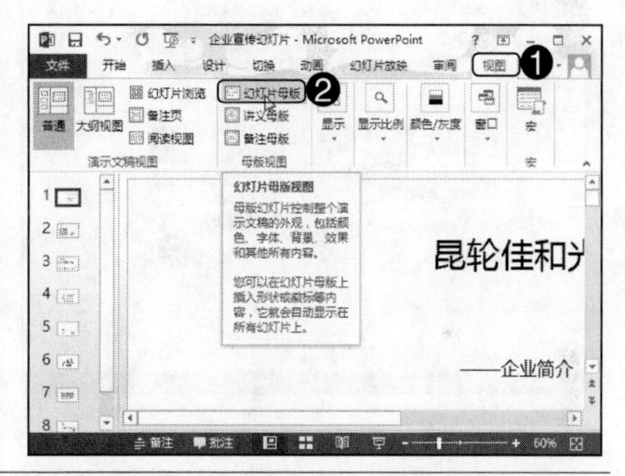

Step21：❶选中母版中第 1 张幻灯片，单击“插入”选项卡；❷单击“图像”工具组中“图片”按钮，如下图所示。

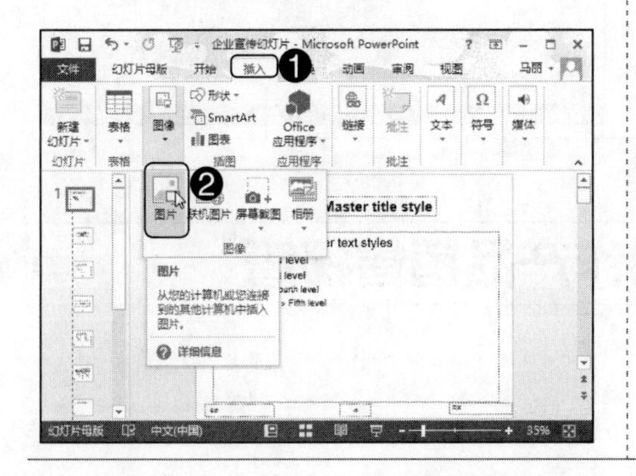

Step22：打开“插入图片”对话框，❶选择图片存放路径；❷选择“背景”选项；❸单击“插入”按钮，如下图所示。

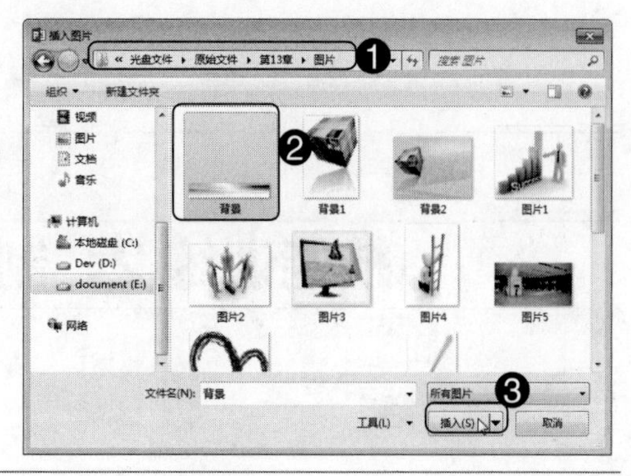

Chapter 13

Step23：❶ 使用相同的方法插入背景 1；❷ 选择母版组中第 2 张幻灯片，如下图所示。

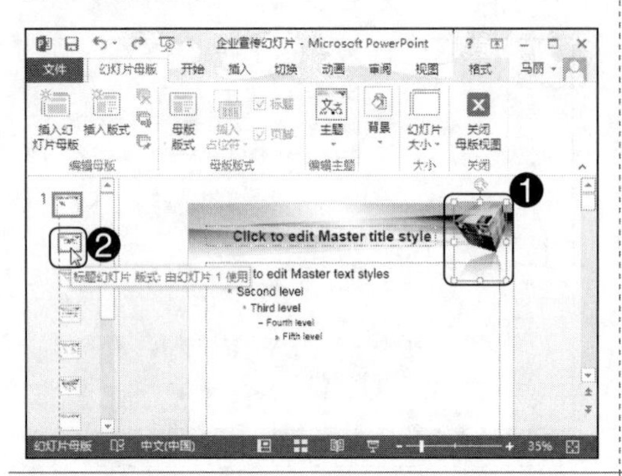

Step24：❶ 单击“幻灯片母版”选项卡中“背景样式”按钮；❷ 单击列表中“设置背景格式”按钮，如下图所示。

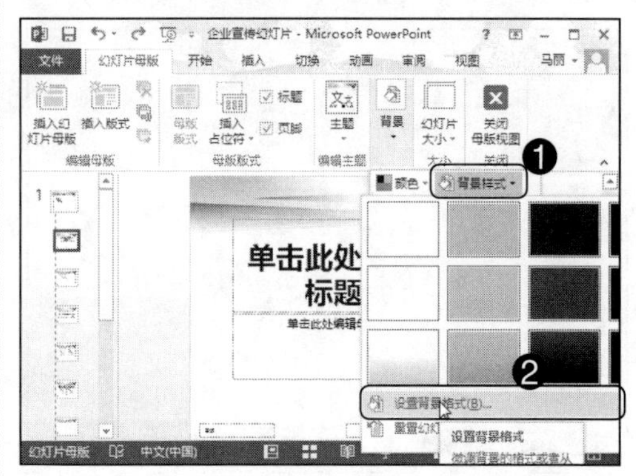

Step25：❶ 选中“图片或纹理填充”单选按钮；❷ 单击“文件”按钮，如下图所示。

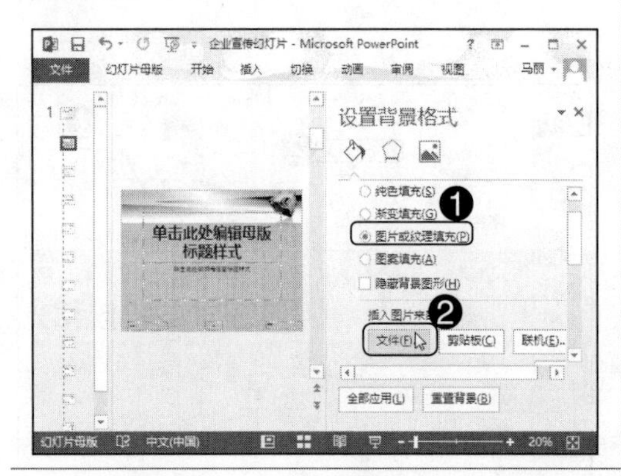

Step26：打开“插入图片”对话框，❶ 选择图片存放路径；❷ 选择“背景 2”选项；❸ 单击“插入”按钮，如下图所示。

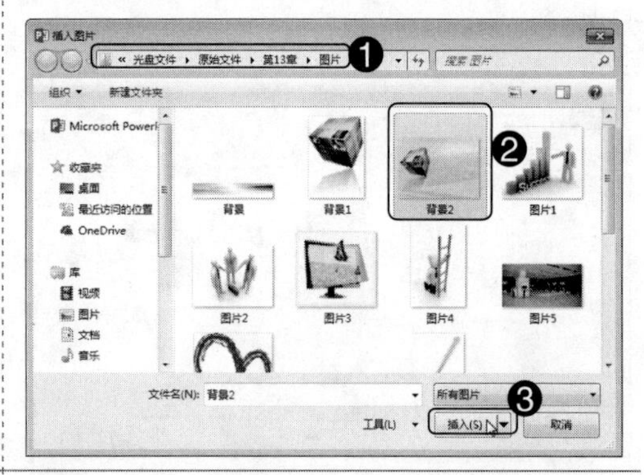

Step27：切换至普通视图，为演示文稿中的幻灯片添加背景，效果如右图所示。

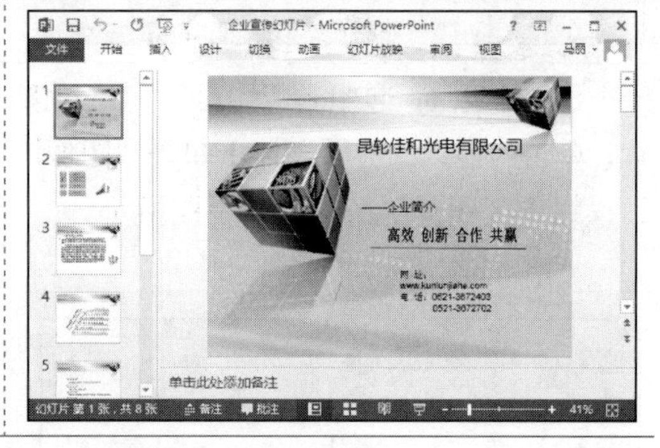

技能训练 2：制作产品销售秘籍

训练介绍

制作幻灯片中无论需要添加什么元素，一个演示文稿中最基本的文字是必不可少的。因此，在本案例中介绍设置字体格式、格式刷应用及插入声音和编辑音频等相关操作，最终效果如下图所示。

光盘同步文件

素材文件：光盘\素材文件\第 13 章\产品销售秘籍 .pptx、The Right Path (正确的路).mp3
结果文件：光盘\结果文件\第 13 章\产品销售秘籍 .pptx
视频文件：光盘\视频文件\第 13 章\技能训练 2.mp4

操作提示

制作关键	技能与知识要点
本实例介绍设置字体格式和快速复制格式的操作，最后为幻灯片插入音频文件，并设置音频播放格式	● 加粗命令 ● 倾斜命令 ● 格式刷命令 ● 插入音频 ● 设置音频格式

操作步骤

本实例的具体制作步骤如下。

Step01：打开素材文件\第 13 章\产品销售秘籍 .pptx，❶ 在第 2 张幻灯片中选择标题文本；❷ 单击“字体”工具组中“加粗”按钮，如下图所示。

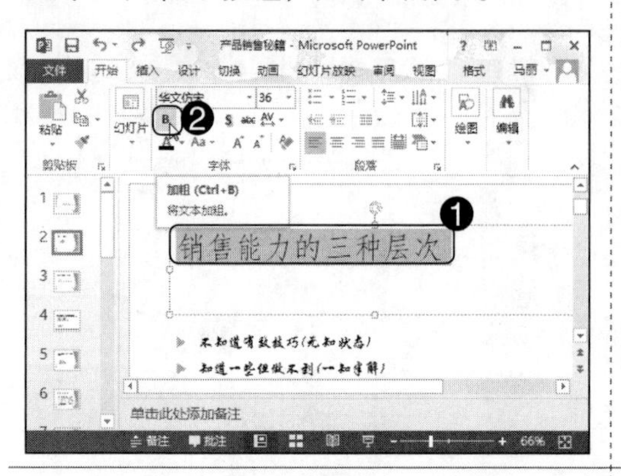

Step02：❶ 在第 6 张幻灯片中选择需要设置为倾斜的文本；❷ 单击“字体”工具组中“倾斜”按钮，如下图所示。

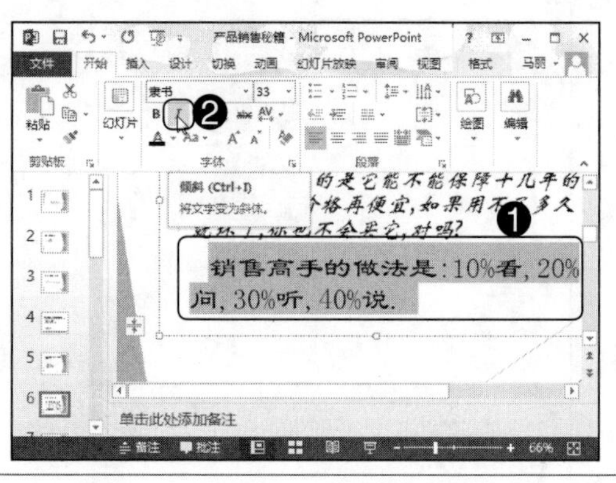

Step03：❶ 在第 2 张幻灯片中选择标题文本；❷ 单击“剪贴板”工具组中“格式刷”按钮，如下图所示。

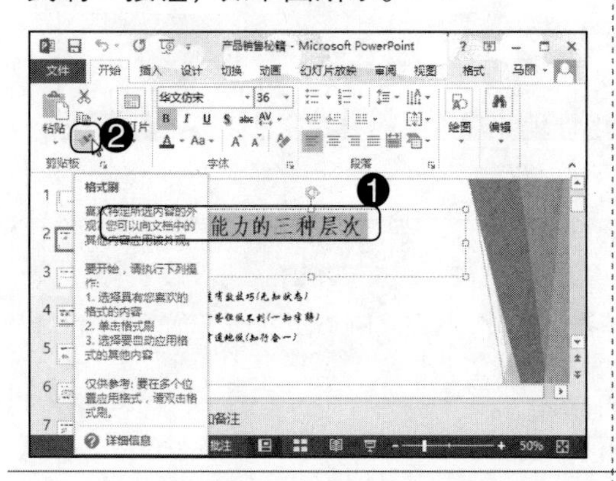

Step04：❶ 单击第 7 张幻灯片；❷ 在标题文本中按住左键不放拖动复制格式，如下图所示。

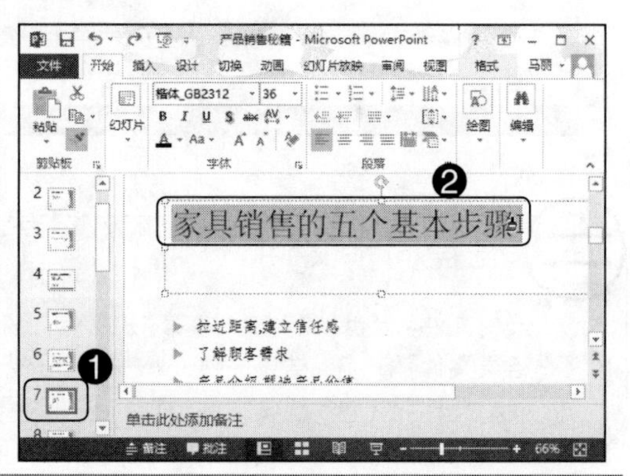

Step05：❶ 在第 1 张幻灯片中单击“插入”选项卡；❷ 单击“媒体”工具组中“音频”按钮；❸ 选择其下拉列表中“PC 上的音频”命令，如下图所示。

Step06：打开“插入音频”对话框，❶ 选择音频存放路径；❷ 单击选择需要插入的音频；❸ 单击“插入”按钮，如下图所示。

Step07：❶ 拖动调整音频图标的位置；❷ 单击“播放”选项卡；❸ 单击“音频样式”工具组中“在后台播放”按钮，如下图所示。

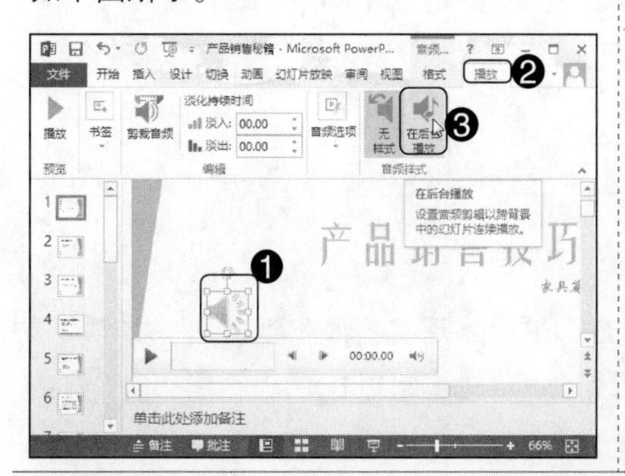

Step08：❶ 单击“音频选项”工具组中“音量”按钮；❷ 在其下拉列表中选择“低”命令，如下图所示。

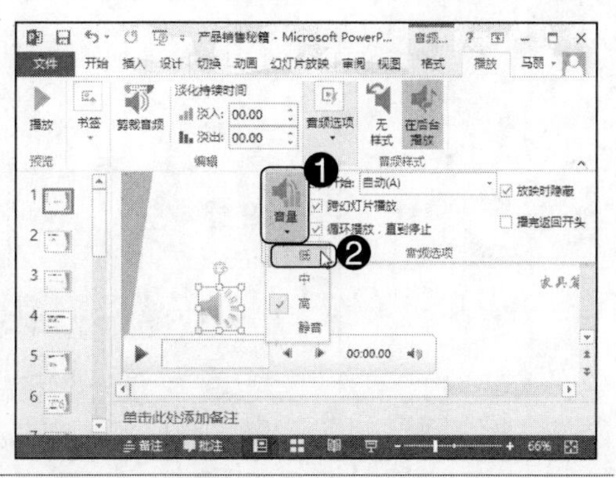

本章小结

本章的重点在于如何在演示文稿中为各幻灯片添加不同的文本或对象，然后根据文本信息设置相应的字体格式、段落格式等。通过本章内容的学习，希望读者朋友能够制作出更具有商业化的演示文稿，一个好的演示文稿，不仅仅只有文字和图片，为了有更强的说服力，需要使用数据进行说明。

Chapter

PowerPoint 幻灯片的设计

本章导读

制作 PPT 的内容不仅要外观精美，还要让 PPT 的演示动起来，才能达到精彩的效果。动画可以让 PPT 内容“活”起来，可以带给观众更多的互动效果，从而彻底吸引住观众。

学完本章后应该掌握的技能

- 熟练运用母版的方法
- 熟练超链接的使用方法
- 熟练如何为幻灯片对象添加动画
- 掌握幻灯片切换效果的方法

本章相关实例效果展示

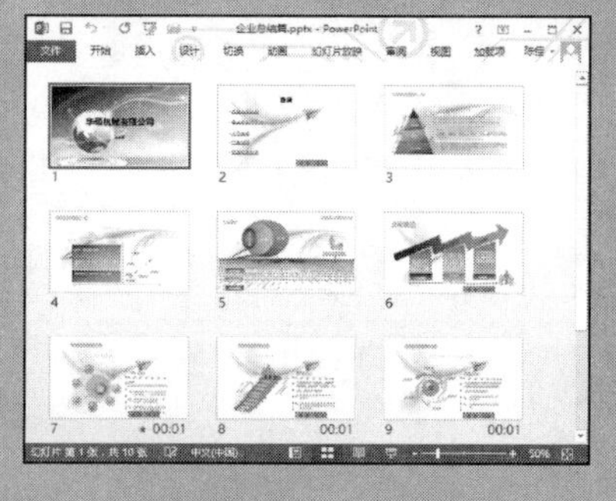

14.1 知识讲解——母版的应用

在 PowerPoint 2013 中，为了丰富幻灯片的背景样式，可以通过母版进行操作。在编辑幻灯片母版之前，首先需要了解母版的类型及修改方法。用户可以根据自己的要求对幻灯片进行设置。

14.1.1 母版的类型

母版通常用于定义演示文稿中幻灯片或页面格式。PowerPoint 2013 提供了 3 种类型的母版，分别是幻灯片母版（包括标题母版和幻灯片母版）、讲义母版和备注母版，它们的用途和作用如下。

1. 幻灯片母版

幻灯片母版存储有关演示文稿的主题和幻灯片版式的所有信息，包括背景、颜色、字体、效果、占位符大小和位置。通常用于对演示文稿中的每张幻灯片进行统一的样式更改，包括对以后添加到演示文稿中的幻灯片的样式更改，这对包含有大量幻灯片的演示文稿特别适用。

在 PowerPoint 2013 中，默认自带了一个幻灯片母版，在这个母版中包含了 11 个幻灯片版式。一个演示文稿中可以包含多个幻灯片母版，每个母版下又包 11 个版式，如下图所示。

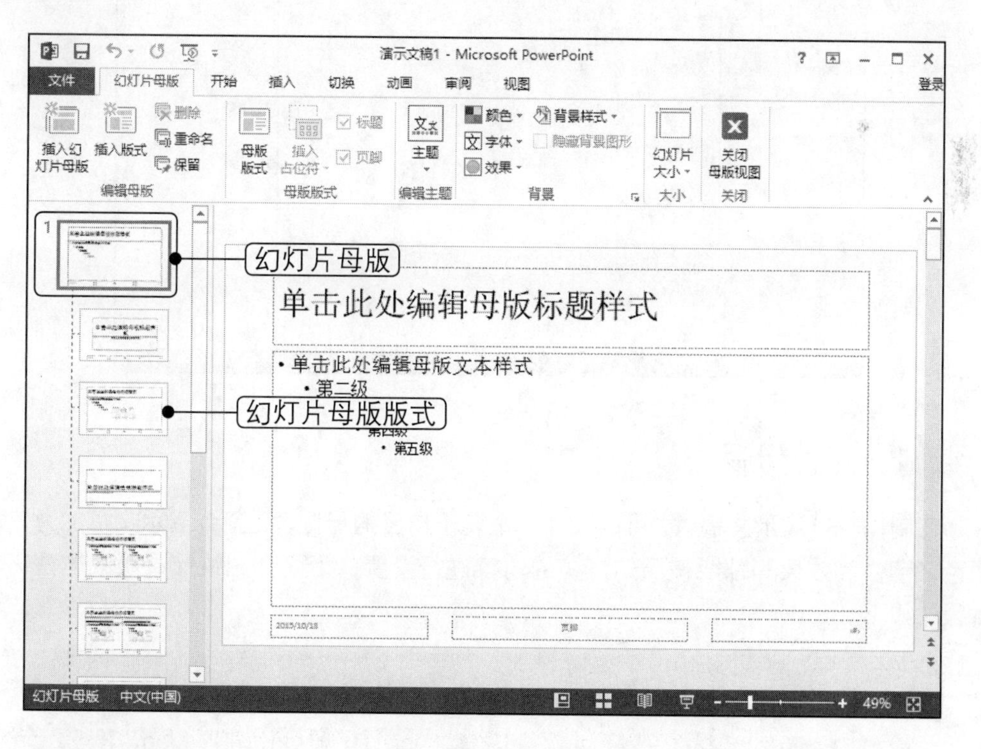

2. 讲义母版

当需要将演示文稿以讲义形式打印输出时，可以在讲义母版中进行设置。

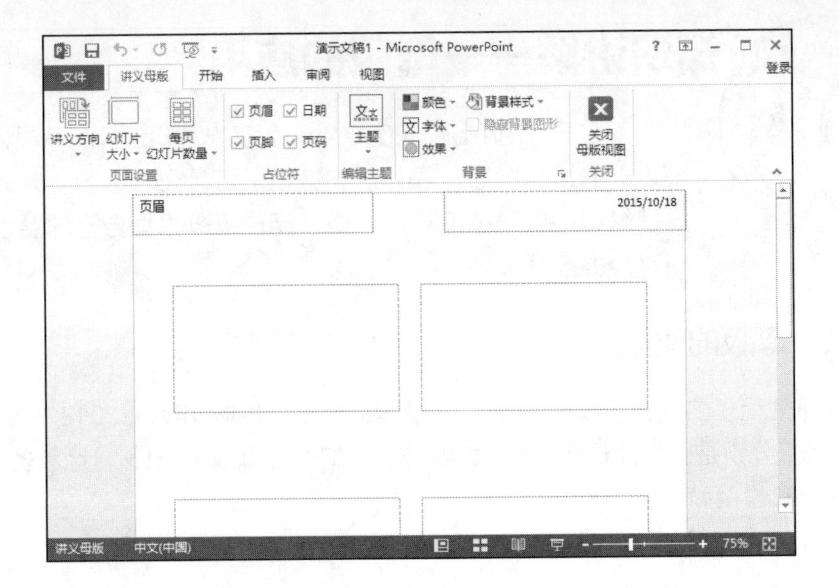

3. 备注母版

当需要在演示文稿中插入备注内容时，则可以在备注母版中进行设置。

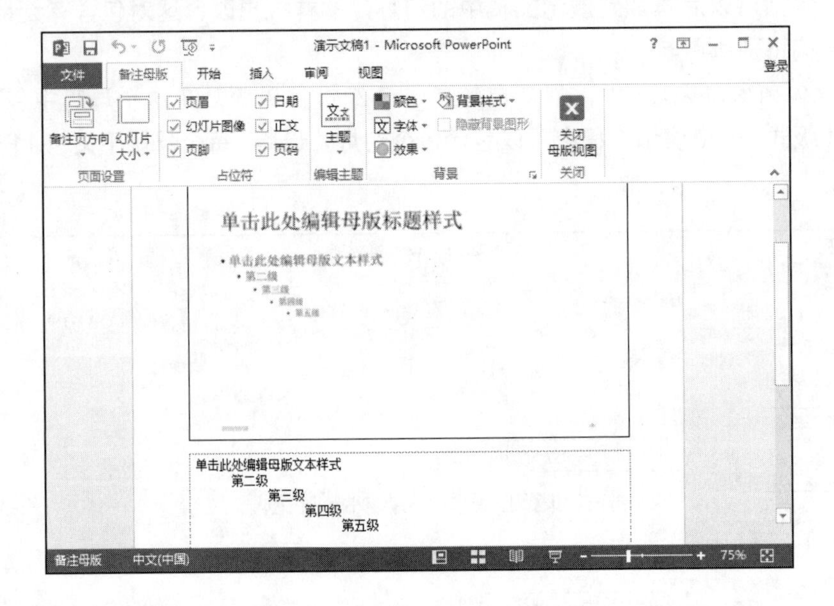

14.1.2 设计母版

在制作一份演示文稿时，可以设计一个属于自己的母版，让整个演示文稿的背景、颜色、字体和效果等都能按照幻灯片的内容进行设置，下面介绍设计母版的方法，具体操作如下。

光盘同步文件

素材文件：光盘\素材文件\第 14 章\标题背景 .jpg、背景 .jpg、背景 1.jpg、背景 2.jpg
结果文件：无
视频文件：光盘\视频文件\第 14 章\14-1-2.mp4

Step01：启动 PowerPoint 2013，❶单击“视图”选项卡；❷单击“母版视图”工具组中“幻灯片母版”按钮，如下图所示。

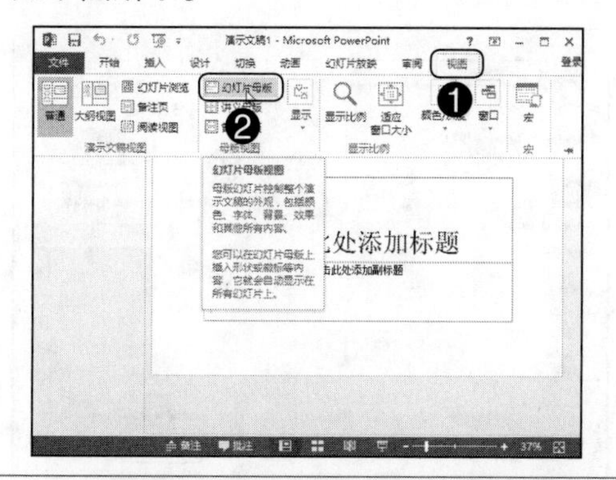

Step02：进入幻灯片母版视图界面，❶选择标题文本；❷在“开始”选项卡“字体”工具组中设置字体格式，如下图所示。

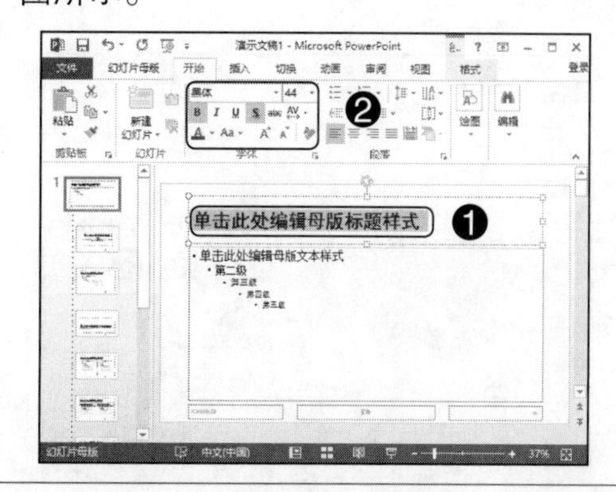

Step03：❶选择正文文本；❷在“字体”工具组中设置字体格式；❸单击“字体”工具组中“对齐文本”按钮；❹选择列表中“中部对齐”命令，如下图所示。

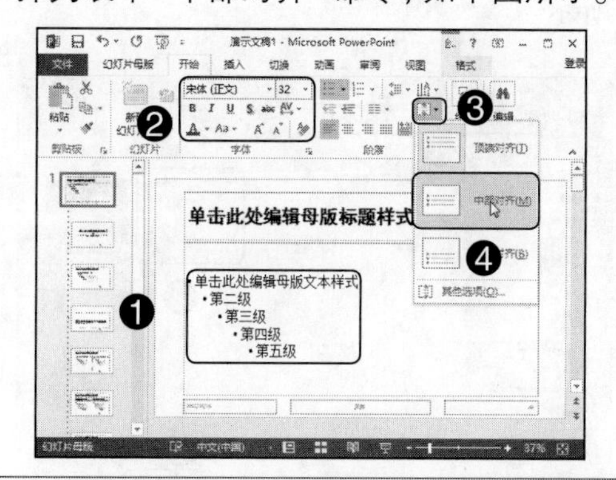

Step04：❶选择母版幻灯片；❷单击“背景”工具组中“背景样式”按钮；❸在弹出的下拉列表框中选择“设置背景格式”命令，如下图所示。

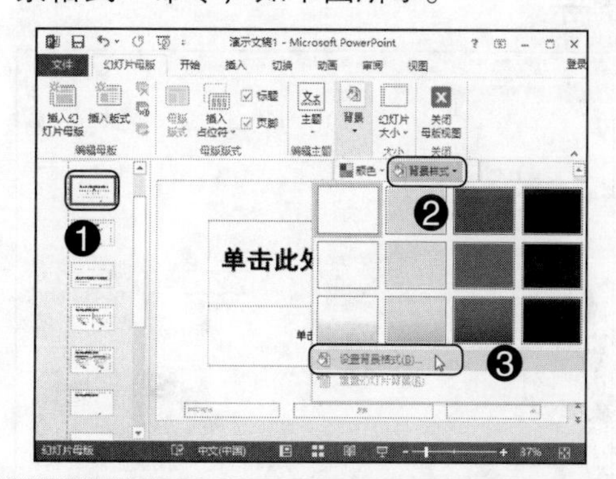

Step05：打开“设置背景格式”窗格，❶选中“图片或纹理填充”单选按钮；❷单击“文件”按钮，如下图所示。

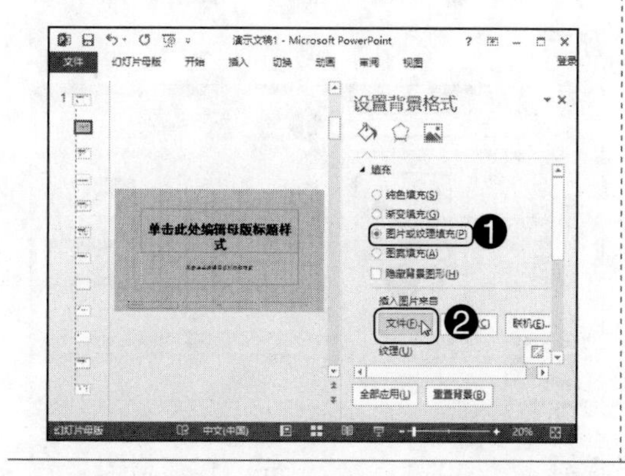

Step06：打开“插入图片”对话框，❶选择图片存放路径；❷单击需要插入的图片；❸单击“插入”按钮，如下图所示。

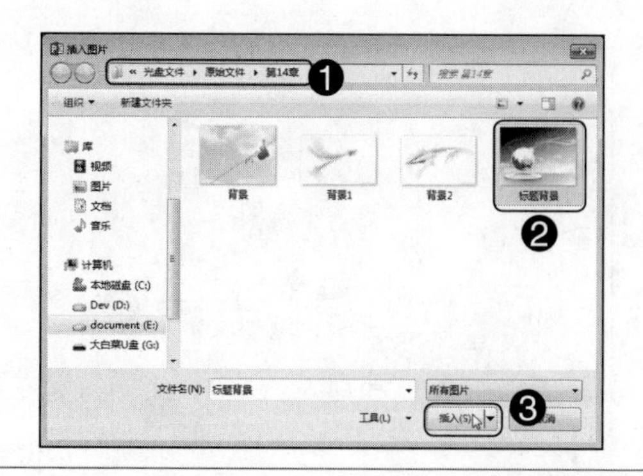

Step07：❶选择要添加背景的母版幻灯片；❷选中“图片或纹理填充”单选按钮；❸单击“文件”按钮，如下图所示。

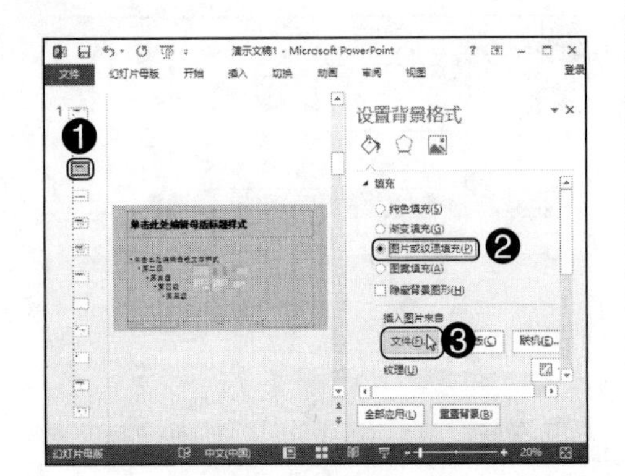

Step08：打开“插入图片”对话框，❶选择图片存放路径；❷单击需要插入的图片；❸单击“插入”按钮，如下图所示。

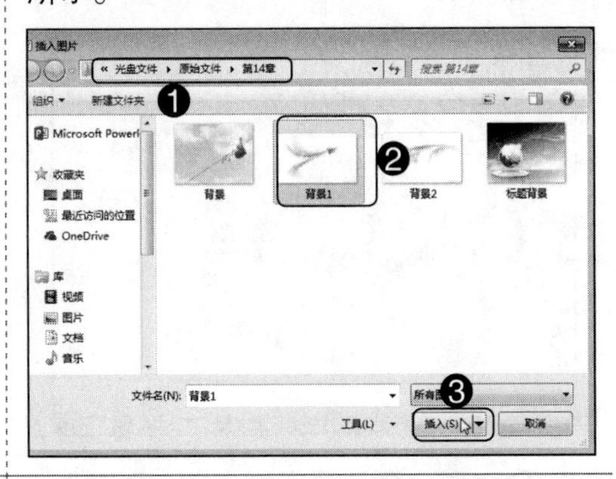

Step09：❶选择要添加背景的母版幻灯片；❷选中“图片或纹理填充”单选按钮；❸单击“文件”按钮，如下图所示。

Step10：打开“插入图片”对话框，❶选择图片存放路径；❷单击需要插入的图片；❸单击“插入”按钮，如下图所示。

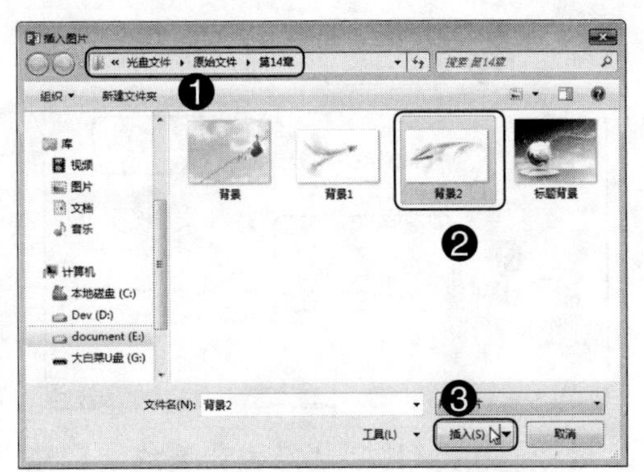

Step11：❶新建一个母版；❷选中母版并选中“图片或纹理填充”单选按钮；❸单击“文件”按钮，如下图所示。

Step12：打开“插入图片”对话框，❶选择图片存放路径；❷单击需要插入的图片；❸单击“插入”按钮，如下图所示。

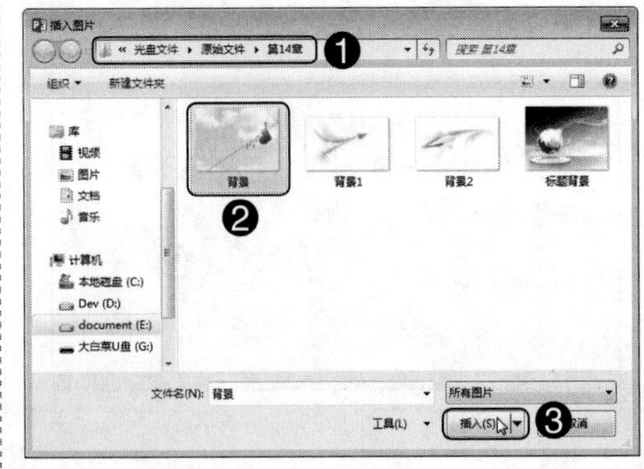

Step13：设计完母版后，单击“关闭母版视图”按钮，如下图所示。

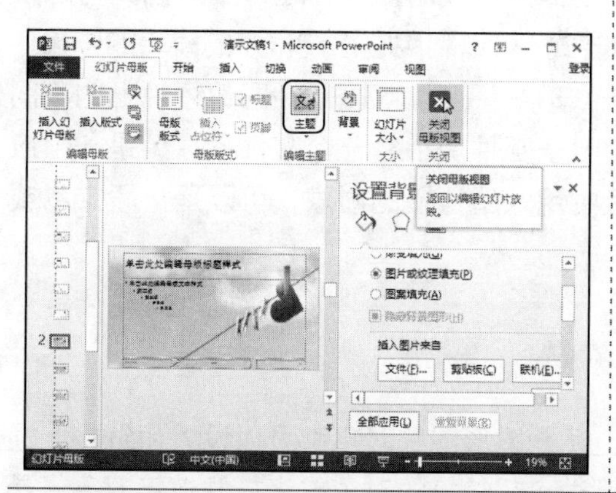

Step14：切换至“开始”选项卡，单击“关闭”按钮，关闭“设置背景格式”窗格，如下图所示。

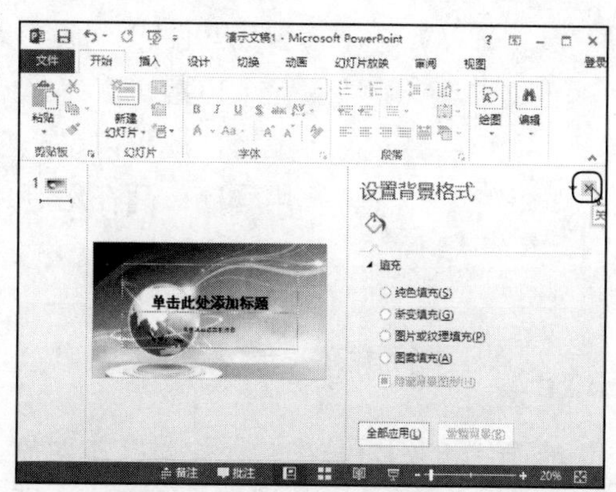

Step15：❶ 新建 3 张幻灯片，右击第 4 张幻灯片；❷ 在弹出的下拉列表中指向“版式”选项；❸ 选择应用自定义的设计方案，如下图所示。

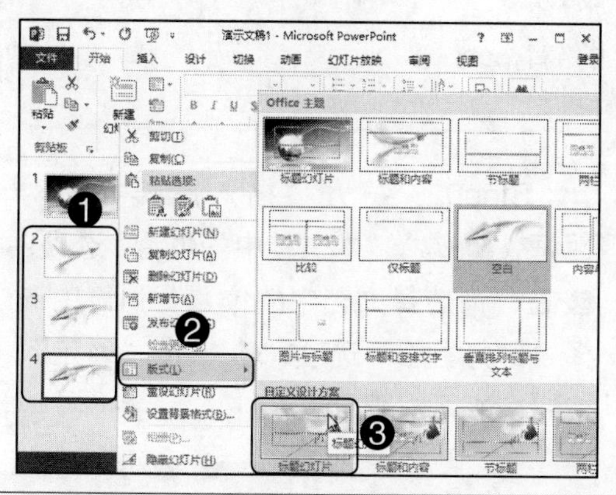

Step16：经过以上操作，切换至幻灯片浏览视图，应用设计的母版，效果如下图所示。

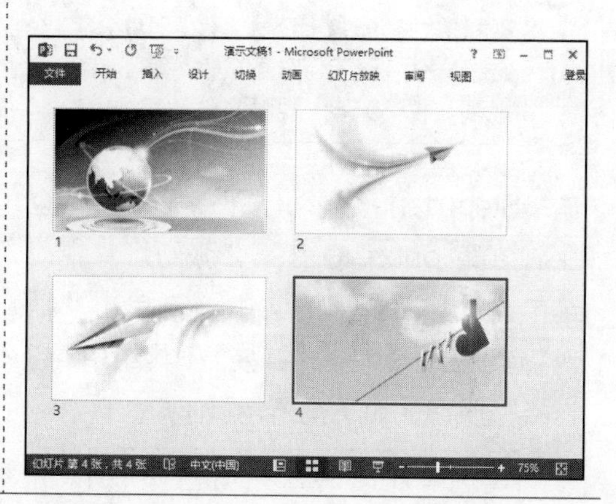

14.2 知识讲解——设置交互式幻灯片

使用超链接可以制作交互式幻灯片，超链接是指向特定位置或文件的一种连接方式，可以利用它指定程序的跳转的位置，这个位置可以是另一张幻灯片，也可以是相同幻灯片上的不同位置，还可以是一个电子邮件地址、一个文件，甚至是一个应用程序。而在幻灯片中用来超链接的对象，可以是一段文本或者一个图片。

14.2.1 添加超链接

在制作的幻灯片中，无论是文本对象，还是图形图片对象都可以设置超链接，通过超链接的功能，在放映状态下单击，即可进入超链接的对象或者打开链接对象，具体操作方法如下。

光盘同步文件

素材文件：光盘\素材文件\第 14 章\企业总结篇 .pptx
结果文件：光盘\结果文件\第 14 章\企业总结篇 .pptx
视频文件：光盘\视频文件\第 14 章\14-2-1.mp4

Step01：打开素材文件\第 14 章\企业总结篇 .pptx，❶ 在第 2 张幻灯片中，选中要设置超链接的文本；❷ 单击"插入"选项卡；❸ 单击"链接"工具组中"超链接"按钮，如下图所示。

Step02：打开"插入超链接"对话框，❶ 选择"本文档中的位置"选项；❷ 在"请选择文档中的位置"列表中选择"幻灯片 3"选项；❸ 单击"确定"按钮，如下图所示。

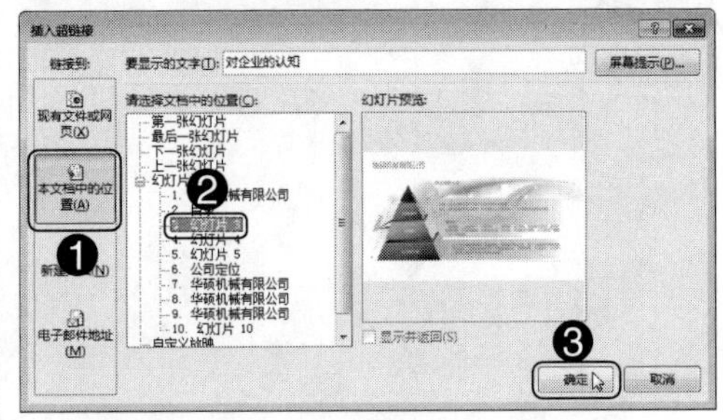

Step03：重复操作第 1 步和第 2 步，超链接的效果如右图所示。

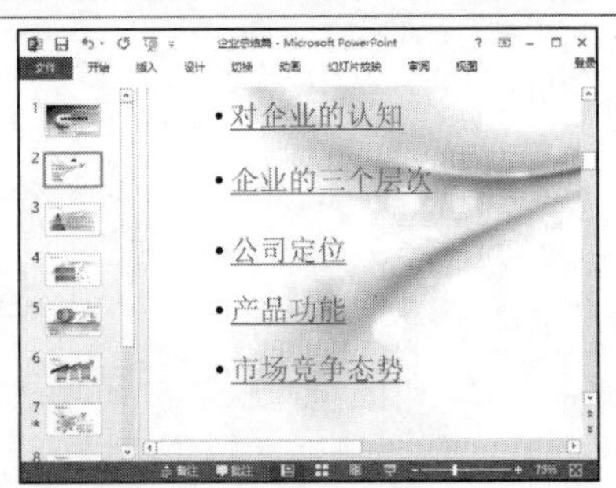

Step04：❶ 单击“视图”选项卡；❷ 单击“演示文稿视图”工具组中“阅读视图”按钮，如下图所示。

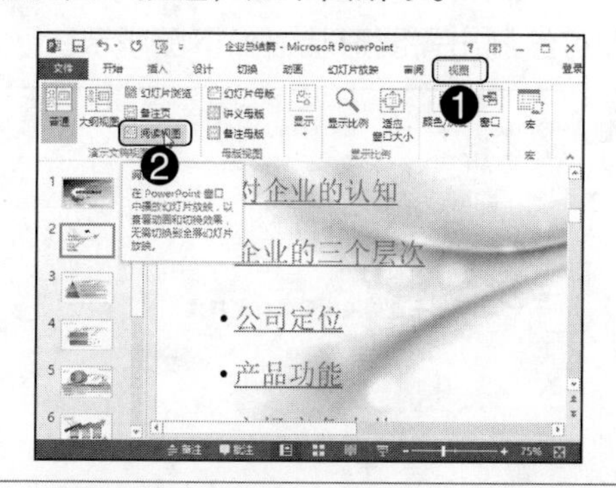

Step05：进入幻灯片阅读状态，单击要查看的超链接，如下图所示。

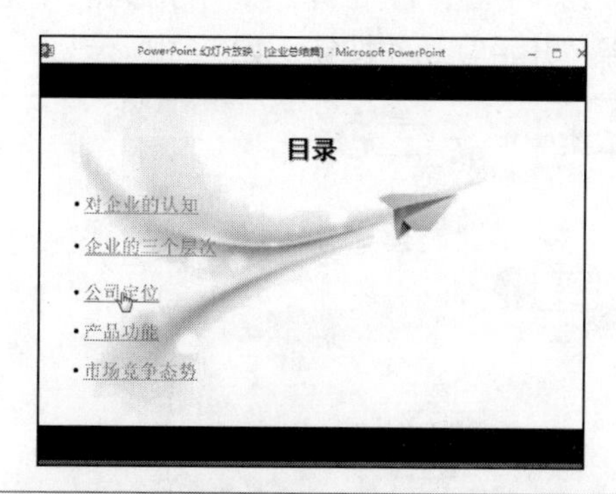

Step06：经过以上操作，进入超链接的幻灯片，如右图所示。

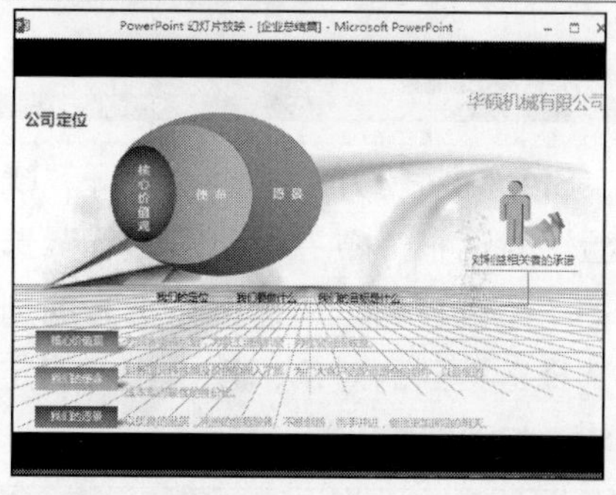

14.2.2 通过动作按钮创建链接

除使用超链接实现幻灯片之间的跳转外，还可以使用动作按钮。动作按钮是PowerPoint 中预先设置好的一组带有特定动作的图形按钮，这些按钮被预先设置为向前一张、后一张、第一张、最后一张幻灯片、播放声音及播放电影等链接，应用预置好的动作按钮，可以实现在放映幻灯片时跳转的目的。

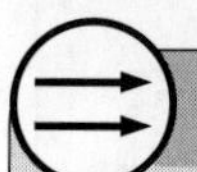

光盘同步文件

素材文件：光盘\结果文件\第 14 章\企业总结篇 .pptx
结果文件：光盘\结果文件\第 14 章\企业总结篇 .pptx
视频文件：光盘\视频文件\第 14 章\14-2-2.mp4

Step01：❶ 单击“视图”选项卡；❷ 单击“母版视图”工具组中“幻灯片母版”按钮，如右图所示。

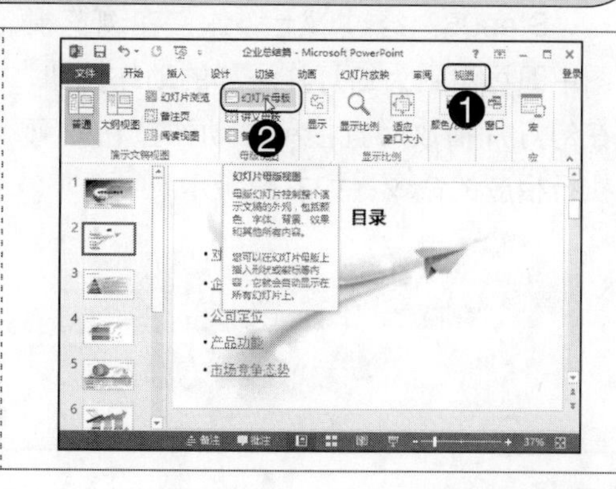

Step02：❶选择母版；❷单击“插入”选项卡“插图”工具组中“形状”按钮 形状·；❸在弹出的下拉列表中选择“开始”动作按钮，如下图所示。

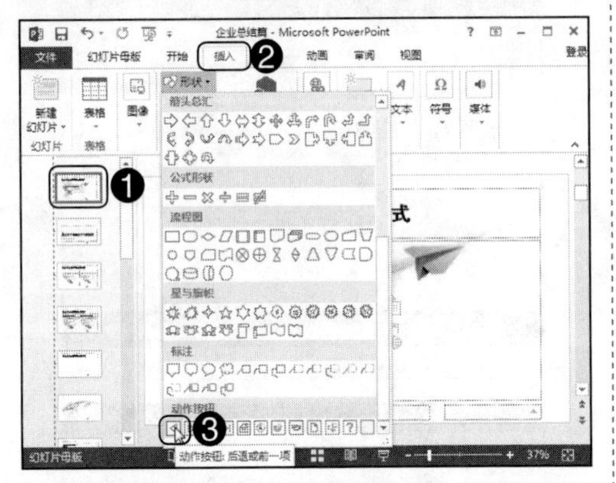

Step03：将鼠标指针移动到幻灯片中需要插入形状的位置，鼠标指针成为“＋”形状时，按住鼠标左键拖动鼠标，即可绘制出需要形状，如下图所示。

Step04：松开鼠标时，打开“操作设置”对话框，❶在“单击鼠标”选项卡的“超链接到”单选按钮下方的列表中选择链接到的对象；❷单击“确定”按钮，如下图所示。

Step05：❶使用上面的方法，在幻灯片中的相应位置绘制其他的动作按钮；❷单击“视图”选项卡；❸单击“演示文稿视图”工具组中“幻灯片浏览”按钮，如下图所示。

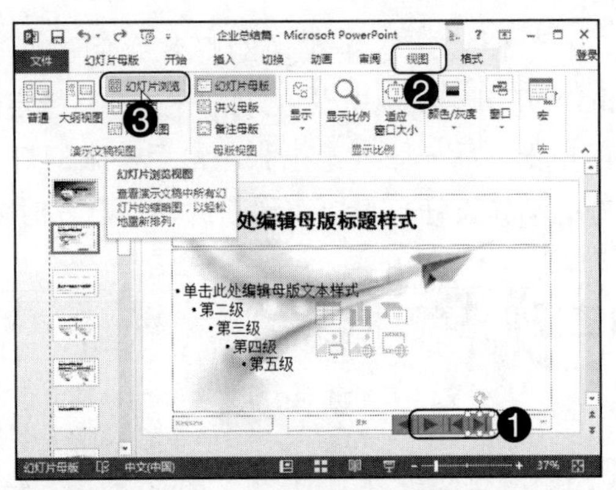

Step06：经过以上操作，在浏览视图中即可看到为幻灯片添加的动作按钮，在幻灯片播放时直接单击动作按钮即可执行相应的命令，如右图所示。

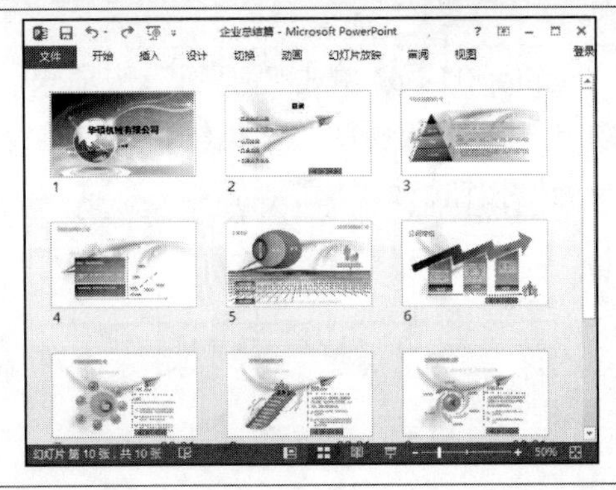

14.3 知识讲解——设置动画效果

动画作为演示文稿最耀人眼球的功能，是吸引观众注意力的秘密武器。巧妙的动画构思，能使单调的幻灯片瞬间生动起来。

14.3.1 添加单个动画效果

在 PowerPoint 2013 中，可以为幻灯片中任何对象添加动画效果，如文本、图片、形状、图标、声音、视频等。动画效果包括“进入”、“强调”、“退出”和“动作路径”。“进入”动画是最常用的动画效果，通常用于将对象“从无到有”显示在幻灯片上。如第一张幻灯片对象设置进入的动画效果，具体操作步骤如下。

光盘同步文件

素材文件：光盘\素材文件\第 14 章\企业总结篇（添加动画）.pptx
结果文件：光盘\结果文件\第 14 章\企业总结篇（添加动画）.pptx
视频文件：光盘\视频文件\第 14 章\14-3-1.mp4

Step01：打开素材文件\第 14 章\企业总结篇（添加动画）.pptx，❶ 选中第 1 张幻灯片的标题文本；❷ 单击“动画”选项卡；❸ 选择“样式”工具组中“轮子”样式，如下图所示。

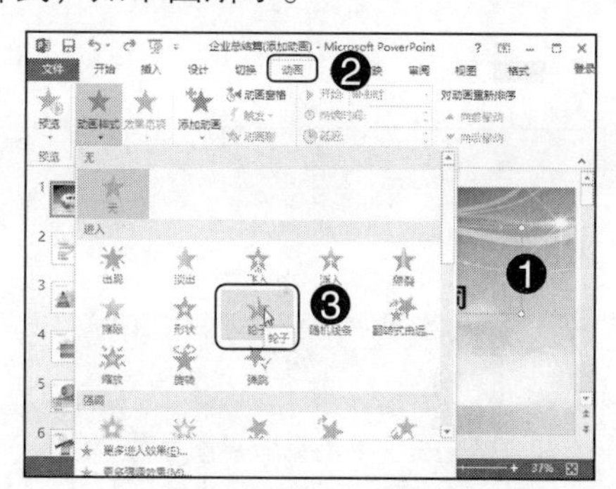

Step02：❶ 单击“动画”工具组中“效果选项”按钮；❷ 在弹出的下拉列表中选择“4 轮辐图案”命令，如下图所示。

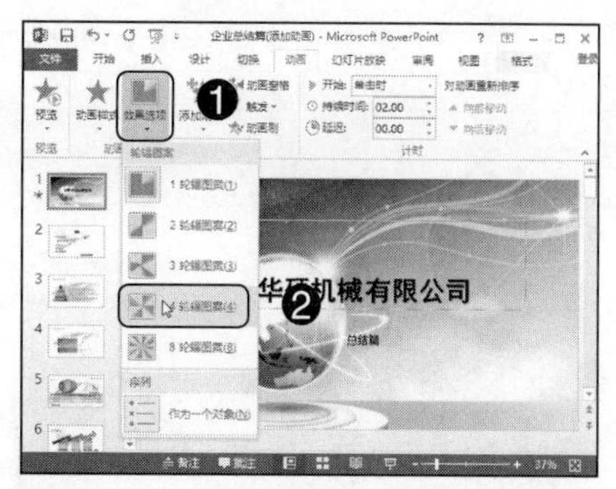

Step03：❶ 选中第 1 张幻灯片的副标题文本；❷ 选择“动画样式”的下拉列表中“飞入”样式，如右图所示。

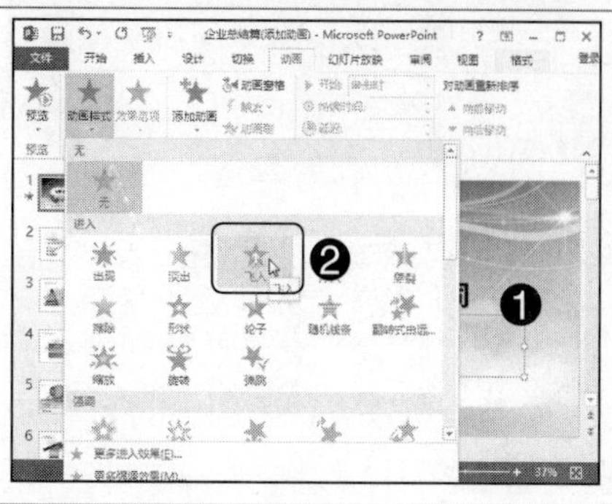

Step04：❶ 单击“动画”工具组中“效果选项”按钮；❷ 在弹出的下拉列表中选择“自左上部”命令，如右图所示。

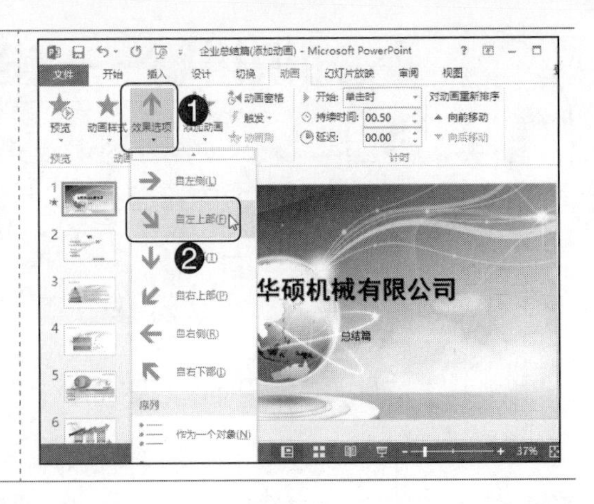

14.3.2 为同一对象添加多个动画效果

在幻灯片对象中添加动画，一个对象可以设置多个动画效果，幻灯片放映时，动画的顺序会按照设置的动画顺序进行播放。例如，为标题文本增加一个放大 / 缩小的动画，具体操作方法如下。

光盘同步文件

素材文件：光盘 \ 结果文件 \ 第 14 章 \ 企业总结篇（添加动画）.pptx
结果文件：光盘 \ 结果文件 \ 第 14 章 \ 企业总结篇（添加动画）.pptx
视频文件：光盘 \ 视频文件 \ 第 14 章 \14-3-2.mp4

Step01：选中第 1 张幻灯片的标题文本，单击“高级动画”工具组中“添加动画”按钮；在其列表框“强调”组中选择“放大 / 缩小”样式，如下图所示。

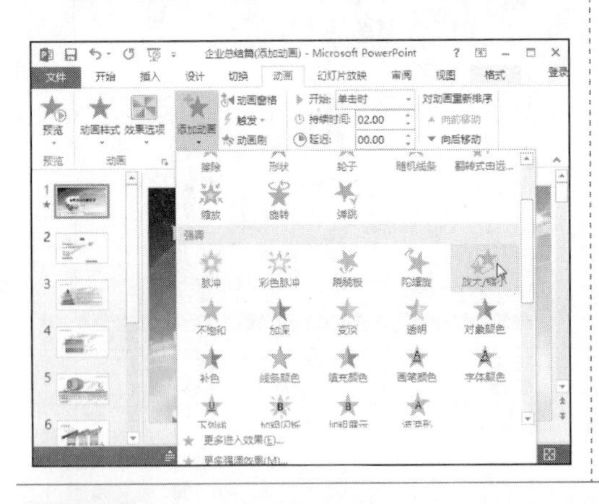

Step02：经过上步操作，为幻灯片的标题文本添加了两个动画，效果如下图所示。

14.3.3 指定动画路径

除应用内置的一些动画样式外，还可以使用动作路径动画，让对象根据自己规定的路线进行动画效果。下面，为目录对象设置自定义动画路径，具体操作方法如下。

光盘同步文件

素材文件：光盘\结果文件\第 14 章\企业总结篇（添加动画）.pptx
结果文件：光盘\结果文件\第 14 章\企业总结篇（添加动画）.pptx
视频文件：光盘\视频文件\第 14 章\14-3-3.mp4

Step01：❶ 选择第 2 张幻灯片中的目录对象，单击“动画”工具组中“动画样式”下翻按钮；❷ 在其列表框中选择“自定义路径”选项，如下图所示。

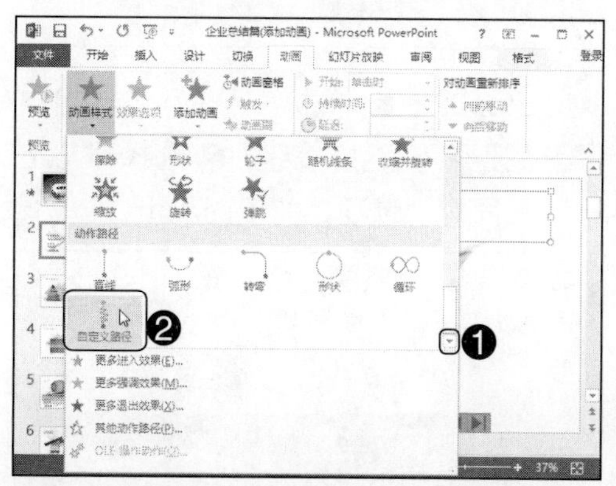

Step02：执行命令后，按住左键不放拖动绘制自定义路径，如下图所示。

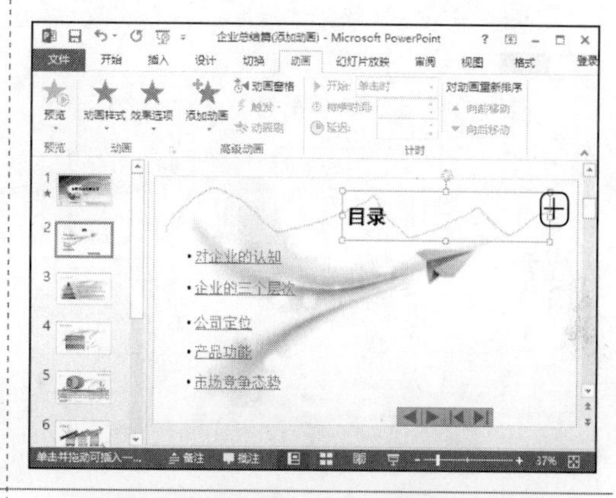

Step03：❶ 右击绘制的动画路径；❷ 在弹出的快捷菜单中选择“编辑顶点”命令，如下图所示。

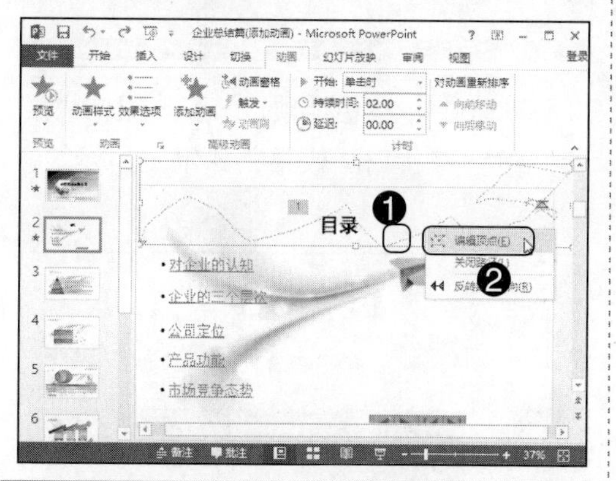

Step04：❶ 在需要删除的顶点上右右；❷ 在弹出的快捷菜单中选择“删除顶点”命令，如下图所示。

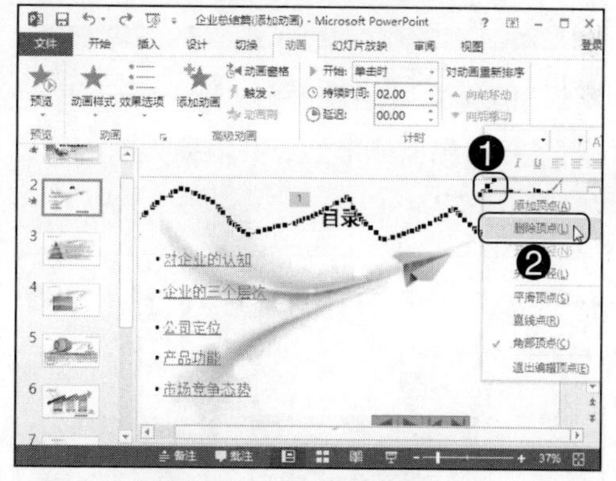

Step05：重复操作第 4 步，删除不需要的顶点后，鼠标光标移至幻灯片的任意位置单击即可完成，如右图所示。

要删除顶点，需要单击顶点，处于编辑状态后执行删除命令，才能删除顶点，否则删除的就是整个路径了。

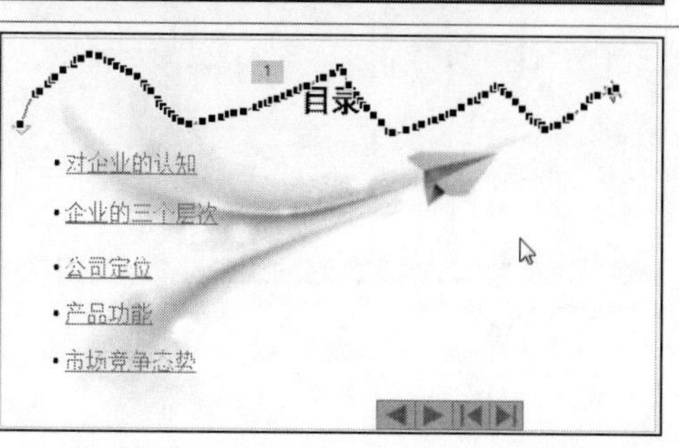

14.3.4 设置动画选项

将演示文稿的所有对象设置为动画、自动连续播放的效果，需要对添加的动画选项进行设置，如设置动画先后顺序、声音与动画同步、动画延迟执行及重复动画等相关内容。

光盘同步文件

素材文件：光盘\结果文件\第 14 章\企业总结篇（添加动画）.pptx
结果文件：光盘\结果文件\第 14 章\企业总结篇（添加动画）.pptx
视频文件：光盘\视频文件\第 14 章\14-3-4.mp4

Step01：❶选中第 3 个动画的标记；❷单击“计时”工具组中“向前移动”按钮，如下图所示。

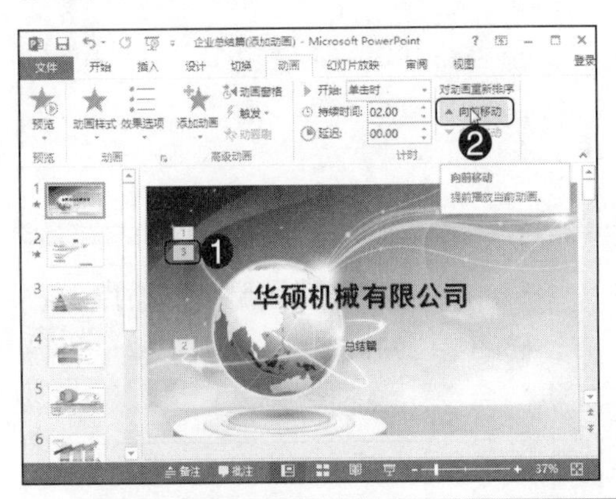

Step02：❶单击“计时”工具组中“开始”右侧下拉按钮；❷选择“与上一动画同时”选项，如下图所示。

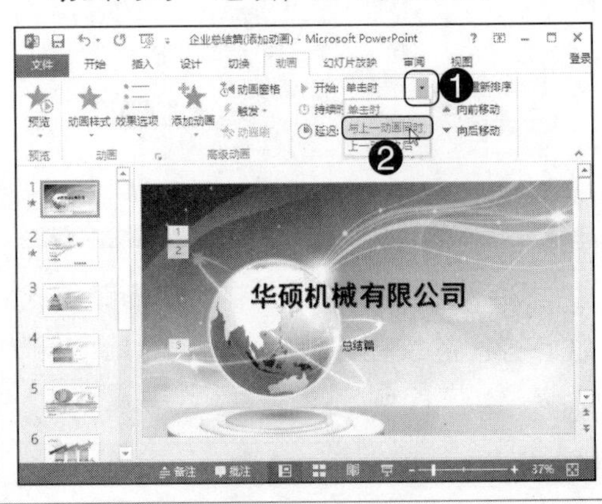

Step03：设置动画 3 为上一动画之后，在“持续时间”文本框中输入时间长，如下图所示。

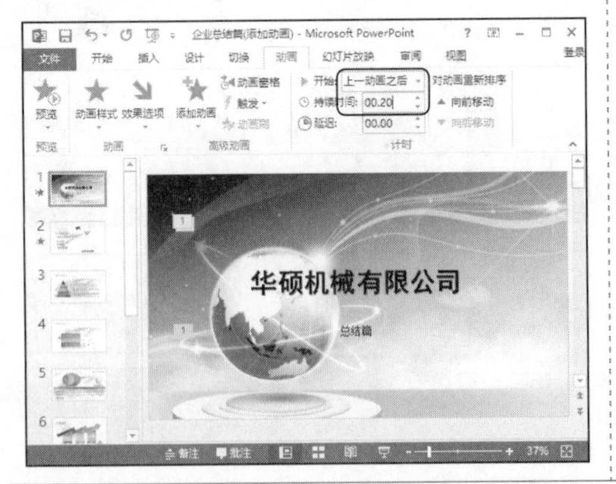

Step04：单击“预览”工具组中“预览”按钮查看动画效果，如下图所示。

14.4 知识讲解——设置幻灯片切换效果

幻灯片切换效果是指在“幻灯片放映”视图中从一个幻灯片移到下一个幻灯片时出现的类似动画的效果，使幻灯片之间的过渡更加自然。

14.4.1 设置切换方式

在 PowerPoint 2013 中，包含很多不同类型的幻灯片切换效果，如淡出和溶解、擦除、推进和覆盖、时钟和涟漪效果等。设置的具体操作步骤如下。

光盘同步文件

素材文件：光盘 \ 素材文件 \ 第 14 章 \ 企业总结篇（切换方式）.pptx
结果文件：光盘 \ 结果文件 \ 第 14 章 \ 企业总结篇（切换方式）.pptx
视频文件：光盘 \ 视频文件 \ 第 14 章 \14-4-1.mp4

Step01：打开素材文件 \ 第 14 章 \ 企业总结篇（切换方式）.pptx，❶ 单击“切换”选项卡；❷ 选择“切换到此幻灯片”工具组中“页面卷曲”样式，如下图所示。

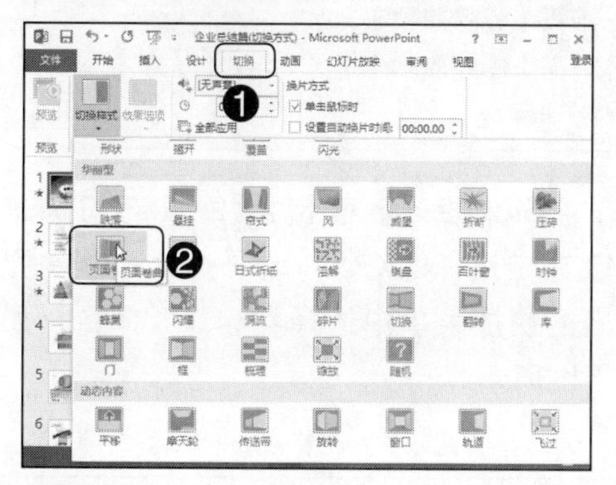

Step02：❶ 单击“切换到此幻灯片”工具组中“效果选项”按钮；❷ 在弹出的下拉列表中选择“双右”命令，如下图所示。

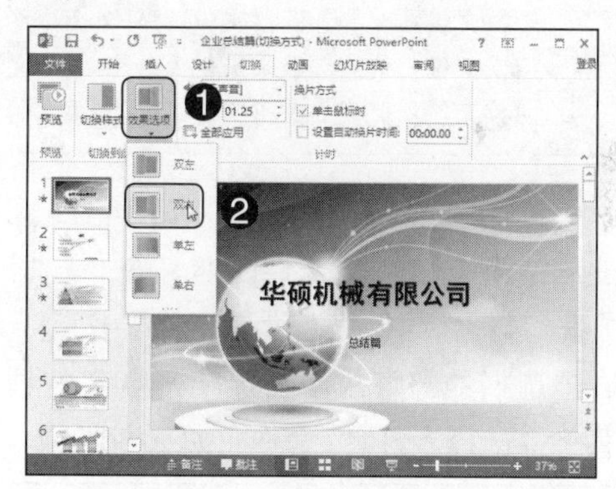

14.4.2 设置切换声音与持续时间

在幻灯片换片过程中，不仅可以为换片设置动画，还可以对动画中的计时选项进行设置，让换片的动画更加符合用户的需求。

光盘同步文件

素材文件：光盘 \ 结果文件 \ 第 14 章 \ 企业总结篇（切换方式）.pptx
结果文件：光盘 \ 结果文件 \ 第 14 章 \ 企业总结篇（切换方式）.pptx
视频文件：光盘 \ 视频文件 \ 第 14 章 \14-4-2.mp4

Step01：❶单击“计时”工具组中“无声音”右侧下拉按钮；❷在弹出的下拉列表中选择“风声”选项，如下图所示。

Step02：❶在“计时”工具组中单击勾选“设置自动换片时间”复选框，并设置时间长；❷单击“全部应用”按钮，如下图所示。

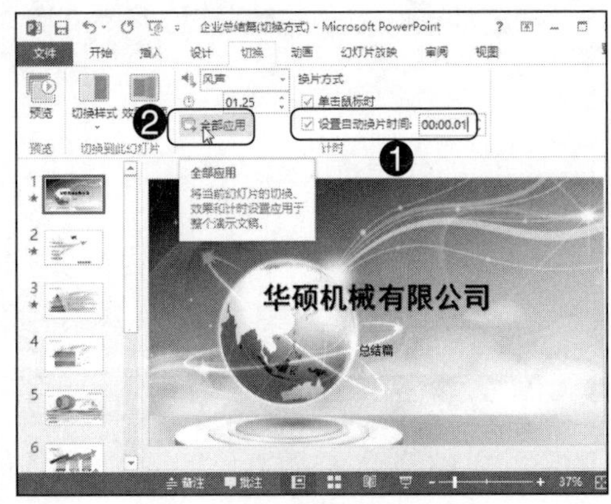

14.4.3 删除设置的幻灯片效果

为幻灯片添加动画和换片效果后，如果该幻灯片作为演讲时使用，可以将这些效果进行删除，使用手动控制，具体操作方法如下。

光盘同步文件

素材文件：光盘\素材文件\第 14 章\企业总结篇（删除效果）.pptx
结果文件：光盘\结果文件\第 14 章\企业总结篇（删除效果）.pptx
视频文件：光盘\视频文件\第 14 章\14-4-3.mp4

Step01：打开素材文件\第 14 章\企业总结篇（删除效果）.pptx，❶单击第 1 张幻灯片，单击“动画窗格”按钮；右击选择的幻灯片动画选项；❷在快捷菜单中选择“删除”命令，如下图所示。

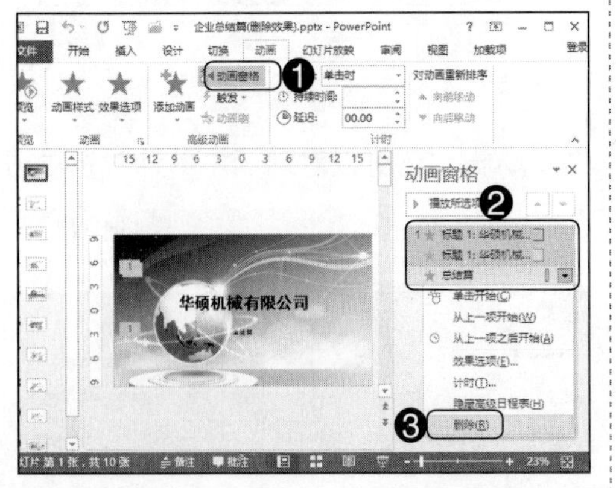

Step02：❶单击第 2 张幻灯片；❷右击选择的幻灯片动画选项；❸在弹出的快捷菜单中选择“删除”命令，如下图所示。

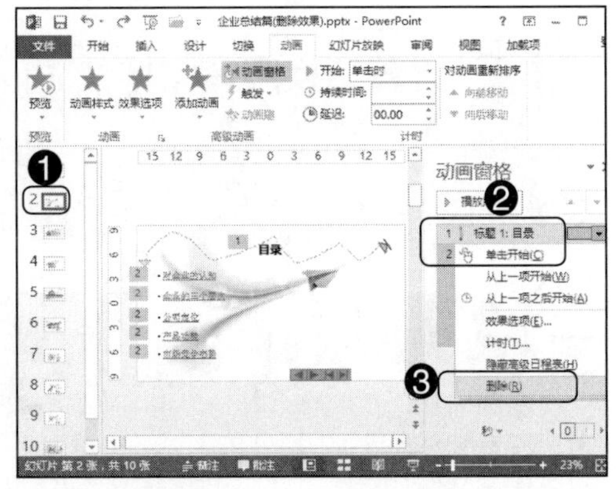

Step03：❶ 单击"切换"选项卡；❷ 单击"切换到此幻灯片"工具组中"无"样式，如下图所示。

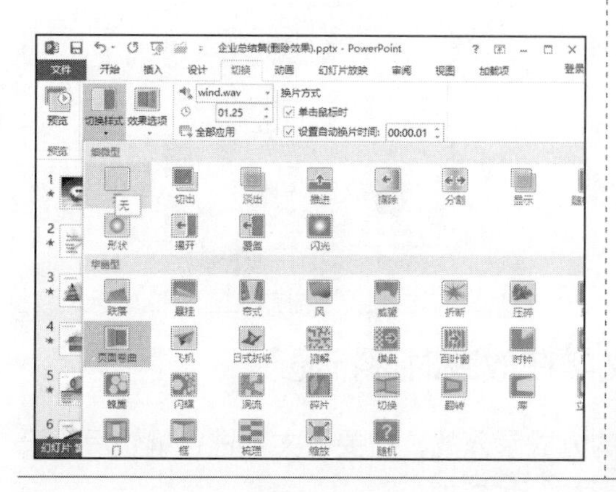

Step04：❶ 设置切换声音为"无声音"选项；❷ 取消勾选"设置自动换片时间"复选框和时间长；❸ 单击"全部应用"按钮，如下图所示。

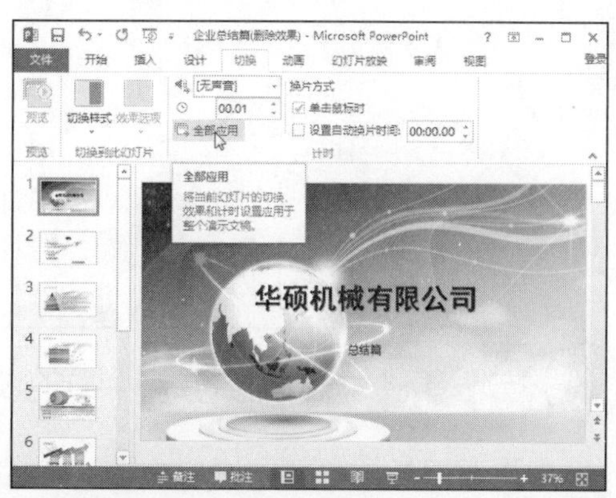

技高一筹——实用操作技巧

通过前面知识的学习，相信读者朋友已经掌握好如何添加设置母版、动画和换片的相关基础知识。下面结合本章内容，给大家介绍一些实用技巧。

光盘同步文件

素材文件：光盘\素材文件\第 14 章\技高一筹
结果文件：光盘\结果文件\第 14 章\技高一筹
视频文件：光盘\视频文件\第 14 章\技高一筹 .mp4

技巧 01　如何为幻灯片添加电影字幕式效果

在幻灯片动画设置中，除应用普通的动画效果外，还可以设置电影字幕式的动画效果。具体方法如下。

Step01：打开素材文件\第 14 章\技高一筹\技巧 01.pptx，❶ 选择要设置动画的文本，单击"添加动画"按钮；❷ 在弹出的下拉列表框中选择"更多进入效果"命令，如右图所示。

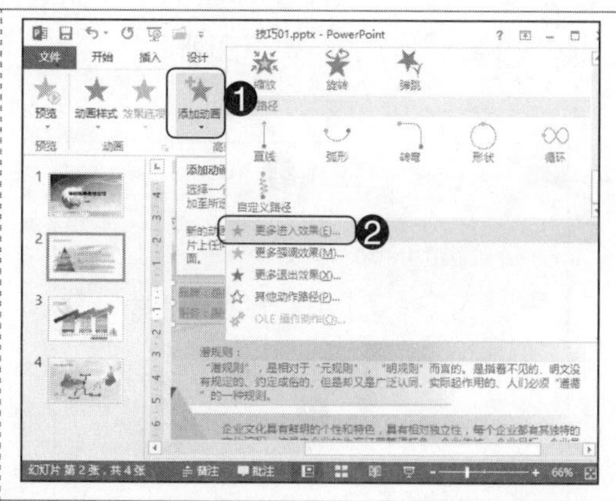

Step02：打开“添加进入效果”对话框，❶ 选择“华丽型”组中“字幕式”样式；❷ 单击“确定”按钮，如右图所示。

技巧 02 怎样让幻灯片中的文字在放映时逐行显示

如果在幻灯片中制作的文本是以段落的方式录入的，需要将文本进行编辑后再设置动画样式，这样就可以按行进行显示，具体操作方法如下。

Step01：打开素材文件\第 14 章\技高一筹\技巧 02.pptx，❶ 选择文本框中文本；❷ 单击“剪贴板”工具组中“剪切”按钮，如下图所示。

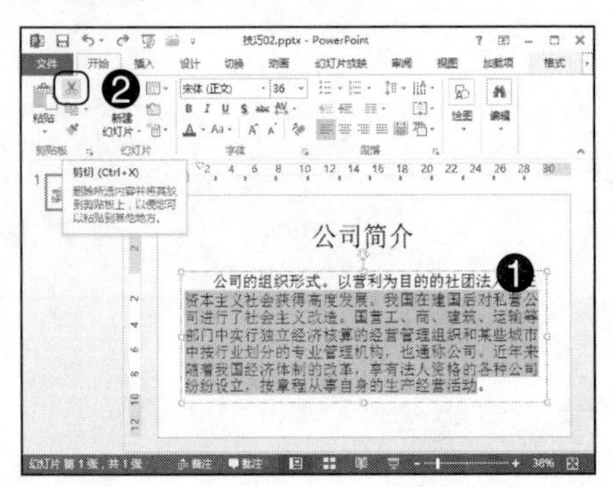

Step02：选中文本框，按“Ctrl”键不放，拖动进行复制，然后将剪切的文字进行粘贴，分别将文本制作成如下图所示的效果。

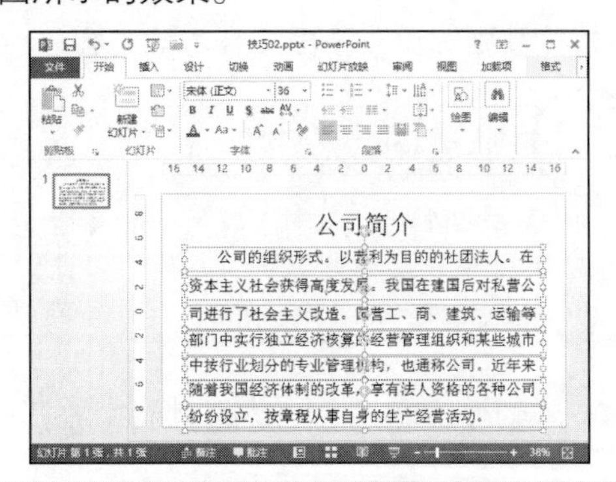

Step03：❶ 单击“动画”选项卡；❷ 选择“动画格式”工具组的下拉列表框中“浮入”样式，如下图所示。

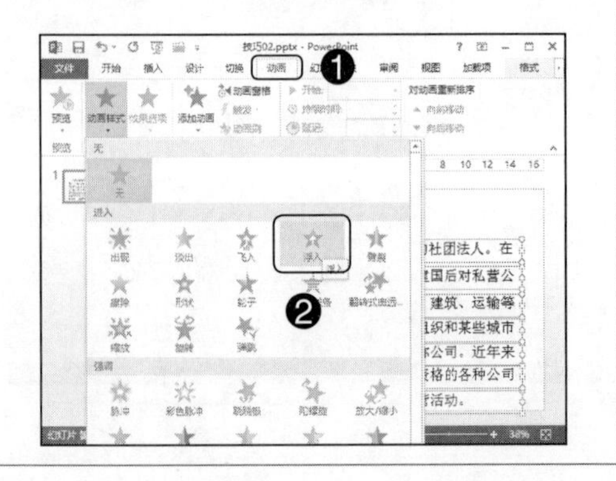

Step04：将所有的行都设置为浮入效果后，然后从第 2 行开始，依次设置动画开始为“上一动画之后”，放映时即可逐行显示，如下图所示。

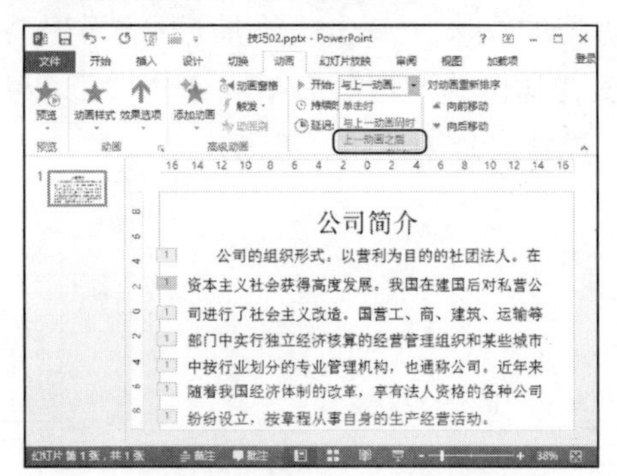

技巧 03 制作单击小图看大图的效果

在动画效果中有放大 / 缩小的动画功能，但是为了让单击小图看大图效果更好，可以使用触发器制作动画，具体操作方法如下。

Step01：打开素材文件 \ 第 14 章 \ 技高一筹 \ 技巧 03.pptx，❶ 选中大图片；❷ 单击“动画”选项卡；❸ 单击“动画格式”工具组中“淡出”样式，如下图所示。

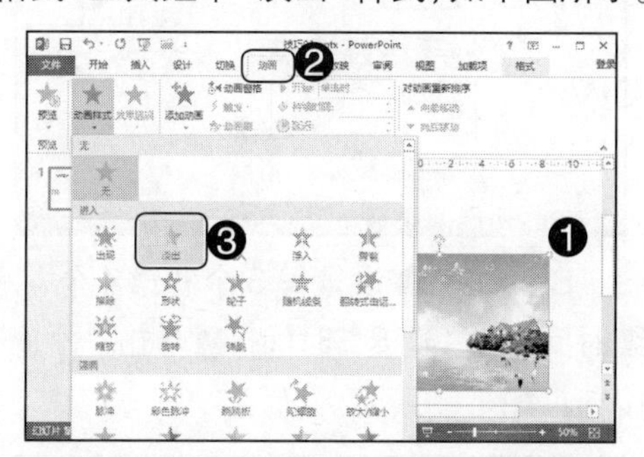

Step02：❶ 单击“动画窗格”按钮；❷ 单击“添加动画”按钮；❸ 在弹出的下拉列表框中选择“强调”组中“放大 / 缩小”样式，如下图所示。

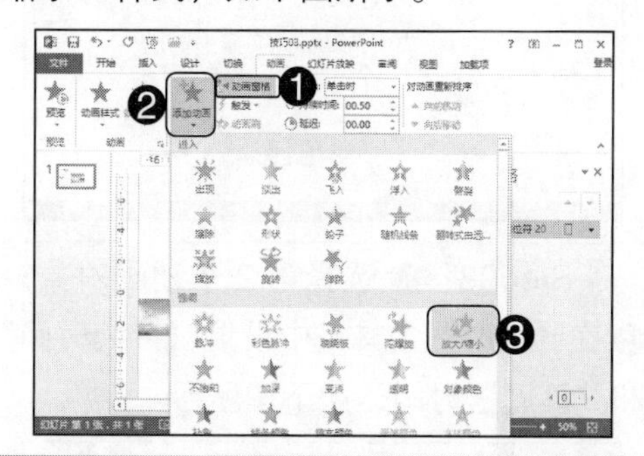

知识拓展 如何添加多个动画

在演示文稿中，使用“动画”工具组添加动画，都只能选择一个动画效果，如果要为一个对象添加多个动画效果，则必须在“高级动画”工具组中单击“添加动画”按钮，然后为对象添加第 2 个动画样式。

Step03：选中小图，单击“动画”工具组“动作路径”组中“直线”选项，如下图所示。

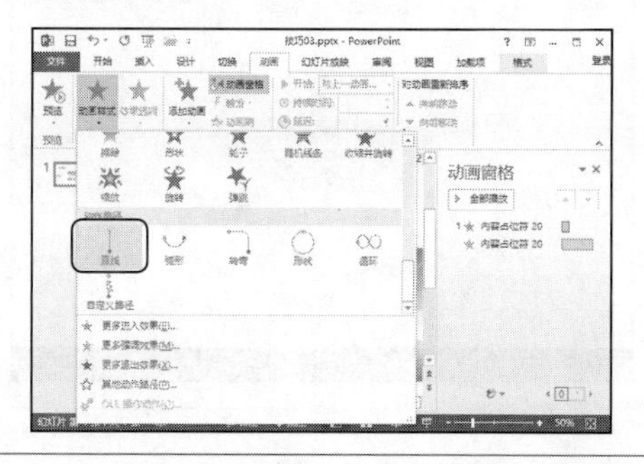

Step04：默认情况下，执行直线命令后，会垂直向下，拖动调整直线路径的方向，如下图所示。

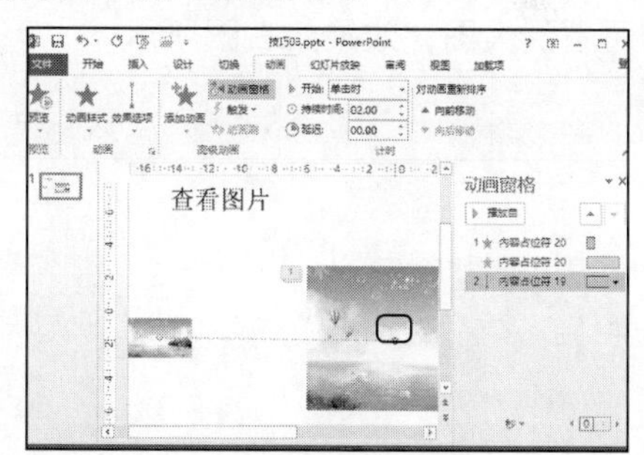

Step05：❶ 单击“添加动画”按钮；❷ 在弹出的下拉列表框“强调”组中选择“放大 / 缩小”样式，如右图所示。

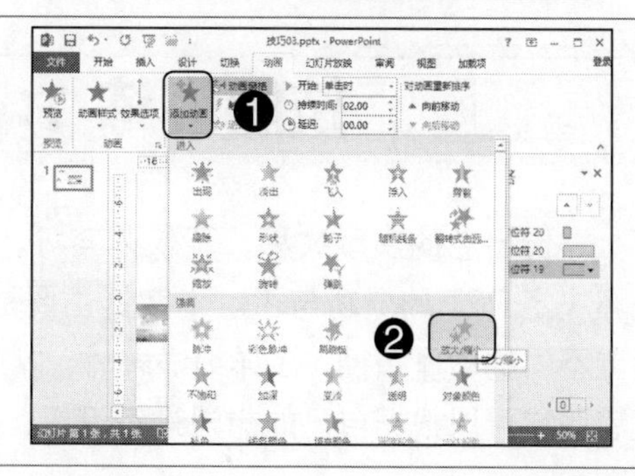

Step06：❶ 设置小图在上一动画之后，选中第 1 个动画对象；❷ 单击“触发”按钮；❸ 选择“单击”命令；❹ 选择“内容点位符 19”命令，如下图所示。

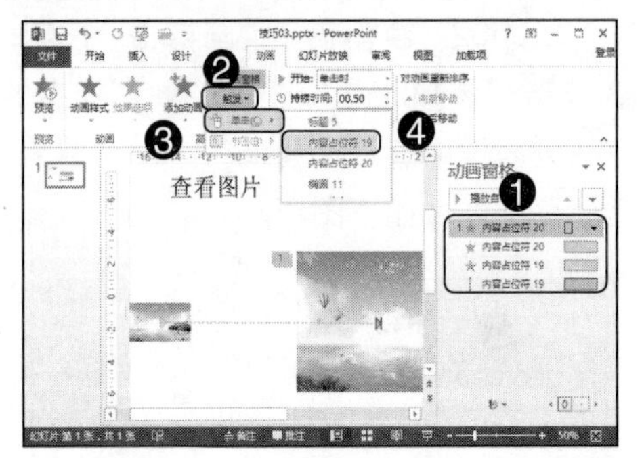

Step07：❶ 选择第 1 个动画对象；❷ 在“计时”工具组中设置“持续时间”和“延迟”时间，如下图所示。

Step08：❶ 选择第 2 个动画对象；❷ 在“计时”工具组中设置“持续时间”和“延迟”时间，如下图所示。

Step09：❶ 设置第 3 个和第 4 个“持续时间”和“延迟”时间；❷ 单击“预览”按钮，如下图所示。

Step10：经过以上操作，单击小图即可看到大图，效果如右图所示。

技能训练 1：制作动态目录

一份出色的演示文稿，不仅内容好，PPT 演示效果还要佳。因此，放映时动画的好坏决定 PPT 的成功与否。本案例主要是以自定义动画为例，为各个幻灯片中的对象设置不同的动作路径，在详细讲解时，以第一张幻灯片的动画为例，后面的动画效果，读者朋友可以根据自己的想法进行设置，效果如下图所示。

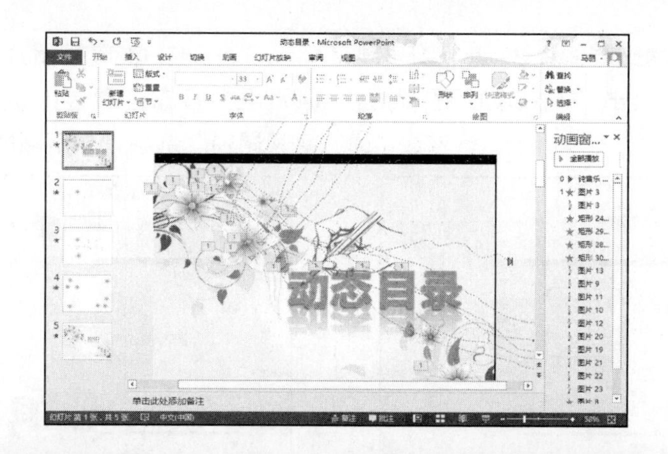

光盘同步文件

素材文件：光盘\素材文件\第 14 章\动态目录 .pptx
结果文件：光盘\结果文件\第 14 章\动态目录 .pptx
视频文件：光盘\视频文件\第 14 章\技能训练 1.mp4

操作提示

制作关键	技能与知识要点
本实例首先设置音频文件的动画；接着为幻灯片中的各个对象设置动画路径，如果在选择对象时不容易选择，可以使用选择窗格进行选择，为幻灯片对象设置好动画后，关闭选择窗格	● 播放动画 ● 启动动画窗格 ● 设置动画开始方式 ● 自定义动画路径 ● 设置动画时长

操作步骤

本实例的主要以第 1 张幻灯片的动画为例，具体制作步骤如下。

Step01：打开素材文件\第 14 章\动态目录 .pptx，❶单击“动画”选项卡；❷单击“高级动画”工具组中“动画窗格”按钮；❸选择音频对象，单击“播放”动画，如下图所示。

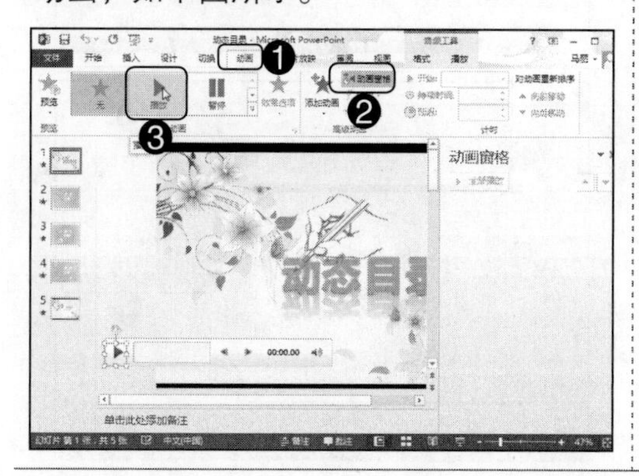

Step02：❶在“动画窗格”中右击第 1 个动画；❷在弹出快捷菜单中选择“从上一项开始”命令，如下图所示。

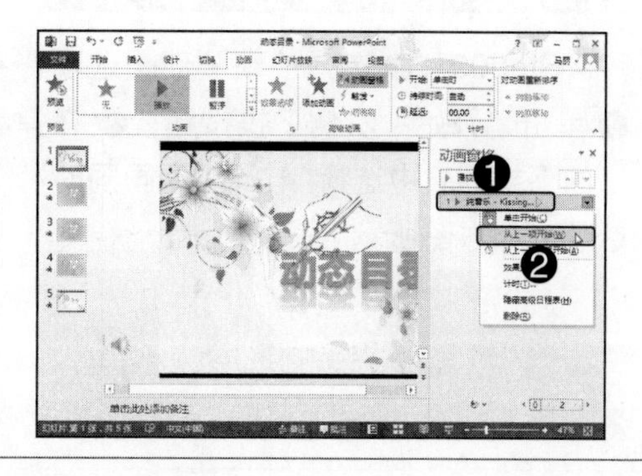

Step03：❶ 选择图片 3；❷ 选择“动画”工具组中“淡出”样式，如下图所示。

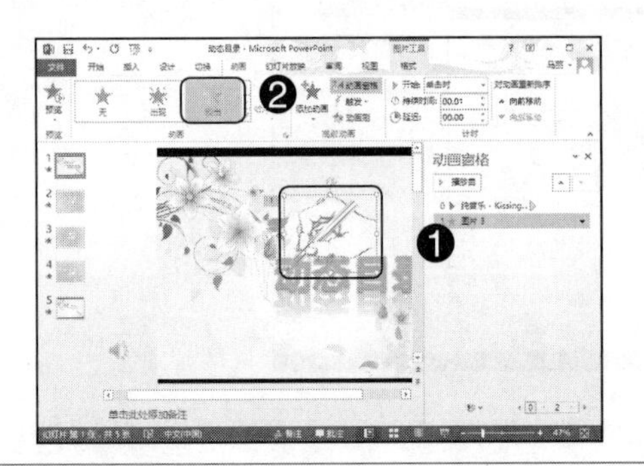

Step04：❶ 选择图片 3，单击“添加动画”按钮；❷ 选择动作路径组“自定义路径”选项，如下图所示。

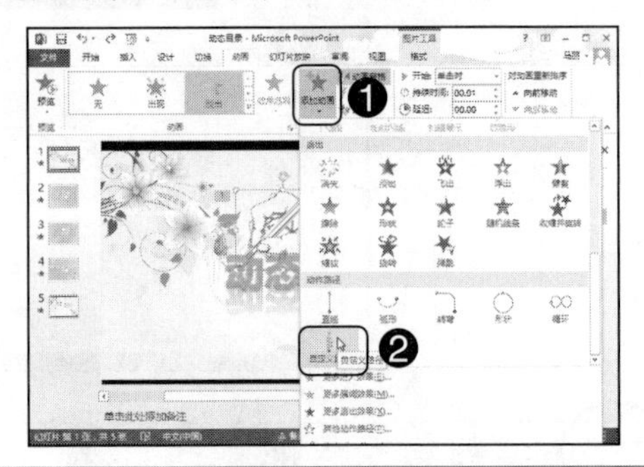

Step05：执行自定义路径命令后，按住左键不放拖动绘制路径，如下图所示。

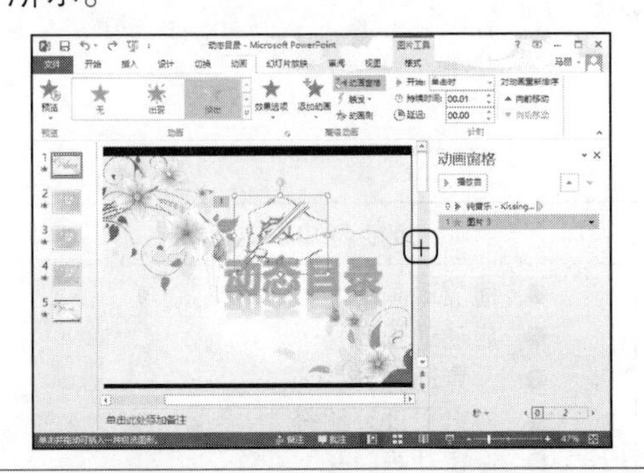

Step06：❶ 设置“开始”方式为“上一动画之后”；❷ 设置时间为“02.10”，如下图所示。

Step07：❶ 选择“动”；❷ 选择“动画”工具组中“擦除”样式，如下图所示。

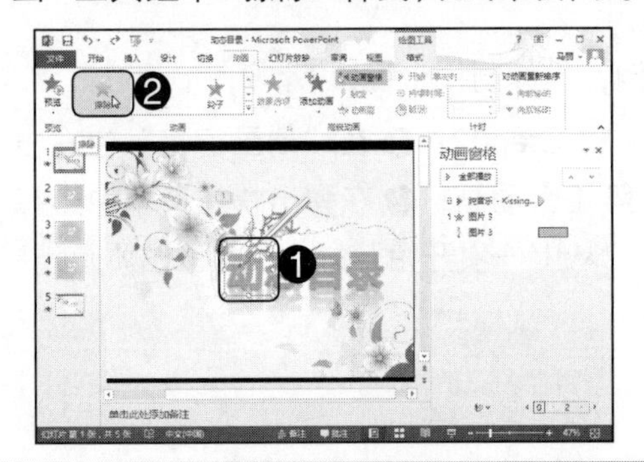

Step08：❶ 单击“效果选项”按钮；❷ 选择“自左侧”命令，如下图所示。

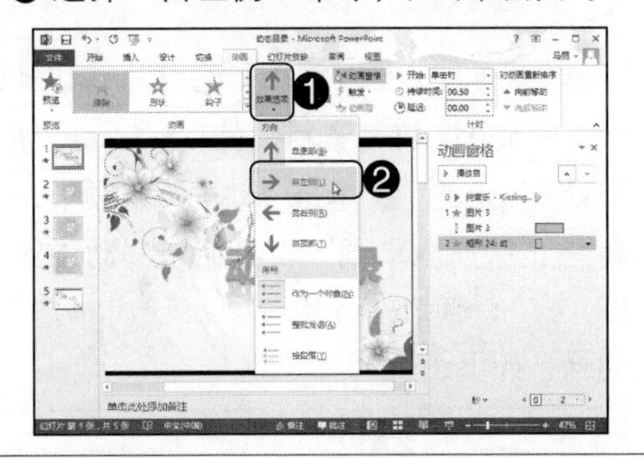

Step09：❶ 选择“动”动画选项；❷ 单击“开始”右侧下拉按钮；❸ 在弹出的下拉列表中选择“与一上动画同时”选项，如右图所示。

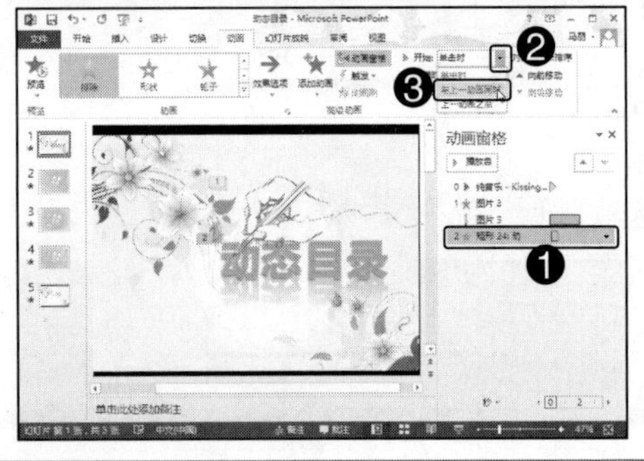

Step10：❶设置“持续时间”为“00.50”；❷设置“延迟”时间为“00.60”，如下图所示。

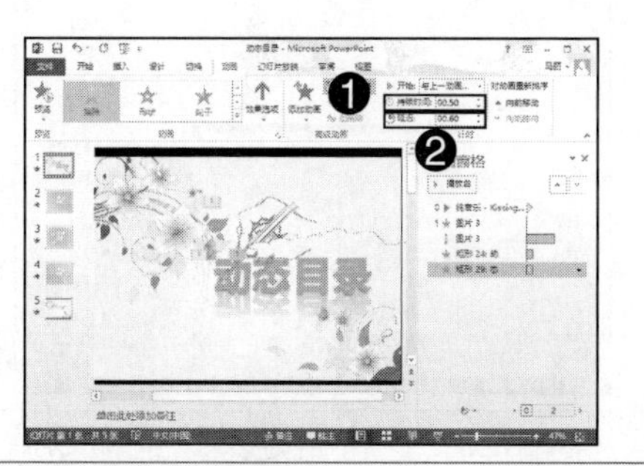

Step11：❶选择“态”，设置为“擦出”动画样式；❷设置为“与上一动画同时”选项；❸设置“持续时间”和“延迟”时间，如下图所示。

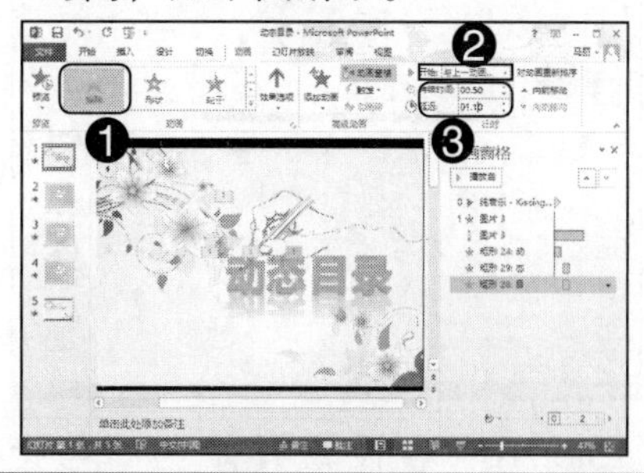

Step12：❶选择“目”，设置为“擦出”动画样式；❷设置为“与上一动画同时”选项；❸设置“持续时间”和“延迟”时间，如下图所示。

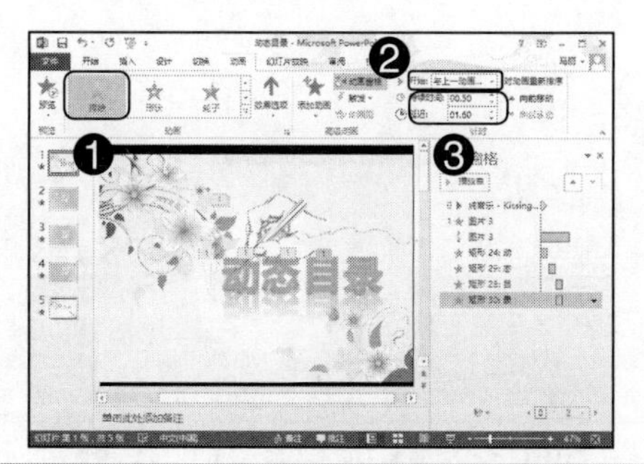

Step13：❶设置“录”为“擦出”动画样式，“与上一动画同时”和“持续时间”和“延迟时间”；❷选择图片13；❸单击“自定义路径”样式，如下图所示。

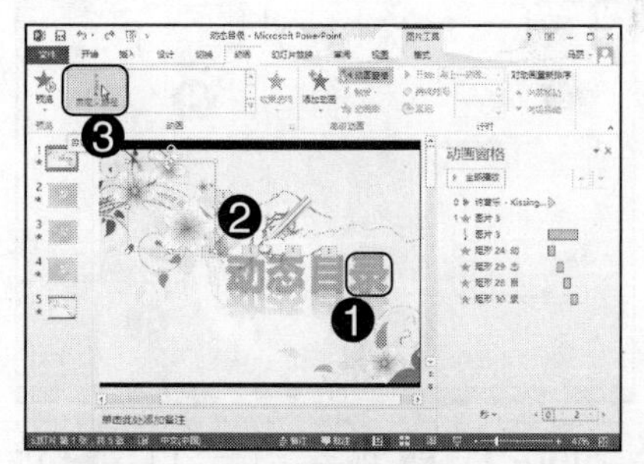

Step14：执行自定义路径命令后，按住左键不放拖动绘制路径，如下图所示。

Step15：❶设置“图片13”开始为“与上一动画同时”；❷设置“持续时间”和“延迟”时间，如下图所示。

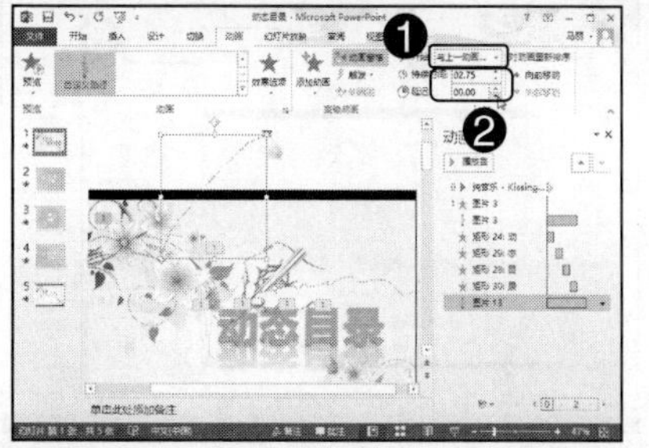

Step16：❶单击“开始”选项卡；❷单击“编辑”工具组中“选择”按钮；❸在弹出的下拉列表中选择“选择窗格”命令，如右图所示。

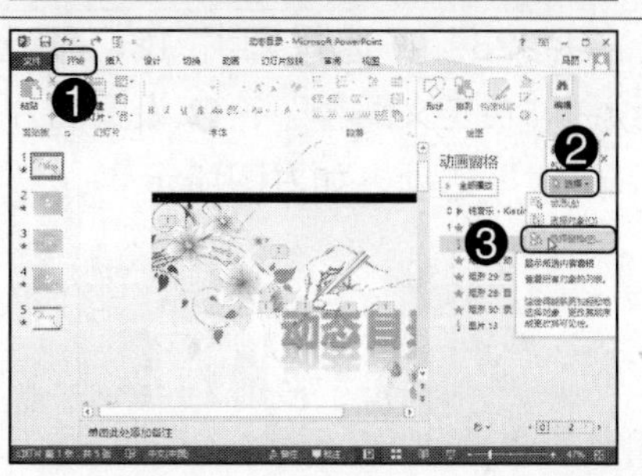

Step17：❶选择“选择窗格”中“图片 9”对象；❷单击“自定义路径”按钮，如下图所示。

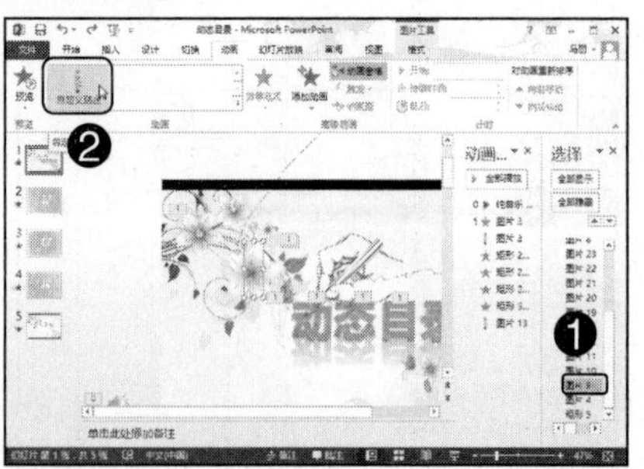

Step18：执行自定义路径命令后，按住左键不放拖动绘制路径，如下图所示。

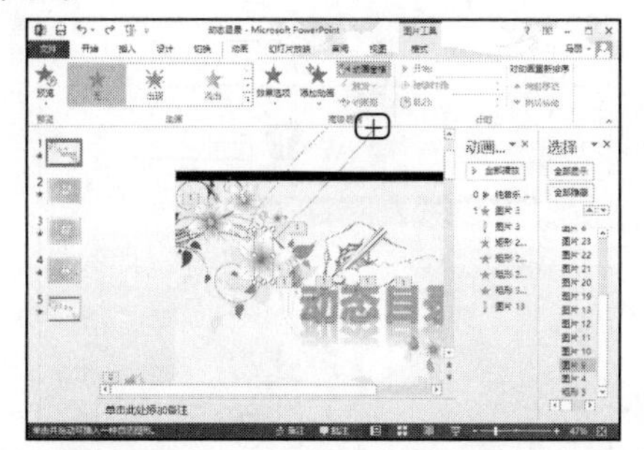

Step19：❶设置开始为“与上一动画同时”选项、“持续时间”和“延迟”时间；❷单击“选择窗格”中“图片 11”对象；❸单击“自定义路径”按钮，如下图所示。

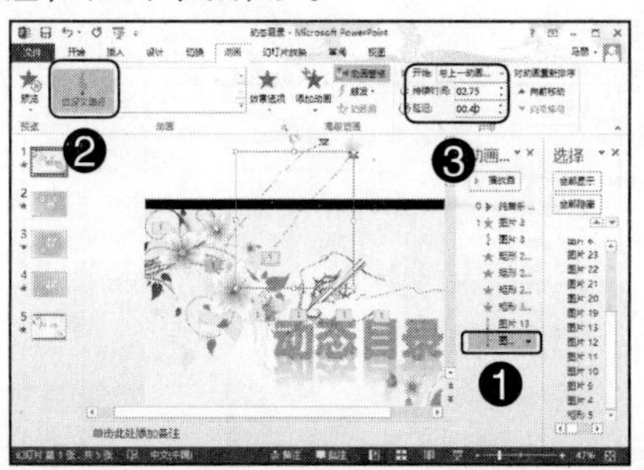

Step20：执行自定义路径命令后，按住左键不放拖动绘制路径，如下图所示。

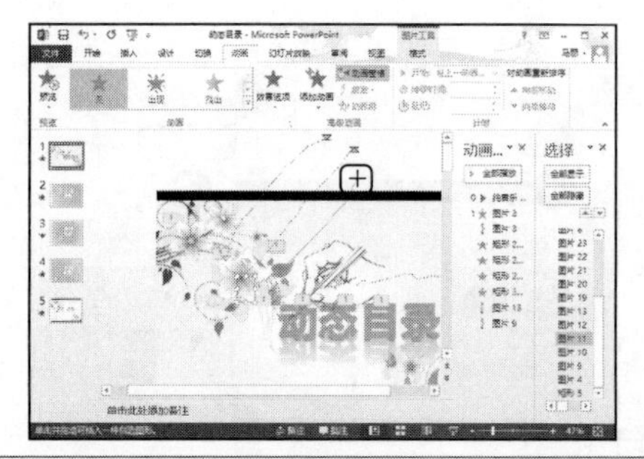

Step21：❶选择图片 11；❷选择并绘制“自定义路径”；❸设置图片 11 的“计时”选项，如下图所示。

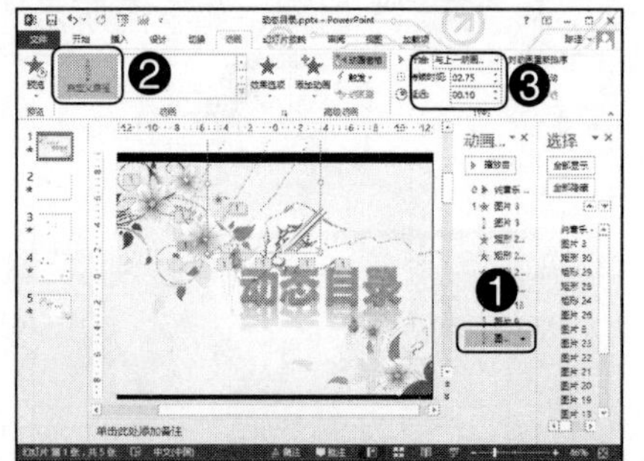

Step22：❶选择图片 10；❷选择并绘制“自定义路径”；❸设置图片 10 的“计时”选项，如下图所示。

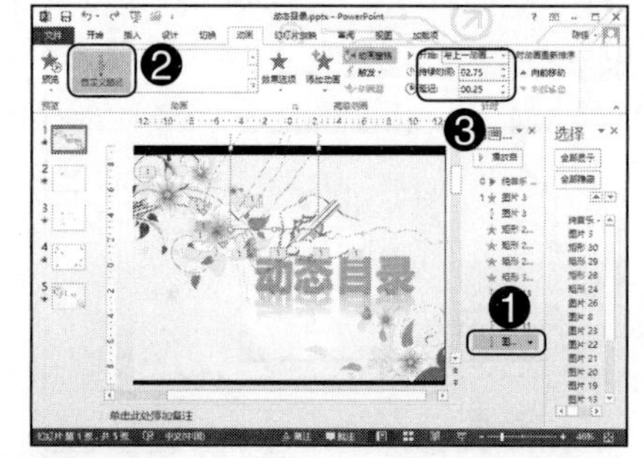

Step23：❶选择图片 12；❷选择并绘制“自定义路径”；❸设置图片 12 的“计时”选项，如右图所示。

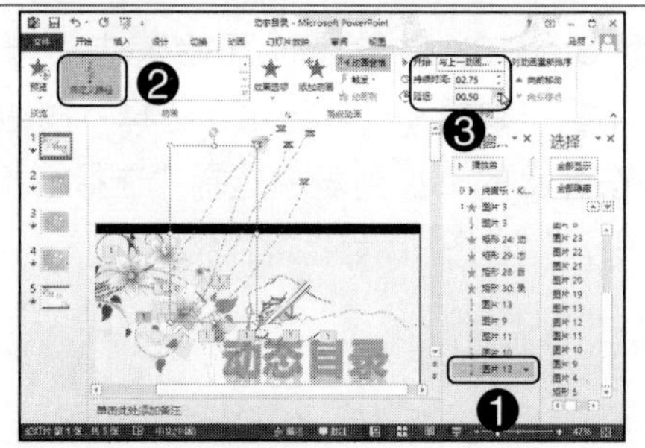

Step24：❶ 选择图片 20；❷ 选择并绘制“自定义路径”；❸ 设置图片 20 的“计时”选项，如下图所示。

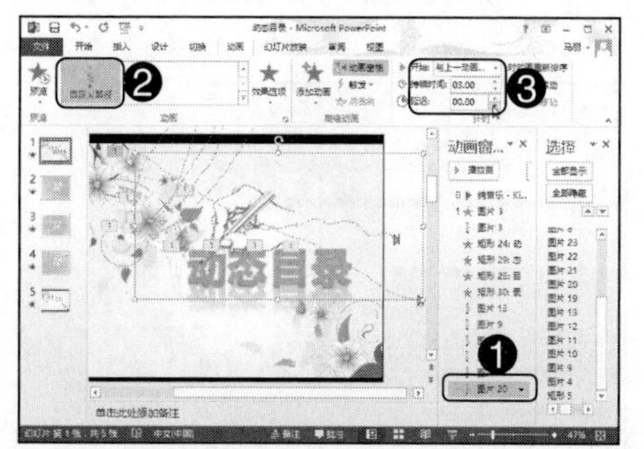

Step25：❶ 选择图片 19；❷ 选择并绘制“自定义路径”；❸ 设置图片 19 的“计时”选项，如下图所示。

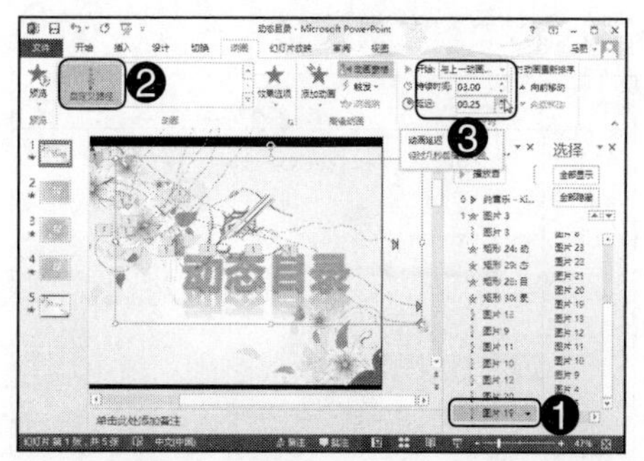

Step26：❶ 选择图片 21；❷ 选择并绘制“自定义路径”；❷ 设置图片 21 的“计时”选项，如下图所示。

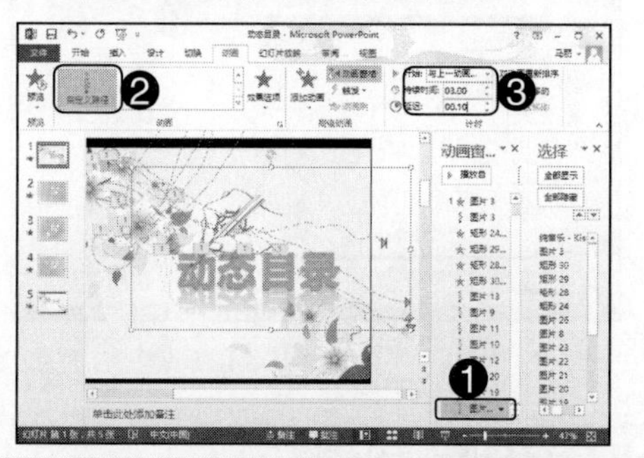

Step27：❶ 选择图片 22；❷ 选择并绘制“自定义路径”；❸ 设置图片 22 的“计时”选项，如下图所示。

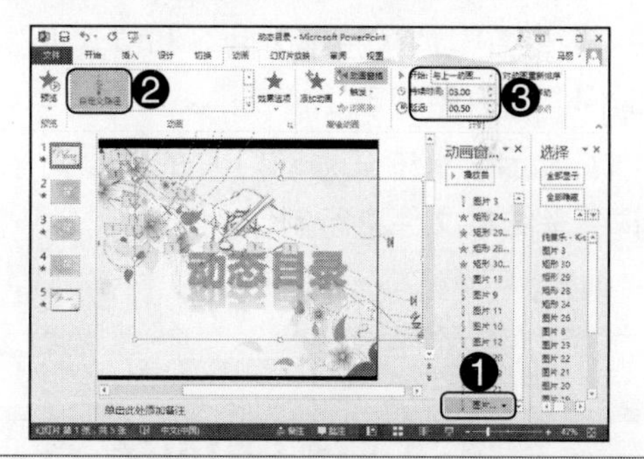

Step28：❶ 选择图片 23；❷ 选择并绘制“自定义路径”；❸ 设置图片 23 的“计时”选项，如下图所示。

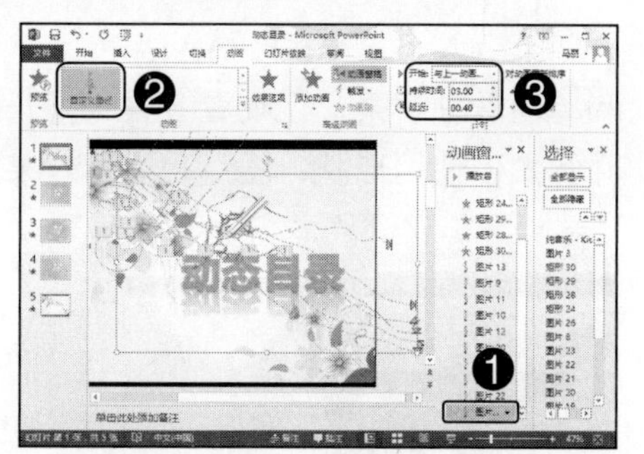

Step29：❶ 选择图片 8；❷ 选择“翻转式由远及近”样式；❸ 设置图片 8 的“计时”选项，如下图所示。

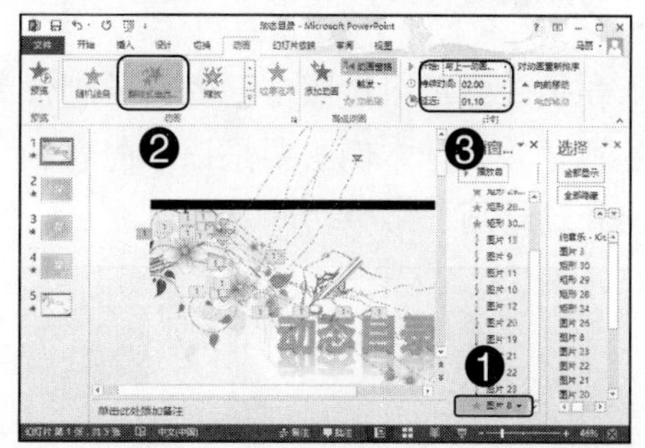

Step30：❶ 单击“添加动画”按钮；❷ 选择“强调”工具组中“陀螺旋”样式，如右图所示。

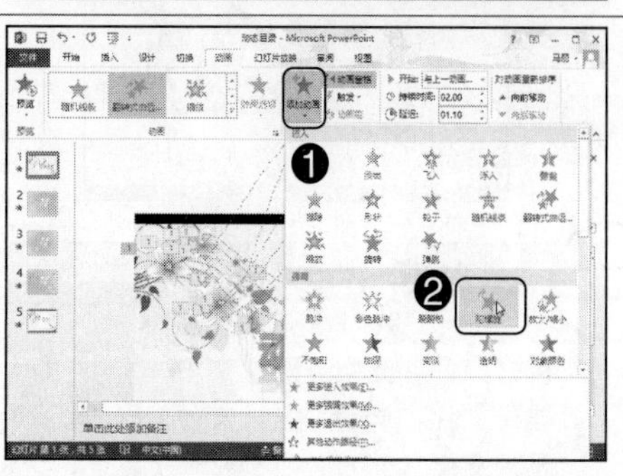

Step31：❶ 设置图片 8 的开始为“与上一动画同时”选项；❷ 设置图片 8“陀螺旋”的“持续时间”和“延迟”时间，如下图所示。

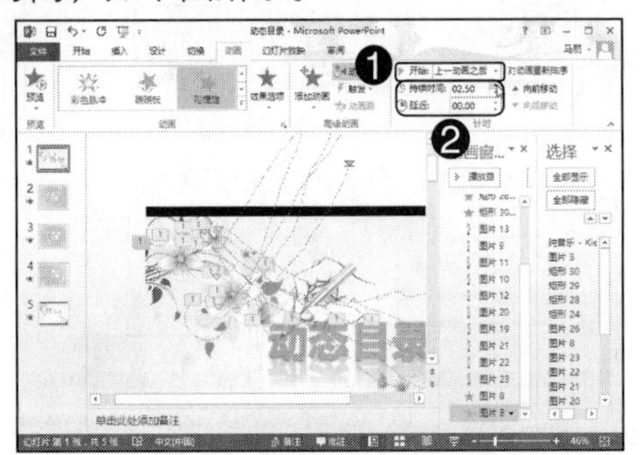

Step32：❶ 选择图片 26；❷ 选择“陀螺旋”样式，如下图所示。

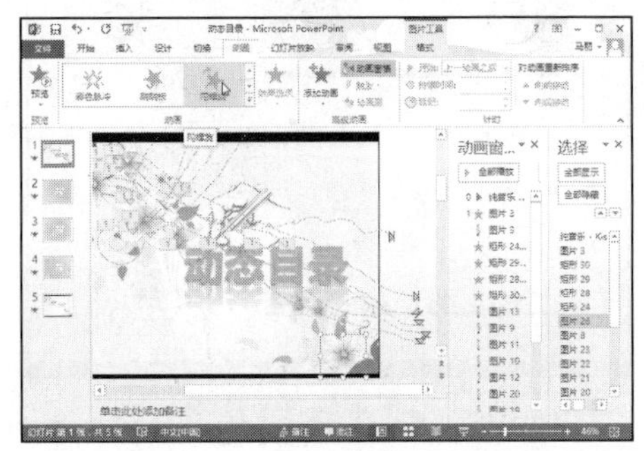

Step33：❶ 设置图片 26 的开始为“与上一动画同时”选项；❷ 设置图片 8“陀螺旋”的“持续时间”和“延迟”时间，如右图所示。

演示文稿中其他幻灯片的动画对象请参考结果文件进行制作。

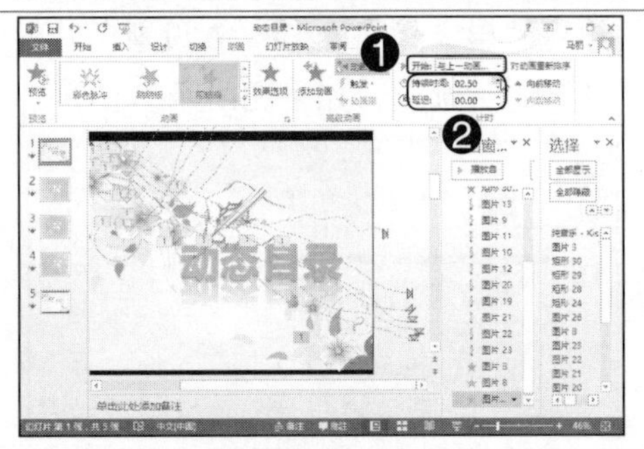

技能训练 2：制作卷轴效果

训练介绍

卷轴效果可以按照自己的需要制作为双向和单向卷轴效果，让观看者看到打开画卷的视觉效果。本例主要是以单向卷轴为例，介绍如何使用形状、图片和动画效果制作出卷轴动画。

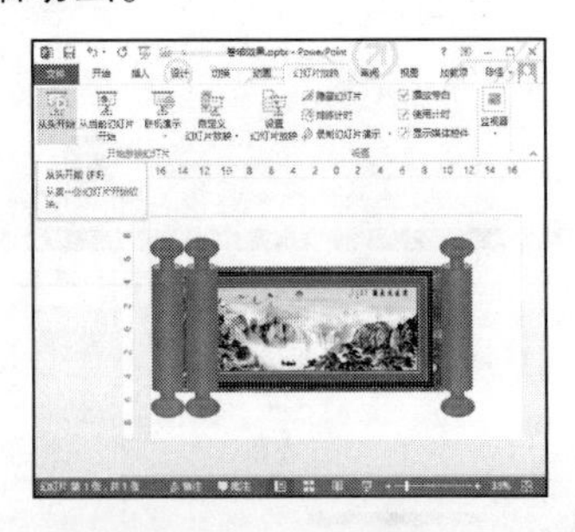

光盘同步文件

素材文件：光盘 \ 素材文件 \ 第 14 章 \ 卷轴背景 .jpg、中国画 .jpg
结果文件：光盘 \ 结果文件 \ 第 14 章 \ 卷轴效果 .dwg
视频文件：光盘 \ 视频文件 \ 第 14 章 \ 技能训练 2.mp4

操作提示

制作关键	技能与知识要点
本实例制作单向卷轴，主要使用形状、图片和动画制作而成。首先制作出轴，然后再绘制出一个矩形，将背景图片填充进来，再插入图片放置背景图上，最后利用动画效果，完成单向卷轴的操作	● 圆柱形命令 ● 填充功能 ● 形状对齐命令 ● 组合命令 ● 形状叠放层次 ● 矩形命令 ● 插入图片 ● 动画命令 ● 触发器命令

操作步骤

本实例的具体制作步骤如下。

Step01：启动 PowerPoint 2013 程序，并保存为“卷轴效果 .pptx”，❶ 单击“插入”选项卡；❷ 单击“插图”工具组中“形状”按钮；❸ 选择下拉列表中“圆柱形”样式，如下图所示。

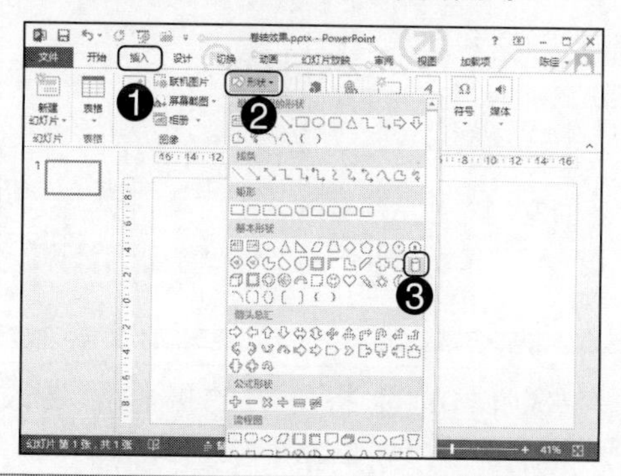

Step02：执行命令后，按住左键不放拖动绘制圆柱形的大小，如下图所示。

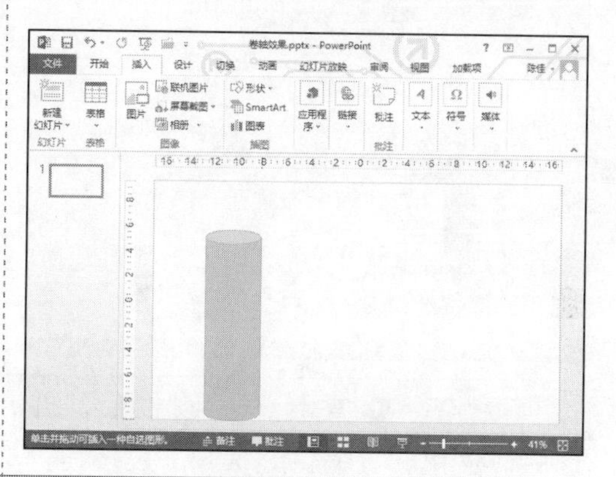

Step03：鼠标指针移至圆柱形的调节点上拖动进行调整，如下图所示。

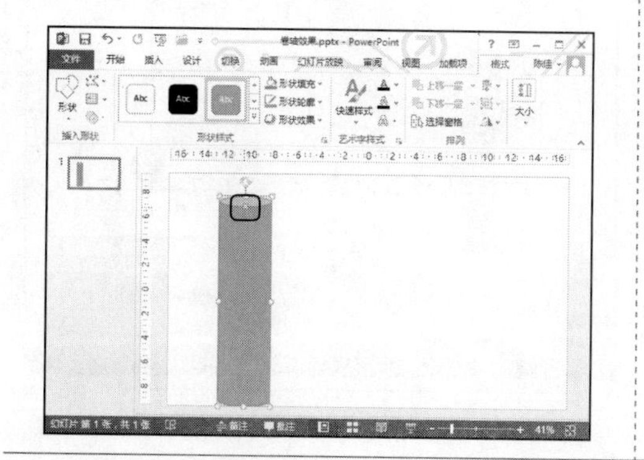

Step04：❶ 选择绘制的圆柱形，单击“格式”选项卡；❷ 单击“形状填充”右侧下拉按钮；❸ 指向“渐变”选项；❹ 选择“其他渐变”命令，如下图所示。

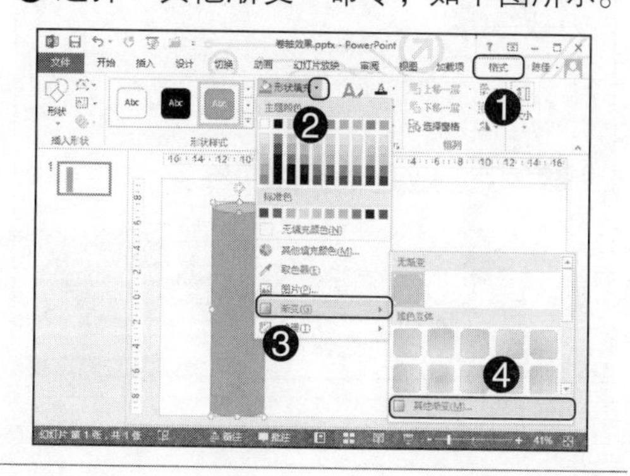

Step05：打开“设置形状格式”对话框，❶选中“渐变填充”单选按钮；❷单击“预设渐变”按钮；❸选择“径向渐变 – 着色 2”选项，如下图所示。

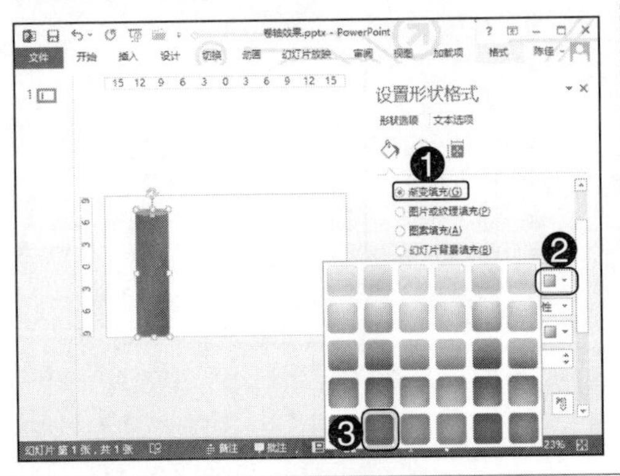

Step06：❶选择“类型”为“线性”选项；❷单击“方向”按钮；❸选择“线性向左”选项，如下图所示。

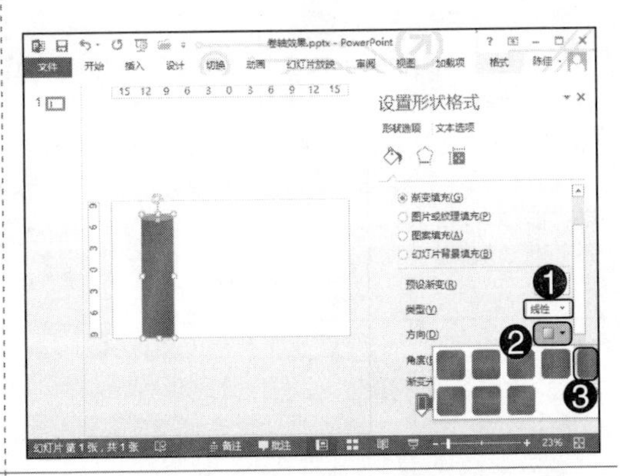

Step07：选中圆柱形，按住“Ctrl”键不放拖动复制一个圆柱形，并缩小放至第 1 个圆柱形上面，如下图所示。

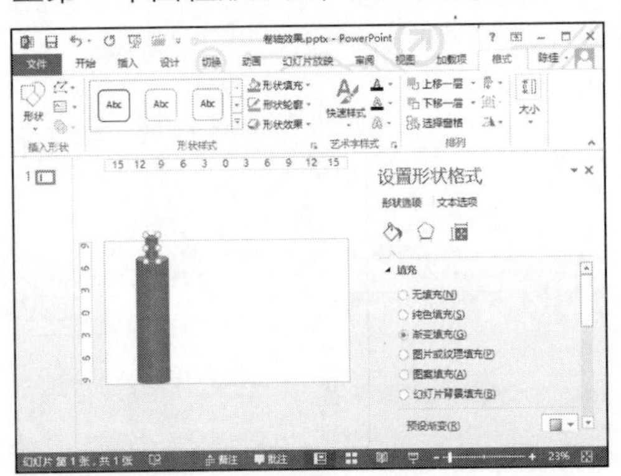

Step08：❶选中两个圆柱形，单击“形状轮廓”右侧按钮；❷选择“橙色着色 2，深色 25%”样式，如下图所示。

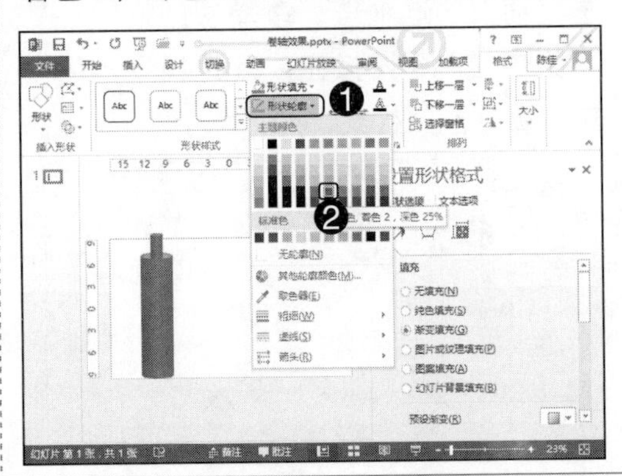

Step09：❶复制一个圆柱形，并选中；❷单击“编辑形状”下拉按钮；❸指针指向“更改形状”选项；❹选择下一级列表中“椭圆”样式，如下图所示。

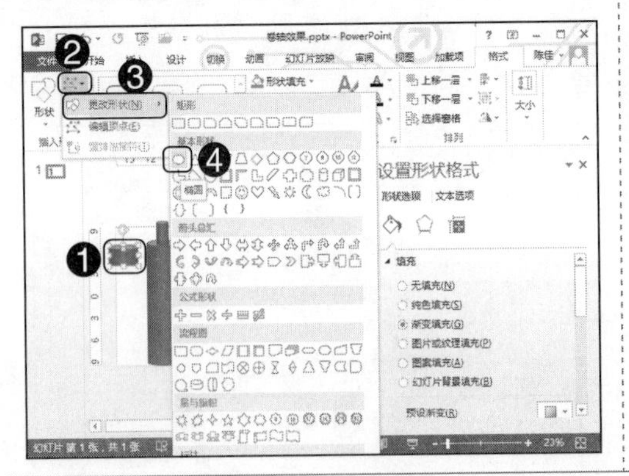

Step10：❶将复制的圆柱形更改为椭圆后，移动至第 2 个圆柱形上面；❷设置填充“类型”为“矩形”；❸“方向”为“中心辐射”选项，如下图所示。

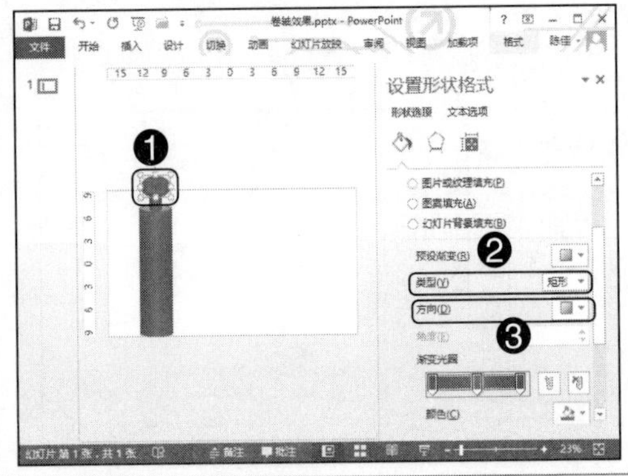

Step11：❶ 选中第 2 个圆柱形和椭圆；❷ 单击“排列”工具组中“对齐”按钮；❸ 在弹出的下拉列表中选择“左右居中”命令，如下图所示。

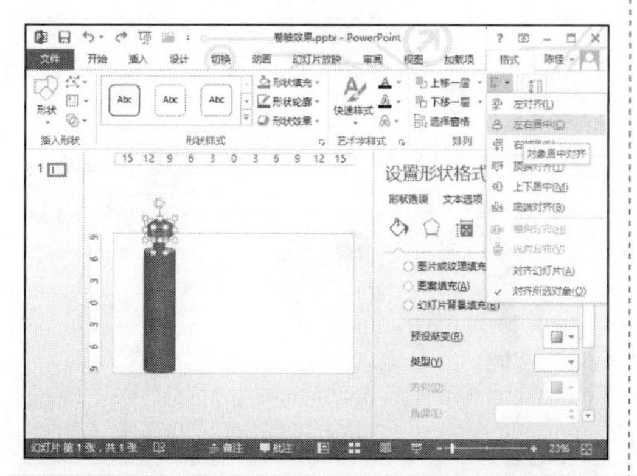

Step12：❶ 选中第 2 个圆柱形和椭圆；❷ 单击“排列”工具组中“组合”按钮；❸ 在弹出的下拉列表中选择“组合”命令，如下图所示。

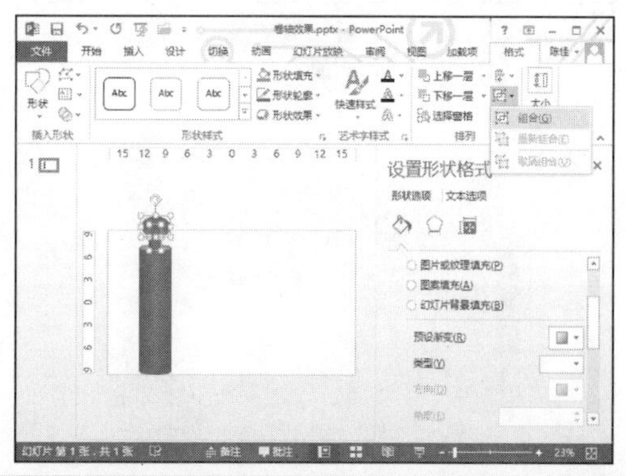

Step13：❶ 复制一个组合图形；❷ 单击“排列”工具组中“旋转”按钮；❸ 在弹出的下拉列表中选择“垂直翻转”命令，如下图所示。

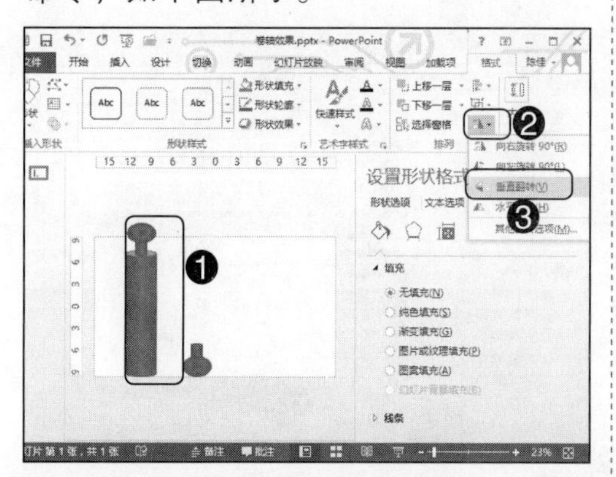

Step14：❶ 选中复制的组合图形；❷ 单击“排列”工具组中“下移一层”右侧下拉按钮；❸ 在弹出的下拉列表中选择“置于底层”命令，如下图所示。

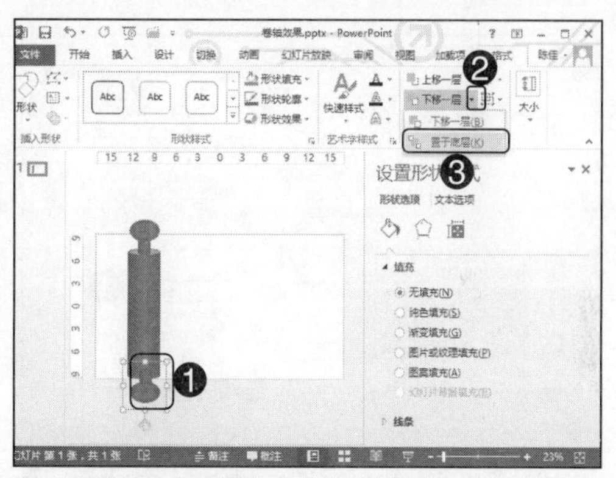

Step15：❶ 选中绘制的所有形状；❷ 单击“排列”工具组中“对齐”按钮；❸ 选择“左右居中”命令，如下图所示：

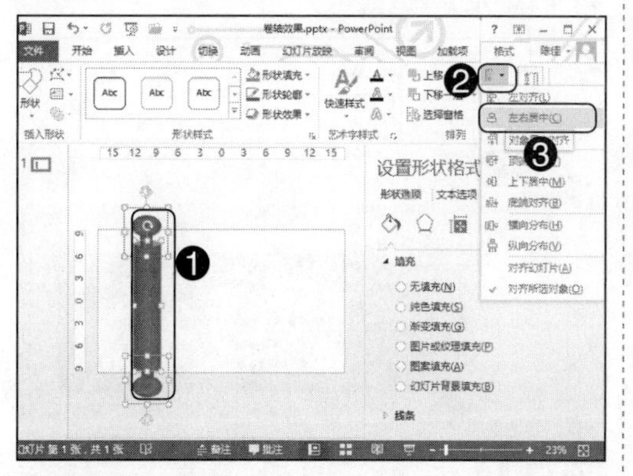

Step16：❶ 选中绘制的所有形状；❷ 单击“排列”工具组中“组合”按钮；❸ 选择“组合”命令，如下图所示。

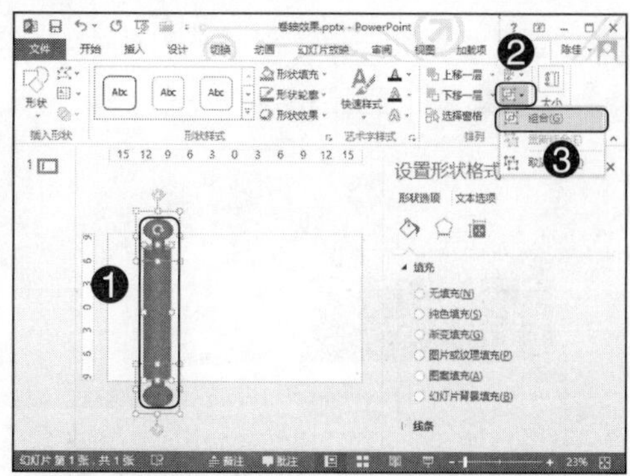

Step17：❶单击“插入”选项卡；❷单击“插图”工具组中“形状”按钮；❸在弹出的下拉列表中选择“矩形”样式，如下图所示。

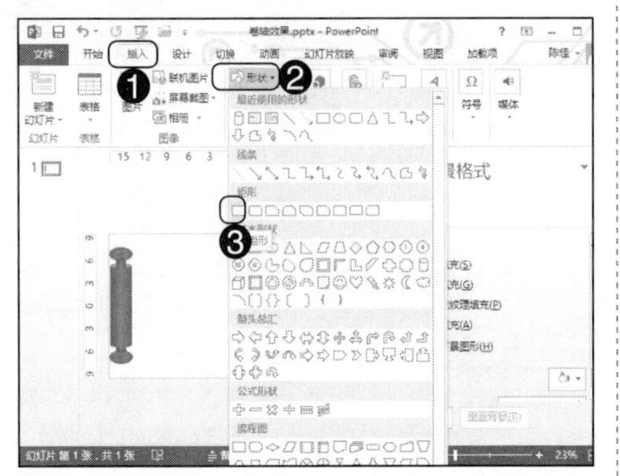

Step18：❶执行命令后，按住左键不放拖动绘制矩形；❷单击“排列”工具组中“下移一层”右侧下拉按钮；❸选择“置于底层”命令，如下图所示。

Step19：❶选中“图片或纹理填充”单选按钮；❷单击“文件”按钮，如下图所示。

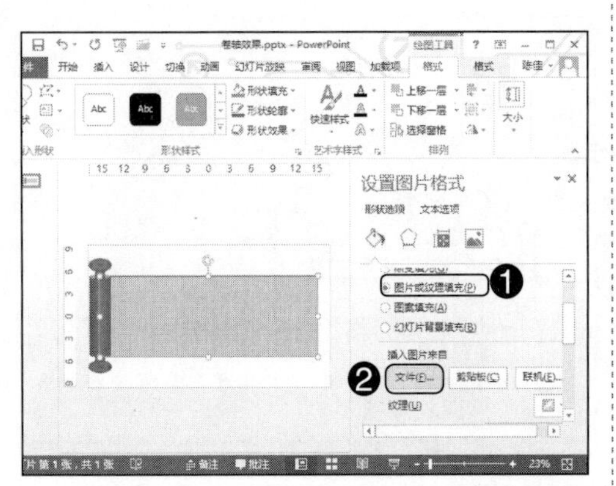

Step20：打开“插入图片”对话框，❶选择图片存放路径；❷单击需要插入的图片；❸单击“插入”按钮，如下图所示：

Step21：❶选择绘制的矩形；❷单击“形状样式”工具组中“形状轮廓”按钮，如下图所示。

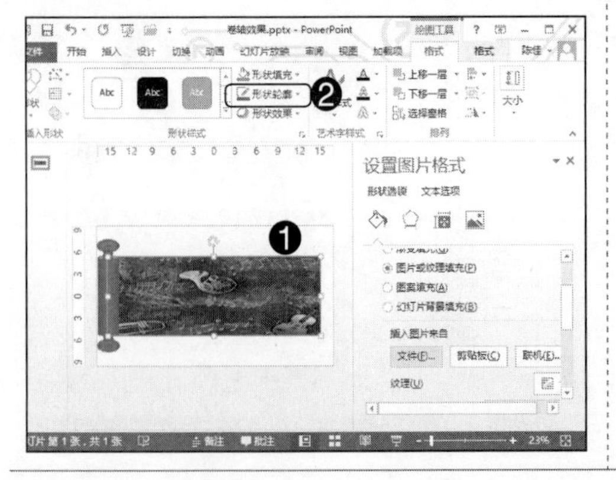

Step22：❶单击“插入”选项卡；❷单击“插图”工具组中“图片”按钮，如下图所示。

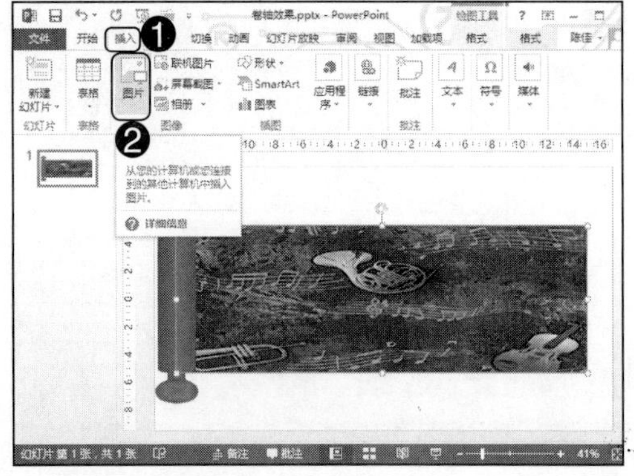

Step23：打开“插入图片”对话框，❶ 选择图片存放路径；❷ 单击需要插入的图片；❸ 单击“插入”按钮，如下图所示。

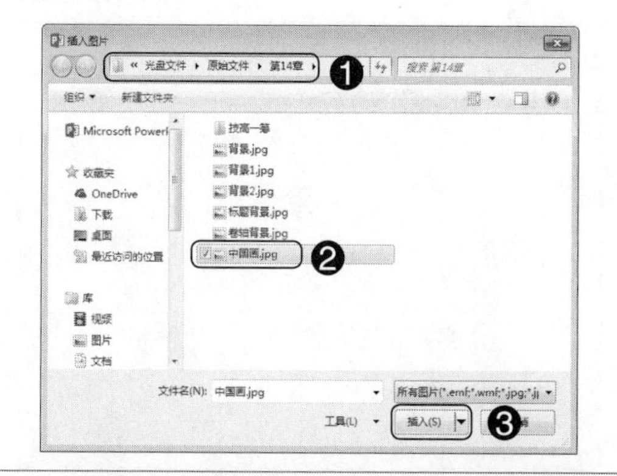

Step24：❶ 调整图片大小，选择图片和矩形对象；❷ 单击“排列”工具组中“组合”按钮；❸ 在弹出的下拉列表中选择“组合”命令，如下图所示。

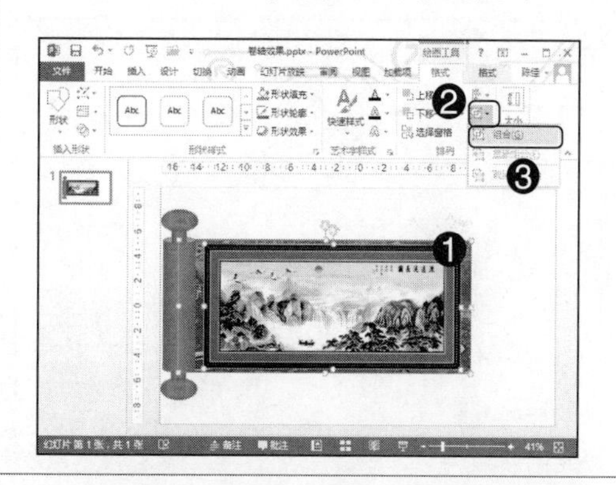

Step25：❶ 复制一个卷轴，然后选中图片和卷轴；❷ 单击“排列”工具组中“组合”按钮；❸ 在弹出的下拉列表中选择“组合”命令，如下图所示。

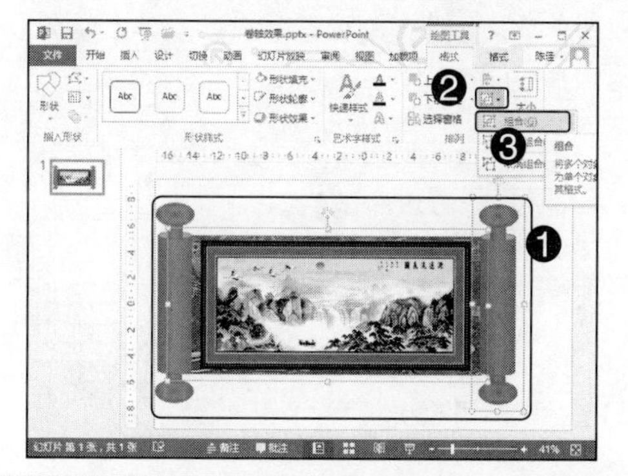

Step26：❶ 选中复制的卷轴对象，单击“动画”选项卡；❷ 单击“添加动画”按钮；❸ 在弹出的下拉列表中选择“更多进入效果”命令，如下图所示。

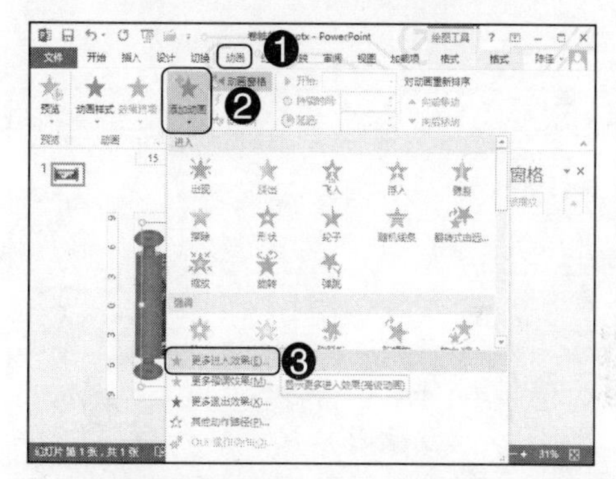

Step27：打开“添加进入效果”对话框，❶ 选择“切入”动画样式；❷ 单击“确定”按钮，如下图所示。

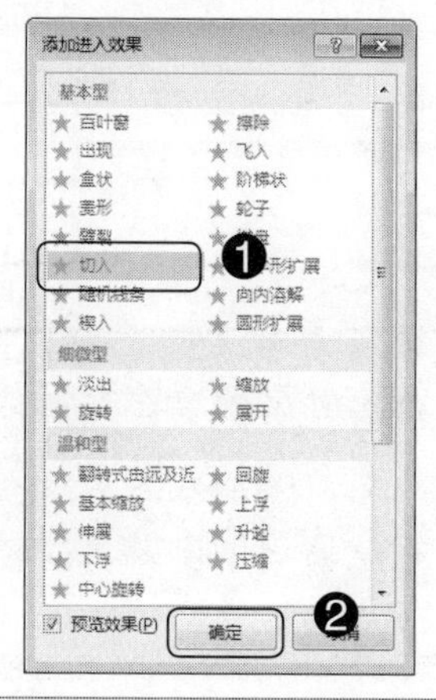

Step28：❶ 单击“效果选项”按钮；❷ 在弹出的下拉列表中选择“自左侧”命令，如下图所示：

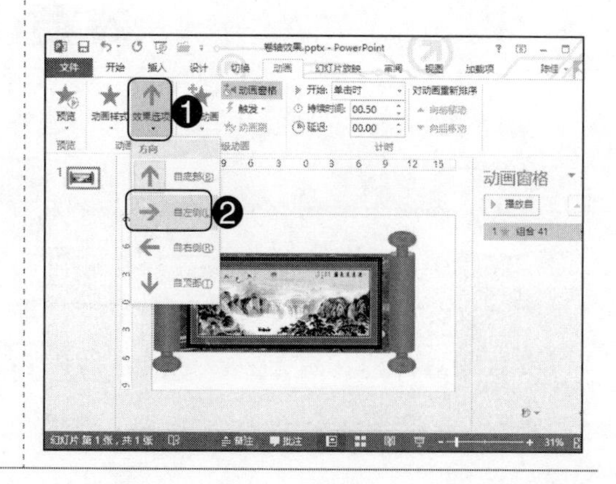

Step29：❶ 复制一个卷轴放置在第1个卷轴后面；❷ 选中第2个卷轴；❸ 单击“触发”按钮；❹ 指向“单击”选项；❺ 选择“组合42”命令，如下图所示。

Step30：❶ 选择卷轴3，单击“添加动画”按钮；❷ 选择“退出”组中“消失”动画样式，如下图所示。

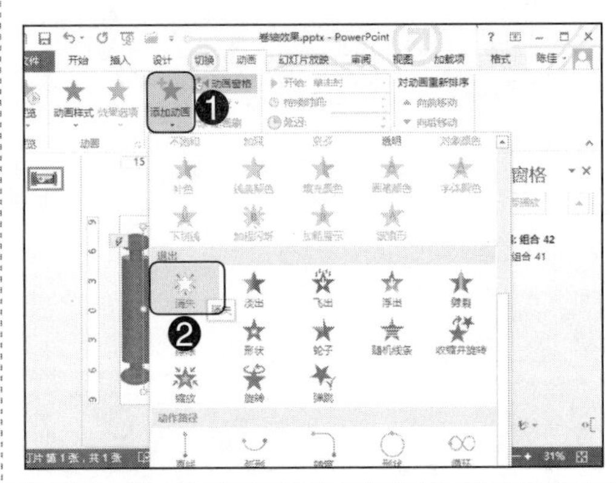

Step31：❶ 单击“组合41”右侧下拉按钮；❷ 在弹出的下拉列表中选择“计时”命令，如下图所示。

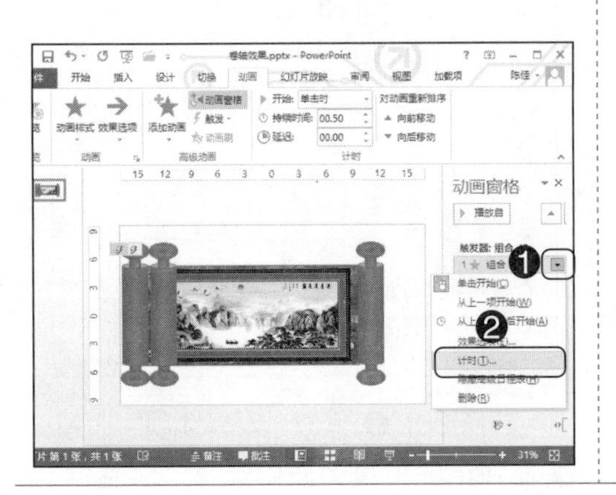

Step32：❶ 设置“期间”为“非常慢（5秒）”选项；❷ 单击“确定”按钮，如下图所示。

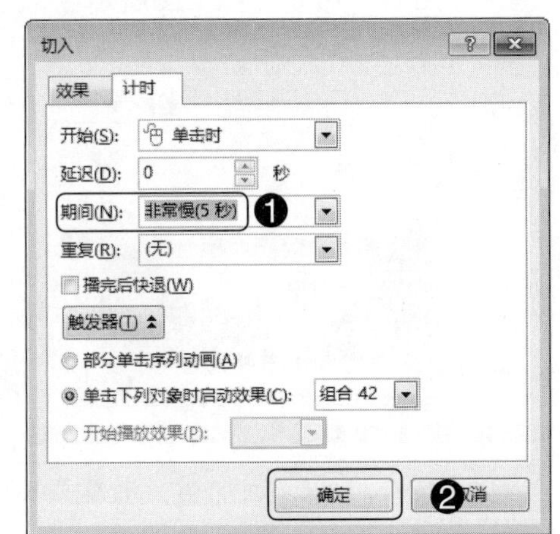

本章小结

本章内容主要是介绍如何让读者为演示文稿设置符合自己的母版，在同一个演示文稿中应用多个母版的操作；通过超链接实现交互式的跳转；然后根据幻灯片的对象设置一些动画样式或者路径，最后为了让幻灯片播放起来更加流畅，可以设置幻灯片的切片方式。通过这些内容的学习，相信读者朋友就可以轻松地让制作的幻灯片动起来。

放映与输出演示文稿

本章导读

创建演示文稿的目的不是为了存储文本、图形、声音等内容，而是通过演示文稿的放映，将这些内容展现出来，体现演讲者的意图。因此，放映是非常重要的。在 PowerPoint 2013 中提供了很多功能，如插入声音和视频、添加幻灯片动画、设置幻灯片切换等，只有在放映时才能观赏到效果。此外，如果不能直接放映演示文稿，将演示文稿打包成 CD 或者发布到 Web 上也是分享幻灯片必不可少的补充。

学完本章后应该掌握的技能

- 掌握设置演示文稿放映的方式
- 掌握如何联机放映演示文稿
- 掌握如何设置放映时间和录制幻灯片的方法
- 掌握如何将演示文稿制作成视频文件
- 掌握如何打包演示文稿

本章相关实例效果展示

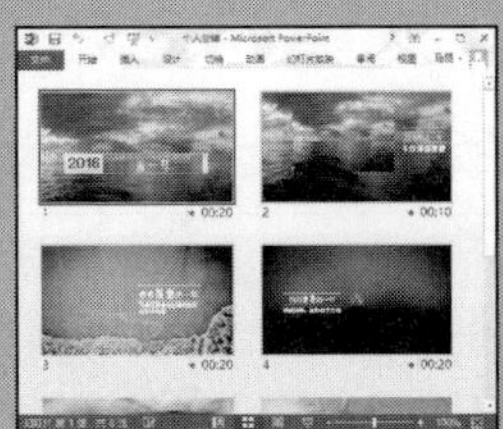

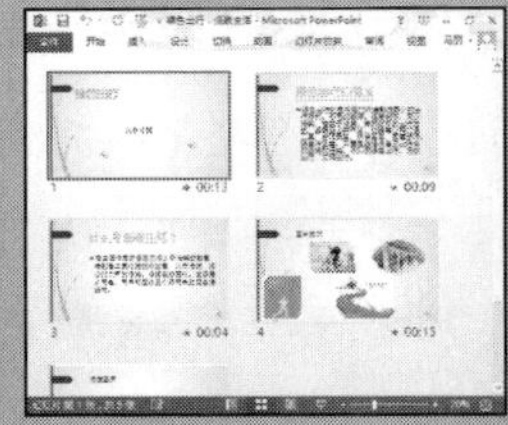

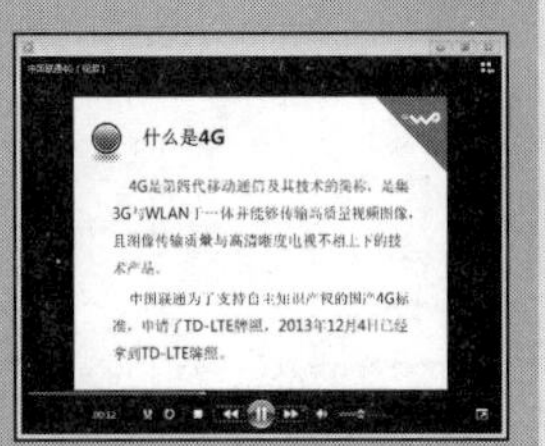

15.1

知识讲解——放映演示文稿

演示文稿制作完成后，需要通过放映展现出来。如何放映演示文稿，在放映时如何灵活控制，是需要掌握的一个重点内容。

15.1.1 设置放映方式

幻灯片放映类型包括：演讲者放映、观众自行浏览、在展台浏览。根据不同的场合，灵活选择幻灯片放映类型，以达到更好的展示目的。

光盘同步文件

素材文件：光盘\素材文件\第 15 章\个人总结 .pptx
结果文件：光盘\结果文件\第 15 章\个人总结 .pptx
视频文件：光盘\视频文件\第 15 章\15-1-1.mp4

例如，设置放映方式为观众自动，具体操作步骤如下。

Step01：打开素材文件\第 15 章\个人总结 .pptx，❶ 单击“幻灯片放映”选项卡，❷ 单击“设置”工具组中“设置幻灯片放映”按钮，如下图所示。

Step02：打开“设置放映方式”对话框，❶ 在“放映类型”中选中“观众自行浏览”单选按钮；❷ 单击“确定”命令，如下图所示。

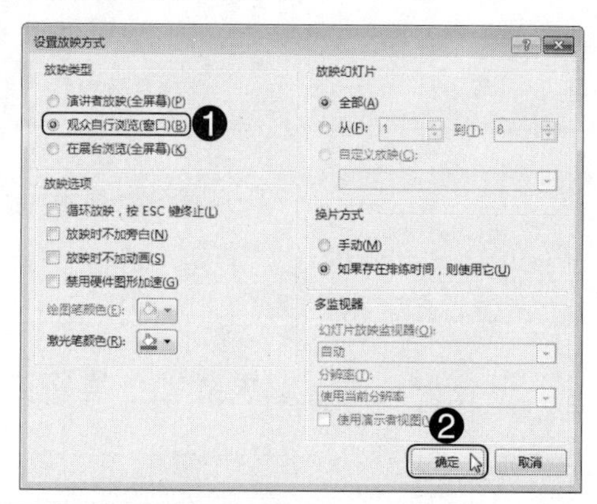

15.1.2 隐藏不放映的幻灯片

如果在放映演示文稿时，不希望某张幻灯片出现，最简单的做法是将其隐藏起来，具体操作步骤如下。

光盘同步文件

素材文件：光盘\结果文件\第 15 章\个人总结 .pptx
结果文件：光盘\结果文件\第 15 章\个人总结 .pptx
视频文件：光盘\视频文件\第 15 章\15-1-2.mp4

Step01：❶选中第 6 张幻灯片；❷在“幻灯片放映”选项卡中单击“设置”工具组中“隐藏幻灯片”按钮，如下图所示。

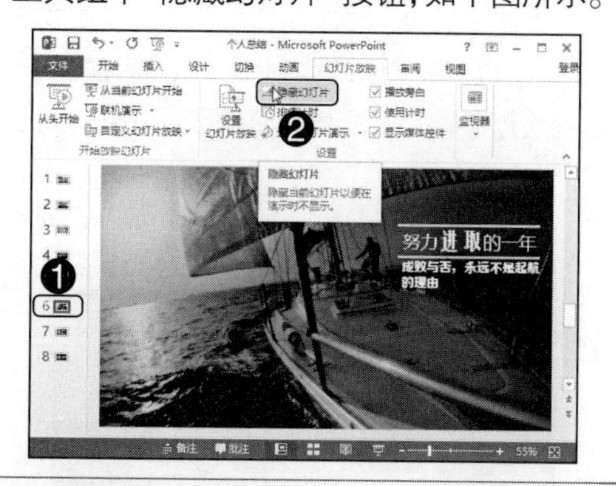

Step02：经过上步操作，隐藏幻灯片后，在幻灯片左侧的编号上会显示“\”的样式，如下图所示。

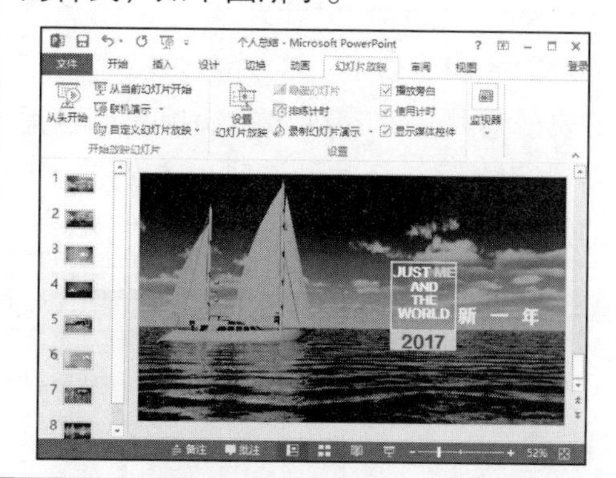

15.1.3 开始放映

设置好幻灯片的放映方式和隐藏不放映的幻灯片后，可以根据自己的需要选择开始放映的方式，在放映幻灯片时，可以直接从选中的幻灯片开始放映、从头开始或者自定义哪些幻灯片放映。下面，以从头开始放映为例，具体操作方法如下。

光盘同步文件

素材文件：光盘\结果文件\第 15 章\个人总结 .pptx
结果文件：光盘\结果文件\第 15 章\个人总结 .pptx
视频文件：光盘\视频文件\第 15 章\15-1-3.mp4

Step01：可以直接选中任一幻灯片，单击“开始放映幻灯片”工具组中“从头开始”按钮，如下图所示。

Step02：执行从头开始放映后，幻灯片以浏览视图的方式进行放映，效果如下图所示。

15.1.4 控制放映过程

在演讲者放映演示文稿的时候，也可以对幻灯片进行操作。如在上下页之间切换，或者直接定位到指定幻灯片，具体操作方法如下。

光盘同步文件

视频文件：光盘\视频文件\第 15 章\15-1-4.mp4

Step01：❶ 在幻灯片放映状态中，右击幻灯片；❷ 在弹出的快捷菜单中指向“定位至幻灯片”选项；❸ 选择“5 幻灯片 5”命令，如下图所示。

Step02：经过上述操作，切换至第 5 张幻灯片，效果如下图所示。

专家提示

在幻灯片放映界面中，如果幻灯片的页面上有制作的下一项、前一项、开始和结束这些按钮，也可以直接单击进行幻灯片切换操作。

15.1.5 在放映时添加标注

在放映演示文稿时，如果需要临时对幻灯片上的内容进行强调，或者对幻灯片上的对象添加关联，可以使用添加墨迹来进行，具体操作方法如下。

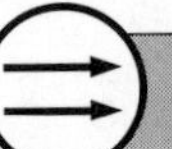

光盘同步文件

素材文件：光盘\素材文件\第 15 章\绿色出行，低碳生活 .pptx
结果文件：光盘\结果文件\第 15 章\绿色出行，低碳生活 .pptx
视频文件：光盘\视频文件\第 15 章\15-1-5.mp4

Step01：打开素材文件\第 15 章\绿色出行，低碳生活 .pptx，❶ 在幻灯片放映中，右击；❷ 在弹出的快捷菜单中指向“指针选项”选项；❸ 选择“荧光笔”命令，如下图所示。

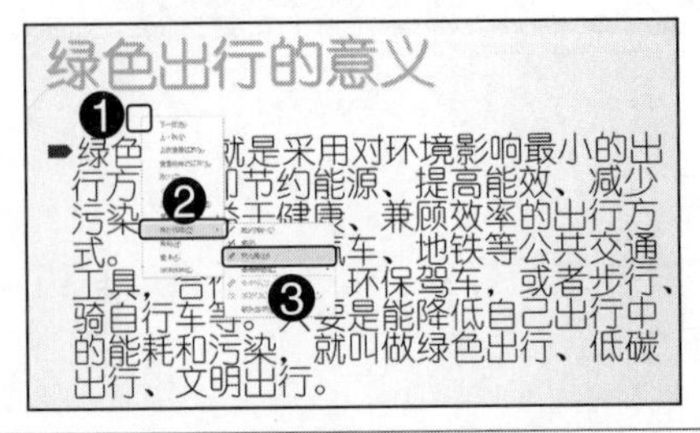

Step02：执行命令后，按住左键不放拖动标记内容，如下图所示。

Step03：如果在标记幻灯片内容时，标记出现错误，可以将墨迹进行清除，❶ 在幻灯片放映中右击；❷ 在快捷菜单中指向“指针选项”选项；❸ 选择“橡皮擦”命令，如下图所示。

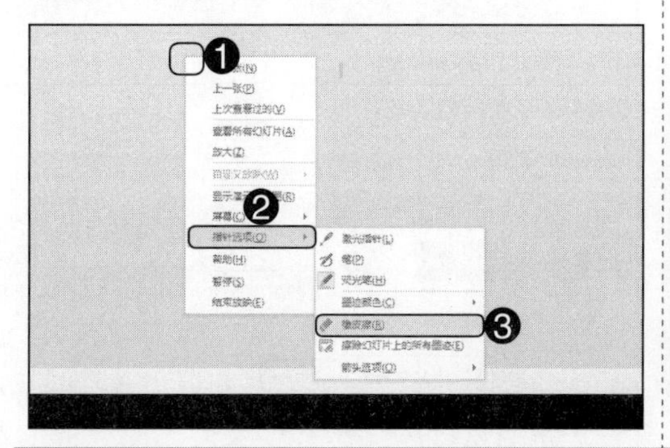

Step04：按住左键擦除墨迹后，可以继续对其他幻灯片进行标记，标记完成弹出“Microsoft PowerPoint”对话框，单击“保留”按钮，如下图所示。

15.1.6 联机放映演示文稿

联机放映演示文稿，根据主讲稿人给出的地址，所有参加者才能在屏幕上看到演示文稿，但只有会议主持人才是演示文稿的唯一控制人。其他参加者只能观看演示文稿，不能对演示文稿进行编辑操作。下面，介绍联机放映演示文稿的操作，具体方法如下。

Step01：❶ 在文件列表中选择“共享”命令；❷ 选择右侧“联机演示”命令；❸ 单击“联机演示”按钮，如下图所示。

Step02：打开“联机演示”对话框，❶ 勾选“启用远程查看器下载演示文稿”复选框，❷ 单击“连接”按钮，如下图所示。

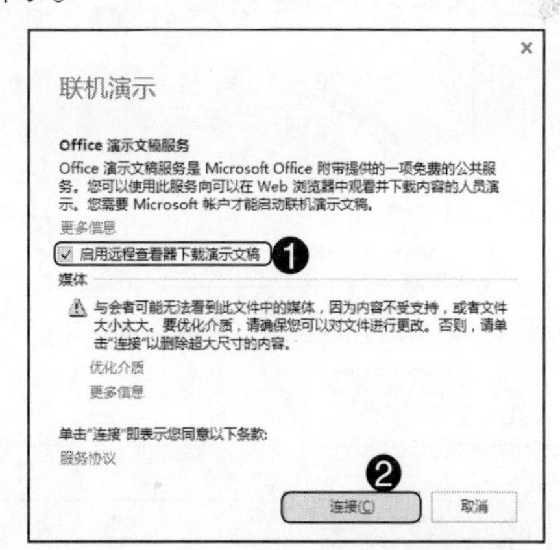

Step03：打开“登录”对话框，❶ 输入账户名称，❷ 单击“下一步”按钮，如下图所示。

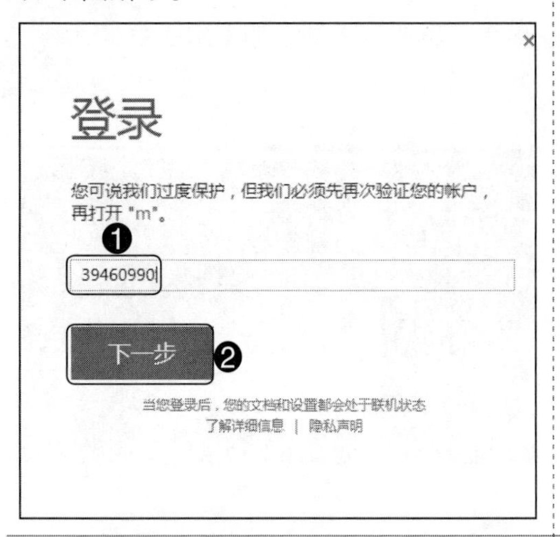

Step04：如果已经有账户可以输入密码直接进行登录，若是没有账户，则单击“立即注册”按钮，如下图所示。

Step05：进入“注册”页面，❶ 填写注册信息并勾选“向我发送 Microsoft 提供的促销信息，你可以随时取消订阅”复选框；❷ 单击“创建账户”按钮，如下图所示。

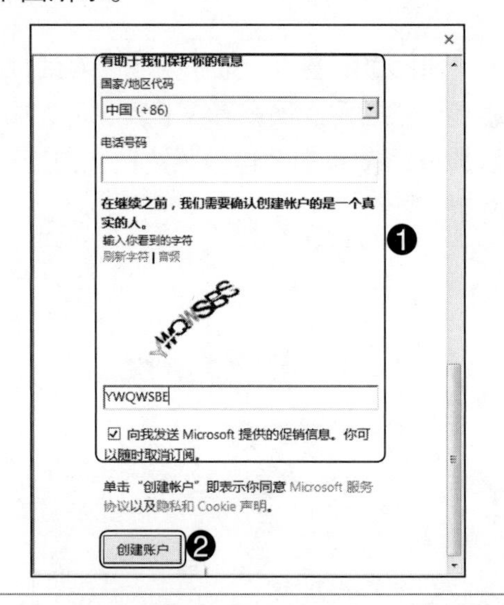

Step06：进入“验证电子邮件”页面，❶ 输入邮件验证码，❷ 单击“下一步”按钮，如下图所示。

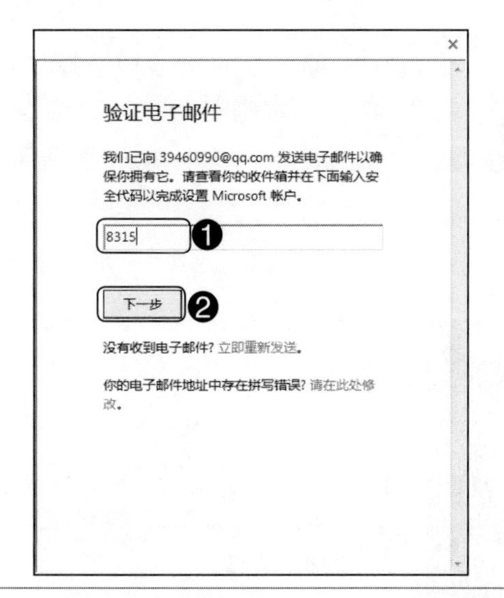

专家提示

如果演示文稿中加入了比较大的视频等内容，选择联机演示可能会存在失败的可能性，因此，为了保证能够将演示文稿进行联机，可以将视频内容进行删除。

Step07：进入“联机演示”页面，将列表框中的地址复制下来，发送给需要观看的人，单击“启用演示文稿”按钮，如下图所示。

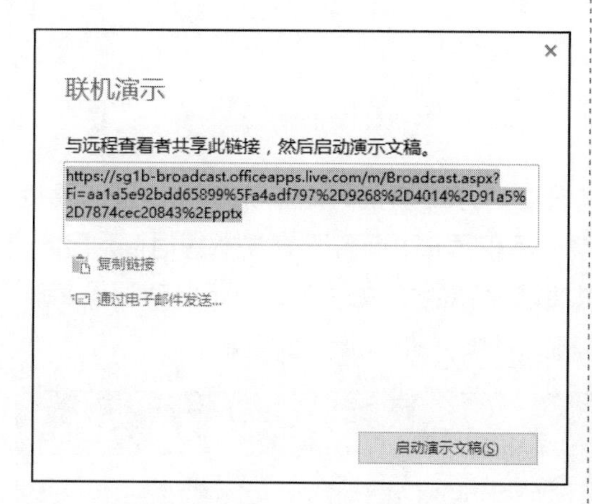

Step08：观看者进入链接，主机的幻灯片开始演示后，即可观看。当演示文稿演示完毕，可以进行关闭，关闭后，观看者不能再继续观看演示文稿的内容，❶单击“关闭”按钮；打开“Microsoft PowerPoint”对话框，❷单击“结束联机演示文稿”按钮，如下图所示。

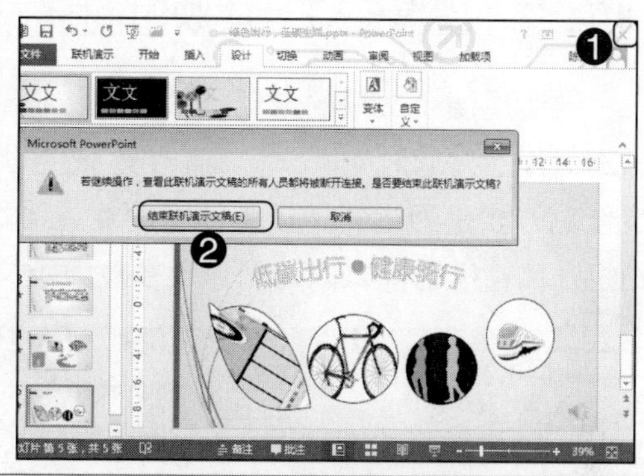

Step09：如果对演示文稿进行了修改，若是要保存现在的内容，单击“保存”按钮即可，如右图所示。

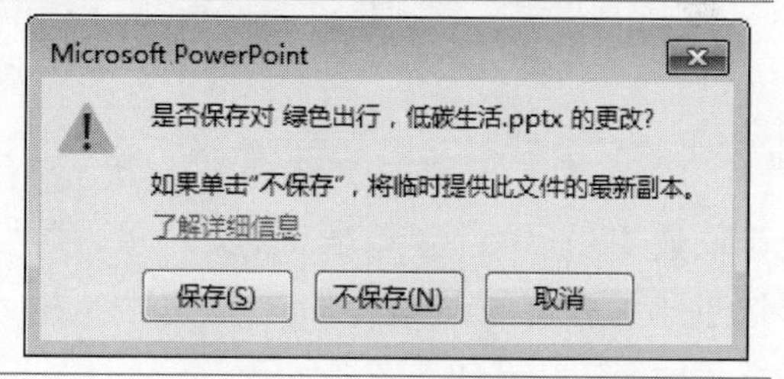

15.2 知识讲解——创建自动运行的演示文稿

制作好幻灯片的内容后，当幻灯片的内容要按照规定的时间进行播放时，需要先对每张幻灯片的时间长进行设置。本节主要介绍设置幻灯片放映时间和录制幻灯片演示的内容。

15.2.1 设置幻灯片放映时间

要实现演示文稿的自动播放，可以通过设置幻灯片切换时间来完成。但是如果每张幻灯片的持续时间不一样，需要逐张的设置，不仅烦琐，而且不容易掌握时间。因此，最佳的方式是通过使用排练计时功能，模拟演示文稿的播放过程，从而自动记录每张幻灯片的持续时间，以达到自动播放演示文稿的效果。具体操作步骤如下。

光盘同步文件

素材文件：光盘\素材文件\第 15 章\中国联通 4G.pptx
结果文件：光盘\结果文件\第 15 章\中国联通 4G.pptx
视频文件：光盘\视频文件\第 15 章\15-2-1.mp4

Step01: 打开素材文件\第 15 章\中国联通 4G.pptx，❶ 单击“幻灯片放映”选项卡；❷ 单击“设置”工具组中“排练计时”按钮，如下图所示。

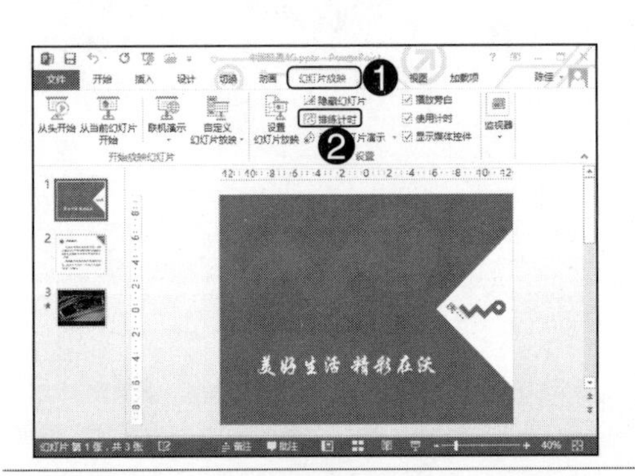

Step02: 程序将启动全屏幻灯片放映，供排练演示文稿，此时在每张幻灯片上所用的时间将被记录下来。待一张幻灯片持续时间确定后，单击可切换到下一张幻灯片进行计时，如下图所示。

Step03: 排练计时结束后，会弹出一个对话框，如果满意该次排练，单击“是”按钮，如下图所示。

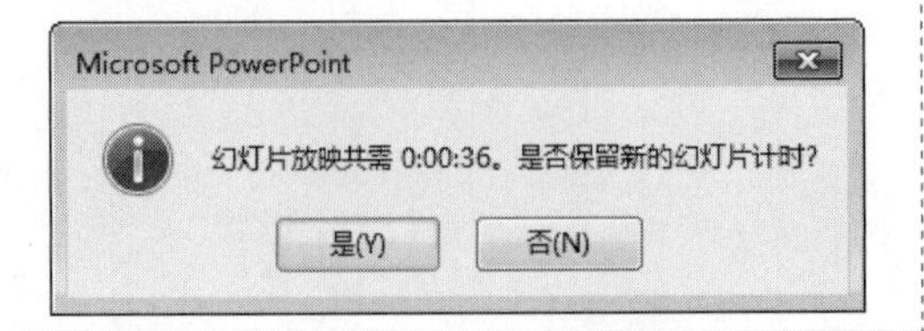

Step04: 在“幻灯片浏览”视图，可以看到每张幻灯片缩略图右下方显示出该张幻灯片持续的时间。在播放时，演示文稿将按此时间自动播放。

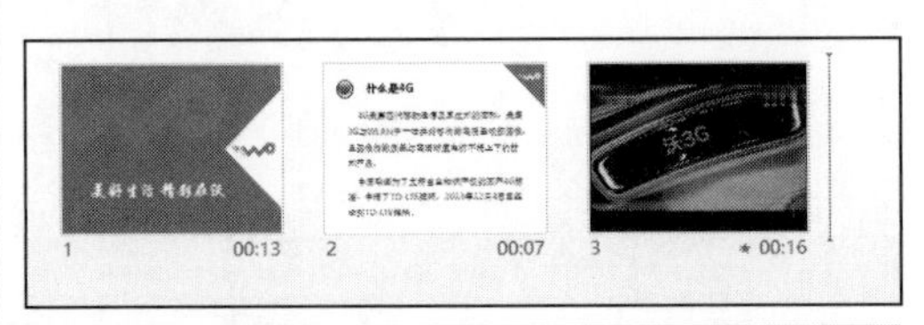

15.2.2 录制幻灯片演示

如果想在演示文稿自动播放时添加声音讲解，可以使用录制旁白功能。录制旁白功能是排练计时和插入声音的集合体，通过录制旁白，不仅可以自动记录每张幻灯片的持续时间，还可将旁白音轨自动插入到每张幻灯片中，以便自动播放时播放。具体操作步骤如下。

光盘同步文件

素材文件：光盘\素材文件\第 15 章\中国联通 4G（录制演示文稿）.pptx
结果文件：光盘\结果文件\第 15 章\中国联通 4G（录制演示文稿）.pptx
视频文件：光盘\视频文件\第 15 章\15-2-2.mp4

Step01：打开素材文件\第 15 章\中国联通 4G（录制演示文稿）.pptx，❶单击"幻灯片放映"选项卡；❷单击"设置"工具组中"录制幻灯片演示"按钮，如下图所示。

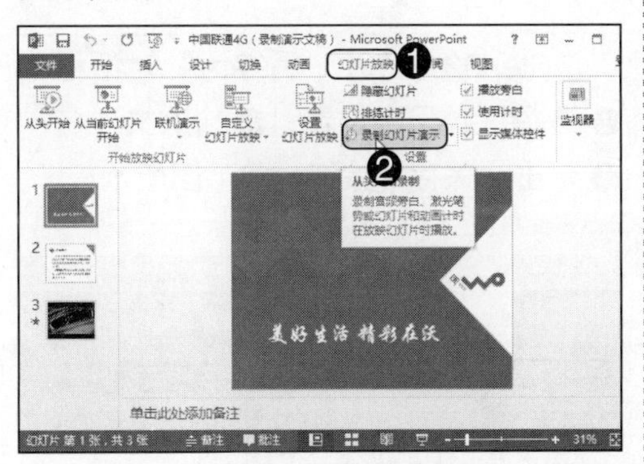

Step02：打开"录制幻灯片演示"对话框，单击"开始录制"按钮，如下图所示。

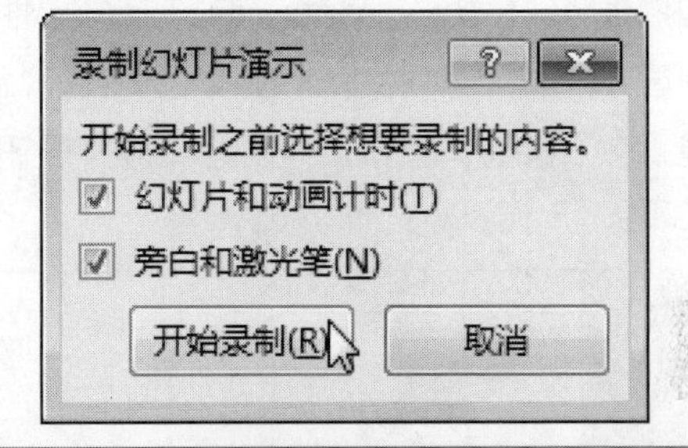

Step03：如果耳麦没有问题，即可在播放幻灯片时，为幻灯片添加一些旁白的内容，录制完成后并保存，在下次播放幻灯片时，会自动根据录制的时间和旁白进行播放，录制如右图所示。

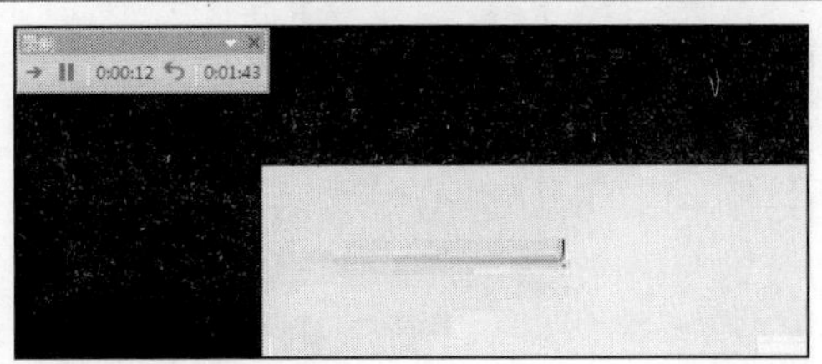

15.3 知识讲解——输出幻灯片

如果要分享演示文稿，但是对方计算机没有安装 PowerPoint 程序，可以将演示文稿打包，或者直接刻录到 CD 上以供播放。

15.3.1 将演示文稿制作成视频文件

为了拓宽幻灯片的播放场合，可以将 PowerPoint 文件转换为视频，这些视频能够高清晰地保留幻灯片的演示风格以及动画效果，创建视频的具体操作方法如下。

光盘同步文件

素材文件：光盘 \ 素材文件 \ 第 15 章 \ 中国联通 4G（视频）.pptx
结果文件：光盘 \ 结果文件 \ 第 15 章 \ 中国联通 4G（视频）.mp4
视频文件：光盘 \ 视频文件 \ 第 15 章 \15-3-1.mp4

Step01：打开素材文件 \ 第 15 章 \ 中国联通 4G（视频）.pptx，❶ 选择“文件”列表中“导出”命令；❷ 单击右侧“创建视频”按钮；❸ 单击“创建视频”按钮，如下图所示。

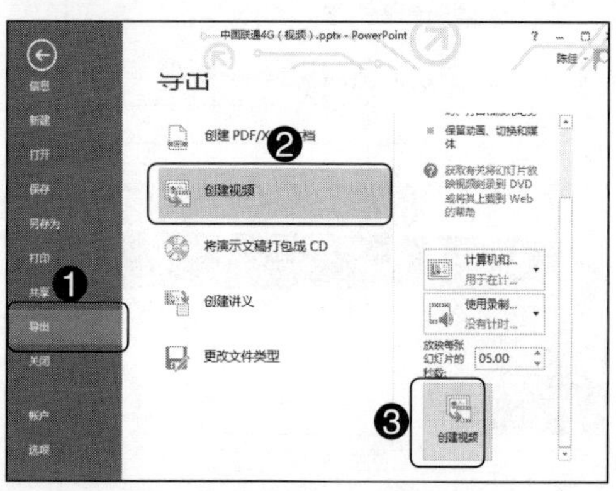

Step02：打开“另存为”对话框，❶ 选择视频保存位置；❷ 输入文件名；❸ 单击“保存”按钮，如下图所示。

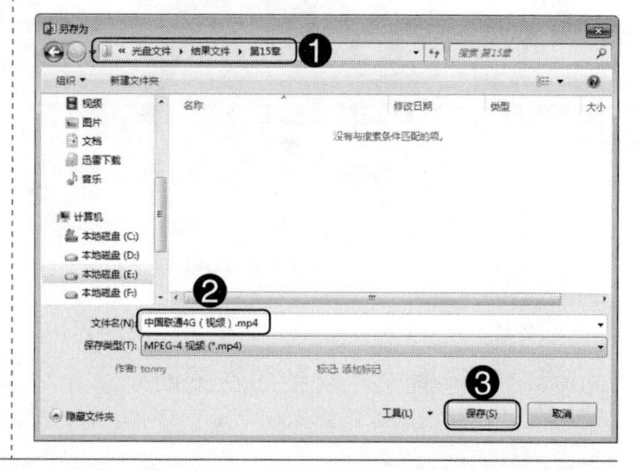

知识拓展　将 PPT 输出为图形文件

根据工作的需要，有时需要将幻灯片输出为图形文件。PowerPoint 支持将演示文稿中的幻灯片输出为 GIF、JPG、PNG、TIFF、BMP、WMF 等格式的图形文件。这有利于用户在更大范围内交换或共享演示文稿中的内容。其方法是：在打开“另存为”对话框中，选择保存路径和输入文件名，在“保存类型”列表框中选择一种图片格式，如“PNG 可移植网络格式”，单击“保存”按钮即可。

Step03：经过以上操作后，保存为视频文件，在状态栏上显示视频的进度，如下图所示。

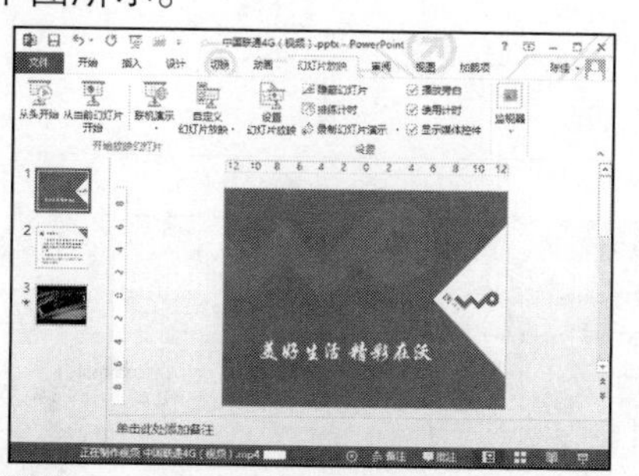

Step04：经过以上操作，将视频创建到目标位置，效果如下图所示。

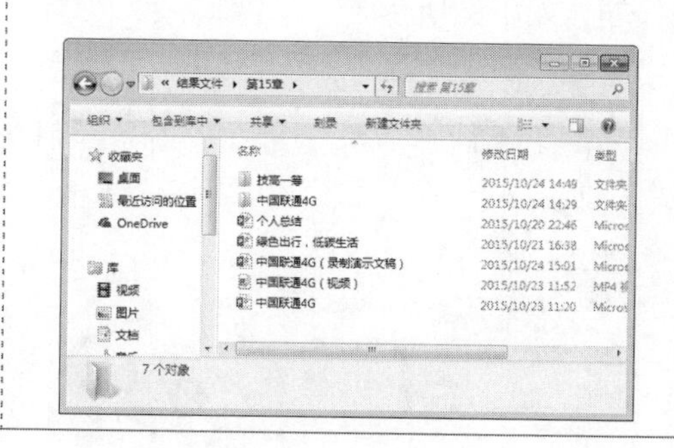

15.3.2 将演示文稿打包成 CD

打包演示文稿是共享演示文稿的一个非常实用的功能，通过打包演示文稿，程序会自动创建一个文件夹，包括演示文稿和一些必要的数据文件，以供在没有安装 PowerPoint 的计算机中观看。将演示文稿打包到文件夹，具体操作步骤如下。

光盘同步文件

素材文件：光盘 \ 素材文件 \ 第 15 章 \ 中国联通 4G.pptx
结果文件：光盘 \ 结果文件 \ 第 15 章 \ 中国联通 4G
视频文件：光盘 \ 视频文件 \ 第 15 章 \15-3-2.mp4

Step01：打开素材文件 \ 第 15 章 \ 中国联通 4G.pptx，❶ 选择“文件”列表中“导出”命令；❷ 在“文件类型”列表中选择“将演示文稿打包成 CD”命令；❸ 在右侧单击“打包成 CD”按钮，如下图所示。

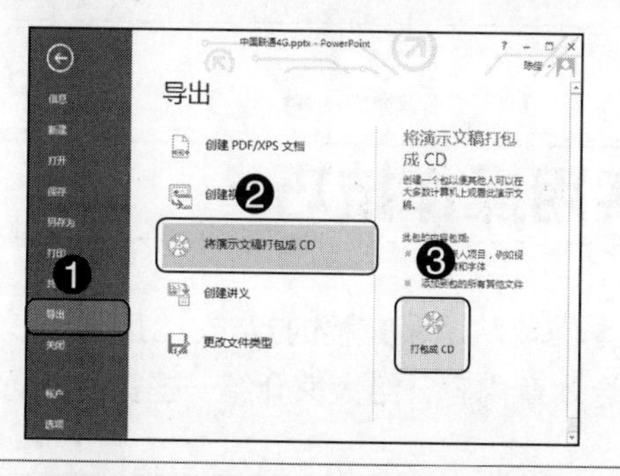

Step02：打开“打包成 CD”对话框，❶ 在“将 CD 命名为”右侧文本框中输入文件夹名称；❷ 单击“复制到文件夹”按钮，如下图所示。

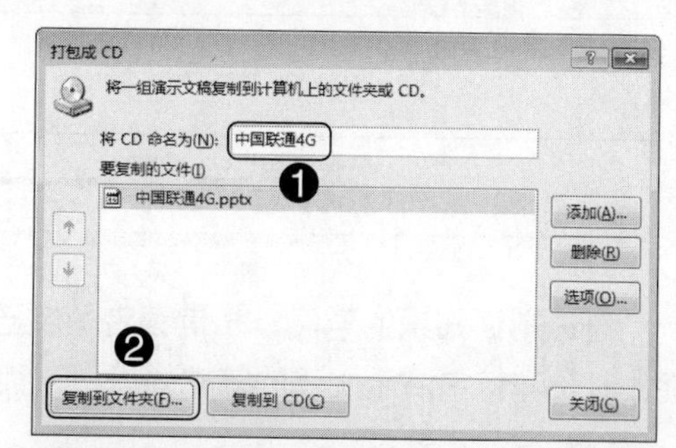

Step03：打开“复制到文件夹”对话框，❶ 在“文件夹名称”文本框内输入文件夹名称；❷ 单击“浏览”按钮，如右图所示。

Step04：打开“选择位置”对话框，❶ 选择 CD 保存位置；❷ 单击“选择”按钮，如下图所示。

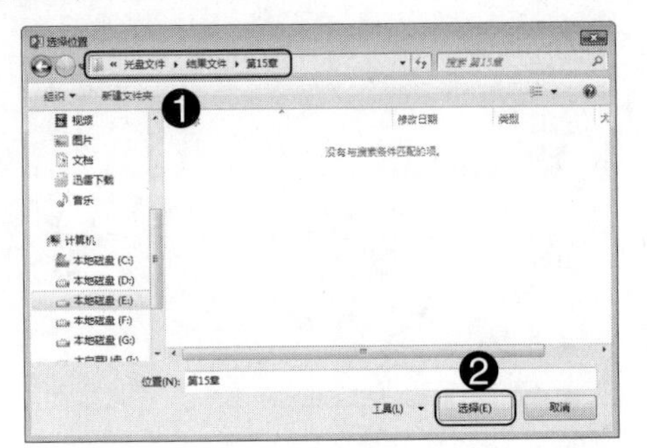

Step05：返回“复制到文件夹”对话框，单击“确定”按钮，如下图所示。

Step06：系统将弹出一个对话框，提示用户打包演示文稿中的所有链接文件，单击“是”按钮开始复制到文件夹，在复制中会显示出一个信息框，如下图所示。

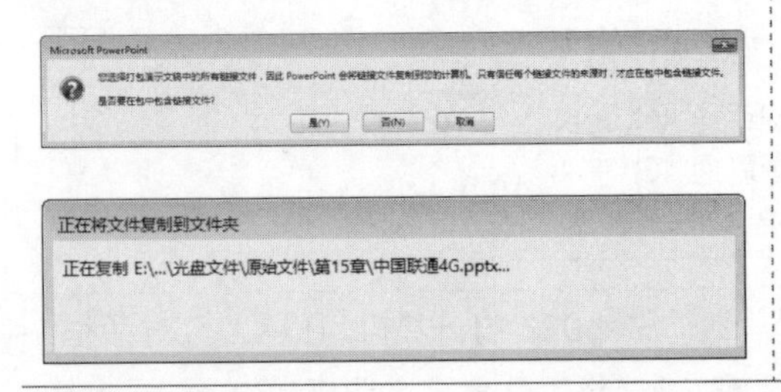

Step07：复制完成后，单击“关闭”按钮，如下图所示。

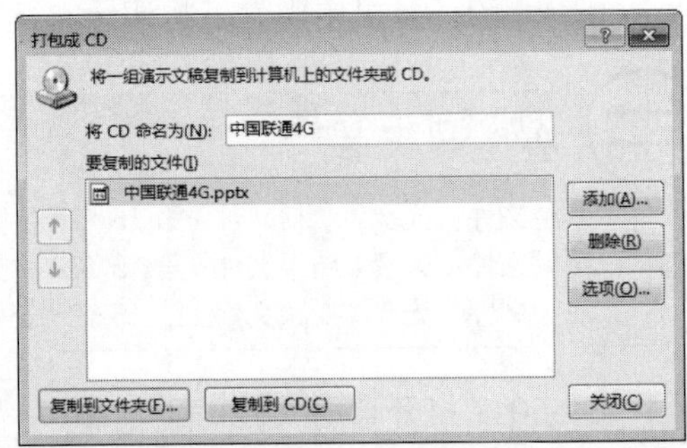

知识拓展　如何修改打包后的演示文稿

将演示文稿打包后，如果要更改演示文稿的内容，可以直接打开文件夹下的演示文稿，将其修改后保存即可。

技高一筹——实用操作技巧

通过前面知识的学习，相信读者朋友已经掌握放映演示文稿的方式、创建演示文稿播放时长和打包演示文稿的基础知识。下面结合本章内容，给大家介绍一些实用技巧。

光盘同步文件

素材文件：光盘 \ 素材文件 \ 第 15 章 \ 技高一筹
结果文件：光盘 \ 结果文件 \ 第 15 章 \ 技高一筹
视频文件：光盘 \ 视频文件 \ 第 15 章 \ 技高一筹 .mp4

技巧 01 如何让插入的音乐跨幻灯片连续播放

将音乐文件或视频文件插入幻灯片中，默认的情况下都是在播放当前幻灯片时才会进行播放，如果需要让音乐文件在播放其他幻灯片时也会继续播放，则需要在插入音乐文件后，在播放选项卡中进行设置，具体方法如下。

Step01：打开素材文件\第 15 章\技高一筹\技巧 01.pptx，❶ 单击“插入”选项卡；❷ 单击“媒体”工具组中“音频”按钮；❸ 选择“PC 上的音频”命令，如下图所示。

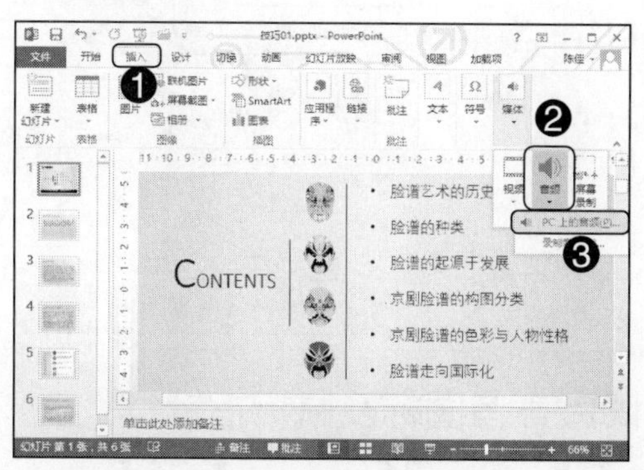

Step02：打开“插入音频”对话框，❶ 选择音频存放路径；❷ 单击需要插入的音频文件；❸ 单击“插入”按钮，如下图所示。

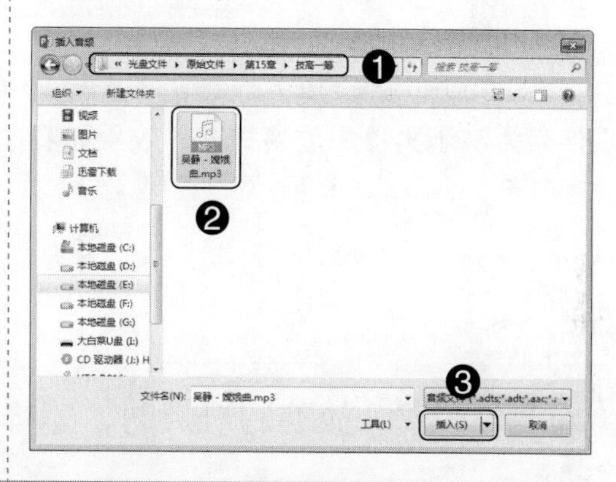

Step03：插入音频文件后，如果音频的图标显示位置不正确，可以手动移动，如下图所示。

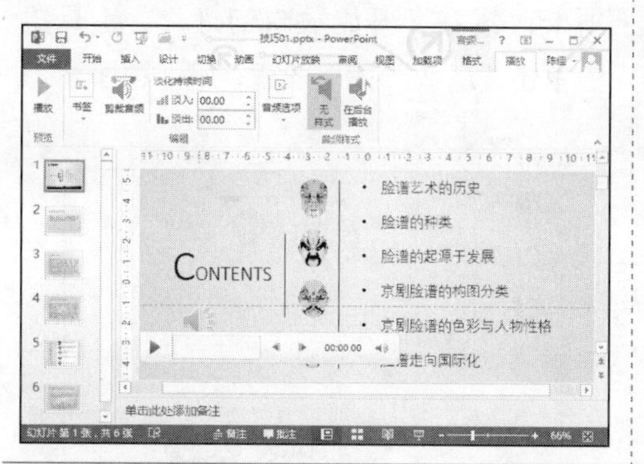

Step04：❶ 选中音频图标，单击“播放”选项卡；❷ 勾选“音频选项”工具组中“跨幻灯片播放”和“循环播放，直到停止”复选框，如下图所示。

技巧 02 怎样将演示文稿保存为自动播放的文件

在制作演示文稿时，如果将制作好的文件，以后每次都是按播放的格式进行演示，可以将制作好的演示文稿保存为 PowerPoint 放映模式，下次打开就直接进入播放状态，具体操作方法如下。

Step01：打开素材文件\第 15 章\技高一筹\技巧 02.pptx，❶ 选择“文件”列表中“另存为”命令；❷ 选择“计算机”选项；❸ 单击“浏览”按钮，如下图所示。

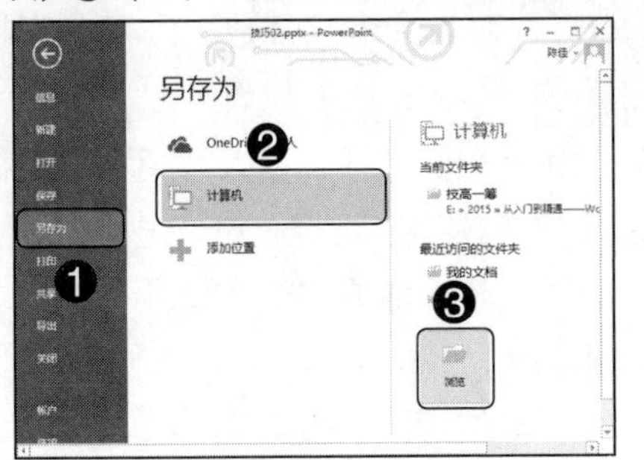

Step02：打开“另存为”对话框，❶ 选择文件存放位置；❷ 在“保存类型”列表框中选择“PowerPoint 放映”选项；❸ 单击“保存”按钮，如下图所示。

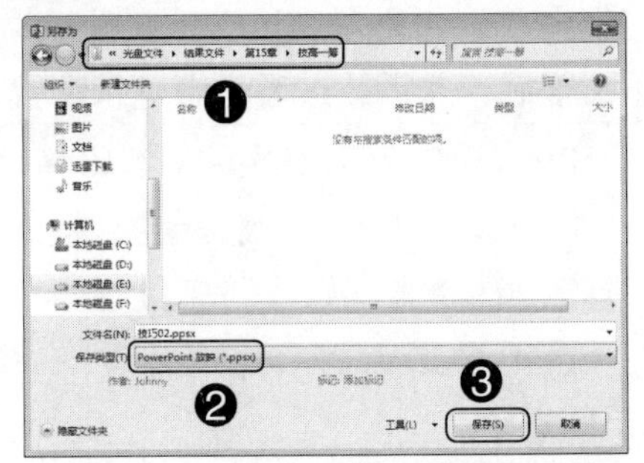

Step03：经过以上操作，将素材文件存为演示文稿的放映模式，效果如右图所示。

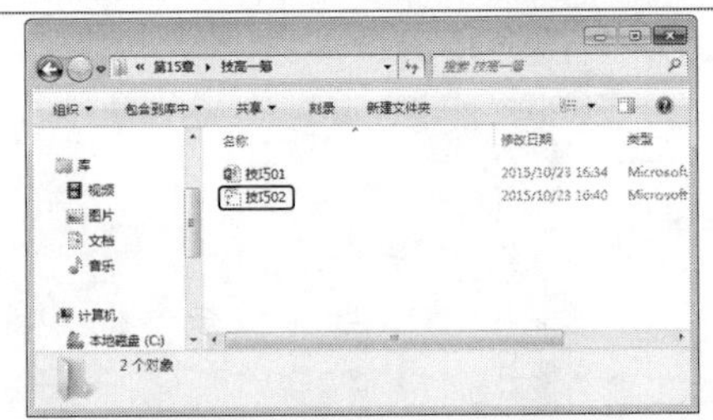

技巧 03　放映幻灯片时，怎样隐藏声音图标及鼠标指针

放映幻灯片时默认情况下，都会让播放的音频图标显示出来，如果不想让音频图标在播放的幻灯片中显示，不想让鼠标影响播放效果，也可以将鼠标指针隐藏起来，具体操作方法如下。

Step01：打开素材文件\第 15 章\技高一筹\技巧 03.pptx，❶ 选中音频文件图标；❷ 单击“播放”选项卡；❸ 勾选“放映时隐藏”复选框，如下图所示。

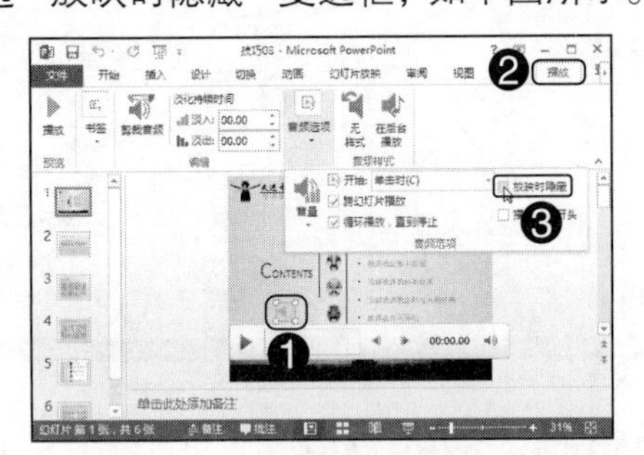

Step02：❶ 单击“幻灯片放映”选项卡；❷ 在“开始放映幻灯片”工具组中单击“从头开始”按钮，如下图所示。

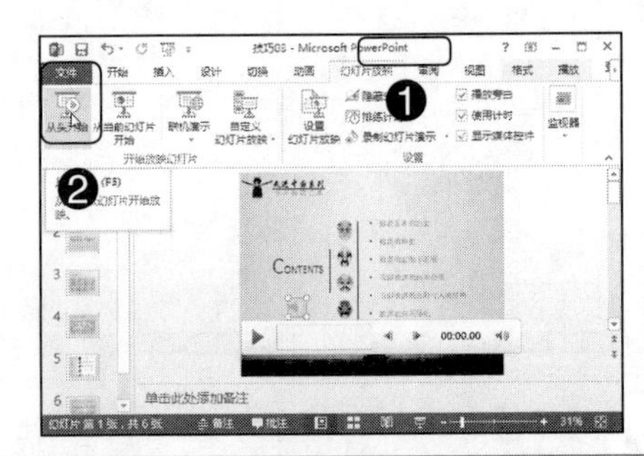

Step03：进入幻灯片放映后，❶ 鼠标指在空白处，右击；❷ 在弹出的快捷菜单中指向“指针选项”选项；❸ 在下一级联菜单中选择“箭头选项”命令；选择“永远隐藏”命令，如右图所示。

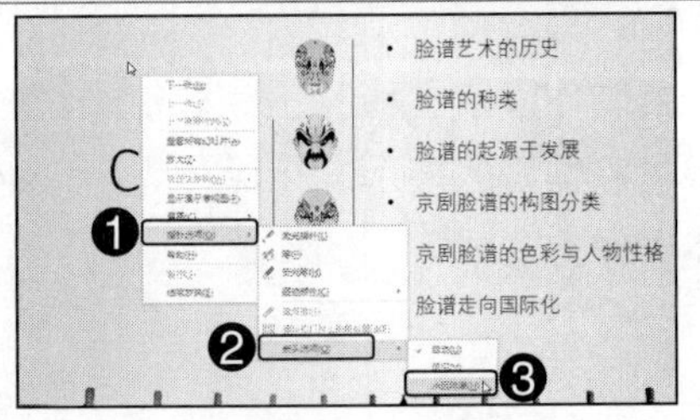

Step04：经过以上操作，隐藏音频图标和鼠标指针，效果如右图所示。

技能训练 1：放映年终总结演示文稿

训练介绍

每年年底的时候，公司都会开年会，总结本年度的工作以及对下一年的工作计划。年终总结是人们对一年来的工作学习进行回顾和分析，从中找出经验和教训，引出规律性认识，以指导今后工作和实践活动的一种应用文体。年终总结的内容包括一年来的情况概述、成绩和经验、存在的问题和教训、今后努力的方向。本技能训练主要是介绍如何让年终总结的内容进行放映操作。

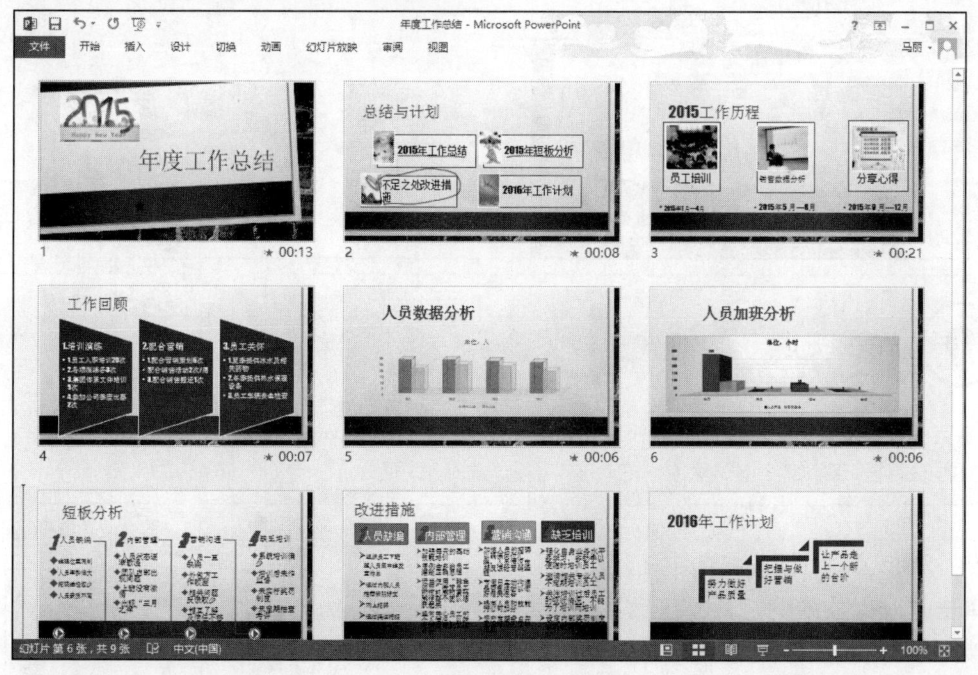

光盘同步文件

素材文件：光盘\素材文件\第 15 章\年度工作总结 .pptx
结果文件：光盘\结果文件\第 15 章\年度工作总结 .pptx
视频文件：光盘\视频文件\第 15 章\技能训练 1.mp4

制作关键	技能与知识要点
本实例首先设置演示文稿的放映方式；接着为放映的幻灯片添加标注，最后根据幻灯片的内容进行录制	● 设置放映方式 ● 为放映幻灯片添加标 ● 录制演示文稿 ● 联机放映演示文稿

本实例的具体制作步骤如下。

Step01：打开素材文件\第15章\年度工作总结.pptx，❶单击“幻灯片放映”选项卡，❷单击“设置”工具组中“设置幻灯片放映”按钮，如下图所示。

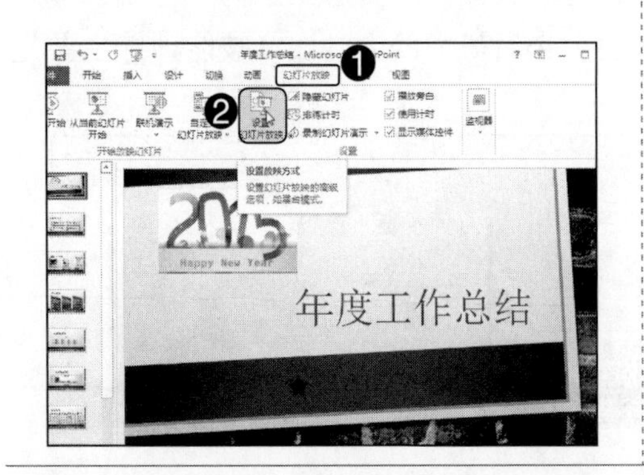

Step02：打开“设置放映方式”对话框，❶在“放映类型”中选中“演讲者放映(全屏幕)”前的单选按钮；❷选中“放映幻灯片”组中“从1—9”单选按钮；❸单击“确定”命令，如下图所示。

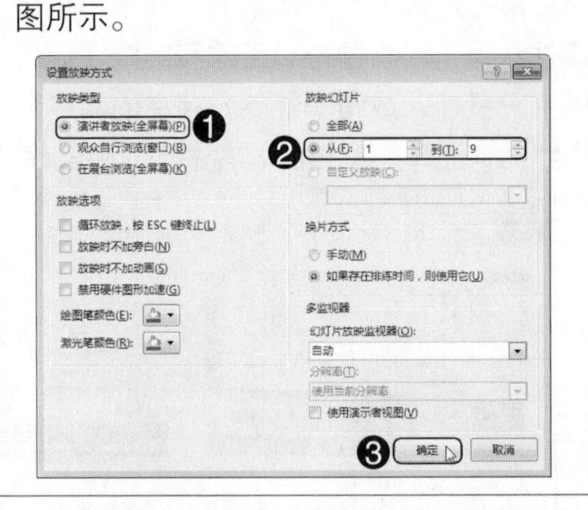

知识拓展 如何重复放映演示文稿

默认情况下，将幻灯片切换至放映状态，播放完后自动退出播放界面，如果用户需要将该演示文稿重复放映，则需要对它进行设置。其方法是：在打开“设置放映方式”对话框中，勾选“循环放映，按ESC键终止”复选框，单击“确定”按钮即可。

Step03：可以直接选中任意幻灯片，单击“开始放映幻灯片”工具组中“从头开始”按钮，如右图所示。

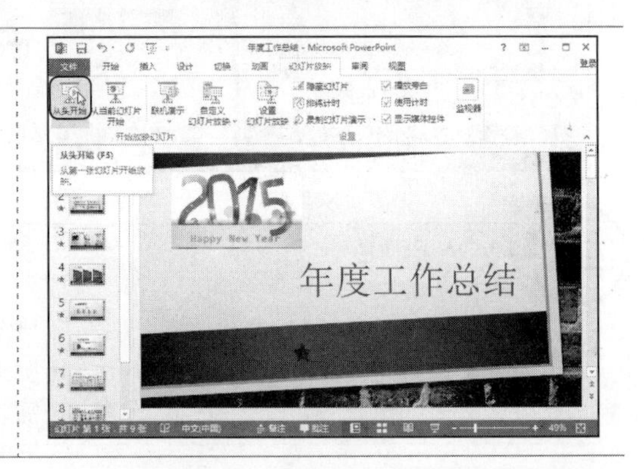

Step04：❶ 在幻灯片放映状态中，右击幻灯片；❷ 在弹出的快捷菜单中选择“下一张”命令，如下图所示：

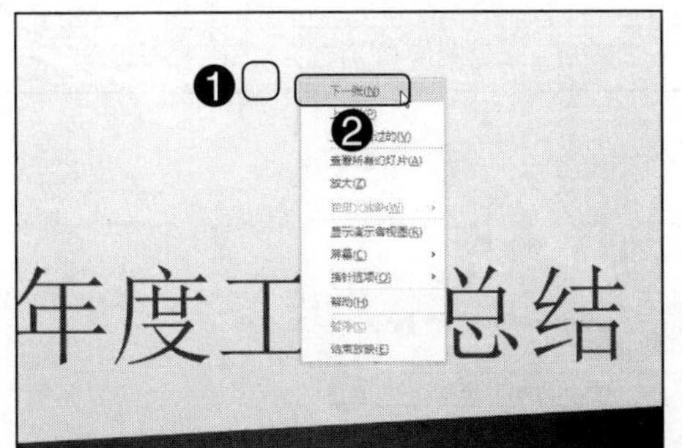

Step05：❶ 在幻灯片放映中，右击；❷ 在弹出的快捷菜单中选择“指针选项”选项；❸ 选择“笔”命令，如下图所示。

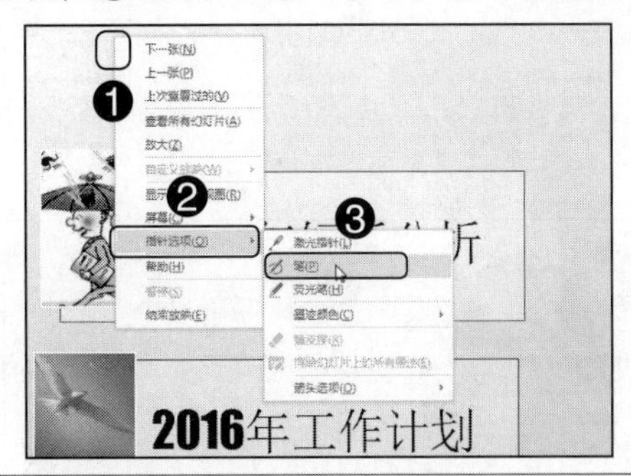

Step06：按住左键不放，拖动对幻灯片中的内容进行标记，如下图所示。

Step07：幻灯片放映结束后，打开“Microsoft PowerPoint”对话框，单击“保留”按钮，如下图所示。

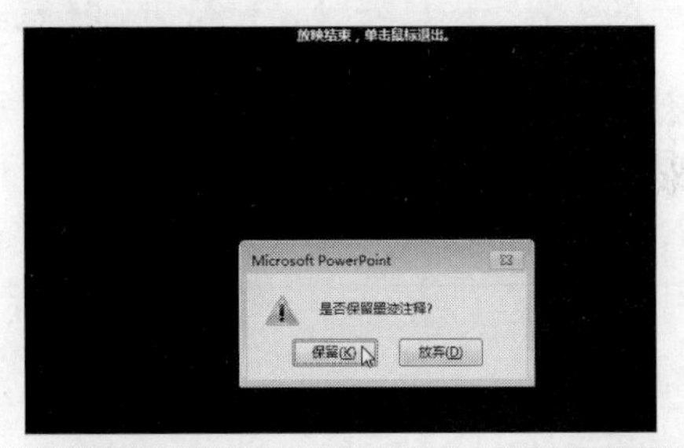

Step08：❶ 单击“幻灯片放映”选项卡；❷ 单击“设置”工具组中“排练计时”按钮，如下图所示。

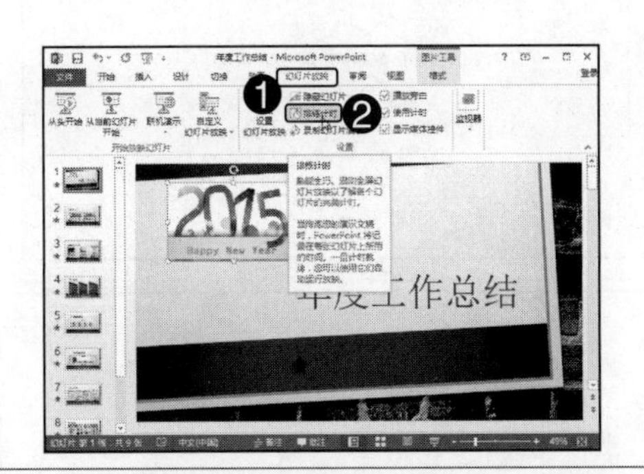

Step09：程序将启动全屏幻灯片放映，供排练演示文稿，此时在每张幻灯片上所用的时间将被记录下来。待一张幻灯片持续时间确定后，单击可切换到下一张幻灯片进行计时，如下图所示。

Step10：排练计时结束后，会弹出一个对话框，如果满意该次排练，单击“是”按钮，如右图所示。

Step11：❶单击“幻灯片放映”选项卡；❷单击“开始放映幻灯片”工具组中“联机演示”按钮，如下图所示。

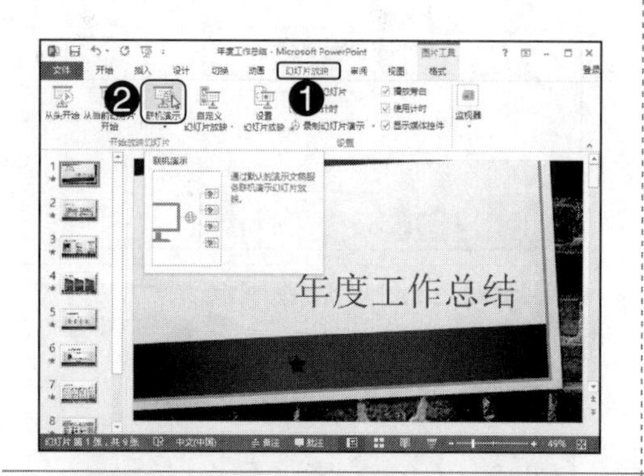

Step12：打开“联机演示”对话框，❶勾选“启用远程查看器下载演示文稿”复选框，❷单击“连接”按钮，如下图所示。

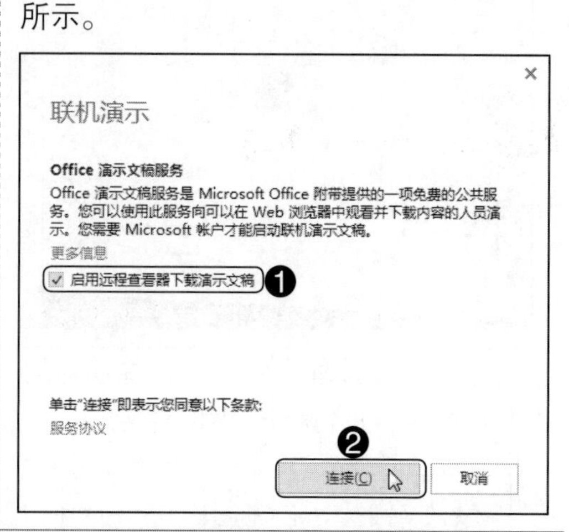

Step13：打开“登录”对话框，❶输入账户名称，❷单击“下一步”按钮，如下图所示。

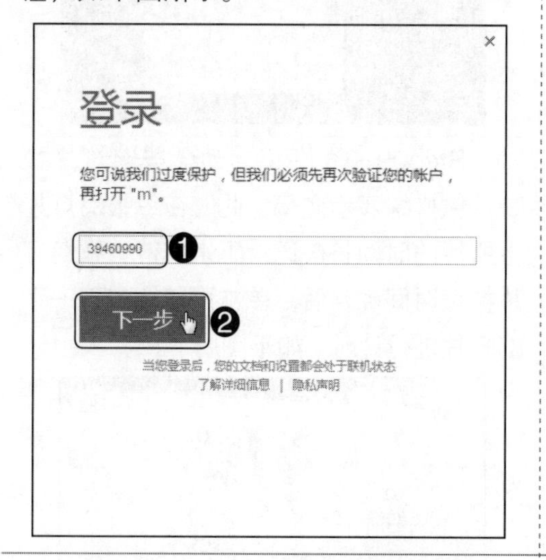

Step14：❶输入账户名称和密码，❷单击“登录”按钮，如下图所示。

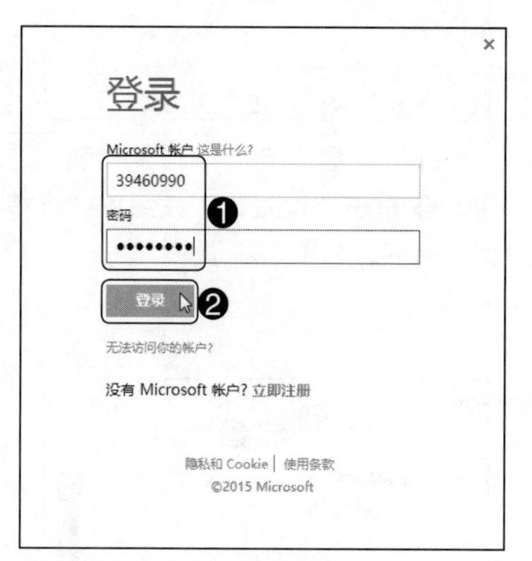

Step15：进入“联机演示”界面，等待联机演示文稿，如右图所示。

联机演示

连接到 Office 演示文稿服务

正在准备联机演示文稿: 9.0%

取消

Step16：❶单击“复制链接”按钮；❷单击“启动演示文稿”按钮，如下图所示。

Step17：进入演示文稿放映状态，将上面复制的链接发送给需要查看文稿的人，即可看到本演示文稿的内容，如下图所示。

Step18：放映完演示文稿后，单击“联机演示”工具组中“结束联机演示”按钮，如下图所示。

Step19：打开“Microsoft PowerPoint”对话框，单击“结束联机演示文稿”按钮，关闭联机的操作，如下图所示。

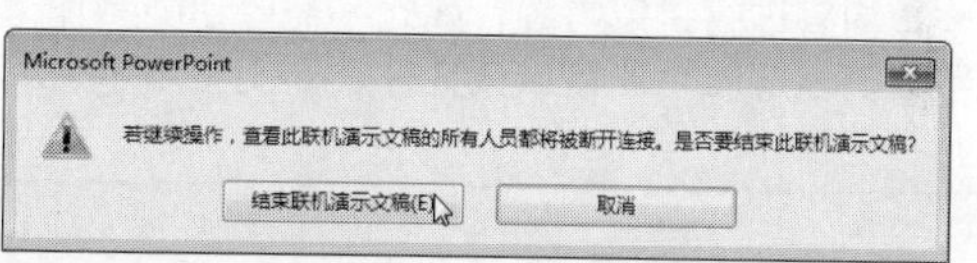

技能训练 2：制作公司月度例会报告

训练介绍

为了让公司稳步或者持续向上，每个月都作一次月度例会报告，总结在本月的工作情况及下月的计划。作为一名成功的员工，必须是一个合理安排时间、工作细化的人，让工作井井有条，这样才能做好本职的工作。下面，根据制作好的月度例会报告，设置一下放映方式。为了让其他员工向优秀的员工学习，将突出的员工制作的文稿进行打包，在会议上进行播放。

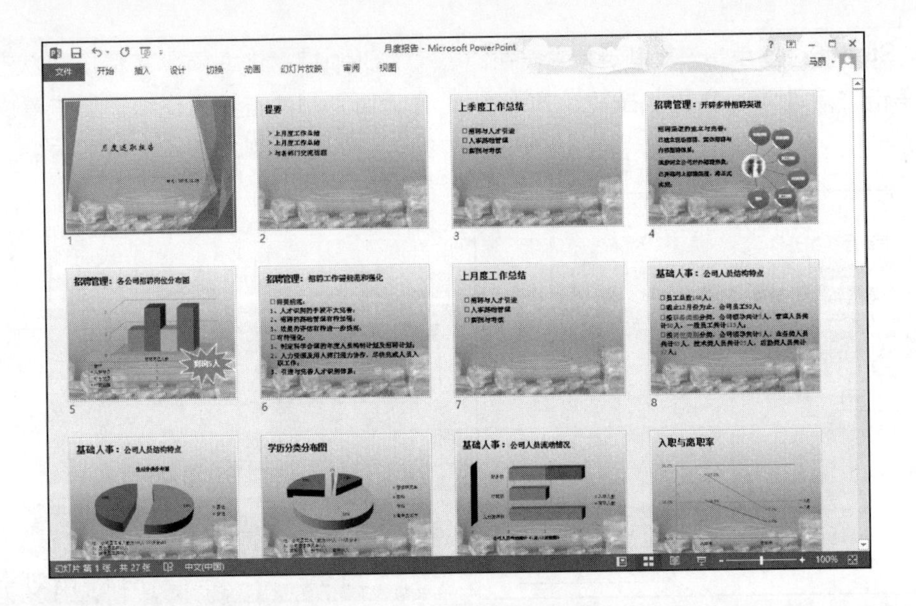

光盘同步文件

素材文件：光盘 \ 素材文件 \ 第 15 章 \ 月度报告 .pptx
结果文件：光盘 \ 结果文件 \ 第 15 章 \ 月度报告 .pptx、月度报告
视频文件：光盘 \ 视频文件 \ 第 15 章 \ 技能训练 2.mp4

操作提示

制作关键	技能与知识要点
本实例主要用于演示文稿放映操作，是根据播放内容进行讲解内容，因此不需要动画制作，为了在其他电脑也能播放该文件，需要将演示文稿进行打包操作。	● 设置放映选项 ● 放映演示文稿 ● 手动切换幻灯片 ● 打包演示文稿

操作步骤

本实例的具体制作步骤如下。

Step01：打开素材文件 \ 第 15 章 \ 月度报告 .pptx，❶ 单击“幻灯片放映”选项卡；❷ 单击“设置”工具组中“设置幻灯片放映”按钮，如右图所示。

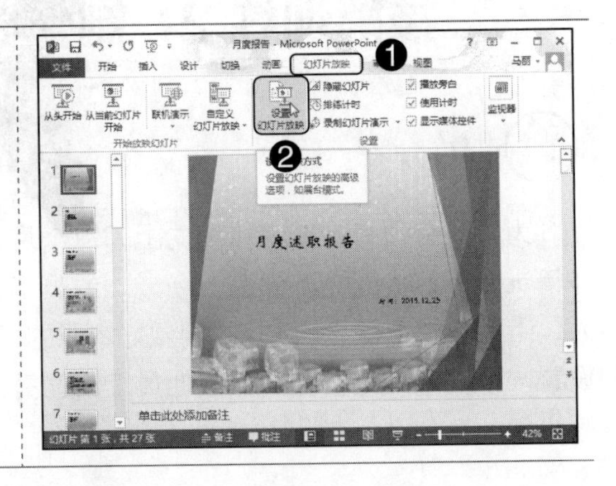

Step02：打开“设置放映方式”对话框，❶在“放映选项”中勾选“放映时不加动画”复选框；❷单击“确定”按钮，如下图所示。

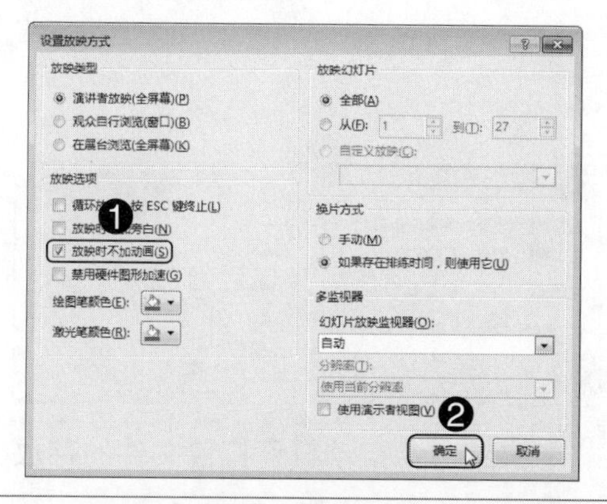

Step03：单击“开始放映幻灯片”工具组中“从头开始”按钮，如下图所示。

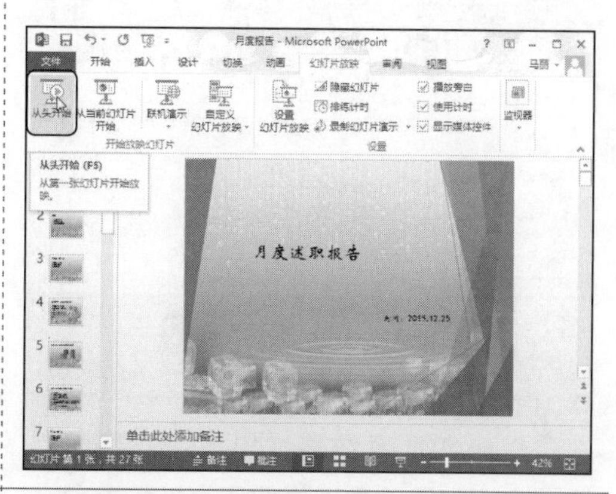

Step04：进入放映状态，单击可进入下一张幻灯片，如下图所示。

Step05：❶选择“文件”列表中“导出”命令；❷在“文件类型”列表中选择“将演示文稿打包成CD”命令；❸在右侧单击“打包成CD”按钮，如下图所示。

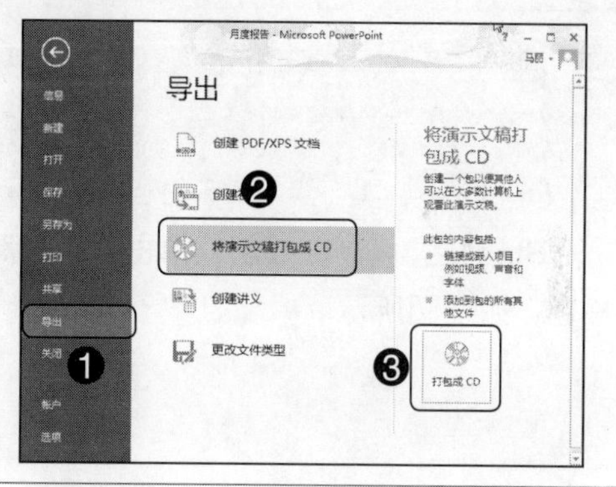

Step06：打开“打包成CD”对话框，❶在“将CD命名为”右侧文本框中输入文件夹名称；❷单击“复制到文件夹”按钮，如下图所示。

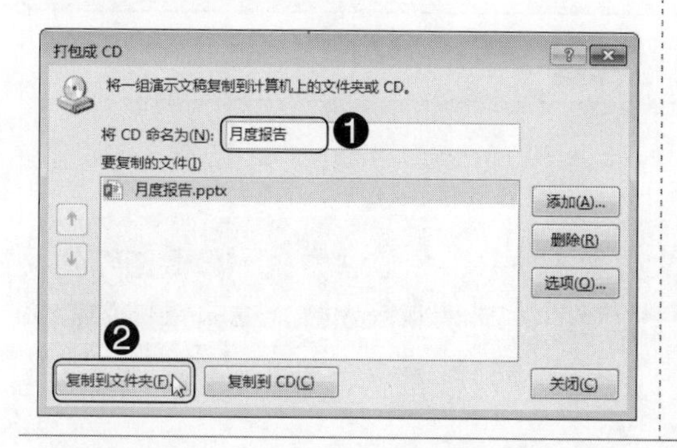

Step07：打开“复制到文件夹”对话框，❶在“文件夹名称”文本框中输入文件夹名称；❷单击“浏览”按钮，如下图所示。

Step08：打开“选择位置”对话框，❶选择CD保存位置；❷单击“选择”按钮，如下图所示。

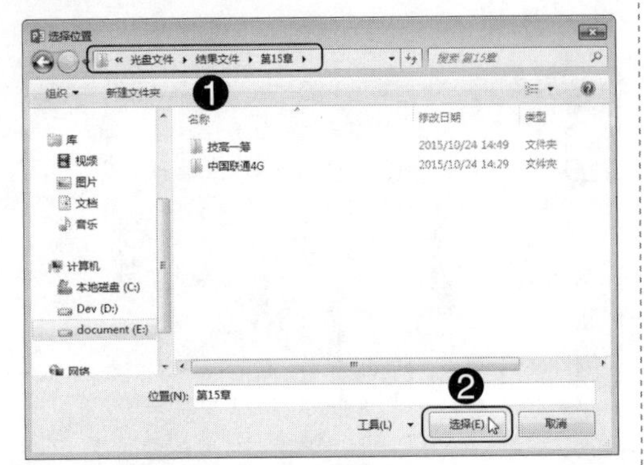

Step09：返回“复制到文件夹”对话框，单击“确定”按钮，如下图所示。

Step10：系统将弹出一个对话框提示用户打包演示文稿中的所有链接文件，单击“是”按钮开始复制到文件夹，在复制中会显示出一个信息框，如下图所示。

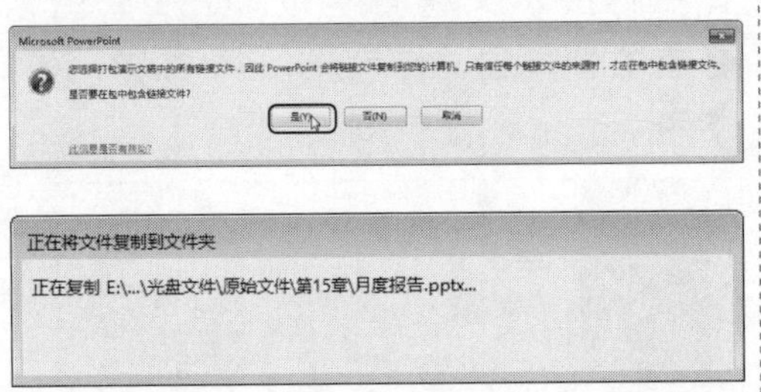

Step11：自动打开打包文件的存放位置，打包的效果如下图所示。

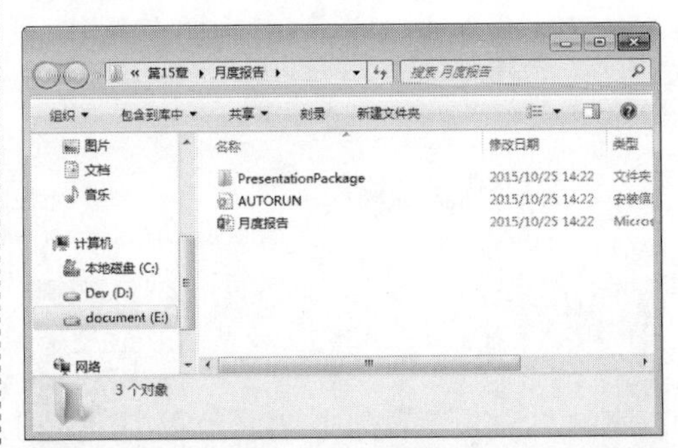

Step12：复制完成后，单击“关闭”按钮，如下图所示。

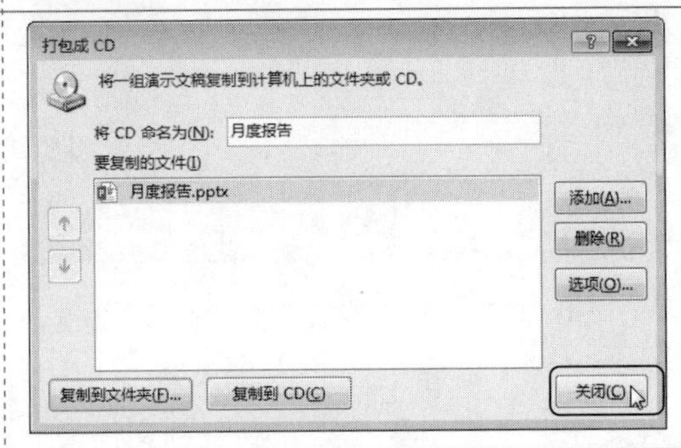

本章小结

本章的重点是如何对制作好的演示文稿进入放映，如放映方式、隐藏幻灯片以及为放映添加标注等。为了让幻灯片自动播放，可以设置幻灯片演示的时间。如何要让更多人看到演示文稿的放映，可以将文稿制作为视频文稿、打包演示文稿或者联机播放演示文稿。

Chapter 16 实战应用——Word、Excel、PPT 在文秘与行政工作中的应用

本章导读

对于文秘与行政领域的办公人员来讲，经常会需要使用 Word 来制作公司考勤制度、会议通知、公司文化宣传等文档，使用 Excel 制作访客出入登记簿、员工考勤表、长假值班安排表等表格，使用 PPT 制作公司形象展示、年终总结会幻灯片、企业宣传演示文稿等演示文稿。本章将通过几个案例的讲解，来展示 Word、Excel、PPT 在文秘与行政工作中发挥的作用。

学完本章后应该掌握的技能

- 文秘与行政的相关行业知识
- 文秘与行政案例精讲

本章相关实例效果展示

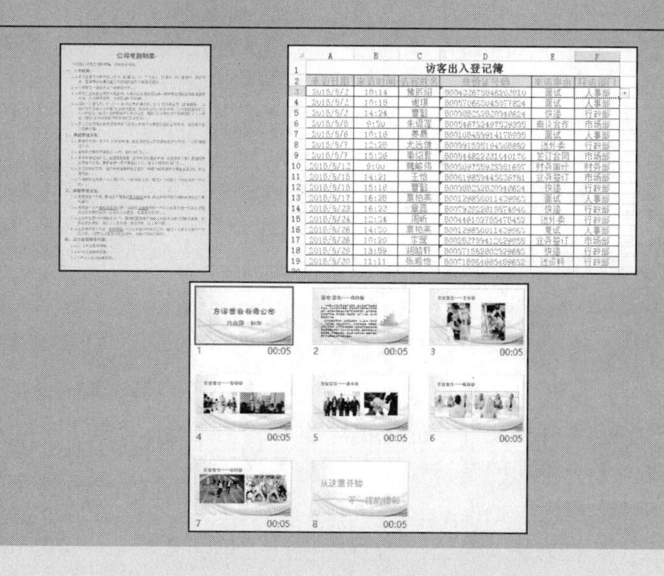

16.1 知识链接——文秘与行政的相关行业知识

文秘与行政的工作内容以公司运营保障为主，工作内容较多元化，除了需要处理一些日常的工作事物外，有时还需要制作各种各样的文档，如公司考勤制度、访客出入登记簿等。

16.1.1 公司日常细则

文秘与行政的工作内容比较多元化，其主要工作内容介绍如下。

1. 对文件、档案、资料进行整理、分类、归档、记录；
2. 会议记录、打印文件、复印资料；
3. 日常工作信息的收集、整理、汇总、传递、上报；
4. 如果有突发事件，紧急联系相关负责人，并协助解决；
5. 及时收发邮件、文件，并转交相关人员；
6. 上下沟通协调；
7. 保密工作：单位内部信息、资料、文件、档案、会议内容、财务等；
8. 协调各部门人事关系，使之工作能顺利、高效完成；
9. 完成上级管理层交付的临时工作。

16.1.2 行政岗位职责

在大型单位中，行政岗位的主要职责介绍如下。

1. 负责一般性行政公文，领导交办的会议材料的起草工作；
2. 负责由部门代单位起草的行政公文和有关文字材料的核稿工作；
3. 负责组织大型行政工作会议的记录及会议纪要的起草工作；
4. 负责每周会议安排的编制工作，协助领导做好其他会议的组织通知等会务工作；
5. 负责督促检查行政工作计划、办公会决议事项的落实情况，将了解的情况及时反馈给领导；
6. 负责办公室日常政务接待，来访客人接待及日常事务性工作；
7. 负责印章保管和监印、办理各种介绍信；
8. 负责办公用品、仪器设备等购置、建账、保管和发放；
9. 负责各项信息统计和管理；
10. 完成领导交办的其他工作。

16.1.3 文秘岗位职责

在大型单位中，文秘岗位的主要职责介绍如下。

1. 负责人事处文秘、公章管理；
2. 开具各种信函（包括行政介绍信、证明等）和干部（工人）调动通知；
3. 负责各种文件、通知的收发和督办工作；
4. 负责公司的信访接待和日常事务工作；
5. 负责人事档案和文书档案的管理工作；
6. 协助做好人事统计报表的统计工作；
7. 完成处领导交办的其他工作。

16.2 实战应用——文秘与行政案例精讲

了解了文秘与行政的相关行业知识之后，下面将为读者介绍 Office 在文秘行政应用中的一些经典案例，从而让 Office 融入实际工作。

16.2.1 制作公司考勤制度

效果展示

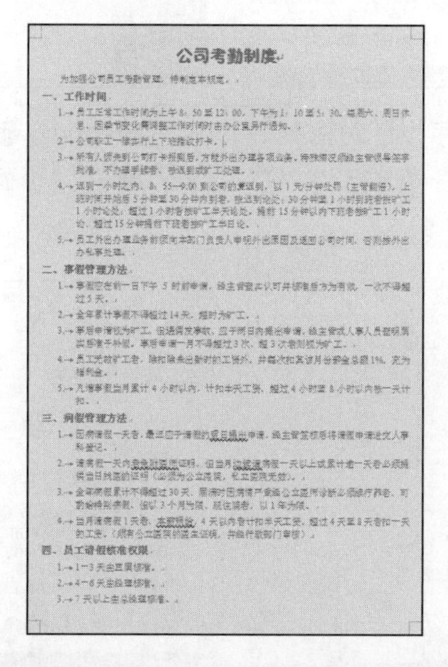

公司考勤制度

为加强公司员工考勤管理，特制定本规定。

一、工作时间

1. 员工正常工作时间为上午8：50至12：00，下午为1：10至5：30，每周六、周日休息。因季节变化需调整工作时间时由办公室另行通知。
2. 公司职工一律实行上下班指纹打卡。
3. 所有人员须先到公司打卡报到后，方能外出办理各项业务。特殊情况须经主管领导签字批准，不办理手续者，按迟到或旷工处理。
4. 迟到一小时之内，8：55—9:00 到公司的算迟到，以1元/分钟处罚（主管翻倍）。上班时间开始后5分钟至30分钟内到者，按迟到论处；30分钟至1小时到班者按旷工1小时论处；超过1小时者按旷工半天论处。提前15分钟以内下班者按旷工1小时论，超过15分钟提前下班者按旷工半日论。
5. 员工外出办理业务前须向本部门负责人申明外出原因及返回公司时间，否则按外出办私事处理。

二、事假管理方法

1. 事假应在前一日下午5时前申请，经主管批准认可并领导签字方为有效，一次不得超过5天。
2. 全年累计事假不得超过14天，超时为旷工。
3. 事后申请视为旷工，但遇突发事故，应于两日内提出申请，经主管或人事人员查明属实后准予补假。事后申请一月不得超过3次，超3次者则视为旷工。
4. 员工无故旷工者，除扣除当日的工资外，并每次扣其该月份奖金总额1%，充为福利金。
5. 凡请事假当月累计4小时以内，计扣半天工资，超过4小时至8小时以内按一天计扣。

三、病假管理方法

1. 因病请假一天者，最迟应于请假的当日提出申请，经主管签核后将请假申请送交人事科登记。
2. 请病假一天内免附医院证明，但当月连续请病假一天以上或累计超一天者必须提供当日就医的证明（必须为公立医院，私立医院无效）。
3. 全年病假累计不得超过30天，因病情严重经公立医院诊断必须续疗养者，可酌给特别病假，但以3个月为限，超过期者，以1年为限。
4. 当月请病假1天者，本薪照给，4天以内者计扣半天工资，超过4天至8天者扣一天的工资。（须有公立医院的医生证明，并经行政部门审核）。

四、员工请假核准权限

1. 1~3天由主管核准。
2. 4~6天由经理核准。
3. 7天以上由总经理核准。

光盘同步文件

素材文件：光盘 \ 素材文件 \ 第 16 章 \ 无
结果文件：光盘 \ 结果文件 \ 第 16 章 \ 公司考勤制度 .docx
视频文件：光盘 \ 视频文件 \ 第 16 章 \16-2-1.mp4

操作提示

制作关键	技能与知识要点
本实例制作公司考勤制度，首先在新建的空白文档输入制度内容，接着设置页边距、字体格式、段落格式，最后设置页面颜色和字体颜色，完成公司考勤制度的制作	● 创建新文档、输入文档内容、保存文档 ● 页面版心设置、设置页面颜色 ● 设置文本格式、段落格式 ● 插入编号

操作步骤

本实例的具体制作步骤如下。

Step01：新建一篇 Word 文档，❶在文档中输入考勤制度的内容；❷单击"保存"按钮，如下图所示。

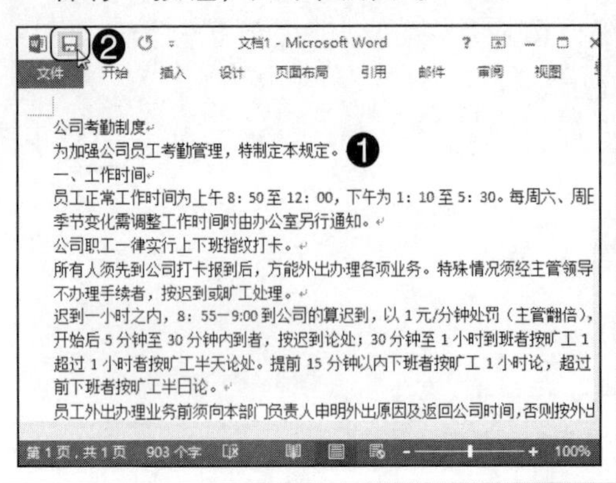

Step02：❶单击"计算机"选项；❷单击"浏览"按钮，如下图所示。

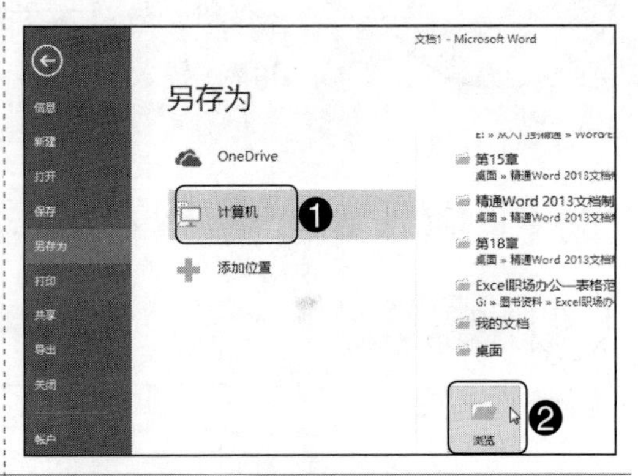

Step03：弹出"另存为"对话框，❶设置保存参数；❷单击"保存"按钮，如下图所示。

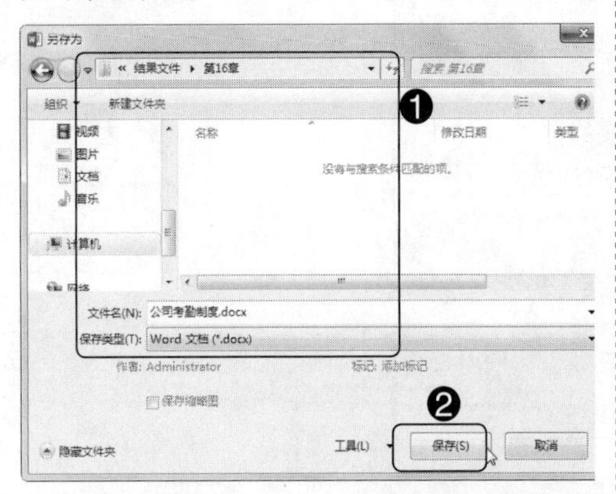

Step04：❶换到"页面布局"选项卡；❷在"页面设置"组中单击"功能扩展"按钮，如下图所示：

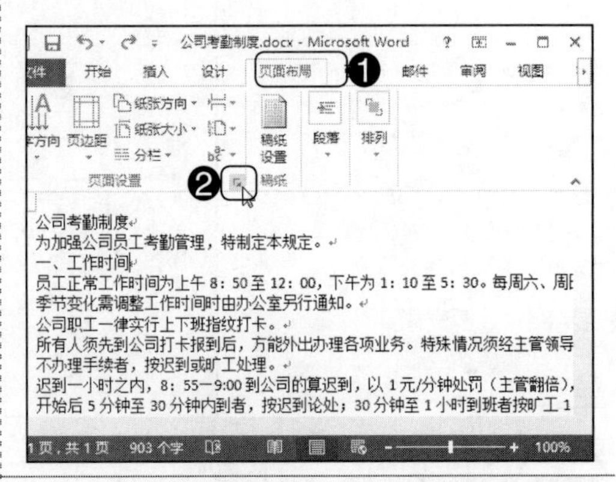

Step05：弹出"页面设置"对话框，将页边距上、下、左、右均设置为"2"，如下图所示。

Step06：❶按下"Ctrl+A"组合键选中全部内容；❷单击"字体"组中的"功能扩展"按钮，如下图所示。

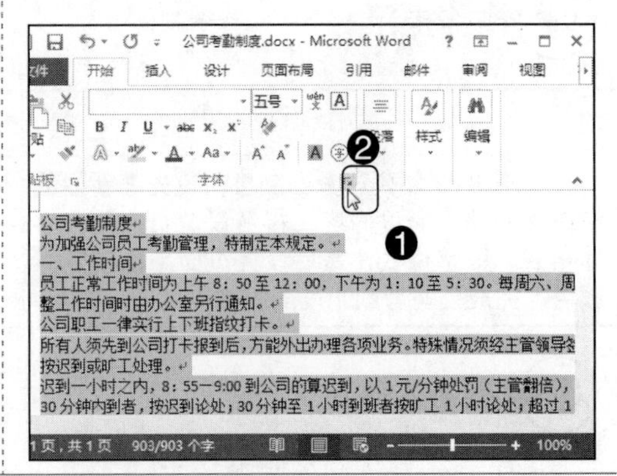

Step07：弹出“字体”对话框，将中文字体设置为“宋体”、西文字体设置为“Times New Roman”、字号设置为“小四”，如下图所示。

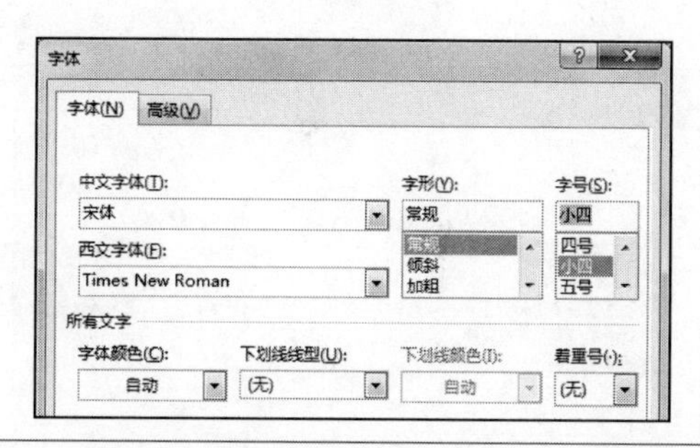

Step08：返回文档，保持全部内容的选中状态，单击“段落”组中的“功能扩展”按钮，如下图所示。

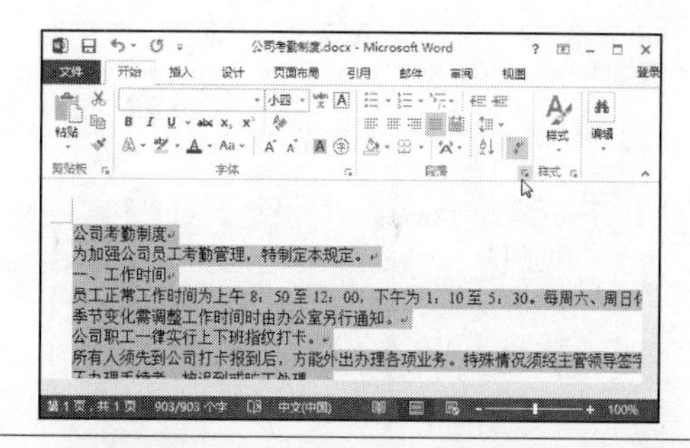

Step09：弹出“段落”对话框，❶将段前、段后的距离均设置为“0.3行”；❷取消“如果定义了文档网格，则对齐到网格”复选框的勾选，如下图所示。

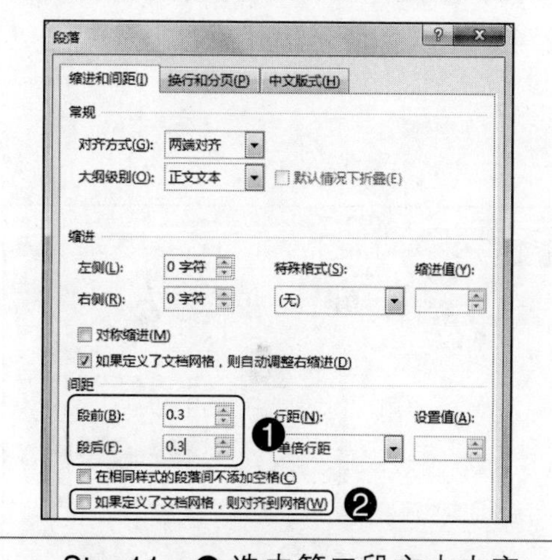

Step10：返回文档，❶选中“公司考勤制度”；❷将字体格式设置为“方正少儿简体”、“二号”、“加粗”；❸段落格式设置为“居中”，如下图所示。

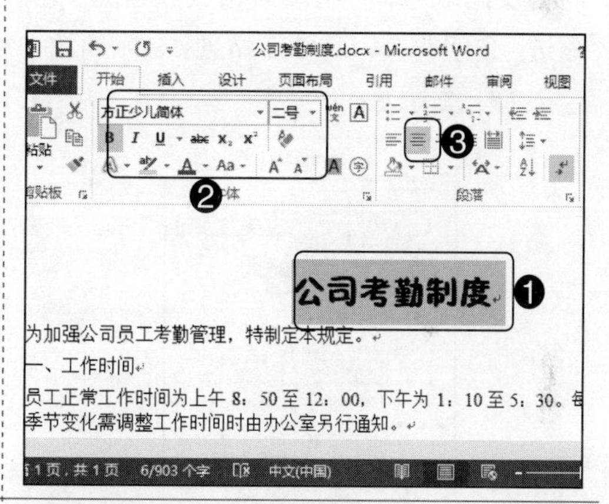

Step11：❶选中第二段文本内容；❷将段落格式设置为“首行缩进：2字符”，如下图所示。

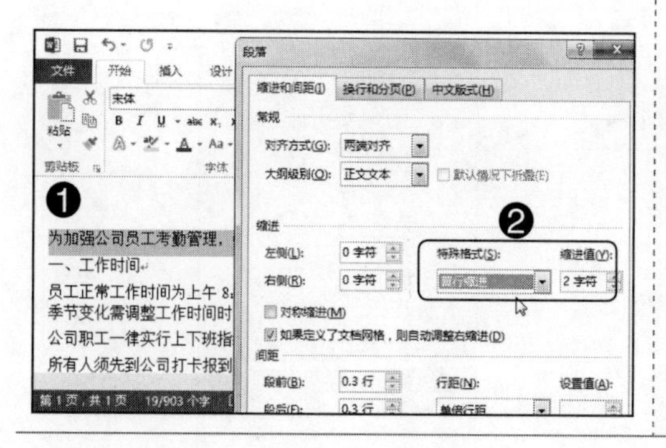

Step12：返回文档，❶选中正文中的标题“一、工作时间”、“二、事假管理方法”、“三、病假管理方法”、“四、员工请假核准权限”；❷将字体格式设置为“四号”、“加粗”，如下图所示。

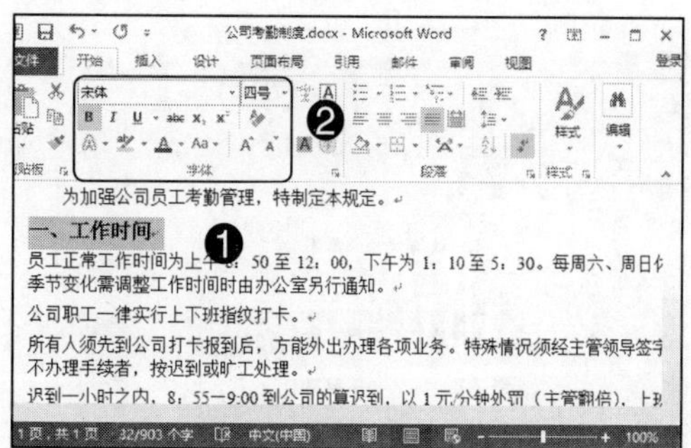

Step13：选中“一、工作时间”下面的条款内容，❶在“段落”组中单击“编号”按钮右侧的下拉按钮；❷在弹出的下拉列表中选择编号样式，如下图所示。

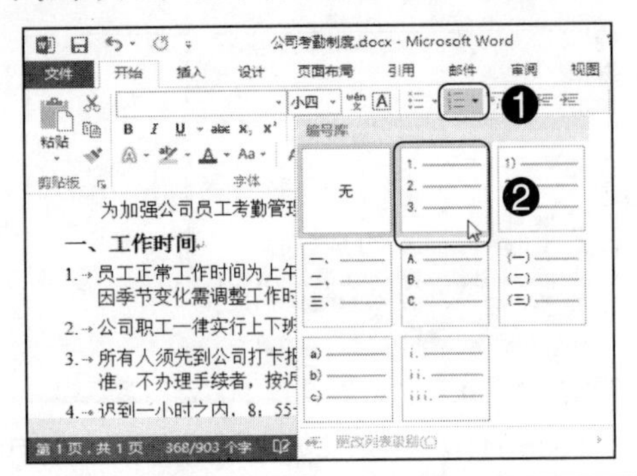

Step14：保持“一、工作时间”下面的条款内容的选中状态，将段落格式设置为“左缩进：2 字符”、“悬挂缩进：2 字符”，如下图所示。

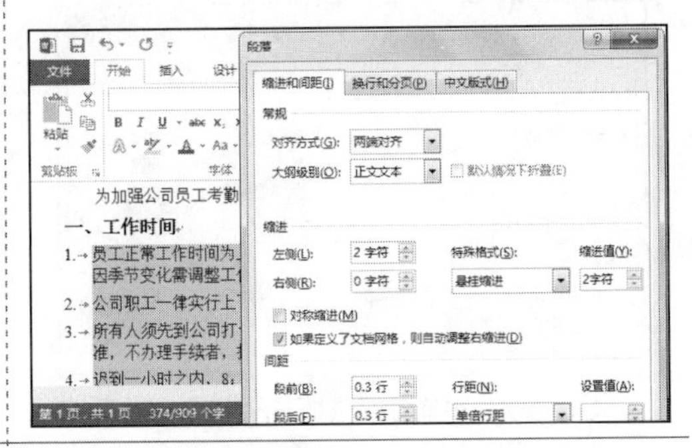

Step15：用同样的方法，分别为“二、事假管理方法”、“三、病假管理方法”、“四、员工请假核准权限”下面的条款内容设置编号，并将段落格式设置为“左缩进：2 字符”、“悬挂缩进：2 字符”，效果如下图所示。

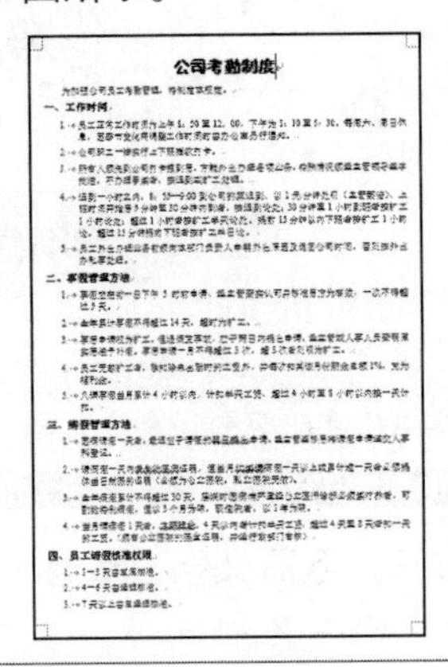

Step16：❶切换到“设计”选项卡；❷在“页面背景”组中单击“页面颜色”按钮；❸在弹出的下拉列表中选择页面颜色，如下图所示。

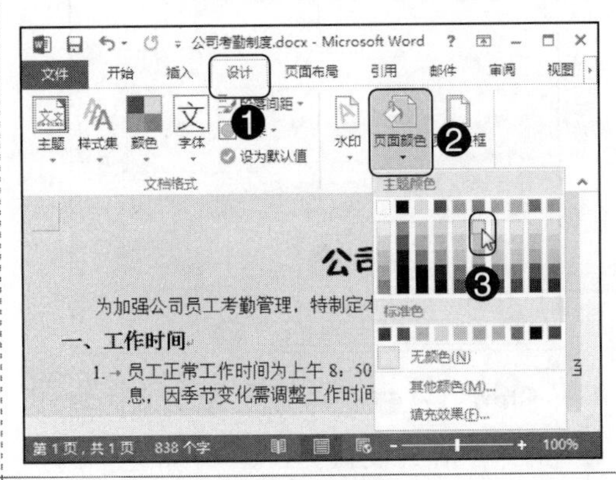

Step17：按下“Ctrl+A”组合键选中全部内容，在“字体颜色”下拉列表中设置文本颜色，如下图所示。

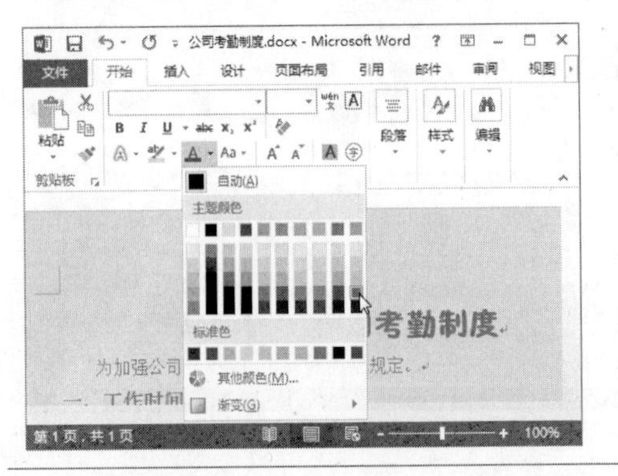

Step18：至此，完成了公司考勤制度的制作，效果如下图所示。

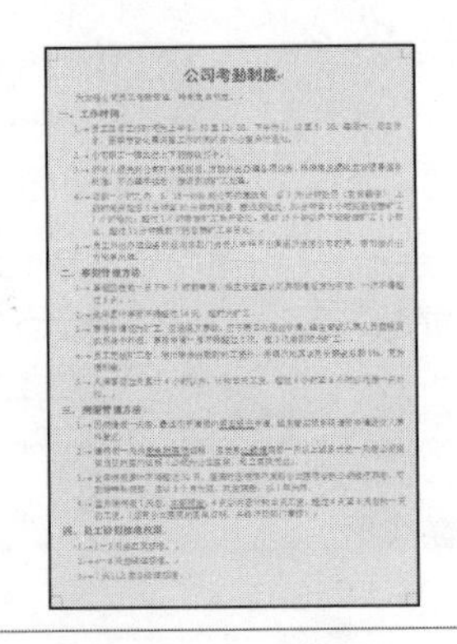

16.2.2 制作访客出入登记簿

访客出入登记簿

来访日期	来访时间	访客姓名	身份证号码	来访事由	拜访部门
2015/8/2	10:14	楮辰绍	500432678546263910	面试	人事部
2015/8/2	10:15	谢琪	500570663045077824	面试	人事部
2015/8/3	14:24	曹懿	500985232520948624	快递	行政部
2015/8/5	9:30	朱语莲	500546732497539395	商谈合作	市场部
2015/8/6	10:16	姜晟	500165489914175995	面试	人事部
2015/8/7	12:25	尤远健	500991595194365882	送外卖	行政部
2015/8/7	15:36	綦绍君	500844822231640176	签订合同	市场部
2015/8/12	9:00	魏峻伟	500369755923981697	财务审计	财务部
2015/8/15	14:21	王怡	500619859445636781	业务签订	市场部
2015/8/15	15:18	曹懿	500985232520948624	快递	行政部
2015/8/17	16:25	葛柏英	500129836011439963	面试	人事部
2015/8/23	16:23	章磊	500792922819874946	快递	行政部
2015/8/24	12:34	周昕	500446102755475452	送外卖	行政部
2015/8/26	14:30	葛柏英	500129836011439963	复试	人事部
2015/8/26	10:20	李莺	500252799412629958	业务签订	市场部
2015/8/29	13:59	胡皓轩	500371582802929683	快递	行政部
2015/8/30	11:11	张瑶怡	500715964695489632	送资料	行政部

光盘同步文件

素材文件：光盘 \ 素材文件 \ 第 16 章 \ 无

结果文件：光盘 \ 结果文件 \ 第 16 章 \ 访客出入登记簿 .xlsx

视频文件：光盘 \ 视频文件 \ 第 16 章 \16-2-2.mp4

制作关键	技能与知识要点
本实例制作访客出入登记簿，首先编辑表格标题行的内容，然后对相关区域设置数字格式，最后输入表格的内容，并设置字体格式，完成访客出入登记簿的制作	● 数据的输入与编辑 ● 编辑行、列和单元格 ● 设置数据格式 ● 设置表格的边框和背景 ● 使用数据验证功能

本实例的具体制作步骤如下。

Step01：新建一个名为"访客出入登记簿.xlsx"的空白工作簿，输入标题内容，并设置相应的文本格式，将对齐方式设置为"居中"，对单元格区域"A1:F1"设置"合并后居中"，如右图所示。

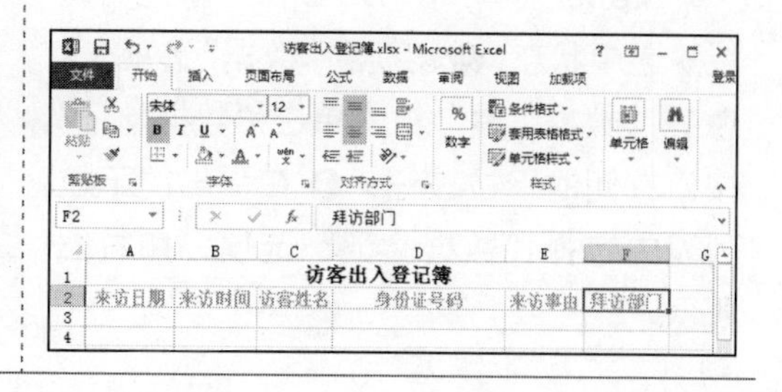

Step02：对单元区域“A2:F2”的填充颜色设置为“黄色”，❶ 选中“A2:F19”单元格区域；❷ 单击“边框”按钮右侧的下拉按钮；❸ 在弹出的下拉列表中选择“所有框线”选项，如下图所示。

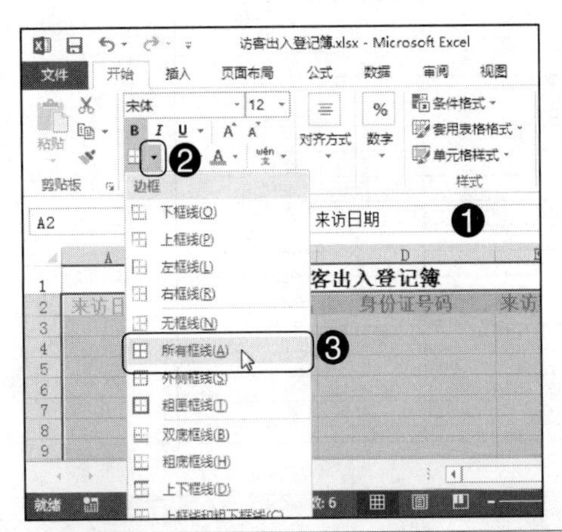

Step03：选中“A3:A19”单元格区域，按下“Ctrl+1”组合键打开“设置单元格格式”对话框，❶ 在“分类”列表框中选择“日期”选项；❷ 在“类型”列表框中选择需要的日期格式；❸ 单击“确定”按钮，如下图所示。

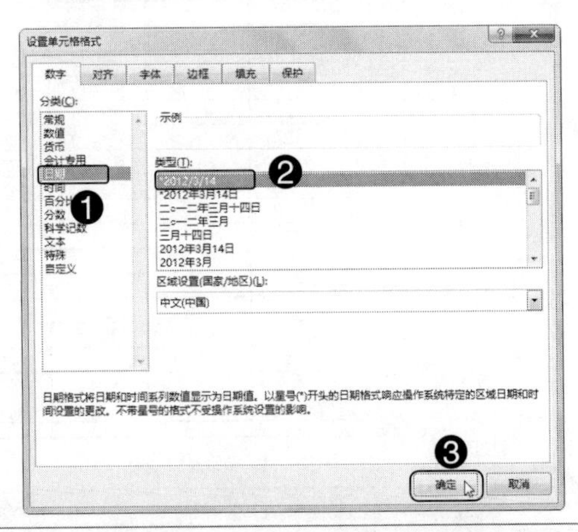

Step04：返回工作表，选中“B3:B19”单元格区域，打开“设置单元格格式”对话框，❶ 在“分类”列表框中选择“时间”选项；❷ 在“类型”列表框中选择需要的时间格式；❸ 单击“确定”按钮，如下图所示。

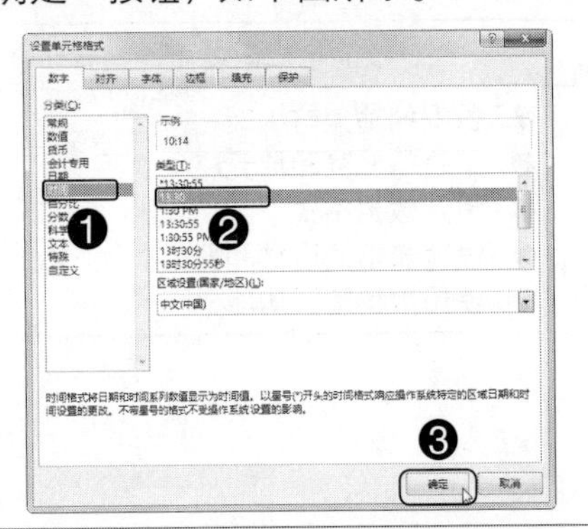

Step05：返回工作表，❶ 选中“D3:D19”单元格区域；❷ 在“数字”组的“数字格式”下拉列表中选择“文本”选项，如下图所示。

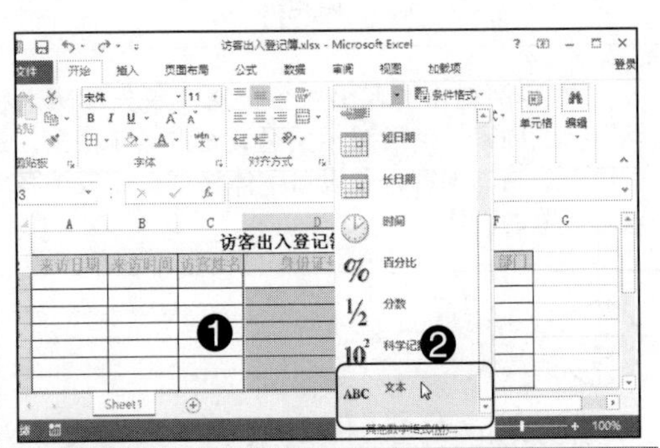

Step06：保持“D3:D19”单元格区域的选中状态，❶ 切换到“数据”选项卡；❷ 在“数据工具”组中单击“数据验证”按钮右侧的下拉按钮；❸ 在弹出的下拉列表中选择“数据验证”选项，如右图所示。

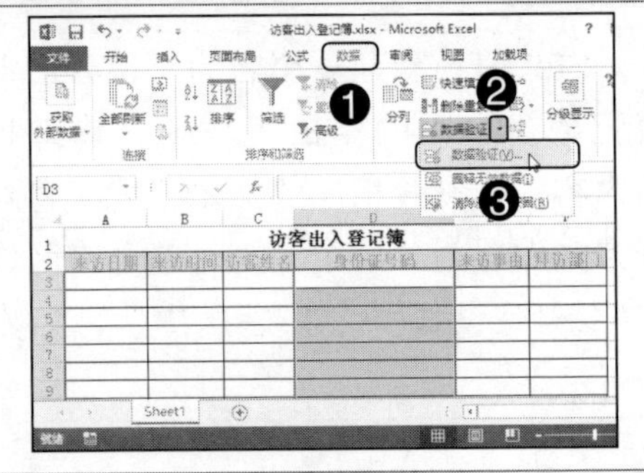

Step07：弹出“数据验证”对话框，❶在“允许”下拉列表中选择“文本长度”选项；❷在“数据”下拉列表中选择“等于”选项；❸在“长度”参数框中输入“18”；❹单击“确定”按钮，如右图所示。

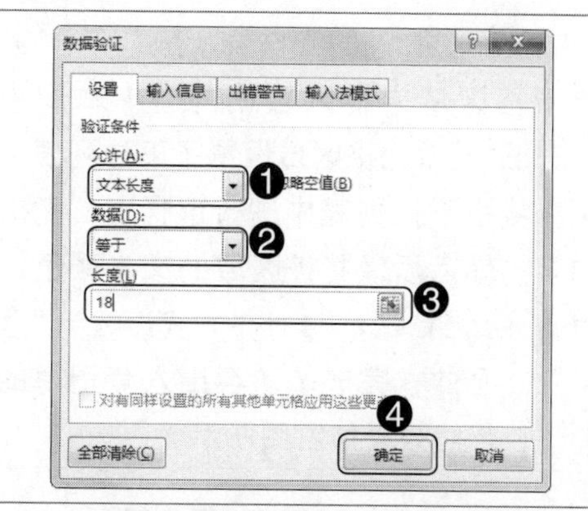

Step08：❶切换到“输入信息”选项卡；❷勾选“选定单元格时显示输入信息”复选框；❸在“标题”和“输入信息”文本框中输入提示内容，如下图所示：

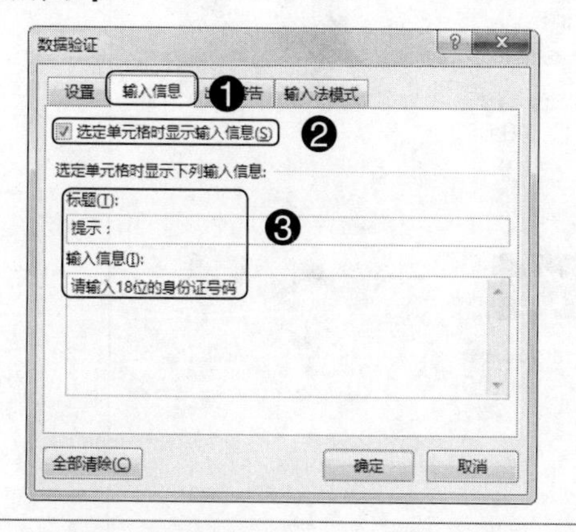

Step9：❶切换到“出错警告”选项卡；❷在“样式”下拉列表中选择警告样式，如“停止”；❸在“标题”和“错误信息”文本框中输入提示信息；❹单击“确定”按钮，如下图所示。

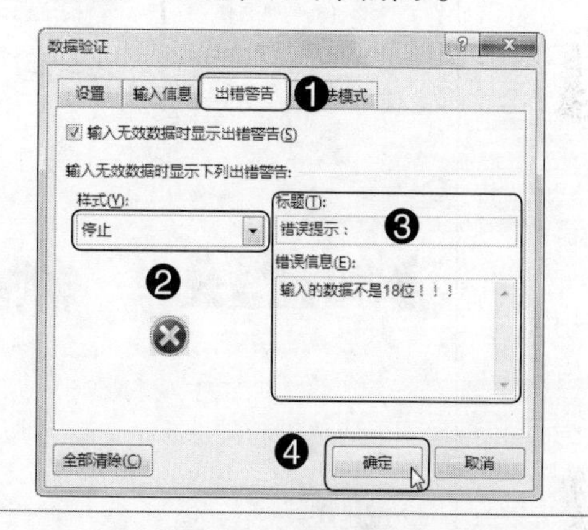

专家提示

出错警告有“停止”、“警告”、“信息”三种样式，“停止”样式为默认的样式，用于禁止非法数据的输入，“警告”样式允许选择是否输入非法数据，“信息”样式仅对输入非法数据进行提示。换句话说，如果设置“停止”样式，则无法输入任何非法数据；如果设置“警告”或“信息”样式，则可以允许用户在具有数据有效性的单元格中输入非法值。

Step10：返回工作表，选择“F3:F19”单元格区域，打开“数据验证”对话框，❶在“允许”下拉列表中选择“序列”选项；❷在“来源”文本框中输入以英文逗号为间隔的序列内容；❸单击“确定”按钮，如右图所示。

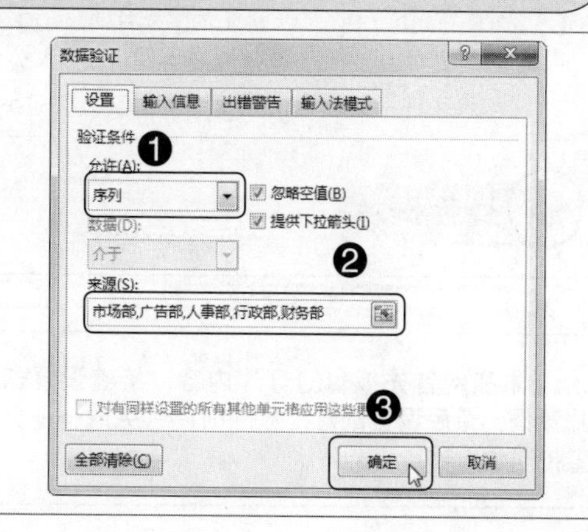

Step11：返回工作表，在“A3:F19”单元格区域中输入数据内容（本例中“F3:F19”单元格区域设置了下拉列表，可直接在下拉列表中进行选择），完成内容的输入后，将该区域的文本颜色设置为 蓝色, 着色 1 , 深色 25% ，对齐方式设置为“居中”。至此，完成了访客出入登记簿的制作，最终效果如右图所示。

访客出入登记簿

来访日期	来访时间	访客姓名	身份证号码	来访事由	拜访部门
2015/8/2	10:14	楮屁绍	500432678546263910	面试	人事部
2015/8/2	10:15	谢琪	500570663045077824	面试	人事部
2015/8/3	14:24	曹懿	500985232520948624	快递	行政部
2015/8/5	9:30	朱语莲	500546732497539895	商谈合作	市场部
2015/8/6	10:16	姜晟	500165489914175995	面试	人事部
2015/8/7	12:25	尤远健	500991595194365882	送外卖	行政部
2015/8/7	15:36	秦绍君	500844822231640176	签订合同	市场部
2015/8/12	9:00	魏畯伟	500369755923981697	财务审计	财务部
2015/8/15	14:21	王恰	500619859445636781	业务签订	市场部
2015/8/15	15:18	曹懿	500985232520948624	快递	行政部
2015/8/17	16:25	慕柏英	500129836011439963	面试	人事部
2015/8/23	16:23	章磊	500792922819874946	快递	行政部
2015/8/24	12:34	周昕	500446102755475452	送外卖	行政部
2015/8/26	14:30	慕柏英	500129836011439963	复试	人事部
2015/8/26	10:20	李蔫	500252799412629958	业务签订	市场部
2015/8/29	13:59	胡皓轩	500371582802929683	快递	行政部
2015/8/30	11:11	张瑶恰	500715964695489632	送资料	行政部

16.2.3 制作公司形象展示

效果展示

光盘同步文件

素材文件：光盘\素材文件\第 16 章\背景 .jpg、工作 1.jpg、工作 2.jpg、活动 1.jpg、活动 2.jpg、简介 .png、培训 1.jpg、培训 2.jpg、团队 1.jpg、团队 2.jpg、招聘 1.jpg、招聘 2.jpg

结果文件：光盘\结果文件\第 16 章\公司形象展示 .pptx

视频文件：光盘\视频文件\第 16 章\16-2-3.mp4

操作提示

制作关键	技能与知识要点
本实例首先编辑幻灯片内容，接着设置幻灯片背景，最后设置幻灯片放映时间，完成企业文化宣传册的制作。	● 幻灯片的基本操作 ● 编辑幻灯片内容 ● 丰富幻灯片内容 ● 创建自动运行的演示文稿

操作步骤

本实例的具体制作步骤如下。

Step01：新建一个名为“公司形象展示.pptx”的演示文稿，分别在在标题占位符、副标题占位符中输入内容，并对内容设置文本格式，如下图所示。

Step02：❶在“幻灯片”组中单击“新建幻灯片”按钮下方的下拉按钮；❷在弹出的下拉列表中选择“两栏内容”版式，如下图所示。

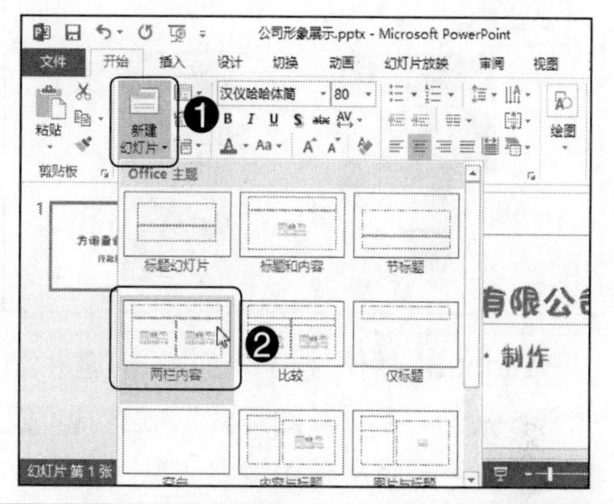

Step03：在新建的幻灯片（即第2张幻灯片）中，❶在标题占位符中输入内容，并设置文本格式；❷在左侧内容占位符中输入内容，并设置文本、段落格式；❸将光标定位在右侧的内容占位符中；❹切换到“插入”选项卡；❺单击“图像”组中的“图片”按钮，如下图所示。

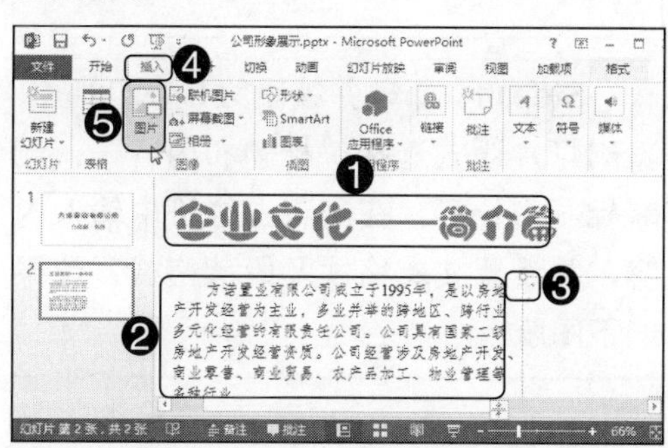

Step04：弹出“插入图片”对话框，❶选择素材文件中的“简介.png”文件；❷单击“插入”按钮，如下图所示。

Step05：将图片插入后，调整两个内容占位符的位置和大小，调整后的效果如右图所示。

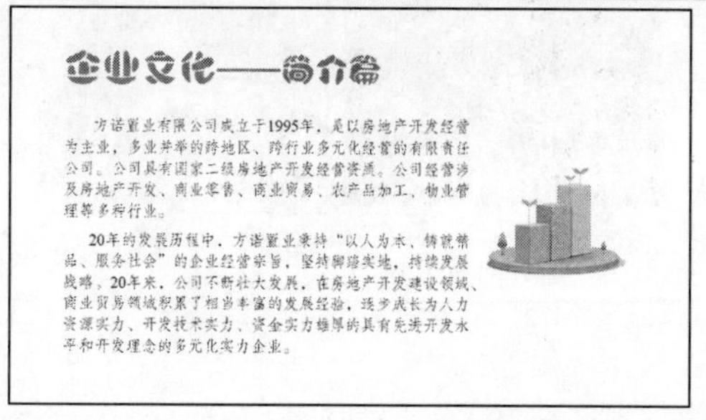

Step06：参照上述方法，新建并编辑第 3 张幻灯片，其幻灯片版式选择“仅标题”，将素材文件中的“工作 1.jpg”、“工作 2.jpg”插入幻灯片中，并根据需要调整大小和位置，效果如下图所示。

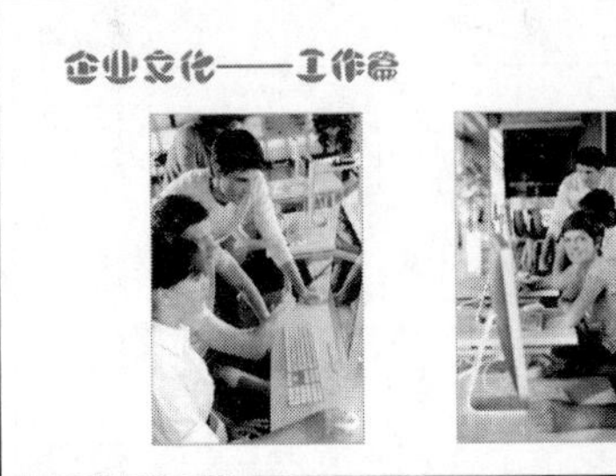

Step07：用同样的方法，新建并编辑第 4 张幻灯片，其幻灯片版式选择“仅标题”，将 素材文件中的“培训 1.jpg”、“培训 2.jpg”插入幻灯片中，并根据需要调整大小和位置，效果如下图所示。

Step08：用同样的方法，新建并编辑第 5 张幻灯片，其幻灯片版式选择“仅标题”，将素材文件中的“团队 1.jpg”、“团队 2.jpg”插入幻灯片中，并根据需要调整大小和位置，效果如下图所示。

Step09：用同样的方法，新建并编辑第 6 张幻灯片，其幻灯片版式选择“仅标题”，将素材文件中的“招聘 1.jpg”、“招聘 2.jpg”插入幻灯片中，并根据需要调整大小和位置，效果如下图所示。

Step10：用同样的方法，新建并编辑第 7 张幻灯片，其幻灯片版式选择“仅标题”，将素材文件中的“活动 1.jpg”、“活动 2.jpg”插入幻灯片中，并根据需要调整大小和位置，效果如下图所示。

Step11：新建并编辑第 8 张幻灯片，其幻灯片版式选择“标题和内容”，删除标题占位符，在内容占位符中输入内容，并设置文本格式及段落格式，效果如下图所示。

从这里开始

不一样的精彩

Step12：切换到任意一张幻灯片，❶ 切换到“设计”选项卡；❷ 在“自定义”组中单击“设置背景格式”按钮；❸ 打开“设置背景格式”窗格，选中“图片或纹理填充”单选按钮；❹ 单击“文件”按钮，如右图所示。

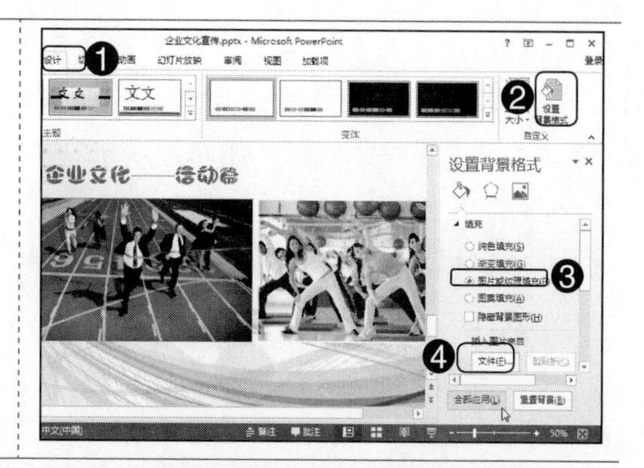

知识拓展　让文本在占位符中分栏显示

在占位符中中输入内容后，如果希望占位符中的内容能够分栏显示，可选中占位符中的文本，在“开始”选项卡的“段落”组中单击“分栏”按钮，在弹出的下拉列表中选中需要的栏数即可。为了让分栏效果更加美观，则还可以在下拉列表中单击“更多栏”选项，在弹出的“分栏”对话框中设置间距大小。

Step13：弹出“插入图片”对话框，❶ 选择素材文件中的“背景.jpg”；❷ 单击“插入”按钮，如下图所示。

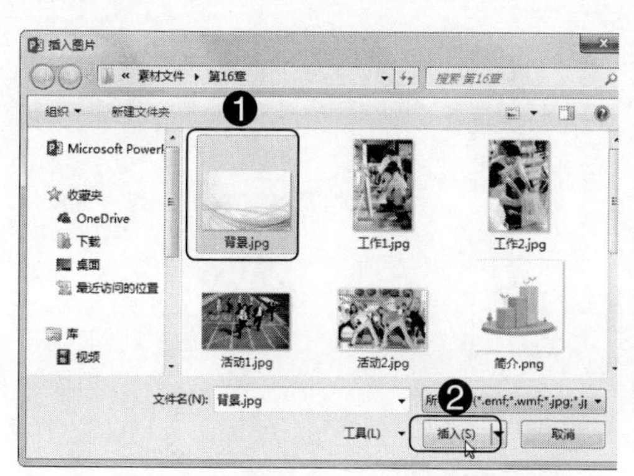

Step14：返回当前幻灯片，在“设置背景格式”窗格中单击“全部应用”按钮，将设置的背景应用到演示文稿中的所有幻灯片，如下图所示。

Step15：❶ 切换到“切换”选项卡；❷ 在“计时”组中勾选“设置自动换片时间”复选框，在右侧的微调框中设置幻灯片的放映时间；❸ 单击“全部应用”按钮，将所设时间应用到演示文稿中的所有幻灯片，如右图所示。

Step16：至此，完成了公司形象展示的制作，切换到“幻灯片浏览”视图模式，可查看整体效果，如右图所示。

本章小结

本章结合案例讲述了 Word、Excel、PPT 在文秘与行政工作中的应用，主要包括通过 Word 制作公司考勤制度、通过 Excel 制作访客出入登记簿、通过 PPT 制作公司形象展示。通过本章的学习，相信读者能够轻松自如地使用 Word、Excel、PPT 来制作文秘行政工作中遇到的各种文档。

Chapter

实战应用——Word、Excel、PPT 在人力资源管理工作中的应用

本章导读

在人力资源管理工作中，经常会需要使用 Word 制作招聘简章、劳动合同、制作公司奖状等文档，使用 Excel 制作员工在职培训系统、人事数据综合分析、人事变更管理表等表格，使用 PPT 制作员工培训课件、设计员工培训方案等演示文稿。本章将通过几个案例的讲解，来展示 Word、Excel、PPT 在人力资源管理中的应用。

学完本章后应该掌握的技能

- 人力资源管理的相关行业知识
- 人力资源案例精讲

本章相关实例效果展示

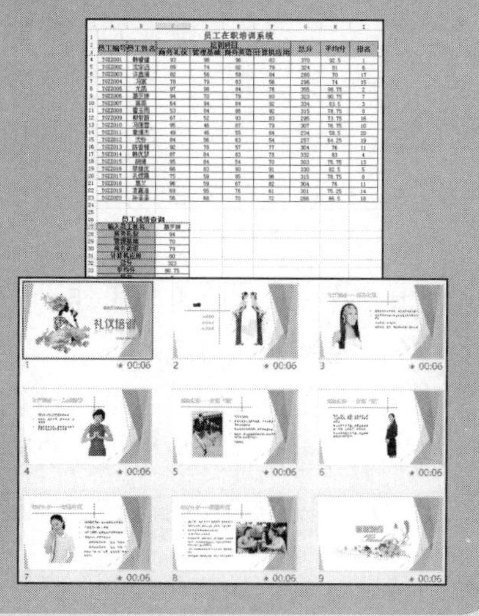

17.1 知识链接——人力资源管理的相关行业知识

人力资源管理（Human Resource Management，简称HRM）是指根据企业发展战略的要求，有计划地对人力资源进行合理配置，通过对企业员工的招聘、培训、绩效管理、薪酬管理、流动管理、关系管理、安全与健康管理等一系列过程，充分调动员工的积极性，发挥员工的潜能，使人尽其才，事得其人，为企业创造价值，给企业带来效益。

17.1.1 工作特点

与其他资源相比，人力资源表现出以下基本特征。

1. 人力资源生成过程的时代性与时间性：即任何人力资源的成长与成熟，都是在一个特定的时代背景条件下进行和完成的；
2. 人力资源的能动性：能动性是人力资源的一个根本性质，体现了人力资源与其他一切资源的本质区别；
3. 人力资源使用过程中的时效性；
4. 人力资源开发过程的持续性；
5. 人力资源闲置过程的消耗性；
6. 人力资源的特殊资本性；
7. 人力资源的资本性。

17.1.2 工作职责

人力资源管理职责是指人力资源管理者需要承担的责任和任务。一般来说，人力资源管理需要承担以下责任。

1. 把合适的人配置到适当的工作岗位上；
2. 引导新雇员进入组织（熟悉环境）；
3. 培训新雇员适应新的工作岗位；
4. 提高每位新雇员的工作绩效；
5. 争取实现创造性的合作，建立和谐的工作关系；
6. 解释公司政策和工作程序；
7. 控制劳动力成本；
8. 开发每位雇员的工作技能；
9. 创造并维持部门内雇员的士气；
10. 保护雇员的健康以及改善工作的物质环境。

17.2 实战应用——人力资源案例精讲

在从事人力资源管理的工作时，熟练使用 Office 软件是必备技能之一，因为在工作过程中，需要制作各种各样的文档，如招聘简章、员工在职培训系统等。

17.2.1 制作招聘简章

效果展示

方诺置业有限公司

企业简介

方诺置业有限公司成立于 1995 年，是以房地产开发经营为主业，多业并举的跨地区、跨行业多元化经营的有限责任公司。公司具有国家二级房地产开发经营资质。公司经营涉及房地产开发、商业零售、商业贸易、农产品加工、物业管理等多种行业。

20 年的发展历程中，方诺置业秉持“以人为本、特殊精品、服务社会”的企业经营宗旨，坚持跨越发展，持续发展战略。20 年来，公司不断壮大发展，在房地产开发建设领域、商业贸易领域积累了相当丰富的发展经验，逐步成长为人力资源实力、开发技术实力、资金实力雄厚的具有先进开发水平和开发理念的多元化实力企业。

招聘职位

职位	人数	要求
土地规划技术员	1	1. 土地管理学、地理学等专业，硕士； 2. 要求 2 年以上土地规划工作经验，熟悉土地利用总体规划、乡村规划等，并能独立进行规划及相关研究工作等。
房地产销售经理	2	1. 专科及以上学历，专业不限； 2. 房地产领域 3 年以上销售管理工作经验； 3. 精通企业管理、地产经营管理、房产销售管理，熟悉房地产销售及物业管理方面政策法规，了解房产部门工作程序；

薪酬福利

富有竞争力的薪资机制，科学合理的增长机制；完善的保险制度，缴纳五险一金；如果您是一个能够承受工作压力和享受工作乐趣的人，是一个渴望自我发展和体现自我价值的人，我们热诚邀您加入我们的团队！

联系方式

- 联系电话：023-68122123
- 联系邮箱：FNZY@sina.com
- 公司地址：重庆市渝北区新牌坊龙盘东干道大厦

光盘同步文件

素材文件：光盘 \ 素材文件 \ 第 17 章 \ 招聘简章 .png, 屋顶鲜花 .png
结果文件：光盘 \ 结果文件 \ 第 17 章 \ 招聘简章 .docx
视频文件：光盘 \ 视频文件 \ 第 17 章 \17-2-1.mp4

制作关键	技能与知识要点
本实例首先插入图片、文本框对象，接着输入招聘简章内容，最后插入并编辑表格，完成招聘简章的制作	● 输入文档内容、文本的美化 ● 页面版心设置、设置页面颜色 ● 表格的使用 ● 图片、文本框的使用

本实例的具体制作步骤如下。

Step01：新建一篇名为“招聘简章.docx”的空白文档，将页边距上、下、左、右均设置为“2”，如下图所示。

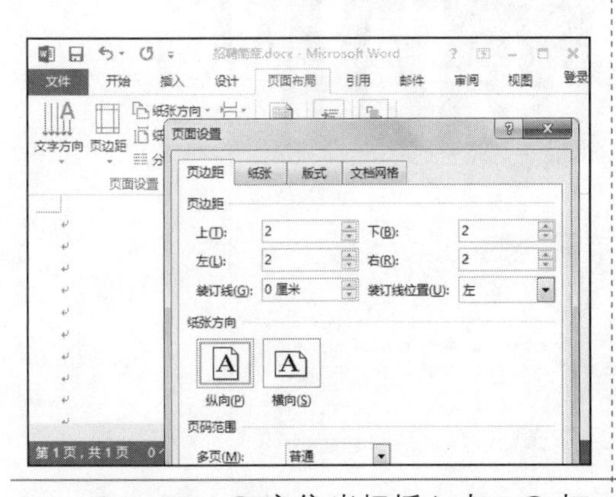

Step02：❶切换到“设计”选项卡；❷单击“页面背景”组中的“页面颜色”按钮；❸在弹出的下拉列表中选择页面颜色 金色，着色 4，淡色 80%，如下图所示。

Step03：❶定位光标插入点；❷切换到“插入”选项卡；❸单击“插图”组中的“图片”按钮，如下图所示。

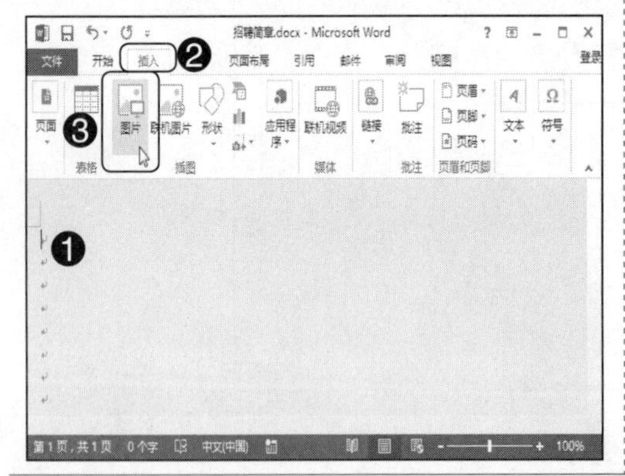

Step04：弹出“插入图片”对话框，❶选择素材文件中的“招聘简章.png”；❷单击“确定”按钮，如下图所示。

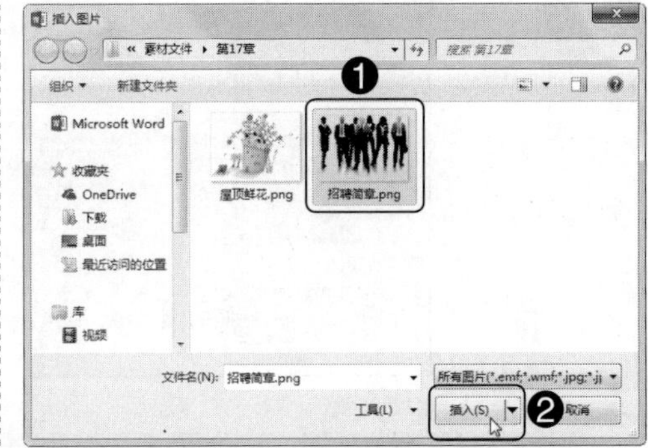

Step05：所选图片插入文档中，将图片高度设置为“7.1 厘米”，按下“Ctrl+R”组合键，将图片所在段落的对齐方式设置为“右对齐”，如下图所示：

Step06：❶单击“文本”组中的“文本框”按钮；❷在弹出的下拉列表中选择“绘制文本框”选项，如下图所示。

Step07：在文本框中输入内容，将第 1 段文字的字体格式设置为“汉仪黑棋体简、初号、深青”；将第 2 段的字体格式设置为“汉仪蝶语体简、一号、深青、加粗”，段落格式设置为“右对齐，段前 5.5 行，取消“如果定义了文档网格，则对其到网格”复选框的勾选，如下图所示。

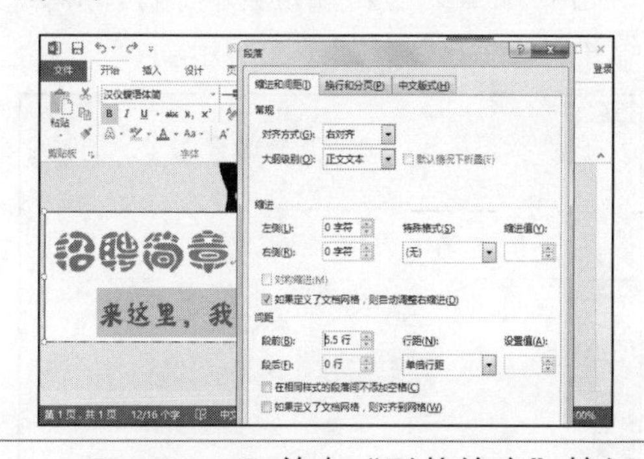

Step08：对文本框调整合适的位置和大小，❶切换到“绘图工具 / 格式”选项卡；❷在“形状样式”组中，单击“形状填充”按钮右侧的下拉按钮；❸在弹出的下拉列表中选择“无填充颜色”选项，如下图所示。

Step09：❶单击“形状轮廓”按钮右侧的下拉按钮；❷在弹出的下拉列表中选择“无轮廓”选项，如下图所示。

Step10：将素材文件中的“屋顶鲜花 .png”插入文档中，将图片的环绕方式设置为“衬于文字下方”，然后对其调整合适的大小和位置，效果如下图所示。

Step11：输入招聘简章的内容，如下图所示。

来这里，我们给你发展空间

方诺置业有限公司

企业简介

方诺置业有限公司成立于 1995 年，是以房地产开发经营为主业，多业并举的跨地区、跨行业多元化经营的有限责任公司。公司具有国家二级房地产开发经营资质。公司经营涉及房地产开发、商业零售、商业贸易、农产品加工、物业管理等多种行业。

20 年的发展历程中，方诺置业秉持"以人为本、铸就精品、服务社会"的企业经营宗旨，坚持脚踏实地，持续发展战略。20 年来，公司不断壮大发展，在房地产开发建设领域、商业贸易领域积累了相当丰富的发展经验，逐步成长为人力资源实力、开发技术实力、资金实力雄厚的具有先进开发水平和开发理念的多元化实力企业。

招聘职位

薪酬福利

富有竞争力的薪资机制，科学合理的增长机制；完善的保险制度，缴纳五险一金；如果您是一个能够承受工作压力和享受工作乐趣的人，是一个渴望自我发展和体现自我价值的人，我们热诚邀您加入我们的团队！

联系方式

联系电话：023-68122123

联系邮箱：FNZY@sina.com

公司地址：重庆市渝北区新牌坊转盘东干道大厦

Step12：将"方诺置业有限公司"的文本格式设置"方正大黑简体、二号、蓝色, 着色 1，深色 50%、加粗"，段落格式设置为"居中"，段落底纹颜色设置为"绿色, 着色 6，淡色 40%"，如下图所示。

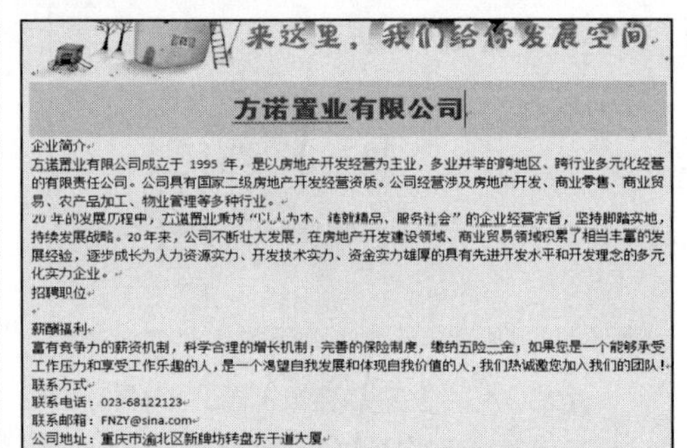

来这里，我们给你发展空间

方诺置业有限公司

企业简介

方诺置业有限公司成立于 1995 年，是以房地产开发经营为主业，多业并举的跨地区、跨行业多元化经营的有限责任公司。公司具有国家二级房地产开发经营资质。公司经营涉及房地产开发、商业零售、商业贸易、农产品加工、物业管理等多种行业。

20 年的发展历程中，方诺置业秉持"以人为本、铸就精品、服务社会"的企业经营宗旨，坚持脚踏实地，持续发展战略。20 年来，公司不断壮大发展，在房地产开发建设领域、商业贸易领域积累了相当丰富的发展经验，逐步成长为人力资源实力、开发技术实力、资金实力雄厚的具有先进开发水平和开发理念的多元化实力企业。

招聘职位

薪酬福利

富有竞争力的薪资机制，科学合理的增长机制；完善的保险制度，缴纳五险一金；如果您是一个能够承受工作压力和享受工作乐趣的人，是一个渴望自我发展和体现自我价值的人，我们热诚邀您加入我们的团队！

联系方式

联系电话：023-68122123

联系邮箱：FNZY@sina.com

公司地址：重庆市渝北区新牌坊转盘东干道大厦

Step13：将"企业简介、招聘职位、薪酬福利、联系方式"的字体格式设置为"四号、白色、加粗"，字符底纹设置为"深青"，如下图所示。

方诺置业有限公司

企业简介

方诺置业有限公司成立于 1995 年，是以房地产开发经营为主业，多业并举的跨地区、跨行业多元化经营的有限责任公司。公司具有国家二级房地产开发经营资质。公司经营涉及房地产开发、商业零售、商业贸易、农产品加工、物业管理等多种行业。

20 年的发展历程中，方诺置业秉持"以人为本、铸就精品、服务社会"的企业经营宗旨，坚持脚踏实地，持续发展战略。20 年来，公司不断壮大发展，在房地产开发建设领域、商业贸易领域积累了相当丰富的发展经验，逐步成长为人力资源实力、开发技术实力、资金实力雄厚的具有先进开发水平和开发理念的多元化实力企业。

招聘职位

薪酬福利

富有竞争力的薪资机制，科学合理的增长机制；完善的保险制度，缴纳五险一金；如果您是一个能够承受工作压力和享受工作乐趣的人，是一个渴望自我发展和体现自我价值的人，我们热诚邀您加入我们的团队！

联系方式

联系电话：023-68122123

联系邮箱：FNZY@sina.com

公司地址：重庆市渝北区新牌坊转盘东干道大厦

Step14：将"企业简介、薪酬福利"下的正文内容的字体格式设置为"深青"，段落格式设置为"首行缩进：2 字符"；将"联系方式"下的正文内容的字体格式设置为"深青"，添加项目符号，段落格式设置为"左缩进：2 字符，悬挂缩进：2 字符"，如下图所示。

企业简介

方诺置业有限公司成立于 1995 年，是以房地产开发经营为主业，多业并举的跨地区、跨行业多元化经营的有限责任公司。公司具有国家二级房地产开发经营资质。公司经营涉及房地产开发、商业零售、商业贸易、农产品加工、物业管理等多种行业。

20 年的发展历程中，方诺置业秉持"以人为本、铸就精品、服务社会"的企业经营宗旨，坚持脚踏实地，持续发展战略。20 年来，公司不断壮大发展，在房地产开发建设领域、商业贸易领域积累了相当丰富的发展经验，逐步成长为人力资源实力、开发技术实力、资金实力雄厚的具有先进开发水平和开发理念的多元化实力企业。

招聘职位

薪酬福利

富有竞争力的薪资机制，科学合理的增长机制；完善的保险制度，缴纳五险一金；如果您是一个能够承受工作压力和享受工作乐趣的人，是一个渴望自我发展和体现自我价值的人，我们热诚邀您加入我们的团队！

联系方式

- 联系电话：023-68122123
- 联系邮箱：FNZY@sina.com
- 公司地址：重庆市渝北区新牌坊转盘东干道大厦

Step15：在"招聘职位"下方插入一个 3 行 3 列的表格，并输入表格内容，如下图所示。

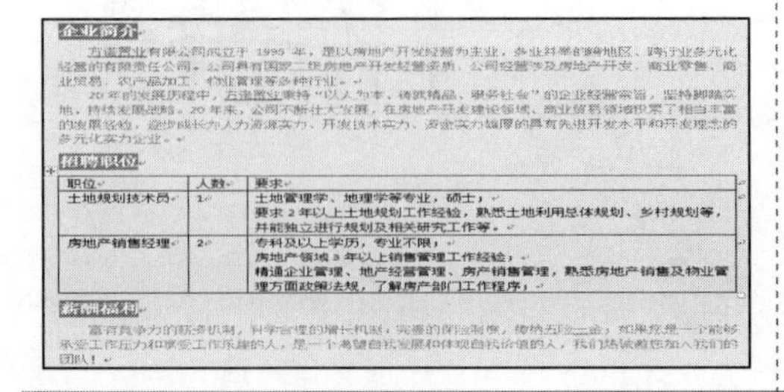

企业简介

方诺置业有限公司成立于 1995 年，是以房地产开发经营为主业，多业并举的跨地区、跨行业多元化经营的有限责任公司。公司具有国家二级房地产开发经营资质。公司经营涉及房地产开发、商业零售、商业贸易、农产品加工、物业管理等多种行业。

20 年的发展历程中，方诺置业秉持"以人为本、铸就精品、服务社会"的企业经营宗旨，坚持脚踏实地，持续发展战略。20 年来，公司不断壮大发展，在房地产开发建设领域、商业贸易领域积累了相当丰富的发展经验，逐步成长为人力资源实力、开发技术实力、资金实力雄厚的具有先进开发水平和开发理念的多元化实力企业。

招聘职位

职位	人数	要求
土地规划技术员	1	土地管理学、地理学等专业，硕士； 要求 2 年以上土地规划工作经验，熟悉土地利用总体规划、乡村规划等，并能独立进行规划及相关研究工作等。
房地产销售经理	2	专科及以上学历，专业不限； 房地产领域 3 年以上销售管理工作经验； 精通企业管理、地产经营管理、房产销售管理，熟悉房地产销售及物业管理方面政策法规，了解房产部门工作程序。

薪酬福利

富有竞争力的薪资机制，科学合理的增长机制；完善的保险制度，缴纳五险一金；如果您是一个能够承受工作压力和享受工作乐趣的人，是一个渴望自我发展和体现自我价值的人，我们热诚邀您加入我们的团队！

Step16：对表格内容设置相应的文本格式，并对"要求"栏中的内容设置编号列表，将表格边框颜色设置为"深青"，效果如下图所示。

企业简介

方诺置业有限公司成立于 1995 年，是以房地产开发经营为主业，多业并举的跨地区、跨行业多元化经营的有限责任公司。公司具有国家二级房地产开发经营资质。公司经营涉及房地产开发、商业零售、商业贸易、农产品加工、物业管理等多种行业。

20 年的发展历程中，方诺置业秉持"以人为本、铸就精品、服务社会"的企业经营宗旨，坚持脚踏实地，持续发展战略。20 年来，公司不断壮大发展，在房地产开发建设领域、商业贸易领域积累了相当丰富的发展经验，逐步成长为人力资源实力、开发技术实力、资金实力雄厚的具有先进开发水平和开发理念的多元化实力企业。

招聘职位

职位	人数	要求
土地规划技术员	1	1. 土地管理学、地理学等专业，硕士； 2. 要求 2 年以上土地规划工作经验，熟悉土地利用总体规划、乡村规划等，并能独立进行规划及相关研究工作等。
房地产销售经理	2	1. 专科及以上学历，专业不限； 2. 房地产领域 3 年以上销售管理工作经验； 3. 精通企业管理、地产经营管理、房产销售管理，熟悉房地产销售及物业管理方面政策法规，了解房产部门工作程序。

薪酬福利

富有竞争力的薪资机制，科学合理的增长机制；完善的保险制度，缴纳五险一金；如果您是一个能够承受工作压力和享受工作乐趣的人，是一个渴望自我发展和体现自我价值的人，我们热诚邀您加入我们的团队！

Step17: 至此，完成了招聘简章的制作，最终效果如右图所示。

17.2.2 制作员工在职培训系统

员工在职培训系统

员工编号	员工姓名	培训科目				总分	平均分	排名
		商务礼仪	管理基础	商务英语	计算机应用			
YGZZ001	韩睿健	93	98	96	83	370	92.5	1
YGZZ002	沈宇远	89	74	82	79	324	81	6
YGZZ003	许鑫靖	82	56	58	84	280	70	17
YGZZ004	冯宸	78	79	83	56	296	74	15
YGZZ005	尤菡	97	98	84	76	355	88.75	2
YGZZ006	葛芝琳	94	70	79	80	323	80.75	7
YGZZ007	蒋英	64	94	84	92	334	83.5	3
YGZZ008	霍玉雨	53	84	86	92	315	78.75	8
YGZZ009	柳紫薇	67	52	93	83	295	73.75	16
YGZZ010	冯莲蓉	95	46	87	79	307	76.75	10
YGZZ011	章靖杰	49	46	55	84	234	58.5	20
YGZZ012	沈怜	84	56	63	54	257	64.25	19
YGZZ013	陈香雅	92	78	57	77	304	76	11
YGZZ014	韩优梦	87	84	83	78	332	83	4
YGZZ015	胡靖	95	84	54	70	303	75.75	13
YGZZ016	蔡婵优	66	83	90	91	330	82.5	5
YGZZ017	孔煜晟	75	59	85	96	315	78.75	8
YGZZ018	葛兰	96	59	67	82	304	76	11
YGZZ019	凌嘉浩	69	95	76	61	301	75.25	14
YGZZ020	孙泽泽	56	68	70	72	266	66.5	18

员工成绩查询

输入员工姓名	葛芝琳
商务礼仪	94
管理基础	70
商务英语	79
计算机应用	80
总分	323
平均分	80.75
排名	7

光盘同步文件

素材文件：光盘 \ 素材文件 \ 第 17 章 \ 员工在职培训系统 .xlsx
结果文件：光盘 \ 结果文件 \ 第 17 章 \ 员工在职培训系统 .xlsx
视频文件：光盘 \ 视频文件 \ 第 17 章 \17-2-2.mp4

效果展示

制作关键	技能与知识要点
本实例首先使用函数计算相关数据，然后建立一个查询表格，最后通过 VLOOKUP() 函数查询员工成绩，完成员工在职培训系统的制作。	● 输入数据、设置数据格式 ● 合并单元格 ● 设置边框和背景 ● 样条曲线 ● 使用函数计算数据

操作步骤

本实例的具体制作步骤如下。

Step01：打开光盘\素材文件\第 17 章\员工在职培训系统 .xlsx，选中单元格“G4”，输入函数“=SUM(C4:F4)”，按下“Enter”键，即可得到计算结果，如下图所示。

G4 =SUM(C4:F4)

员工编号	员工姓名	培训科目				总分	平均分	排名
		商务礼仪	管理基础	商务英语	计算机应用			
YGZZ001	韩睿健	93	98	96	83	370		
YGZZ002	沈宇远	89	74	82	79			
YGZZ003	许鑫靖	82	56	58	84			
YGZZ004	冯宸	78	79	83	56			
YGZZ005	尤菡	97	98	84	76			
YGZZ006	葛芝琳	94	70	79	80			
YGZZ007	蒋英	64	94	84	92			
YGZZ008	霍玉雨	53	84	86	92			
YGZZ009	柳紫薇	67	52	93	83			
YGZZ010	冯莲蓉	95	46	87	79			
YGZZ011	章靖杰	49	46	55	84			
YGZZ012	沈怜	84	56	63	54			
YGZZ013	陈香雅	92	78	57	77			
YGZZ014	韩优梦	87	84	83	78			
YGZZ015	胡靖	95	84	54	70			
YGZZ016	蔡婵优	66	83	90	91			
YGZZ017	孔煜晟	75	59	85	96			
YGZZ018	葛兰	96	59	67	82			
YGZZ019	凌嘉浩	69	95	76	61			
YGZZ020	孙泽泽	56	68	70	72			

Step02：利用填充功能向下复制函数，即可计算出其他员工的总分成绩，如下图所示。

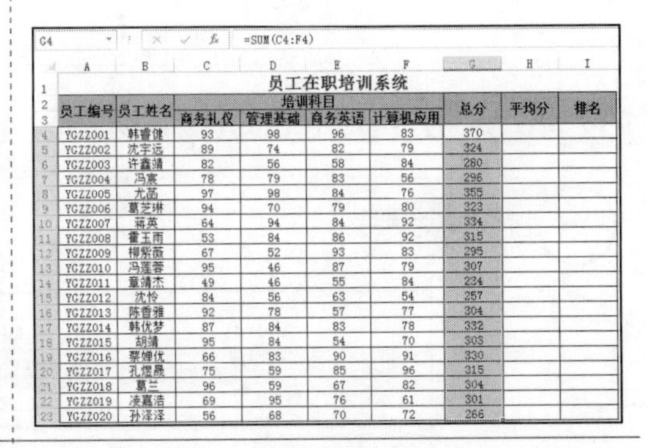
G4 =SUM(C4:F4)

员工编号	员工姓名	培训科目				总分	平均分	排名
		商务礼仪	管理基础	商务英语	计算机应用			
YGZZ001	韩睿健	93	98	96	83	370		
YGZZ002	沈宇远	89	74	82	79	324		
YGZZ003	许鑫靖	82	56	58	84	280		
YGZZ004	冯宸	78	79	83	56	296		
YGZZ005	尤菡	97	98	84	76	355		
YGZZ006	葛芝琳	94	70	79	80	323		
YGZZ007	蒋英	64	94	84	92	334		
YGZZ008	霍玉雨	53	84	86	92	315		
YGZZ009	柳紫薇	67	52	93	83	295		
YGZZ010	冯莲蓉	95	46	87	79	307		
YGZZ011	章靖杰	49	46	55	84	234		
YGZZ012	沈怜	84	56	63	54	257		
YGZZ013	陈香雅	92	78	57	77	304		
YGZZ014	韩优梦	87	84	83	78	332		
YGZZ015	胡靖	95	84	54	70	303		
YGZZ016	蔡婵优	66	83	90	91	330		
YGZZ017	孔煜晟	75	59	85	96	315		
YGZZ018	葛兰	96	59	67	82	304		
YGZZ019	凌嘉浩	69	95	76	61	301		
YGZZ020	孙泽泽	56	68	70	72	266		

Step03：选择单元格“H4”，输入函数“=AVERAGE(C4:F4)”，按下“Enter”键，即可得出计算结果，利用填充功能向下复制函数，即可计算出其他员工的平均分，如下图所示。

H4 =AVERAGE(C4:F4)

员工编号	员工姓名	培训科目				总分	平均分	排名
		商务礼仪	管理基础	商务英语	计算机应用			
YGZZ001	韩睿健	93	98	96	83	370	92.5	
YGZZ002	沈宇远	89	74	82	79	324	81	
YGZZ003	许鑫靖	82	56	58	84	280	70	
YGZZ004	冯宸	78	79	83	56	296	74	
YGZZ005	尤菡	97	98	84	76	355	88.75	
YGZZ006	葛芝琳	94	70	79	80	323	80.75	
YGZZ007	蒋英	64	94	84	92	334	83.5	
YGZZ008	霍玉雨	53	84	86	92	315	78.75	
YGZZ009	柳紫薇	67	52	93	83	295	73.75	
YGZZ010	冯莲蓉	95	46	87	79	307	76.75	
YGZZ011	章靖杰	49	46	55	84	234	58.5	
YGZZ012	沈怜	84	56	63	54	257	64.25	
YGZZ013	陈香雅	92	78	57	77	304	76	
YGZZ014	韩优梦	87	84	83	78	332	83	
YGZZ015	胡靖	95	84	54	70	303	75.75	
YGZZ016	蔡婵优	66	83	90	91	330	82.5	
YGZZ017	孔煜晟	75	59	85	96	315	78.75	
YGZZ018	葛兰	96	59	67	82	304	76	
YGZZ019	凌嘉浩	69	95	76	61	301	75.25	
YGZZ020	孙泽泽	56	68	70	72	266	66.5	

Step04：选择单元格“I4”，输入函数“=RANK(G4,$G$4:$G$23,0)”，按下“Enter”键，即可得出计算结果，利用填充功能向下复制函数，即可计算出其他员工的排名情况，如下图所示。

I4 =RANK(G4,$G$4:$G$23,0)

员工编号	员工姓名	培训科目				总分	平均分	排名
		商务礼仪	管理基础	商务英语	计算机应用			
YGZZ001	韩睿健	93	98	96	83	370	92.5	1
YGZZ002	沈宇远	89	74	82	79	324	81	6
YGZZ003	许鑫靖	82	56	58	84	280	70	17
YGZZ004	冯宸	78	79	83	56	296	74	15
YGZZ005	尤菡	97	98	84	76	355	88.75	2
YGZZ006	葛芝琳	94	70	79	80	323	80.75	7
YGZZ007	蒋英	64	94	84	92	334	83.5	3
YGZZ008	霍玉雨	53	84	86	92	315	78.75	8
YGZZ009	柳紫薇	67	52	93	83	295	73.75	16
YGZZ010	冯莲蓉	95	46	87	79	307	76.75	10
YGZZ011	章靖杰	49	46	55	84	234	58.5	20
YGZZ012	沈怜	84	56	63	54	257	64.25	19
YGZZ013	陈香雅	92	78	57	77	304	76	11
YGZZ014	韩优梦	87	84	83	78	332	83	4
YGZZ015	胡靖	95	84	54	70	303	75.75	13
YGZZ016	蔡婵优	66	83	90	91	330	82.5	5
YGZZ017	孔煜晟	75	59	85	96	315	78.75	8
YGZZ018	葛兰	96	59	67	82	304	76	11
YGZZ019	凌嘉浩	69	95	76	61	301	75.25	14
YGZZ020	孙泽泽	56	68	70	72	266	66.5	18

Step05：❶ 选中标题行下的第一个单元格“A4”；❷ 切换到“视图”选项卡；❸ 在“窗口”组中单击“冻结窗格”按钮；❹ 在弹出的下拉列表中选择“冻结拆分窗格”选项，以实现冻结标题的的效果，如下图所示。

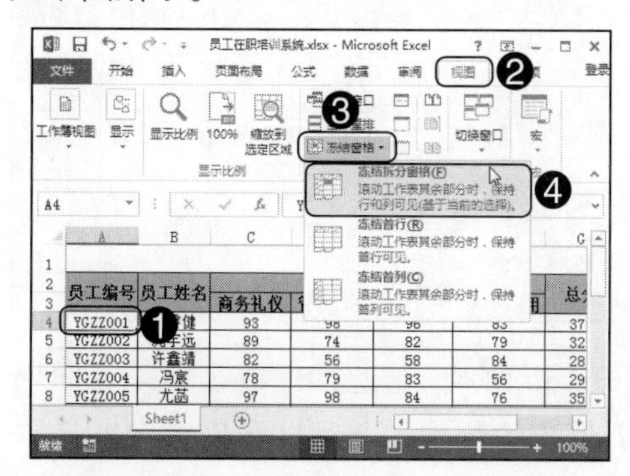

Step06：在单元格区域“A26:B34”中输入内容，并设置好相应的文本格式及底纹颜色，为单元格区域“A27:C34”设置边框，如下图所示。

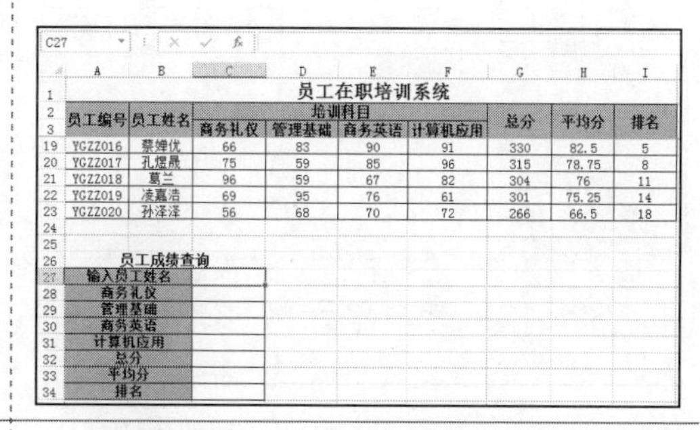

员工在职培训系统

员工编号	员工姓名	商务礼仪	管理基础	商务英语	计算机应用	总分	平均分	排名
YGZZ016	蔡婵优	66	83	90	91	330	82.5	5
YGZZ017	孔煜晨	75	59	85	96	315	78.75	8
YGZZ018	葛兰	96	59	67	82	304	76	11
YGZZ019	凌嘉浩	69	95	76	61	301	75.25	14
YGZZ020	孙泽泽	56	68	70	72	266	66.5	18

员工成绩查询

输入员工姓名	
商务礼仪	
管理基础	
商务英语	
计算机应用	
总分	
平均分	
排名	

Step07：选中单元格“C28”，输入函数“=VLOOKUP(C27,$B$4:$I$23,2,FALSE)”，按下“Enter”键进行确认，如下图所示。

Step08：选中单元格“C29”，输入函数“=VLOOKUP(C27,$B$4:$I$23,3,FALSE)”，按下“Enter”键进行确认，如下图所示。

Step09：选中单元格“C30”，输入函数“=VLOOKUP(C27,$B$4:$I$23,4,FALSE)”，按下“Enter”键进行确认，如下图所示。

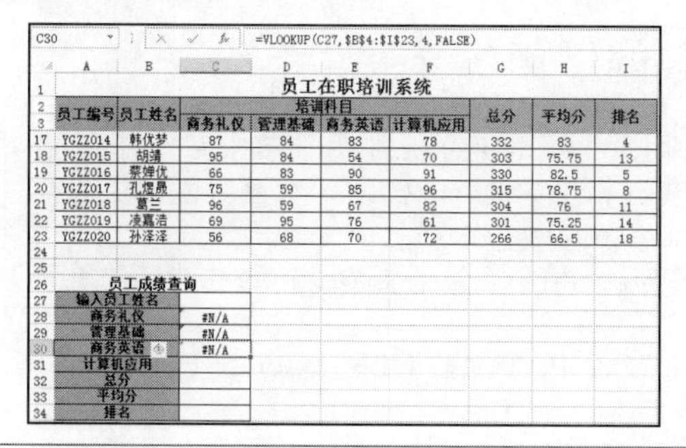

=VLOOKUP(C27,$B$4:$I$23,4,FALSE)

员工在职培训系统

员工编号	员工姓名	商务礼仪	管理基础	商务英语	计算机应用	总分	平均分	排名
YGZZ014	韩优梦	87	84	83	78	332	83	4
YGZZ015	胡靖	95	84	54	70	303	75.75	13
YGZZ016	蔡婵优	66	83	90	91	330	82.5	5
YGZZ017	孔煜晨	75	59	85	96	315	78.75	8
YGZZ018	葛兰	96	59	67	82	304	76	11
YGZZ019	凌嘉浩	69	95	76	61	301	75.25	14
YGZZ020	孙泽泽	56	68	70	72	266	66.5	18

员工成绩查询

输入员工姓名	
商务礼仪	#N/A
管理基础	#N/A
商务英语	#N/A
计算机应用	
总分	
平均分	
排名	

Step10：选中单元格“C31”，输入函数“=VLOOKUP(C27,$B$4:$I$23,5,FALSE)”，按下“Enter”键进行确认，如下图所示。

Step11：选中单元格“C32”，输入函数“=VLOOKUP(C27,$B$4:$I$23,6,FALSE)”，按下“Enter”键进行确认，如下图所示。

C32 =VLOOKUP(C27,$B$4:$I$23,6,FALSE)

员工在职培训系统

员工编号	员工姓名	培训科目				总分	平均分	排名
		商务礼仪	管理基础	商务英语	计算机应用			
YGZZ014	韩优梦	87	84	83	78	332	83	4
YGZZ015	胡靖	95	84	54	70	303	75.75	13
YGZZ016	蔡婵优	66	83	90	91	330	82.5	5
YGZZ017	孔煜晟	75	59	85	96	315	78.75	8
YGZZ018	葛兰	96	59	67	82	304	76	11
YGZZ019	凌嘉浩	69	95	76	61	301	75.25	14
YGZZ020	孙泽泽	56	68	70	72	266	66.5	10

员工成绩查询

输入员工姓名	
商务礼仪	#N/A
管理基础	#N/A
商务英语	#N/A
计算机应用	#N/A
总分	#N/A
平均分	
排名	

Step12：选中单元格“C33”，输入函数“=VLOOKUP(C27,$B$4:$I$23,7,FALSE)”，按下“Enter”键进行确认，如下图所示。

C33 =VLOOKUP(C27,$B$4:$I$23,7,FALSE)

员工在职培训系统

员工编号	员工姓名	培训科目				总分	平均分	排名
		商务礼仪	管理基础	商务英语	计算机应用			
YGZZ014	韩优梦	87	84	83	78	332	83	4
YGZZ015	胡靖	95	84	54	70	303	75.75	13
YGZZ016	蔡婵优	66	83	90	91	330	82.5	5
YGZZ017	孔煜晟	75	59	85	96	315	78.75	8
YGZZ018	葛兰	96	59	67	82	304	76	11
YGZZ019	凌嘉浩	69	95	76	61	301	75.25	14
YGZZ020	孙泽泽	56	68	70	72	266	66.5	18

员工成绩查询

输入员工姓名	
商务礼仪	#N/A
管理基础	#N/A
商务英语	#N/A
计算机应用	#N/A
总分	#N/A
平均分	#N/A
排名	

Step13：选中单元格“C34”，输入函数“=VLOOKUP(C27,$B$4:$I$23,8,FALSE)”，按下“Enter”键进行确认，如下图所示。

C34 =VLOOKUP(C27,$B$4:$I$23,8,FALSE)

员工在职培训系统

员工编号	员工姓名	培训科目				总分	平均分	排名
		商务礼仪	管理基础	商务英语	计算机应用			
YGZZ014	韩优梦	87	84	83	78	332	83	4
YGZZ015	胡靖	95	84	54	70	303	75.75	13
YGZZ016	蔡婵优	66	83	90	91	330	82.5	5
YGZZ017	孔煜晟	75	59	85	96	315	78.75	8
YGZZ018	葛兰	96	59	67	82	304	76	11
YGZZ019	凌嘉浩	69	95	76	61	301	75.25	14
YGZZ020	孙泽泽	56	68	70	72	266	66.5	18

员工成绩查询

输入员工姓名	
商务礼仪	#N/A
管理基础	#N/A
商务英语	#N/A
计算机应用	#N/A
总分	#N/A
平均分	#N/A
排名	#N/A

Step14：至此，完成了员工在职培训系统的制作。此后，我们可以非常方便地查询员工的培训成绩了，例如在单元格“C27”中输入某员工的姓名“葛芝琳”，然后按下“Enter”键，即可在“C28:C34”中显示“葛芝琳”的成绩，如下图所示。

员工在职培训系统

员工编号	员工姓名	培训科目				总分	平均分	排名
		商务礼仪	管理基础	商务英语	计算机应用			
YGZZ001	韩睿健	93	98	96	83	370	92.5	1
YGZZ002	沈宇远	89	74	82	79	324	81	6
YGZZ003	许鑫靖	82	56	58	84	280	70	17
YGZZ004	冯宸	78	79	83	56	296	74	15
YGZZ005	尤菡	97	98	84	76	355	88.75	2
YGZZ006	葛芝琳	94	70	79	80	323	80.75	7
YGZZ007	蒋英	64	94	84	92	334	83.5	3
YGZZ008	霍玉雨	53	84	86	92	315	78.75	8
YGZZ009	柳紫薇	67	52	93	83	295	73.75	16
YGZZ010	冯莲蓉	95	46	87	79	307	76.75	10
YGZZ011	章靖杰	49	46	55	84	234	58.5	20
YGZZ012	沈怜	84	56	63	54	257	64.25	19
YGZZ013	陈香雅	92	78	57	77	304	76	11
YGZZ014	韩优梦	87	84	83	78	332	83	4
YGZZ015	胡靖	95	84	54	70	303	75.75	13
YGZZ016	蔡婵优	66	83	90	91	330	82.5	5
YGZZ017	孔煜晟	75	59	85	96	315	78.75	8
YGZZ018	葛兰	96	59	67	82	304	76	11
YGZZ019	凌嘉浩	69	95	76	61	301	75.25	14
YGZZ020	孙泽泽	56	68	70	72	266	66.5	18

员工成绩查询

输入员工姓名	葛芝琳
商务礼仪	94
管理基础	70
商务英语	79
计算机应用	80
总分	323
平均分	80.75
排名	7

知识拓展 VLOOKUP() 函数的使用

在本案例中，涉及 VLOOKUP() 函数的使用，VLOOKUP() 函数用于搜索某个单元格区域的第一列，然后返回该区域相同行上任何单元格中的值。VLOOKUP() 函数的语法为：VLOOKUP(lookup_value,table_array,col_index_num,[range_lookup])，各参数的含义介绍如下。

- lookup_value（必选）：要查找的值，要查找的值必须位于 table-array 中指定的单元格区域的第一列中。
- table_array（必选）：指定查找范围，VLOOKUP() 函数在 table_array 中搜索 lookup_value 和返回值的单元格区域。

● range_lookup（可选）：一个逻辑值，指定希望 VLOOKUP() 函数查找精确匹配值还是近似匹配值，如果参数 range_lookup 为 TRUE 或被省略，则精确匹配；如果为 FALSE，则大致匹配。

● col_index_num（必选）：为 table_array 参数中待返回的匹配值的列号。该参数为 1 时，返回 table_array 参数中第一列中的值；该参数为 2 时，返回 table_array 参数中第二列中的值，依此类推。

17.2.3 制作员工培训课件

效果展示

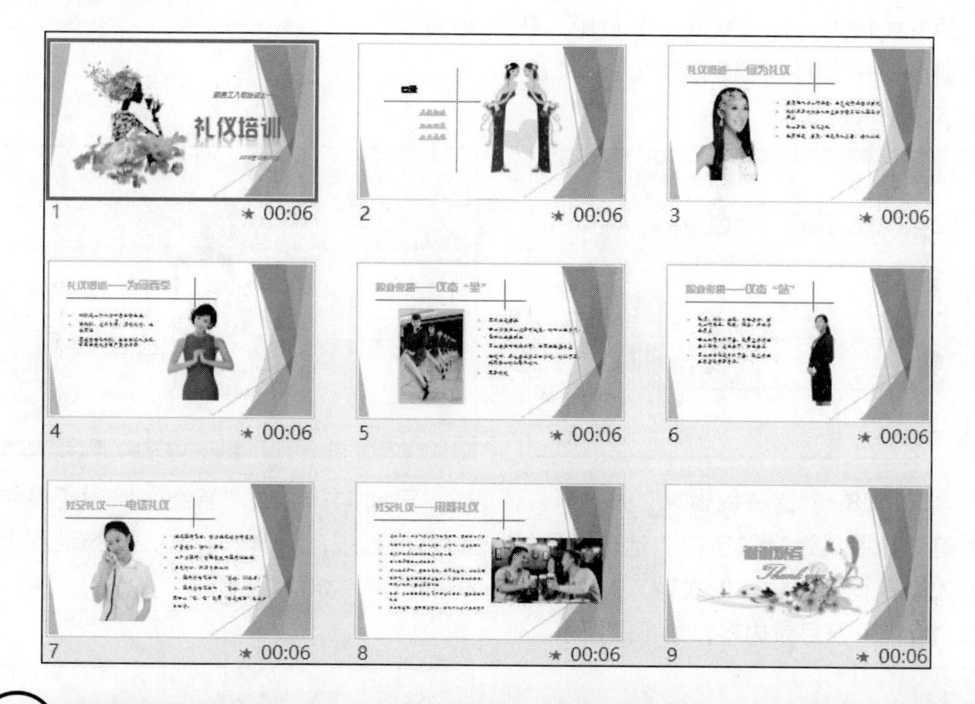

光盘同步文件

素材文件：光盘\素材文件\第 17 章\礼仪概述 1.png、礼仪概述 2.png、目录页美女 .jpg、社交礼仪 – 电话 .png、社交礼仪 – 用餐 .jpg、鲜花 .png、鲜花 1.png、鲜花美女 .png、职业形象 – 站 .png、职业形象 – 坐 .jpg

结果文件：光盘\结果文件\第 17 章\礼仪培训 .pptx

视频文件：光盘\视频文件\第 17 章\17-2-3.mp4

操作提示

制作关键	技能与知识要点
本实例首先编辑并美化幻灯片，然后设置超链接，最后设置切换效果及时间，完成培训课件的制作	● 编辑、美化幻灯片 ● 添加超链接 ● 设置幻灯片切换效果

操作步骤

本实例的具体制作步骤如下。

Step01：新建一个名为“礼仪培训.pptx”的空白演示文稿，在第1张幻灯片中删除副标题占位符，❶在标题占位符中输入内容并设置格式；❷通过“艺术字样式”组中的“文本效果”按钮设置映像效果；❸通过插入横排文本框的方式输入并设置文本“新员工入职培训之——”及“2015年12月25日”如下图所示。

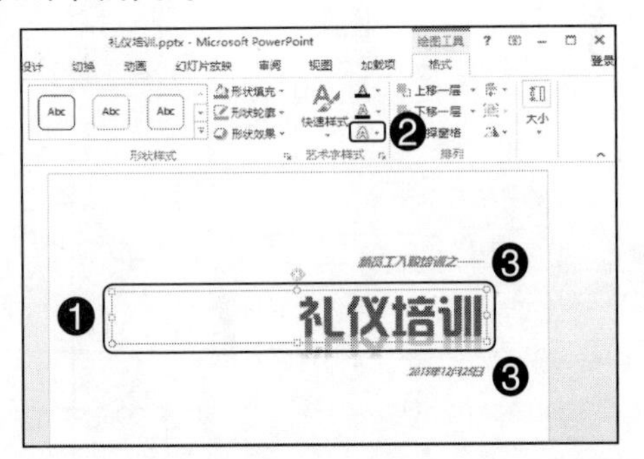

Step02：将素材文件中的“鲜花.png”、“鲜花美女.png”插入当前幻灯片，使用鼠标分别调整合适的大小和位置，❶右击鲜花美女图片；❷在弹出的快捷菜单中选择“置于底层”命令，使该图片位于所有对象的底端，如下图所示。

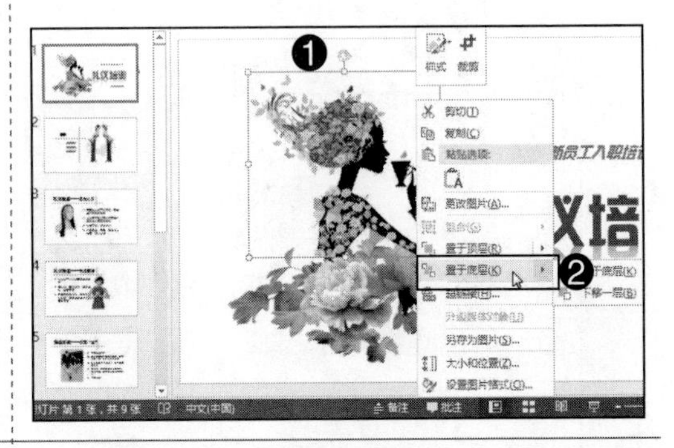

Step03：新建并编辑第2张幻灯片，其幻灯片版式选择“空白”选项，通过插入文本框的方式，依次输入并设置文本“目录”及目录内容，如下图所示。

Step04：通过“直线”绘图工具绘制两根直线，编辑好样式，并拖动到合适的位置，如下图所示。

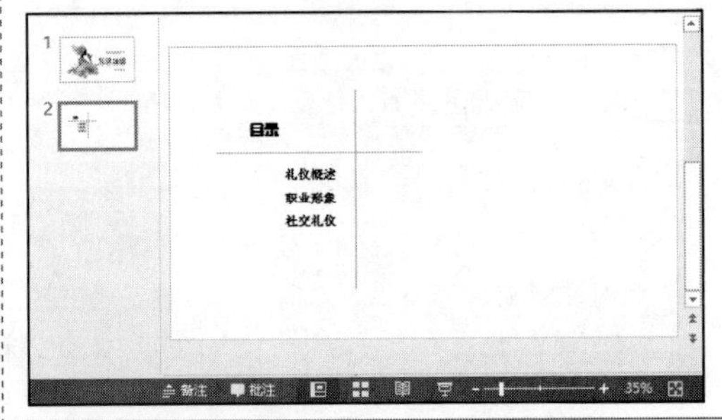

Step05：将素材文件中的“目录页美女.jpg”插入幻灯片中，并调整合适的大小和位置，如右图所示。

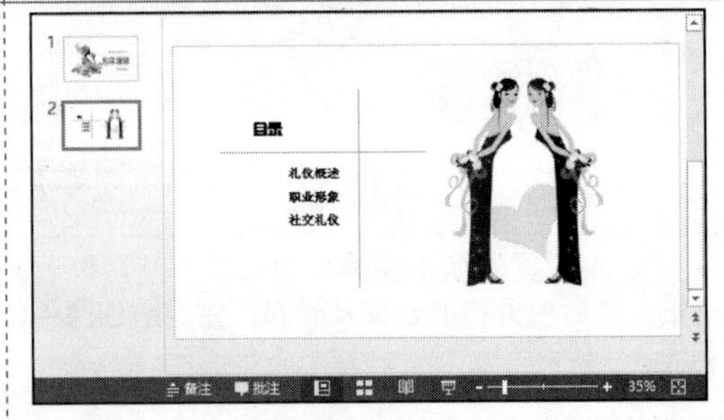

Step06：参照上述方法，新建并编辑第3张幻灯片，其幻灯片版式选择“两栏内容”选项，输入内容并设置格式，将素材文件中的“礼仪概述 1.png”插入幻灯片中，并调整合适的大小和位置，如下图所示。

Step07：新建并编辑第 4 张幻灯片，其幻灯片版式选择“两栏内容”选项，输入内容并设置格式，将素材文件中的“礼仪概述 2.png”插入幻灯片中，并调整合适的大小和位置，如下图所示。

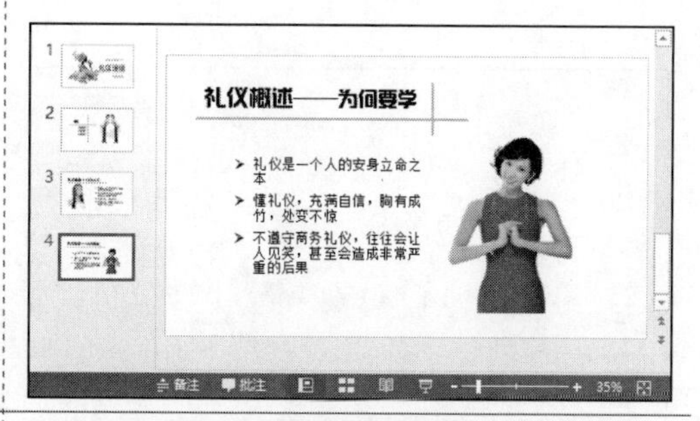

Step08：新建并编辑第 5 张幻灯片，其幻灯片版式选择“两栏内容”选项，输入内容并设置格式，将素材文件中的“职业形象 – 坐 .jpg”插入幻灯片中，并调整合适的大小和位置，如下图所示。

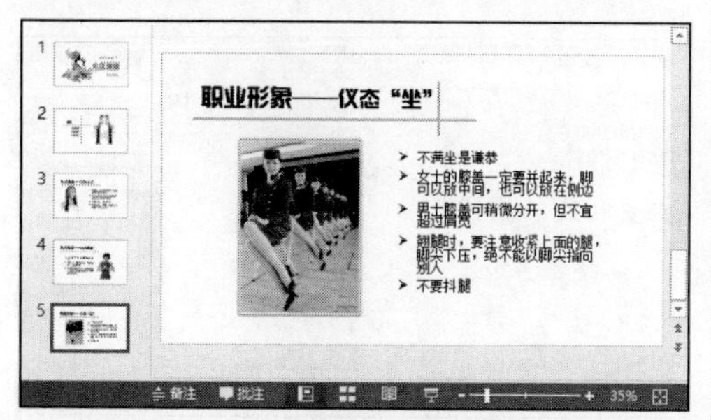

Step09：新建并编辑第 6 张幻灯片，其幻灯片版式选择“两栏内容”选项，输入内容并设置格式，将素材文件中的“职业形象 – 站 .png”插入幻灯片中，并调整合适的大小和位置，如下图所示。

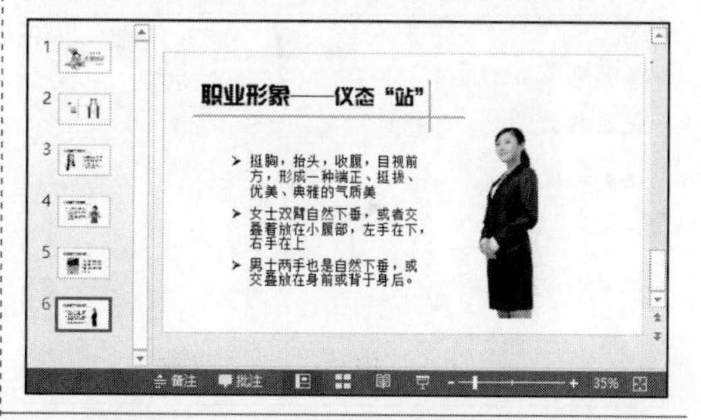

Step10：新建并编辑第 7 张幻灯片，其幻灯片版式选择“两栏内容”选项，输入内容并设置格式，将素材文件中的“社交礼仪 – 电话.png”插入幻灯片中，并调整合适的大小和位置，如下图所示。

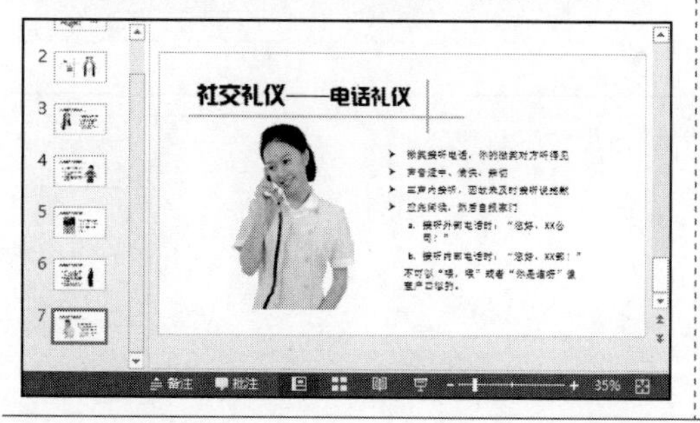

Step11：新建并编辑第 8 张幻灯片，其幻灯片版式选择“两栏内容”选项，输入内容并设置格式，将素材文件中的“社交礼仪 – 用餐 .jpg”插入幻灯片中，并调整合适的大小和位置，如下图所示。

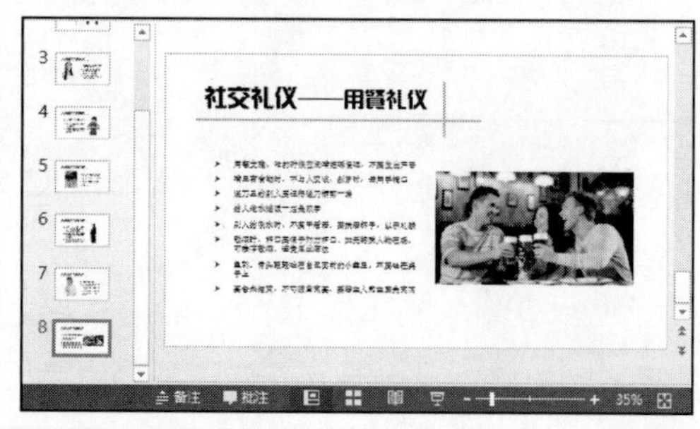

Step12：新建并编辑第 9 张幻灯片，其幻灯片版式选择“空白”选项，通过文本框输入内容并设置格式，将素材文件中的“鲜花 1.png”插入幻灯片中，并调整合适的大小和位置，将鲜花的叠放次序设置为“置于底层”，如下图所示。

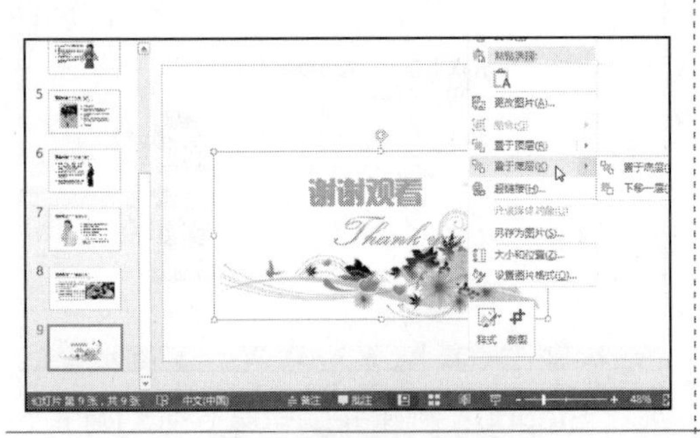

Step13：切换到任意一张幻灯片，❶切换到“设计”选项卡；❷在“主题”组的列表框中选择一种主题样式对幻灯片进行美化操作，如下图所示。

Step14：切换到第 2 张幻灯片片，为“礼仪概述”设置超链接，链接位置为本文档中的“3. 礼仪概述——何为礼仪”，如下图所示。

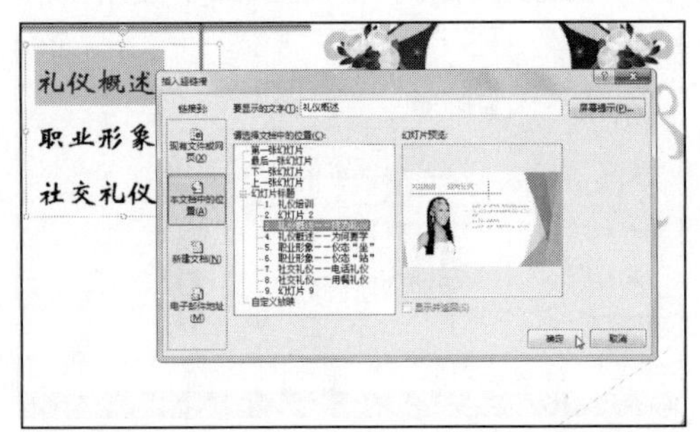

Step15：用同样的方法，为“职业形象”设置超链接，链接位置为本文档中的“5. 职业形象——仪态‘坐’”，如下图所示。

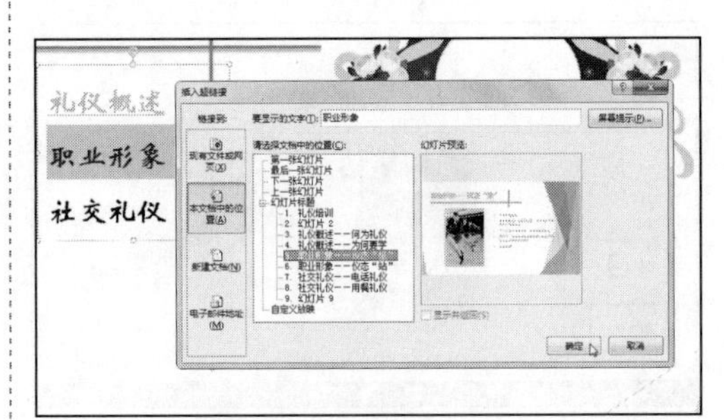

Step16：用同样的方法，为“社交礼仪”设置超链接，链接位置为本文档中的“7. 社交礼仪——电话礼仪”，如右图所示。

Step17：在任意一张幻灯片中，❶切换到“切换”选项卡；❷在“切换到此幻灯片”组的列表框中选择切换效果；❸在“持续时间”微调框中设置切换效果的持续时间；❹在“计时”组中勾选“设置自动换片时间”复选框，在右侧微调框中设置幻灯片的放映时间；❺单击“全部应用”按钮，将上述设置应用到演示文稿中的所有幻灯片，如下图所示。

Step18：至此，完成了员工培训课件的制作，切换到“幻灯片浏览”视图模式，可查看整体效果，如下图所示。

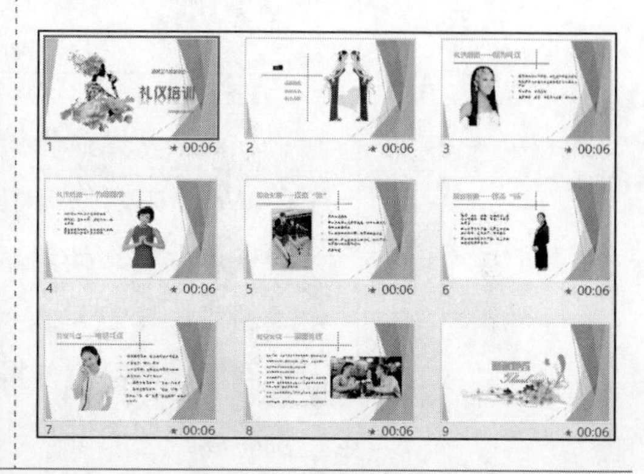

专家提示

本案例中使用了主题样式美化幻灯片，进行此操作后，某些对象的位置可能会发生改变，用户只需手动进行调整即可。

本章小结

本章结合案例讲述了 Word、Excel、PPT 在人力资源管理中的应用，主要包括通过 Word 制作招聘简章、通过 Excel 制作员工在职培训系统、通过 PPT 制作员工培训课件。通过本章的学习，希望读者举一反三，能够快速制作出工作中遇到的各种文档。

Chapter

18

实战应用——Word、Excel、PPT 在广告策划与市场营销工作中的应用

本章导读

对于从事广告策划与市场营销的人员来讲，可能会需要使用 Word 来制作促销宣传海报、新产品调查与分析、市场问卷调查等文档，使用 Excel 制作销售成本预测表、产品市场占有率图表、年度销售计划表等表格，使用 PPT 制作促销活动电子展板、商品宣传推广方案、项目策划方案等演示文稿。本章将通过案例的讲解，来解读 Word、Excel、PPT 在广告策划与市场营销工作中的应用。

学完本章后应该掌握的技能

- 广告策划与市场营销的行业知识
- 广告策划与市场营销案例精讲

本章相关实例效果展示

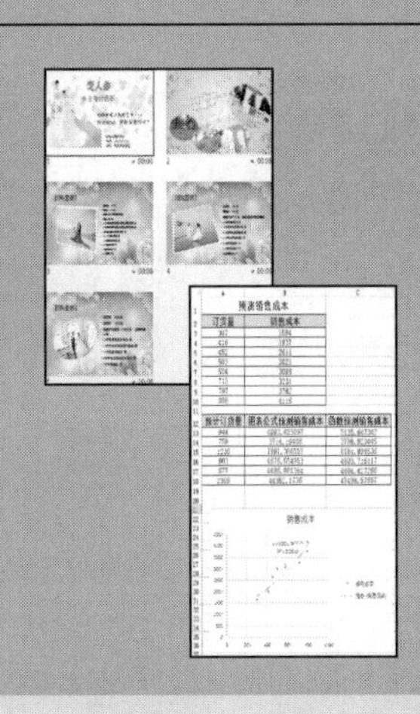

18.1 知识链接——广告策划与市场营销的行业知识

广告策划是指根据广告主的营销计划和广告目标，在市场调查的基础上，制定一个与市场情况、产品状态、消费群体相适应的经济有效的广告计划方案，并加以评估、实施和检验，从而为广告主的整体经营提供良好服务的活动。市场营销是指在创造、沟通、传播和交换产品中，为顾客、客户、合作伙伴及整个社会带来价值的活动、过程和体系，主要是指营销人员针对市场开展经营活动、销售行为的过程。

18.1.1 广告策划的流程

完整的广告策划从调研开始，根据目标市场的特点，先确定广告目标，在制定广告活动具体策略时，要以整体广告目标为出发点，各环节相互衔接，密切配合。广告策划的具体流程如下。

1. 发现消费者需求
2. 根据需求进行产品设计
3. 促销
4. 观察消费者反映
5. 信息反馈
6. 产品革新或进行新产品设计

18.1.2 广告策划的原则

进行广告策划时，要明确广告目标、广告媒体、广告作品、广告宣传的时间、活动地点等因素，具体要遵循的原则如下。

1. 客观性、真实性：企业形象广告所传播的信息必须具有客观性、真实性，即实事求是地传播企业的信息，不故弄玄虚，任意拔高。

2. 目标明确：企业的目标决定企业形象广告目标。如为吸引投资，其形象广告的内容应是宣传企业经营效益、管理水平、企业实力和信誉等。

3. 恒久性：广告是一项长期复杂的系统工程，不能搞突击式、集中式的宣传，不能刻意追求时效性，应有计划，分阶段地实施宣传。

18.1.3 市场营销的基本流程

市场营销是在适当的时间、适当的地方以适当的价格、适当的信息沟通和促销手段，向适当的消费者提供市场的产品和服务。市场营销的基本流程如下。

1. 市场机会分析
2. 市场细分

3. 目标市场选择
4. 市场定位
5. 4Ps（营销组合）
6. 确定营销计划
7. 产品生产
8. 营销活动管理（即执行与控制）
9. 售后服务，信息反馈

18.1.4 市场营销要坚持的原则

在进行市场营销时，一定要坚持以下原则。

1. 诚实守信的原则：诚实守信是最基本的道德要求，它是企业经商道德的最重要的品德标准，是其他标准的基础。

2. 义利兼顾的原则：义利兼顾是指企业获利的同时，要考虑是否符合消费者的利益，是否符合社会整体和长远的利益。利是目标，义是要遵守达成这一目标的合理规则。二者应该同时加以重视，达成兼顾的目标。

3. 互惠互利原则：互惠互利原则要求在市场营销行为中，正确地分析、评价自身的利益。评价利益相关者的利益，对自己有利而对利益相关者不利的活动，由于不能得到对方的响应，而无法进行下去。而对他人有利，对自己无利的，又使经济活动成为无源之水，无本之木。

4. 理性和谐的原则：在市场营销中，理性就是运用知识手段，科学分析市场环境，准确预测未来市场发展变化状况，不好大喜功，单纯追求市场占有率，而损失利润。

18.2 知识链接——广告策划与市场营销案例精讲

了解了广告策划与市场营销的相关行业知识之后，下面将为读者介绍 Office 在该行业应用中的一些经典案例，从而让 Office 融入实际工作。

18.2.1 制作促销宣传海报

效果展示

光盘同步文件

素材文件：光盘 \ 素材文件 \ 第 18 章 \ 背景 .jpg, 夏装 1.png, 夏装、2.png、夏装 3.png
结果文件：光盘 \ 结果文件 \ 第 18 章 \ 夏装新品促销海报 .docx
视频文件：光盘 \ 视频文件 \ 第 18 章 \18-2-1.mp4

操作提示

制作关键	技能与知识要点
本实例首先设置页边距，然后插入并编辑图片、艺术字、文本框等对象，完成促销宣传海报的制作	● 页面版心设置 ● 编辑图片、艺术字、文本框

操作步骤

本实例的具体制作步骤如下。

Step01：新建一个名为“夏装新品促销海报 .docx”的空白文档，将页边距上、下、左、右均设置为“2”，如下图所示。

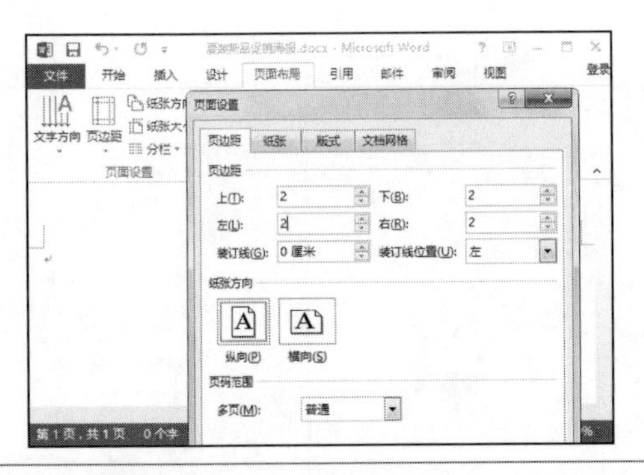

Step02：❶ 切换到“插入”选项卡；❷ 单击“插图”组中的“图片”按钮，如下图所示。

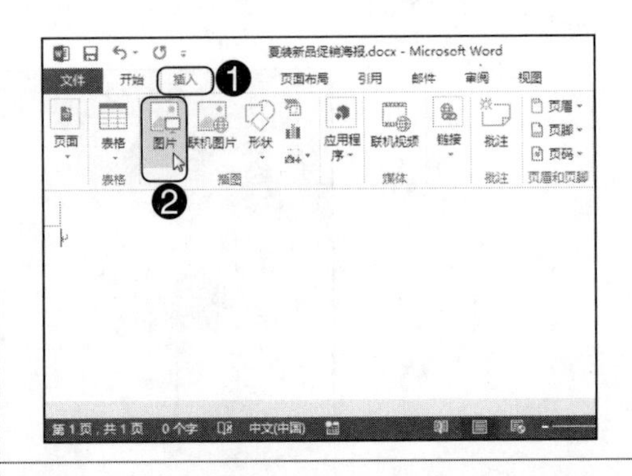

Step03：弹出“插入图片”对话框，❶ 选择素材文件中的“背景 .jpg”，❷ 单击“插入”按钮，如右图所示。

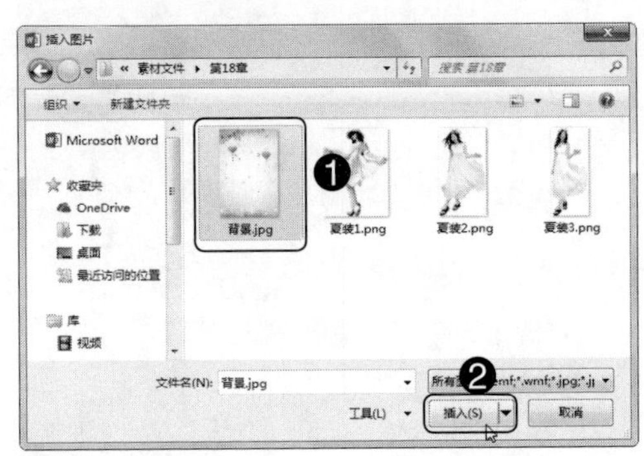

专家提示

默认情况下，图片插入后，系统会根据页面自动调整大小，在本操作中，保持自动调整的大小，无需再进行其他操作。

Step04：❶ 切换到“插入”选项卡；❷ 单击“文本”组中的“艺术字”按钮；❸ 在弹出的下拉列表中选择一种艺术字样式，如右图所示。

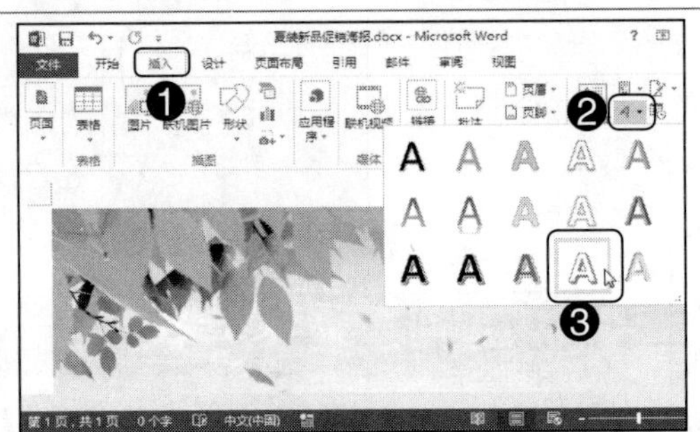

Step05：在艺术字文本框中输入店名“淑女衣橱”，并对文本设置相应的文本格式，然后将文本框调整至合适的大小和位置，如下图所示。

Step06：❶ 切换到“插入”选项卡；❷ 单击“文本”组中的“文本框”按钮；❸ 在弹出的下拉列表中选择“绘制文本框”选项，如下图所示。

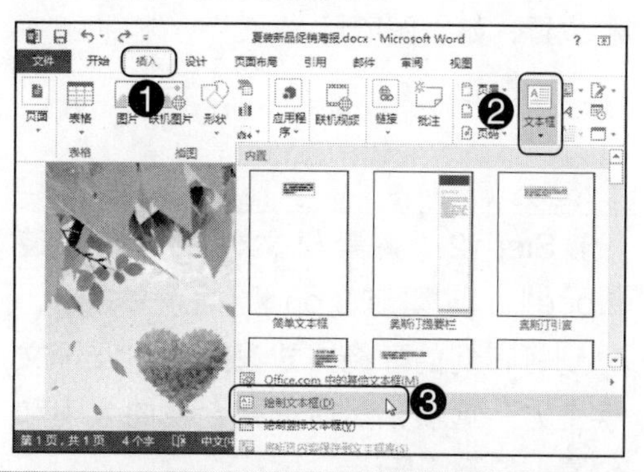

Step07：绘制文本框，在其中输入文本并设置相应的文本格式，如下图所示。

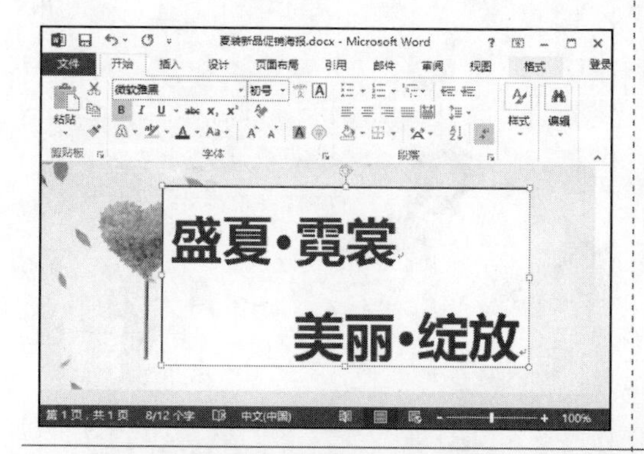

Step08：保持文本框的选中状态，❶ 单击“字体颜色”按钮右侧的下拉按钮；❷ 在弹出的下拉列表中选择“渐变”选项；❸ 在弹出的级联列表中选择渐变样式，如下图所示。

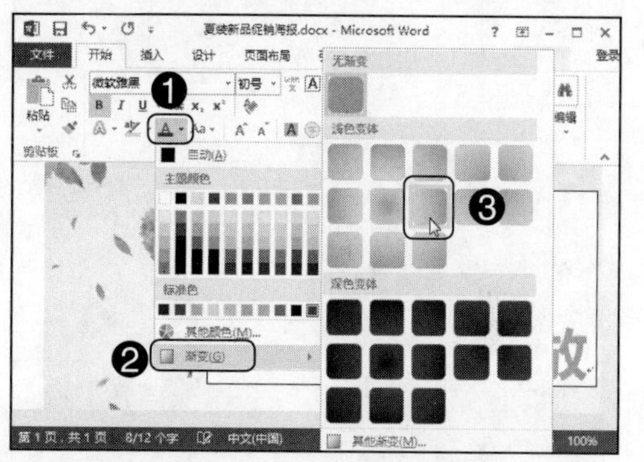

Step09：❶ 切换到“绘图工具/格式”选项卡；❷ 通过“形状样式”组中的“形状填充”按钮，为当前文本框设置“无填充颜色”选项，如下图所示。

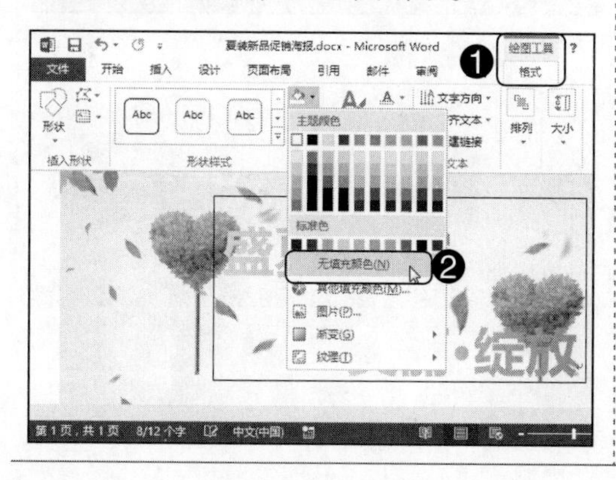

Step10：通过“形状轮廓”按钮，为当前文本框设置“无轮廓”选项，如下图所示。

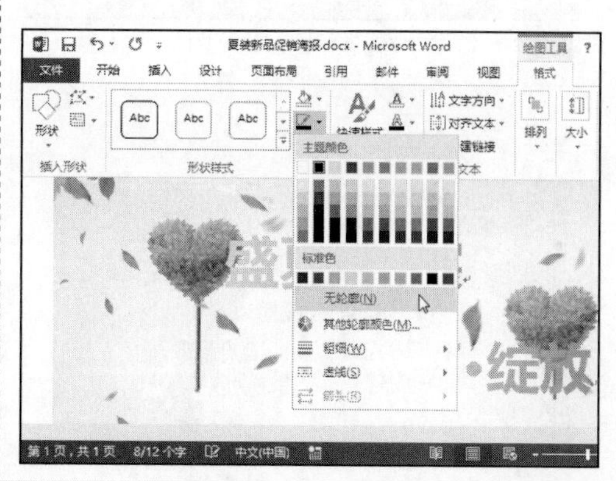

Step11：将素材文件中的“夏装1.png”插入文档中，通过“自动换行”按钮，将图片的环绕方式设置为“浮于文字上方”选项，然后调整合适的大小和位置，如右图所示。

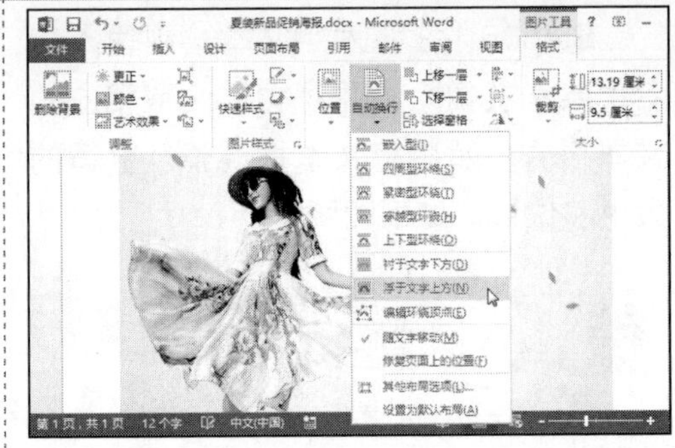

Step12：将素材文件中的“夏装2.png”、“夏装3.png”插入文档中，分别将它们的环绕方式设置为“浮于文字上方”选项，然后调整合适的大小和位置，如下图所示。

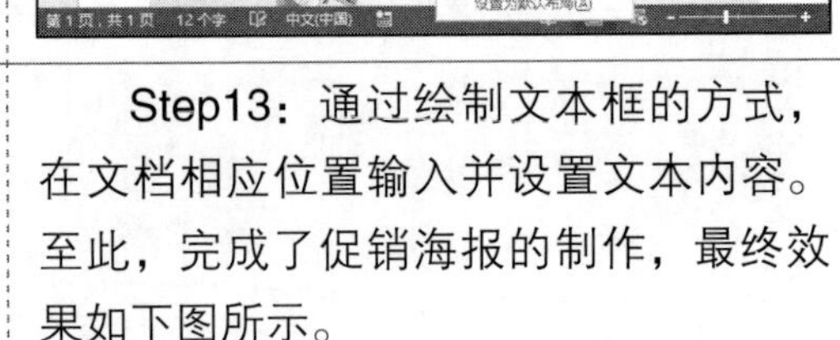

Step13：通过绘制文本框的方式，在文档相应位置输入并设置文本内容。至此，完成了促销海报的制作，最终效果如下图所示。

18.2.2 制作销售成本预测表

效果展示

预测销售成本		
订货量	销售成本	
307	1594	
416	1937	
452	2611	
503	3021	
584	3098	
718	3231	
797	3782	
800	4116	
预计订货量	图表公式预测销售成本	函数预测销售成本
944	4993.623097	5135.647342
759	3714.19408	3798.923445
1230	7891.306557	8184.894536
903	4676.554953	4803.715117
877	4486.001264	4604.427266
2309	44352.1736	47498.57687

销售成本

$R^2 = 0.8612$

销售成本
指数 (销售成本)

光盘同步文件

素材文件：光盘 \ 素材文件 \ 第 18 章 \ 销售成本预测表 .xlsx
结果文件：光盘 \ 结果文件 \ 第 18 章 \ 销售成本预测表 .xlsx
视频文件：光盘 \ 视频文件 \ 第 18 章 \18-2-2.mp4

操作提示

制作关键	技能与知识要点
本实例中假设已知一组订货量和对应的销售成本，现在通过指数趋势线或 GROWTH() 函数来预测另外一组订货量和对应的销售成本。使用指数趋势线进行预测时，需要先建立图表，再添加趋势线，最后根据趋势线的值来进行计算预测，至此，完成销售成本预测表的制作。	● 图表的应用 ● 趋势线的使用 ● 函数的使用

操作步骤

本实例的具体制作步骤如下。

Step01：❶打开光盘\素材文件\第18章\销售成本预测表.xlsx；❷选中“A2:B10”单元格区域，切换到“插入”选项卡；❸单击“图表”组中的“散点图”按钮；❹在弹出的下拉列表中选择一种图表类型，如下图所示。

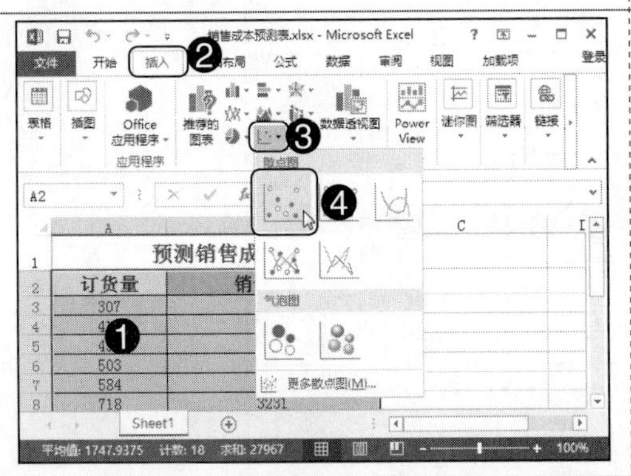

Step02：工作表中将创建一个所选样式的散点图，根据操作需要，将图表调整至合适的位置，如下图所示。

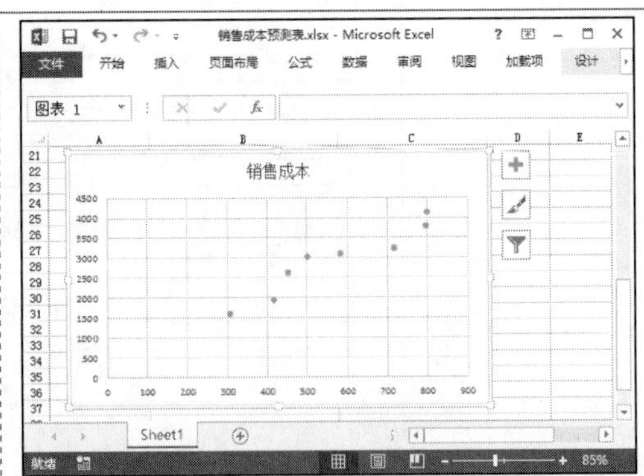

Step03：选中图表，在“图表元素”窗口中设置图例的显示位置，如下图所示。

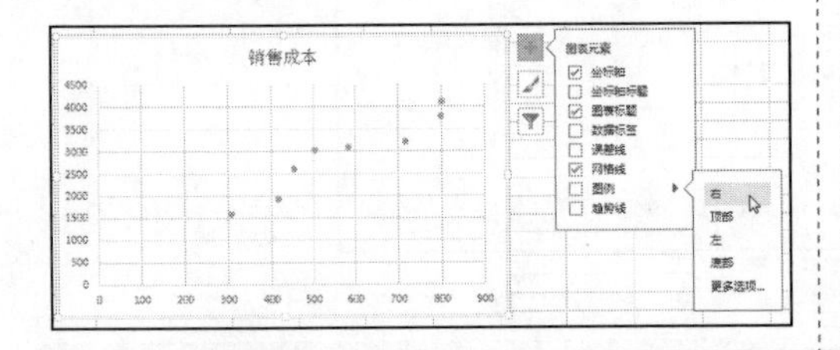

Step04：选中图表，在“图表元素”窗口中添加“指数”趋势线，如下图所示。

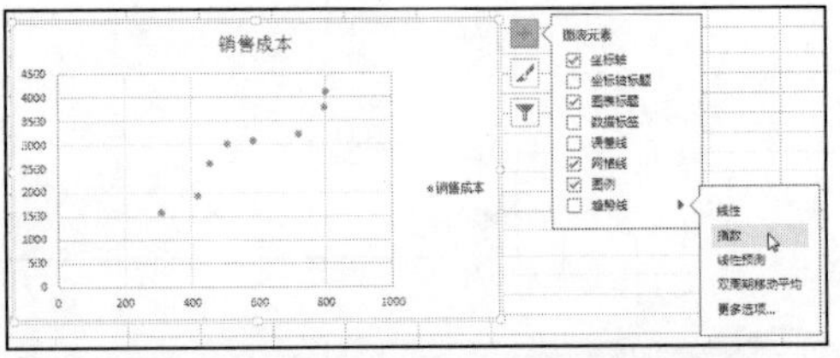

Step05：选中图表，在“趋势线”选项的级联列表中选择“更多选项”选项，如下图所示。

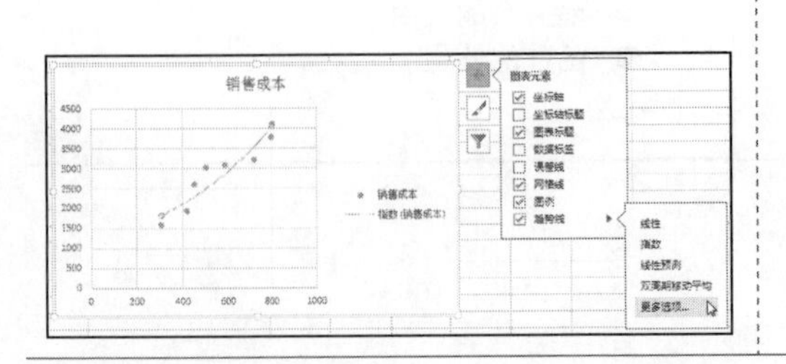

Step06：打开“设置趋势线格式”窗格，在“趋势线选项”设置界面中，❶在“趋势预测”栏中勾选“显示公式”和“显示R平方值”复选框；❷单击“关闭”按钮，如下图所示。

Step07：返回工作表，可看到趋势线旁显示了预测指数公式及 R 平方值，如下图所示。

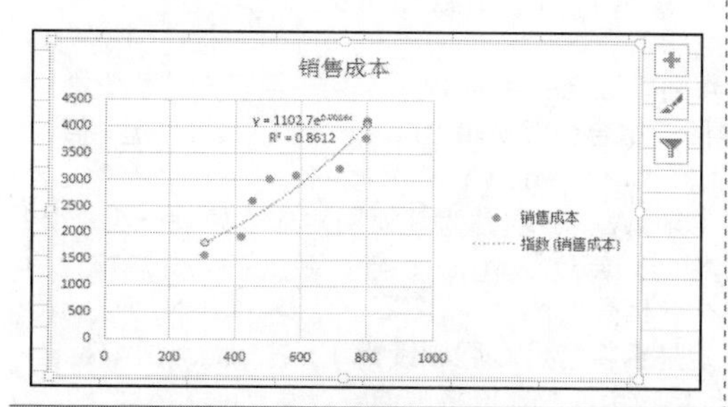

Step08：选中“B13”单元格，输入公式“=1102.7*EXP(0.0016*A13)”，按下“Enter”键确认得到计算结果，如下图所示。

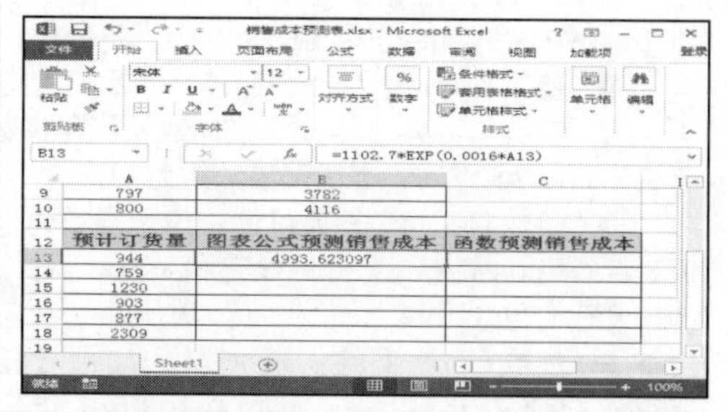

	A	B	C
9	797	3782	
10	800	4116	
11			
12	预计订货量	图表公式预测销售成本	函数预测销售成本
13	944	4993.623097	
14	759		
15	1230		
16	903		
17	877		
18	2309		

Step09：利用填充功能向下复制函数，即可计算出其他订货量对应的销售成本，如下图所示。

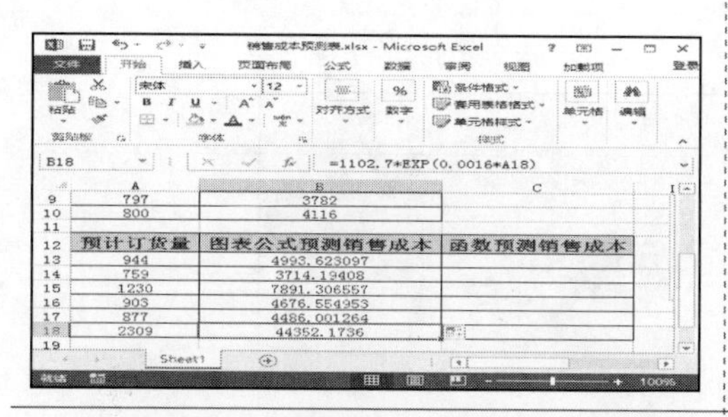

	A	B	C
9	797	3782	
10	800	4116	
11			
12	预计订货量	图表公式预测销售成本	函数预测销售成本
13	944	4993.623097	
14	759	3714.19408	
15	1230	7891.306557	
16	903	4676.554953	
17	877	4486.001264	
18	2309	44352.1736	

Step10：选中“C13”单元格，输入函数“=GROWTH($B$3:$B$10,$A$3:$A$10,A13)”，按下“Enter”键确认得出计算结果，如下图所示。

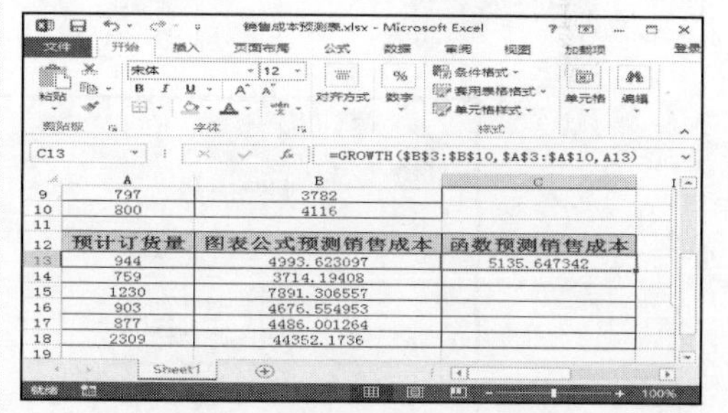

	A	B	C
9	797	3782	
10	800	4116	
11			
12	预计订货量	图表公式预测销售成本	函数预测销售成本
13	944	4993.623097	5135.647342
14	759	3714.19408	
15	1230	7891.306557	
16	903	4676.554953	
17	877	4486.001264	
18	2309	44352.1736	

Step11：利用填充功能向下复制函数，即可计算出其他订货量对应的销售成本，如下图所示。

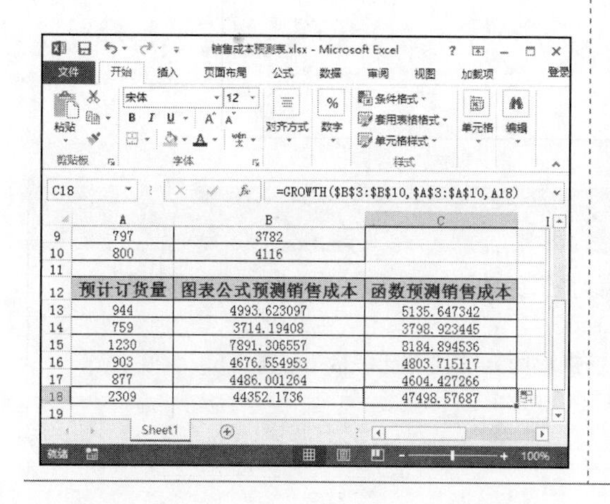

	A	B	C
9	797	3782	
10	800	4116	
11			
12	预计订货量	图表公式预测销售成本	函数预测销售成本
13	944	4993.623097	5135.647342
14	759	3714.19408	3798.923445
15	1230	7891.306557	8184.894536
16	903	4676.554953	4803.715117
17	877	4486.001264	4604.427266
18	2309	44352.1736	47498.57687

Step12：至此，完成了销售成本预测表的制作，最终效果如下图所示。

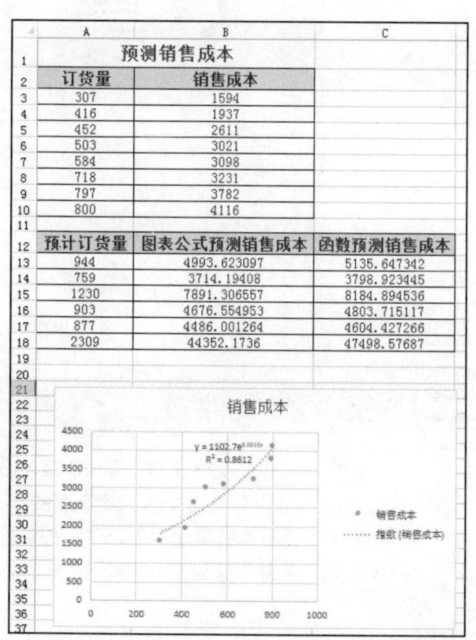

预测销售成本

订货量	销售成本	
307	1594	
416	1937	
452	2611	
503	3021	
584	3098	
718	3231	
797	3782	
800	4116	
预计订货量	图表公式预测销售成本	函数预测销售成本
944	4993.623097	5135.647342
759	3714.19408	3798.923445
1230	7891.306557	8184.894536
903	4676.554953	4803.715117
877	4486.001264	4604.427266
2309	44352.1736	47498.57687

知识拓展 EXP()、GROWTH() 函数的使用

在本案例中使用了 EXP() 和 GROWTH() 函数。EXP() 函数用于返回 e 的 n 次幂，其函数语法为 EXP(number)，参数 Number（必选）应用于底数 e 的指数。

GROWTH() 函数是根据现有的数据预测指数增长值，函数语法为 GROWTH(known_y's,[known_x's], [new_x’s],[const])，各参数介绍如下。

- 参数 Known_y’s 为必选，表示满足指数回归拟合曲线 y=b*m^x 的一组已知的 y 值。
- 参数 Known_x’s 为可选，表示满足指数回归拟合曲线 y=b*m^x 的一组已知的可选 x 值，若省略 known_x’s，则假设该数组为 {1,2,3,...}，其大小与 known_y’s 相同。
- 参数 New_x’s 为可选：表示需要通过 GROWTH() 函数为其返回对应 y 值的一组新 x 值。若省略 new_x’s，则假设它和 known_x’s 相同；若 known_x’s 与 new_x’s 都被省略，则假设它们为数组 {1,2,3,...}，其大小与 known_y’s 相同。
- 参数 Const 可选：表示逻辑值，用于指定是否将常量 b 强制设为 1。若 const 为 TRUE 或省略，b 将按正常计算；若 const 为 FALSE，b 将设为 1，m 值将被调整以满足 y=m^x。

18.2.3 制作促销活动电子展板

效果展示

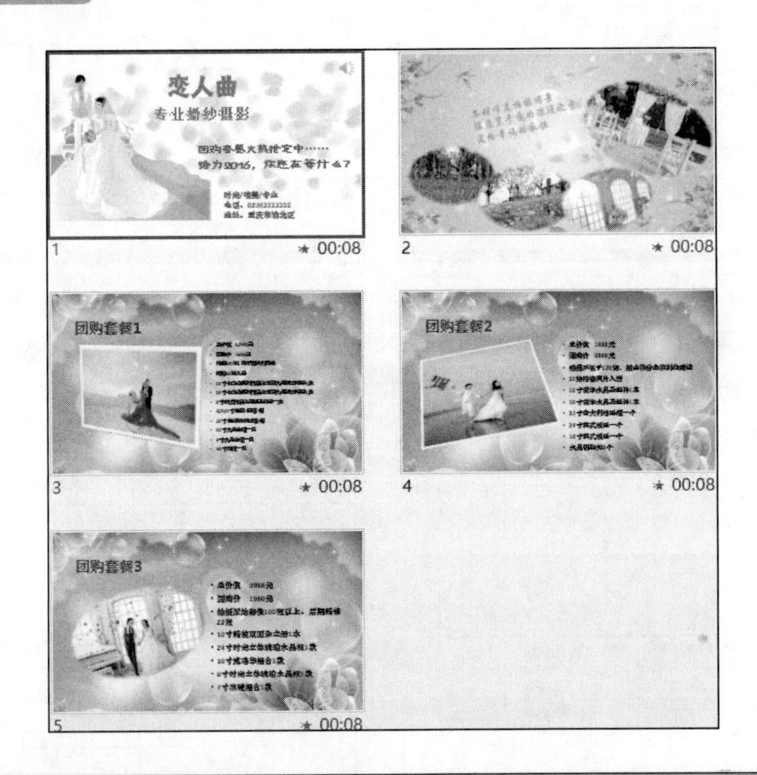

光盘同步文件

素材文件：光盘 \ 素材文件 \ 第 18 章 \ 婚纱摄影团购活动电子展板 .pptx、母版背景 1.jpg, 母版背景 2.jpg、母版背景 3.jpg、最浪漫的事 .mp3

结果文件：光盘 \ 结果文件 \ 第 18 章 \ 婚纱摄影团购活动电子展板 .pptx

视频文件：光盘 \ 视频文件 \ 第 18 章 \18-2-3.mp4

制作关键	技能与知识要点
本实例首先设置母版，然后设置动画效果，接着插入背景音乐，最后设置切换效果，完成促销活动电子展板的制作	● 插入媒体剪辑 ● 母版的应用 ● 设置动画效果 ● 设置幻灯片切换效果 ● 设置放映方式

本实例的具体制作步骤如下。

Step01：打开光盘\素材文件\第 18 章\婚纱摄影团购活动电子展板 .pptx，❶ 切换到“视图”选项卡；❷ 单击“母版视图”组中的“幻灯片母版”按钮，如下图所示。

Step02：进入“幻灯片母版”视图模式，❶ 选中“标题幻灯片”母版缩略图；❷ 切换到“插入”选项卡；❸ 单击“图像”组中的“图片”按钮，如下图所示。

Step03：弹出“插入图片”对话框，❶ 选择素材文件中的“母版背景 1.jpg”；❷ 单击“插入”按钮，如下图所示。

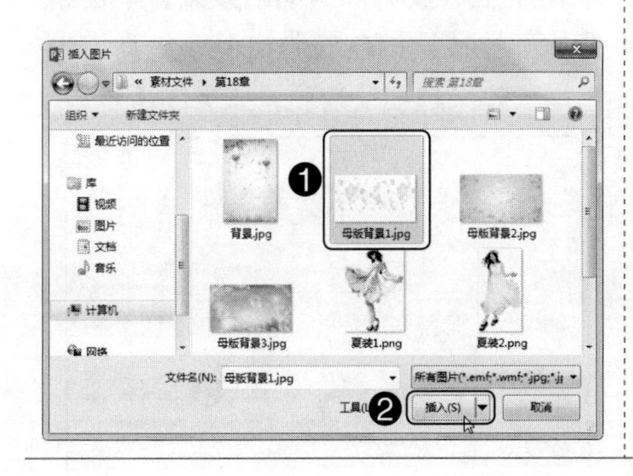

Step04：对插入的图片调整合适的大小和位置，将叠放次序设置为“置于底层”，如下图所示。

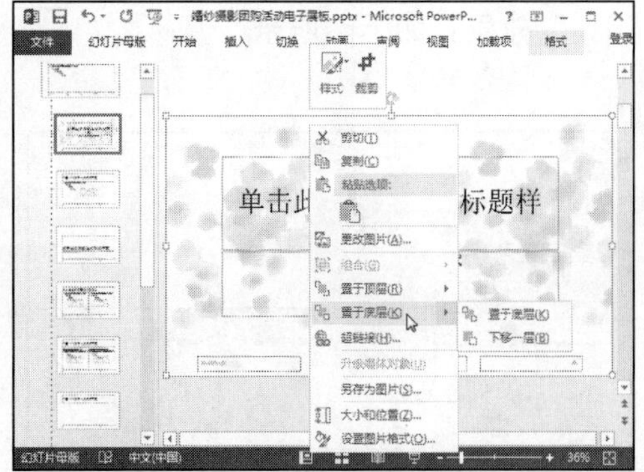

Step05：在“两栏内容”母版缩略图中，插入素材文件“母版背景 3.jpg”，然后调整合适的大小和位置，将叠放次序设置为“置于底层”，如下图所示。

Step06：在“空白”母版缩略图中，插入素材文件“母版背景 2.jpg”，然后调整合适的大小和位置，将叠放次序设置为“置于底层”，如下图所示。

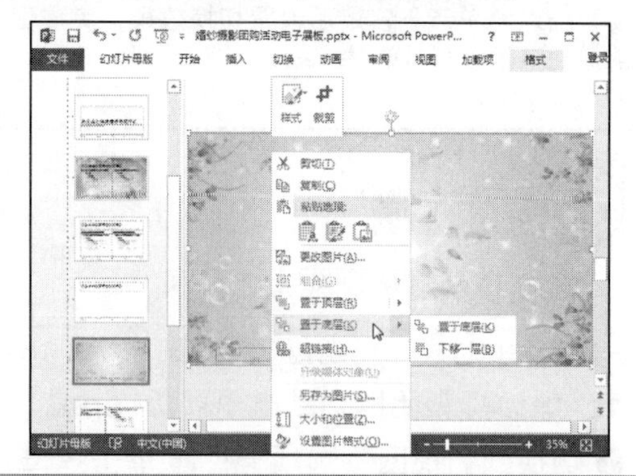

Step07：❶ 切换到“幻灯片母版”选项卡；❷ 单击“关闭”组中的“关闭母版视图”按钮，如下图所示。

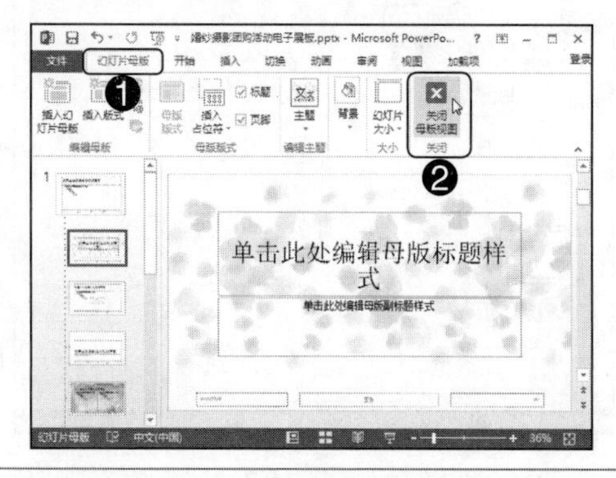

Step08：退出母版视图，可查看设置后的效果，如下图所示。

Step09：在第 1 张幻灯片中，❶ 选中文本框；❷ 切换到“动画”选项卡；❸ 添加“进入”式动画方案中的“随机线条”效果，如下图所示。

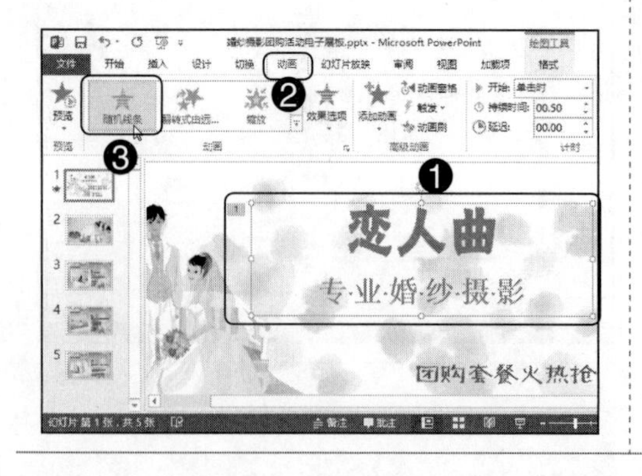

Step10：❶ 单击“高级动画”组中的“动画窗格”按钮打开“动画窗格”；❷ 选中上一步添加的动画效果，单击右侧的下拉按钮；❸ 在弹出的下拉列表中选择“效果选项”选项，如下图所示。

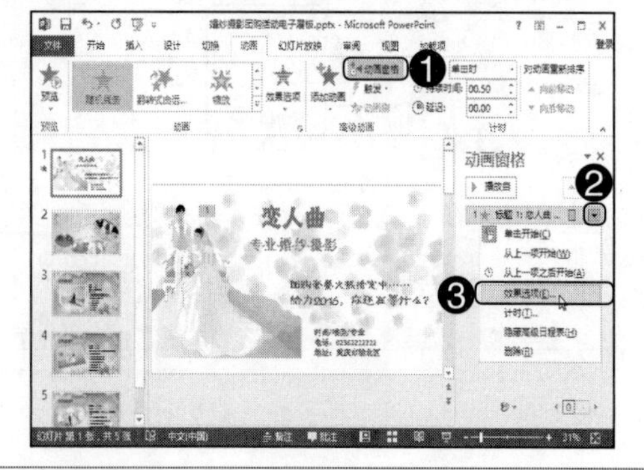

Step11：弹出参数设置对话框，❶ 切换到“计时”选项卡；❷ 设置动画参数；❸ 单击“确定”按钮，如下图所示。

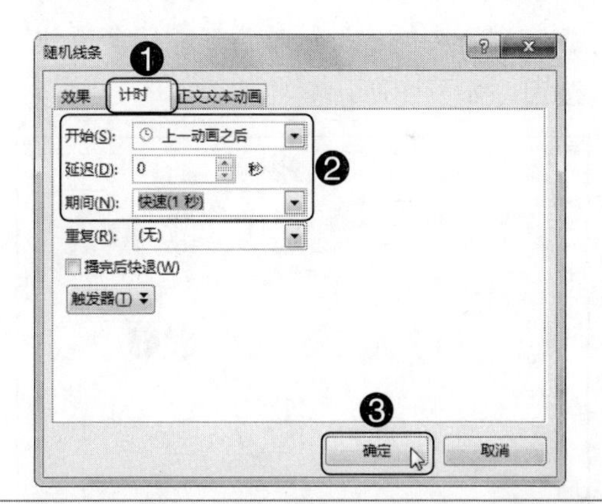

Step12：用同样的方法，为“团购套餐……”文本框添加“进入”式动画方案中的“随机线条”效果，并设置动画参数，如下图所示。

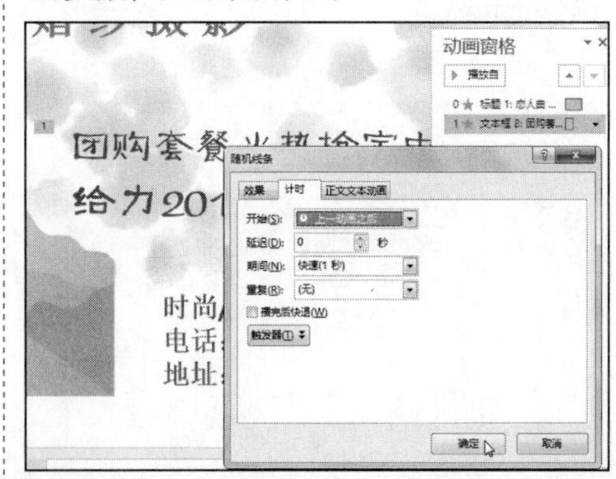

Step13：用同样的方法，为“时尚/唯美……”文本框添加“进入”式动画方案中的“随机线条”效果，并设置动画参数，如右图所示。

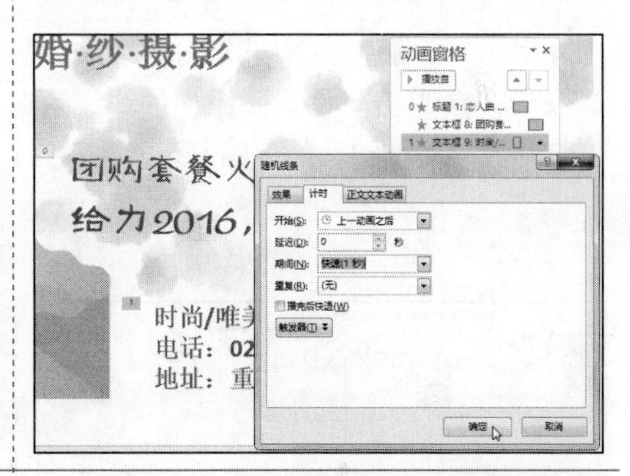

专家提示

至此，完成第 1 张幻灯片的动画效果设置，参照上述方法，为 2 ~ 5 张幻灯片中的各个对象分别添加动画效果并设置效果参数，本案例中不再赘述。

Step14：在任意一张幻灯片中，❶ 切换到“切换”选项卡，❷ 在“切换到此幻灯片”组的列表框中选择切换效果；❸ 在“持续时间”微调框中设置切换效果的持续时间；❹ 在“计时”组中勾选“设置自动换片时间”复选框，在右侧微调框中设置幻灯片的放映时间；❺ 单击“全部应用”按钮，将上述设置应用到演示文稿中的所有幻灯片，如下图所示。

Step15：在第 1 张幻灯片中切换到“插入”选项卡，❶ 单击“媒体”组中的“音频”按钮；❷ 在弹出的下拉列表中单击“PC 上的音频”选项，如下图所示。

Step16：弹出“插入音频”对话框，❶选择素材文件中的“最浪漫的事.mp3”；❷单击“插入”按钮，如下图所示。

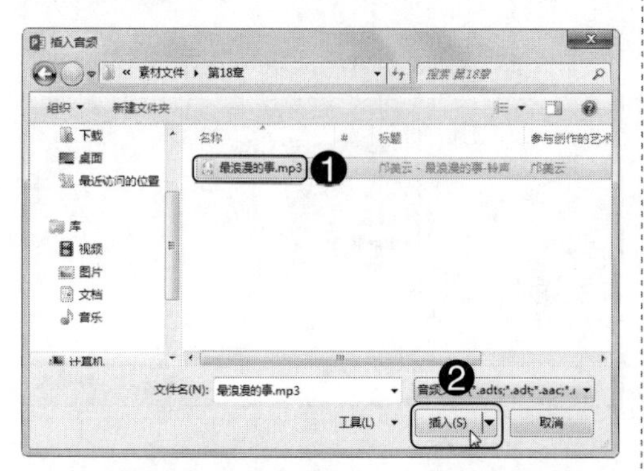

Step17：❶插入音频文件后，调整声音图标的大小和位置，选中声音图标；❷切换到“音频工具/播放”选项卡；❸在“音频样式”组单击“在后台播放”按钮，如下图所示。

Step18：❶切换到“幻灯片放映”选项卡；❷单击“设置”组中的“设置幻灯片放映”按钮，如下图所示。

Step19：弹出“设置放映方式”对话框，❶在“效果选项”栏中勾选“循环放映，按ESC键停止”复选框；❷单击“确定”按钮，如下图所示。

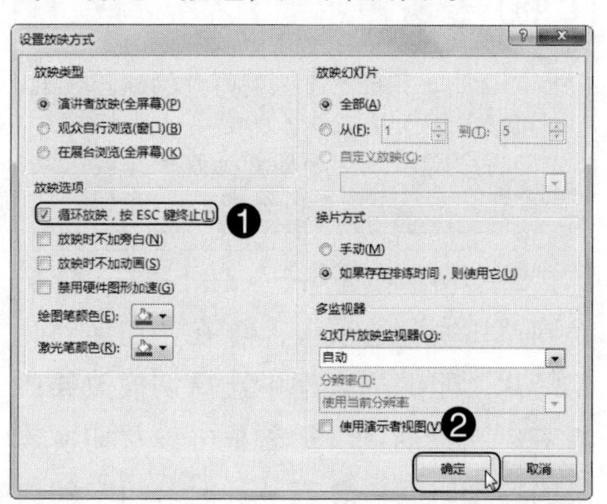

Step20：至此，完成了促销活动电子展板的制作，切换到“幻灯片浏览”视图模式，可查看整体效果，如右图所示。

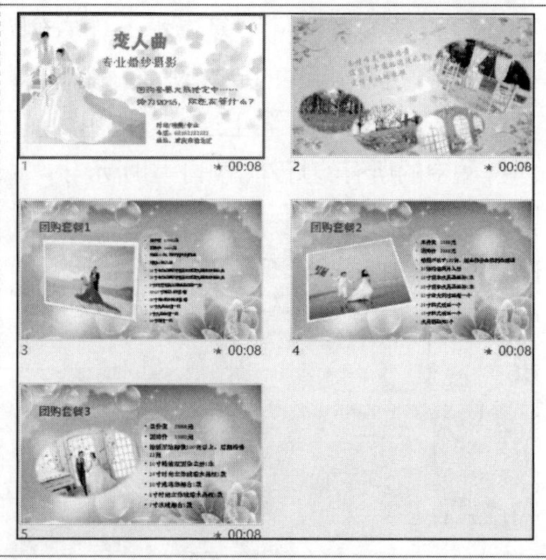

本章小结

本章结合案例讲述了 Word、Excel、PPT 在广告策划与市场营销工作中的应用，主要包括通过 Word 制作促销宣传海报、通过 Excel 制作成本预测表、通过 PPT 制作促销活动电子展板。通过本章的学习，希望能给读者带来工作上的帮助，从而得心应手制作各种文档。

读者意见反馈表

亲爱的读者：

感谢您对中国铁道出版社的支持，您的建议是我们不断改进工作的信息来源，您的需求是我们不断开拓创新的基础。为了更好地服务读者，出版更多的精品图书，希望您能在百忙之中抽出时间填写这份意见反馈表发给我们。随书纸制表格请在填好后剪下寄到：北京市西城区右安门西街8号中国铁道出版社综合编辑部 苏茜 收（邮编：100054）。或者采用传真（010-63549458）方式发送。此外，读者也可以直接通过电子邮件把意见反馈给我们，E-mail地址是：4278268@qq.com。我们将选出意见中肯的热心读者，赠送本社的其他图书作为奖励。同时，我们将充分考虑您的意见和建议，并尽可能地给您满意的答复。谢谢！

所购书名：______________________________

个人资料：

姓名：__________ 性别：__________ 年龄：__________ 文化程度：__________

职业：__________ 电话：__________ E-mail：__________

通信地址：______________________________ 邮编：__________

您是如何得知本书的：

□书店宣传 □网络宣传 □展会促销 □出版社图书目录 □老师指定 □杂志、报纸等的介绍 □别人推荐

□其他（请指明）______________________________

您从何处得到本书的：

□书店 □邮购 □商场、超市等卖场 □图书销售的网站 □培训学校 □其他

影响您购买本书的因素（可多选）：

□内容实用 □价格合理 □装帧设计精美 □带多媒体教学光盘 □优惠促销 □书评广告 □出版社知名度

□作者名气 □工作、生活和学习的需要 □其他

您对本书封面设计的满意程度：

□很满意 □比较满意 □一般 □不满意 □改进建议

您对本书的总体满意程度：

从文字的角度 □很满意 □比较满意 □一般 □不满意

从技术的角度 □很满意 □比较满意 □一般 □不满意

您希望书中图的比例是多少：

□少量的图片辅以大量的文字 □图文比例相当 □大量的图片辅以少量的文字

您希望本书的定价是多少：

本书最令您满意的是：

1.

2.

您在使用本书时遇到哪些困难：

1.

2.

您希望本书在哪些方面进行改进：

1.

2.

您需要购买哪些方面的图书？对我社现有图书有什么好的建议？

您更喜欢阅读哪些类型和层次的计算机书籍（可多选）？

□入门类 □精通类 □综合类 □问答类 □图解类 □查询手册类 □实例教程类

您在学习计算机的过程中有什么困难？

您的其他要求：